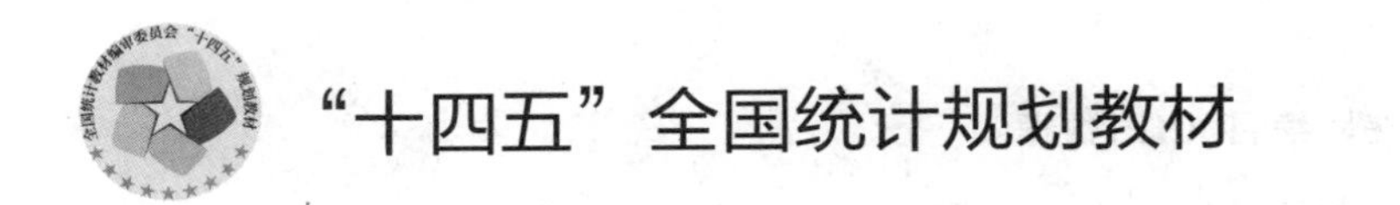

概率论与统计学

Probability and Statistics for Economists

(第二版)

洪永淼◎著

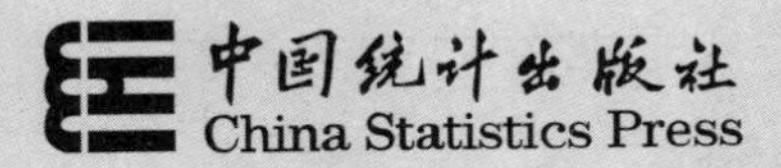

图书在版编目(CIP)数据

概率论与统计学 / 洪永淼著. —— 2版. —— 北京 :
中国统计出版社，2021.12
"十四五"全国统计规划教材
ISBN 978－7－5037－9726－2

Ⅰ. ①概… Ⅱ. ①洪… Ⅲ. ①概率论－教材②统计学
－教材 Ⅳ. ①O211②C8

中国版本图书馆 CIP 数据核字(2021)第 240238 号

概率论与统计学(第二版)

作　　者/洪永淼
责任编辑/姜　洋
封面设计/黄　晨
出版发行/中国统计出版社有限公司
通信地址/北京市丰台区西三环南路甲 6 号　邮政编码/100073
发行电话/邮购(010)63376909　书店(010)68783171
网　　址/http://www.zgtjcbs.com
印　　刷/河北鑫兆源印刷有限公司
经　　销/新华书店
开　　本/787mm×1092mm　1/16
字　　数/700 千字
印　　张/33.25
版　　别/2021 年 12 月第 2 版
版　　次/2021 年 12 月第 1 次印刷
定　　价/99.00 元

国家统计局
全国统计教材编审委员会第七届委员会

出版说明

教材之于教育，如行水之舟楫。统计教材建设是统计教育事业的重要基础工程，是统计教育的重要载体，起着传授统计知识、培育统计理念、涵养统计思维、指导统计实践的重要作用。

全国统计教材编审委员会（以下简称编委会）成立于1988年，是国家统计局领导下的全国统计教材建设工作的最高指导机构和咨询机构，承担着为建设中国统计教育大厦打桩架梁、布设龙骨的光荣而神圣的职责与使命。自编委会成立以来，共组织编写和出版了"七五"至"十三五"七轮全国统计规划教材，这些规划教材被全国各院校师生广泛使用，对中国统计教育事业作出了积极贡献。

党的十九届五中全会审议通过的《中共中央关于制定国民经济和社会发展第十四个五年规划和二〇三五年远景目标的建议》，为推进统计现代化改革指明了方向，提供了重要遵循。实现统计现代化，首先要提升统计专业素养，包括统计知识、统计观念和统计技能等方面要适应统计现代化建设需要，从而提出了统计教育和统计教材建设现代化的新任务新课题。编委会深入学习贯彻党的十九届五中全会精神，准确理解其精神内涵，围绕国家重大现实问题、基础问题和长远问题，加强顶层设计，扎实推进"十四五"全国统计规划教材建设。本轮规划教材组织编写和出版中重点把握以下方向：

1.面向高等教育、职业教育、继续教育分层次着力打造全系列、成体系的统计教材优秀品牌。

2.围绕统计教育事业新特点，组织编写适应新时代特色的高质量高水平的优秀统计规划教材。

3.积极利用数据科学和互联网发展成果，推进统计教育教材融媒体发展，实现统计规划教材的立体化建设。

4.组织优秀统计教材的版权引进和输出工作，推动编委会工作迈上新台阶。

5.积极组织规划教材的编写、审查、修订、宣传评介和推广使用。

“十四五”期间，本着植根统计、服务统计的理念，编委会将不忘初心，牢记使命，充分利用优质资源，继续集中优势资源，大力支持统计教材发展，进一步推动统计教育、统计教学、统计教材建设，进一步加强理论联系实际，有序有效形成合力，继续创新性开展统计教材特别是规划教材的编写研究，为培养新一代统计人才献智献策、尽心尽力。同时，编委会也诚邀广大统计专家学者和读者参与本轮规划教材的编写和评审，认真听取统计专家学者和读者的建议，组织编写出版好规划教材，使规划教材能够在以往的基础上，百尺竿头，更进一步，为我国统计教育事业作出更大贡献。

国家统计局

全国统计教材编审委员会

2021年9月

作者简介

洪永淼，先后就读于厦门大学物理学系和经济学系，获得物理学学士学位和经济学硕士学位。1986-1987 年曾被选拔到中国人民大学经济学培训中心学习现代经济学，翌年赴美国加州大学圣地亚哥校区经济学系学习，获经济学博士学位。现为发展中国家科学院院士、世界计量经济学会会士、国际应用计量经济学会会士、里米尼经济分析中心（RCEA）高级会士、中国科学院数学与系统科学研究院特聘研究员、中国科学院大学经济与管理学院特聘教授。曾任美国康奈尔大学经济学系 Ernest S. Liu 经济学与国际研究讲席教授以及统计学与数据科学系教授、厦门大学王亚南经济研究院创院院长，先后在香港科技大学、新加坡国立大学、清华大学、上海交通大学和山东大学访问任教。2009-2010 年任中国留美经济学会会长。研究领域为计量经济学理论、时间序列分析、金融计量学、中国经济与金融市场实证研究等，其部分学术论文发表在经济学、金融学和统计学国际主流学术期刊上，包括 *Annals of Statistics*，*Biometrika*，*Econometric Theory*，*Econometrica*，*International Economic Review*，*Journal of American Statistical Association*，*Journal of Applied Econometrics*，*Journal of Business and Economic Statistics*，*Journal of Econometrics*，*Journal of Political Economy*，*Journal of Royal Statistical Society*（*Series B*），*Quarterly Journal of Economics*，*Review of Economic Studies*，*Review of Economics and Statistics*，*Review of Financial Studies* 等。2014-2020 年连续 7 年入选 Elsevier 经济学中国高被引学者榜单。已出版英文版 *Probability and Statistics for Economists*、*Foundations of Modern Econometrics: A Unified Approach* 和中文版《概率论与统计学》、《高级计量经济学》以及《中国经济学教育转型—— 厦大故事》等著作。

内容简介

概率论与数理统计学在经济学、金融学、管理学等学科中有广泛的应用。与微积分和线性代数一样,概率论与数理统计学是不可或缺的经济数学工具。本书旨在为经济类、管理类研究生以及高年级本科生提供必要的概率论与数理统计学基础知识,包括概率论基础、随机变量及其概率分布、重要概率分布及其相互关系、多元概率分布、统计抽样导论、收敛与极限定理、参数估计及其评估、参数假说检验,以及经典线性回归分析等。

除了提供概率论与数理统计学基本理论、方法与工具外,本书还非常注重随机思想与统计思维的训练,而且从经济学、金融学视角对概率论与统计学的重要概念、理论、方法与工具给予直观解释,这是本书的一大特色。本书以经济学、金融学实例说明如何应用概率论与统计学分析经济金融问题,如主观概率的经济解释及其应用,累积分布函数与收入分配测度,统计关联性与经济因果关系,独立性与有效市场假说,数学期望与理性期望学说,均值、方差与投资组合理论,分位数与量化风险管理,相关性与风险分散原理,样本均值的方差趋零与资本资产定价模型,大数定律与购买并持有交易策略回报率,线性回归模型 R^2 的经济解释,等等。本书是根据作者多年来在美国康奈尔大学经济学系讲授概率论与统计学研究生课程的教学心得以及相关英文讲义翻译整理而成,可作为经济学、金融学、管理学、统计学、数据科学以及应用数学等专业的研究生以及高年级本科生教材,也可作为计量经济学研究人员的参考书。

再版前言

本书根据作者长期以来为美国康奈尔大学经济学与相关专业的研究生讲授概率论与统计学课程的教学心得与英文讲义翻译整理而成，作为研究生以及高年级本科生概率论与统计学的入门教材和计量经济学研究人员的参考书，初版于2017年。自初版以来，本书得到业内同行与相关专业学生的热情支持与鼓励。

本书英文版 *Probability and Statistics for Economists* 也随后于2017年由新加坡世界科技出版集团出版。美国《数学评论剪报》(*Mathematical Reviews Clippings*)评价本书“脉络清晰，介绍了经济金融理论的重要概念，是一本优秀的经济学教材。有助于加深经济金融专业研究生对概率论与统计学的认识，帮助他们更好地理解经济金融理论。”同时，本书英文版入选权威商业书籍推荐平台 BookAuthority 发布的“100本最佳概率统计书籍”(100 Best Probability and Statistics Books of All Time)榜单。该榜单由世界知名行业领袖与专家推荐汇集而成。另外，本书英文版也被美国康奈尔大学经济学系、堪萨斯大学经济学系与肯塔基大学经济学系等选为课程教材。

今年年初，根据中国统计出版社的建议，作者决定再版此书。再版首先是修订各章节内容，根据学科的最新发展与作者近年来的研究成果，主要增补一些新的说明、解释、例子与习题。其次是增加“大数据、机器学习与统计学”一章。最后，根据读者反馈意见，借再版的机会改正初版的一些错误。

随着数字经济时代的来临，大数据和机器学习对现代统计学产生了深远影响。为紧跟学科发展前沿，确保教材的时效性与实用性，本次再版新增第十一章“大数据、机器学习与统计学”，原第十一章“结论”改为第十二章。新增章节从大数据的特点和机器学习的本质出发，讨论了大数据和机器学习对统计建模与统计推断的挑战与机遇，包括由抽样推断总体性质、充分性原则、数据归约、变量选择、模型设定、样本外预测、因果分析等重要方面，同时也探讨了机器学习的方法论基础以及统计学和机器学习的交叉融合。

近年来，作者着力打造新形态教材，开设课程网站：probability.xmu.edu.cn，提供中英文授课视频、课件、习题解答、参考资料等立体数字化学习资源。学生可通过中国大学 MOOC 网站（icourse163.org/course/XMU-1206678826）选修该课程，或在哔哩哔哩网站在线观看双语授课录像（中文版：bilibili.com/video/BV11t411A7bp，英文版：bilibili.com/video/BV1SK4y1P71w）。新形态教材可以有效服务线上教学、混合式教学、双语教学等新型教学模式，也方便读者自主学习。

本次再版与初版相比，在文字内容与格式排版方面有了显著的改进与提高，作者在此特别感谢陈丽纯、陈嘉欣、迟语寒、李昕怡、刘金松、刘晶芳、钟锃光等为再版工作做出的贡献，也感谢中国统计出版社的鼎力相助！希望本书的再版能继续为国内外概率论与统计学的教学、研究、交流等起到积极的推动作用，同时恳请各位专家、读者对本书的不足之处多提宝贵意见！

洪永淼

2021 年初夏于北京中关村

第一版前言

现代统计学是一门关于数据的方法论科学，包括描述统计学和推断统计学。前者通常是用一种简单明了的方式对大量观测数据进行搜集、整理、汇总、描述和分析，而后者则根据概率论的基本法则及统计方法，从样本信息推断所研究的随机系统即数据生成系统的性质与规律。由于推断统计学以概率论为基本分析工具，大量使用数学概率模型，因此也称为数理统计学。在人类认识世界与改造世界过程中，人们一般无法获得整个系统或过程的所有信息，只能搜集其中一部分信息，即样本信息，其主要原因是获取整个系统或过程全部信息的成本太高、时间太长或者受客观条件限制而无法获得。因此，人们通常只能从有限的样本信息推断系统或过程的规律特征。例如，自然科学和社会科学大多是从实验数据或观测数据推断所研究的系统或过程的因果关系与内在运行规律。现代统计学特别是数理统计学由于符合科学研究的推断过程而在各个领域得到广泛的应用。

在北美和欧洲高校中，概率论与数理统计学通常是经济学博士研究生计量经济学核心系列课程的第一门课。为什么经济学专业研究生需要学习概率论与数理统计学呢？简言之，该课程为计量经济学、微观经济学、宏观经济学以及金融学等核心课程的学习提供了必要的概率论与数理统计学基础。概率论和微积分是经济学不可或缺的基本数学分析工具。正如微积分是刻画经济学最优化行为的基本数学方法，概率论则是研究经济不确定性现象的基本数学方法。比如，博弈论需要概率论知识。又如诺贝尔经济学奖获得者罗伯特·卢卡斯(Robert Lucas)所指正，在宏观经济学中引入随机因素可为研究动态经济系统运行规律提供许多新的启示。严格来说，概率论与数理统计学这门课程并不能称为计量经济学课程，因为它为经济学的每个领域而不仅仅是计量经济学都提供了必要的数学分析工具。当然，经济学不同领域对概率论与统计学的需求也不尽相同，其中计量经济学使用最多。计量经济学是经济实证研究的推断方法论，是数理统计学和经济理论的有机结合。对理论计量经济学感兴趣的学生还可能需要进一步深入选修概率论和统计学的高级课程。对经济学其他专业的学生,这本书将为他们学习应用计量经济学、微观经济学、宏观经济学及金融学等课程打下扎实的概率论与数理统计学基础。

本书的撰写目的有二:其一,为经济学、金融学、管理学等专业的研究生提供必要的概率论和数理统计学基础知识,并注重随机思维与统计思维的训练;其二,从经济学视角为概率论与数理统计学的重要概念、理论、方法与工具提供经济解释与应用实例。市面上已有不少概率论与数理统计学的教材,其中不乏精品之作。与之相比,本书强调概率论和数理统计学基本思想的经济解释与应用。上述两个目的是本书与现有教材最大的不同之处。我相信第二个撰写目的是经济学、金融学和管理学研究生学习概率论与数理统计课程不可或缺的重要组成部分。

本书按照一个学期的教学内容撰写,共包括概率理论和数理统计理论两大部分。概率论作为描述随机现象的最佳数学方法,有助于学生更好地理解统计推断方法的理论基础。若缺少系统的概率论知识,将无法理解和掌握如何运用现代统计方法对数据进行分析并作出正确解释。全书共十一章,其中第二至五章是概率理论部分,第六至十章是统计理论部分,最后一章是全书总结。第一章是概率论与数理统计学导论,旨在说明为何概率论与数理统计学是经济研究特别是经济实证研究的基本分析方法与工具;第二章介绍概率论基本知识,为本书后续内容的展开奠定基础;第三章引入随机变量及其概率分布;第四章讨论经济学、金融学、管理学中常用的重要离散型和连续型概率分布,以及这些重要分布之间的联系;第五章介绍随机向量与多元随机变量的概率分布。绝大多数经济实证分析涉及多元随机变量,因此,研究多元随机变量的概率分布有助于深入探讨经济变量之间的关联性;第六章是统计抽样导论,介绍正态分布假设下的经典统计抽样理论,以及充分统计量的基本思想与理论;第七章介绍非正态分布假设下的大样本或渐进理论的基本分析方法与工具;第八章探讨参数估计方法以及评价参数估计量的优劣的方法;第九章讨论参数假设检验问题;第十章介绍经典线性回归模型;最后第十一章是全书结语部分。本书不仅涵盖了从基本概念到高级的渐进分析等内容,而且对概率论与数理统计学的基本概念与重要思想提供了许多经济解释与应用实例。

本书旨在帮助初学者深入理解概率论与数理统计学的重要思想和基本理论,同时强化他们对统计学的概念、理论、方法与工具进行经济解释与应用的能力。为较好地理解本书内容，学生需要有一年的微积分学习基础。若修读过一年高级微积分，同时具有一些概率论与统计学知识基础则更好。本书采用相对严谨的叙述方式，对大多数重要定理提供了证明。事实上，数学证明本身有助于学生充分理解重要的结论及其成立的前提条件。特别地，对有志于从事统计学与计量经济学理论研究的学生而言，这些经典的证明方法和技巧具有重要的借鉴意义。另外，本书还给出了不少的图示，有助于学生理解概率论与数理统计学中比较抽象的概念或思想。本书作为研究生概率论与数理统计学的入门教材，可供经济学、金融学、管理学、统计学、数据科学、应用数学以及其他相关专业的学生使用，也可作为计量经济学理论研究人员的参考书。

许多修读这门课的学生可能是第一次比较系统地接触概率论与数理统计学的思想。对经济学、金融学、管理学专业的学生而言，培养随机思维与统计思维非常重要。从本质上说，这要求学生将经济观测数据视为由经济随机系统产生，并且从观测数据推断经济随机系统的性质与规律。同时，非常有必要花时间了解概率论与数理统计学如何应用于经济学、金融学、管理学等领域。因此，除了详细阐述与现代计量经济学最相关的概率论与数理统计学的基本概念、理论、方法与工具外，本书也尝试从经济学视角对概率论与统计学的概念、理论、方法与工具提供直觉解释。例如，为什么概率论的概念（如条件均值、条件方差）在经济学有广泛的应用？统计关系的经济解释是什么？与经济因果关系有什么区别与联系？本书将使用许多经济学和金融学的实例说明概率论与统计学的概念、理论、方法与工具如何应用于经济分析。这是本书与其他概率论与数理统计学教材的最大不同之处。

本书根据作者长期以来在美国康奈尔大学经济学系为一年级博士研究生讲授概率论与数理统计学课程的教学心得与英文讲义整理而成。感谢所有修读过这门课的学生们的建议。特别感谢鲍未平、蔡必卿、迟语寒、柯潇、王霞、吴吉林、吴锴和钟锃光等出色的助研工作。吴吉林对全书进行了总的校对。厦门大学王亚南经济研究院（WISE）和经济学院的方颖、冯峥晖、李木易、林明等教师也使用了本教材，感谢他们的建议。

洪永淼

2017年春于厦门五老峰下

目　　录

第一章　导　论

摘要：概率论是描述社会经济系统不确定性现象的最佳数学分析工具，而数理统计学则为不确定性现象的建模与推断提供了科学的方法论基础。本章将介绍现代经济统计分析的两个基本公理，强调统计分析在经济学的重要作用，并指出其局限性。

关键词：实证研究、定量分析、概率论、统计学、描述统计学、数理统计学、经济统计学、计量经济学、不确定性、概率法则、数据生成过程、混沌

第一节　概率论与现代统计学

统计学是一门关于数据的方法论科学，它是关于数据的搜集、整理、加工、表示、刻画以及分析的一般方法论。统计学就其研究范畴来说，包括描述统计学和推断统计学两大领域。描述统计学主要是数据的搜集、整理、加工、表示、刻画和分析等，包括概括性的数据处理与分析；而推断统计学则是基于样本信息，对产生样本数据的母体或系统进行推断的方法论科学。现代统计学的迅速发展主要有两个历史原因，一个是各个国家、政府和社会部门基于管理目的搜集社会经济信息的客观需要；另一个是数学学科中概率论的发展。在人类社会发展过程中，数据搜集的历史非常悠久，描述统计学特别是数据搜集、整理、描述、刻画与分析的重要作用是不言而喻的。数据的搜集以及数据质量本身是任何有意义的数据分析的基础与前提。没有高质量的数据，任何数据分析及其结论将毫无意义。在当今大数据时代，如何用简洁、方便、易于解释的方式，及时地从大量复杂数据中提炼出其最有价值的信息，也是描述统计学的一个重要作用。

现代统计学的发展及其在自然科学和人文社会科学很多领域的应用，主要是由概率论的产生与发展推动的。概率论的产生最初主要是研究赌博的需要，后来成为研究不确定性现象最主要的数学工具，广泛应用于自然、工程、医学、社会、经济等各个领域。在统计应用中，人们一般无法获得整个系统或过程的信息，只能搜集到其中一部分信息，即样本信息，其主要原因是获取整个系统或过程的信息的成本太高、时间太长或者因为客观条件限制而无法获得。因此，人们只能从有限的样本信息推断系统或过程的规律特征。在这个推断过程中，概率论对描述样本信息和总体规律特征之间的关系提供了一个非常有用的数学工具；更重要的是，它对基于样本数据的统计推断所获得的结论能够给出某种可靠性描述。这奠定了推断统计学的科学基础，也是统计推断区别于其他推断（如命理师根据手相或面相等信息推断一个人一生的命运）最为显著的特点。因为这些原因，概率论的发展极大推动了推断统计学的发展，特别是概率论提供了很多数学概率模型，这些概率模型可用来对总体或系统的概率分布进行建模。因此，统计推断便转

化为从样本数据推断数学概论模型参数值以及其他重要特征。推断统计学也就主要表现为数理统计学的形式。数理统计学有两个主要内容，一个是模型参数的估计，另一个是参数假设的检验。经过几十年的发展，数理统计学发展了很多推断理论、方法与工具。这些推断理论、方法与工具能够从样本信息推断系统或过程的性质、特征与规律，并提供所获结论的可靠性判断。由于自然科学和社会科学大多是从实验数据或观测数据推断所研究的系统或过程的内在规律，因此，数理统计学便广泛应用于各个学科与领域的实证研究。数理统计学之所以成为现代统计学的一个主要发展方向，就是因为它作为一门严谨的实证研究方法论，符合人类科学探索的过程与需要，即从有限样本信息推断系统或过程的性质与规律。随着中国科学技术的发展与学术研究水平的提高，包括社会科学在内的各个学科，对实证研究的方法论的需要，将与日俱增。因此，可以预计，统计学特别是数理统计学今后将得到日益广泛的应用与迅速的发展。描述性统计学几十年来也有长足的进展，包括实验或调查方案设计，数据的搜集、整理和分析，无论是理论、方法还是工具，都有极大改进。数据挖掘作为一门关于数据分析方法与技术的新兴学科，可视为属于描述统计学的范畴。在描述统计学和推断统计学之间，描述统计学发挥着基础性作用，因为描述统计学牵涉到数据的搜集、解释、整理、测度、表示、刻画和分析，而数据及其质量是推断统计学结论科学性的重要前提与基础。描述统计学在刻画数据特征时所使用的一些统计方法与统计量，也是推断统计学的基础工具。

第二节　经济学的定量分析

现代经济学最重要的一个特征是定量分析的广泛使用。定量分析包括对经济理论进行数学建模，以及基于经济数据进行实证研究。长期以来，历代经济学家致力于将经济学发展成为一门类似于物理学、化学和生命科学等自然学科那样能够进行精确预测的科学，这推动了数学在经济学的普遍应用。事实上，经由数学表述的经济理论能够在假设、理论与推论中实现其逻辑一致性。诚如马克思所指出的，数学的使用是一门科学发展成熟的标志。另一方面，任何经济理论要成为科学，都必须能够解释从经济观测数据中提炼出来的重要数量特征，即所谓的经验典型特征事实，并对未来的经济发展趋势与变化做出准确预测。这就要求经济学家使用观测数据检验经济理论是否适用。为此，需要对大量复杂的经济现象进行测度并判断经济理论与经济现象之间的吻合程度。这是经济学实证分析的重要内容。实际上，经济学发展史就是不断推陈出新，根据新出现的经验典型特征事实提出新的经济理论，并且检验新理论是否可以解释经济现象并且预测未来趋势，这么一个历史过程。在这一过程中，统计分析，包括对经济现象的测度和对经济关系与经济规律的推断，发挥着至关重要的方法论作用。统计学是经济学实证研究的核心方法与工具。

经济统计分析包括经济统计学和计量经济学。与描述统计学相对应，经济统计学是对经济系统中各个主体、各个部门、各种变量和各种经济现象进行数量描述的一门学科。经济统计学的本质是经济测度学，它是描述统计学和经济理论的有机结合，具有统计学和经济学双重学科属性。由于研究对象 —— 经济系统的复杂性，经济统计学中量化描述经济现象和测度经济变量的理论、方法与工具，比描述统计学标准教科书所介绍的理论、方法与工具，要丰富和复杂得多。对经济变量、经济现象的精确测度，是经济实证研究的先决条件与基础。没有高质量的经济数据，任何经济实证分析及其结论将毫无意义。与此同时，经济统计学可以从观测数据中揭示、刻画重要经济变量的性质以及它们之间的数量关系，也就是前面提到的经验典型特征事实。经验典型特征事实是经济实证研究和经济理论创新的重要基础与出发点。测度并刻画经济变量的数据特征，包括它们之间数量关系的特征，是经济统计学的范畴。如何更进一步地揭示经济变量之间的因果关系以及内在规律，则需要经济理论与统计推断。经济理论在某种意义上就像概率论一样，可以指导对经济现象的计量经济学建模。在经验典型特征事实基础上，以经济理论为指导，对经济现象进行建模 (所建模型即为计量经济模型)，并基于观测数据对计量经济模型进行统计推断，从中找出经济变量的因果关系以及经济运行规律，并解释经验典型特征事实，这是计量经济学的范畴。计量经济学是经济统计学、经济理论 (包括数理经济学) 与数理统计学三者的有机结合，是一门交叉学科。著名计量经济学家 Goldberger (1964) 指出："计量经济学可以定义为这样的社会科学：它把经济理论、数学和统计推断作为工具，应用于经济现象的分析。"显然，经济统计学是计量经济学的重要前提与基础。经济统计学和计量经济学两者结合在一起，构成了经济实证研究的完整的科学方法论。其中，经济统计学是经济研究的基础方法论，是整个经济研究过程的一个前置环节。而计量经济学的推断方法，包括计量经济学模型的构建 (由经济理论指导)，模型参数的估计、检验以及经济解释，是经济实证研究的主要内容。计量经济学是建立在经济理论和经济测度两者基础上的，而经济理论和经济测度又是通过统计推断方法，即通过数理统计学而紧密联系在一起。

第三节 经济统计分析的基本公理

现代经济统计分析建立在以下两个基本公理之上：

- 公理 A：任何经济系统可视为服从一定概率法则的随机系统；
- 公理 B：任何经济现象通常以数据的形式呈现或者可用数据描述，这些经济观测数据可视为上述随机数据生成过程的一个实现。

实体经济和金融市场往往存在大量的不确定现象，经济主体一般需要在不确定的市场条件下做出决策。现代经济学旨在研究不确定市场条件下稀缺资源的有效配置问题。由于经济行为所产生的结果通常具有一定的时滞性，经济主体在决策时一般无法知晓其行为导致的结果。因此，不确定性和时间是经济活动两个最重要的特征。基于此，有理由假设公理 A 成立。在公理 A 的基础上，自然可假设公理 B 也成立，并据此称随机经济系统为"数据生成过程"。这两个公理凸显了概率论与数理统计学在经济实证研究中的重要作用。首先，概率论是描述经济系统不确定性的最佳数学工具。历史上，概率论源于人们对赌博游戏的兴趣，后被应用于保险精算以及社会科学的一些领域。此后，著名物理学家玻尔兹曼 (Ludwig E. Boltzmann)、吉布斯 (Josiah W. Gibbs) 和麦克斯韦 (James C. Maxwell) 将概率论与数理统计学引入物理学。如今，由于在人类活动涉及的所有领域中都或多或少存在不确定性，概率论与数理统计学因而得到了广泛应用。

现代统计学是一门基于观测数据进行分析与推断的方法论科学，包括研究在不确定性条件下如何进行决策的相关问题。尽管统计学发展至今尚不能完全有效处理所有不确定性问题，但现代统计学至少提供了一个研究不确定性现象的逻辑框架。如同微积分为描述牛顿物理学提供数学模型一样，概率论与数理统计学为研究不确定性现象提供数学模型。正如诺贝尔经济学奖获得者罗伯特・卢卡斯 (Robert Lucas) 所指出，在动态经济系统中引入随机因素能够为研究动态经济演变规律提供新的启示。

上述两个公理是经济学家与计量经济学家对经济系统的一种哲学观点，无法在实践中加以验证。当然，并非所有的经济学家都认同这两个公理。比如，一些经济学家将经济系统视为一个混沌过程 (chaotic process)。混沌过程是一种确定性的系统，但可生成看似随机的数据。

为了说明将经济系统视为随机系统或混沌系统的不同含义，我们考察一个例子。股票市场有一个众所周知的经验典型特征事实，即高频股票收益率与其自身滞后项几乎不存在显著的自相关。图 1.1 给出了 1960 年至 2011 年美国标准普尔 500 指数 (S&P 500) 的日收盘价和日对数收益率的时间序列数据。这一经验典型特征事实至少有两种可能的解释。第一种解释，假设股票价格服从几何随机游走，即

$$\ln P_t = \ln P_{t-1} + X_t$$

其中从第 $t-1$ 期到第 t 期的对数收益率 $X_t = \ln(P_t/P_{t-1})$ 在不同时期是相互独立的。这意味着各期股票收益率之间存在零相关。图 1.2 给出了几何随机游走模型生成的价格水平 P_t 与对数收益率 X_t 的观测值，这些数据是借助计算机统计软件的随机数字生成器而产生的。比较图 1.1 和 1.2，不难发现，实际股票价格数据序列与计算机模拟生成的价格序列之间具有某些相似性。

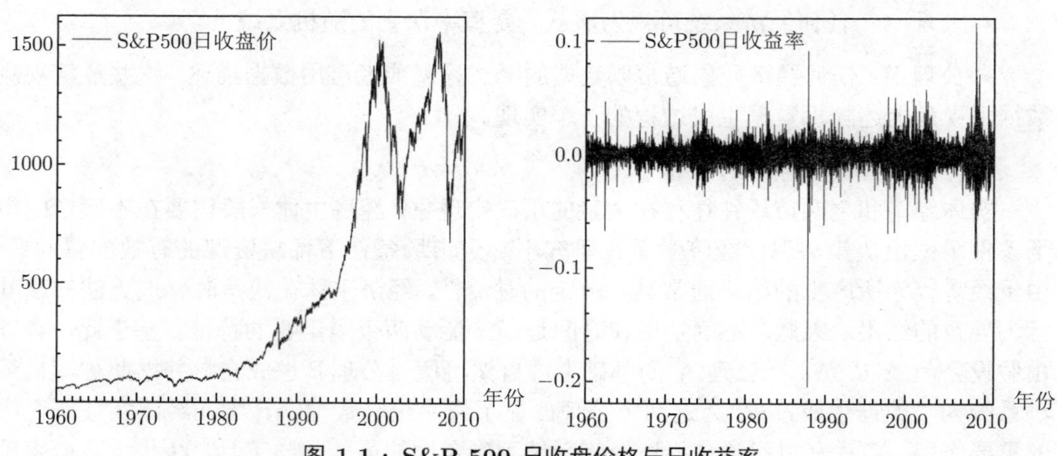

图 1.1：S&P 500 日收盘价格与日收益率

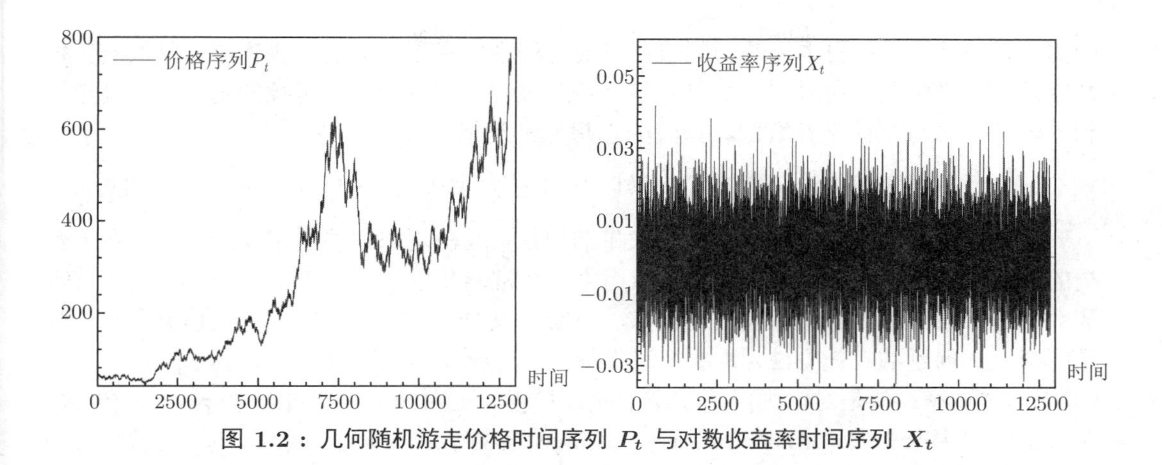

图 1.2：几何随机游走价格时间序列 P_t 与对数收益率时间序列 X_t

另一种观点是假设股票对数收益率服从非随机的逻辑混沌映射 (logistic map)，即

$$X_t = 4X_{t-1}(1 - X_{t-1})$$

若用这一逻辑映射生成大量观测值并计算样本观测值的自相关系数，同样会得到零自相关系数。因此，随机游走假说和确定性逻辑映射假说均可解释股票对数收益率高频数据自相关为零或自相关程度很低这一经验典型特征事实。然而，二者的含义却截然不同：随机游走假说认为股市收益率的未来变动与历史实现值相互独立，因而历史数据对未来股市收益率没有任何预测能力；而在逻辑映射假说下，尽管 X_t 和 X_{t-1} 之间的相关系数为零，但是二者并非相互独立。事实上，X_t 和 X_{t-1} 之间存在确定的非线性二次型关系，因此可用 X_{t-1} 完全预测出 X_t。上述哪种假说能更合理描述股票收益率序列动态变化规律是经济实证研究需要回答的一个重要问题。

随机经济系统的概率法则描述了大量不确定经济现象的平均行为，可称为“经济运行规律”。经济实证研究的主要目的就是从经济观测数据推断经济系统的运行规律，并用从观测数据推断出的计量经济模型检验经济理论与经济假说、解释经验典型特征事实、预测经济未来发展趋势以及定量分析政策成效等。可以说，经济统计分析为经济理论与经济现实之间搭建了一座桥梁。

公理 A 和 B 的另一个重要含义是：经济分析需要有随机思维与统计思维。例如，需要认识到经济关系是随机变量之间的关系，因而经济行为的结果一般是无法完全准确预知的。所有经济主体都必须考虑到这种不确定性。此外，任何经济观测数据作为经济随机系统的一个偶然实现，会受到抽样变化的影响，这给经济运行规律的推断带来了一定程度的不确定性。

第四节　统计分析在经济学的作用

统计学作为一门方法论科学，广泛应用于许多不同领域，包括物理、工程、经济、金融、管理、生物、医药、公共卫生等多个学科。例如，质量控制作为统计方法在工业中的成功应用，曾在日本和美国制造业发展过程中发挥了巨大的促进作用。所谓质量控制就是通过设定某个控制界限，监控整个生产过程是否处于质量可控的范围内。设定控制界限的思想与统计学参数假设检验的思想非常类似。

下面，简要论述统计分析在经济学以及相关学科中所发挥的重要方法论作用。

首先，由于每天的经济活动产生大量的信息，经济现象往往非常复杂，尤其在大数据的时代，更是如此。因此，在实际应用中，经常需要以一种简单明了的方式对经济观测数据进行归纳总结，从而向经济学家、决策者以及社会公众传递有价值信息。统计学是解决上述问题的有效方法。重要经济指标，如消费者价格指数 (consumer price index, CPI) 与失业率，就是对宏观经济状态的统计描述。正如 Samuelson & Nordhaus (2000) 在讨论国内生产总值 (gross domestic product, GDP) 这一概念时所指出，“虽然 GDP 和国民经济核算似乎有些神秘，但它们是 20 世纪最伟大的发明。如同人造卫星探测地球上的气候，GDP 描绘出一幅经济运行状况的整体图景。”

经济学许多重要的经验典型特征事实也通常以经济数据的统计关系的形式出现。例如，宏观经济学中众所周知的菲利普斯曲线 (Phillips curve) 刻画了通胀率与失业率之间存在负相关关系，如图 1.3 所示。另一个例子是金融市场的波动集聚现象 (volatility

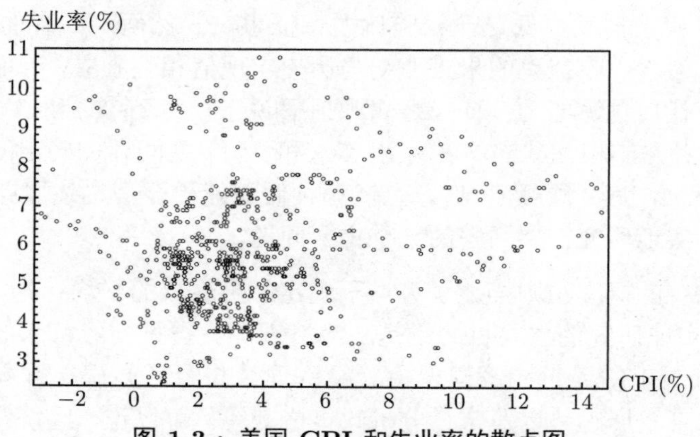

图 1.3：美国 CPI 和失业率的散点图

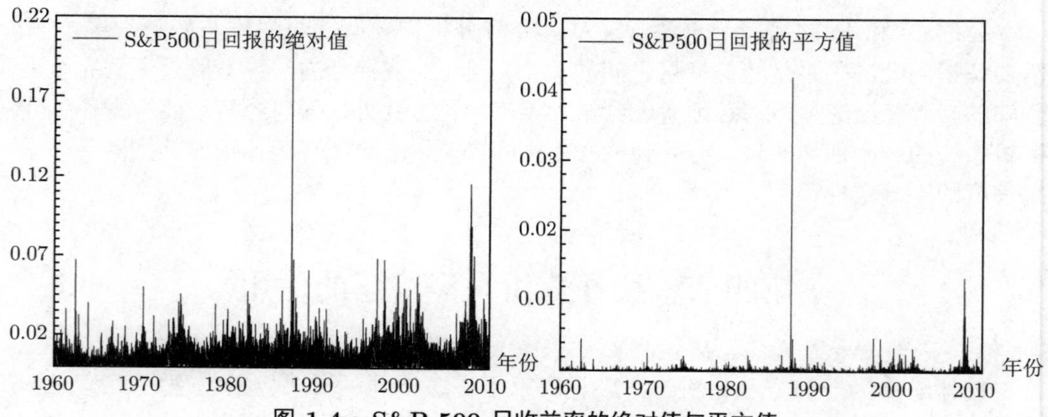

图 1.4：S&P 500 日收益率的绝对值与平方值

clustering)，即资产收益率的高波动和低波动往往在某一时间段会各自集聚，并且高低波动聚集的时期会交替出现。图 1.4 描述了标准普尔 500 (Standard & Poor's 500, S&P 500) 日对数收益率的绝对值和平方值的时间序列。从图中可以看出，S&P 500 对数收益率序列存在明显的波动集聚现象。这些经验典型特征事实是经济研究与经济理论创新的前提基础与出发点。

另外，概率论与数理统计学的基本概念与工具也可用于刻画经济现象和表述经济理论。例如，描述收入不平等程度的洛仑兹曲线 (Lorenz curve) 是通过概率累积分布函数来刻画收入分配的。事实上，绝大多数现代金融理论都是通过概率论的概念与工具进行表述的。若没有概率论的相关概念与工具，将很难准确地表述现代金融理论。

第二，经济数据的一个重要特征是经济变量的观测值存在不可预知的波动性或变异性 (variability)。这种波动性或变异性主要源于经济系统内在的异质性与不确定性。对风险厌恶型的经济主体而言，不可预知的波动性意味着各种风险。现代金融风险管理的一个核心内容就是通过统计建模与计量方法量化金融风险并对之定价或管控。为此，波动度量与建模是现实经济活动中必不可少的量化工具。

第三，抽样理论是统计学的一个重要组成部分。抽样理论的基本思想是从一个被称作“样本”的信息子集推断被称为“总体”的整个系统或过程的相关知识，并将所获得的系统知识应用于各种实际工作中。统计抽样方法与经济学成本最小化原理是一致的。例如，前文所述的工业质量控制，便应用了与假设检验相似的统计思想，在保障产品质量的同时最小化了检测与监控等管理成本。

第四，经济分析特别是经济实证分析的一个最重要目标是揭示经济变量之间的关系，尤其是因果关系。统计推断可为之提供必要的方法论工具。例如，统计学可基于市场数据估计某种产品的需求价格弹性，这也许有助于企业制定市场营销策略。若可通过实验方法控制其他次要经济因素的影响，统计分析将可以识别重要经济变量之间的因果关系。当然，对于经济学家无法控制其他因素变动的观测数据或历史数据而言，辨别经济变量之间的因果关系就更具挑战性。但无论如何，借助经济理论，统计学可在经济关系识别中发挥重要作用。

第五，经济主体通常需要在不确定市场条件下做出决策，如证券投资与金融风险控制。统计学为描述不确定性以及不确定性条件下的最优决策提供了非常便捷的量化分析的框架、方法与工具。一个例子是目前金融市场中很多投资者普遍使用的量化投资方法与策略。

第六，除了不确定性因素之外，时间也是经济活动的另一个重要因素。经济主体在决策时通常无法知晓其决策行为所产生的结果。一般来说，绝大多数经济行为的结果都是在一段时间之后才会出现。因此，当经济主体进行动态决策时，他们经常需要基于历史数据预测某些重要经济变量的未来走势，如预测经济增长率和通货膨胀率。统计学的时间序列分析可为样本外预测提供有用的统计方法与工具。

上述归纳并未穷尽统计分析在经济学发挥的所有重要作用，但相信已足以使我们对统计学在经济学以及相关学科中的重要地位有了更深层次的了解。

第五节 统计分析在经济学的应用局限

统计学是对大量重复试验结果或大量观测结果的“平均行为”的分析。经典统计分析的一个关键假设是重复试验之间相互独立且服从相同的概率分布 (independence and identical distribution, IID)。独立性意味着某一试验的结果和另一试验的结果没有任何关联。因此，不同试验可提供不同的有用信息。同分布意味着不同试验所生成结果的概率机制本质上是相同或不变的。显然，IID 假设是对现实经济现象的理想简化，很多经济系统或过程其实无法满足这一假设。但是，IID 假设可以让人们很好地理解概率论与数理统计学的基本概念与重要思想。

另一方面，当经济系统被视为随机过程时，经济随机系统便具有一些独特的统计特征。这些特征对经济学的统计分析造成了局限性。首先，经济观测数据通常是经济活动中许多 (也许是无数) 因素共同作用的结果，而经济模型通常只考虑众多因素中的一小部分因素 (当然是重要因素)。因此，即使有可能从存在遗漏因素的计量经济模型中剥离出经济学家所关注的那些重要因素所产生的影响，这种剥离也常常是非常困难的。这一点与物理学有很大不同。物理学可通过控制实验条件排除其他因素的影响与干扰。最近二十年兴起的实验经济学可视作对可控经济试验的研究方法论，这一点与物理学实验相似。然而，将该方法论扩展到研究像中国这样一个拥有 14 亿多人口的巨大经济体是十分困难的。

现实经济系统的第二个特征是经济过程的不可逆性。很多重要的经济变量如年度 GDP，每年只有一个实现值。例如，考察 1980-2010 年中国 GDP 增长率的时间序列数据。这里，不同年度的 GDP 增长率应视为不同的随机变量，而现实中每个随机变量仅有一个观测值。因此，对这样的经济数据进行统计分析需要有必要的假设。在实际应用中，通常假设不同时期或不同横截面单元的经济变量服从共同的概率法则，或至少在概率法则的某些方面具有相同属性或特征，这些相同属性或特征通常称为“平稳性 (stationarity)”或“同质性 (homogeneity)”假设。因此，来自不同时期或不同横截面单元的数据可视为由同一总体概率分布或具有相似特征的总体概率分布生成，从而方便对观测数据进行统计推断。显然，统计推断的有效性取决于这些假设对经济系统进行描述的合理程度。

经济系统的第三个特征是时变性。可能导致经济行为发生根本改变的因素有很多，比如经济主体偏好改变、人口构成变动、技术进步、政府经济政策变化、外汇制度改革，等等，也就是常说的经济结构变化 (structural changes)。经济结构变化将使现有的经济模型很难甚至无法准确预测未来的经济发展趋势。

此外，绝大多数经济观测数据都可能存在不可忽视的测量误差，尤其是对宏观经济变量的加总测度。这些误差的产生可能源于经济主体对真实信息 (如收入) 的隐瞒、数据在时间或空间上的汇总、难于测量某些定性或主观性经济变量，等等。在中国，各个省份上报的 GDP 总和常常会大于国家统计局公布的全国 GDP，这其中可能存在某种系统性或制度性测量偏差。

由于现实经济系统存在这些局限性以及经济测度的挑战性，当使用经济观测数据对经济随机系统进行统计分析时，必须非常注意所有统计方法所隐含的假设前提及其局限性。

第六节 小结

本章主要阐述了概率论与数理统计学在经济学发挥的重要方法论作用及其局限性。目前，概率论已成为描述社会经济系统不确定性的最佳数学工具，而数理统计学则为不确定现象的建模提供了理论分析框架。由于经济系统存在大量不确定现象，概率论与统计学在经济学及其相关学科中有着广泛应用，如刻画各种经济不确定现象、凝练经验典型特征事实、有效汇总与解释数据、对随机波动性或变异性进行测度与建模、以样本信息推断整个系统或过程的性质与规律、识别经济因果关系以及用历史数据预测未来发展趋势与变化，等等。然而，绝大多数经济现象的非实验性本质、无法观测到的经济主体异质性、经济结构的不稳定性以及经济观测数据的测量误差问题等，都对统计分析在经济学中应用的有效性和精确性带来了巨大挑战。

关于本章主要内容的更多相关讨论，可参见洪永淼 (2007，2016)。

练习题一

1.1 概率论与统计学能够在经济学发挥重要作用的本质原因是什么？你的依据是什么？

1.2 经济实证研究的方法论是什么？

1.3 论述描述统计学、推断统计学、经济统计学以及计量经济学之间的关系。

1.4 统计学在经济学以及相关领域中具有哪些主要作用？

1.5 经济学的统计分析存在哪些局限性？

1.6 大数据时代各种类型的数据极大丰富而且常常呈现海量数据。在大数据时代，统计分析的重要性是提升还是下降了？统计学面临什么样的新挑战与新机遇？

1.7 应该如何学习概率论与数理统计学？

第二章　概率论基础

摘要：作为统计学的基础，概率论为随机试验或不确定性现象提供了一种数学建模的方法与工具。通过这些数学概率模型，研究者可基于观测数据对随机试验做出推断。本章旨在勾勒作为统计学基础的概率论的基本思想与基本理论框架。现代概率论的整体结构以及现代统计学，都是构建在本章所介绍的概率论基础之上的。

关键词：贝叶斯定理、σ 域、组合、补集、条件概率、事件、独立性、交集、乘法法则、排列、概率函数、概率空间、随机试验、样本空间、集合、并集

第一节　随机试验

许多科学研究在一定程度上都具有如下特征，即在或多或少相同的条件下进行多次重复试验以便从中发现规律。例如，经济学家可能关注三种资产 (如短期、中期和长期债券) 在不同时期的价格，以研究这三种资产价格之间的内在联系。针对这一问题，研究者获得信息的渠道就是实施或观察重复试验。每次试验都有一个观测结果。在每次试验进行之前，研究者可描述所有可能发生的结果，但却无法预知究竟会出现哪个结果。

定义 2.1 *[随机试验 (Random Experiment)]*: *如果一项试验能够在相同条件下重复进行，并且该试验至少有两种可能的结果，但在每一次试验前无法确定哪个结果会实现，则称之为随机试验。换言之，随机试验是无法确切预知结果的一种机制。*

此处“试验”表示一般意义上的观察或测度的过程，而未必是类似于物理学等自然科学中真正实施的实验。比如，观察、记录某款手机不同月份的价格就是一种试验。

任何随机试验均有以下两个要素：

- 所有可能结果的集合；
- 每个结果发生的可能性。

众所周知，现代经济学一个主要目的是研究不确定市场条件下稀缺资源的有效配置问题。经济主体在决策时通常无法确定其行为所产生的后果。这种经济行为结果的不确定性在某种程度上与随机试验相似。

正如第一章所述，现代经济统计分析建立在以下两个基本公理之上：

- 经济系统可视为服从某个概率法则的随机试验；

• 任何经济现象 (常以数据形式测度) 都可视为上述随机试验的一个结果。随机试验常被称为“数据生成过程”。

在现代统计学中，数理统计分析的主要目的是为人们所关心的随机试验提供数学概率模型以及推断方法。如果能够为某一随机试验构建合理的数学概率模型，并且该模型有充足的理论支持，那么，统计学家就可在该模型框架下根据观测数据推断随机试验所服从的概率法则。就计量经济学而言，计量分析的主要目的是用经济观测数据推断经济系统所服从的概率法则，进而运用该概率法则解释经济系统的重要经验典型特征事实、验证经济理论与经济假说、预测经济的未来走势以及进行政策评估与分析等。

第二节 概率论的基本概念

定义 2.2 *[样本空间 (Sample Space)]*: *随机试验可能产生的结果称为“基本结果”。所有基本结果的集合构成随机实验的“样本空间”，用 S 表示。实施一次试验仅会得到样本空间中的一个 (且仅一个) 结果。若进行多次试验，则可能出现不同的结果或者某些结果可能重复出现。*

澳大利亚数学家和工程师路德维希 • 冯 • 密塞斯 (Ludwig von Mises) 1931 年首次提出样本空间的概念。样本空间 S 也常称为结果空间。S 的每个结果称为 S 的一个元素或一个样本点。随机试验可能产生的所有基本结果的集合是可知的，但是在实施试验之前，无法预知将出现哪个结果。

例 2.1 [抛一枚硬币]：该试验有两种可能的结果：“正面朝上 (H)” 和 “反面朝上 (T)”。样本空间 $S=\{H,T\}$。

例 2.2 [经济周期拐点]：若中国国内生产总值 (GDP) 的增长率为正时令变量 $Y=1$，反之则令变量 $Y=0$。据此，可用指标变量 Y 的信息考察中国经济运行的拐点。

例 2.3 [掷骰子]：基本结果为数字 $1,2,3,4,5,6$, 而样本空间 $S=\{1,2,3,4,5,6\}$。

例 2.4 [扔两枚硬币]：样本空间如下：

$$S=\{(H,H),(H,T),(T,H),(T,T)\}$$

例 2.5：某大城市一定时期内出生的婴儿总数为 $\{0,1,2,\cdots,M\}$，其中 M 是一个较大的整数。

例 2.6：假设 t_0 为某地区的最低气温，t_1 为该地区最高气温。令 t 表示该地区可能的气温值，则 t 的样本空间为

$$S=\{t\in\mathbb{R}:t_0\leqslant t\leqslant t_1\}$$

其中 $\mathbb{R}$ 表示实数集。

样本空间 S 可以是可数或者不可数的。例 2.6 的样本空间是不可数的，例 2.1-2.4 的样本空间是有限可数的，例 2.5 的样本空间则是无限可数的。在第三章将看到，可数样本空间与不可数样本空间的差别决定了概率表示方式的不同。

为了探讨所关注的概率问题，现在引入事件这一基本概念。

定义 2.3 [事件 (*Event*)]: 事件 A 是样本空间 S 中具有某些共同特征或服从某些共同约束条件的基本结果所组成的集合。若随机试验导致构成事件 A 的一个 (且仅一个) 基本结果发生，则称事件 A 发生。换言之，若事件 A 的任何一个基本结果发生 (即随机试验的结果是事件 A 的一个元素)，则称事件 A 发生。

数学上，一个事件等同于一个集合。因此，本书的“集合”与“事件”两个概念可以互换。

例 2.7: 定义事件 A 为“掷骰子的结果是偶数”，事件 B 为“掷骰子的结果大于等于 4”，则 $A=\{2,4,6\}$，$B=\{4,5,6\}$。

显然，样本空间、基本结果和事件三者之间的关系如下:

$$\text{基本结果} \subseteq \text{事件} \subseteq \text{样本空间}$$

问题 2.1 基本结果具有哪些性质?

基本结果是样本空间的基本组成单元，也称样本点，不能被分解为更基本的结果。换言之，样本空间的一个元素无法用以表示存在差异的两个或者更多结果。

第三节 集合理论概述

本节所述的集合理论也称集合代数，这是概率论的基础。首先介绍维恩图 (Venn Diagram)。该图由约翰 · 维恩 (John Venn) 在其 1881 年出版的《符号逻辑》(*Symbolic Logic*) 一书中首次提出，可用于表示样本点、样本空间、事件或相关概念。具体而言，维恩图由两个或两个以上可能相互重叠的圆组成，每个圆表示一个集合。维恩图在数学上常用以表示集合之间的关系。

下面，令 A 和 B 表示样本空间 S 的两个事件，现在定义集合 A 和 B 之间的各种可能关系。

定义 2.4 [交集]: A 和 B 的交集，记为 $A\cap B$，指样本空间 S 中同时属于 A 和 B 的所有基本结果的集合。当且仅当事件 A 和 B 同时发生时，二者的交集才会发生。

A 和 B 的交集也称逻辑积，可用维恩图 2.1(a) 表示。

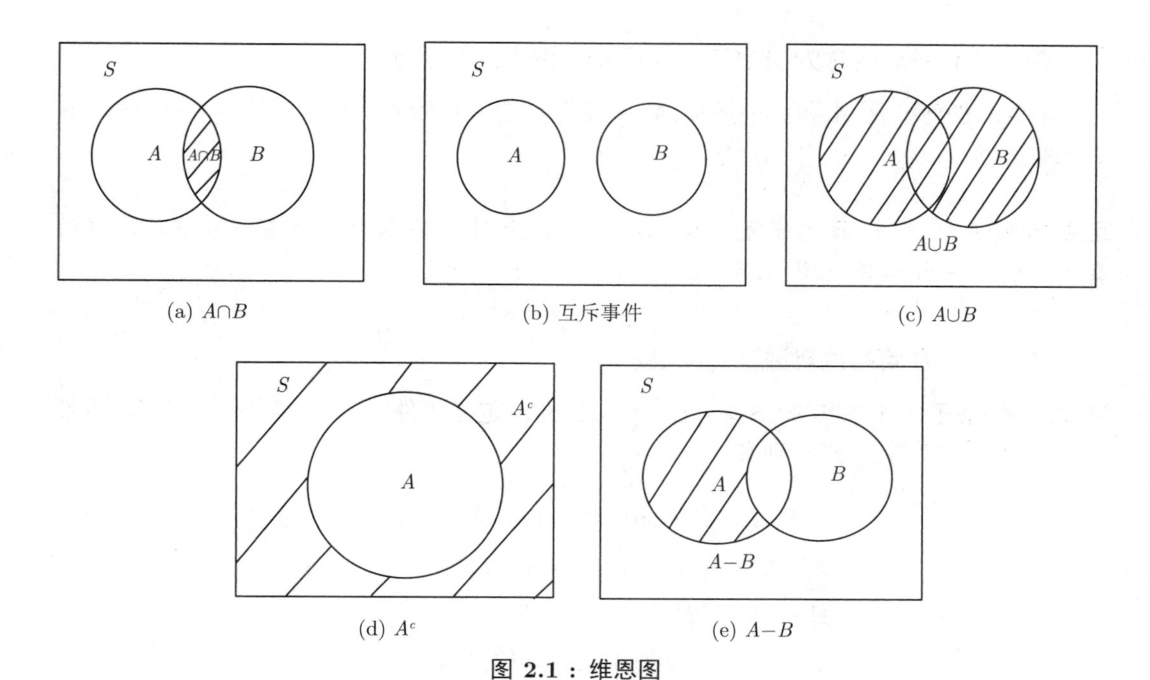

(a) $A \cap B$　(b) 互斥事件　(c) $A \cup B$

(d) A^c　(e) $A-B$

图 2.1：维恩图

定义 2.5 *[互斥]*： 若 A 和 B 不存在共同的基本结果，则称为互斥事件。此时交集为空集 $\varnothing$，即 $A \cap B = \varnothing$，其中 $\varnothing$ 表示内部为空的集合。一般认为空集 $\varnothing$ 是任何集合的子集。

两个互斥事件 A 和 B 可用维恩图 2.1(b) 表示。

由于两个互斥事件在维恩图中没有重叠部分，也被称为不相交。由定义可知，任何互斥事件不会同时发生。由于每一次随机试验有且仅有一个基本结果发生，样本空间 S 中任意一对基本结果都是互斥的。

定义 2.6 *[并集]*： A 和 B 的并集，记为 $A \cup B$，是样本空间 S 中属于 A 或 B 的所有基本结果的集合。当且仅当 A 或 B (或二者兼有) 发生时，二者的并集才会发生。

A 和 B 的并集也称为逻辑和，可用维恩图 2.1(c) 表示。

定义 2.7 *[完全穷尽 (Collective Exhaustiveness)]*： 假设 $A_1, A_2, \cdots, A_n$ 是样本空间 S 中的 n 个事件，其中 n 为任意正整数。若 $\cup_{i=1}^{n} A_i = S$，则称这 n 个事件是完全穷尽的。

定义 2.8 *[补集]*： 子集 A 在样本空间 S 的补集是指所有属于 S 但不属于 A 的基本结果所构成的集合，记为 A^c。

事件 A 的补集也称为 A 的反，可用维恩图 2.1(d) 表示。

显然，任何事件 A 和它的补集 A^c 都是互斥的，且为完全穷尽。即 $A \cap A^c = \varnothing$ 且 $A \cup A^c = S$。

定义 2.9 *[差]*: A 和 B 的差是样本空间 S 中属于 A 而不属于 B 的基本结果所构成的集合，用 $A - B = A \cap B^c$ 表示。

差集 $A - B$ 可用维恩图 2.1(e) 表示。

例 2.8 [掷骰子]：样本空间 $S = \{1, 2, 3, 4, 5, 6\}$。定义事件 A 为“结果为偶数”，事件为 B“结果大于等于 4”。则有

$$A = \{2, 4, 6\}, B = \{4, 5, 6\}$$
$$A^c = \{1, 3, 5\}, B^c = \{1, 2, 3\}$$
$$A - B = \{2\}, B - A = \{5\}$$
$$A \cap B = \{4, 6\}, A \cup B = \{2, 4, 5, 6\}$$
$$A \cap A^c = \varnothing, A \cup A^c = \{1, 2, 3, 4, 5, 6\} = S$$

定理 2.1 *[集合运算法则]*: 令 A, B, C 表示样本空间 S 的任何三个事件。则

(1) [求补运算]:

$$(A^c)^c = A$$
$$(\varnothing)^c = S$$
$$S^c = \varnothing$$

(2) [交换律]:

$$A \cup B = B \cup A$$
$$A \cap B = B \cap A$$

(3) [结合律]:

$$(A \cup B) \cup C = A \cup (B \cup C)$$
$$(A \cap B) \cap C = A \cap (B \cap C)$$

(4) [分配律]:

$$A \cap (B \cup C) = (A \cap B) \cup (A \cap C)$$
$$A \cup (B \cap C) = (A \cup B) \cap (A \cup C)$$

一般地，对任意 $n \geqslant 1$，有

$$B \cap (\cup_{i=1}^{n} A_i) = \cup_{i=1}^{n} (B \cap A_i)$$
$$B \cup (\cap_{i=1}^{n} A_i) = \cap_{i=1}^{n} (B \cup A_i)$$

(5) [德摩根律]:

$$(A \cup B)^c = A^c \cap B^c$$
$$(A \cap B)^c = A^c \cup B^c$$

一般地，对任意 $n \geqslant 1$，有

$$(\cup_{i=1}^{n} A_i)^c = \cap_{i=1}^{n} A_i^c$$
$$(\cap_{i=1}^{n} A_i)^c = \cup_{i=1}^{n} A_i^c$$

证明：限于篇幅，此处仅证明结论 (5)，其他部分同理可证。

若 $a \in (A \cup B)^c$，则 $a \in A^c$ 且 $a \in B^c$。于是有 $a \in A^c \cap B^c$。又若 $a \in A^c \cap B^c$，则 $a \in A^c$ 且 $a \in B^c$。于是有 a 不属于 A 也不属于 B。故由补集定义有 $a \in (A \cup B)^c$。证毕。 ■

以上结论也可借助维恩图从直觉上理解 (请验证)。

例 2.9：假设事件 A 和 B 不相交。在何种条件下 A^c 和 B^c 也不相交？

解：当且仅当 $A \cup B = S$ 时 A^c 和 B^c 不相交。

(1) 首先证明若 A^c 和 B^c 不相交，则 $A \cup B = S$。由德摩根律，$A^c \cap B^c = \varnothing \Rightarrow (A \cup B)^c = \varnothing$。则有 $A \cup B = S$。

(2) 其次证明若 $A \cup B = S$,则 A^c 和 B^c 不相交。因 $A \cup B = S \Rightarrow (A \cup B)^c = S^c = \varnothing$。由德摩根律则有 $A^c \cap B^c = \varnothing$。

例 2.10：令 A 和 B 为样本空间 S 的两个事件。请回答下列问题并给出理由：

(1) $A \cap B$ 和 $A^c \cap B$ 是否互斥？

(2) $(A \cap B) \cup (A^c \cap B) = B$？

(3) A 和 $A^c \cap B$ 是否互斥？

(4) $A \cup (A^c \cap B) = A \cap B$？

例 2.11：令事件集 $\{A_i, i = 1, \cdots, n\}$ 互斥且完全穷尽，并令 A 是 S 的任何一个事件。

(1) $A_1 \cap A, \cdots, A_n \cap A$ 是否互斥？

(2) $A_i \cap A$ 的并集是否等于 A？即是否有

$$\cup_{i=1}^{n} (A_i \cap A) = A?$$

直觉上，完全穷尽且互斥的事件集构成了样本空间 S 的一个分割 (partition)。从某种程度上说，完全穷尽且互斥事件的集合可视为正交基的完备集，可表示样本空间 S 中的任意事件 A，而 $A_i \cap A$ 代表事件 A 在正交基 A_i 上的投影。

第四节　概率论基础

现在考虑对样本空间 S 中的事件 A 赋予一个概率，以描述该事件发生的可能性。概率函数是从事件到实数的映射。若想对事件、事件的补集、并集和交集等赋予概率，就需要允许事件的集合包含事件的各种可能组合。此种事件的集合称为样本空间 S 的子集的西格玛域或 σ 域 (σ-field)，其构成概率函数的定义域。《新韦氏国际英语大词典》第三版将“概率”定义为“可能的状态或性质”。在科学研究中，需要赋予概率更为准确的定义。以下用公理化方式定义概率，使其成为一个有明确规则可依的“数学对象”。

定义 2.10 *[σ 代数]*：σ 代数 $\mathbb{B}$ 是样本空间 S 中满足下列条件的子集 (即事件) 的集合：

(1) $\varnothing \in \mathbb{B}$ (即空集包含在 $\mathbb{B}$ 中)；

(2) 若 $A \in \mathbb{B}$，则 $A^c \in \mathbb{B}$ (即 $\mathbb{B}$ 对于可数补集是封闭的)；

(3) 若 $A_1, A_2, \cdots \in \mathbb{B}$，则 $\cup_{i=1}^{\infty} A_i \in \mathbb{B}$ (即 $\mathbb{B}$ 对可数并集运算是封闭的)。

σ 代数也称 σ 域，是样本空间 S 中满足上述三个条件的所有事件的集合，也是对任意事件赋予概率的概率函数的定义域。值得注意，σ 域是样本空间 S 中子集的集合，但本身并不是 S 的子集。概率论中，事件空间就是 σ 域，而 $(S, \mathbb{B})$ 称为可测空间。

例 2.12：证明对任何样本空间 S，集合 $\mathbb{B} = \{\varnothing, S\}$ 总为 σ 域。

证明：分别验证 σ 域的三个性质：

(1) $\varnothing \in \{\varnothing, S\}$，故 $\varnothing \in \mathbb{B}$；

(2) $\varnothing^c = S \in \mathbb{B}$ 且 $S^c = \varnothing \in \mathbb{B}$；

(3) $\varnothing \cup S = S \in \mathbb{B}$。

因此，集合 $\mathbb{B} = \{\varnothing, S\}$ 总为 σ 域。

例 2.13：设有样本空间 $S = \{1, 2, 3\}$。证明包含以下 8 个子集 $\{1\}$，$\{2\}$，$\{3\}$，$\{1, 2\}$，$\{1, 3\}$，$\{2, 3\}$，$\{1, 2, 3\}$ 与 $\varnothing$ 的集合是 σ 域。

例 2.14：定义 $\mathbb{B}$ 为样本空间 S 中所有可能子集 (包括空集 $\varnothing$) 的集合。则 $\mathbb{B}$ 是否为 σ 域？

下面，给出概率测度的公理化定义。

定义 2.11 *[概率函数]*：假设一个随机试验有样本空间 S 和相关 σ 域 $\mathbb{B}$。概率函数

$P:\mathbb{B}\to[0,1]$ 定义为满足以下条件的映射：

(1) 对 $\mathbb{B}$ 中的任何事件 A 有 $0\leqslant P(A)\leqslant 1$；

(2) $P(S)=1$；

(3) 若 $A_1, A_2,\cdots\in\mathbb{B}$ 互斥，则 $P(\cup_{i=1}^{\infty}A_i)=\sum_{i=1}^{\infty}P(A_i)$。

此处，条件 (1) 表示“任何事件都可能发生”。对于等号成立时的两种极端情况，$P(A)=0$ 意味着“事件不可能发生”，而 $P(A)=1$ 表示“事件必然发生”。条件 (2) 表示“进行任何一次随机试验时总有一个基本结果发生”，条件 (3) 表明互斥事件“和 (即并集)”的概率等于各事件发生概率的和。前文已述互斥的事件不能同时发生。

概率函数描绘了事件集 $\mathbb{B}$ 中所有事件发生的概率是如何分布的，因此也称为概率分布。任何满足以上三个条件的函数 $P(\cdot)$ 都称为概率函数。给定可测空间 $(S,\mathbb{B})$，可定义很多不同的概率函数。究竟哪个概率函数能够真实反映某个试验中可能观测到的每个结果发生的概率，尚未可知。计量经济学家和统计学家的主要任务就是通过数理统计方法与经济观测数据，推断描述经济运行的概率函数。这一概率函数通常被称为真实概率函数或真实概率分布模型。

2.4.1 概率的解释

如何解释事件的概率？

经典或先验的概率解释基于互斥、等可能的试验结果。若样本空间 S 包含 n 个互斥的等可能结果，则任意单一结果或样本点的概率为 $\frac{1}{n}$。在这种情况下，事件概率只是导致该事件发生的样本点的概率总和。

鉴于概率源自纯粹的演绎推理或简单的事件结构，经典解释也称为先验解释。因为逻辑上所有基本结果发生的概率相同，所以无须实施试验。

然而，经典解释存在一定缺陷。若试验结果是无限或不等可能的，又该如何解释呢？接下来，提供两种更广义的概率解释。

方法 1：相对频率解释

概率有两种基本解释。第一种将概率解释为相同条件下大量重复进行某一试验时同类事件发生的相对频率。当进行一次随机试验时，试验结果的实现值是样本空间 S 中的一个基本结果。将该试验在相同条件下重复多次，可得到多个不同的结果或者某些结果可能重复出现。如果在重复试验过程中，每一次试验的结果均不受其他试验的影响，则某一结果发生的相对频率可视为其概率。换言之，某一结果的概率可被视为是在相同条件下进行大量独立重复试验时，该结果发生的“相对频率”的极限。

例如，抛掷一枚硬币会出现正面朝上或者反面朝上两种可能的结果。现在重复 N 次试验，试验次数 N 充分大，如 1 亿次。假设在 N 次试验中，“正面”朝上出现 N_h 次，则“正面”朝上在 N 次试验中出现的比例是 N_h/N。当 $N\to\infty$ 时，该比例 N_h/N

的变动很小。若硬币质地均匀，在试验次数很大时该比例将无限接近 0.5。这一相对频率即为“正面”出现的概率。换言之，频率解释将事件的概率视为同一事件在大量重复试验时发生的比例。

以上相对频率的解释在相同条件下大量重复试验的假设前提下成立。在统计学中，这种假设常被称为“独立同分布 (IID)”。也就是，试验的同质性确保不同试验结果遵循同样的概率法则，而任何试验的结果不受其他试验的影响保证了不同试验之间是相互独立的。

例 2.15：当气象局预测下雨的概率为 30% 时，这意味着在相同天气条件下有 30% 的概率下雨。不能确认在某一天是否下雨，但若气象预测准确且长期记录天气情况，会发现在相同天气条件下下雨天数的比例非常接近 30%。

方法 2：主观概率解释

概率的频率解释，要求在相同条件下进行大量重复试验，因此也称为概率的经验解释。近年来，概率的另一种解释方法，即主观法 (subjective method) 逐渐兴起。与相对频率解释不同，该方法将概率视为某一事件发生的主观可能性。主观概率往往用于考察难以估计或无法估计相对频率的事件。例如，由于相同的市场条件基本上不会重复出现，未来某一时期美国标准普尔 500 (S&P 500) 价格指数上升的概率就很难用上述的频率解释给予合理的估算。主观概率奠定了贝叶斯统计学的基础。贝叶斯统计学与经典统计学是统计学的两大竞争学派，详见本章第七节。在统计学中，一般只有当其他方法都失效且存在较大的疑惑时，才考虑采用主观概率方法。但是，经济学中有不少主观概率的应用。

在实际应用中，经济主体的主观概率例子并不少见，如宏观经济学中著名的理性期望概念 (Muth, 1961)，该概念假设经济主体的主观期望 (如，经济主体主观概率分布的均值) 与数学期望一致 (如，客观概率分布的均值)。所谓期望，就是对随机结果的加权平均，其中权重为主观概率或客观概率。主观概率是一个很好的定量工具，可用来刻画经济主体关于经济或金融事件的主观信念。更多应用实例如下。

例 2.16 [美联储费城分行的专业预测调查]：美国中央银行 —— 美联储费城分行每个季度发布重要宏观经济指标的专业预测调查结果，如对 GDP 增长率、通胀率和失业率的预测。美联储费城分行每季度都会对业内相关专业人士发放调查问卷，询问他们对这些重要宏观经济指标的概率分布的预测，例如预测通货膨胀率落在不同区间的概率。

例 2.17 [风险中性概率]：在 1997-1998 年亚洲金融危机期间，许多投资者非常担忧港币盯住美元的所谓联系汇率制度的瓦解和港币的贬值。换言之，在那个时期，投资者关于港币贬值的主观概率比港币贬值的客观概率要高。在金融衍生产品定价理论中，前者称为风险中性概率分布 (risk-neutral probability distribution)，后者称为客观或自然概率分布 (objective or physical probability distribution)。两个概率分布之间的差异反映了市场投资者的风险态度。风险中性概率分布是现代金融衍生产品定价的基本概念与基本工具 (参见 Hull, 2012)。

例 2.18 [阿莱斯悖论 (Allais Paradox)]：在实验经济学中，假设有一组奖金数额 $X = \{0 \text{ 元}, 1,000,000 \text{ 元}, 5,000,000 \text{ 元}\}$，你更偏好以下哪个概率分布呢？是概率分布为 $P_1 = (0.00, 1.00, 0.00)$ 还是概率分布为 $P_2 = (0.01, 0.89, 0.10)$？还有，以下两个概率分布，你又更偏好哪一个呢？是概率分布为 $P_3 = (0.90, 0.00, 0.10)$ 还是概率分布为 $P_4 = (0.89, 0.11, 0.00)$？很多受试对象报告说：相比 P_2，他们偏好 P_1；而相比 P_4，他们则更偏好 P_3。这样的选择并不符合微观经济学中著名的期望效用理论，即期望效用最大化。

很明显，人们倾向于高估低概率事件而低估高概率事件。严格地说，假设有以下一组期望收益 $\{(x_1, p_1), (x_2, p_2), \cdots, (x_n, p_n)\}$, $x_1 > \cdots > x_n$，其中 x_i 为状态 i 下的收益，p_i 为状态 i 出现的概率。定义一个等级依赖 (rank-dependent) 的权重函数：

$$\pi_i = w\left(\sum_{j=1}^{i} p_j\right) - w\left(\sum_{j=1}^{i-1} p_j\right)$$

其中 $w : [0, 1] \to [0, 1]$ 是一个严格单调递增且连续的权重函数，且 $w(0) = 0$，$w(1) = 1$。则上述期望收益的值可描述为 $\sum_{i=1}^{n} \pi_i x_i$。这里，等级依赖的权重函数 $\{\pi_i\}_{i=1}^{n}$ 可被合理地理解为主观概率，就像我们把微观金融学中的阿罗证券的价格解释为主观概率一样。

从几何上说，可基于维恩图将样本空间 S 的总面积标准化为 1，则任何事件 $A \subset S$ 发生的概率可等同于 A 的面积。更确切地说，若考察的所有基本结果的集合都在一个有界区域内且总面积为 1，则某一事件概率的大小等于它在维恩图所占据的面积。

2.4.2 基本概率法则

迄今为止，已分别定义和讨论了样本空间 S，σ 域 $\mathbb{B}$ 以及概率测度 P 等概念。这三者共同构成了概率空间。

定义 2.12 *[概率空间]*：*概率空间是一个三元组合 $(S, \mathbb{B}, P)$，其中：*

(1) S 是随机试验的样本空间；

(2) $\mathbb{B}$ 是 S 的子集 (即事件) 构成的 σ 域；

(3) $P : \mathbb{B} \to [0, 1]$ 是概率测度或概率函数。

一个概率空间 $(S, \mathbb{B}, P)$ 完整描述了构筑样本空间 S 的随机试验。由于概率函数 $P(\cdot)$ 的定义域是 σ 域 $\mathbb{B}$ 或样本空间 S 的事件的集合，故 $P(\cdot)$ 也称为集合函数。下面讨论概率函数的若干性质。

定理 2.2 *若将空集记为 $\varnothing$，则有 $P(\varnothing) = 0$。*

证明：由于 $S = S \cup \varnothing$，且 S 和 $\varnothing$ 互斥，故 $P(S) = P(S \cup \varnothing) = P(S) + P(\varnothing)$，因此

$P(\varnothing)=0$。证毕。 ■

直观上，定理 2.2 意味着若实施一项随机试验，不可能什么都不发生，即随机试验必定有所结果。虽然 $P(\varnothing)=0$，但 $P(A)=0$ 并不意味着 $A=\varnothing$。这一点从概率的相对频率解释角度就较容易理解。在第三章介绍所谓的连续随机变量时将会发现，连续随机变量取任何一个特定值的概率为 0。

定理 2.3 $P(A)=1-P(A^c)$。

证明： 注意到 $S=A\cup A^c$，则

$$P(S)=P(A\cup A^c)$$

因 $P(S)=1$，且 A 和 A^c 互斥，有

$$1=P(A)+P(A^c)$$

证毕。 ■

为了说明定理 2.3 的应用价值，考察一个简单例子。

例 2.19： 假设 X 表示某随机试验的结果。X 取不同值的概率，即 X 的概率分布为

$$P(X=i)=\frac{1}{2^i},\quad i=1,2,\cdots$$

计算 X 大于 3 的概率。

解： 该随机试验的样本空间 $S=\{1,2,\cdots\}$。令 A 表示事件 $X>3$，即 $A=\{4,5,\cdots\}$，则

$$\begin{aligned}P(A)&=P(X>3)\\&=P(X=4)+P(X=5)+P(X=6)+\cdots\\&=\sum_{i=4}^{\infty}P(X=i)=\sum_{i=4}^{\infty}\frac{1}{2^i}\end{aligned}$$

直接计算该无穷级数和可能比较繁琐。应用定理 2.3，则有

$$\begin{aligned}P(A)&=1-P(A^c)=1-P(X\leqslant 3)\\&=1-[P(X=1)+P(X=2)+P(X=3)]\\&=1-\left(\frac{1}{2}+\frac{1}{2^2}+\frac{1}{2^3}\right)=\frac{1}{8}\end{aligned}$$

在概率论中，事件 A 的概率与互补事件的概率之比称为胜算比 (ratio of odds)，即

$$\frac{P(A)}{P(A^c)}=\frac{P(A)}{1-P(A)}$$

定理 2.4 若 A 和 B 是 σ 域 $\mathbb{B}$ 中的两个事件，且 $A \subseteq B$，则 $P(A) \leqslant P(B)$。

证明：由于 $S = A \cup A^c$，根据分配律可得

$$\begin{aligned} B &= S \cap B = (A \cup A^c) \cap B \\ &= (A \cap B) \cup (A^c \cap B) \\ &= A \cup (A^c \cap B) \end{aligned}$$

最后一个等式利用了从 $A \subseteq B$ 可推出 $A \cap B = A$ 这一性质。因 A 和 $A^c \cap B$ 互斥，则给定 $P(A^c \cap B) \geqslant 0$，有

$$\begin{aligned} P(B) &= P(A) + P(A^c \cap B) \\ &\geqslant P(A) \end{aligned}$$

证毕。 ■

推论 2.1 对满足 $\varnothing \subseteq A \subseteq S$ 的任意事件 $A \in \mathbb{B}$，有 $0 \leqslant P(A) \leqslant 1$。

定理 2.5 对 σ 域 $\mathbb{B}$ 中任意两个事件 A 和 B，

$$P(A \cup B) = P(A) + P(B) - P(A \cap B)$$

证明：因 $A \cup B = A \cup (A^c \cap B)$，且 A 与 $A^c \cap B$ 互斥，则

$$P(A \cup B) = P(A) + P(A^c \cap B) \tag{2.1}$$

又因 $B = S \cap B = (A \cap B) \cup (A^c \cap B)$，且 $A \cap B$ 与 $A^c \cap B$ 互斥，故有

$$P(B) = P(A \cap B) + P(A^c \cap B) \tag{2.2}$$

从方程 (2.2) 可得

$$P(A^c \cap B) = P(B) - P(A \cap B)$$

代入方程 (2.1) 即得定理结果。证毕。 ■

事实上，由于事件的概率等于其在样本空间中所占据的面积，定理 2.5 可用维恩图表示，如图 2.2 所示。

例 2.20 [邦费罗尼不等式 (Bonferroni's Inequality)]：证明 $P(A \cup B) \geqslant P(A) + P(B) - 1$。

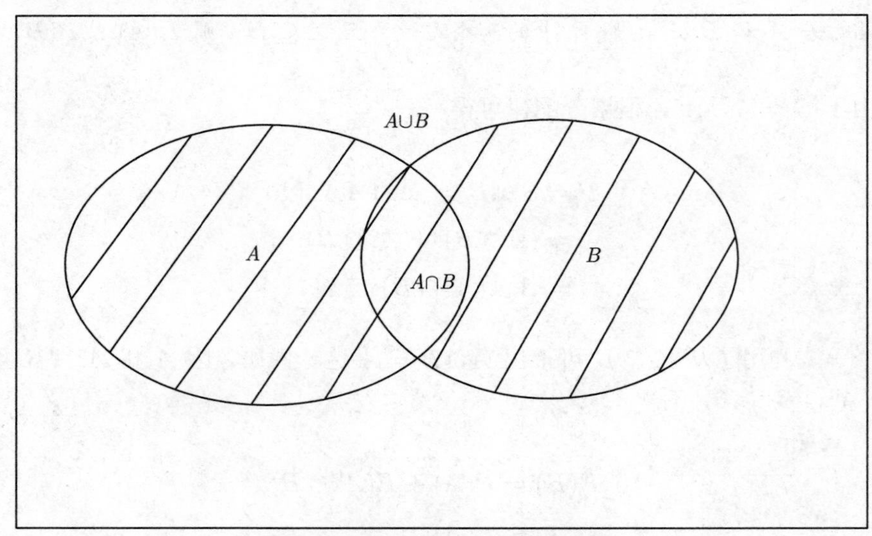

图 2.2：定理 2.5 的维恩图

解：根据 $A \cap B \subseteq S$ 以及定理 2.4 可知 $P(A \cap B) \leqslant P(S) = 1$。进一步根据定理 2.5 可得

$$\begin{aligned} P(A \cup B) &= P(A) + P(B) - P(A \cap B) \\ &\geqslant P(A) + P(B) - 1 \end{aligned}$$

例 2.21：假设 A 和 B 是样本空间 S 的两个事件，满足 $P(A) = 0.20$，$P(B) = 0.30$，以及 $P(A \cap B) = 0.10$。请问：

(1) A 和 B 是否互斥？

(2) $P(A^c) = ?$ $P(B^c) = ?$

(3) $P(A \cup B) = ?$

(4) $P(A^c \cup B^c) = ?$

(5) $P(A^c \cap B^c) = ?$

定理 2.6 *[全概率公式 (Rule of Total Probability)]*：若事件序列 $\{A_i \in \mathbb{B}, i = 1, 2, \cdots\}$ 互斥且完全穷尽，而 $A \in \mathbb{B}$ 是样本空间 S 的任意事件，则

$$P(A) = \sum_{i=1}^{\infty} P(A \cap A_i)$$

证明：因为 $S = \cup_{i=1}^{\infty} A_i$，有 $A = A \cap S = A \cap (\cup_{i=1}^{\infty} A_i) = \cup_{i=1}^{\infty} (A \cap A_i)$，最后一个等号来自分配律。对所有 $i \neq j$，因 $A \cap A_i$ 和 $A \cap A_j$ 不相交，故有以上定理结果。证毕。■

全概率公式可用维恩图直观描述，如图 2.3 所示 (假设只有 3 个事件)。

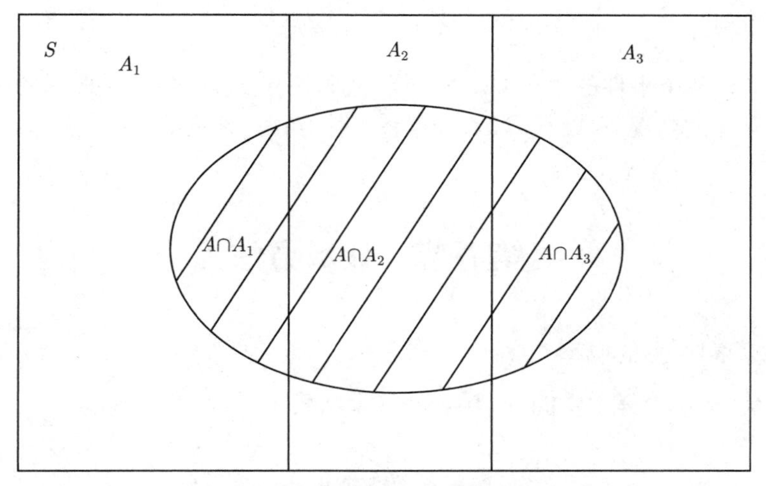

图 2.3：全概率公式的维恩图

直观而言，给定一组互斥并且完全穷尽的事件 $A_1, \cdots, A_n$，可将任何事件 A 分解为互斥交集 $A \cap A_1, \cdots, A \cap A_n$ 的并集。因此，事件 A 的概率就是这些交集的概率之和。某种程度而言，互斥且完全穷尽事件的集合可视为表示任意事件 A 的完备正交基的集合，而交集 $A \cap A_i$ 可视为事件 A 在正交基 A_i 上的投影。

例 2.22：若 $A = \{$概率论与统计学课程成绩 > 90 分的学生$\}$,$A_i = \{$来自国家 i 的学生$\}$, 则 $A \cap A_i = \{$来自国家 i 且其概率论与统计学课程成绩 > 90 分的学生$\}$。

定理 2.7 [次可加性 (*Subadditivity*)：布尔不等式 (*Boole's Inequality*)]：*对任意事件序列* $\{A_i \in \mathbb{B}, i = 1, 2, \cdots\}$，*有*

$$P\left(\bigcup_{i=1}^{\infty} A_i\right) \leqslant \sum_{i=1}^{\infty} P(A_i)$$

证明：令 $B = \cup_{i=2}^{\infty} A_i$，则 $\cup_{i=1}^{\infty} A_i = A_1 \cup B$。根据 $P(A_1 \cap B) \geqslant 0$ 有

$$\begin{aligned} P\left(\bigcup_{i=1}^{\infty} A_i\right) &= P(A_1 \cup B) \\ &= P(A_1) + P(B) - P(A_1 \cap B) \\ &\leqslant P(A_1) + P(B) \end{aligned}$$

进一步令 $C = \cup_{i=3}^{\infty} A_i$，有

$$P(B) = P(A_2 \cup C) \leqslant P(A_2) + P(C)$$

则

$$P\left(\bigcup_{i=1}^{\infty} A_i\right) \leqslant P(A_1) + P(A_2) + P(C)$$

反复迭代，可得 $P(\cup_{i=1}^{\infty}A_i)\leqslant\sum_{i=1}^{\infty}P(A_i)$。证毕。 ■

直觉而言，多个事件的“和 (即并集)”的概率小于等于各事件概率的和，其中等号仅在各事件互斥的情况下成立。只要有重叠事件存在，并集的概率将严格小于各事件概率之和。

第五节 计数方法

如何计算事件 A 的概率？

假设事件 A 包含样本空间 S 中 k 个基本结果 $s_1,\cdots,s_k$，则

$$P(A)=\sum_{i=1}^{k}P(s_i)$$

该式为计算任意事件 A 的概率的基本公式。

若 S 共包含 n 个基本结果 $s_1,\cdots,s_n$，且这些基本结果出现的概率相同，则有

$$P(s_i)=\frac{1}{n},\quad i=1,\cdots,n$$

此外，假设事件 A 包含 k 个基本结果，则有

$$P(A)=\frac{k}{n}$$

因此，在 S 中每个基本结果具有相同概率的情况下，事件 A 概率的计算可简化为分别计算事件 A 和样本空间 S 中基本结果的数目。

由于概率论起源于运气游戏 (games of chance)，概率理论首先是在等可能性 (即每个结果概率相同) 假设下构建起来的。在该假设条件下，只需对事件所包含的基本结果的个数进行计数。更一般地，由运气游戏引出的经典概率的概念也可应用于很多随机选择问题。例如，高校教师采取抽签的方式分配办公室；在抽样调查中随机抽取某个城市的一些家庭为样本而每个家庭被选中的机会是均等的；在机器零件的抽样检查中每个组件被抽到的可能性是相同的，等等。

定理 2.8 *[计数基本定理 (Fundamental Theorem of Counting)]*: *若随机试验包含 k 项不同任务，其中第 i 项任务有 n_i 种实现方法，$i=1,2,\cdots,k$，则整个工作有 $n_1\times n_2\times\cdots\times n_k=\Pi_{i=1}^{k}n_i$ 种完成方式。*

证明：首先证明 $k=2$ 的情形，再用归纳法。第一项任务可用 n_1 种方法完成，且对第一项任务每一种方法都有 n_2 种方法来完成第二项任务。因此，完成第一和第二项任务的方法总数为 $n_1\times n_2$。证毕。 ■

现在介绍两种重要的计数方法 —— 排列法和组合法，可用于计算随机试验中事件发生的概率，其中假设样本空间 S 中每个基本结果发生的概率相同。

2.5.1 排列

例 2.23：假设从 $\{A, B, C, D\}$ 这 4 个英文字母中选取 2 个字母并排序，每次排序时每个字母最多只能出现一次。有多少种不同的排列方式呢？

解：共计 12 种排列方式：AB, BA, AC, CA, AD, DA, BC, CB, BD, DB, CD, DC。

这里强调“顺序”，意味着“AB”和“BA”是不同的结果。

例 2.24：从 26 个英文字母中选 20 个字母并排序，每次排序时每个字母最多只能出现一次，共有多少种不同排列方法呢？

现在考察一个一般化的问题：假设有 x 个盒子排列成一行，并有 n 件不同物品，其中 $x \leqslant n$。将从 n 件物品中选 x 件分别装入 x 个盒子中。每件物品在每次排列中最多只用一次 (不放回)。如此可得到多少不同的排列方式呢？即，从 n 件物品挑出 x 件分别装入到 x 个盒子中，共有多少种排列方式？

第一，将物品装入第 1 个盒子有几种不同方法？因有 n 件不同物品可供选择，故有 n 种方法。

第二，假设已将一件物品装入第 1 个盒子，则剩下 $n-1$ 件物品且其中每一件都可装入第 2 个盒子，故有 $n-1$ 种方法装入第 2 个盒子。因此共有 $n(n-1)$ 种方法在前 2 个盒子中放置物品。

第三，假设已在前两个盒子中装入物品，则剩下 $n-2$ 种方法将物品装入第 3 个盒子。因此，共有 $n(n-1)(n-2)$ 种方法将物品装入前 3 个盒子。

……

对最后一个盒子 (也就是第 x 个盒子)，因已将 $x-1$ 件物品装入前 $x-1$ 个盒子，则剩余 $n-(x-1)$ 件物品，故有 $n-(x-1)$ 种方法将一件物品装入最后一个盒子。

综上，从 n 件物品中按照不同次序选取 x 件所有可能的排列方式总数为

$$P_n^x = \frac{n!}{(n-x)!} = n(n-1)(n-2)\cdots[n-(x-1)]$$

符号 $k!$ 称为“k 的阶乘”，其计算方法为

$$k! = k \times (k-1) \times (k-2) \times \cdots \times 2 \times 1$$

一般约定 $0! = 1$。

现在用排列公式验证例 2.23 的结果，若 $n = 4$, $x = 2$，则

$$P_n^x = P_4^2 = \frac{4!}{(4-2)!} = 12$$

同样可计算出例 2.24 的结果，此时 $n=26$, $x=20$，则

$$P_n^x = \frac{26!}{(26-20)!} = \frac{26!}{6!}$$

例 2.25：某精品店共有 6 个销售代表，实行以下销售激励计划。当年业绩最好的销售代表将获得来年元月到夏威夷度假的奖励，位列第二者将获得赴拉斯维加斯度假的机会。其他销售代表则必须参加概率论与数理统计学课程的学习。总共有多少种不同的可能结果？

解：这里需要考虑顺序，因为谁到夏威夷，谁去拉斯维加斯，将产生不同的结果。因此，采用排列计算，其中 $n=6$, $x=2$，得

$$P_n^x = \frac{6!}{(6-2)!} = 30$$

例 2.26 [生日问题]：某班级共有 k 名学生，$2 \leqslant k \leqslant 365$。问至少有两名学生的生日在同一天的概率为多大？所谓同一天生日指同月同日生，但不必是同一年。此外，还做如下假设：

(1) 班里没有双胞胎；

(2) 对于该班任何一个学生而言，一年 365 天中每一天是其生日的可能性相同；

(3) 2 月 29 日出生者的生日将视为 3 月 1 日。

解：首先，全班 k 名学生生日的各种可能性共计多少？共有

$$365^k = \underbrace{365 \times 365 \times \cdots \times 365}_{k}$$

其中每名学生的生日有 365 种可能的选择。该结果为样本空间 S 中所有基本结果的总数。

其次，令事件 A 代表至少两名学生生日相同，则其补集 A^c 即为全部 k 名学生的生日都不相同。

k 名学生的生日都不同的各种可能性共有多少种呢？从 365 天中选出 k 天，排列计算的结果为

$$\frac{365!}{(365-k)!}$$

则

$$\begin{aligned} P(A) &= 1 - P(A^c) \\ &= 1 - \frac{365!/(365-k)!}{365!} \end{aligned}$$

对于不同的班级规模，至少两人生日相同的概率如下表：

k	20	30	40	50
$P(A)$	0.411	0.706	0.891	0.970

对于一个超过 50 人的班级，至少两人生日相同的概率很高！

2.5.2 组合

例 2.27：假设从 4 个英文字母 $\{A, B, C, D\}$ 中选 2 个字母，但不排序，每个字母在每种选择中最多只出现一次。换言之，每次选择两个不同的字母，但不管其顺序。如此有多少种不同的选择方式呢？

解：共有 6 个包含 2 个不同字母的集合：

$$\{A, B\},\ \{A, C\},\ \{A, D\},\ \{B, C\},\ \{B, D\},\ \{C, D\}$$

一般而言，考虑从 n 种物品中选择 x 件，但并不管 x 件物品的排列顺序。这里，一件物品在每次选取中不能重复出现，即每个组合中每件物品最多只出现一次。如此共有多少选择 x 种物品的方式？即，共可获得多少个包含 x 件不同物品的组合？

考虑下列基本公式：

从 n 件物品中取 x 件并排序而获得的排列总数

$=$ 从 n 件物品中选取 x 件物品但不排序而获得的组合总数

$\times$ 对 x 件物品排序的排列总数

首先，从 n 件物品中选取 x 件并将其按顺序排列可获得 $n!/(n-x)!$ 种有序序列。其次，对于 x 件物品，有 $x!$ 种不同的排列顺序。因此，从 n 个物品中选取 x 个物品但不考虑排序的组合总数为

$$C_n^x = \begin{pmatrix} n \\ x \end{pmatrix} = \frac{P_n^x}{x!} = \frac{n!}{x!\,(n-x)!}$$

这个数目称为组合数目。

引理 2.1 [**组合的性质** *(Properties of Combinations)*]：

(1) $\begin{pmatrix} n \\ x \end{pmatrix} = \begin{pmatrix} n \\ n-x \end{pmatrix}$;

(2) $\begin{pmatrix} n \\ 1 \end{pmatrix} = n$;

(3) $\begin{pmatrix} n \\ x \end{pmatrix} = \frac{P_n^x}{x!}$。

现在可用组合公式验证例 2.27 的答案:因为 $n = 4$, $x = 2$,故有:$C_n^x = n!/[(n-x)!x!] = 6$。

例 2.28:某人事主管有 8 名候选人填补 4 个空缺职位。8 名候选人中有 5 名男性,3 名女性。若候选人的任意组合有均等概率被选中,那么所有女性候选者都没有被雇用的概率有多大?

解:我们不关心谁在哪个具体职位上,故不考虑顺序问题。

(1) 从 8 名候选人中选取 4 名的可能组合数为

$$C_8^4 = \frac{8!}{4!4!} = 70$$

(2) 若所有女性候选人都没有被雇用,那么应聘成功的 4 人必然都来自 5 名男性候选人。从 5 名男性候选人中选出 4 人的可能组合数为

$$C_5^4 C_3^0 = \frac{5!}{4!1!} = 5$$

因此,女性候选人都没有被雇用的概率为

$$\begin{aligned} P(A) &= \frac{C_5^4 C_3^0}{C_8^4} \\ &= \frac{5}{70} \\ &= \frac{1}{14} \end{aligned}$$

问题 2.2 本例中,可否采用排列的计数方法?答案是可以的,且答案相同。请验证。

例 2.29:假设某个班级有 15 名男生和 30 名女生,从中随机选 10 人组成一队。这里"随机"是指所有可能的组合都有均等概率被选中。问恰好选出 3 名男生的概率有多大?

解: (1) 组成一支 10 人团队的可能组合数为:

$$C_{45}^{10} = \frac{45!}{10!35!}$$

(2) 选 3 名男生 (因此需要选择 7 名女生) 的概率是多少?这里,从 15 名男生中选 3 人,从 30 名女生中选 7 人,总的组合数为 $C_{15}^3 C_{30}^7$。

(3) 因此,恰好选择 3 名男生的概率为

$$P(A)=\frac{C_{15}^{3}C_{30}^{7}}{C_{45}^{10}}=0.2904$$

例 2.30：某经理为 4 名助理 —— 约翰、乔治、玛丽和琼斯安排 4 项工作，每人一项。

(1) 共有多少种不同的工作安排？

(2) 玛丽被安排从事某项特定工作的概率是多大？

解：用排列计数方法。

(1) 共有 $P_4^4=4!=24$ 种不同的安排方式。

(2) 若安排玛丽从事某项特定的工作，那么经理需要为其他三名助理安排剩下的 3 项工作。合计有 $P_3^3=3!=6$ 种不同的安排方式。因此，给玛丽安排某项特定工作的概率如下：

$$\begin{aligned}P(A)&=\frac{P_3^3}{P_4^4}\\&=\frac{6}{24}\\&=\frac{1}{4}\end{aligned}$$

其实，由常识可知，给每个人安排一项工作，那么每个人 (包括玛丽) 获得 4 项工作中的任何一项的概率相等。因此，玛丽获得某项特定工作的概率为 1/4。

例 2.31：假设从 100 人中随机选取 12 人组成一个团队。求小陈和小林两人被选中的概率。

解：(1) 有多少种不同方式来组成这个团队？共有 C_{100}^{12} 种。

(2) 假设小陈和小林两人已经入选，那么有多少种不同方式选择剩余的 10 个人？共计 C_{98}^{10} 种。

(3) 小陈和小林被选中的概率为：

$$P(A)=\frac{C_{98}^{10}}{C_{100}^{12}}$$

例 2.32：美国参议院的参议员来自全美 50 个州，每个州有 2 名参议员。

(1) 若随机选取 8 名参议员组成一个委员会，那么该委员会至少有一名参议员来自纽约州的概率是多少？

(2) 若随机选取 50 名参议员组成一个委员会，那么每个州都有一位参议员入选的概率是多少？

解：(1) (a) 有多少种方式组成 8 人委员会？共计 C_{100}^{8} 种。

(b) 令 A 表示纽约州的 2 名参议员中至少有 1 人被选中这一事件，那么 A^c 则表示纽约州的参议员无人被选中。8 人委员会不包括纽约州参议员的组合方式有多少？共计 C_{98}^{8} 种。故 8 人委员会至少包括一名纽约州参议员的概率为

$$\begin{aligned} P(A) &= 1 - P(A^c) \\ &= 1 - \frac{C_{98}^{8}}{C_{100}^{8}} \end{aligned}$$

(2) (a) 选取一个由 50 名参议员组成的委员会有多少种不同方式？共计 C_{100}^{50} 种。

(b) 若该委员会包括来自每个州的一名参议员，那么每个州都有 2 种可能的选择。因此，从每个州选取 1 名参议员的方法总数为

$$2^{50} = \underbrace{2 \times 2 \times \cdots \times 2}_{50}$$

则有 50 名议员构成的委员会包括每个州的一名参议员的概率为

$$P(A) = \frac{2^{50}}{C_{100}^{50}}$$

例 2.33：从 1 到 2000 中随机选择 1 个整数。该整数既不能被 6 整除又不能被 8 整除的概率是多少？

解：定义 $A = \{$可被 6 整除的整数$\}$，$B = \{$可被 8 整除的整数$\}$。由德摩根律可知

$$\begin{aligned} P(A^c \cap B^c) &= P[(A \cup B)^c] \\ &= 1 - P(A \cup B) \\ &= 1 - [P(A) + P(B) - P(A \cap B)] \end{aligned}$$

因

$$333 < \frac{2000}{6} < 334$$

则

$$P(A) = \frac{333}{2000}$$

类似地，

$$P(B) = \frac{250}{2000}$$

另外，能被 6 和 8 整除的整数就是能被 24 整除的整数。因

$$83 < \frac{2000}{24} < 84$$

有

$$P(A \cap B) = \frac{83}{2000}$$

则

$$P(A^c \cap B^c) = 1 - \left(\frac{333}{2000} + \frac{250}{2000} - \frac{83}{2000}\right) = \frac{3}{4}$$

例 2.34：假设独立抛掷 10 次一枚质地均匀的硬币。

(1) 恰好 3 次正面朝上的概率是多少？

(2) 最多 3 次正面朝上的概率是多少？

解：(1) 抛掷 10 次硬币共有多少种可能的结果？因每次抛掷硬币有 2 种可能的结果，抛 10 次硬币共可获得 2^{10} 种可能的结果。

恰好 3 次正面朝上的可能方式有多少种？因为任意两次抛掷若都出现正面，则两个正面无法区分而不能排序，故需要采用组合的计数方法。共有 $C_{10}^3 = 120$ 种不同的方法获得 3 次正面朝上的结果。由此可得

$$P(3\text{ 次正面朝上}) = \frac{120}{2^{10}} \approx 0.1172$$

(2) P(至多 3 次正面朝上)

$$= P(0\text{ 次正面朝上}) + P(1\text{ 次正面朝上}) + P(2\text{ 次正面朝上}) + P(3\text{ 次正面朝上})$$
$$= \frac{176}{2^{10}} \approx 0.1719$$

例 2.35：独立抛掷 n 次一枚质地均匀的硬币，出现 x 次正面朝上的概率是多少？这里 $0 \leqslant x \leqslant n$。

解： (1) 抛掷 n 次硬币共有多少种可能的结果？共 $\underbrace{2 \times 2 \times \cdots \times 2}_{n} = 2^n$ 种结果。

(2) 恰好出现 x 次正面朝上的可能方式有多少种？因正面之间并无差别 (因此无法区分)，故采用组合的计数方法，共计 C_n^x 种。由此可知

$$\begin{aligned} P(\text{恰好 } x\text{ 次正面朝上}) &= \frac{C_n^x}{2^n} \\ &= C_n^x \left(\frac{1}{2}\right)^x \left(1 - \frac{1}{2}\right)^{n-x} \end{aligned}$$

这是所谓二项分布 (binomial distribution) $B(n,p)$ 当 $p = \frac{1}{2}$ 时的特例。有关二项分布具体讨论参见第四章。

例 2.36：若从 n 个元素中随机选取 r 个。对于下述各种情况，分别有多少种抽取方式？

(1) 有排序，不放回的随机抽样；(2) 无排序，不放回的随机抽样；(3) 有排序，放回的随机抽样；(4) 无排序，放回的随机抽样。

解： (1) $P_n^r = \frac{n!}{(n-r)!}$; (2) $C_n^r = \frac{P_n^r}{r!} = \frac{n!}{r!(n-r)!}$; (3) n^r; (4) C_{r+n-1}^r。

排列与组合的关键区别在于，排列依赖于先后次序，而组合则不然。因此，尽管“ABC”与“CBA”是同一个组合，但却是不同的排列。

第六节 条件概率

一般而言，经济事件都是相互关联的。比如，经济事件之间可能存在因果关系。一个例子是收入增加会导致消费增加。这些关联的存在，使得事件 B 的发生可能包含了事件 A 发生的信息。因此，如果获得事件 B 的相关信息，就可更好地了解事件 A 发生的可能性。这就是本节将要介绍的条件概率的概念。

例 2.37：[波动溢出 (Volatility Spillover)]： 金融市场上资产价格波动可能对实体经济中产出的波动带来影响，反之亦然。

例 2.38：[金融传染 (Financial Contagion)]： 若给定市场参与者的投机特征和反应，某个市场资产价格的大幅下跌可能在很短时间内引起另一市场资产价格的大幅下跌，这种价格联动与市场基本面无关。

直观上，样本空间描述了我们所面临的不确定性。一个随机试验的样本空间 S 描述了试验结果的最大程度的不确定性。如果获得新的信息，则会消除一部分不确定性。具体地说，若已知事件 B 发生，不确定性随之由 S 降低至 B 的范围。此时，需要基于新的信息更新样本空间。相应地，也需要更新相关事件的概率计算。更新后的概率即称为条件概率。

定义 2.13 [条件概率 (*Conditional Probability*)]： *令 A 和 B 为概率空间 $(S, \mathbb{B}, P)$ 中的两个事件。则给定事件 B，事件 A 发生的条件概率 $P(A|B)$ 定义为*

$$P(A|B) = \frac{P(A \cap B)}{P(B)}$$

其中假设 $P(B) > 0$。

类似地，给定事件 A，事件 B 发生的条件概率定义为

$$P(B|A) = \frac{P(A \cap B)}{P(A)}$$

其中假设 $P(A) > 0$。

定义条件概率 $P(A|B)$ 时，假设 $P(B) > 0$。这是因为 $P(B) = 0$ 意味着事件 B 不

可能发生。从现实角度而言，以不可能发生的事件为条件是没有实际意义的。

在维恩图中，条件概率 $P(A|B)$ 是事件 A 在事件 B 范围内所占据的面积与事件 B 的面积之比。具体而言，若事件 B 发生，其补集 B^c 就不可能发生。不确定性由从 S 降低至 B 的范围。因此，在计算 $P(A|B)$ 时，将 B 视为新的样本空间，即样本空间已由 S 更新为 B。所有事件发生的概率都是参照其与 B 的相对大小来计算，如图 2.4 所示。

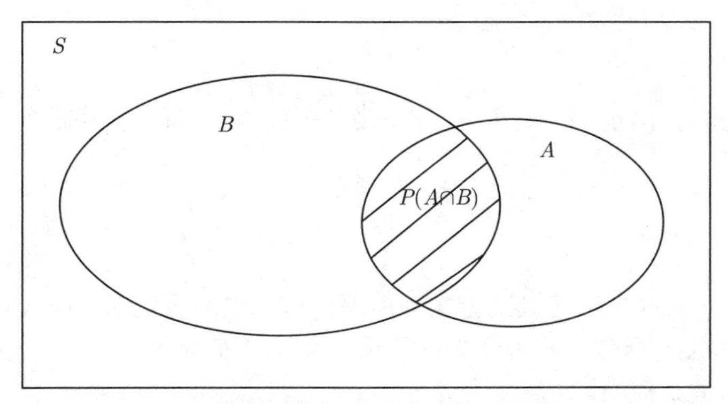

图 2.4：条件概率的维恩图

现在，$(S \cap B,\ \mathbb{B} \cap B,\ P(\cdot|B))$ 构成了一个与条件概率函数 $P(A|B)$ 相联系的概率空间。其中，$P(A|B)$ 满足所有定义在样本空间 B 上的概率法则。可以证明，定理 2.2、2.3、2.4、2.5、2.6 在条件概率下均成立。例如，有

$$P(A^c|B) = 1 - P(A|B)$$

证明如下。根据恒等式 $(A^c \cap B) \cup (A \cap B) = B$ 以及交集 $A^c \cap B$ 和 $A \cap B$ 为互斥事件，可得

$$\begin{aligned} P(A^c \cap B) + P(A \cap B) &= P(B) \\ P(A^c \cap B) &= P(B) - P(A \cap B) \end{aligned}$$

由此可知

$$\begin{aligned} P(A^c|B) &= \frac{P(A^c \cap B)}{P(B)} \\ &= 1 - \frac{P(A \cap B)}{P(B)} \\ &= 1 - P(A|B) \end{aligned}$$

例 2.39： 假设样本空间 S 包含 25 个等概率样本点，同时事件 A 包含 15 个样本点，事件 B 包含 7 个样本点，且 $A \cap B$ 包含 5 个样本点。则

$$P(A) = \frac{15}{25},\ P(B) = \frac{7}{25},\ P(A \cap B) = \frac{5}{25}$$

根据条件概率定义，有

$$P(A|B) = \frac{P(A \cap B)}{P(B)} = \frac{5}{7}$$
$$P(B|A) = \frac{P(B \cap A)}{P(A)} = \frac{1}{3}$$

问题 2.3 $P(A) = P(A|S)$ 是否成立?

答案是肯定的。由于 $A \cap S = A$ 且 $P(S) = 1$，根据条件概率的定义可知

$$P(A|S) = \frac{P(A \cap S)}{P(S)} = P(A)$$

直观而言，S 表示在某随机试验实施前所拥有的“最少信息 (least knowledge)”，或者等同于在某随机试验实施前所面临的最大程度的不确定性。因此，基于 S 和不基于任何信息的概率是一样的。

例 2.40： 令 A 和 B 不相交且 $P(B) > 0$，求 $P(A|B)$。

解： 已知 $P(A \cap B) = 0$，有

$$P(A|B) = \frac{P(A \cap B)}{P(B)} = 0$$

直观理解，互斥事件不可能同时发生。若事件 B 已发生，则事件 A 就不可能发生。

条件概率 $P(A|B)$ 描述了如何利用事件 B 的信息预测事件 A 的概率，即 A 和 B 之间的预测关系。然而，即使事件 B 的信息可用于预测事件 A，条件概率并不意味着存在从 B 到 A 的因果关系。在同等条件下，若 B 的出现导致或容易导致 A 的出现，则存在从 B 到 A 的因果关系。显然，若存在从 B 到 A 的因果关系，则 B 可预测 A。另外，也可能存在从 C 到 A 的因果关系，但不存在从 B 到 A 的因果关系。然而，由于 B 和 C 高度相关，B 也可预测 A。为了刻画因果关系，需要用到概率论与统计学以外的经济理论。在实验科学中，由于对照实验的其他条件可保持一致，识别与测度因果效应相对简单。但是，在经济学等社会科学中，由于社会经济系统的非实验性本质，很难识别与测度因果效应。在统计学与计量经济学中，基于观测数据的因果推断广受关注 (可参见 Pearl, 2009; Varian, 2016)。

根据条件概率的定义，可得以下乘法法则。

引理 2.2 *[乘法法则 (Multiplication Rules)]:*

(1) 若 $P(B) > 0$，则 $P(A \cap B) = P(A|B)P(B)$;

(2) 若 $P(A) > 0$，则 $P(A \cap B) = P(B|A)P(A)$。

以上公式可用于计算事件 A 和 B 的联合概率 $P(A\cap B)$。

例 2.41 [摸球试验 (Selecting Two Balls)]：假设不放回地从有 r 个红色球和 b 个蓝色球的盒子里选择两个球。请问第一个球是红色，第二个球是蓝色的概率有多大？

解：定义 $A=\{$第一个球是红色$\}$，$B=\{$第二个球是蓝色$\}$, 有

$$\begin{aligned}P(A)&=\frac{r}{r+b}\\P(B|A)&=\frac{b}{r+b-1}\\P(A\cap B)&=P(B|A)P(A)\\&=\frac{rb}{(r+b)(r+b-1)}\end{aligned}$$

乘法法则可反复使用以计算多个事件的联合概率。

定理 2.9 假设 $\{A_i\in\mathbb{B},i=1,\cdots,n\}$ 是 n 个事件的序列。则这 n 个事件的联合概率为

$$P\left(\bigcap_{i=1}^{n}A_i\right)=\prod_{i=1}^{n}P\left(A_i\middle|\bigcap_{j=1}^{i-1}A_j\right)$$

按照惯例，常记 $P(A_1|\cap_{j=1}^{0}A_j)=P(A_1)$。

例 2.42 [联合概率的计算]：对 $n=3$，有

$$P(A_1\cap A_2\cap A_3)=P(A_3|A_2\cap A_1)P(A_2|A_1)P(A_1)$$

事实上，有 $n!$ 种不同的条件序列可表示联合概率 $P(\cap_{i=1}^{n}A_i)$，上述定理只是其中一种。但是，在时间序列分析中，若 i 表示时间，则事件 A_i 基于 $\cap_{j=1}^{i-1}A_j$ 的条件概率 $P(A_i|\cap_{j=1}^{i-1}A_j)$ 有合乎逻辑的解释，即以 $i-1$ 期可获取的历史信息预测下一期事件 A_i 发生的概率。

联合概率的计算对第八章将介绍的极大似然估计 (MLE) 非常重要。给定概率分布模型，MLE 将选择使 n 个随机变量取观测值的联合概率最大化的参数值。此处，最关键的问题就是计算 n 个随机变量的联合概率，而乘法法则可用于解决该问题。关于 MLE 的详细内容，可参考第八章。

定理 2.10 *[全概率公式 (Rule of Total Probability)]*: 令 $\{A_i\in\mathbb{B}\}_{i=1}^{\infty}$ 为样本空间 S 的一个划分 (即互斥且完全穷尽)，满足 $P(A_i)>0$，$i\geqslant1$。则对 σ 域 $\mathbb{B}$ 中的任意事件 A，有

$$P(A)=\sum_{i=1}^{\infty}P(A|A_i)P(A_i)$$

证明：定理 2.6 已证

$$P(A)=\sum_{i=1}^{\infty}P(A\cap A_i)$$

根据乘法法则 $P(A\cap A_i)=P(A|A_i)P(A_i)$ 即可获得上述结果。证毕。 ■

直观上，该定理之所以称为全概率公式，是因为其表明，若事件 A 可被划分为一个互斥子事件的集合，则事件 A 的概率即等于 A 所包含的这些互斥子事件的概率之和，也称排除法。

例 2.43：若 $B_1,\cdots,B_k$ 互斥，且 $B=\cup_{i=1}^{k}B_i$。假设对 $i=1,\cdots,k$ 有 $P(B_i)>0$ 且 $P(A|B_i)=p$。求 $P(A|B)$。

解：根据条件概率定义，有

$$\begin{aligned}P(A|B)&=\frac{P(A\cap B)}{P(B)}=\frac{P\left[\bigcup\limits_{i=1}^{k}(A\cap B_i)\right]}{\sum_{i=1}^{k}P(B_i)}\\&=\frac{\sum_{i=1}^{k}P(A\cap B_i)}{\sum_{i=1}^{k}P(B_i)}\\&=\frac{\sum_{i=1}^{k}P(A|B_i)P(B_i)}{\sum_{i=1}^{k}P(B_i)}\\&=\frac{p\sum_{i=1}^{k}P(B_i)}{\sum_{i=1}^{k}P(B_i)}\\&=p\end{aligned}$$

例 2.44：假设 B_1，B_2，B_3 为互斥事件。若对 $i=1,2,3$，有 $P(B_i)=\frac{1}{3}$ 和 $P(A|\,B_i)=\frac{i}{6}$，问 $P(A)$ 为多少？

解：注意到 B_1，B_2，B_3 构成一个完全穷尽的集合 (为什么？)，有

$$\begin{aligned}A&=S\cap A\\&=(B_1\cup B_2\cup B_3)\cap A\\&=\cup_{i=1}^{3}(A\cap B_i)\end{aligned}$$

由此可知

$$P(A)=P\left[\bigcup_{i=1}^{3}(A\cap B_i)\right]$$

$$
\begin{aligned}
&= \sum_{i=1}^{3} P(A \cap B_i) \\
&= \sum_{i=1}^{3} P(A|B_i)P(B_i) \\
&= \frac{1}{3}\sum_{i=1}^{3} P(A|B_i) \\
&= \frac{1}{3} \times \left(\frac{1}{6} + \frac{2}{6} + \frac{3}{6}\right) \\
&= \frac{1}{3}
\end{aligned}
$$

第七节 贝叶斯定理

条件概率的一个重要应用是著名的贝叶斯定理，该定理由英国长老会牧师托马斯·贝叶斯 (Thomas Bayes, 1701-1761) 在皇家唐桥井 (Tunbridge Wells) 首次提出。该定理在贝叶斯去世后才公之于众，此后在其基础上形成了贝叶斯统计学派和贝叶斯计量经济学派，对经典统计学和经典计量经济学形成了强有力的挑战，至今仍在全球绝大多数大学的统计学与计量经济学教学中占据重要地位。贝叶斯定理的核心思想是事件 B 已经发生这一信息可用于更新或修正关于事件 A 是否发生的先验概率。

贝叶斯定理最简单表示方式如下所示。

定理 2.11 *[贝叶斯定理 (Bayes' Theorem)]*: 假设两个事件 A 和 B 满足 $P(A) > 0$，$P(B) > 0$，则

$$P(A|B) = \frac{P(B|A)P(A)}{P(B|A)P(A) + P(B|A^c)P(A^c)}$$

这里的关键是，当事件 B 发生后，事件 A 发生的先验概率也将随之修正。贝叶斯定理阐述了如何将条件概率 $P(B|A)$ 与 A 的先验概率 $P(A)$ 结合起来获得最终概率 $P(A|B)$。此处，$P(A)$ 是在获得 B 的信息之前关于 A 的概率，故称为“先验”概率。条件概率 $P(A|B)$ 反映了获得事件 B 发生的相关信息后，对事件 A 发生概率的修正，故称为“后验”概率。本质上说，贝叶斯定理可表述为事件 A 的后验概率，与事件 A 发生后样本信息 B 的概率 $P(B|A)$ 和事件 A 的先验概率 $P(A)$ 两者的乘积成正比。

举个例子，令 A 表示事件“今年阿里巴巴的股票价格涨幅将达 30% 以上”。假设一位投资者长期关注阿里巴巴股票，基于历史数据他形成了关于阿里巴巴股票收益率的先验概率判断 (即 $P(A)$)。现在假设该投资者参加了由某个股票分析师组织的研讨会，并得知分析师大力推荐阿里巴巴股票。在分析师力荐阿里巴巴股票 (即事件 B 发生) 之后，该投资者可能会对阿里巴巴股票更有信心并因此修正其关于阿里巴巴股票收益的先验概率判断 (即 $P(A|B)$)。

贝叶斯定理一直颇受争议。这并不是质疑贝叶斯定理的有效性，而是对先验概率如何赋值存在不同见解。另外，贝叶斯定理还蒙着一层神秘面纱，因为它采用了“逆”向或“反”向推理方法，即“从果到因”的推理。有趣的是，由于经济过程是不可逆的，这种分析方法因而在经济学和金融学中应用非常广泛。贝叶斯定理也为机器学习奠定了概率论基础。机器学习基于计算机自动算法，与不断增长的大数据相结合，可做出精确的样本外预测。

定理 2.12 *[贝叶斯定理的另一种表述]*：假定 $A_1, \cdots, A_n$ 是样本空间 S 的 n 个互斥且完全穷尽事件，并且事件 B 满足 $P(B) > 0$。则事件 A_i 基于 B 的条件概率是

$$P(A_i|B) = \frac{P(B|A_i)P(A_i)}{\sum_{j=1}^{n} P(B|A_j)P(A_j)}, \quad i = 1, \cdots, n$$

证明： 根据条件概率定义和乘法法则，有

$$\begin{aligned} P(A_i|B) &= \frac{P(A_i \cap B)}{P(B)} \\ &= \frac{P(B|A_i)P(A_i)}{P(B)} \end{aligned}$$

由于 $\{A_i\}_{i=1}^{n}$ 互斥且完全穷尽，根据定理 2.10 的全概率公式，有

$$\begin{aligned} P(B) &= \sum_{j=1}^{n} P(B \cap A_j) \\ &= \sum_{j=1}^{n} P(B|A_j)P(A_j) \end{aligned}$$

据此可得定理 2.12 结论。证毕。 ■

贝叶斯定理揭示了在给定事件 B 已发生的条件下，如何更新事件 A_i 发生的概率。当事件 B 已发生，我们获得了更多关于事件 A_i 发生概率的信息。事件 B 因此有助于人们更新对事件 A_i 发生概率的认识。

例 2.45 [如何决定汽车保费?]：假设某汽车保险公司有三类客户 —— 高、中和低风险客户。从该公司的客户历史数据来看，25% 的客户属于高风险，25% 属于中风险，50% 属于低风险。同时，数据库信息还显示，一年中客户至少一次因超速行驶被开罚单的比率分别是：高风险者 25%，中风险者 16%，低风险者 10%。

现假设某新客户想购买车险，并报告其今年已有一次超速行驶罚单。问该新客属于高风险客户的概率是多少？

解： 由于客户的风险等级将影响到保费收取的额度，车险公司需要判断新客户是否属于高风险客户。定义事件 $H = \{$高风险客户$\}$，$M = \{$中度风险客户$\}$，$L = \{$低风险客户$\}$，$B = \{$客户收到至少一次超速罚单$\}$。则

$$P(H)=0.25,\ P(M)=0.25,\ P(L)=0.5$$
$$P(B|H)=0.25,\ P(B|M)=0.16,\ P(B|L)=0.1$$

根据贝叶斯定理，有

$$\begin{aligned}P(H|B)&=\frac{P(B|H)P(H)}{P(B)}\\&=\frac{P(B|H)P(H)}{P(B|H)P(H)+P(B|M)P(M)+P(B|L)P(L)}\\&\approx 0.41\end{aligned}$$

若新客户未曾报告超速罚单的信息，汽车保险公司基于其客户历史信息数据库只能获得对新客户的先验概率 $P(H)=0.25$。而获得新信息 (即事件 B) 之后，保险公司对该客户属于高风险客户的概率便修正为 $P(H|B)\approx 0.41$。

例 2.46 [出版商是否需要为任课教师提供免费样书?]：某出版商一直为全美 80% 的统计学教授免费提供统计学教材。收到样书的任课教师中有 30% 采用了该教材，同时未收到样书的任课教师中有 10% 采用了该教材。问采用了这本教材的任课教师收到样书的概率是多大?

解：定义事件 $A=\{$任课教师收到样书$\}$，则

$$P(A)=0.8,\ P(A^c)=1-0.8=0.2$$

进一步定义 $B=\{$任课教师采用该教材$\}$，则

$$P(B|A)=0.3,\ P(B|A^c)=0.1$$

根据贝叶斯定理可得

$$\begin{aligned}P(A|B)&=\frac{P(B|A)P(A)}{P(B|A)P(A)+P(B|A^c)P(A^c)}\\&=\frac{0.3\times 0.8}{0.3\times 0.8+0.1\times 0.2}\\&\approx 0.923\end{aligned}$$

例 2.47 [股票分析师对投资者有帮助吗?]：数据显示，去年某股票交易所 25% 的股票表现良好，25% 表现较差，余下的 50% 表现一般。此外，表现良好的股票中有 40% 在去年年初被某分析师推荐购买，表现一般的股票中有 20% 被推荐购买，表现较差的股票中也有 10% 被推荐购买。请问今年年初被该分析师推荐购买的某支股票在今年跑赢大市的概率有多大?

解：定义事件 $B=\{$被分析师推荐购买的股票$\}$，$A_1=\{$某支股票收益好于市场平均水

平}，$A_2=\{$某支股票效益与市场平均水平一样$\}$，$A_3=\{$某支股票收益差于市场平均水平$\}$。则

$$P(A_1)=0.25,\ P(A_2)=0.5,\ P(A_3)=0.25$$
$$P(B|A_1)=0.4,\ P(B|A_2)=0.2,\ P(B|A_3)=0.1$$

根据贝叶斯定理，有

$$\begin{aligned}P(A_1|B)&=\frac{P(B|A_1)P(A_1)}{\sum_{i=1}^{3}P(B|A_i)P(A_i)}\\&=\frac{0.4\times0.25}{0.4\times0.25+0.2\times0.50+0.1\times0.25}\\&\approx0.444\end{aligned}$$

若没有股票分析师的推荐，投资者基于股票市场历史数据仅能形成先验概率 $P(A_1)=0.25$。经分析师推荐 (即事件 B) 之后，投资者将概率修正为 $P(A_1|B)\approx0.444$。

第八节　独立性

独立性是统计学和计量经济学最重要的概念之一。假设事件 A 发生的概率为 $P(A)$。现在获得事件 B 已发生这一新信息。因为事件 A 和 B 可能相互关联，可使用关于 B 的新信息更新对事件 A 的认识。换言之，可用贝叶斯定理获得 $P(A|B)$。一般而言，$P(A|B)\neq P(A)$。

现在假设事件 B 和 A“无关”，即 A 和 B 之间没有任何关联。此时，可预计 B 的信息对预测 $P(A)$ 没有帮助，即有 $P(A|B)=P(A)$。若事实的确如此，则称事件 A 和 B“相互独立”。直觉上，若 A 和 B 两个事件中任何一个发生与否均不影响另一事件的发生，则这两个事件是相互独立的。比如，上海证券交易所的股价波动和厦门地区下雨应该是独立事件。

定义 2.14 [独立性]: *若事件 A 和 B 满足 $P(A\cap B)=P(A)P(B)$，则称其为独立事件。*

独立事件也常称为统计意义上的独立、随机意义上的独立或在概率意义上独立。在绝大多数不引起歧义的情形下，通常直接称之“独立”。独立是一个概率概念，用于描述两事件之间不存在任何关联，在概率论与统计学中发挥着基础性作用。

问题 2.4　*独立性含义是什么？*

假设 $P(B)>0$。根据独立性的定义，有

$$P(A|B)=\frac{P(A\cap B)}{P(B)}=\frac{P(A)P(B)}{P(B)}=P(A)$$

由于事件 B 发生与否不会影响 A 发生的概率，所以 B 的信息无法帮助预测事件 A 发生的概率。类似可知 $P(B|A)=P(B)$，即 A 发生与否不会影响事件 B 发生的概率。直觉上，独立意味着 A 和 B 没有关联，即二者间不存在任何关系，尤其不存在因果关系。

定义独立性的方式不止一种。用 $P(A\cap B)=P(A)P(B)$ 定义独立性的优点在于该定义视两个事件为对称的，更容易推广到多于两个事件的一般情形。

例 2.48： 令 $A=\{$厦门地区下雨$\}$，$B=\{$上证 180 价格指数上涨$\}$。这两个事件应该是独立的。

尽管厦门天气与上证 180 价格指数变动可能相互独立，但是一些实证证据表明，天气与股票收益相关，因为天气可能影响投资者的心情或情绪 (参见 Goetzmann *et al.*, 2015; Hirshleifer & Shumway, 2003)。

例 2.49： 令 $A=\{$油价上涨$\}$，$B=\{$产出的增速放缓$\}$。一般情况下，油价上涨导致生产成本增加，生产增速放缓。因此，这两个事件并不相互独立。

例 2.50 [菲利普斯曲线]： 令 $A=\{$通胀率上升$\}$，$B=\{$失业率下降$\}$。一般情况下，经济扩张时，通胀率上升，失业率下降；经济不景气时，通胀率下降，失业率上升。因此，这两个事件并不相互独立。

问题 2.5 为何独立性概念在经济学和金融学十分重要?

现举例说明独立性概念在经济学的重要作用。

例 2.51 [随机游走假说 (Fama 1970)]： 若第 t 期某股票价格 P_t 满足 $P_t=P_{t-1}+X_t$，其中 $\{X_t\}$ 跨期独立，则称其服从随机游走。此处 $X_t=P_t-P_{t-1}$ 是从第 $t-1$ 期到第 t 期的股票价格变化。

与之密切相关的另一个概念是几何随机游走假说。若股票价格 $\{P_t\}$ 满足

$$\ln P_t=\ln P_{t-1}+X_t$$

其中 $\{X_t\}$ 跨期独立，则称其服从几何随机游走。此处股票对数收益率

$$\begin{aligned}X_t&=\ln(P_t/P_{t-1})\\&=\ln(1+\frac{P_t-P_{t-1}}{P_{t-1}})\\&\simeq\frac{P_t-P_{t-1}}{P_{t-1}}\end{aligned}$$

因此，X_t 可解释为股票价格的相对变化率。这里使用了一阶泰勒展开式。

随机游走假说最重要的意义在于：若 $\{X_t\}$ 在不同时期是相互独立的，则未来股票市场的价格变化 X_t 将与过去的股票价格变化无关，因而无法用股票价格的历史信息预测将来股票收益率。这种情况下，股票市场被称为关于历史信息是有效的。下面用计算机随机模拟生成服从几何随机游走的价格观测值序列以及相对价格变化率序列，如图 2.5 所示，其中横轴代表时间。

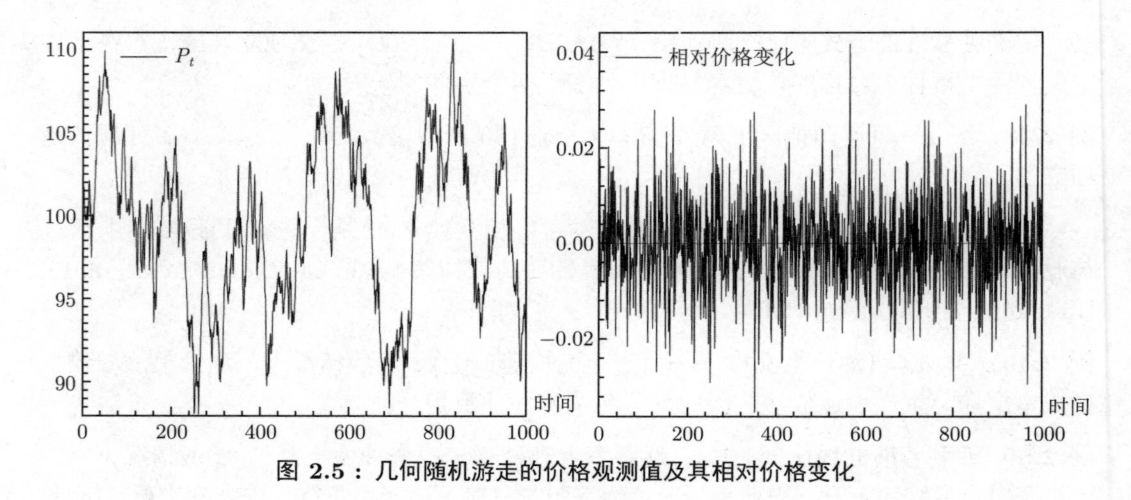

图 2.5：几何随机游走的价格观测值及其相对价格变化

例 2.52： 假设分别抛掷两枚质地均匀硬币。问两枚硬币都正面朝上的概率有多大？

解： 令 H_1 为第一枚硬币正面朝上的事件，H_2 为第二枚硬币正面朝上的事件。则

$$\begin{aligned}P(H_1 \cap H_2) &= P(H_1)P(H_2)\\ &= \frac{1}{2} \times \frac{1}{2}\\ &= \frac{1}{4}\end{aligned}$$

也有另一种计算方法。首先，抛掷两枚硬币共有多少种可能的结果呢？共计 $2^2 = 4$ 种结果：$\{H_1, H_2\}$，$\{H_1, T_2\}$，$\{T_1, H_2\}$，$\{T_1, T_2\}$。因每个结果发生的概率相同，那么两个正面朝上 (即结果 $\{H_1, H_2\}$) 发生的概率为 $\frac{1}{4}$。

例 2.53： 假设独立地抛掷两枚硬币，两枚硬币正面朝上的概率分别为 $P(H_1) = p$ 和 $P(H_2) = q$。那么两枚硬币都正面朝上的概率是多大？

解： $P(H_1 \cap H_2) = P(H_1)P(H_2) = pq$。

例 2.54： 两个独立事件 A 和 B 可能互斥吗？两个互斥事件 A 和 B 可能独立吗？

解： 情形 (1)：若 A 和 B 独立，且 $P(A) > 0$，$P(B) > 0$，则

$$P(A \cap B) = P(A)P(B) > 0$$

因此，若 A 和 B 独立，它们不可能互斥。

另一方面，若 A 和 B 互斥（即 $P(A \cap B) = 0$），则它们不可能独立。

然而，当 $P(A) = 0$ 或 $P(B) = 0$ 的异常情况出现时，独立事件同时也是互斥的，如下所述。

情形 (2)：假设 $P(A) = 0$ 或 $P(B) = 0$。若 A 和 B 是独立事件，则

$$P(A \cap B) = P(A)P(B) = 0$$

这意味着 A 和 B 可以是互斥的。另一方面，若 A 和 B 互斥，它们也是相互独立的。

当 $P(A) > 0$ 和 $P(B) > 0$ 时，独立事件不可能互斥。这意味着两个相互独立的事件包含有共同的基本结果，故可能同时发生。比如，当厦门地区下雨时，上证 180 价格指数也可能上涨。直觉上，两个独立事件可同时发生，因此不是互斥的。另一方面，两个互斥事件不可能同时发生，因此不是独立的。

下面提供一个例子。

例 2.55：有四张牌，分别编号为 1，2，3，4。从 4 张牌中随机抽取 1 张。定义事件 $A_1 = \{1, 2\}$，$A_2 = \{1, 3\}$，即若抽到第 1 张或第 2 张牌，则事件 A_1 发生；若抽到第 1 张或第 3 张牌，则事件 A_2 发生。则

$$P(A_1) = P(A_2) = \frac{1}{2}$$

根据 $A_1 \cap A_2 = \{1\}$，有 $P(A_1 \cap A_2) = 1/4$。因此，尽管事件 A_1 和 A_2 有共同的元素，它们依然相互独立。

定理 2.13 令 A 和 B 为两个独立事件。则

(1) A 和 B^c 相互独立；

(2) A^c 和 B 相互独立；

(3) A^c 和 B^c 相互独立。

证明：(1) 若 $P(A \cap B^c) = P(A)P(B^c)$，则 A 和 B^c 相互独立。因 $(A \cap B) \cup (A \cap B^c) = A$，有

$$P(A \cap B) + P(A \cap B^c) = P(A)$$

根据乘法法则可知

$$\begin{aligned} P(A \cap B^c) &= P(A) - P(A \cap B) \\ &= P(A) - P(A)P(B) \\ &= P(A)[1 - P(B)] \end{aligned}$$

$$= P(A)P(B^c)$$

(2) 由对称性和 (1) 的证明结果可得。

(3) 根据 $(A \cap B^c) \cup (A^c \cap B^c) = B^c$，有

$$P(A \cap B^c) + P(A^c \cap B^c) = P(B^c)$$

从而有

$$\begin{aligned} P(A^c \cap B^c) &= P(B^c) - P(A \cap B^c) \\ &= P(B^c) - P(A)P(B^c) \\ &= P(A^c)P(B^c) \end{aligned}$$

证毕。 ■

事实上，上述定理可从直觉上理解：假设 A 和 B 相互独立。那么 A 和 B^c 也应该相互独立。否则，可用 A 的信息预测 B^c 发生的概率，从而也就可用 A 的信息预测 B 的概率，因为 $P(B|A) = 1 - P(B^c|A)$。这与 A 和 B 相互独立的假设相左。

现在定义两个以上事件的独立性。

定义 2.15 *[多个事件的独立性]*：对 k 个事件 $A_1, A_2, \cdots, A_k$，若其中任意 j 个事件 $(j = 2, 3, \cdots, k)$ 的每个可能子集 $A_{i_1}, \cdots, A_{i_j}$ 均满足

$$P(A_{i_1} \cap \cdots \cap A_{i_j}) = P(A_{i_1}) \times \cdots \times P(A_{i_j})$$

则称 k 个事件 $A_1, A_2, \cdots, A_k$ 是相互独立的。

对三个或更多的事件，独立性也称为相互独立或联合独立。在不存在歧义的情况下，我们一般去掉修饰成分“相互”或“联合”，直接称之为独立性。

若任何子集的联合概率等于子集内所有事件的概率的乘积，那么所有 k 个事件相互独立。共需要 $2^k - 1 - k$ 个条件来描述 k 个事件之间的独立性 (因为 $\sum_{j=0}^{k} \binom{k}{j} = 2^k, \binom{k}{0} = 1, \binom{k}{1} = k$)。

例如，当且仅当如下 $2^3 - 1 - 3 = 4$ 个如下条件满足时，三个事件 A，B 和 C 相互独立：

$$P(A \cap B) = P(A)P(B)$$

$$P(A \cap C) = P(A)P(C)$$

$$P(B \cap C) = P(B)P(C)$$

$$P(A \cap B \cap C) = P(A)P(B)P(C)$$

例 2.56 [中秋博饼]： 在福建闽南地区，有一种欢庆中秋佳节的传统活动称为博饼游戏。所谓博饼，其实是一种掷 6 个骰子的游戏。若某参赛者所掷得的 6 个骰子中至少 4 个骰子同时出现数字 4，则此人将是获胜者，称为“状元”。若至少 2 个参赛者有 4 个骰子出现数字 4，则看剩下两个骰子的总数，谁的数字大谁就获胜。假设两个朋友玩这个游戏。平均而言，两人需要掷多少轮博饼才能产生一个“状元”呢？

例 2.57 [可靠性]： 像发射卫星这样的大工程，通常包含 k 个相互独立的子项目，用 $A_1, A_2, \cdots, A_k$ 表示。假设子项目 i 的失败率为 f_i，其中 $i = 1, \cdots, k$。问工程成功实施的概率是多大？

解： 工程成功要求所有子项目都必须成功。因此，工程成功的概率为

$$\begin{aligned} P\left(\bigcap_{i=1}^{k} A_i\right) &= \prod_{i=1}^{k} P(A_i) \\ &= \prod_{i=1}^{k} [1 - P(A_i^c)] \\ &= \prod_{i=1}^{k} (1 - f_i) \end{aligned}$$

作为数值算例，假设某工程共包括 $k = 10$ 个子项目，并且每个子项目都有相同的失败率 f_i。为了保证该工程的成功率达到 0.99 以上，则每个子项目的失败率就必须控制在 0.0001 以下。

根据定义可知，联合独立意味着两两独立。然而，反之却不成立。存在三个事件两两独立但却不是联合独立的情形，下面举一个例子说明。

例 2.58： 假设样本空间

$$S = \{aaa, bbb, ccc, abc, bca, cba, acb, bac, cab\}$$

并且每个基本结果都是拥有均等概率。对 $i = 1, 2, 3$，定义 $A_i = \{$三个数一组中第 i 个位置为字母 $a\}$。例如

$$A_1 = \{aaa, abc, acb\}$$

可得

$$P(A_1) = P(A_2) = P(A_3) = \frac{3}{9} = \frac{1}{3}$$

和

$$P(A_1 \cap A_2) = P(A_1 \cap A_3) = P(A_2 \cap A_3) = \frac{1}{9}$$

故 A_1，A_2 和 A_3 两两独立。然而，由于

$$P(A_1 \cap A_2 \cap A_3) = \frac{1}{9} > P(A_1)P(A_2)P(A_3) = \frac{1}{27}$$

A_1，A_2 和 A_3 并非相互独立。

例 2.58 意味着，若分别用 A_2 或 A_3 预测 A_1，那么 A_2 或 A_3 对 A_1 无预测能力。然而，若联合采用 A_2 和 A_3 预测 A_1，则 A_2 和 A_3 对 A_1 有预测能力。一般来说，三个事件两两独立和联合独立之间的差异在于，两两独立意味着其中两个事件的同时发生还有可能对第三个事件有预测能力，而联合独立则不然。

例 2.59 [经济政策的互补性]：在经济增长和经济发展领域，许多研究发现一项经济政策往往需要另一项或多项经济政策配套才能共同促进经济增长，这称为政策的互补性。对转型经济，单独一项改革可能不会达到预期效果，甚至适得其反。经济政策必须配套实施才能达到预想效果。比如，为了提高企业生产率 (A_1)，在更换经理 (A_2) 的同时必须给予企业自主权 (A_3)，否则可能会出现"巧妇难为无米之炊"的现象。

在实际中，还有许多其他经济互补性的例子。Harrison (1996)、Rodriguez & Rodrik (2000)、Loayza *et al*. (2005)、Chang *et al*. (2005) 的研究表明，只有当一个国家的国际贸易开放度与促进该国教育投资、金融体系深化、稳定通胀、公共设施建设、政府治理、劳动力市场灵活程度以及降低企业准入和退出门槛等相关政策结合起来时，才能促进该国的经济增长。

上述讨论已阐明了联合独立意味着两两独立，反之则不然。但是，在某些特殊情形下，两两独立可推导出联合独立。

问题 2.6 何时两两独立可推导出联合独立？若成立，请举一例。

检验多个事件是否联合独立时，需注意检验这些事件之任意子集的联合概率是否等于该子集中所有事件发生概率的乘积。例如，当检验三个事件 A, B 和 C 的独立性时，仅检验条件 $P(A \cap B \cap C) = P(A)P(B)P(C)$ 是不够的。还必须检验两两事件的任意可能组合的条件是否满足。

问题 2.7 假设有 A, B, C 三个事件，$P(A \cap B \cap C) = P(A)P(B)P(C)$ 能否推出三者是联合独立的？若是，请证明。不然，请举例说明。

第九节　小结

本章奠定了概率论的基础。基于任何经济系统都可视为随机试验这一基本公理，本章首先用概率空间 $(S, \mathbb{B}, P)$ 刻画随机试验，其中 S 是样本空间，$\mathbb{B}$ 是 σ 域 (西格玛域)，而 $P : \mathbb{B} \to [0, 1]$ 是概率测度。在此基础上，分别用相对频率和主观概率对概率给予解

释。对任意一个可测空间 $(S,\mathbb{B})$，可定义多个概率函数。统计学和计量经济学的一个主要目的就是基于经济观测数据推断经济随机系统的概率法则，以期能够真实地反映数据生成过程的概率分布。进一步地，讨论了概率函数的性质和若干重要计数方法，这些方法有助于计算经济学家所关心的重要经济事件的概率。接着，引入了条件概率函数的概念描述两个或两个以上经济事件之间的预测关系，并且讨论了著名的贝叶斯定理。最后，介绍了独立性的概念及其在经济学和金融学领域的一些应用。

练习题二

2.1 对事件 A 和 B, 用 $P(A), P(B)$ 和 $P(A\cap B)$ 描述以下事件的概率计算公式：

(1) A 或 B 或二者兼有；

(2) A 或 B，但并非二者兼有；

(3) 至少 A 或 B 其中之一；

(4) 最多 A 或 B 其中之一。

2.2 构建并证明可应用于有限个集合 $A_1,\cdots,A_n$ 的德摩根律 (参见定理 2.1(5))。

2.3 令 S 为样本空间。

(1) 证明集合 $\mathbb{B}=\{\varnothing,S\}$ 是 σ 代数；

(2) 令 $\mathbb{B}=\{$样本空间 S 的所有子集，包括 $S\}$。证明 $\mathbb{B}$ 是 σ 代数；

(3) 证明两个 σ 代数的交集也是 σ 代数。

2.4 有两个事件 A 和 B，其中 $P(A)=\frac{1}{3}$，$P(B)=\frac{1}{2}$。求以下情况下 $P(B\cap A^c)$ 的值：

(1) A 与 B 不相交；

(2) $A\subset B$；

(3) $P(A\cap B)=\frac{1}{8}$。

2.5 令 A 和 B 为两个事件。检验以下关系是否成立：

(1) $A\cup B=A\cup(A^c\cap B)$；

(2) $B=(A\cap B)\cup(A^c\cap B)$。给出推理过程。

2.6 假设事件 A 和 B 互斥。

(1) A^c 和 B^c 互斥吗？给出推理过程；

(2) 举出若干 A^c 和 B^c 互斥的例子。

2.7 假设 $P(A)=\frac{1}{3}$ 且 $P(B^c)=\frac{1}{4}$。请问 A 和 B 是否有可能互斥？

2.8 以下陈述是否成立？若成立，给予证明；否则，提供反例。

(1) 若 $P(A)+P(B)+P(C)=1$，则事件 A，B，C 互斥；

(2) 若 $P(A\cup B\cup C)=1$，则事件 A，B，C 互斥。

2.9 考察如下陈述是否成立。若成立，给予证明；否则，提供反例。

(1) 若事件 A 发生的概率为 1，则 A 是样本空间；

(2) 若事件 B 发生的概率为 0，则 B 是空集；

(3) 若 $P(A)=1$ 且 $P(B)=1$，则 $P(A\cap B)=1$。

2.10 假设三个事件 A,B,C 满足 A 和 B 独立，A 和 C 独立，且 B 和 C 独立。又 $4P(A)=2P(B)=P(C)$，$P(A\cup B\cup C)=5P(A)$，且 $P(A)>0$。求 $P(A)$ 的值。

2.11 两个游戏参与者 A 和 B，依次独立抛硬币，第一个抛得正面朝上者获胜。假设参与者 A 先抛硬币。

(1) 若硬币质地均匀，则 A 获胜的概率有多大？

(2) 假设 $P(\text{正面朝上})=p$，而不一定为 $\frac{1}{2}$。A 获胜的概率有多大？

(3) 证明对所有 $0<p<1$，有 $P(A\text{ 获胜})>\frac{1}{2}$。(提示：尝试将 $P(A\text{ 获胜})$ 用事件 $A_1,A_2,\cdots,$ 表达，其中 $A_i=\{\text{首次正面朝上出现在第 } i \text{ 次抛掷}\}$。)

2.12 一对夫妇有两个孩子，其中至少有一个是男孩。请问两个孩子都是男孩的概率有多大？

2.13 证明如下陈述成立。假设任何条件事件的概率均为正。

(1) 若 $P(B)=1$，证明对任意 A 有 $P(A\cap B)=P(A)$；

(2) 若 $A\subset B$，证明 $P(B|A)=1$ 且 $P(A|B)=P(A)/P(B)$；

(3) 若 A 和 B 互斥，证明 $P(A|A\cup B)=\frac{P(A)}{P(A)+P(B)}$。

2.14 在概率论中，若 $P(A|B)>P(A)$，则称事件 A 和 B 正相关；若 $P(A|B)<P(A)$，则称之为负相关。请证明 $P(A|B)>P(A)$ 与 $P(B|A)>P(B)$ 等价。

2.15 举出一个满足 $P(A\cap B)<P(A)P(B)$ 的例子。

2.16 若 $P(A_1|A_3)\geqslant P(A_2|A_3)$ 和 $P(A_1|A_3^c)\geqslant P(A_2|A_3^c)$ 成立，证明 $P(A_1)\geqslant P(A_2)$。

2.17 令 A,B,C 为定义在样本空间 S 的任意三个事件。用 $P(A),P(B),P(C),P(A\cap B),P(B\cap C),P(C\cap A)$ 和 $P(A\cap B\cap C)$ 表示 $P(A\cup B\cup C)$，并给出推理过程。

2.18 令 A_1,A_2,A_3 和 A_4 为定义在样本空间 S 上的四个事件。用 $P(A_i),P(A_i\cap A_j),P(A_i\cap A_j\cap A_k)$ 和 $P(A_1\cap A_2\cap A_3\cap A_4)$ 表示 $P(A_1\cup A_2\cup A_3\cup A_4)$。

2.19 令 A_i, $i=1,2,\cdots,n$, 表示 n 个事件的序列，其中 n 是正整数。证明 $P\left(\cup_{i=1}^{n}A_i\right)\leqslant$

$\Sigma_{i=1}^{n} P(A_i)$ 成立。

2.20 令 A_i, $i = 1, 2, \cdots, n$，表示 n 个事件的序列，其中 n 是正整数。证明 $P\left(\cap_{i=1}^{n} A_i\right) \leqslant 1 - \Sigma_{i=1}^{n} P(A_i)$ 成立。

2.21 一位秘书给 4 个人写了 4 封信并分别将其放入 4 个信封。若他随机地将信放入信封，每个信封放一封信。问恰好有两封信放对信封的概率是多少？恰好有 3 封信放对的概率是多少？

2.22 一栋楼的电梯载客 5 人，电梯在 7 个楼层各停 1 次。若每个人在每楼层都可能下电梯，其概率相同且彼此独立，请问没有两位乘客在同一楼层下电梯的概率是多少？

2.23 某对冲基金公司在国内市场投资了 6 支基金，在海外市场投资了 4 支基金。某投资者欲投资 2 支国内市场基金和 2 支海外市场基金。

(1) 该投资者在这家基金公司可能投资的不同基金组合有多少种？

(2) 投资者并不了解该公司投资的基金中有 1 支国内市场基金和 1 支海外基金的表现将极差。若投资者随机购买基金，问其购买的基金中至少 1 支在明年表现极差的概率是多大？

2.24 假设班里有 k 名学生。求至少两人生日是 4 月 1 日的概率。假设学生之间没有双胞胎，一年只有 365 天，每一天的出生概率相同。

2.25 假设一个盒子中有 r 个红色球和 w 个白色球，现从盒中不放回地随机取球，每次取一个。

(1) 在任何白球被取出之前，r 个红球全部被取出的概率是多少？

(2) 全部 r 个红球被取出后才取出 2 个白球的概率是多大？

2.26 假设 5% 的男性和 0.25% 的女性有色盲。现随机选出一人且发现是色盲。问此人是男性的概率是多少？假定男性和女性人数相等。

2.27 若某城市 50% 的家庭订阅了晨报，65% 的家庭订阅了晚报，85% 的家庭至少订阅了两种报纸之一。问同时订阅了两种报纸的家庭占比多少？

2.28 若射击实验中，击中目标的概率为 $\frac{1}{5}$。现独立发射 5 枪，求目标至少被击中 2 次的概率。若给定至少击中目标 1 次的前提下，求至少击中 2 次的条件概率。

2.29 标准化考试是概率论的一个典型应用。首先假设某考试有 20 道选择题，每题有 4 个选项，并且仅有一个选项正确。若学生每题都猜，那么考试可视为 20 个独立的事件集。问在学生猜题的前提下，至少答对 10 题的概率有多大？

2.30 两事件 A 和 B 相互独立，且 $B \subset A$。求 $P(A)$。

2.31 假设 $0 < P(B) < 1$。证明当且仅当 $P(A|B) = P(A|B^c)$ 时，事件 A 和 B 独立。

2.32 给定 A, B, C 三个事件，举例说明 $P(A \cap B \cap C) = P(A)P(B)P(C)$ 不等价于 $P(A \cap B) = P(A)P(B)$。

2.33 A 和 B 两人独立地向相同目标射击。A 击中目标的概率是 0.8，B 击中目标的概率是 0.9。求目标被击中的概率。

2.34 警方计划在市区四个不同的位置 L1、L2、L3、L4 放置测速雷达来达到限速的目的。这四个位置的雷达每天分别工作 40%, 30%, 20%, 30% 的时间。如果一个超速驾驶去上班的人会经过所有这些位置，那他收到超速罚单的概率是多少？请解释。

2.35 在某大城市中，有数据显示 0.5% 的人口感染艾滋病 (AIDS)。现有检验给出正确诊断的概率对健康人群是 80%，对患病人群是 98%。假设某人经检查后发现染病。求诊断错误，即此人其实是健康人的概率。

2.36 某银行对雇员进行工作测试。在圆满完成工作的员工中，65% 通过了测试。而在未能圆满完成工作的员工中，25% 通过测试。根据银行记录，90% 的员工圆满完成了工作任务。请问一个通过测试的员工未能圆满完成工作任务的概率是多大？

2.37 某市场研究团队评估在商业中心开设新服装店的前景。评估分三个等级：好、中、差。统计发现，目前所有经营良好的服装店中，60% 被评为好，30% 被评为中，10% 被评为差。而所有经营不善的服装店中，10% 被评为好，30% 被评为中，60% 被评为差。此外，服装店中 70% 经营良好，30% 经营不善。

(1) 若随机选择一个店铺，其经营前景被评估为良好的概率有多大？

(2) 若某店经营前景被评估为良好，其经营为良好的概率有多大？

第三章　随机变量和一元概率分布

摘要：本章以及第四、五章将借助微积分工具系统地阐述并扩展第二章的概率理论。微积分的使用有助于更深入理解概率论。本章将介绍若干基于定量分析的概率概念。首先引入随机变量的概念，然后引入累积分布函数、概率质量函数与概率密度函数、矩生成函数以及特征函数等工具，以刻画随机变量的概率分布；最后，介绍矩和分位数的概念，并讨论了它们和概率分布的关系。本章主要讨论一维随机变量及其概率分布。

关键词：随机变量、累积分布函数、离散随机变量、概率质量函数、连续随机变量、概率密度函数、矩、均值、方差、偏度、峰度、分位数、矩生成函数、特征函数

第一节　随机变量

如第二章所述，概率空间 $(S, \mathbb{B}, P)$ 完整刻画了一个随机试验。一般而言，样本空间 S 以及 σ 域 $\mathbb{B}$ 依随机试验的性质而不同。例如，抛硬币随机实验时，样本空间 $S=\{H,T\}$，其中 H 表示正面朝上，T 表示背面朝上；选举某个候选人时，$S=\{$成功, 失败$\}$；若抛三枚硬币，则 $S=\{HHH, HHT, HTH, HTT, THH, THT, TTH, TTT\}$。

概率空间因随机试验而异使其在实际应用中存在诸多不便。特别当样本空间 S 的元素不是实数时，其表述可能更加繁琐。另一方面，在许多随机试验中，考虑一些概括性变量 (summary variable) 的概率测度可能会比原始的概率结构更加方便。为形成统一的概率理论，首先需要统一不同性质的概率空间。为此，可采用数字代表样本空间 S 的元素。一个可行的方式是对 S 中每个基本结果都赋予一个实数值。换言之，可构造一个从原始样本空间 S 到由一系列实数组成的新样本空间 Ω 的映射，这一映射将称为随机变量。随机变量是定义在样本空间 S 上的函数，旨在将我们所关注的问题转化为具有更加简便结构的新的概率空间，从而更方便地解决问题。

另一方面，在许多应用中，人们可能对随机试验结果的某些性质而非结果本身感兴趣。例如多次掷骰子时，人们可能关心所有次数骰子点数的总和，而非每次骰子的结果。对此类问题，定义一个恰当的随机变量可更好地满足我们的目的。

定义 3.1 *[随机变量]*：随机变量 $X(\cdot)$ 是从样本空间 S 到实数集 $\mathbb{R}$ 的 $\mathbb{B}$-可测映射 (或点函数)，满足对每个基本结果 $s \in S$，都存在唯一的实数 $X(s)$ 与之对应。随机变量 X 可能取的所有实数值的集合，也称为 X 的值域，构成了新的样本空间，记为 Ω。

根据函数的定义，函数 $X: S \to \Omega$ 无需为一一映射。有可能两个基本结果 $s_1, s_2 \in S$

的随机变量 X 值是一样的，即 $X(s_1)=X(s_2)$，如图 3.1 所示。

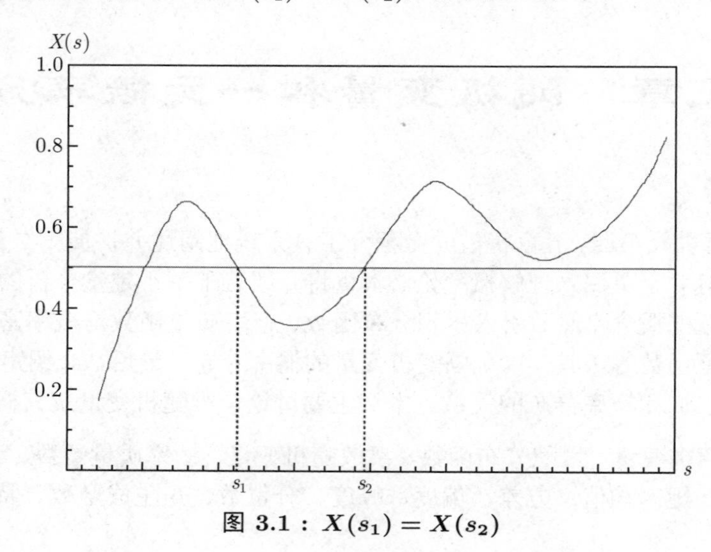

图 3.1：$X(s_1)=X(s_2)$

例 3.1：抛硬币时，样本空间 $S=\{H,T\}$。定义随机变量 $X(\cdot)$，满足 $X(H)=1$，$X(T)=0$，则新样本空间 $\Omega=\{1,0\}$。

例 3.2：选举某个候选人时，样本空间 $S=\{$成功，失败$\}$。定义随机变量 $X(\cdot)$，满足 $X($成功$)=1$，$X($失败$)=0$，则 $\Omega=\{1,0\}$。

S 和 Ω 的基本结果的数目不必相等。

很多情况下，定义一个适当的新样本空间 Ω 会更便于解决问题。

例 3.3：假设抛三枚质地均匀的硬币，其样本空间

$$S=\{TTT,TTH,THT,HTT,HHT,HTH,THH,HHH\}$$

令 $X(\cdot)$ 表示正面朝上的个数，则有 $X(TTT)=0$，$X(TTH)=1$，$X(THT)=1$，$X(HTT)=1$，$X(HTH)=2$，$X(THH)=2$，$X(HHH)=3$。因此，新样本空间 $\Omega=\{0,1,2,3\}$。

本例中，$X(s)$ 为正面朝上的个数，其中 s 是 S 的一个基本结果。因此，$P(X=3)=P(A)$，其中 $A=\{s\in S:X(s)=3\}=\{HHH\}$，表示随机试验恰好出现三个正面朝上的概率。

例 3.4：掷骰子试验的样本空间 $S=\{1,2,3,4,5,6\}$。定义 $X(s)=s$，则 $\Omega=S$。此为恒等变换。

问题 3.1　若 S 的基本结果的数目是可数的，那么：*(1)* Ω 的基本结果的数目是否可大于 S 的基本结果的数目？*(2)* Ω 的基本结果的数目是否可小于 S 中的基本结果的数目？

例 3.5：假设 $S=\{s:-\infty<s<\infty\}$。若 $s>0$，定义 $X(s)=1$；否则，定义 $X(s)=0$。

在例 3.5 中，随机变量 X 仅取两个可能的值，故称为二元随机变量。二元变量在经济学有广泛的应用，例如对非对称经济周期转折点的预测 (如 Neftci, 1984)。

随机变量的例子还有很多，包括所谓的投资者情绪指数 (sentiment index) 和经济政策不确定性 (economic policy uncertainty, EPU) 指数。这两个指数基于社交媒体平台 (如，微博和脸书) 和新媒体的文本数据，分别量化了投资者情绪和经济政策不确定性。同时，这两个指数也是从文本数据到实数的映射。文本数据是非结构化大数据，大数据包括结构化、半结构化和非结构化数据。这些数据通常来自主流网络报刊、百度、维基百科等。Baker *et al.* (2016) 提出了经济政策不确定性指数，统计了使用以下三组术语中一个或多个术语的文章的篇数：(1)"economic (经济的)"或"economy (经济)"；(2)"uncertainty (不确定性)"或"uncertain (不确定的)"；(3)"Congress (美国国会)""deficit (赤字)""Federal Reserve (美联储)""legislation (立法)""regulation (法规)"或"White House (白宫)"。

定义 3.1 将随机变量的定义限制为实数随机变量。亦可将实部与虚部分别视为两个实值随机变量以定义复值随机变量。简便起见，本书只考察实数随机变量。

本书用大写字母 X 表示随机变量，用小写字母 x 表示随机变量的实现值。例如，随机变量 X 可能的取值为 x (即对于 $s\in S$，有 $x=X(s)$)。

定义随机变量 X 时，也定义了新样本空间 Ω，即随机变量 X 的值域。定义在原始样本空间 S 上的概率函数可用于推导随机变量 X 的概率分布。

首先，假设样本空间 S 包含有限个基本结果：

$$S=\{s_1,\cdots,s_n\}$$

且概率函数 $P:\mathbb{B}\to[0,1]$，其中 $\mathbb{B}$ 是从 S 生成的 σ 域。同时，定义随机变量 $X:S\to\mathbb{R}$，其值域为

$$\Omega=\{x_1,\cdots,x_m\}$$

其中 m 和 n 未必相等。则随机变量 X 的概率函数 $P_X:\Omega\to\mathbb{R}$ 可定义如下：

$$\begin{aligned}P_X(x_i)&\equiv P(X=x_i)\\&=P(C_i)\end{aligned}$$

其中 C_i 是原始样本空间 S 中的一个事件，满足 $C_i=\{s\in S:X(s)=x_i\}$。换言之，在新样本空间 Ω 上定义的概率函数 $P_X(\cdot)$ 可由原始概率函数 $P(\cdot)$ 推导而得。

更正式地，对任意一个实数集合 $A\in\mathbb{B}_\Omega$，其中 $\mathbb{B}_\Omega$ 是一个从新样本空间 Ω 生成的 σ 域，可定义概率函数 $P_X:\mathbb{B}_\Omega\to\mathbb{R}$，满足

$$P_X(A)=P(C_A)$$

$$= P[s \in S : X(s) \in A]$$

其中 $C_A = \{s \in S : X(s) \in A\}$ 表示在原始样本空间 S 中，其随机变量 X 取值落入实数集合 $A \subset \Omega$ 的那些基本结果的集合。从这一意义上说，对 $A \subset \Omega$，概率 $P_X(A)$ 常被称为诱导概率函数。可以证明，当 S 为可数样本空间时，诱导概率函数 $P_X(\cdot)$ 满足概率函数的三个条件。(问题：如何证明?)

当 S 的基本结果为连续因而不可数时 (如 $S = \mathbb{R}$)，除非能确保定义在原始样本空间 S 上的集合 $C_A = \{s \in S : X(s) \in A\}$ 属于 σ 域 $\mathbb{B}$，否则将无法直接应用上述诱导概率公式。显然，$C_A \in \mathbb{B}$ 是否成立取决于映射 $X : S \to \Omega$ 的具体函数形式。

问题 3.2 何种函数形式的 $X(\cdot)$ 可保证 $C_A \in \mathbb{B}$? 换言之，$X(\cdot)$ 满足什么条件才能确保集合 C_A 属于 $\mathbb{B}$?

以下的可测性条件保证对任意实数集合 $A \in \mathbb{B}_\Omega$，集合 C_A 总属于 $\mathbb{B}$。

定义 3.2 [可测函数]: 若对任何实数 a, 有 $\{s \in S : X(s) \leqslant a\} \in \mathbb{B}$, 则称函数 $X : S \to \mathbb{R}$ 是 $\mathbb{B}$-可测的 (即关于 σ 域 $\mathbb{B}$ 是可测度的)。

在不存在歧义的情况下，一般将关于 $\mathbb{B}$ 的可测函数简称为可测函数。若函数 X 是关于 $\mathbb{B}$ 可测的，则可用 σ 域 $\mathbb{B}$ 中的等价事件 C 的概率来表示事件 $A \subset \Omega$ 的概率。例如，若事件 A 为 $\{X \leqslant a\}$，则与之相对应的等价事件为 $C = \{s \in S : X(s) \leqslant a\}$ 且 $C \in \mathbb{B}$。换言之，可测函数确保了对 $\mathbb{B}_\Omega$ 中的任何实数子集 A，相对应的等价事件 C 总落在 $\mathbb{B}$ 中，因此概率 $P_X(A)$ 均有定义。若 $X(\cdot)$ 不是可测函数，则对于实数集 $\mathbb{R}$ 上的一些 σ 域，存在某些无法定义概率的子集。然而，构造此类集合非常复杂，已超出本书的范围。

本书假设所有随机变量 X 关于从样本空间 S 生成的 σ 域 $\mathbb{B}$ 都是可测的。事实上，在高级概率论中，“随机变量”这个词限定为从 S 到 $\mathbb{R}$ 的可测函数。

定理 3.1 令 $\mathbb{B}$ 表示从样本空间 S 生成的 σ 代数。若 $f(\cdot)$ 和 $g(\cdot)$ 为 $\mathbb{B}$–可测实值函数，且 c 为实数，则函数 $c \cdot f(\cdot)$，$f(\cdot) + g(\cdot)$，$f(\cdot) \cdot g(\cdot)$ 以及 $|f(\cdot)|$ 均为 $\mathbb{B}$–可测函数。

证明：参见 White (1984, 定理 3.23) 或 Bartle (1966, 引理 2.6)。 ■

若函数 $X(s)$ 和 $Y(s)$ 为从 S 到 Ω 的可测映射，那么对其通过简单代数运算而构造的新函数 $Z(s)$，如 $Z(s) = aX(s)$，$Z(s) = X(s) + Y(s)$，以及 $Z(s) = X(s)/Y(s)$ 也是可测的。另外，若序列 $X_1(s)$，$X_2(s), \cdots$ 是可测函数，则通过极限运算构造的函数 $Z(s)$，如 $Z(s) = \lim_{i \to \infty} Z_i(s)$ 或 $Z(s) = \lim_{n \to \infty} \sup_{1 \leqslant i \leqslant n} |Z_i(s)|$，也是可测函数。

以上论述的证明并不难，但不在本书讨论范围内。此处只需要了解标准函数是可测函数，并且由这类函数构成的标准序列的极限运算都将保持可测性。

可以证明，随机变量 X 的诱导概率 $P_X(\cdot)$ 满足概率函数的定义。首先，由于对任意事件 $C_A = \{s \in S : X(s) \in A\} \in \mathbb{B}$，其中 $\mathbb{B}$ 是从原始样本空间 S 生成的 σ 域，均有 $0 \leqslant P(C_A) \leqslant 1$。由此可得

$$1 \geqslant P_X(A) = P(C_A) \geqslant 0$$

即概率函数定义 2.11 的条件 (1) 得证；其次，由于 $S = \{s \in S : X(s) \in \Omega\}$ 意味着 $P_X(\Omega) = P(S) = 1$，概率函数定义的条件 (2) 对 $P_X(A)$ 也成立；最后，我们将概率函数定义的条件 (3) 的讨论限制在从 Ω 生成的 σ 域 $\mathbb{B}_\Omega$ 中的两个互不相交事件 A_1 和 A_2。这里，$A_1 \cup A_2$ 的诱导概率由下式给出：

$$P_X(A_1 \cup A_2) = P(C)$$

其中 $C = \{s \in S : X(s) \in A_1 \cup A_2\}$。事件 C 可进一步表示为

$$\begin{aligned} C &= \{s \in S : X(s) \in A_1\} \cup \{s \in S : X(s) \in A_2\} \\ &= C_1 \cup C_2 \end{aligned}$$

C_1 和 C_2 是 S 中的两个互斥事件。若不然，假设存在一个基本结果 $s_0 \in S$ 既属于 C_1 又属于 C_2，则 $X(s_0) \in A_1$，$X(s_0) \in A_2$，即存在一个实数 $X(s_0)$ 同时属于 A_1 和 A_2。这与 A_1 和 A_2 为 Ω 中的互不相交集合这一假设相矛盾。由于 C_1 和 C_2 互斥，可得

$$P(C) = P(C_1) + P(C_2)$$

进而根据诱导概率定义，$P(C_1) = P_X(A_1)$，$P(C_2) = P_X(A_2)$，可得

$$P_X(A_1 \cup A_2) = P_X(A_1) + P_X(A_2)$$

即概率函数定义的条件 (3) 在两个不相交集合 A_1 和 A_2 的情形下成立。

要求随机变量 X 为 $\mathbb{B}$-可测函数的目的在于确保在从 Ω 生成的 σ 域 $\mathbb{B}_\Omega$ 上存在一个有定义的诱导概率函数。本书假设每个代表随机变量的函数都满足可测性要求。本书剩余章节将不再区分表示原始概率函数的 $P(\cdot)$ 和表示诱导概率函数的 $P_X(\cdot)$，二者皆用 $P(\cdot)$ 表示。

例 3.6：若抛掷三枚硬币，则样本空间

$$S = \{HHH, HTH, HHT, THH, THT, TTH, HTT, TTT\}$$

令随机变量 $X(\cdot)$ 表示随机试验中正面朝上的个数。则新的样本空间或 X 的值域为

$$\Omega = \{0, 1, 2, 3\}$$

假设需要计算概率 $P(0 \leqslant X \leqslant 1)$。定义

$$
\begin{aligned}
C &= \{s \in S : 0 \leqslant X(s) \leqslant 1\} \\
&= \{TTT, TTH, THT, HTT\}
\end{aligned}
$$

则

$$
\begin{aligned}
P(0 \leqslant X \leqslant 1) &= P(C) \\
&= P(TTT) + P(TTH) + P(THT) + P(HTT) \\
&= \frac{1}{2}
\end{aligned}
$$

第二节　累积分布函数

问题 3.3　如何刻画随机变量 X?

对任意事件 $A \in \mathbb{B}_\Omega$，可用诱导概率函数 $P_X(A)$ 描述随机变量的概率测度，但这并非最便捷的方法。下面引入一个函数描述随机变量 X 的概率分布，即所谓的累积分布函数。

定义 3.3 *[累积分布函数 (Cumulative Distribution Function, CDF)]*: 随机变量 X 的 CDF 定义为

$$F_X(x) = P(X \leqslant x), \quad 对任意\ x \in \mathbb{R}$$

其中函数 F 的下标 X 表示该函数是随机变量 X 的 CDF。

首先介绍累积分布函数 $F_X(x)$ 的基本性质。

定理 3.2 *[$F_X(\cdot)$ 的性质]*: 假设 $F_X(\cdot)$ 是随机变量 X 的 CDF，则

(1) $\lim_{x\to-\infty} F_X(x) = 0$，$\lim_{x\to\infty} F_X(x) = 1$;

(2) $F_X(x)$ 为单调非递减函数，即对任意的 $x_1 < x_2$，有 $F_X(x_1) \leqslant F_X(x_2)$;

(3) $F_X(x)$ 为 x 的右连续函数，即对任意 x 以及 $\delta > 0$，有

$$\lim_{\delta\to 0^+} [F_X(x+\delta) - F_X(x)] = 0$$

定理 3.3　令 $a < b$，则

$$P(a < X \leqslant b) = F_X(b) - F_X(a)$$

证明：注意事件 $\{X \leqslant b\} = \{X \leqslant a\} \cup \{a < X \leqslant b\}$，且事件 $\{X \leqslant a\}$ 和 $\{a < X \leqslant b\}$

互不相交，故有

$$P(X \leqslant b) = P(X \leqslant a) + P(a < X \leqslant b)$$

由 CDF $F_X(x)$ 的定义即得证。证毕。 ■

定理 3.4 对任意实数 b,

$$P(X > b) = 1 - F_X(b)$$

证明：定义 $A = \{X \leqslant b\}$，由公式 $P(A^c) = 1 - P(A)$ 以及 CDF $F_X(x)$ 的定义即可得证。证毕。 ■

例 3.7：假设 $F(x)$ 是 CDF。定义 $G(x) = 1 - F(-x)$。则 $G(x)$ 也是 CDF 吗？

解：依次检验 $G(\cdot)$ 是否满足 CDF 的三个基本性质：

(1) $G(-\infty) = 1 - F[-(-\infty)] = 1 - F(\infty) = 1 - 1 = 0$

$G(\infty) = 1 - F(-\infty) = 1 - 0 = 1$

(2) 对任意 $x_1 < x_2$，有

$$\begin{aligned} G(x_1) &= 1 - F(-x_1) \\ G(x_2) &= 1 - F(-x_2) \\ G(x_2) - G(x_1) &= [1 - F(-x_2)] - [1 - F(-x_1)] \\ &= F(-x_1) - F(-x_2) \\ &\geqslant 0 \end{aligned}$$

因 $-x_1 > -x_2$ 且 $F(\cdot)$ 为 CDF，故上述不等式成立，即 $G(\cdot)$ 为非递减函数。

(3) 然而，$G(x)$ 是左连续函数，而未必是右连续函数。(问题：为什么？)

因此，$G(\cdot)$ 不一定是 CDF。

例 3.8：$P(X \geqslant b) = 1 - F_X(b)$ 是否成立？

解：由 $\{X \geqslant b\} = \{X > b\} \cup \{X = b\}$，且事件 $\{X > b\}$ 和 $\{X = b\}$ 互不相交，有

$$\begin{aligned} P(X \geqslant b) &= P(X > b) + P(X = b) \\ &= 1 - F_X(b) + P(X = b) \end{aligned}$$

因此，当且仅当 $P(X = b) = 0$ 时，有 $P(X \geqslant b) = 1 - F_X(b)$。

例 3.9 [混合分布]：假设 $F_1(x)$ 和 $F_2(x)$ 是 CDF。问线性组合

$$F(x) = pF_1(x) + (1 - p)F_2(x)$$

是否也为 CDF？其中 p 为常数。

解：当 $0 \leqslant p \leqslant 1$ 时，答案是肯定的。此处，$F(x)$ 通常称为分布 $F_1(x)$ 和 $F_2(x)$ 的混合。两分布的混合可提供很多灵活性，比如刻画偏度与厚尾现象。

混合分布有可能出现于现实生活中。出现混合分布的一种可能是：在经济观测数据中，部分观测值由某一个分布生成，而其余的观测值则由另一个分布生成。出现混合分布的另一种可能是：存在两个互斥的状态，即状态 1 和状态 2，分别以概率 p 和 $1-p$ 发生。假设随机变量 X 在状态 1 发生时服从分布 $F_1(x)$，在状态 2 发生时服从分布 $F_2(x)$。因此，X 的分布 $F(x)$ 为 $F_1(x)$ 和 $F_2(x)$ 的混合分布。例如，金融市场上资产收益率 X 在经济扩张和经济萧条时可能服从不同分布。

计量经济学有一个常用模型，即马尔可夫链区制转移模型 (Markov chain regime-switching model)，这是一个混合分布模型，其中 p 可解释为状态变量从一个状态转移到另一个状态的概率 (参见 Hamilton, 1994)。

在实际应用中，p 取值可能取决于某些经济变量，例如

$$p(Z) = \frac{1}{1+\exp(-\alpha' Z)}$$

其中 Z 代表对 p 有影响的经济变量。

当重复进行同类随机试验时，每次试验的结果将服从相同的概率法则或相同的概率分布。以下正式定义同分布概念。

定义 3.4 *[同分布]*：令 $\mathbb{B}_\Omega$ 为从 Ω 生成的包含所有具有 (a,b)，$[a,b)$ 及 $[a,b]$ 形式的实数区间的最小 σ 域，若对 $\mathbb{B}_\Omega$ 中的任意集合 A，有

$$P(X \in A) = P(Y \in A)$$

则称两个随机变量 X 和 Y 服从同分布。

问题 3.4　同分布是否意味着 $X = Y$？

答案是否定的，可通过如下例子说明。

例 3.10：假设分别抛 n 次五角和一元的硬币，分别考察以下关于 X 和 Y 的两个定义：

(1) X 为五角硬币正面朝上的次数，Y 为一元硬币正面朝上的次数；

(2) X 和 Y 均为五角硬币正面朝上的次数。

对上述两个定义，X 和 Y 均为同分布。然而，在第一种情况下 X 和 Y 相互独立，而在第二种情况下 $X = Y$。

需要指出，虽然 $X = Y$ 可推出 X 和 Y 同分布，但同分布不意味着 $X = Y$。X 和 Y 不一定要定义在同一样本空间上，只需两者的分布函数一致即可。

问题 3.5 为什么 CDF $F_X(x)$ 可刻画随机变量 X 的概率分布?

CDF 的定义表明随机变量 X 的概率函数 $P(\cdot)$ 决定了 CDF $F_X(x)$。同样，也可从 CDF $F_X(x)$ 推得随机变量 X 的概率函数 $P(\cdot)$。换言之，$P(\cdot)$ 和 $F_X(x)$ 包含相同的关于随机变量 X 的概率分布信息。

定理 3.5 当且仅当

$$F_X(x) = F_Y(x), \quad 对所有 -\infty < x < \infty$$

两个随机变量 X 和 Y 同分布。

CDF 的概念在经济学、金融学、管理学中有广泛应用。下面举例说明如何用 CDF 描述收入分配以及随机占优。

例 3.11 [收入分配与洛仑兹曲线]：在经济学，洛仑兹曲线和基尼系数常用于刻画收入不均等程度。洛伦兹曲线用图形的方式描述收入的 (经验) 累积概率分布 CDF。它描述了最贫穷的 $x\%$ 家庭或人口的收入占全社会总收入的 $y\%$。洛仑兹曲线上的每一个点所代表的含义类似于“最贫穷的 20% 人口的收入占总收入的 10%”。完全均等的收入分配是每个家庭收入都相等。该情形下，对所有 $x \in [0, 100]$ 而言，全社会最贫穷的 $x\%$ 人口总是占有全社会总收入的 $x\%$。这一收入分配状态可用 45 度方向的直线 $y = x$ 表示，称为“完全均等线”。如图 3.2 所示。

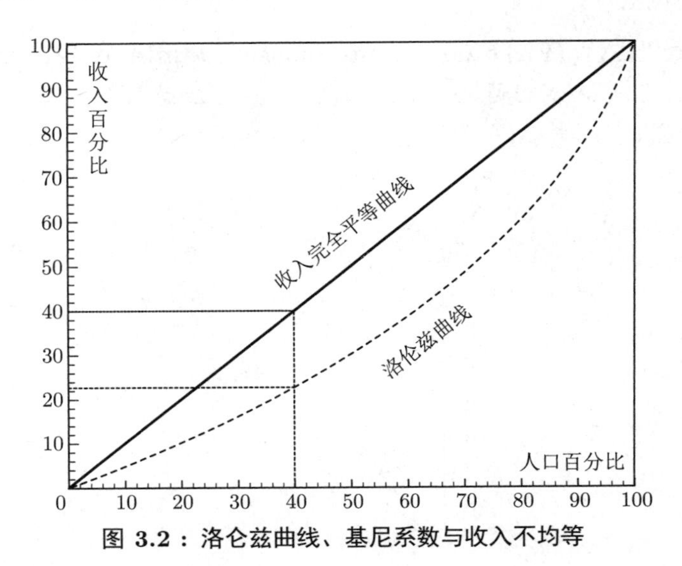

图 3.2：洛仑兹曲线、基尼系数与收入不均等

经济学中，基尼系数是测度收入不平等最常用的指标。1912 年，意大利统计学与社会学家科拉多 · 基尼 (Corrado Gini) 在洛伦兹曲线的基础上提出了基尼系数。45 度线代表收入完全平等。基尼系数可以看作是平等直线与洛伦兹曲线之间的面积与平等直线以下三角形的面积之比。

若所有人都拥有非负收入 (或财富，视情况而定)，则基尼系数理论上介于 0 (完全平等) 到 1 (完全不平等) 之间；基尼系数有时也用从 0 到 100 的百分比表示。实际上，两个极值都不太可能达到。如果可能存在负值 (如，负债者的负资产)，那么基尼系数理论上可以超过 1。通常假设均值 (或总值) 为正，排除基尼系数为负的情况。

基尼系数存在一个缺陷：两个收入分布不同的国家可能拥有相同的基尼系数。比如，在一个国家，底层 50% 的人没有收入，另外 50% 的人收入相同，那么该国基尼系数为 0.5；然而，在另一个国家，底层 75% 的人拥有 25% 的收入，顶层 25% 的人拥有 75% 的收入，那么该国基尼系数也是 0.5。

Krugman (1991) 提出用空间基尼系数来测度经济活动在空间上的集中程度，此时随机变量当然不再是收入。在机器学习中，基尼系数可作为测度分类精准度。例如，分类与回归树 (classification and regression trees, CART) 算法在构建决策树中使用基尼系数作为一种不纯度度量 (impurity measure)(参见 Shobha & Rangaswamy, 2018)。

另一方面，Hadar & Russell (1969)，Hanoch & Levy (1969) 以及 Rothschild & Stiglitz (1970) 都提出用随机占优 (stochastic dominance) 的方法来评估不确定性的环境，包括收入分配评估、社会福利评估以及投资组合评估等。Whang (2019) 从计量经济学的视角和一个统一的分析框架出发，全面介绍了随机占优及其在经济学的最新应用。

所谓随机占优，是通过比较两个累进分布函数的形状而定义的。随机占优是一族概念，包括一阶随机占优、二阶随机占优、三阶随机占优等。

例 3.12 [一阶随机占优 (First Order Stochastic Dominance)]：若两个分布 $F(\cdot)$ 和 $G(\cdot)$ 对实数轴上所有 x 均满足 $F(x) \leqslant G(x)$，且存在 x 使得严格不等式成立，则称分布 $F(\cdot)$ 一阶随机占优于 $G(\cdot)$。

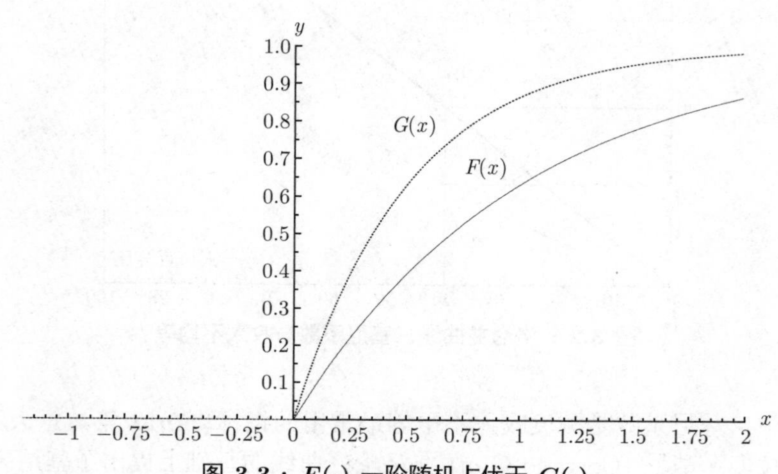

图 3.3：$F(\cdot)$ 一阶随机占优于 $G(\cdot)$

考虑图 3.3 中所示的两个概率分布：

$$F(x) = \begin{cases} 1 - e^{-x}, & x \geqslant 0 \\ 0, & x < 0 \end{cases}$$

和

$$G(x) = \begin{cases} 1 - e^{-2x}, & x \geqslant 0 \\ 0, & x < 0 \end{cases}$$

则对所有 x, 有 $F(x) \leqslant G(x)$，故 $F(\cdot)$ 一阶占优于 $G(\cdot)$。

一阶随机占优概念广泛应用于决策分析、福利经济学、金融学等领域。例如，随机占优的一个常见应用是收入分配分析。若令 x 表示收入水平，则定义中的不等式 $F(x) \leqslant G(x)$ 表示分布 $F(\cdot)$ 中收入不超过 x 的人口比例不高于分布 $G(\cdot)$ 中收入不超过 x 的人口比例。换言之，分布 $G(\cdot)$ 中的贫困人口比例不低于分布 $F(\cdot)$ 中的人口比例。因此，$F(\cdot)$ 一阶随机占优于 $G(\cdot)$ 意味着不管贫困线如何划分，$G(\cdot)$ 中的贫困人口比例总高于 $F(\cdot)$ 中的贫困人口比例。另一个例子，在金融学中，若投资组合分布 $F(\cdot)$ 一阶随机占优于另一投资组合分布 $G(\cdot)$，则对所有 x，有 $P(X_F > x) \geqslant P(X_G > x)$，即投资组合 $F(\cdot)$ 的收益超过任一水平 x 的概率总比投资组合 $G(\cdot)$ 的收益超过 x 的概率大。因此，最大化预期效用的投资者会更偏好 $F(\cdot)$。

例 3.13 [二阶随机占优 (Second Order Stochastic Dominance)]：若对任意 $x \in (-\infty, \infty)$，有

$$\int_{-\infty}^{x} F(y)dy \leqslant \int_{-\infty}^{x} G(y)dy$$

且存在 x 使得严格不等式成立，则称概率分布 $F(\cdot)$ 二阶随机占优于概率分布 $G(\cdot)$。

该定义要求对所有 x，占优分布 $F(\cdot)$ 在分布函数下的面积都比 $G(\cdot)$ 的小。考虑图 3.4 所示的两个概率分布：

$$F(x) = \begin{cases} 0, & x < 1 \\ x - 1, & 1 \leqslant x < 2 \\ 1, & x \geqslant 2 \end{cases}$$

和

$$G(x) = \begin{cases} 0, & x < 0 \\ \frac{x}{3}, & 0 \leqslant x < 3 \\ 1, & x \geqslant 3 \end{cases}$$

则分布 $F(\cdot)$ 二阶随机占优于分布 $G(\cdot)$。可以证明，对任意递增且凹的效用函数 $u(\cdot)$，当且仅当 $F(\cdot)$ 二阶随机占优于 $G(\cdot)$ 时，有 $\int_{-\infty}^{\infty} u(x)dF(x) \geqslant \int_{-\infty}^{\infty} u(x)dG(x)$ 成立。因此，任何厌恶风险的经济主体将始终偏好分布 $F(\cdot)$。

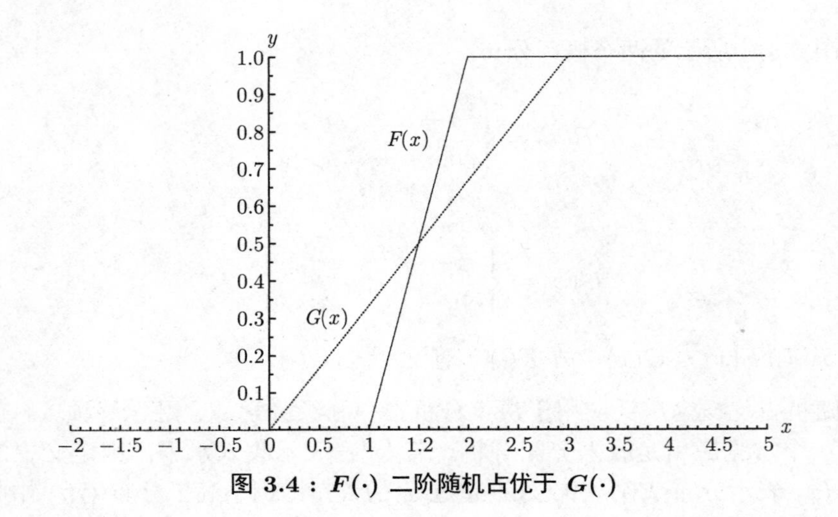

图 3.4：$F(\cdot)$ 二阶随机占优于 $G(\cdot)$

显然，一阶随机占优是二阶随机占优的充分条件。直观上，偏爱更多收益的经济主体会偏好一阶随机占优分布，而偏爱更多收益但厌恶风险的经济主体会偏好二阶随机占优分布。

更高阶的随机占优也可以通过类似的方式定义。比如，若对所有实数 x，有

$$\int_{-\infty}^{x}\int_{-\infty}^{y}F(u)dudy \leqslant \int_{-\infty}^{x}\int_{-\infty}^{y}G(u)dudy$$

且存在 x 使得严格不等式成立，则称分布 $F(\cdot)$ 三阶随机占优于分布 $G(\cdot)$。同样，当且仅当 $\int_{-\infty}^{\infty}u(x)dF(x) \geqslant \int_{-\infty}^{\infty}u(x)dG(x)$，对任意正偏度 (即三阶导数为正) 非减凹效用函数 $u(\cdot)$，$F(\cdot)$ 三阶随机占优于 $G(\cdot)$。

不同的随机占优概念对刻画经济主体的风险行为非常有用。随机占优和效用函数类型之间存在双重关系。

第三节　离散随机变量

现在定义两类基本的随机变量。第一类称为离散随机变量 (discrete random variable, DRV)。

定义 3.5 [离散随机变量 (DRV)]: 若随机变量 X 可能的取值是有限个或可列个，则称其为离散随机变量。

例 3.14: 离散随机变量 X 对应的样本空间 Ω 仅包含可列个基本结果。例如，$\Omega = \{1,2,3,4,5,6\}$ 或 $\Omega = \{0,1,2,\cdots\}$。

离散随机变量 X 的概率分布可用如下定义的概率质量函数 (probability mass function, PMF) 描述。

定义 3.6 *[概率质量函数 (PMF)]*：*离散随机变量 X 的概率质量函数定义为*

$$f_X(x) = P(X = x), \quad \text{对所有 } x \in \mathbb{R}$$

PMF $f_X(x)$ 也称为概率函数。首先考察 PMF $f_X(x)$ 的性质。

定理 3.6 *[PMF 的性质]*：

(1) 对所有 $x \in \mathbb{R}$，$0 \leqslant f_X(x) \leqslant 1$；

(2) $\sum_{x\in\Omega} f_X(x) = 1$。

定义 3.7 *[离散随机变量的支撑 (Support)]*：*离散随机变量 X 在实数集 $\mathbb{R}$ 上概率为正的所有点构成的集合称为 X 的支撑集合，记为*

$$\text{Support } (X) = \{x \in \mathbb{R} : f_X(x) > 0\}$$

因此有

$$\text{Support } (X) = \Omega$$

直观上，X 的支撑是 X 取严格正概率的所有可能点构成的集合。虽然 $f_X(x)$ 定义在整个实数集 $\mathbb{R}$ 上，但是，离散随机变量 X 的支撑以及支撑所包含的所有点的概率值可以充分地刻画该随机变量的概率分布。

PMF 可用所谓的概率直方图描述。

定义 3.8 *[概率直方图]*：*概率直方图是由一系列矩形构成的描述离散随机变量概率函数的图形。图中相邻的两个矩形之间没有空隙，并且每个矩形分别以具有严格正概率的每个值 x 为中心，其高度对应于 PMF 在点 x 处的概率值。*

概率直方图可用于描述是否存在多个众数 (mode)，或“波峰高点”。众数是指概率直方图中以该点为中心的矩形条高于周围其他各矩形条。若直方图显示出两个众数则称为双模态 (bimodal)，若有多于两个众数则称为多模态 (multimodal)。

问题 3.6 给定离散随机变量 X 的 PMF $f_X(x)$，可从 $f_X(x)$ 获得什么信息呢？

定理 3.7 假设离散随机变量 X 的 PMF 为 $f_X(x)$，则其 CDF

$$\begin{aligned} F_X(x) &= P(X \leqslant x) \\ &= \sum_{y\leqslant x} f_X(y), \quad \text{对任意 } x \in \mathbb{R} \end{aligned}$$

其中，加和符号是指对 Ω 中所有小于或等于 x 的 y 值进行求和。

该定理提供了一种通过 PMF $f_X(\cdot)$ 计算 CDF $F_X(\cdot)$ 的方法，即给定 PMF $f_X(\cdot)$，可通过对 Ω 中所有小于或等于 x 的 y 值进行加总求得 CDF $F_X(\cdot)$。注意 $F_X(x)$ 定义在整个实数轴 $\mathbb{R}$ 上。与之不同，离散随机变量 X 的支撑仅为实数轴上可列个数的集合。

例 3.15：假设随机变量 X 有如下概率分布：

x	1	2	3	4
$f_X(x)$	0.1	0.3	0.4	0.2

其概率直方图如图 3.5 所示。

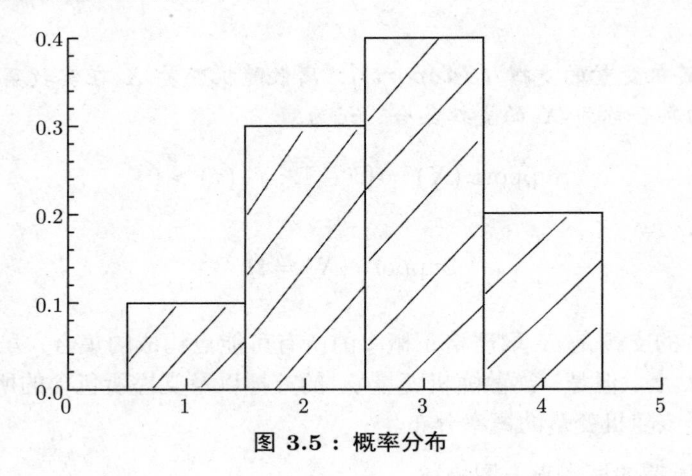

图 3.5：概率分布

而其 CDF 为

$$F(x)=\begin{cases}0, & x<1\\ 0.1, & 1\leqslant x<2\\ 0.4, & 2\leqslant x<3\\ 0.8, & 3\leqslant x<4\\ 1, & x\geqslant 4\end{cases}$$

例 3.16：假设随机变量 X 服从如下 PMF

$$f(x)=\begin{cases}\frac{1}{N}, & x=1,\cdots,N\\ 0, & \text{其他}\end{cases}$$

求其 CDF $F_X(x)$。

解：因为 N 个整数 $\{1,\cdots,N\}$ 发生的概率均相同，该分布也称为离散型均匀分布。为计算 CDF $F_X(x)$，其中 $x\in\mathbb{R}$，我们将实数轴划分为 $N+1$ 段：

情形 1：$x<1$。此时事件 $\{X\leqslant x\}$ 为空集 $\varnothing$，即

$$F_X(x)=\sum_{x_i\leqslant x}f_X(x_i)=0$$

情形 2：$1\leqslant x<2$。此时事件 $\{X\leqslant x\}=\{1\}$，即

$$F_X(x)=\sum_{x_i\leqslant x}f_X(x_i)=f_X(1)=\frac{1}{N}$$

情形 3: $2\leqslant x<3$。此时事件 $\{X\leqslant x\}=\{1,2\}$，即

$$F_X(x)=\frac{2}{N}$$

情形 j：$j-1\leqslant x<j$，$2\leqslant j\leqslant N$。此时事件 $\{X\leqslant x\}=\{1,\cdots,j-1\}$，即

$$F_X(x)=\frac{j-1}{N}$$

情形 $N+1$：$x\geqslant N$。此时事件 $\{X\leqslant x\}=\{1,\cdots,N\}$，即

$$F_X(x)=1$$

汇总可得

$$F_X(x)=\begin{cases}0, & x<1\\ j/N, & j\leqslant x<j+1,\ 1\leqslant j<N\\ 1, & x\geqslant N\end{cases}$$

该函数是阶梯函数 (step function)，跳跃发生在严格正概率的点上，即在 X 的支撑集内的点上发生跳跃，如图 3.6 所示 (当 $N=6$ 时)。

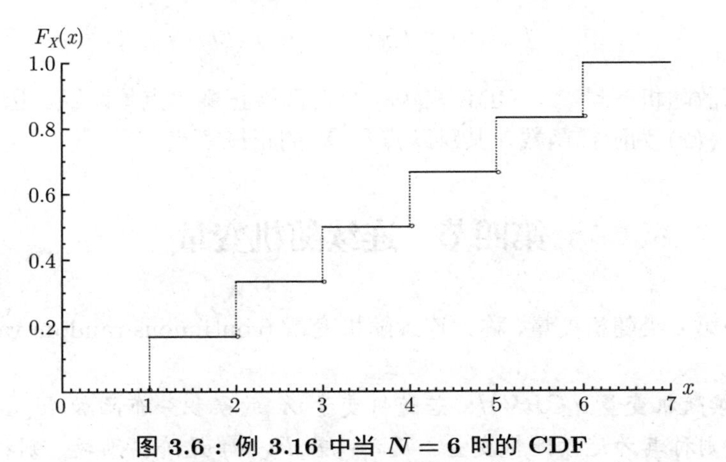

图 3.6：例 3.16 中当 $N=6$ 时的 CDF

需要指出，由于 CDF $F_X(x)$ 是定义在整个实数轴上的函数，上例中若仅计算 $F_X(x)$ 在 X 的支撑 $\{1,\cdots,N\}$ 上取值，则所得 $F_X(x)$ 是不完整的。

问题 3.7 假定 X 是 CDF 为 $F_X(x)$ 离散随机变量，是否可通过 $F_X(x)$ 求得 $f_X(x)$?

对离散随机变量 X，$F_X(x)$ 是阶梯函数，满足 $f_X(x_i) > 0$ 的所有点 $\{x_i\}$ 都是 $F_X(x)$ 的跳跃点。不失一般性，可将这些点按升序排列，即 $x_1 < x_2 < \cdots$。注意事件 $\{x_{i-1} < X \leqslant x_i\}$ 仅包含点 x_i，其概率为

$$\begin{aligned} P(X = x_i) &= f_X(x_i) \\ &= P(x_{i-1} < X \leqslant x_i) \\ &= F_X(x_i) - F_X(x_{i-1}), \ \ i = 2, 3, \cdots \end{aligned}$$

当 $i = 1$ 时，即当 X 取最小值 x_1，根据 $f_X(x_1) = P(X = x_1) = P(X \leqslant x_1) = F_X(x_1)$，可得 $P(X = x_1) = f_X(x_1) = F_X(x_1)$。

现用如下定理总结上述结论。

定理 3.8 假设离散随机变量 X 的 CDF 为 $F_X(x)$，其支撑集由一系列的点 $\{x_1 < x_2 < \cdots\}$ 构成。则其 PMF 为

$$f_X(x_i) = \begin{cases} F_X(x_i), & i = 1 \\ F_X(x_i) - F_X(x_{i-1}), & i > 1 \end{cases}$$

该定理表明，可通过对 CDF $F_X(x)$ 求差分获得 PMF。因此，$f_X(x)$ 和 $F_X(x)$ 在描述离散随机变量 X 的概率分布时是等价的。给定 $f_X(x)$ 或 $F_X(x)$，均可获得随机变量 X 的完整概率法则。

从上述定理可推出，对 $i > 1$,

$$F_X(x_i) = F_X(x_{i-1}) + f_X(x_i)$$

这说明，对离散随机变量 X，CDF $F_X(x)$ 总在严格正概率点处跳跃。因此，对离散随机变量 X，$F_X(x)$ 为阶梯函数，其跳跃点是 X 的正概率点。

第四节 连续随机变量

本节考察第二类随机变量，称为连续随机变量 (continuous random variable, CRV)。

定义 3.9 *[连续随机变量 (CRV)]*: 若随机变量 X 的累积分布函数 $F_X(x)$ 是实数集上的连续函数，则称其为连续随机变量。反之，若 $F_X(x)$ 是阶梯函数，则称 X 为离散随机变量。

连续随机变量 X 可用于描述气温、收入、股票收益率等变量。

问题 3.8 对连续随机变量 X 可定义 PMF $f_X(x)$ 吗?

对任意常数 $\epsilon > 0$，有 $\{X = x\} \subset \{x - \frac{\epsilon}{2} < X \leqslant x + \frac{\epsilon}{2}\}$。根据 $F_X(x)$ 的连续性，对任意实数点 x，可得

$$\begin{aligned}
0 &\leqslant P(X = x) \\
&\leqslant P\left(x - \frac{\epsilon}{2} < X \leqslant x + \frac{\epsilon}{2}\right) \\
&= F_X\left(x + \frac{\epsilon}{2}\right) - F_X\left(x - \frac{\epsilon}{2}\right) \\
&\to 0, \quad \text{当 } \epsilon \to 0 \text{ 时}
\end{aligned}$$

因此，对所有实数点 x，有

$$P(X = x) = 0$$

即，若 X 为连续随机变量，则 X 取任何单点值的概率为零。为直观理解，类比考虑卫星飞越中国领空的例子。假设某卫星从西到东飞越中国领空需要一个小时，飞过福建省需 2 分钟，飞越厦门市需 1 秒钟，不难理解，卫星飞越厦门大学经济楼的时间接近 0 秒。

对连续随机变量 X 而言，对所有 x 点都有 $P(X = x) = 0$，该结果具有重要的含义。首先，由于 PMF $f_X(\cdot)$ 对连续随机变量是一个奇异函数，故不适于描述连续随机变量。其次，对连续随机变量 X，有

$$\begin{aligned}
P(a < X \leqslant b) &= P(a \leqslant X < b) \\
&= P(a \leqslant X \leqslant b)
\end{aligned}$$

问题 3.9 由于 PMF $f_X(\cdot)$ 不适于描述连续随机变量 X，需要寻求其他工具。在什么条件下，存在一个函数 $f_X(x)$ 使得 $F_X(x) = \int_{-\infty}^{x} f_X(y)dy$ 成立？如何解释函数 $f_X(x)$?

定义 3.10 ***[绝对连续 (Absolute Continuity)]***: 如果函数 $F(x)$ 在实数集上连续且几乎处处可导 (即在几乎所有实数点 x 可导)，则称函数 $F: \mathbb{R} \to \mathbb{R}$ 为关于勒贝格测度 (Lebesgue measure) 的绝对连续函数。

“几乎处处”是什么意思呢？直观上，在 $\mathbb{R}$ 的任意有限区间内，$F_X(x)$ 仅在有限个点或无限但可数个点处不可求导。注意连续可导函数 (即函数处处可导且导数是连续的) 是绝对连续的。

问题 3.10 勒贝格测度的直观解释是什么?

勒贝格测度以法国数学家亨利·勒贝格 (Henri Lebesgue) 命名，是测度理论中赋予测度 n 维欧氏空间子集的标准方法。对于 $n=1, 2, 3$，勒贝格测度分别与长度、面积、体积的标准测度一致。通常，这也称为 n 维体积。

定义 3.11 [概率密度函数 (*Probability Density Function, PDF*)]：假设连续随机变量 X 的分布函数 $F_X:\mathbb{R}\to\mathbb{R}$ 绝对连续。则存在函数 $f_X(x)$，使得

$$F_X(x)=\int_{-\infty}^{x} f_X(y)dy,\ \text{对所有}\ x\in(-\infty,\infty)$$

其中，函数 $f_X(x)$ 称为 X 的概率密度函数 (PDF)。

上述定义关系式是微积分的一个基本结果。当 $F_X(x)$ 不满足绝对连续条件时，X 可能不具有上述关系。本书假设 $F_X(x)$ 是绝对连续函数。

对存在导数 $F'_X(x)$ 的点 x，由上述定义可得

$$f_X(x)=\frac{dF_X(x)}{dx}=F'_X(x)$$

若 $F_X(x)$ 绝对连续，则概率密度函数 $f_X(x)$ 几乎处处存在。由于 $f_X(x)$ 相当于 CDF $F_X(x)$ 的斜率，故可取大于 1 的值。

问题 3.11 如何解释 PDF $f_X(x)$?

对事件 $X\in\left(x-\frac{\epsilon}{2},x+\frac{\epsilon}{2}\right]$，其中 $\epsilon>0$ 为任意小的常数，根据中值定理可得

$$\begin{aligned}P\left(x-\frac{\epsilon}{2}<X\leqslant x+\frac{\epsilon}{2}\right)&=F_X\left(x+\frac{\epsilon}{2}\right)-F_X\left(x-\frac{\epsilon}{2}\right)\\&=\int_{x-\frac{\epsilon}{2}}^{x+\frac{\epsilon}{2}} f_X(y)dy\\&=f_X(\bar{x})\epsilon\end{aligned}$$

其中 $\bar{x}$ 是位于 $x-\frac{\epsilon}{2}$ 和 $x+\frac{\epsilon}{2}$ 之间的一个点。尽管 $f_X(x)$ 本身不是概率测度，但它与 X 在以 x 为中心的小邻域内取值的概率成正比例。因此，$f_X(x)$ 刻画了 X 在以 x 为中心的小邻域内取值的概率的相对大小。特别地，$f_X(x)$ 可用于描述连续随机变量 X 的概率分布的形状，包括众数、偏度或对称性、厚尾等。几何上，连续随机变量 X 在一个区间上取值的概率，比如 $(a,b]$，是从 a 到 b 位于曲线 PDF $f_X(x)$ 下方的面积大小，如图 3.7 所示。

如果连续随机变量 X 存在一个处处有定义的 PDF $f_X(x)$，那么 $f_X(x)$ 和 $F_X(x)$ 是等价的，即给定其中一个函数，可求得另一个。具体而言，通过对 PDF $f_X(y)$ 从 $-\infty$

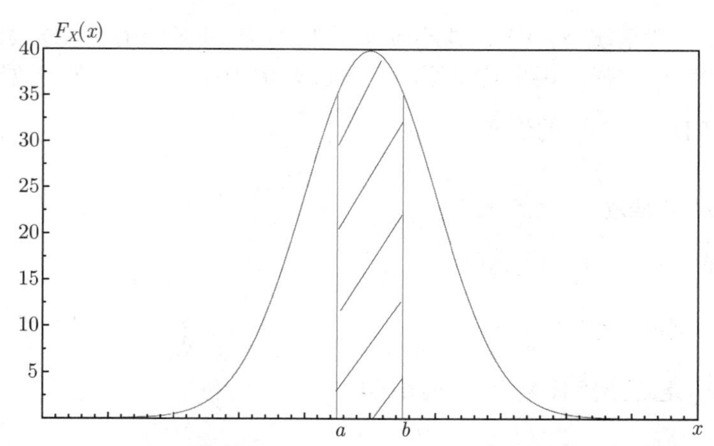

图 3.7：连续随机变量 X 在 $(a,b]$ 上取值的概率的几何解释

到 x 积分可求得 CDF $F_X(x)$；通过对 $F_X(x)$ 求导可求得 PDF $f_X(x)$。就数学意义而言，积分与微分运算和离散随机变量的求和与差分运算是类似的。

问题 3.12 给定 $F_X(x)$，$f_X(x)$ 是否唯一？

给定 CDF $F_X(x)$，可在 $F_X(x)$ 可导处求得 PDF $f_X(x) = F'_X(x)$。若 $F_X(x)$ 在整个实数轴上可导，则 $f_X(x) = F'(x)$ 是唯一的。然而，若 $F_X(x)$ 在某些点不可导，$f_X(x)$ 在这些点上没有定义。

问题 3.13 在导数 $F'_X(x)$ 不存在的点上，如何定义 PDF $f_X(x)$ 的值？

可在这些点上任意定义 $f_X(x)$。连续随机变量 X 的性质 $P(X = x) = 0$ 意味着，在一个单点或无限可数点序列上改变连续随机变量 X 的 PDF $f_X(x)$ 的取值，将不会影响 X 的概率分布函数。例如，考虑如下两个 PDF：

$$f_X(x) = \begin{cases} e^{-x}, & 0 < x < \infty \\ 0, & \text{其他} \end{cases}$$

和

$$f_X(x) = \begin{cases} e^{-x}, & 0 \leqslant x < \infty \\ 0, & \text{其他} \end{cases}$$

注意这两个 PDF 仅在 $x = 0$ 处取值不同，并且 $P(X = x) = 0$。因此，这两个 PDF 对应的概率分布在实数轴的任何子集 A 上具有相同的概率 $P_X(A)$。更一般地，若两个 PDF 仅在有限个点或无限可数点序列上取值不同，其对应的 CDF 或概率函数将完全相同。相反地，离散随机变量的 PMF $f_X(x)$ 在其支撑中的任意点的取值都不能改变，因为任何这种变化将改变离散随机变量的概率分布。

如上所述，一般情况下，PDF 并不唯一。然而，在许多应用中，连续的 PDF $f_X(x)$ 比不连续的 PDF 更方便。由于这个原因，一般要求 PDF $f_X(x)$ 在实数轴 $\mathbb{R}$ 上连续。

现在考察 PDF $f_X(x)$ 的性质。

定理 3.9 ***[PDF 的性质]***: 当且仅当

(1) 对所有 $x \in \mathbb{R}$，$f_X(x) \geqslant 0$;

(2) $\int_{-\infty}^{\infty} f_X(x)dx = 1$,

函数 $f_X(x)$ 是连续随机变量 X 的 PDF。

证明: [必要性] 若 $f_X(x)$ 为 PDF，则根据定义可知 $F_X(x) = \int_{-\infty}^{x} f_X(y)dy$ 为 CDF。由中值定理可得，$F_X(x+\delta) - F_X(x) = f_X(\bar{x})\delta$，其中 $\bar{x}$ 是在 x 与 $x+\delta$ 之间的一个取值。因为 $F_X(x)$ 是非递减函数，故 $f_X(\bar{x}) \geqslant 0$，又由 $F_X(\infty) = 1$，可得条件 (2)。

[充分性] 与必要性的证明类似。构造函数 $F_X(x) = \int_{-\infty}^{x} f_X(y)dy$ 并证明 $F_X(x)$ 为 X 的 CDF。首先，根据中值定理及 $f_X(x) \geqslant 0$ 可知，$F_X(x)$ 为非减函数。其次，由 $\int_{-\infty}^{\infty} f_X(x)dx = 1$，有 $F_X(-\infty) = 0$ 且 $F_X(\infty) = 1$。同时，由 $F_X(x) = \int_{-\infty}^{x} f_X(y)dy$ 可知，$F_X(x)$ 为连续函数，当 $\delta \to 0$ 时，

$$F_X(x+\delta) - F_X(x) = \int_{x}^{x+\delta} f_X(y)dy \to 0$$

故 $F_X(x)$ 为右连续函数。因此，$F_X(x)$ 为连续随机变量 X 的 CDF。证毕。 ■

例 3.17: 可否通过任意非负函数 $g(x)$ 的有限积分 (即 $0 < \int_{-\infty}^{\infty} g(x)dx < \infty$) 构造 PDF $f_X(x)$?

解: 答案是肯定的，定义

$$f_X(x) = \frac{g(x)}{\int_{-\infty}^{\infty} g(y)dy}$$

例 3.18: 可否通过任意非负函数 $g(x)$ 的有限积分构造关于零对称的 PDF $f_X(x)$? 若对所有 $x \in \mathbb{R}$ 有 $f_X(x) = f_X(-x)$，则函数 $f_X(x)$ 关于零对称。

解: 是的。定义

$$f_X(x) = \frac{g(x) + g(-x)}{2\int_{-\infty}^{\infty} g(y)dy}$$

则可通过任意非负函数 $g(x)$ 构造对称的 PDF $f_X(x)$。

定义 3.12 ***[连续随机变量的支撑]***: 连续随机变量 X 的支撑定义为

$$\text{Support } (X) = \{x \in \mathbb{R} : f_X(x) > 0\}$$

其中 $f_X(x)$ 是 X 的 PDF。

连续随机变量 X 的支撑是实数轴 $\mathbb{R}$ 上具有严格正 PDF $f_X(x)$ 的所有点的集合。这意味着，X 在其支撑中任意一点的极小邻域内取值的概率均为正。反之，X 在其支撑之外任意一点的极小邻域内取值的概率均为零。因此，在计算连续随机变量的概率时只需关注 X 的支撑。

以下介绍一个引理并探讨它的含义。

引理 3.1 令 $f_X(x)$ 表示随机变量 X 的 PDF，并且 μ 和 $\sigma > 0$ 为任意两个常数。则函数

$$g_X(x) = \frac{1}{\sigma} f_X\left(\frac{x-\mu}{\sigma}\right)$$

仍然是 PDF。

证明： 采用换元法即可证明。■

任何一对参数值 (μ, σ) 对应一个 PDF。由参数 μ 刻画的函数类 $f_X(x-\mu)$ 称为标准 PDF $f_X(x)$ 的位置函数类，其中参数 μ 称为这类函数的位置参数；然后，由参数 σ 刻画的函数类 $\frac{1}{\sigma} f_X\left(\frac{x}{\sigma}\right)$ 称为标准 PDF $f_X(x)$ 的尺度函数类，其中参数 σ 称为这类函数的尺度参数；最后，由参数 (μ, σ) 刻画的函数类 $\frac{1}{\sigma} f_X\left(\frac{x-\mu}{\sigma}\right)$ 称为标准 PDF $f_X(x)$ 的位置-尺度函数类，其中 μ 和 σ 分别是位置参数和尺度参数。位置参数 μ 的作用在于水平移动概率分布，使得原来在 0 附近的点移到 μ 附近；尺度参数 σ 的作用是拉伸或压缩概率分布。

若 X 为连续随机变量，则 PDF $f_X(x)$ 在每个有限区间上，最多可存在有限个不连续点或无限但可数个不连续点。这意味着：(1) CDF $F_X(x)$ 处处连续且几乎处处可导；(2) 在 $F_X(x)$ 的任意可导处 x，有 $F'_X(x) = f_X(x)$。

另一方面，若 X 为离散随机变量，则 PMF $f_X(x)$ 不是 CDF $F_X(x)$ 的导数，但可视为 $F_X(x)$ 关于某个计数测度的 Radon-Nikodym 导数 (准确而言，是 $F_X(x)$ 关于勒贝格测度的 Radon-Nikodym 导数)。由于导数常称为密度，因此在更广泛的意义上，PMF $f_X(x)$ 也可称为概率密度函数。

以上讨论将随机变量限制为离散型或者连续型，从而可分别引入 PMF 和 PDF。这将极大地简化了数学运算。需要强调，从数学角度看，这种简单分类存在很大的不足之处。一方面，很多随机变量并不具有上述纯粹离散型或连续型分布；另一方面，许多有价值的样本空间的子集也不在上述讨论范围之内。一个例子是具有离散和连续元素的随机变量。

定义 3.13 *[离散-连续型混合分布 (Mixed Distribution of Discrete and Continuous Components)]*：如果随机变量 X 的 CDF 在每个非零概率的实数点都不连续，

而在其他实数点都连续，且并不是一个纯粹阶跃函数，则称其服从连续离散混合分布。分布函数在非连续点处与离散随机变量情形类似，其跳跃的高度决定了 X 在该点的概率值；而在其他点上，X 的行为与连续随机变量相同。对包括离散和连续元素的混合随机变量 X，其 CDF 是两个 CDF 的加权平均，其中一个为离散随机变量的 CDF，另一个为连续随机变量的 CDF，权重非负且其和为 1。

图 3.8 描绘了具有离散和连续元素的混合随机变量的 CDF。

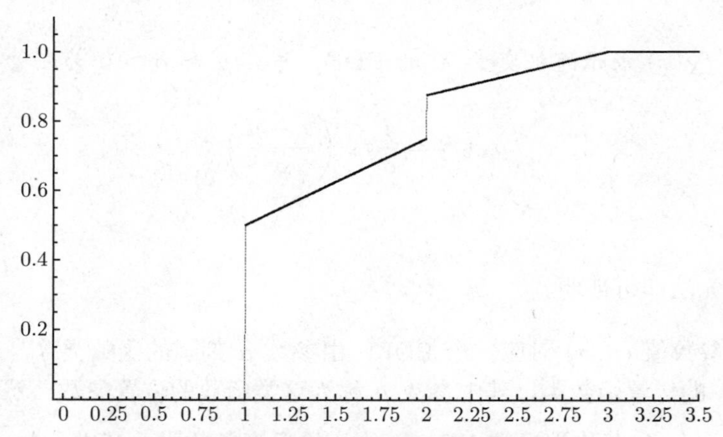

图 3.8：具有离散和连续元素的混合随机变量的 CDF

实证分析经常遇到具有离散和连续元素的混合随机变量。例如，某随机经济变量 X^* 服从连续分布，但当 $X^*>c$ 时，可观察到 X^* 的值；而当 $X^*\leqslant c$ 时，则只能观察到 c 值。此时，观测变量

$$X=\begin{cases} X^*, & X^*>c \\ c, & X^*\leqslant c \end{cases}$$

这里 $P(X=c)>0$ 且对所有 $x>c$，$P(X=x)=0$，故 X 服从离散连续型混合分布。该分布称为左侧受限分布。当 X^* 为被辞退雇员失业久期 (duration)、工人的保留工资 (reservation wage) 等时，会出现此类分布。有一个被称为归并回归模型 (censored regression model) 的计量经济学模型就是用于对此类随机变量建模 (参见洪永淼，2011，第九章)。

以下是更一般的结论。

定理 3.10 *[勒贝格分解 (Lebesgue's Decomposition)]*：任意 CDF $F_X(x)$ 可写成如下形式

$$F_X(x)=\sum_{i=1}^{3}a_iF_i(x)$$

其中权重 $a_i\geqslant 0$，$i=1,2,3$，$a_1+a_2+a_3=1$，$F_1(x)$ 为“绝对连续”，$F_2(x)$ 为具有有限或无限但可数个“跳跃”的“阶梯函数”，$F_3(x)$ 为“奇异”函数，也就是连续并且几

乎处处导数为零的函数。

证明：参见 Parzen (1960) 或 Kingman & Taylor (1966)。 ■

这里，$F_1(\cdot)$ 对应一个连续分布，$F_2(\cdot)$ 对应一个离散分布，而 $F_3(\cdot)$ 对应一个奇异分布。

简便起见，本书在大部分讨论中仍将随机变量限定为离散型或连续型。

第五节 随机变量的函数

问题 3.14 假设 $g:\mathbb{R}\to\mathbb{R}$ 为实值可测函数，则 $Y=g(X)$ 是一个新的随机变量。如何求 Y 的概率分布？

这个问题与第三章第一节在定义随机变量时，将原始样本空间 S 变换到新样本空间 Ω 以及如何从原始概率函数 $P(\cdot)$ 推导随机变量 X 的概率函数 $P_X(\cdot)$ 的问题类似。函数 $g(\cdot)$ 代表从随机变量 X 的样本空间 Ω_X 变换到新的随机变量 Y 的样本空间 Ω_Y。

以下举例说明研究 $Y=g(X)$ 的概率分布的重要性。

例 3.19 [消费函数]：$Y=g(X)$，其中 X 为收入，Y 为消费。通常假设消费为收入的线性函数，即

$$Y=\alpha+\beta X$$

例 3.20 [期权价格]：根据著名的 Black & Scholes (1973) 期权定价公式，欧式看涨期权 (call option) 价格 Y 为波动率 X 的非线性函数：

$$Y=P_0\Phi(d_1)-Ke^{-rT}\Phi(d_2)$$

其中

$$d_1=\frac{\ln(P_0/K)+(r+X^2/2)T}{X\sqrt{T}}$$
$$d_2=\frac{\ln(P_0/K)+(r-X^2/2)T}{X\sqrt{T}}$$

并且函数 $\Phi(x)=\int_{-\infty}^{x}\frac{1}{\sqrt{2\pi}}e^{-u^2/2}du$ 是标准正态分布的 CDF (参见第四章)，P_0 是初始时刻的股票价格，K 是执行价格，r 是连续复合无风险利率，而 T 是期权到期时间。

例 3.21 [资产收益率]：假设 P_t 为第 t 期的资产价格。则其对数收益率

$$\begin{aligned}X_t&=\ln(P_t)-\ln(P_{t-1})\\&\approx\frac{P_t-P_{t-1}}{P_{t-1}}\end{aligned}$$

近似等于从 $t-1$ 期到 t 期的相对价格变化率。

为求得 $Y=g(X)$ 的概率分布，分别考察 X 为离散随机变量和连续随机变量两种情形。

3.5.1 离散情形

问题 3.15 给定离散随机变量 X 的 PMF $f_X(x)$，如何求得 PMF $f_Y(y)$?

对离散随机变量 X，通用的方法是使用如下公式：

$$f_Y(y)=\sum_{x\in\Omega_X(y)} f_X(x)$$

其中，对任意给定实数值 y，$\Omega_X(y)$ 是 X 的支撑 Ω_X 中满足约束条件 $g(x)=y$ 的所有可能取值 x 的集合，即 $\Omega_X(y)=\{x\in\Omega_X:g(x)=y\}$。

直观上，$Y=g(X)$ 是从样本空间 Ω_X 到新样本空间 Ω_Y 的映射。Y 的 PMF $f_Y(y)$ 可通过 PMF $f_X(x)$ 定义为诱导概率函数，即对任意实数 y，

$$f_Y(y)=P(Y=y)=P[X\in\Omega_X(y)]$$

例 3.22：假定 X 服从概率分布：

X	-2	-1	0	1	2
$f_X(x)$	0.2	0.1	0.1	0.3	0.3

求 $Y=X^2+X$ 的 PMF。

解：当 $X=-2,-1,0,1,2$，有 $Y=X^2+X=2,0,0,2,6$，故 Y 的支撑为 $\Omega_Y=\{0,2,6\}$。同时，

$$\begin{aligned}P(Y=0)&=P_X(X=-1)+P_X(X=0)=0.2\\P(Y=2)&=P_X(X=-2)+P_X(X=1)=0.5\\P(Y=6)&=P_X(X=2)=0.3\end{aligned}$$

因此，Y 的概率分布为

Y	0	2	6
$f_Y(y)$	0.2	0.5	0.3

3.5.2 连续情形

假设 $g(\cdot)$ 为连续函数，则当 X 为连续随机变量时，Y 也是连续随机变量。现在探讨给定 X 的 PDF $f_X(x)$，如何求解 Y 的 PDF $f_Y(y)$。

讨论两种重要方法。

(1) CDF 方法

该方法的基本思想是先求得 Y 的 CDF $F_Y(y)$，后对其求导，得 PDF $f_Y(y) = F_Y'(y)$。

步骤一：用 $F_X(x)$ 表示 $F_Y(y)$，即：

$$\begin{aligned} F_Y(y) &= P(Y \leqslant y) \\ &= P[g(X) \leqslant y] \\ &= P[X \in \Omega_{g^{-1}}(y)] \end{aligned}$$

其中

$$\Omega_{g^{-1}}(y) = \{x \in \Omega_X : g(x) \leqslant y\}$$

为 X 的支撑 Ω_X 的一个子集，包含满足不等式 $g(x) \leqslant y$ 的所有点 x 的集合。

步骤一的基本思想是，借助 $Y = g(X)$ 将关于 Y 的概率表述为关于 X 的概率表述。

步骤二：对 CDF $F_Y(y)$ 关于 y 求导，得

$$f_Y(y) = F_Y'(y)$$

步骤三：检验 $f_Y(y)$ 是否为 PDF (即对任意实数 y，检验 $f_Y(y) \geqslant 0$ 和 $\int_{-\infty}^{\infty} f_Y(y)dy = 1$ 是否成立)。

下面，举几个数值算例说明该方法的通用性。

例 3.23：假设连续随机变量 X 的 PDF 为

$$f_X(x) = \begin{cases} 1, & -\frac{1}{2} < x < \frac{1}{2} \\ 0, & \text{其他} \end{cases}$$

求如下随机变量的 PDF $f_Y(y)$：

(1) $Y = a + bX$，$b \neq 0$；

(2) $Y = X^2$；

(3) $Y = |X|$。

解：求解此类问题的关键在于识别 Y 的所有可能取值，即 Y 的支撑。为此有必要画出 $Y = g(X)$ 的曲线图。

(1) 当 $Y = a + bX$ 时，有

$$\begin{aligned} F_Y(y) &= P(Y \leqslant y) \\ &= P(a + bX \leqslant y) \end{aligned}$$

$$= P(bX \leqslant y - a)$$

当 $b < 0$ 时，除以 b 将改变不等式的方向。因此需要分别讨论 $b > 0$ 和 $b < 0$ 的两种情形。

情形 (1)：当 $b > 0$ 时，有

$$\begin{aligned} F_Y(y) &= P(Y \leqslant y) \\ &= P(bX \leqslant y - a) \\ &= P[X \leqslant (y-a)/b] \\ &= F_X\left(\frac{y-a}{b}\right) \end{aligned}$$

故有

$$F_Y(y) = F_X\left(\frac{y-a}{b}\right) = F_X(z)$$

其中 $z = (y-a)/b$。采用链式微分法则，得

$$\begin{aligned} f_Y(y) &= F'_Y(y) \\ &= F'_X(z)\frac{dz}{dy} \\ &= f_X(z)\frac{1}{b} \\ &= f_X\left(\frac{y-a}{b}\right)\frac{1}{b} \\ &= 1 \cdot \frac{1}{b}, \ -\frac{1}{2} < \frac{y-a}{b} < \frac{1}{2} \end{aligned}$$

因此

$$f_Y(y) = \begin{cases} \frac{1}{b}, & a - \frac{b}{2} < y < a + \frac{b}{2} \\ 0, & \text{其他} \end{cases}$$

由于随机变量 X 的 PDF $f_X(\cdot)$ 在区间 $\left(-\frac{1}{2}, \frac{1}{2}\right)$ 上各点的取值为常数，其分布称为区间 $\left(-\frac{1}{2}, \frac{1}{2}\right)$ 上的均匀分布。因为 Y 是 X 的线性变换，故 Y 在区间 $\left(a - \frac{b}{2}, a + \frac{b}{2}\right)$ 上也服从均匀分布。参数 a 和 b 分别改变均匀分布的均值和尺度，其中 a 称为位置参数，b 称为尺度参数。

情形 (2)：当 $b < 0$ 时，有

$$\begin{aligned} P(Y \leqslant y) &= P(bX \leqslant y - a) \\ &= P\left(X \geqslant \frac{y-a}{b}\right) \end{aligned}$$

$$= 1 - F_X\left(\frac{y-a}{b}\right)$$

因此，$F_Y(y) = 1 - F_X(z)$，其中 $z = (y-a)/b$。对其求导可得

$$\begin{aligned} f_Y(y) &= 0 - F'_X(z)\frac{dz}{dy} \\ &= -f_X(z)\frac{1}{b} \\ &= -f_X\left(\frac{y-a}{b}\right)\frac{1}{b} \\ &= -\frac{1}{b}, \quad -\frac{1}{2} < \frac{y-a}{b} < \frac{1}{2} \end{aligned}$$

故 Y 的 PDF 为

$$f_Y(y) = \begin{cases} -\frac{1}{b}, & a + \frac{b}{2} < y < a - \frac{b}{2} \\ 0, & \text{其他} \end{cases}$$

(2) 由于 $Y = X^2$ 且 $\text{Support}(X) = \left(-\frac{1}{2}, \frac{1}{2}\right)$，$Y$ 在 $\left[0, \frac{1}{4}\right)$ 上取非负值。令 $y \geqslant 0$，有

$$\begin{aligned} F_Y(y) &= P(Y \leqslant y) \\ &= P(X^2 \leqslant y) \\ &= P(-\sqrt{y} \leqslant X \leqslant \sqrt{y}) \\ &= F_X(\sqrt{y}) - F_X(-\sqrt{y}) \end{aligned}$$

其中，用到了事件 $\{X^2 \leqslant y\}$ 和事件 $\{-\sqrt{y} \leqslant X \leqslant \sqrt{y}\}$ 两者等价这一事实。对其求导可得

$$\begin{aligned} f_Y(y) &= \frac{d}{dy}[F_X(\sqrt{y}) - F_X(-\sqrt{y})] \\ &= F'_X(\sqrt{y})\left(\frac{1}{2\sqrt{y}}\right) - F'_X(-\sqrt{y})\left(-\frac{1}{2\sqrt{y}}\right) \\ &= f_X(\sqrt{y})\left(\frac{1}{2\sqrt{y}}\right) + f_X(-\sqrt{y})\left(\frac{1}{2\sqrt{y}}\right) \end{aligned}$$

由此可得

$$f_Y(y) = \begin{cases} \frac{1}{\sqrt{y}}, & 0 < y < \frac{1}{4} \\ 0, & \text{其他} \end{cases}$$

(3) 因为 $Y = |X|$，Y 为非负随机变量。令 $y \geqslant 0$，有

$$F_Y(y) = P(Y \leqslant y)$$

$$
\begin{aligned}
&= P(|X| \leqslant y) \\
&= P(-y \leqslant X \leqslant y) \\
&= F_X(y) - F_X(-y)
\end{aligned}
$$

对其求导可得

$$
\begin{aligned}
f_Y(y) &= F'_X(y) - F'_X(-y)(-1) \\
&= f_X(y) + f_X(-y)
\end{aligned}
$$

因此，

$$
f_Y(y) = \begin{cases} 2, & 0 \leqslant y < \frac{1}{2} \\ 0, & \text{其他} \end{cases}
$$

该函数是区间 $\left[0, \frac{1}{2}\right)$ 上的均匀密度函数，即均匀分布随机变量的绝对值仍然是均匀分布 (但区间更小)。

例 3.24：假设随机变量 X 的 PDF 为

$$
f_X(x) = \frac{1}{2}\alpha e^{-\alpha|x|}, \ -\infty < x < \infty
$$

其中常数 $\alpha > 0$。该分布称为双指数 (或拉普拉斯) 分布。对于以下每个变换，求随机变量 Y 的 PDF：

(1) $Y = |X|$；

(2) $Y = X^2$。

解：(1) 因 $Y = |X|$ 非负。令 $y \in [0, \infty)$，有

$$
\begin{aligned}
F_Y(y) &= P(Y \leqslant y) \\
&= P(|X| \leqslant y) \\
&= P(-y \leqslant X \leqslant y) \\
&= F_X(y) - F_X(-y)
\end{aligned}
$$

对其求导，可得

$$
\begin{aligned}
f_Y(y) &= f_X(y) + f_X(-y) \\
&= \frac{1}{2}\alpha e^{-\alpha|y|} + \frac{1}{2}\alpha e^{-\alpha|-y|} \\
&= \alpha e^{-\alpha y}, \quad y > 0
\end{aligned}
$$

因此

$$f_Y(y) = \begin{cases} \alpha e^{-\alpha y}, & y > 0 \\ 0, & y \leqslant 0 \end{cases}$$

该分布称为指数分布，在劳动经济学 (例如对失业久期的建模) 和金融学 (如交易时间间隔的建模) 等领域有广泛应用。换言之，双指数随机变量的绝对值服从指数分布。

(2) 对 $Y = X^2$，同样令 $y \geqslant 0$，有

$$\begin{aligned} P(Y \leqslant y) &= P(X^2 \leqslant y) \\ &= P(-\sqrt{y} \leqslant X \leqslant \sqrt{y}) \\ &= F_X(\sqrt{y}) - F_X(-\sqrt{y}) \end{aligned}$$

则得

$$\begin{aligned} f_Y(y) &= f_X(\sqrt{y})\frac{1}{2\sqrt{y}} + f_X(-\sqrt{y})\frac{1}{2\sqrt{y}} \\ &= \frac{\alpha}{2}\frac{1}{\sqrt{y}}e^{-\alpha\sqrt{y}}, \quad y > 0 \end{aligned}$$

因此，Y 的 PDF 为

$$f_Y(y) = \begin{cases} \frac{\alpha}{2}\frac{1}{\sqrt{y}}e^{-\alpha\sqrt{y}}, & y > 0 \\ 0, & y \leqslant 0 \end{cases}$$

这是非负连续随机变量韦伯分布的一个特例。所谓韦伯分布的 PDF 为

$$f_X(x) = \begin{cases} \frac{\beta}{\delta}\left(\frac{x-\gamma}{\delta}\right)^{\beta-1}e^{-\left(\frac{x-\gamma}{\delta}\right)^{\beta}}, & x \geqslant \gamma \\ 0, & \text{其他} \end{cases}$$

其中，γ, δ 与 β 分别是位置参数、尺度参数与形状参数。韦伯分布在生存分析或久期分析中有广泛应用。显然，本例中求得的分布是韦伯分布 (β, σ, γ) 在 $\beta = \frac{1}{2}$, $\delta = \alpha^{-2}$, $\gamma = 0$ 时的一个特例。

例 3.25：若随机变量 X 的 PDF 为

$$f_X(x) = \frac{1}{\sqrt{2\pi}}e^{-x^2/2}, \quad -\infty < x < \infty$$

求 $Y = X^2$ 的 PDF $f_Y(y)$。

解：由于 $Y = X^2$ 总取非负值，令 $y \geqslant 0$，则有

$$\begin{aligned} P(Y \leqslant y) &= P(X^2 \leqslant y) \\ &= P(-\sqrt{y} \leqslant X \leqslant \sqrt{y}) \end{aligned}$$

$$= F_X(\sqrt{y}) - F_X(-\sqrt{y})$$

根据链式求导法则，可得

$$\begin{aligned} f_Y(y) &= F'_X(\sqrt{y})\frac{1}{2\sqrt{y}} + F'_X(-\sqrt{y})\frac{1}{2\sqrt{y}} \\ &= \frac{1}{\sqrt{2\pi}}\frac{1}{\sqrt{y}}e^{-y/2}, \quad y > 0 \end{aligned}$$

因此，

$$f_Y(y) = \begin{cases} \frac{1}{\sqrt{2\pi}}\frac{1}{\sqrt{y}}e^{-y/2}, & y > 0 \\ 0, & y \leqslant 0 \end{cases}$$

随机变量 X 称为标准正态随机变量，记作 $N(0,1)$，而 $Y = X^2$ 称为自由度为 1 的卡方随机变量，记作 χ_1^2。

例 3.26：假设连续随机变量 X 的 PDF 为

$$f_X(x) = \frac{1}{\sqrt{2\pi}\sigma}e^{-\frac{(x-\mu)^2}{2\sigma^2}}, \quad -\infty < x < \infty$$

求 $Y = e^X$ 的 PDF $f_Y(y)$。

解：由于 $Y = e^X$ 总为正，令 $y > 0$，则有

$$\begin{aligned} F_Y(y) &= P(Y \leqslant y) \\ &= P(e^X \leqslant y) \\ &= P(X \leqslant \ln y) \\ &= F_X(\ln y) \end{aligned}$$

根据链式求导法则，可得

$$\begin{aligned} f_Y(y) &= F'_X(\ln y)\frac{1}{y} \\ &= f_X(\ln y)\frac{1}{y} \\ &= \frac{1}{\sqrt{2\pi}\sigma}\frac{1}{y}e^{-(\ln y-\mu)^2/2\sigma^2}, \quad y > 0 \end{aligned}$$

因此

$$f_Y(y) = \begin{cases} \frac{1}{\sqrt{2\pi}\sigma}\frac{1}{y}e^{-(\ln y-\mu)^2/2\sigma^2}, & y > 0 \\ 0, & y \leqslant 0 \end{cases}$$

这里随机变量 X 称为服从均值为 μ，方差为 σ^2 的正态分布，记作 $N(\mu,\sigma^2)$，标准正态分布 $N(0,1)$ 是该分布的一个特例。非负随机变量 $Y = e^X$ 称为对数正态变量，

即 Y 的对数形式服从正态分布。对数正态分布在对资产价格、收入及其他非负经济变量的建模中有广泛应用。例如，Black & Scholes (1973) 在推导欧式看涨期权价格公式时，假设股票价格服从对数正态分布。

例 3.27：假设连续随机变量 X 的 PDF 为

$$f_X(x) = \begin{cases} \frac{3}{8}(x+1)^2, & -1 < x < 1 \\ 0, & \text{其他} \end{cases}$$

定义

$$Y = \begin{cases} 1 - X^2, & X \leqslant 0 \\ 1 - X, & X > 0 \end{cases}$$

求随机变量 Y 的 PDF $f_Y(y)$。

解：步骤一：Y 的支撑集为 $0 < y \leqslant 1$, 如图 3.9 所示。

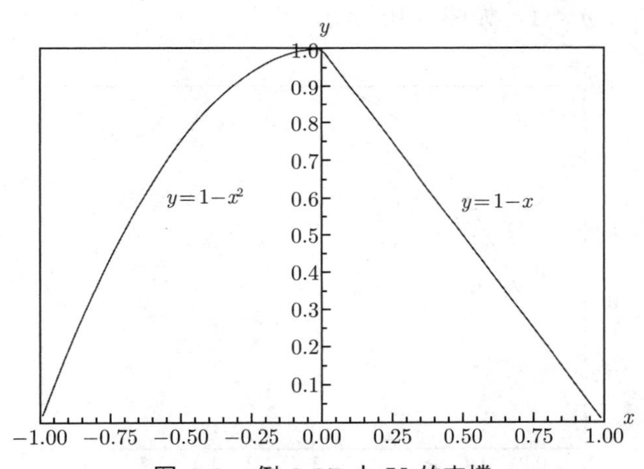

图 3.9：例 3.27 中 Y 的支撑

步骤二：对 $0 < y \leqslant 1$，有

$$\begin{aligned} F_Y(y) &= P(Y \leqslant y) = P(-1 < X \leqslant -\sqrt{1-y} \text{ 或 } 1-y \leqslant X < 1) \\ &= P(-1 < X \leqslant -\sqrt{1-y}) + P(1-y \leqslant X < 1) \\ &= F_X(-\sqrt{1-y}) - F_X(-1) + F_X(1) - F_X(1-y) \end{aligned}$$

其中，使用了集合 $\{-1 < X \leqslant -\sqrt{1-y}\}$ 和集合 $\{1-y \leqslant X < 1\}$ 为互斥事件这一性质。因此

$$\begin{aligned} f_Y(y) = F'_Y(y) &= F'_X(-\sqrt{1-y})\frac{1}{2\sqrt{1-y}} + F'_X(1-y) \\ &= f_X(-\sqrt{1-y})\frac{1}{2\sqrt{1-y}} + f_X(1-y) \end{aligned}$$

$$= \frac{3}{8}(1-\sqrt{1-y})^2\frac{1}{2\sqrt{1-y}} + \frac{3}{8}(2-y)^2, \quad 0<y<1$$

即，Y 的 PDF 为

$$f_Y(y) = \begin{cases} \frac{3}{8}(1-\sqrt{1-y})^2\frac{1}{2\sqrt{1-y}} + \frac{3}{8}(2-y)^2, & 0<y<1 \\ 0, & \text{其他} \end{cases}$$

例 3.28：假设连续随机变量 X 的 PDF 为

$$f_X(x) = \begin{cases} \frac{1}{2}, & 0<x<2 \\ 0, & \text{其他} \end{cases}$$

求 $Y = X(2-X)$ 的 PDF。

解：Y 的支撑为 $0 < y \leqslant 1$，如图 3.10 所示。

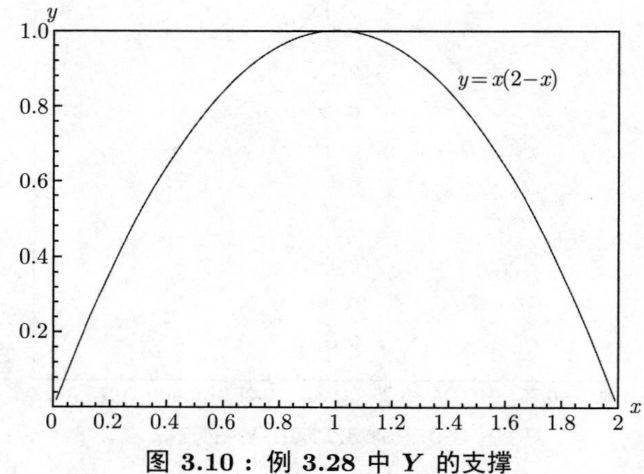

图 3.10：例 3.28 中 Y 的支撑

对任意 $0 < y \leqslant 1$，有

$$\begin{aligned} F_Y(y) &= P(Y \leqslant y) = P[X(2-X) \leqslant y] \\ &= P[(X-1)^2 \geqslant 1-y] \\ &= P(X-1 \geqslant \sqrt{1-y} \text{ 或 } X-1 \leqslant -\sqrt{1-y}) \\ &= P(X \geqslant 1+\sqrt{1-y}) + P(X \leqslant 1-\sqrt{1-y}) \\ &= 1 - F_X(1+\sqrt{1-y}) + F_X(1-\sqrt{1-y}) \end{aligned}$$

则根据链式求导法则

$$f_Y(y) = F'_Y(y)$$

$$= f_X(1+\sqrt{1-y})\frac{1}{2\sqrt{1-y}} + f_X(1-\sqrt{1-y})\frac{1}{2\sqrt{1-y}}$$
$$= \frac{1}{2\sqrt{1-y}}, \quad 0 < y < 1$$

故 Y 的 PDF 为

$$f_Y(y) = \begin{cases} \frac{1}{2\sqrt{1-y}}, & 0 < y < 1 \\ 0, & 其他 \end{cases}$$

定理 3.11 *[概率积分变换 (Probability Integral Transform)]*: 假设随机变量 X 有连续且严格单调递增的 CDF $F_X(x)$。定义 $Y = F_X(X)$，即

$$Y = \int_{-\infty}^{X} f_X(x)dx$$

则 Y 服从区间 $[0,1]$ 上的均匀分布，即 Y 的 PDF 对于 $0 \leqslant y \leqslant 1$ 为 $f_Y(y) = 1$，对于 y 的其他点则取值为 0。

证明：$Y = F_X(X)$ 的支撑单位区间 $[0,1]$。令 $y \in [0,1]$，有

$$\begin{aligned} F_Y(y) &= P(Y \leqslant y) \\ &= P[F_X(X) \leqslant y] \end{aligned}$$

因 $F_X(x)$ 严格递增，其反函数，记作 $F_X^{-1}(y)$，存在且严格递增。对任意实数 x，有

$$F_X^{-1}[F_X(x)] = x$$

根据反函数运算法则，可得

$$\begin{aligned} F_Y(y) &= P(Y \leqslant y) \\ &= P[F_X(X) \leqslant y] \\ &= P\{F_X^{-1}[F_X(X)] \leqslant F_X^{-1}(y)\} \\ &= P[X \leqslant F_X^{-1}(y)] \\ &= F_X[F_X^{-1}(y)] \\ &= y, \quad y \in [0,1] \end{aligned}$$

因此，Y 的 PDF 为

$$f_Y(y) = \begin{cases} 1, & 0 \leqslant y \leqslant 1 \\ 0, & 其他 \end{cases}$$

该分布为单位区间 $[0,1]$ 上的均匀分布，称为标准均匀分布，记作 $U[0,1]$。证毕。 ■

当 x 为任意固定值时，CDF $F_X(x)=P(X\leqslant x)$ 不是随机变量。然而，$F_X(X)$ 是随机变量 X 的函数，因此是随机变量。$Y=F_X(X)$ 这一变换称为概率积分变换。直观上，考察 PDF $f_X(x)$ 对应的任意 CDF $F_X(x)$ 的函数图。在纵轴上，将单位区间 $[0,1]$ 等分为 N 个小区间 $\{y_{i-1},y_i\}_{i=1}^N$，其中 $y_0=0$，$y_N=1$。每个垂直区间 $[y_{i-1},y_i]$ 有对应的水平区间 $[x_{i-1},x_i]$，$x_i=F_X^{-1}(y_i)$ 或 $y_i=F_X(x_i)$。Y 在 $[y_{i-1},y_i]$ 上取值的概率等于 X 在 $[x_{i-1},x_i]$ 上取值的概率，即

$$\begin{aligned}P(y_{i-1}<Y\leqslant y_i)&=P(x_{i-1}<X\leqslant x_i)\\&=F_X(x_i)-F_X(x_i-1)\\&=y_i-y_{i-1}\end{aligned}$$

若对任意 i，y_i-y_{i-1} 相同，则对任意 i，Y 在 $[y_{i-1},y_i]$ 上取值的概率相同，故 Y 服从 $U\ [0,1]$ 分布。

定理 3.11 的结果不仅具有重要理论价值，而且可用于模拟生成任意概率分布的随机数。计算机科学家在利用计算机生成服从均匀分布的随机数方面已取得较为成熟的研究成果。许多算法生成的仿随机数通过了几乎所有关于均匀分布的检验。目前，绝大多数成熟的统计软件包均有可靠的均匀分布随机数生成器。更多关于仿随机数生成机制的探讨，可参考 Devroye (1985) 或 Ripley (1987)。

基于均匀分布的随机数，可通过概率积分变换生成任意连续分布的随机数。具体而言，为了生成服从某个特定分布 $F_X(\cdot)$ 的观测值，首先借助计算机生成一个服从标准均匀分布 $U[0,1]$ 的实现值，记为 y，然后根据等式 $F_X(x)=y$ 求解 x。则 $x=F_X^{-1}(y)$ 即为服从特定分布 $F_X(\cdot)$ 的随机变量 X 的一个实现值。例如，考虑生成服从所谓指数分布的随机数。若随机变量 X 的 PDF 满足当 $x\geqslant 0$ 时为 $f_X(x)=e^{-x}$，而当 $x<0$ 时取值为 0，则称其服从标准指数分布，记作 $EXP(1)$。X 的 CDF 为

$$F_X(x)=\begin{cases}1-e^{-x}, & x\geqslant 0\\ 0, & \text{其他}\end{cases}$$

定义 $Y=F_X(X)=1-e^{-X}$，则 Y 服从 $U[0,1]$ 分布。

现在使用计算机从标准均匀分布 $U[0,1]$ 生成一个数 y，则

$$x=-\ln(1-y)$$

即为标准指数分布的一个实现值。

图 3.11 是采用上述方法生成的 10,000 个实现值所形成的概率直方图，非常接近标准指数分布的 PDF，即当 $x\geqslant 0$ 时，$f_X(x)=e^{-x}$，当 $x<0$ 时取值为 0。

$F_X(X)$ 服从 $U[0,1]$ 分布这一结论还提供了检验分布模型拟合优度的基础。为检验某个预设的概率模型 $F_0(\cdot)$ 是否正确设定 (即随机样本 $\{X_i\}_{i=1}^n$ 中每个随机变量 X_i

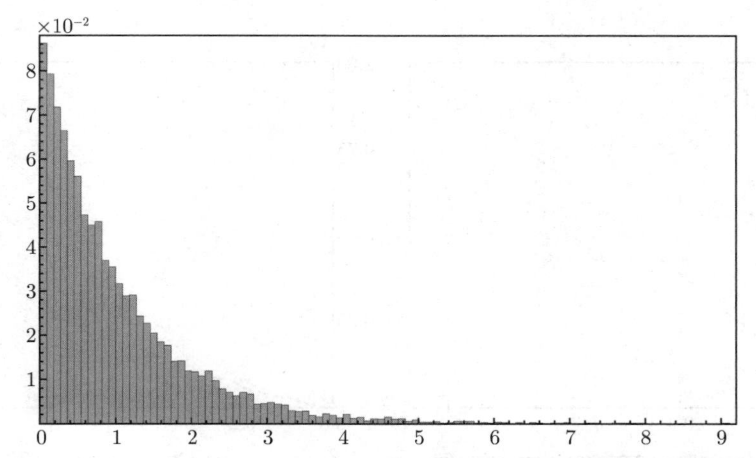

图 3.11：基于 *EXP*(1) 分布生成的 10,000 个实现值形成的概率直方图

是否均服从假定分布 $F_0(\cdot)$)，可先进行概率积分变换 $Y = F_0(X)$，然后检验随机样本 $\{Y_1,\cdots,Y_n\}$ 是否服从 $U[0,1]$ 分布，其中 $Y_i = F_0(X_i)$，n 为样本容量。若随机样本 $\{X_i\}_{i=1}^n$ 的确服从假设分布 $F_0(\cdot)$，则 Y_i 服从 $U[0,1]$ 分布。否则，若概率模型 $F_0(\cdot)$ 设定错误，则 Y_i 将不服从 $U[0,1]$ 分布。这是统计学中著名的柯尔莫哥洛夫-斯米洛夫 (Kolmogorov-Smirnov) 检验的基本思想。该思想可扩展到检验经济学和金融学领域中更为复杂的分布模型。更多讨论可参见 Hong & Li (2005)。

另一方面，有一个称为 QQ 图的简单图示方法，可用于检验 $X_1,\cdots,X_n$ 是否服从预设分布 $F_0(\cdot)$。定义如下函数

$$\hat{F}_Y(y) = \frac{1}{n}\sum_{i=1}^{n}\mathbf{1}(Y_i \leqslant y)$$

其中 $\mathbf{1}(Y_i \leqslant y)$ 为指示函数，当 $Y_i \leqslant y$ 时取值为 1，否则取值为 0。该函数称为随机样本 $Y_1,\cdots,Y_n$ 的经验分布函数，它是 $\{Y_1,\cdots,Y_n\}$ 中取值小于 y 的实现值所占的比例，用以估计 Y_i 的 CDF $F_Y(y) = P(Y_i \leqslant y)$。若 X_i 服从假设分布 $F_0(\cdot)$，Y_i 将服从 $U[0,1]$ 分布，从而 $\hat{F}_Y(y)$ 在 $0 \leqslant y \leqslant 1$ 上近似为 45 度线。反之，若 X_i 不服从假设分布 $F_0(\cdot)$，则 $\hat{F}_Y(y)$ 在 $0 \leqslant y \leqslant 1$ 上不近似为 45 度线。函数 $\hat{F}_Y(y)$ 在区间 $0 \leqslant y \leqslant 1$ 上的点图称为 QQ 图。假设预先设定随机变量 X 服从 *EXP*(1) 分布，图 3.12(a) 为基于 1000 个生成数据描绘的 QQ 图，其中实际数据的真实分布与预先设定分布相同；而图 3.12(b) 则基于 1000 个生成数据描绘的 QQ 图，其中生成实际数据的真实分布是在 $[0, 2\sqrt{3}]$ 上的均匀分布，而设定分布模型则为 *EXP*(1) 分布。

当 X 为离散随机变量时，概率积分变换 $F_X(X)$ 不再服从均匀分布。但是，仍可通过均匀分布从离散概率分布生成随机数。

令 Y 为一个 $U[0,1]$ 随机变量，并且令 a 和 b 为满足 $0 \leqslant a \leqslant b \leqslant 1$ 的两个常数。则

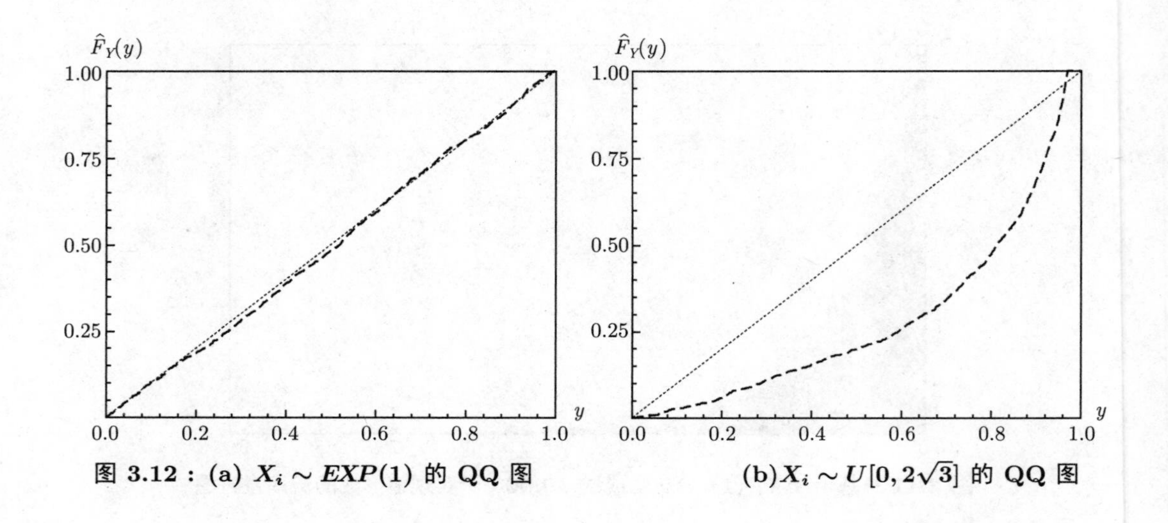

图 3.12 : (a) $X_i \sim EXP(1)$ 的 QQ 图 **(b)$X_i \sim U[0, 2\sqrt{3}]$ 的 QQ 图**

$$\begin{aligned} P(a < Y \leqslant b) &= F_Y(b) - F_Y(a) \\ &= b - a \end{aligned}$$

现在，假设 X 是取值为 $x_1 < x_2 < \cdots < x_k$ 的离散随机变量，其支撑 $\{x_i, i = 1, \cdots, k\}$ 已给定。令 $a = F_X(x_{i-1})$，$b = F_X(x_i)$，则有

$$\begin{aligned} P[F_X(x_{i-1}) < Y \leqslant F_X(x_i)] &= F_X(x_i) - F_X(x_{i-1}) \\ &= P(X = x_i) \\ &= f_X(x_i) \end{aligned}$$

其中 $i = 1, \cdots, k$，并且定义 $x_0 = -\infty$ 与 $F_X(x_0) = 0$。因此，可先使用计算机从 $U[0, 1]$ 分布中生成一个随机数 y，若 $F_X(x_{i-1}) < y \leqslant F_X(x_i)$，则得随机变量 X 的一个实现值 x_i。通过这种方式生成的数值 $\{x_i, i = 1, 2, \cdots\}$ 即为从某特定离散概率分布 $F_X(x)$ 生成的随机数。

(2) 变换法 (Transformation Method)

以上介绍的 CDF 法是求 $Y = g(X)$ 的 PDF 的通用方法。该方法先求得 $Y = g(X)$ 的 CDF $F_Y(y)$，再对 $F_Y(y)$ 求导得 PDF $f_Y(y)$。在某些情形下，这种方法可能十分繁琐。若 $g(\cdot)$ 为严格单调函数，可采用如下变换法获得 $Y = g(X)$ 的 PDF $f_Y(y)$ 的计算公式。

定理 3.12 *[单变量变换 (Univariate Transformation)]*: 假设连续随机变量 X 的 PDF 为 $f_X(x)$，且函数 $g: \mathbb{R} \to \mathbb{R}$ 为严格单调且在 X 的支撑上可导。则对随机变量 $Y = g(X)$ 在其支撑上的任意取值 y，有

$$f_Y(y) = f_X(x)\frac{1}{|g'(x)|}$$

其中 x 是 X 的支撑上满足 $g(x)=y$ 的唯一数值；对不在 Y 的支撑上的点 y，则 $f_Y(y)=0$。

证明： 首先考虑 $g(x)$ 为严格递增函数的情形。对严格递增函数 $g(x)$，存在唯一的严格递增反函数 $g^{-1}(y)$，满足 $g^{-1}[g(x)]=x$。

对 Y 支撑上的任意 y，有

$$\begin{aligned}F_Y(y)&=P(Y\leqslant y)\\&=P[g(X)\leqslant y]\\&=P[X\leqslant g^{-1}(y)]\\&=F_X[g^{-1}(y)]\end{aligned}$$

根据链式求导法则，可得

$$\begin{aligned}f_Y(y)&=F_Y'(y)\\&=F_X'[g^{-1}(y)]\frac{d}{dy}g^{-1}(y)\\&=f_X(x)\frac{1}{g'(x)}\end{aligned}$$

上述推导用到了 $x=g^{-1}(y)$，以及

$$\frac{d}{dy}g^{-1}(y)=\frac{1}{g'(x)}$$

此式可通过对下式求导得出

$$g^{-1}(y)=x$$

其中 $y=g(x)$。

接下来，考虑 $g(x)$ 为单调递减函数的情形。采用类似的推导过程可得

$$f_Y(y)=-f_X(x)\frac{1}{g'(x)}$$

其中 $x=g^{-1}(y)$。因此，综合单调递增和单调递减两种情形，得

$$f_Y(y)=f_X(x)\frac{1}{|g'(x)|}$$

其中，对 Y 支撑上的任意 y，有 $x=g^{-1}(y)$。证毕。 ■

为更好地理解定理 3.12，考察事件 $y<Y<y+\epsilon$ 的概率，其中常数 $\epsilon>0$。当 ϵ 很小时，

$$\mathrm{P}\left(y < Y < y+\epsilon\right) \sim f_Y(y)\epsilon$$

简单起见，假设 $g(\cdot)$ 为严格单调递增函数。则 X 的等价事件为 $x < X < x+\delta$，其中 $x = g^{-1}(y), \delta = \frac{d}{dy}g^{-1}(y)\epsilon = \frac{1}{g'(x)}\epsilon$。对于小 $\delta > o$，此等价事件的概率为

$$P\left(x < X < x+\delta\right) \sim f_X(x)\delta$$

由于关于 X 和 Y 的两个等价事件具有相同概率，因此 $f_Y(y)\epsilon = f_X(x)\delta$，故 $f_Y(y) = f_X(x)\frac{1}{g'(x)}$。如图 3.13 所示。

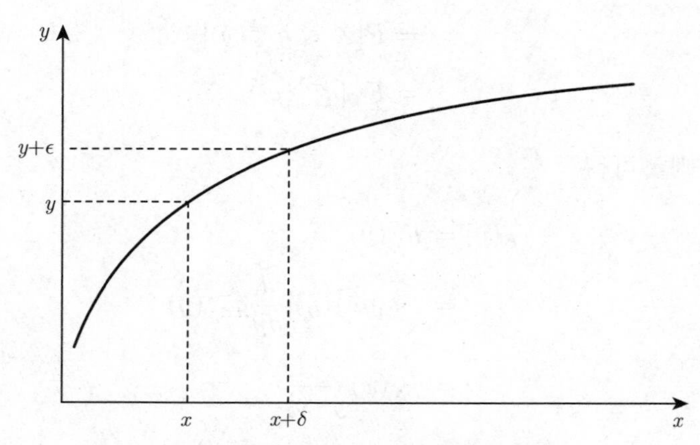

图 3.13：定理 3.12 单变量变换

在应用上述单变量变换定理之前，必须考察函数 $g:\mathbb{R}\to\mathbb{R}$ 在 X 的支撑 Ω_X 上是否为严格单调函数。对非单调函数，不能直接应用该定理。例如，$g(X) = X^2$ 在 $(-\infty,\infty)$ 上不是单调函数，故当 $Y = X^2$，并且 X 的支撑为 $(-\infty,\infty)$ 时，不能直接应用上述定理。当然，如果 X 的支撑为 $[0,\infty)$ 或 $(-\infty,0]$，可对函数 $Y = X^2$ 直接应用上述定理。

若 $Y = g(X)$ 在实数轴上的多个区间都分别严格单调，可将上述单变量变换定理扩展到更一般的情形。

定理 3.13 假设当 $x\in A_i$ 时，$g(x) = g_i(x)$，其中 $i = 1,\cdots,k$，对任意 i，$g_i(x)$ 均是区间 A_i 上的严格单调 (单调递增或单调递减) 且可导的函数。又假设 k 个区间 $\{A_i\}$ 互不相交且 $\cup_{i=1}^k A_i = \mathbb{R}$。则对 $Y = g(X)$ 的支撑 Ω_Y 上任何 y 值，有

$$f_Y(y) = \sum_{i=1}^k f_X[g_i^{-1}(y)]\frac{1}{|g_i'[g_i^{-1}(y)]|}$$

证明：留作练习题。 ■

为了直观解释定理 3.13，考虑共有 $k = 3$ 个子区间的一个简单例子，如图 3.14 所示。

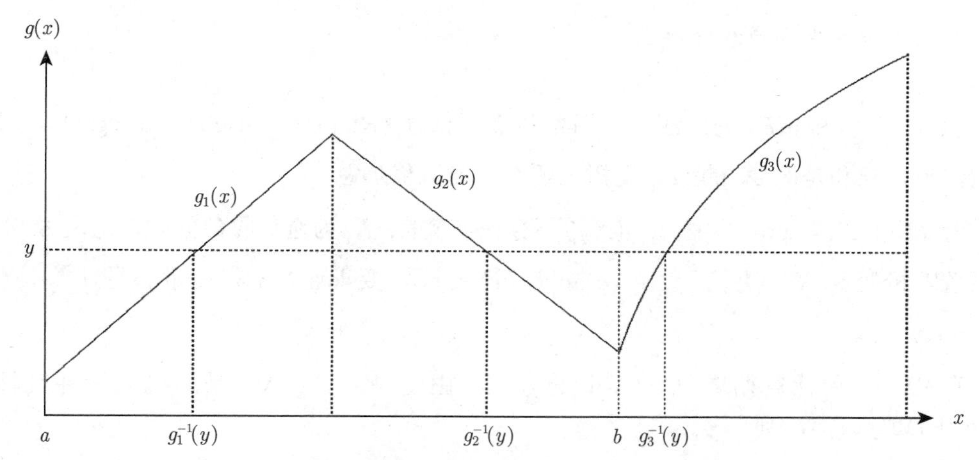

图 3.14：定理 3.13 在 $k=3$ 个子区间的情形

对于给定的 y 值，有

$$\begin{aligned}P(Y \leqslant y) &= P\left[g(X) \leqslant y\right] \\ &= P\left[a \leqslant X \leqslant g_1^{-1}(y)\right] + P\left[g_2^{-1}(y) \leqslant X \leqslant b\right] + P\left[b \leqslant X \leqslant g_3^{-1}(y)\right] \\ &= F_X\left[g_1^{-1}(y)\right] - F_X(a) + F_X(b) - F_X\left[g_2^{-1}(y)\right] + F_X\left[g_3^{-1}(y)\right] - F_X(b)\end{aligned}$$

其中常数 a 和 b 由图 3.14 给定。对上式求导，可得

$$\begin{aligned}F_Y(y) &= f_X\left[g_1^{-1}(y)\right]\frac{1}{g_1'(y)} + f_X\left[g_2^{-1}(y)\right]\frac{1}{-g_2'(y)} + f_X\left[g_3^{-1}(y)\right]\frac{1}{g_3'(y)} \\ &= \sum_{i=1}^{3} f_X\left[g_i^{-1}(y)\right]\frac{1}{|g_i'(y)|}\end{aligned}$$

第六节 数学期望

本节将介绍一个重要概念，称为数学期望或简称为期望。直觉上，期望是随机变量在大量独立重复随机试验中所获得的观测值的平均。这一概念有助于理解当重复观测随机变量的实现值时，在长期中将出现何种平均结果。

首先引入可测函数 $g(X)$ 的期望定义。

定义 3.14 [期望 (*Expectation*)]：假设随机变量 X 的 PMF/PDF 为 $f_X(x)$，则可测函数 $g(X)$ 的期望为

$$\begin{aligned}E[g(X)] &= \int_{-\infty}^{\infty} g(x)dF_X(x) \\ &= \begin{cases}\sum_{x\in\Omega_X} g(x)f_X(x), & X \text{ 为离散随机变量} \\ \int_{-\infty}^{\infty} g(x)f_X(x)dx, & X \text{ 为连续随机变量}\end{cases}\end{aligned}$$

其中假设式中的求和或积分存在。

积分 $\int_{-\infty}^{\infty} g(x)dF_X(x)$ 是黎曼-斯蒂尔杰斯积分 (Riemann-Stieltjes integral)。对于离散情形，求和是对 X 的 Ω_X 支撑上所有可能取值加总。

若 $E|g(X)| = \infty$，则称 $E[g(X)]$ 不存在。换言之，为避免收敛问题，定义 3.14 要求离散随机变量 X 满足 $\sum_{x\in\Omega_X} |g(x)|f_X(x) < \infty$，要求连续随机变量满足 $\int_{-\infty}^{\infty} |g(x)| f_X(x)\,dx < \infty$。

存在另一种计算期望 $E[g(X)]$ 的方法。由于 $Y = g(X)$ 是随机变量并且具有 PMF/PDF $f_Y(y)$，则

$$\begin{aligned}E[g(X)] &= E(Y)\\ &= \begin{cases} \sum_{y\in\Omega_X} yf_Y(y), & Y\text{为离散随机变量}\\ \int_{-\infty}^{\infty} yf_Y(y)dy, & Y\text{为连续随机变量}\end{cases}\end{aligned}$$

其中对于离散情形，求和是对 Y 的支撑 Ω_Y 上所有可能取值加总。该方法与上述采用 X 的概率分布定义求期望的方法结果一致。

如何解释期望 $E[g(X)]$ 呢？简便起见，考虑 X 为离散随机变量的情形。假设通过大量重复独立的随机试验生成了随机变量 X 的大量实现值，并且基于这些重复试验考察 $g(X)$ 所有实现值的平均值。在生成的随机变量 X 的所有实现值中，每个特定值，如 x，都可能重复出现。这就提供了另一种从大量重复独立试验中计算 $g(X)$ 实现值的平均值的方法，即以每个特定值 x 出现的相对频率为权重，计算 $g(X)$ 不同取值的加权平均。该加权平均将近似等于期望 $E[g(X)]$，其中加权函数是每个 $x \in \Omega_X$ 出现的相对频率，近似等于概率 $f_X(x) = P(X = x)$。

由于期望 $E(\cdot)$ 是一个积分或求和运算，故为线性算符。因此，对任意两个可测函数 $g_1(\cdot)$ 和 $g_2(\cdot)$，以及 a 和 b 两个常数，有

$$E[ag_1(X) + bg_2(X)] = aE[g_1(X)] + bE[g_2(X)]$$

在许多情况下，期望算子的线性运算性质可简化计算和推导过程。

假设 $g(\cdot)$ 为凹函数 (问题：凹函数的定义是什么?)。凹函数的一个例子是 $g(x) = \ln(x)$。则对期望 $E[g(X)]$ 存在的任意凹函数与概率分布，有

$$E[g(X)] \leqslant g[E(X)]$$

即凹函数的函数值平均小于凹函数在平均值处的函数值。这就是著名的詹森不等式 (Jensen's inequality)，在经济学、金融学与管理学中有广泛应用。

假设 $g(\cdot)$ 为经济主体的效用函数，则风险厌恶型主体的效用函数 $g(\cdot)$ 是凹函数。此时，詹森不等式有很好的经济含义：不确定条件下的期望效用小于或等于确定收入为均值 $E(X)$ 时所带来的效用。换言之，在不确定条件下，经济主体偏好确定收入 $E(X)$，如图 3.15 所示。

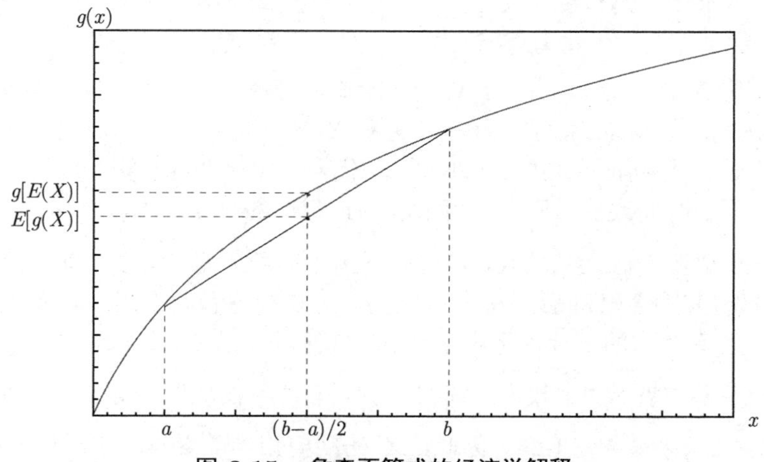

图 3.15：詹森不等式的经济学解释

詹森不等式也广泛应用于金融学。假设 $g(\cdot)$ 为金融衍生产品的支付函数，则 $g(\cdot)$ 一般为凸函数。比如，Black & Scholes (1973) 的欧式看涨期权是一种在到期日购买标的资产 (如，股票) 的权利。购买价 K，即执行价，是预设的。投资者可以在到期日以价格 K 购买资产或放弃购买资产的权利。欧式看涨期权的支付函数为

$$g(X) = \max(X - K, 0)$$

其中，X 表示到期日的资产价格。该支付函数为凸函数，在 $X = K$ 处存在转折点。负凸函数是凹函数。

对于凸函数，由詹森不等式可知

$$E[g(X)] \geqslant g[E(X)]$$

其中，期望被投资者的风险中性概率分布所取代。因此，詹森不等式与凸性可用于解释标的资产价格 (如，股票价格) 的不确定性与期权的内在价值之间的关系，后者通常具有凸性特征。

第七节 矩

下面，讨论期望的几种特例。

定义 3.15 [均值 (Mean)]：随机变量 X 的均值定义为

$$\mu_X = E(X) = \begin{cases} \sum_{x\in\Omega_X} x f_X(x), & X\text{为离散随机变量} \\ \int_{-\infty}^{\infty} x f_X(x)dx, & X\text{为连续随机变量} \end{cases}$$

其中，求和符号表示对离散随机变量 X 的支撑 Ω_X 上的所有可能取值求和。

均值 μ_X 是 X 的期望，又称为 X 的一阶矩，可视为一个“位置”参数。在大量独立重复试验中，$\mu_X = E(X)$ 可视为随机变量 X 实现值的平均的极限。从这个角度来看，均值度量了 X 分布的中心位置。假设 X 代表一定时期内某资产收益率并且该资产收益率的分布不随时间改变，则 μ_X 可解释为该资产的长期平均收益率。

期望这一术语源于碰运气游戏，可用如下例子给予说明。假设有 4 张小纸片分别写着 1, 1, 1, 2，将其混合打乱后放在一只碗里。游戏参与者蒙上眼睛从碗中选择一个纸片。若其从三张写着 1 的纸片中选中 1 张，将获得 1 元。若选中写着 2 的纸片，就获得 2 元。可设想参与者有“$\frac{3}{4}$ 权利”获得 1 元，有“$\frac{1}{4}$ 权利”获得 2 元，其“权利的总和”为 $1\times\frac{3}{4}+2\times\frac{1}{4}=\frac{5}{4}=1.25$。因此，$X$ 的期望相当于参与者在此项博弈中的权利。

如前所述，当且仅当

$$\int_{-\infty}^{\infty} |x| f_X(x)dx < \infty$$

连续分布的期望 μ_X 存在。只要 X 为有界随机变量，即存在常数 a 和 b 并且 $-\infty < a < b < \infty$，使得 $P(a \leqslant X \leqslant b) = 1$，则 μ_X 必然存在。否则，μ_X 可能不存在。例如，假设 X 的 PDF 为

$$f_X(x) = \frac{1}{\pi}\frac{1}{1+x^2}, \quad -\infty < x < \infty$$

此为所谓柯西分布 Cauchy(0, 1) 的 PDF。则

$$\int_{-\infty}^{\infty} |x| f_X(x)dx = \frac{2}{\pi}\int_{0}^{\infty} \frac{x}{1+x^2}dx = \infty$$

因此，柯西分布 Cauchy(0, 1) 的期望 $E(X)$ 不存在。

以下定理说明了 μ_X 是一个最小二乘问题的最优解。

定理 3.14 假设 $E(X^2)$ 存在，则

$$\mu_X = \arg\min_a E(X-a)^2$$

证明： 上述最小化问题的一阶条件为

$$\left.\frac{dE(X-a)^2}{da}\right|_{a=a^*} = \left.\frac{d}{da}\int_{-\infty}^{\infty}(x-a)^2 dF_X(x)\right|_{a=a^*} = 0$$

交换求导和积分的次序可得

$$-2\int_{-\infty}^{\infty}(x-a)dF_X(x)\bigg|_{a=a^*}=-2\int_{-\infty}^{\infty}(x-a^*)dF_X(x)=0$$

则有

$$a^*=\frac{\int_{-\infty}^{\infty}xdF_X(x)}{\int_{-\infty}^{\infty}dF_X(x)}=\mu_X$$

证毕。■

问题 3.16 $X=\mu_X$ 发生的概率是否最大？换言之，概率 $P(X=\mu_X)$ 是否最大？

答案是否定的。例如，假设 X 以相同概率取值 1 和 0，即 $P(X=1)=P(X=0)=\frac{1}{2}$，则 $\mu_X=E(X)=\frac{1}{2}$。因此，$P(X=\mu_X)=0$，即 $X=\mu_X$ 发生的概率最小。

定义 3.16 *[方差 (Variance) 与标准差 (Standard Deviation)]*：随机变量 X 的方差定义为

$$\begin{aligned}\sigma_X^2&=E(X-\mu_X)^2\\&=\begin{cases}\sum_{x\in\Omega_X}(x-\mu_X)^2f_X(x), & X\text{为离散随机变量}\\ \int_{-\infty}^{\infty}(x-\mu_X)^2f_X(x)dx, & X\text{为连续随机变量}\end{cases}\end{aligned}$$

其中 Ω_X 是 X 的支撑。$\sigma_X=\sqrt{\sigma_X^2}$ 称为 X 的标准差。

方差 σ_X^2 作为 X 分布的尺度参数，度量了概率分布在其均值周围的分散程度。在经济学中，σ_X^2 通常解释为对不确定性的测度。具体而言，它是随机变量 X 的“波动率”的一种测度。较大的 σ_X^2 值表明 X 的变动较大。反之，在 $\sigma_X^2=0$ 的极端情况下，$X=\mu_X$ 的概率为 1，此时 X 不存在任何变动。简单起见，考察 X 为离散随机变量的情形。因为

$$\sigma_X^2=\sum_{x\in\Omega_X}(X-\mu_X)^2f_X(x)=0$$

当且仅当

$$(x-\mu_X)^2f_X(x)=0,\ \text{对所有}\ x\in\Omega_X$$

故有

$$x=\mu_X\ \text{且}\ f_X(\mu_X)=1$$

即当 $\sigma_X^2=0$ 时，X 只有一个可能取值，即 μ_X。这是所谓退化分布 (degenerate distribution) 的一个例子。

标准差 $\sigma_X=\sqrt{\sigma_X^2}$ 的度量单位与变量 X 相同，从而相对于方差，更易于解释。

由于方差 (或标准差) 依赖于度量单位，当多个标准差的度量单位不相同时，很难对其进行比较。为克服这一困难，可引入如下度量相对变动的指标，即所谓的变异系数

$$V = \frac{\sigma_X}{\mu_X}$$

在概率论与统计学中，变异系数 (coefficient of variation, CV) 又称相对标准差 (relative standard deviation, RSD)，是概率分布或频率分布离散程度的一种标准测度。变异系数体现了总体均值的变异程度。因为数据标准差必须建立在数据均值的基础上，所以变异系数非常有用。变异系数的实际值不依赖于度量单位，故变异系数是一个无量纲量。对单位不同或均值差异很大的数据集进行比较时，应使用变异系数而非标准差。

当均值接近于零时，变异系数趋于无穷大，因此该系数对均值的微小变化很敏感。这是变异系数测度的主要缺陷。

需要强调 σ_X^2 并不是度量分布不确定性的唯一指标。事实上，两个不同的分布可能具有相同的方差，如图 3.16 所示。图 3.16 分别给出了 $N(4, 8)$ 和 $\chi^2(4)$ 的 PDF。显然，尽管这两个分布分别具有相同的均值和方差，但其分布存在很大差异。仅依靠 σ_X^2 无法区分这两个分布，需要引入其他度量不确定性的指标。Rothschild & Stiglitz (1970) 提出通过均值保留展型分布来度量不确定性，将更多的概率权重放在分布的尾部，同时保持均值不变。

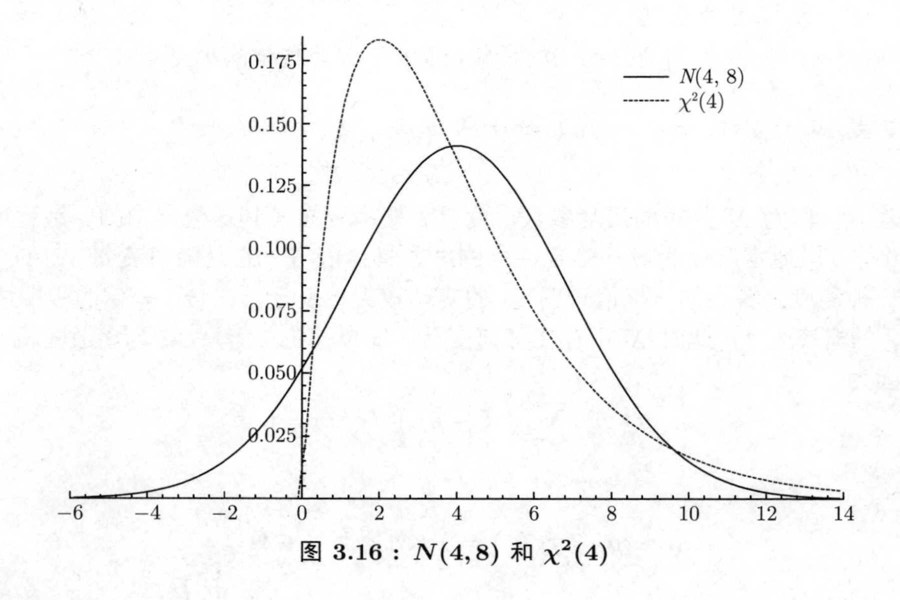

图 3.16：$N(4,8)$ 和 $\chi^2(4)$

均值和方差是概率论的两个重要基本概念。均值是一个概率分布的位置中心，而方差是指对中心位置的偏离度，即刻画一个随机变量对均值的偏离度的大小。

均值和方差广泛应用于经济学研究。政治经济学有一个最基本的经济法则叫价值规律。经济法则就是在一定的社会生产方式条件下，特别是在一定的生产方式和交换方式的条件下，必然会表现出来的某种客观要求或倾向。马克思在《资本论》中发现，价值

规律是资本主义经济制度下发挥最基础性作用的经济法则。什么叫作价值规律呢？就是一个商品的价值是由生产这种商品的社会平均劳动时间决定的。显然，劳动者生产技能越高，或社会劳动生产力越高，那么生产一种商品的平均劳动时间就越少。因此，商品价值与生产商品的社会平均劳动时间成正比，与社会生产力水平成反比。

以下定理提供了一种计算 X 方差的简便方法。

定理 3.15

$$\sigma_X^2 = E(X^2) - \mu_X^2$$

证明：根据公式 $(a-b)^2 = a^2 - 2ab + b^2$，可得

$$\begin{aligned}
\sigma_X^2 &= E[(X-\mu_X)^2] \\
&= E(X^2) - E(2\mu_X X) + E(\mu_X^2) \\
&= E(X^2) - 2\mu_X E(X) + \mu_X^2 \\
&= E(X^2) - \mu_X^2
\end{aligned}$$

证毕。 ■

一般将 σ_X^2 称为二阶中心矩 (second central moment)，而 $E(X^2)$ 则称为 X 的二阶矩 (second moment)。

下面考察线性变换 $Y = a + bX$ 的均值和方差。

定理 3.16 若 $Y = a + bX$，则 *(1)* $\mu_Y = a + b\mu_X$; *(2)* $\sigma_Y^2 = b^2\sigma_X^2$。

参数 a 和 b 可分别解释为位置和尺度参数。位置和尺度参数都将影响 Y 的均值，但 Y 的方差仅受尺度参数 b 的影响，而不受位置参数 a 的影响。

线性变换 $Y = a + bX$ 的均值和方差在经济学有非常广泛的应用。例如，假设有两种资产：一种无风险资产的总收益等于 1，另一种风险资产的随机收益为 X。假设 a 和 b 分别表示投资者对无风险资产和风险资产的投资比重 (称为投资组合权重)，则 Y 是该投资组合的总收益。计算该投资组合的预期收益 μ_Y 和风险 (由 σ_Y^2 测度) 十分重要。这里，预期收益 μ_Y 包括风险资产的预期收益和无风险资产的预期收益，然而，投资组合 Y 的风险，由 $\sigma_Y^2 = b^2\sigma_X^2$ 度量，仅依赖于风险资产 X，与无风险资产无关。

现在，定义更一般阶数的矩。

定义 3.17 ***[k 阶矩 (k-th Moment) 和 k 阶中心矩 (k-th Central Moment)]***：随机变量 X 的 k 阶矩定义为

$$E\left(X^k\right) = \begin{cases} \sum_{x\in\Omega_X} x^k f_X(x), & X\text{为离散随机变量} \\ \int_{-\infty}^{\infty} x^k f_X(x)dx, & X\text{为连续随机变量} \end{cases}$$

其中 Ω_X 为 X 的支撑。

类似地，随机变量 X 的 k 阶中心矩定义为

$$E(X-\mu_X)^k=\begin{cases}\sum_{x\in\Omega_X}(x-\mu_X)^k f_X(x), & X\text{为离散随机变量}\\ \int_{-\infty}^{\infty}(x-\mu_X)^k f_X(x)dx, & X\text{为连续随机变量}\end{cases}$$

“矩”这个词来自物理学。对于离散随机变量 X 的支撑 Ω_x 中的任意点 x，可将其想象为某个质点所处位置的横坐标，以及将 $f_X(x)$ 当作该质点的质量，则 $\mu_X=E(X)$ 表示 X 的支撑中所有点构成质点系的重心，而 $E(X^2)$ 是惯性矩。在物理学中，杠杆臂的长度始终是其与原点之间的距离，这解释了为何 k 阶矩 $E(X^k)$ 又被称为 k 阶原点矩。“矩”的物理学解释同样适用于连续随机变量的情形，其中 $E(X)$ 与 $E(X^2)$ 可分别解释为可变质量密度杆的重心和惯性矩。

关于均值概念的经济含义，以世界经济重心概念为例进行阐释。众所周知，地球上每个国家都有一个几何重心，而全球经济重心指的是全球跨区域经济活动的平均位置，以每个国家 GDP 占世界 GDP 的比重为计算依据。全球经济重心可用于刻画全球经济活动重心随着时间推移的动态变化。比如，Quah (2011) 指出，过去 40 多年，全球经济活动中心已经逐渐从 1980 年的大西洋中部转移到东部，而这明显归因于中国和其他东亚国家的崛起。

世界经济重心与世界经济活动集聚的概念不能混为一谈。比如，假设世界上只有中国和美国两个地方，两国拥有以 GDP 为衡量方式的等量经济活动，则全球经济重心恰好落在中美两国的中间，而且重心上的经济活动正好为零。在这个例子中，有两个集聚 —— 一个在中国，一个在美国，但只有一个重心，恰好落在两国中间。世界经济重心颇受关注，并非因为重心是人们寻求经济财富的地点，而是因为它反映了一个重要的趋势 —— 随着中国比美国发展得越来越快，经济活动大幅东移。关于人们寻求财富的地点，适用的概念是经济集聚而非经济重心。

问题 3.17 非中心矩 (uncentered moments) 和中心矩 (centered moments) 有何关系呢?

根据二项式公式 $(u+v)^k=\sum_{i=0}^k\binom{k}{i}u^iv^{k-i}$，有

$$\begin{aligned}E(X-\mu_X)^k&=E\left[\sum_{i=0}^k\binom{k}{i}X^i(-\mu_X)^{k-i}\right]\\&=\sum_{i=0}^k\binom{k}{i}E\left(X^i\right)(-\mu_X)^{k-i}\end{aligned}$$

因此，k 阶中心矩 $E(X-\mu_X)^k$ 是前 k 阶非中心矩 $\{E(X)^m, m=1,\cdots,k\}$ 的组合。

类似地，有

$$
\begin{aligned}
E(X^k) &= E(X-\mu_X+\mu_X)^k \\
&= \sum_{i=0}^{k} \binom{k}{i} E(X-\mu_X)^i \mu_X^{k-i}
\end{aligned}
$$

即 k 阶矩是前 k 阶中心矩的组合。

在计量经济学中，一般关注一阶矩和二阶矩。以下示例说明了前两阶矩在经济学的重要性。

例 3.29 [圣彼得堡悖论 (St. Petersburg Paradox)]：在抛掷一枚质地均匀硬币的一系列独立重复试验中，如果一名参与者抛掷第 x 次才首次获得正面朝上，则其将获得 2^x 元奖金。显然，首次正面朝上出现在第 x 次抛掷的概率为 $f_X(x)=\left(\frac{1}{2}\right)^x$，$x=1,2,\cdots$。

该游戏的期望收益为

$$
\begin{aligned}
E(2^X) &= \sum_{x=1}^{\infty} 2^x \left(\frac{1}{2}\right)^x \\
&= \infty
\end{aligned}
$$

然而，若要求一个厌恶风险的参与者支付 1000 元，他通常不会选择玩这个游戏。为什么呢？因为风险厌恶型的参与者不仅考虑游戏的预期收益，而且也考虑游戏的风险。

风险常用方差度量。为说明这一点，现在考虑最优资产组合决策的金融学例子。

例 3.30 [投资组合的选择]：投资者如何选择最优的资产投资组合？

令 μ 和 σ^2 分别表示某投资组合在持有期内的收益率的均值和方差。假设某投资者为风险厌恶型，即偏好高收益低风险。具体而言，其效用函数 $U(\mu,\sigma^2)$ 是 μ 和 σ^2 的函数，满足 $\frac{\partial}{\partial\mu}U(\mu,\sigma^2)>0$ 和 $\frac{\partial}{\partial\sigma^2}U(\mu,\sigma^2)<0$。这里，$\frac{\partial}{\partial\mu}U(\mu,\sigma^2)>0$ 意味着预期收益越高，效用越高；而 $\frac{\partial}{\partial\sigma^2}U(\mu,\sigma^2)<0$ 则意味着风险越大，效用越低。一个例子是

$$
U(\mu,\sigma^2)=a\mu-\frac{b}{2}\sigma^2
$$

其中，$a>0$ 和 $b>0$ 为偏好参数。投资者将在预算约束条件下最大化效用函数 $U(\mu,\sigma^2)$。

现在假设金融市场上有一种随机收益率为 X 的风险资产，以及一种收益率为常数 r 的无风险资产。进一步假设投资者共有 I 元，其中 z 元投资于风险资产，其余 $I-z$ 元投资于无风险资产。则投资总收益率为

$$
Y=zX+(I-z)r
$$

该投资组合的预期收益率为 $\mu_Y=z\mu_X+(I-z)r$，方差为 $\sigma_Y^2=z^2\sigma_X^2$。因此，相应的效用函数

$$U(\mu_Y, \sigma_Y^2) = a[z\mu_X + (I - z)r] - \frac{b}{2}z^2\sigma_X^2$$

通过最大化该投资者的效用函数，可得最优组合权重 z^*，即，投资者将选择最大化 $U(\mu_Y, \sigma_Y^2)$ 的组合权重 z 值。相应的一阶条件为

$$a(\mu_X - r) - bz^*\sigma_X^2 = 0$$

由此可得，投资者在风险资产上的最优投资为

$$z^* = \frac{a(\mu_X - r)}{b\sigma_X^2}$$

现在，考察以下两类特殊情形。

情形 (1)：$b = 0$。该投资者为风险中性。若 $\mu_X > r$，投资者将只投资风险资产，即 $z^* = I$ 或 $z^* = \infty$(当允许借贷时)。

情形 (2)：$b = \infty$。投资者极度厌恶风险。即使 $\mu_X > r$，投资者也会选择 $z^* = 0$，即仅投资无风险资产。

一般情况下，z^* 是一个内点解，这意味着投资者在风险资产和无风险资产之间对投资额进行分配。两种资产的投资相对比例取决于投资者风险偏好参数 a 和 b 的相对值以及风险资产的预期收益和无风险资产收益之间的差异。

实际应用中，投资者常采用的一种称为夏普比 (Sharpe ratio) 投资组合决策准则，其定义为

$$\text{Sharpe ratio} = \frac{\mu_Y}{\sigma_Y}$$

其中，μ_Y 是投资组合的预期超额收益率，σ_Y 为超额收益率的标准差。这是变异系数倒数在金融市场上的应用。直观上，夏普比可解释为单位风险的预期收益。厌恶风险的投资者偏好高夏普比的资产组合。这与上述例题中最优投资组合的思想一致。

除了前两阶矩外，高阶矩尤其三、四阶矩在经济学也越来越受到重视。例如，金融学中，证券的系统风险通常是由充分分散化的投资组合的方差贡献度来测度的。然而，大量证据表明，仅采用均值和方差常常无法充分描述证券收益率的分布特征。这促使经济学家关注三阶矩即偏度。在其他条件相同 (特别是均值和方差分别相等) 的情况下，与左偏态投资组合相比，投资者更偏好右偏态组合。这与 Arrow (1965) 和 Pratt (1964) 关于风险厌恶的概念相一致。因此，降低投资组合右偏态程度的资产一般不受投资者的欢迎，需要更高的预期收益作为补偿。

对随机变量 X，三阶中心矩 $E(X - \mu_X)^3$ 度量其概率分布的“偏度”或“非对称性”。正偏度指的是分布函数的右尾比左尾长，负偏度则情况相反。现有文献将偏度 (skewness) 定义为标准化的三阶中心矩：

$$S_X = \frac{E(X - \mu_X)^3}{\sigma_X^3}$$

通过除以 σ_X^3 进行标准化处理，使偏度不受分布尺度的影响。S_X 为正意味着概率密度函数的右侧尾部比左侧更长；S_X 为负则情况相反。假设 $\mu_X = 0$，其中 X 为资产收益率，那么正 (负) 偏度意味着获得高收益率的概率相对于遭受同等大小损失的概率更高 (更低)。在金融学，偏度可用以测度金融危机，因为当大的损失比大的收益发生的概率更大时，$E(X - \mu_X)^3$ 为负且绝对值大。

图 3.17 提供了具有零偏度、正偏度和负偏度的概率分布图。

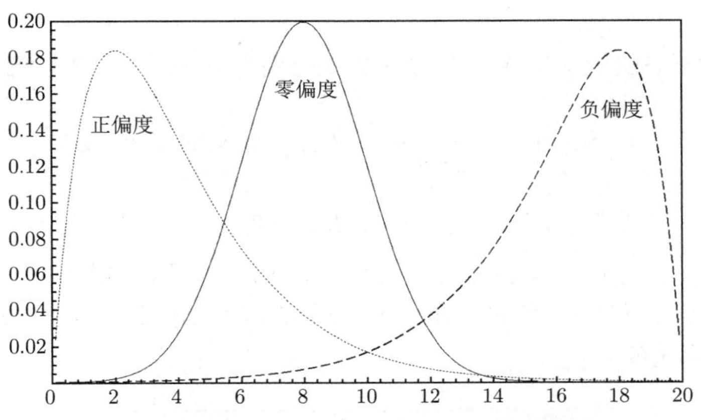

图 3.17：零偏度、正偏度与负偏度的三种概率分布

DeLong & Summers (1986) 通过偏度测度了美国商业周期的不对称性。金融资产收益率的偏度可能源于多种原因。Brennan (1993) 指出经理人的薪酬具有与期权类似的特征。财务困境对企业的影响以及投资项目的选择都可能导致收益率的有偏性。从根本上说，偏度可能是由投资者的非对称风险偏好引起的。Singleton & Wingender (1986) 考察了条件偏度所包含的信息。他们发现偏度缺乏持续性，从而阻碍了利用收益率的事后偏度信息构建更有效的投资组合的可能性。Bekaert *et al.* (1998) 尝试基于条件偏度的度量构造金融市场的交易策略。Bond & Satchell (2006) 在资本资产定价模型中引入时变条件偏度测度下跌风险，并据此计算风险厌恶型的投资者的投资组合权重。结果表明，对于引入条件偏度的模型，风险厌恶型的投资者具有更高的期望效用回报。

收益率的偏度在资产定价 (Harvy & Siddique, 2000)、投资组合 (Kraus & Liezenkerger, 1976；Markowitz, 1991) 以及金融风险管理中都有重要经济含义。

例 3.31 [存在偏度的资本资产定价模型 (Capital Asset Pricing Model, CAPM)]： Kraus & Liezenkerger (1976) 使用了定义在均值、标准差以及偏度的三次方根基础上的投资者效用函数。

以下介绍四阶中心矩 $E(X - \mu_X)^4$ 测度分布的厚尾程度。厚尾意味着 X 更容易出现极端数值。在金融市场中，这可能导致金融破产或违约的发生。

峰度 (kurtosis) 定义为标准化的四阶中心矩：

$$K_X = \frac{E(X-\mu_X)^4}{\sigma_X^4}$$

标准化使得峰度不受分布尺度的影响。分布的峰度度量了分布的高突或平坦程度。换言之，它揭示了概率分布在中心的集中程度，尤其是分布的厚尾程度。$K_X < 3$ 的概率分布称为低峰态 (platykurtic) (平坦或细尾)，$K_X > 3$ 的概率分布称为尖峰 (leptokurtic) (细长或厚尾)。若概率分布有 $K_X = 3$，则称为常峰态 (mesokurtic)。

为何将 $K_X = 3$ 作为划分基准？这主要是因为著名的正态分布 $N(\mu, \sigma^2)$ 的峰度 $K_X = 3$。

例 3.32：假设正态随机变量 X 的均值和方差分别为 μ 和 σ^2，则其 PDF 为

$$f_X(x) = \frac{1}{\sqrt{2\pi\sigma^2}} e^{-\frac{(x-\mu)^2}{2\sigma^2}}, \quad -\infty < x < \infty$$

可以计算出 $\mu_X = \mu, \sigma_X^2 = \sigma^2, S_X = 0$ 以及 $K_X = 3$。

随机变量 X 的超峰度 (excess kurtosis) 定义为 $K_X - 3$。超峰度意味着高收益或高损失比正态分布的预期更为常见。图 3.18 分别给出了具有零超峰度、正超峰度与负超峰度的三种概率分布。

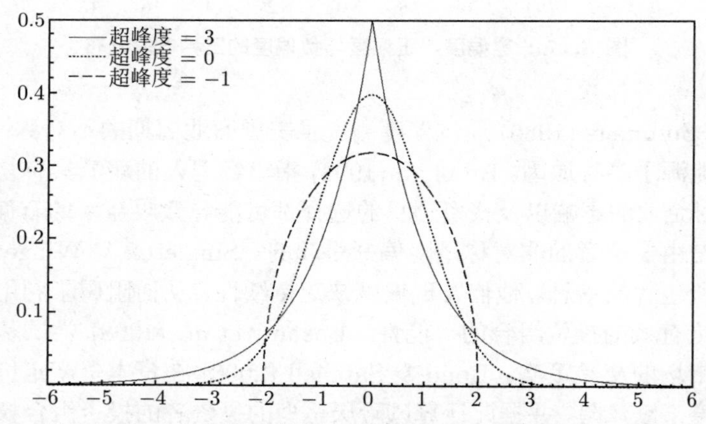

图 3.18：具有零超峰度、正超峰度与负超峰度的分布图

偏度和峰度均与 X 分布的尾部特征紧密相关，它们描述概率分布的形状。近来一些研究发现，金融时间序列的偏度和峰度具有时变性，具体可参考 Hansen (1994)、Harvey & Siddique (2000)。这些发现对金融时间序列分布的建模十分重要，对资产定价与风险管理也有重要价值。

概率分布的各阶矩构成了期望的一个重要类型。当各阶矩存在时，它们作为对概率分布特征的总体刻画，直观描述了概率分布的主要特征。特别当前四阶矩 μ_X, σ_X^2, S_X 以及 K_X 存在时，它们分别描述了概率分布的位置、尺度、对称性以及分布尾部的

厚度。

经济数据尤其是高频金融数据通常具有厚尾特征，即它们的尾部比正态分布更厚。一些实证研究表明，这些分布的高阶矩 (例如偏度和峰度) 可能不存在，有时甚至方差也不存在。然而，在现实生活中，由于经济观测数据的数值总是有限的，可以说任何经济变量 X 都是有界的，即存在一个充分大的常数 $M<\infty$，有 $P(|X|\leqslant M)=1$。在此情形下，X 的任意阶矩都存在并且有限。那么，还有必要担心所关注的矩 (比如均值和方差) 是否存在且有限吗？

答案是肯定的。即使能够找到一个充分大的常数 M，使得随机变量 X 的绝对值总是小于或等于 M，如果 M 足够大，X 的分布可能和某个常用分布类似，但是后者不存在高阶矩 (如峰度无限大)。这时，可借用常用概率分布近似刻画随机变量 X 的特征，从而大大简化数学分析。

第八节　分位数

定义 3.18 [α-分位数 (α-quantile)]：假设 X 的 CDF 为 $F_X(x)$。给定 $\alpha\in(0,1)$，则分布 $F_X(x)$ 的 α-分位数，记为 $Q(\alpha)$，满足方程

$$P[X\leqslant Q(\alpha)]=\alpha$$

或者等价地

$$F_X[Q(\alpha)]=\alpha$$

当 $F_X(x)$ 严格递增时，有

$$Q(\alpha)=F_X^{-1}(\alpha)$$

其中，$F^{-1}(\alpha)$ 为 $F_X(x)$ 的反函数。换言之，分位数 $Q(\alpha)$ 是 CDF $F_X(x)$ 的反函数。若 $F_X(x)$ 非严格增，其 α-分位数定义为

$$Q(\alpha)=\inf\{x\in\mathbb{R}:\alpha\leqslant F_X(x)\}$$

如图 3.19 所示，α-分位数是将整个总体分布划分为 α 和 $1-\alpha$ 两部分的分界点。

假设 $f_X(x)=F'_X(x)$ 几乎处处存在，则

$$\int_{-\infty}^{Q(\alpha)}f_X(x)dx=\alpha$$

图 3.20 是借助概率密度图对 α-分位数的另一种图形表示。

以下考察分位数的几种特殊情形。

情形 (1)：中位数

当 $\alpha=\frac{1}{2}$，$m=Q\left(\frac{1}{2}\right)$ 称为 X 的分布 $F_X(x)$ 的中位数。当 PDF $f_X(x)$ 存在时，有

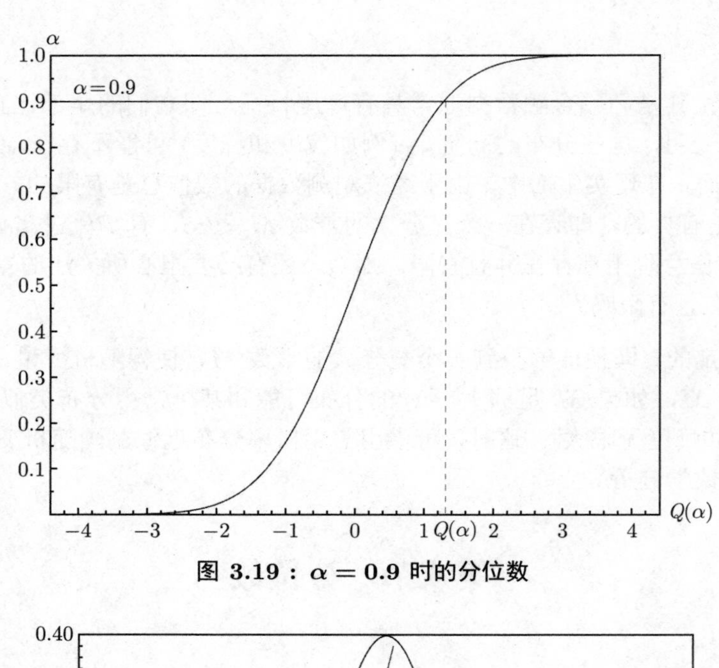

图 3.19：$\alpha = 0.9$ 时的分位数

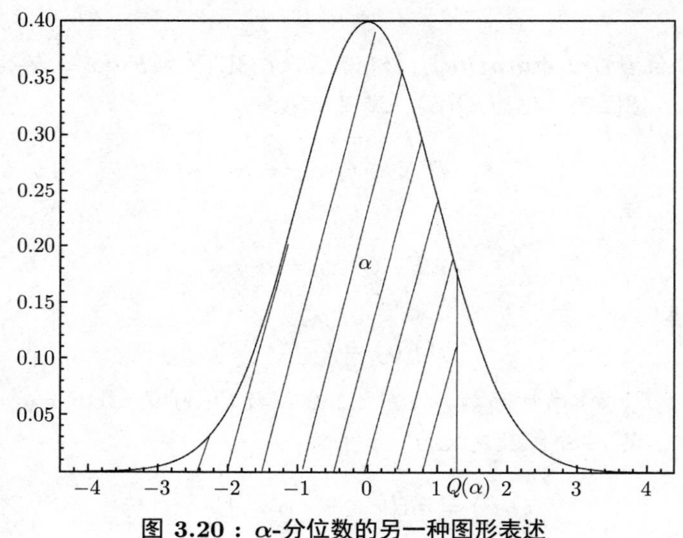

图 3.20：α-分位数的另一种图形表述

$$\int_{-\infty}^{m} f_X(x)dx = \frac{1}{2}$$

问题 3.18 如何解释中位数呢？均值和中位数有何关系呢？

若 $F_X(m) = \frac{1}{2}$ 有解，则中位数 $m = Q\left(\frac{1}{2}\right)$ 是将分布 $F_X(x)$ 划分为两等份的断点或临界值。然而，尽管均值 μ_X 可很好地度量对称分布或者近似对称分布的中心位置，但它在度量高偏度分布的中心位置时，会产生一定的误导。相反，中位数 m 受奇异值的影响较小，从而能够更稳健地度量概率分布的中心位置。比如，若一个社会的收入分布是高右偏度，则收入中位数可能比收入均值更适合度量该社会的“平均”收入。实际上，收入中位数常用于刻画一个社会的中产阶级。美国皮尤研究中心 (Pew Research Center) 将美国中产阶级定义为三口之家，其家庭收入在美国家庭收入中位数的 67% 到两倍之间。

定理 3.17 中位数 m 是最小化平均绝对误差的最优解，即

$$m = \arg\min_{a} E\,|X - a|$$

证明： 留作练习题。 ■

情形 (2): 风险价值 (value at risk, VaR) 与量化金融风险管理

在金融文献中，当 X 为某投资组合在给定持有期的收益率时，对应于水平 α (如 $\alpha = 0.01$) 的 $-Q(\alpha)$ 通常称为风险价值。直观上，$-Q(\alpha)$ 是实际损失以概率 α 超过的临界值。风险价值被国际清算银行和大多数商业银行等金融机构用以设定银行资本水平。

例 3.33 [风险价值与 J. P. 摩根风险度量 (J. P. Morgan RiskMetrics)]：投资组合在一定时期内，在水平 α 上的风险价值 $V_t(\alpha)$ 定义为

$$P[X_t < -V_t(\alpha)|\, I_{t-1}] = \alpha$$

其中 X_t 是投资组合在持有期间 t 的收益率，而 I_{t-1} 表示第 $t-1$ 期可获取的信息。

图 3.21 提供了 $V_t(\alpha)$ 的图示。

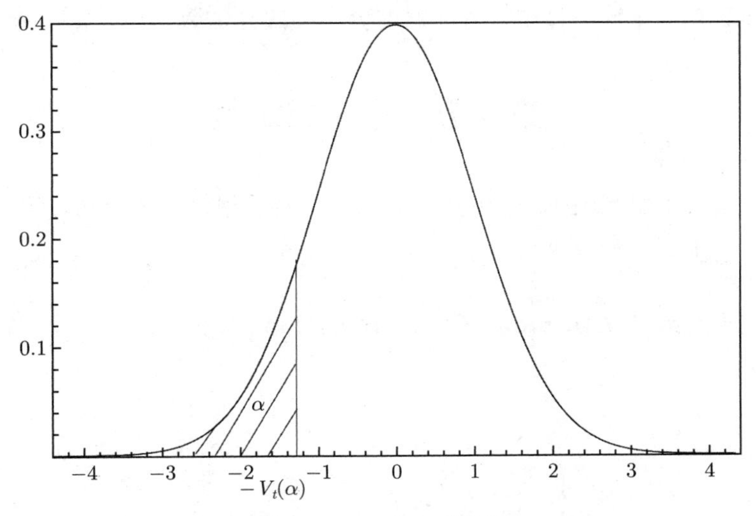

图 3.21：$V_t(\alpha)$ 的图示

风险价值 $V_t(\alpha)$ 是实际损失以概率 α 超越的临界值。它是决定资本充足水平的基

础，以将极端损失事件出现的概率控制在 α 以内。当资本准备未达到该临界值时，则引起破产或违约的恶性事件出现的概率将超过 α。显然，$V_t(\alpha)$ 是水平 α 上的负的条件分位数。

风险价值概念被 Adrian & Brunnermeier (2016) 拓展为 CoVaR 概念，用于测度金融市场的系统风险 (systemic risk)。所谓系统风险是指由于一个或几个重要金融机构的风险扩散到整个金融市场，导致整个金融体系出现重大风险。CoVaR 可以用来测度一个或几个重要金融机构出现风险时对整个金融市场系统风险的影响，以及当系统风险发生时对个别重要金融机构所面临风险的影响。Hong *et al.* (2009) 提出了一个基于风险价值 (事实上是 CoVaR) 的格兰杰因果检验方法，检验不同资产或不同市场之间的极端风险溢出效应。

除风险价值以外，分位数在经济学也有广泛应用。例如，假设 X 表示个人或家庭的收入水平，则 $Q(0.75) - Q(0.25)$ 可度量 25% 最低收入者和 25% 最高收入者之间的收入差距或收入不平等程度。在统计学，水平 25%，50% 以及 75% 的分位数通常被称为四分位数 (quartiles)，而差异 $Q(0.75) - Q(0.25)$ 被称为四分位数区间 (interquartile range)。如下例所示，四分位数刻画的收入不平等信息比基尼系数的多。

例 3.34 [四分位数与收入不平等]：在经济学，基尼系数是一个反映收入与财富不平等的常用综合指数。在《21 世纪资本论》一书中，法国经济学家皮凯蒂 (Piketty, 2014) 指出，无法通过一个一元一维指数概括一个多维事实，除非过度简化事实并将本不应混为一谈的东西掺杂在一起。比如，两个收入分布大不相同的经济体可能拥有相同的基尼系数。不平等反映的社会现实、经济与政治显著性在不同水平的分布上大相径庭，有必要进行逐个分析。Piketty (2014) 提倡使用所谓的分布表，比起基尼系数，分布表以更统一、更透明的方式指出总收入和总财富中不同的十分位数份额和百分位数份额。实际上，这些分布表是一个经济体中收入与财富分布的四分位数。

第九节　矩生成函数

随机变量 X 的高阶矩的计算可能十分繁琐。对于很多概率分布，可定义一个所谓矩生成函数，并用它求得各阶矩。

定义 3.19 [矩生成函数 (*Moment Generating Function, MGF*)]：随机变量 X 的 MGF 定义为

$$
\begin{aligned}
M_X(t) &= E(e^{tX}) \\
&= \begin{cases} \sum_{x\in\Omega_X} e^{tx} f_X(x), & X\text{为离散随机变量} \\ \int_{-\infty}^{\infty} e^{tx} f_X(x)dx, & X\text{为连续随机变量} \end{cases}
\end{aligned}
$$

如果上述期望对于 t 在 0 的某个邻域内存在，则称 $M_X(t)$ 对于 t 在 0 的某个小邻域内是存在的 (即存在某个常数 $\epsilon > 0$，使得对任意 $t \in (-\epsilon, \epsilon)$，$E(e^{tX})$ 总是存在的)。若

在 0 的任意小邻域内，上述期望都不存在，则称 $M_X(t)$ 对 X 的分布不存在。

为了保证 $M_X(t)$ 的存在性，只需找到 0 的一个小邻域，使得 $M_X(t)$ 在该邻域内有定义即可。这是因为关于 X 的概率分布的全部信息都包含在 $M_X(t)$ 在 0 附近的行为上，如下文所述。

问题 3.19 MGF $M_X(t)$ 存在是否意味着 X 的各阶矩均存在?

答案是肯定的。若 $M_X(t)$ 对于所有的 $t \in (-\epsilon, \epsilon)$ 都存在，这意味着 $M_X(t)$ 在 $t = 0$ 处的所有阶导数都存在。为什么呢？

根据麦克劳林级数展开，对所有实数 $t \in (-\epsilon, \epsilon)$，有

$$e^{tx} = \sum_{k=0}^{\infty} \frac{(tx)^k}{k!}$$

则 $M_X(t)$ 的麦克劳林级数展开为

$$M_X(t) = \sum_{k=0}^{\infty} \frac{t^k}{k!} E(X^k)$$

若存在某个 k 有 $E(X^k) = \infty$，则对所有 $t > 0$，$M_X(t)$ 均不存在。因此，若 $M_X(t)$ 对所有 $t \in (-\epsilon, \epsilon)$ 都存在，那么 X 的各阶矩都必须存在。上述级数展开说明，$M_X(t)$ 在 0 的邻域内包含所有矩信息，并且提供了一种通过 MGF 获得各阶矩的方法。

以下考察 MGF $M_X(t)$ 的性质。

定理 3.18 若 MGF $M_X(t)$ 对于 t 在 0 的某个邻域内存在，则 $M_X(0) = 1$。

证明： 根据定义 $M_X(t) = \int_{-\infty}^{\infty} e^{tx} dF_X(x)$，有 $M_X(0) = \int_{-\infty}^{\infty} dF_X(x) = 1$。证毕。 ■

定理 3.19 若 MGF $M_X(t)$ 对于 t 在 0 的某个邻域内存在，则对所有正整数 $k = 1, 2, \cdots$，有

$$M_X^{(k)}(0) = E(X^k)$$

证明： 对任意给定整数 $k > 0$ 以及所有 $t \in (-\epsilon, \epsilon)$，有

$$\begin{aligned} M_X^{(k)}(t) &= \frac{d^k}{dt^k} \int_{-\infty}^{\infty} e^{tx} dF_X(x) \\ &= \int_{-\infty}^{\infty} \frac{d^k}{dt^k} (e^{tx}) dF_X(x) \end{aligned}$$

$$= \int_{-\infty}^{\infty} x^k e^{tx} dF_X(x)$$

令 $t = 0$，得

$$M_X^{(k)}(0) = \int_{-\infty}^{\infty} x^k dF_X(x) = E(X^k)$$

证毕。 ■

该定理表明，对任意 $t \in (-\epsilon, \epsilon)$，若 $M_X(t)$ 存在，则可对 $M_X(t)$ 在原点处求导获得 X 的各阶矩。由于 $M_X(t)$ 可用以生成各阶矩，该函数因此被称为矩生成函数。

例如，对 $k = 1, 2,$ 有

$$M_X^{(1)}(0) = \mu_X$$
$$M_X^{(2)}(0) = E(X^2) = \sigma_X^2 + \mu_X^2$$

注意二阶导数 $M_X^{(2)}(0)$ 等于 X 的二阶矩，而非方差 σ_X^2(除非 $\mu_X = 0$)。

定理 3.20 若 $Y = a + bX$，其中 a 和 b 为两个常数，并且对在 0 的某个小邻域内的所有 t，X 的 MGF $M_X(t)$ 存在。则对在 0 的某个小邻域内的所有 t，Y 的 MGF 存在且为

$$M_Y(t) = e^{at} M_X(bt)$$

证明： 留作练习题。 ■

例 3.35： 假设随机变量 X 的均值为 μ，方差为 σ^2，并且 MGF $M_X(t)$ 对在 0 的某个小邻域内的所有 t 都存在。定义标准化随机变量

$$Y = \frac{X - \mu}{\sigma}$$

这对应于变换 $Y = a + bX$ 中 $a = -\frac{\mu}{\sigma}$，$b = \frac{1}{\sigma}$ 的情形。则 MGF

$$M_Y(t) = e^{-\frac{\mu}{\sigma}t} M_X\left(\frac{t}{\sigma}\right)$$

除了计算矩之外， MGF 还可刻画概率分布。

问题 3.20 如何用 MGF 刻画 X 的概率分布?

定理 3.21 *[MGF 的唯一性]*： 假设两个随机变量 X 和 Y 的 MGF $M_X(t)$ 和 $M_Y(t)$ 在 0 的某个小邻域 $N_\epsilon(0) = \{t \in \mathbb{R} : -\epsilon < t < \epsilon\}$ 存在。当且仅当对任意 $z \in \mathbb{R}$，$F_X(z) = F_Y(z)$ (即同分布)，则对所有 $t \in N_\epsilon(0)$，X 和 Y 都有相同的 MGF $M_X(t)$ 和 $M_Y(t)$。

启发式证明:该定理的证明依赖于拉普拉斯变换 (Laplace transform) (参见 Feller, 1971)。根据 MGF $M_X(t)$ 的定义，对连续随机变量，有

$$M_X(t) = \int_{-\infty}^{\infty} e^{tx} f_X(x) dx$$

此为拉普拉斯变换。拉普拉斯变换的关键特征在于它具有唯一性。若存在正数 ϵ，使得对任意 $|t| < \epsilon$，$M_X(t) = \int_{-\infty}^{\infty} e^{tx} f_X(x) dx$ 均存在，则给定 $M_X(t)$，仅有一个函数 $f_X(x)$ 满足上述拉普拉斯变换。基于这一事实，可知该定理的合理性。然而，该定理的正式证明具有相当的技术性，且并不能提供更多的启示。

上述唯一性定理的重要意义在于：给定某一个 MGF $M_X(t)$，假设能找到一个与之相对应的 CDF $F_X(x)$，那么 $F_X(x)$ 必是生成 $M_X(t)$ 的唯一分布。

现在通过几个例子说明如何用 MGF $M_X(t)$ 求概率分布。

例 3.36：假设离散随机变量 X 有 MGF

$$M_X(t) = \frac{1}{2} + \frac{1}{4}e^{-t} + \frac{1}{4}e^{t}, \quad -\infty < t < \infty$$

求 X 的概率分布。

解：根据 MGF 的定义，有

$$\begin{aligned} M_X(t) &= E(e^{tX}) \\ &= \sum_x e^{tx} f_X(x) \\ &= \frac{1}{2}e^{0\cdot t} + \frac{1}{4}e^{(-1)\cdot t} + \frac{1}{4}e^{1\cdot t} \end{aligned}$$

因此猜测 X 的 PMF 为

$$f_X(x) = \begin{cases} \frac{1}{4}, & x = -1 \\ \frac{1}{2}, & x = 0 \\ \frac{1}{4}, & x = 1 \end{cases}$$

容易验证猜测分布 $f_X(x)$ 的 MGF 为 $M_X(t) = \frac{1}{2} + \frac{1}{4}e^{-t} + \frac{1}{2}e^{t}$。现在论证猜测分布 $f_X(x)$ 是与给定的 $M_X(t)$ 相对应的唯一分布。若不然，假设存在另一个分布 $h_X(x)$ 可生成同样的 MGF $M_X(t)$。则由 MGF 的唯一性定理，这个分布必然与猜测分布 $f_X(x)$ 相同。这证明了猜测分布 $f_X(x)$ 是与 MGF $M_X(t)$ 相对应的唯一分布。

例 3.37：若随机变量 X 均值为 0，方差为 2，且 MGF 为

$$M_X(t) = a(1 + be^{-2t} + e^{-t} + e^{t} + ce^{2t}), \quad -\infty < t < \infty$$

(1) 求常数 a, b, c 的值；(2)X 的 PMF 是什么？证明其确实是 X 的 PMF。

解：(1) 根据定理 3.18 和 3.19，有

$$\begin{aligned} M(0) &= 1 \\ M'(0) &= \mu = 0 \\ M''(0) &= E(X^2) \\ &= \sigma^2 + \mu^2 \\ &= 2 + 0^2 \\ &= 2 \end{aligned}$$

则

$$\begin{aligned} M_X(0) &= a(3 + b + c) = 1 \\ M'_X(0) &= a(-2b - 1 + 1 + 2c) = 0 \\ M''_X(0) &= a(4b + 1 + 1 + 4c) = 2 \end{aligned}$$

求解上述联立方程，得 $a = \frac{1}{5}$，$b = c = 1$。

(2) 用类似例 3.36 的推理方法,可猜测对应给定 $M_X(t)$ 的概率分布为 PMF $f_X(x) = \frac{1}{5}$，$x = -2, -1, 0, 1, 2$；对于其他 x 值，$f_X(x) = 0$。根据 MGF 的唯一性定理，这是对应给定 $M_X(t)$ 的唯一的概率分布。

例 3.38：离散随机变量 X 有 MGF $M_X(t) = \frac{1}{n}\left(\frac{1-e^{nt}}{1-e^t}\right)$，其中 $|t| < 1$。求 PMF $f_X(x)$。

解：根据几何序列部分求和公式，

$$\sum_{i=1}^{n} z^{i-1} = \frac{1 - z^n}{1 - z}, \quad |z| < 1$$

令 $z = e^t$，得

$$\frac{1 - e^{nt}}{1 - e^t} = \sum_{i=1}^{n} e^{t(i-1)}$$

因此

$$\begin{aligned} M_X(t) &= \frac{1}{n}\left(\frac{1 - e^{nt}}{1 - e^t}\right) \\ &= \sum_{i=1}^{n} \frac{1}{n} e^{t(i-1)} \end{aligned}$$

另一方面，由于 X 是离散随机变量，故有

$$M_X(t) = \sum_{i=1}^{n} f_X(x_i) e^{tx_i}$$

其中对 $i=1,\cdots,n$，$x_i=i-1$。因此猜测对应给定 $M_X(t)$ 的 PMF 为：对 $x_i=0,1,\cdots,n-1$，$f_X(x)=\frac{1}{n}$；对 x 的其他取值，$f_X(x)=0$。这是离散均匀分布。它可生成上述的 MGF $M_X(t)$。由 MGF 的唯一性定理可知，这个猜测分布 $f_X(x)$ 是与 MGF $M_X(t)=\frac{1}{n}\frac{1-e^{nt}}{1-e^t}$，$|t|<1$ 相对应的唯一分布。

例 3.39：若离散随机变量 X 对 $|t|<\frac{1}{r}$ 有 MGF $M_X(t)=\frac{1-r}{1-re^t}$，其中常数 $r>0$，求 X 的概率分布。

解：对于 $|a|<1$，根据公式

$$\frac{1}{1-a}=\sum_{x=0}^{\infty}a^x$$

有

$$\begin{aligned}M_X(t)&=(1-r)\sum_{x=0}^{\infty}\left(re^t\right)^x\\&=\sum_{x=0}^{\infty}(1-r)r^xe^{tx}\\&=\sum_{x=0}^{\infty}f_X(x)e^{tx}\end{aligned}$$

其中 $f_X(x)=(1-r)r^x$，$x=0,1,\cdots$。由 MGF 的唯一性定理，该猜测分布 $f_X(x)$ 是对应于 $M_X(t)=\frac{1-r}{1-re^t}$，$|t|<\frac{1}{r}$ 的唯一概率分布。该分布称为几何分布，具体讨论见第四章。

下面，介绍关于分布序列的渐进或极限行为的一个非常重要的收敛定理。

定理 3.22 [*MGF* 的收敛性]：假设 $\{X_n,n=1,2,\cdots\}$ 为随机变量序列，每个随机变量 X_n 有 MGF $M_n(t)$ 和 CDF $F_n(x)$。进一步假设，对 t 在 0 的某个小邻域内的任意取值，有

$$\lim_{n\to\infty}M_n(t)=M_X(t)$$

其中，$M_X(t)$ 是与随机变量 X 的 CDF F_X 相对应的 MGF。则对所有连续点 x (即在该点，$F_X(x)$ 是连续的)，有

$$\lim_{n\to\infty}F_n(x)=F_X(x)$$

假设 $\{X_n,n=1,2,\cdots\}$ 是分布函数为 $\{F_n(x)\}$ 的随机变量序列，且随机变量 X 的 CDF 为 $F_X(x)$。若当 $n\to\infty$ 时，对所有连续点 (即 $F_X(x)$ 连续的所有点) 有 $F_n(x)\to F_X(x)$，则称 X_n 依分布收敛于 X，记作 $X_n\xrightarrow{d}X$。关于依分布收敛的正式定义和详细讨论，可参考第七章。

该定理的重要含义是 MGF 的收敛性意味着依分布收敛。实际应用中，$F_n(x)$ 和 $M_n(t)$ 一般都未知，但若能证明二者分别收敛于已知极限函数 $F_X(x)$ 和 $M_X(t)$，则可用这些已知的极限函数分别近似未知的 $F_n(x)$ 和 $M_n(t)$。

问题 3.21 如何检验 MGF 的收敛性？

以下两个关于极限期望的定理为检验 MGF 收敛性提供了有用工具。

定理 3.23 *[单调收敛 (Monotone Convergence)]*：若对 $n \geqslant 1$，有 $0 \leqslant g_n(x) \leqslant g_{n+1}(x)$，则

$$\lim_{n\to\infty}\int_{-\infty}^{\infty} g_n(x)dF(x) = \int_{-\infty}^{\infty}\lim_{n\to\infty} g_n(x)dF(x)$$

定理 3.24 *[控制收敛 (Dominated Convergence)]*：若对任意 $n \geqslant 1$，有 $|g_n(x)| \leqslant \bar{g}(x)$，$\int_{-\infty}^{\infty}\bar{g}(x)dF(x) < \infty$，并且除了 $x \in \mathbb{N}$ 之外，这里 $\mathbb{N}$ 为零概率的一个集合，有 $\lim_{n\to\infty} g_n(x) = g(x)$，则

$$\lim_{n\to\infty}\int_{-\infty}^{\infty} g_n(x)dF(x) = \int_{-\infty}^{\infty} g(x)dF(x)$$

前面已知，若 MGF $M_X(t)$ 在 0 的某个邻域内存在，则其刻画了随机变量 X 所有阶矩。一个自然的问题是，能否用各阶矩的集合唯一刻画一个概率分布？换言之，假设对所有正整数 k，有 $E(X^k) = E(Y^k)$，那么随机变量 X 和 Y 是否有相同分布？一般而言，答案是否定的，即两个不同的随机变量可能拥有相同的各阶矩，但各阶矩分别相同并不意味着两个分布相同，如以下例子所示。

例 3.40：假设随机变量 X 和 Y 分别具有如下 PDF

$$f_X(x) = \begin{cases} \frac{1}{\sqrt{2\pi}x}e^{-\frac{1}{2}(\ln x)^2}, & x > 0 \\ 0, & x \leqslant 0 \end{cases}$$

$$f_Y(y) = \begin{cases} f_X(y)[1+\sin(2\pi\ln y)], & y > 0 \\ 0, & y \leqslant 0 \end{cases}$$

其中 $f_X(x)$ 和 $f_Y(y)$ 分别为 X 和 Y 的 PDF。证明对所有正整数 k，有 $E(X^k) = E(Y^k)$。注意 $f_X(x)$ 和 $f_Y(y)$ 为两个不同的分布，如图 3.22 所示。

解：(1) 首先，根据例 3.26 可知，X 服从所谓的标准对数正态分布，即 $Z = \ln X \sim N(0,1)$。因此

$$E(X^k) = E[(e^Z)^k] = E(e^{kZ}) = M_Z(k) = e^{\frac{1}{2}k^2}$$

其中，用到了 $M_Z(t) = e^{\frac{1}{2}t^2}$ 为标准正态随机变量 $Z \sim N(0,1)$ 的 MGF 这一事实。

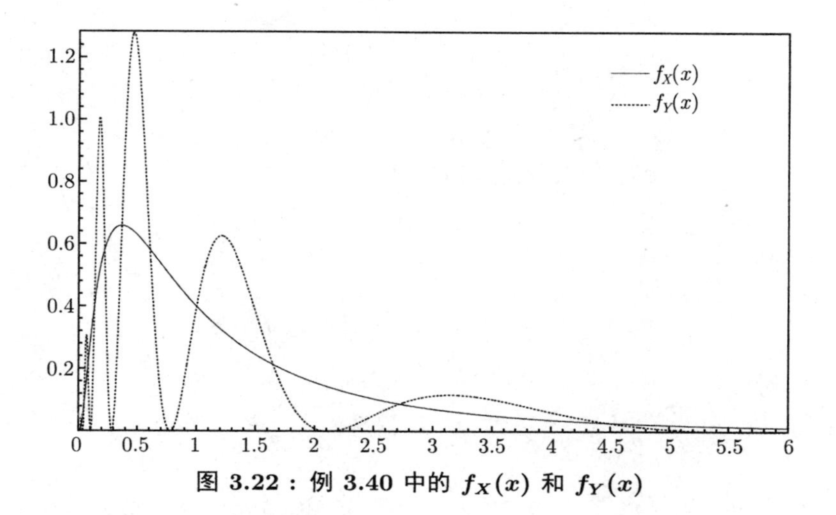

图 3.22：例 3.40 中的 $f_X(x)$ 和 $f_Y(x)$

(2) 注意到

$$E(Y^k) = E(X^k) + \int_0^\infty x^k f_X(x) \sin(2\pi \ln x) dx$$

为证明 $E(Y^k) = E(X^k)$，只需证明

$$\int_0^\infty x^k f_X(x) \sin(2\pi \ln x) dx = 0$$

定义变换 $v = \ln x - k$，则积分

$$\begin{aligned}
\int_0^\infty x^k f_X(x) \sin(2\pi \ln x) dx &= \int_{-\infty}^\infty (e^{v+k})^k \frac{1}{\sqrt{2\pi}} e^{-(v+k)} e^{-\frac{(v+k)^2}{2}} \sin[2\pi(v+k)] e^{(v+k)} dv \\
&= \int_{-\infty}^\infty (e^{v+k})^k \frac{1}{\sqrt{2\pi}} e^{-\frac{(v+k)^2}{2}} \sin[2\pi(v+k)] dv \\
&= \frac{1}{\sqrt{2\pi}} \int_{-\infty}^\infty e^{-\frac{1}{2}(v^2-k^2)} \sin(2\pi v) dv \\
&= 0
\end{aligned}$$

其中最后等式应用了奇函数性质 (即奇函数从 $-\infty$ 到 ∞ 的积分为 0)。

上述例子说明，各阶矩的集合无法唯一确定一个概率分布。但是，有一特殊情形，即当随机变量为有界支撑时 (参见 Billingsley, 1995)，可采用各阶矩构成的集合唯一刻画概率分布。

定理 3.25 假设 $F_X(x)$ 和 $F_Y(y)$ 为两个存在有界支撑的 CDF。则对所有整数 $k = 1, 2, \cdots$，$E(X^k) = E(Y^k)$，当且仅当对任意 $z \in (-\infty, \infty)$，$F_X(z) = F_Y(z)$。

证明： 因为 X 和 Y 均为有界支撑，故存在一个充分大的常数 $M > 0$，使得 $P(|X| \leqslant M) = 1$ 和 $P(|Y| \leqslant M) = 1$。又因 $E|X|^k \leqslant M^k$ 和 $E|Y|^k \leqslant M^k$，有

$$\begin{aligned}M_X(t) &= \sum_{k=0}^{\infty} \frac{t^k}{k!} E(X^k) \\ &\leqslant \sum_{k=0}^{\infty} \frac{t^k}{k!} E|X|^k \\ &\leqslant \sum_{k=0}^{\infty} \frac{(tM)^k}{k!} \\ &= e^{tM} < \infty, \quad \text{对任意 } t < \infty\end{aligned}$$

类似地，有

$$M_Y(t) \leqslant e^{tM} < \infty$$

根据 MGF 的公式 $M_X(t) = \sum_{k=0}^{\infty} \frac{t^k}{k!} E(X^k)$ 可知,若对所有整数 $k > 0$,有 $E(X^k) = E(Y^k)$，则对属于 0 的某邻域任意 t 都有 $M_X(t) = M_Y(t)$。由 MGF 的唯一性定理，对任意 $z \in (-\infty, \infty)$，必有 $F_X(z) = F_Y(z)$。

另外，若对所有 $z \in (-\infty, \infty)$ 有 $F_X(z) = F_Y(z)$ 以及 $P(|X| \leqslant M) = 1$，$P(|Y| \leqslant M) = 1$，则对于任意给定正整数 k，矩 $E(X^k)$ 和 $E(Y^k)$ 必然存在，且对所有 $k > 0$ 有 $E(X^k) = E(Y^k)$。

因此，两个有界支撑的随机变量 X 和 Y，有如下性质：即对所有整数 $k > 0$，$E(X^k) = E(Y^k)$，当且仅当对任意 $z \in (-\infty, \infty)$，$F_X(z) = F_Y(z)$ 成立。证毕。 ■

因此，对任意有界支撑的概率分布，各阶矩 (从 0 到 ∞) 集合的概率分布是唯一的，但这对无界支撑的概率分布不成立。

前文已经证明,若 $M_X(t)$ 对在 0 的某小邻域内的所有 t 存在,则各阶矩 $E(X^k)$ 均存在。那么,反之是否成立? 换言之,概率分布的所有阶矩均存在是否意味着 MGF $M_X(t)$ 对在 0 的某个邻域的所有 t 也存在?

一般而言，概率分布的所有矩存在无法确保 MGF 存在。直观上，MGF $M_X(t)$ 为所有矩的加权求和。若对在 0 的某小邻域内的所有 t，$M_X(t)$ 是有限的，则所有阶矩均须为有限的。若某阶矩不存在，则 MGF 不存在。然而，可能存在所有阶矩都有限，但其加权和为无限的情形。此种情形下，MGF 不存在。例如，假设 X 的 k 阶矩为 $E(X^k) = (k+1)!$，则对所有 $t > 0$，MGF $M_X(t) = \sum_{k=0}^{\infty} \frac{t^k}{k!} E(X^k)$ 为无穷大，故 $M_X(t)$ 不存在。

问题 3.22 能否给出一个所有阶矩都存在但 MGF 不存在的概率分布?

为克服 MGF 的不足之处，下一节将引入特征函数 (characteristic function) 的概念。特征函数不仅具有 MGF $M_X(t)$ 的性质，而且对所有分布都存在 (不论矩是否存在)。

第十节 特征函数

对某些重要分布 (例如柯西和对数正态分布)，MGF 并不存在。现在，引入一个对任何概率分布都存在的特征函数。

定义 3.20 *[特征函数 (Characteristic Function)]*: 假设随机变量 X 的 CDF 为 $F_X(x)$，则其特征函数定义为

$$\begin{aligned}\varphi_X(t) &= E(e^{\mathbf{i}tX}) \\ &= \int_{-\infty}^{\infty} e^{\mathbf{i}tx} dF_X(x)\end{aligned}$$

其中 $\mathbf{i} = \sqrt{-1}$，并且

$$e^{\mathbf{i}tx} = \cos(tx) + \mathbf{i}\sin(tx)$$

根据上述定义，$\varphi_X(t)$ 是分布函数 $F_X(x)$ 的傅里叶变换。傅里叶变换的基本性质在于，$\varphi_X(t)$ 和 $F_X(x)$ 包含相同的关于概率分布的所有信息，并且一一对应。特别地，若随机变量 X 的 PMF/PDF $f_X(x)$ 存在，则可通过逆傅里叶变换求得 PMF/PDF，即

$$f_X(x) = \frac{1}{2\pi}\int_{-\infty}^{\infty} e^{-\mathbf{i}tx}\varphi_X(t)dt$$

对于不存在解析形式 PDF 的概率分布，该反演公式在求概率密度函数时非常有用。

定理 3.26 *[特征函数的性质]*:

(1) 对任意概率分布，其特征函数 $\varphi_X(t)$ 总存在而且有界，即对 $-\infty < t < \infty$，有 $|\varphi_X(t)| \leqslant 1$；

(2) $\varphi_X(0) = 1$；

(3) $\varphi_X(t)$ 在 $(-\infty, \infty)$ 上连续；

(4) $\varphi_X(-t) = \varphi_X(t)^*$，其中 $\varphi_X(t)^*$ 代表 $\varphi_X(t)$ 的复共轭 (complex conjugate)；

(5) 假设 $Y = a + bX$，其中 a 和 b 为任意实常数，则

$$\varphi_Y(t) = e^{\mathbf{i}at}\varphi_X(bt)$$

(6) 若 MGF $M_X(t)$ 对在 0 的某邻域内的所有 t 都存在，则对所有 $t \in (-\infty, \infty)$，有 $\varphi_X(t) = M_X(\mathbf{i}t)$。

特征函数 $\varphi_X(t)$ 对所有分布以及所有实数集上的 t 总存在，而 MGF $M_X(t)$ 对某些分布并不存在，即使是 t 在 0 的一个很小邻域内。从这一角度而言，特征函数 $\varphi_X(t)$ 比 MGF $M_X(t)$ 更一般化。另外，定理 3.26 (1) 之所以成立，是因为

$$|\varphi_X(t)| \leqslant \int_{-\infty}^{\infty} \left|e^{\mathbf{i}tx}\right| dF_X(x) = \int_{-\infty}^{\infty} dF_X(x) = 1 < \infty$$

例 3.41：假设随机变量 X 服从柯西分布 Cauchy$(0,1)$，其 PDF 为

$$f_X(x) = \frac{1}{\pi}\frac{1}{1+x^2}, \quad -\infty < x < \infty$$

则其特征函数存在且为

$$\varphi_X(t) = e^{-|t|}, \quad -\infty < t < \infty$$

注意 $\varphi_X(t)$ 在 $t=0$ 处存在转折点，故其在原点处不可导。这与 X 当 $k \geqslant 1$ 时不存在任何矩 $E(X^k)$ 的事实一致 (因此柯西分布的 MGF 不存在)。

与 MGF $M_X(t)$ 一样，若矩存在，则特征函数 $\varphi_X(t)$ 可用于生成矩。

定理 3.27 假设 X 的 k 阶矩存在，则 $\varphi_X(t)$ 对 $t \in (-\infty, \infty)$ 是 k 阶可导的，且

$$\varphi_X^{(k)}(0) = \mathbf{i}^k E(X^k)$$

证明：给定 $E|X|^k < \infty$，因对任意 t，

$$\begin{aligned}
\left|\varphi_X^{(k)}(t)\right| &= \left|\frac{d^k}{dt^k}\int_{-\infty}^{\infty} e^{\mathbf{i}tx} dF_X(x)\right| \\
&= \left|\int_{-\infty}^{\infty} (\mathbf{i}x)^k e^{\mathbf{i}tx} dF_X(x)\right| \\
&\leqslant \int_{-\infty}^{\infty} |x|^k dF_X(x) \\
&= E|X|^k < \infty
\end{aligned}$$

故 k 阶导数 $\varphi_X^{(k)}(t)$ 存在。又因 $\varphi_X^{(k)}(t) = \int_{-\infty}^{\infty} (\mathbf{i}x)^k e^{\mathbf{i}tx} dF_X(x)$，令 $t=0$，得

$$\begin{aligned}
\varphi_X^{(k)}(0) &= \int_{-\infty}^{\infty} (\mathbf{i}x)^k dF_X(x) \\
&= \mathbf{i}^k E(X^k)
\end{aligned}$$

证毕。 ■

特征函数 $\varphi_X(t)$ 亦具有唯一性。

定理 3.28 ***[特征函数的唯一性]***：假设两个随机变量 X 和 Y 的特征函数分别为 $\varphi_X(t)$ 和 $\varphi_Y(t)$。则 X 和 Y 具有同分布，当且仅当对所有 $t \in (-\infty, \infty)$，有 $\varphi_X(t) = \varphi_Y(t)$。

证明：根据定义，特征函数 $\varphi_X(t)$ 为 CDF $F_X(x)$ 的傅里叶变换，即

$$\varphi_X(t) = \int_{-\infty}^{\infty} e^{\mathbf{i}tx} dF_X(x)$$

由于分布函数与其傅里叶变换一一对应，故对每个给定分布 $F_X(x)$，有唯一的特征函数 $\varphi_X(t)$。证毕。■

需要指出，这里需要检验对实数集上的所有 t，特征函数 $\varphi_X(t)$ 和 $\varphi_Y(t)$ 是否相等。这与 MGF 的情况不同。对 MGF $M_X(t)$ 和 $M_Y(t)$，只需检验它们对在 0 的某个邻域内的所有 t 是否相等即可。

以下定理说明特征函数的收敛等价于依分布收敛。

定理 3.29 *[特征函数的收敛]*: 假设随机变量序列 $\{X_n\}$ 的 CDF 和特征函数分别为 $F_n(x)$ 和 $\varphi_n(t)$。又设随机变量 X 的 CDF 和特征函数分别为 $F_X(x)$ 和 $\varphi_X(t)$。令 $n \to \infty$。

(1) 若对 $F_X(x)$ 的所有连续点 x，有 $F_n(x) \to F_X(x)$，则对任意 $t \in (-\infty, \infty)$，有 $\varphi_n(t) \to \varphi_X(t)$；

(2) 若对任意 $t \in (-\infty, \infty)$，有 $\varphi_n(t) \to \varphi_X(t)$，则对 $F_X(x)$ 的所有连续点 x，有 $F_n(x) \to F_X(x)$。

证明：参见 Lukacs (1970)。■

第七章将使用该定理证明中心极限定理。

在某些情况下，使用特征函数 $\varphi_X(t)$ 比分布函数更为方便。例如，所谓的稳态分布是用特征函数定义的 (参看第四章第 4.3.4 节)，因为稳态分布的 PDF $f_X(x)$ 没有解析形式。金融学中，仿射跳跃扩散模型 (参考 Duffie *et al.*, 2000) 作为一类常见的连续时间模型，其 (转移) 概率密度函数不存在解析形式。这导致极大似然估计 (maximum likelihood estimation, MLE) 不可行。然而，这类模型具有解析形式的 (条件) 特征函数，故可用其特征函数进行参数估计和统计推断。

在金融学，具有解析形式的特征函数的另一个重要例子是列维 (Levy) 过程。该随机过程是现代金融建模的基石。最著名的列维过程的一个特例是布朗运动。许多金融模型，包括 Black & Scholes (1973) 和 Cox *et al.* (1985) 的连续时间模型，均假设布朗运动。

特征函数在计量经济学和经济学有越来越多的应用。具体参见 Hong (1999) 以及相关文献。

第十一节 小结

本章首先引入了随机变量这个概念，其重要之处在于量化了随机试验结果。为了描述随机变量的概率分布，引入了累积分布函数 (CDF)，并且将随机变量分为离散型和连续型两种基本类别，分别引入概率质量函数 (PMF) 和概率密度函数 (PDF) 以刻画这两类随机变量的概率分布；还介绍了随机变量可测变换概率分布的推导方法。

另外，可用 CDF (或等价的 PMF/PDF) 定义各阶矩以刻画概率分布的总体特征，并提供了关于一些矩的经济解释及其若干应用。此外，还探讨了矩生成函数 MGF 和特征函数，二者都可通过求导运算生成各阶矩 (当矩存在时)。更重要地，两者均可唯一刻画随机变量的概率分布。

练习题三

3.1 将七个球分配到七个单元格中。令 $X_i=$ 恰好有 i 个球的单元格数目。求 X 的概率分布 (即对任意可能的 x，求 $f_X(x)=P(X=x)$)。

3.2 证明下列函数为累积分布函数 (CDF)：

(1) $\frac{1}{2}+\frac{1}{\pi}\tan^{-1}(x)$, $x\in(-\infty,\infty)$;

(2) $(1+e^{-x})^{-1}$, $x\in(-\infty,\infty)$;

(3) $e^{-e^{-x}}$, $x\in(-\infty,\infty)$;

(4) $1-e^{-x}$, $x\in(-\infty,\infty)$。

3.3 若对所有的实数 t,有 $F_X(t)\leqslant F_Y(t)$,并且对某些 t,有 $F_X(t)<F_Y(t)$,则称 CDF F_X 随机大于 CDF F_Y。证明若 $X\sim F_X$ 且 $Y\sim F_Y$ 则对任意 t，有 $P(X>t)\geqslant P(Y>t)$，并且对某些 t，有 $P(X>t)>P(Y>t)$，即 X 倾向于大于 Y。

3.4 某电器专卖店收到 30 台微波炉，其中 5 台为不合格品 (经理未知)。该店经理不放回地随机选出 4 台，并检验其是否为不合格品。令 X 为发现的不合格品数目。请推导 X 的 PMF 和 CDF，并画出 CDF 的图。

3.5 假设随机变量 X_1 和 X_2 的 CDF 分别为 $F_1(x)$ 和 $F_2(x)$。此外，随机变量 $X=X_1$ 的概率为 p，$X=X_2$ 的概率为 $1-p$，其中 $p\in(0,1)$，且 $\{X=X_1\}$ 和 $\{X=X_2\}$ 为互斥事件。求 X 的 CDF。

3.6 令 $F_1(x)$ 和 $F_2(x)$ 为两个 CDF。定义 $F(x)=F_1(x)F_2(x)$。问 $F(x)$ 是否为 CDF？请给出推理。

3.7 令 $f(x)=\frac{c}{x}$，其中 $x=1,2,\cdots$ 且 c 为常数。可否找到一个有限值常数 c，使 $f(x)$ 为有效的 PMF？若可，给出 c 值。否则，请解释。

3.8 某投资公司为客户提供若干不同到期年限的政府债券。令 T 为某随机选取的债券的到期年限，其累积概率分布为

$$F(t)=\begin{cases}0, & t<1\\ \frac{1}{4}, & 1\leqslant t<3\\ \frac{1}{2}, & 3\leqslant t<5\\ \frac{3}{4}, & 5\leqslant t<7\\ 1, & t\geqslant 7\end{cases}$$

求 (1) $P(t=5)$；(2) $P(t>3)$；(3) $P(1.4<t<6)$。给出推理过程。

3.9 某食杂店每天卖出 $100X$ 千克大米，其中 X 的累积分布函数为：

$$F(x)=\begin{cases}0, & x<0\\ kx^2, & 0\leqslant x<3\\ k(-x^2+12x-3), & 3\leqslant x<6\\ 1, & x\geqslant 6\end{cases}$$

假设该食杂店在一天销售的大米总数不足 600 千克。

(1) 求 k 的值；

(2) 该食杂店在下周四的大米销售量介于 200 千克和 400 千克之间的概率是多少？

(3) 该食杂店在下周四的大米销售量超过 300 千克的概率是多少？

(4) 已知该食杂店在上周五销售的大米至少为 300 千克。问该食杂店在上周五的大米销售量不超过 400 千克的概率是多少？

3.10 如果对实数集上的任意 x，有 $P(X\geqslant x)=P(X\leqslant -x)$，则称随机变量 X 是对称的。证明：若 X 是对称的，则对任意 $x>0$，其 CDF $F(\cdot)$ 满足如下关系：

(1) $P(|X|\leqslant x)=2F(x)-1$；

(2) $P(|X|>t)=2[1-F(x)]$；

(3) $P(X=x)=F(x)+F(-x)-1$。

3.11 求使以下 $f(x)$ 成为 PDF 的 c 值：

(1) $f(x)=c\sin x,\ 0<x<\frac{\pi}{2}$；

(2) $f(x)=ce^{-|x|},\ -\infty<x<\infty$。

3.12 假设 X 有 PMF $f_X(x)=\frac{1}{3}\left(\frac{2}{3}\right)^x$，$x=0,1,2,\cdots$，求 $Y=X/(X+1)$ 的概率分布。此处，X 和 Y 均为离散随机变量，求解 Y 的概率分布。

3.13 对下述情形，求 Y 的 PDF，并证明 PDF 的积分为 1：

(1) $f_X(x)=\frac{1}{2}e^{-|x|}$，$-\infty<x<\infty$；$Y=|X|^3$；

(2) $f_X(x)=\frac{3}{8}(x+1)^2$，$-1<x<1$；$Y=1-X^2$。

3.14 假设 X 的 PDF 为 $f_X(x)=\frac{2}{9}(x+1)$，$-1\leqslant x\leqslant 2$。求 $Y=X^2$ 的 PDF。

3.15 若随机变量 X 的 PDF 为

$$f_X(x)=\begin{cases}\frac{x-1}{2}, & 1<x<3\\ 0, & \text{其他}\end{cases}$$

求单调函数 $u(x)$，使得随机变量 $Y=u(X)$ 服从支撑为区间 $(0,1)$ 的均匀分布。

3.16 令 $g(\cdot)$ 为满足 $\int_{-\infty}^{\infty}g(u)du=1$ 的实值函数。证明对于随机变量 X，若随机变量

$Y=\int_{-\infty}^{X} g(u)du$ 服从均匀分布，则 $g(\cdot)$ 是 X 的 PDF。

3.17 证明当且仅当 $1-X$ 在 [0,1] 上服从均匀分布，随机变量 X 在 [0,1] 上服从均匀分布。

3.18 令 $Y=a+bX$，其中随机变量 X 的 PDF 为 $f_X(x)$，求 Y 的 PDF $f_Y(y)$。

3.19 假设随机变量 X 的 PDF 为

$$f_X(x)=\frac{4}{\beta^3\sqrt{\pi}}x^2e^{-x^2/\beta^2},\quad 0<x<\infty$$

其中常数 $\beta>0$。验证 $f_X(x)$ 确实为 PDF。(提示：可运用正态随机变量 PDF 的积分为 1 这一性质。)

3.20 设对于 $-\pi<x<\pi$，有 $f_X(x)=c[1+2\sin(x)]$，否则 $f_X(x)=0$。是否存在一个 c 值，使得 $f_X(x)$ 为 PDF？若存在，求出 c 值；若不然，说明原因。

3.21 问 k 取什么值可使以下函数为 PDF

$$f_X(x)=\begin{cases}\frac{1}{2}+kx, & -1\leqslant x\leqslant 1\\ 0, & \text{其他}\end{cases}$$

并证明。

3.22 假设 $f_X(x)$ 和 $f_Y(y)$ 为两个 PDF。令 $g(z)=\int_{-\infty}^{\infty} f_X(z-y)f_Y(y)dy$。问 $g(z)$ 是否为 PDF？请解释。

3.23 假设 $f_X(x)$ 为 PDF，$f_Y(y)$ 为 PMF。令 $f(z)=\sum_{i=1}^{k} y_i^{-1}f_X(z/y_i)f_Y(y_i)$，其中对任意 $i=1,\cdots,k$，$y_i>0$。问 $f(z)$ 是否为 PDF？请解释。

3.24 假设 X 的 PDF 为 $f_X(x)$。令 Y 取值在 a 和 b 之间，其中 a 和 b 为常数，$a<b$，当且仅当 $a\leqslant Y\leqslant b$ 时，$Y=X$。这称为截断分布 (truncated distribution)。证明 Y 的 PDF 为

$$f_Y(y)=\frac{f_X(y)}{F_X(b)-F_X(a)},\quad a\leqslant y\leqslant b$$

3.25 对 $0<x<2$，$f_X(x)=\frac{1}{2}$。求 $Y=X(2-X)$ 的 PDF。

3.26 若在原假设 $\mathbb{H}_0$ 下，连续随机变量 X 的 PDF 和 CDF 分别为 $f(x)$ 和 $F(x)$，而在备择假设 $\mathbb{H}_1$ 下，其 PDF 和 CDF 分别为 $g(x)$ 和 $G(x)$，其中 $F(x)$ 和 $G(x)$ 均严格递增。令

$$Y=\int_{-\infty}^{X} f(x)dx=F(X)$$

(1) 证明在备择假设 $\mathbb{H}_1$ 下，Y 的 CDF 为

$$H(y)=P(Y\leqslant y)=G[F^{-1}(y)]$$

其中 $F^{-1}(y)$ 为 $F(x)$ 的反函数。

(2) 证明在备择假设 $\mathbb{H}_1$ 下，Y 的 PDF 为

$$h(y)=\frac{g[F^{-1}(y)]}{f[F^{-1}(y)]},\quad 0<y<1$$

3.27 假设随机变量 X 的 PDF 为 $f_X(\cdot)$，并且 $Y=g(X)$，其中 $g(\cdot)$ 为严格递增函数。证明 Y 的 α 分位数为 $Q_\alpha(Y)=g[Q_\alpha(X)]$，其中 $Q_\alpha(X)$ 为 X 的 α 分位数，$\alpha\in(0,1)$。

3.28 (1) 假设 X 为连续非负随机变量，即对 $x<0$ 有 $f(x)=0$。证明 $E(X)=\int_0^\infty[1-F_X(x)]dx$，其中 $F_X(x)$ 为 X 的 CDF。

(2) 令 X 为离散随机变量，其可能取值均为非负整数。证明 $E(X)=\sum_{k=0}^\infty[1-F_X(k)]$，其中 $F_X(k)=P(X\leqslant k)$，并与 (1) 比较。

3.29 假设非负随机变量 X 的 CDF 为 $F(\cdot)$。令指示函数在 $X>t$ 时取值为 $\mathbf{1}(t)=1$，否则取值为 0。

(1) 证明 $\int_0^\infty \mathbf{1}(t)dt=X$；

(2) 对 (1) 所示的等式两边取期望，证明 $E(X)=\int_0^\infty[1-F(t)]dt$；

(3) 对于 $k>0$，应用 (2) 的结果证明 $E(X^k)=k\int_0^\infty t^{k-1}[1-F(t)]dt$。

3.30 证明对任意连续随机变量 X 的 CDF $F(\cdot)$ 和 PDF $f(\cdot)$，有 $E(X)=\int_0^\infty[1-F(t)]dt-\int_0^\infty F(-t)dt$。

3.31 一个分布的中位数 m 满足 $P(X\leqslant m)\geqslant\frac{1}{2}$ 和 $P(X\geqslant m)\geqslant\frac{1}{2}$(若 X 为连续随机变量，则 m 满足 $\int_{-\infty}^m f(x)dx=\int_m^\infty f(x)dx=\frac{1}{2}$)。求如下分布的中位数：

(1) $f(x)=3x^2$, $0<x<1$；

(2) $f(x)=\frac{1}{\pi(1+x^2)}$，$-\infty<x<\infty$。

3.32 证明若 X 为连续随机变量，则

$$\min_a E|X-a|=E|X-m|$$

其中 m 为 X 的中位数。

3.33 假设 X 的 PDF 为

$$f(x)=\frac{4}{\beta^3\sqrt{\pi}}x^2e^{-x^2/\beta^2},\quad 0<x<\infty$$

其中常数 $\beta>0$。求 $E(X)$ 和 $\mathrm{var}(X)$。

3.34 假设 $X\sim N(0,1)$，即 X 的 PDF 为

$$f_X(x)=\frac{1}{\sqrt{2\pi}}e^{-\frac{1}{2}x^2},\quad -\infty<x<\infty$$

定义

$$Y=\frac{1}{\sqrt{2\pi}}e^{-\frac{1}{2}X^2}$$

(1) 求 Y 的均值 μ_Y；

(2) 求 Y 的概率密度函数 $f_Y(y)$。

3.35 假设 X 的 PDF 为

$$f_X(x)=\begin{cases}\frac{2}{\sqrt{2\pi}}e^{-\frac{1}{2}x^2}, & 0<x<\infty\\ 0, & \text{其他}\end{cases}$$

(1) 求 X 的均值和方差；

(2) 求 $Y=X^2$ 的 PDF。

3.36 假设 $x>0$，函数 $F_X(x)=1+2\sum_{k=1}[1-4(kx)^2]\,e^{-2(kx)^2}$ 。证明：

(1) $F_X(x)$ 是一个 CDF；

(2) $E(X)=\sqrt{\frac{\pi}{2}}$；

(3) $\text{var}(X)=\frac{\pi^2}{6}-\frac{\pi}{2}=\frac{\pi}{2}\left(\frac{\pi}{3}-1\right)$。

3.37 假设 PDF $f_X(x)$ 为偶函数 (若对任意 x 有 $f_X(x)=f_X(-x)$，则 $f_X(x)$ 为偶函数)。证明：

(1) X 和 $-X$ 同分布；

(2) 假设 $M_X(t)$ 存在，则 $M_X(t)$ 关于 0 对称。

3.38 假设 $f(x)$ 为 PDF, 并且存在常数 a 满足对所有 $\epsilon>0$，有 $f(a+\epsilon)=f(a-\epsilon)$，则称 PDF $f(x)$ 关于点 a 对称。

(1) 给出三个关于 a 对称 PDF 的例子；

(2) 证明若 $X\sim f(x)$ 关于 a 对称，则 X 的中位数为 a；

(3) 证明若 $X\sim f(x)$ 关于 a 对称，且 $E(X)$ 存在，则 $E(X)=a$。

3.39 (1) 假设概率密度函数 $f(x)$ 关于常数 a 对称，即对于所有的 x，$f(x-a)=f(-(x-a))$。证明均值 $E(X)=a$，并且偏度为 0；

(2) 如果一个概率分布的偏度为 0，那么该分布是关于均值对称的吗？若是，给出理由。若不然，给出一个反例。

3.40 假设连续随机变量 X 的 PDF 为

$$f(x)=\begin{cases}\frac{1}{\sqrt{2\pi}}\mathrm{e}^{-\frac{x^2}{2}}, & x<0\\ \frac{1}{\sqrt{8\pi}}\mathrm{e}^{-\frac{x^2}{8}}, & x\geqslant 0\end{cases}$$

求 (1) $E(X)$; (2) $\text{var}(X)$。(提示：对所有常数 μ 和 $\sigma^2>0$，$\int_{-\infty}^{\infty}\frac{1}{\sqrt{2\pi\sigma^2}}e^{-\frac{(x-\mu)^2}{2\sigma^2}}dx=1$。)

3.41 若随机变量 X 的 PDF 为

$$f_X(x)=\begin{cases}A\mathrm{e}^{-(x-\alpha)^2/2\sigma_1^2}, & x\leqslant\alpha\\ A\mathrm{e}^{-(x-\alpha)^2/2\sigma_2^2}, & x>\alpha\end{cases}$$

则称该随机变量是参数为 $\alpha, \sigma_1, \sigma_2$ 的两部分正态分布。求：

(1) 常数 A；(2) X 的均值；(3) X 的方差。

3.42 学生 t_ν-分布标准化后具有单位方差以及如下所示的概率密度函数：

$$f_Z(z) = \frac{\Gamma\left(\frac{\nu+1}{2}\right)}{\Gamma\left(\frac{\nu}{2}\right)\sqrt{\pi(\nu-2)}}\left(1+\frac{z^2}{\nu-2}\right)^{-\frac{\nu+1}{2}}, \quad -\infty < z < \infty$$

其中自由度 $2 < v < \infty$。现定义一个广义有偏的学生 t_ν 分布，其密度函数为：

$$f_X(x) = \begin{cases} BC\left[1+\frac{1}{\nu-2}\left(\frac{Bx+A}{1-\lambda}\right)^2\right]^{-\frac{\nu+1}{2}}, & x < -\frac{A}{B} \\ BC\left[1+\frac{1}{\nu-2}\left(\frac{Bx+A}{1+\lambda}\right)^2\right]^{-\frac{\nu+1}{2}}, & x \geqslant -\frac{A}{B} \end{cases}$$

其中 $2 < v < \infty$，$-1 < \lambda < 1$，常数 A, B, C 满足：

$$A = 4\lambda C\frac{\nu-2}{\nu-1}$$

$$B^2 = 1 + 3\lambda^2 - A^2$$

$$C = \frac{\Gamma\left(\frac{\nu+1}{2}\right)}{\Gamma\left(\frac{\nu}{2}\right)\sqrt{\pi(\nu-2)}}$$

(1) 证明 $f_X(x)$ 是一个合理的概率密度函数；

(2) 计算 $f_X(x)$ 的均值；

(3) 计算 $f_X(x)$ 的方差；

(4) 计算 $f_X(x)$ 的偏度。

对于上述证明或计算，给出详细的步骤。

3.43 假设对所有实数 t，随机变量 X 的 MGF $M_X(t)$ 存在。

(1) 证明对所有 $t > 0$ 与任意 a，$P(X > a) \leqslant e^{-at}M_X(t)$；

(2) 证明若 X 服从标准正态分布，则对任意 $a > 0$，$P(X > a) \leqslant e^{-\frac{1}{2}a^2}$。

3.44 假设 X 和 Y 是两个离散随机变量，可能取值的集合均为 $\{a_1, a_2, a_3\}$，其中 a_1, a_2, a_3 是三个不同的实数。证明若 $E(X) = E(Y)$ 且 $\mathrm{var}(X) = \mathrm{var}(Y)$，则 X 和 Y 为同分布，即对于 $i = 1, 2, 3$，$P(X = a_i) = P(Y = a_i)$。

3.45 假设 X 和 Y 为两个随机变量，a 为一个常数。若对任意 $u > 0$，有 $P(|Y-a| \leqslant u) \leqslant P(|X-a| \leqslant u)$，则称 X 相对于 Y 在 a 处更加集中。假设 $E(X) = E(Y) = \mu$，并且 X 相对于 Y 在 μ 处更加集中，证明 $\mathrm{var}(X) \leqslant \mathrm{var}(Y)$。

3.46 假设 X 和 Y 为具有相同支撑 $\Omega = \{a_1, a_2, \cdots, a_n\}$ 的两个离散随机变量，其中 a_i，

$i=1,2,\cdots,n$，是 n 个不同的实数。证明：若对 $k=1,2,\cdots,n$，有 $E(X^k)=E(Y^k)$，则 X 和 Y 为同分布，即对于 $u=a_1,\cdots,a_n$，有 $P(X=u)=P(Y=u)$。

3.47 假设离散随机变量 X 服从如下分布

$$P_X(x)=(1-\gamma)\gamma^x,\quad x=0,1,\cdots$$

其中 γ 为一个给定参数且 $0<\gamma<1$。求：

(1) X 的 MGF；

(2) X 的均值和方差。(提示：使用公式 $\sum_{x=0}^{\infty}a^x=\frac{1}{1-a}$，其中 $|a|<1$。)

3.48 假设离散随机变量 X 的方差 $\sigma_X^2=\frac{1}{2}$ 且矩生成函数

$$M_X(t)=a+b(e^{-t}+e^t),\quad -\infty<t<\infty$$

求 X 的 PMF $f_X(x)$。给出推理过程。

3.49 假设离散随机变量 X 的均值 $\mu_X=1$ 且矩生成函数为

$$M_X(t)=a+\frac{1}{5}e^{-3t}+\frac{2}{5}e^t+\frac{1}{5}e^{bt},\quad -\infty<t<\infty$$

其中 a 和 b 为未知常数。求：

(1) a 和 b 的值；

(2) 概率函数 $f_X(x)$，并给出推理过程。

3.50 假设在 0 的某个小邻域内，随机变量 X 和 Y 的矩母函数 $M_X(t)$ 和 $M_Y(t)$ 对于所有的 t 均存在。该假设涵盖了如下两点：

(1) 如果 X 和 Y 是恒等分布的,那么对所有的正整数 k,是否均有 $E(X^k)=E(Y^k)$？给出理由；

(2) 如果对于所有的正整数 k，均有 $E(X^k)=E(Y^k)$，那么 X 和 Y 是否恒等分布？给出理由。

3.51 随机变量 X 的累积矩生成函数 (cumulant generating function)$K_X(t)$ 定义为其 MGF $M_X(t)$ 的对数函数，即 $K_X(t)=\ln M_X(t)$。在 $K_X(t)$ 的泰勒展开中，$t^k/k!$ 的系数称为 X 的 k 阶累积量 (cumulant) 并记作 κ_k。证明：

(1) $\kappa_1=E(X)$；

(2) $\kappa_2=E(X^2)$；

(3) $\kappa_3=E(X^3)$；

(4) $\kappa_4=E(X^4)-3[E(X^2)]^2$；

(5) $\kappa_5=E(X^5)-10E(X^3)E(X^2)$。

第四章 重要概率分布

摘要：本章介绍经济学、金融学与管理学等学科常用的离散和连续概率分布。离散概率分布包括伯努利分布、二项分布、负二项分布、几何分布以及泊松分布等。连续分布包括均匀分布、贝塔分布、正态分布、柯西分布、对数正态分布、伽玛分布、广义伽玛分布、卡方分布、指数分布以及韦伯分布等。同时，讨论了各概率分布的性质及其在经济学、金融学与管理学的应用，并提供了一些求各种概率分布的矩与矩生成函数的重要计算方法。

关键词：伯努利分布、二项分布、负二项分布、几何分布、泊松分布、泊松过程、均匀分布、贝塔分布、正态分布、柯西分布、对数正态分布、伽玛分布、广义伽玛分布、卡方分布、指数分布、双指数分布、小数定律、韦伯分布

第一节 引言

如前所述，概率空间三元组合 $(S,\mathbb{B},P)$ 完整刻画了一个随机试验。在实际应用中，往往无法知晓某随机试验的真实概率分布。统计学家与计量经济学家通常从某一类概率测度如 PMF/PDF $f(x,\theta)$ 中选择真实的概率分布，其中函数形式 $f(\cdot,\cdot)$ 已知，而参数值 θ 未知。θ 的不同取值对应不同的概率分布。这些概率分布的集合构成了一个概率分布族。该概率分布族称为某一类参数概率分布模型。通常假设存在某个唯一参数值 θ_0 使得 $f(x,\theta_0)$ 与随机试验的真实概率分布 $f_X(x)$ 一致 (除在一个可列点集之外)。统计学与计量经济学的主要目的之一就是利用经济观测数据估计这一真实参数值。在估计真实参数值 θ_0 (这将在第六章和第八章讨论) 之前，首先介绍几类重要的参数概率分布模型，并讨论其在经济学、金融学与管理学领域的应用。特别地，将重点强调各类参数概率分布模型中参数的含义及其作用。

第二节 离散概率分布

首先介绍离散概率分布。

4.2.1 伯努利分布

若随机变量 X 的 PMF 为

$$f_X(x)=\begin{cases} p, & x=1 \\ 1-p, & x=0 \end{cases}$$

$$= p^x(1-p)^{1-x}, \quad x = 0, 1$$

其中 $0 < p < 1$，则称其服从伯努利分布 Bernoulli(p)。伯努利随机变量为二元变量，取 1 的概率为 p，取 0 的概率为 $1-p$。

对 Bernoulli(p) 随机变量 X，有

$$\begin{aligned} E(X) &= p \\ \text{var}(X) &= p(1-p) \end{aligned}$$

伯努利分布 Bernoulli(p) 的各阶矩可由其以下的 MGF 推导得出

$$M_X(t) = pe^t + 1 - p, \quad -\infty < t < \infty$$

注意 X 的各阶矩均为 p 的函数，而 p 是伯努利分布唯一的参数。由于 $E(X) = P(X = 1)$ 且 X 仅有两个可能取值，均值参数 $E(X) = p$ 完全刻画伯努利随机变量的概率分布。

若抛掷一枚硬币正面朝上的概率为 p，则抛掷硬币的结果服从伯努利分布。该分布在经济学与金融学有广泛的应用。例如，定义一个随机变量 X，若 IBM 股票价格上涨，其取值为 1；若 IBM 股价下跌则取值为 0。则随机变量 X 作为 IBM 股价变化方向的指示变量，服从伯努利分布。Das (2002) 在研究美国联邦基准利率跳跃行为时，采用伯努利分布近似利率跳跃所服从的概率分布。

许多经济应用将概率 p 设为经济变量 (例如 Z) 的函数，使其取值因不同个体或不同时期而异。例如，假设

$$P(X = 1|Z) = \frac{1}{1 + \exp(-\beta' Z)}$$

该模型称为 Logit 模型，在刻画仅包括两种可能结果的二元选择问题中有广泛应用。应用计量经济学家通常使用一些经济变量解释经济主体的选择问题。一个重要的应用是模式识别与分类分析。

4.2.2 二项分布

若离散随机变量 X 的 PMF 为

$$f_X(x) = \binom{n}{x} p^x (1-p)^{n-x}, \quad x = 0, 1, \cdots, n$$

其中 $n \geqslant 1$ 和 $0 < p < 1$，则称其服从二项分布，记作 $B(n, p)$。

二项随机变量可取 $n+1$ 个可能的整数值 $\{0, 1, \cdots, n\}$，从而具有有限支撑。n 取不同值时的二项分布 $B(n, p)$ 的概率直方图如图 4.1 所示。

何时会出现二项分布呢？若独立抛掷 n 次硬币，每次出现正面朝上的概率为 p。假

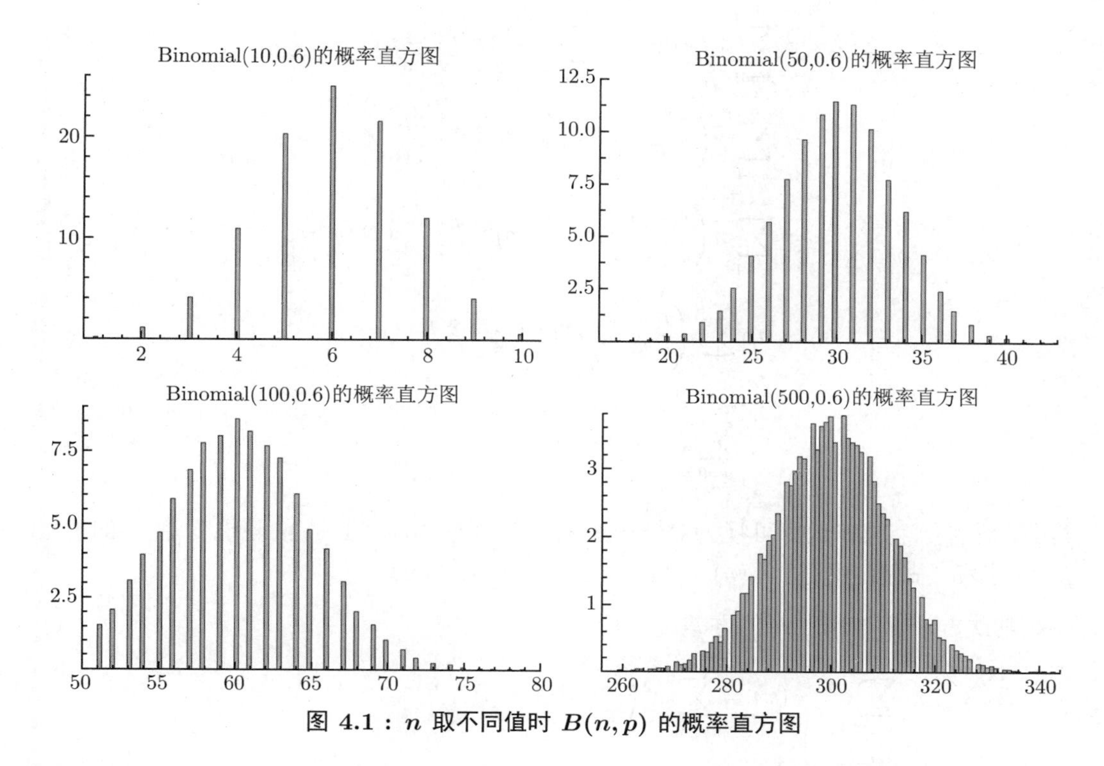

图 4.1 : n 取不同值时 $B(n,p)$ 的概率直方图

设共进行 n 次试验，则正面朝上的次数是多少？令 X_i 表示第 i 次试验的结果，正面朝上时 X_i 取值为 1，否则取值为 0；令 X 表示 n 次试验正面朝上的总次数，则

$$X = \sum_{i=1}^{n} X_i$$

其中 X_i 为服从 Bernoulli(p) 的独立同分布 (IID) 随机变量。可以证明 $X = \sum_{i=1}^{n} X_i$ 服从 $B(n,p)$ 分布 (问题：如何证明?)。

问题 4.1 如何证明对所有 $n \geqslant 1$ 和所有 $p \in (0,1)$，有

$$\sum_{x=0}^{n} f_X(x) = \sum_{x=0}^{n} \binom{n}{x} p^x (1-p)^{n-x} = 1 \quad ?$$

由二项式定理，对任意实数 x 和 y 以及整数 $n \geqslant 0$，有

$$(x+y)^n = \sum_{i=0}^{n} \binom{n}{i} x^i y^{n-i}$$

令 $x = p$ 和 $y = 1-p$ 即得上式。该二项展开式是该分布称为二项分布的原因。

以下计算二项分布 $B(n,p)$ 的不同阶矩。首先 $B(n,p)$ 的均值为

$$\begin{aligned}
E(X) &= \sum_{x=0}^{n} x f_X(x) = \sum_{x=0}^{n} x \binom{n}{x} p^x (1-p)^{n-x} \\
&= \sum_{x=1}^{n} x \binom{n}{x} p^x (1-p)^{n-x} + 0 \cdot \binom{n}{0} p^0 (1-p)^{n-0} \\
&= \sum_{x=1}^{n} n \binom{n-1}{x-1} p^x (1-p)^{n-x} \qquad (\text{令 } y = x-1) \\
&= np \sum_{y=0}^{n-1} \binom{n-1}{y} p^y (1-p)^{(n-1)-y} \\
&= np \sum_{y=0}^{n-1} f_Y(y) = np
\end{aligned}$$

其中，最后一个求和运算可视为对一个服从二项分布 $B(n-1,p)$ 的随机变量 Y 的 PMF $f_Y(\cdot)$ 求和，故有 $\sum_{y=0}^{n-1} f_Y(y) = 1$。

其次，计算 $B(n,p)$ 的方差。二阶矩

$$\begin{aligned}
E(X^2) &= \sum_{x=0}^{n} x^2 f_X(x) = \sum_{x=0}^{n} x^2 \binom{n}{x} p^x (1-p)^{n-x} \\
&= \sum_{x=1}^{n} x^2 \binom{n}{x} p^x (1-p)^{n-x} \\
&= \sum_{x=1}^{n} xn \binom{n-1}{x-1} p^x (1-p)^{n-x} \qquad (\text{令 } y = x-1) \\
&= n \sum_{y=0}^{n-1} (y+1) \binom{n-1}{y} p^{y+1} (1-p)^{(n-1)-y} \\
&= np \sum_{y=0}^{n-1} y \binom{n-1}{y} p^y (1-p)^{(n-1)-y} + np \sum_{y=0}^{n-1} \binom{n-1}{y} p^y (1-p)^{(n-1)-y} \\
&= npE(Y) + np \sum_{y=0}^{n-1} f_Y(y) = np(n-1)p + np \\
&= np[(n-1)p+1]
\end{aligned}$$

其中，倒数第四个等式的第一个求和运算可视为服从二项分布 $B(n-1,p)$ 的随机变量 Y 的均值，第二个求和则可视为对 Y 的 PMF $f_Y(\cdot)$ 在其支撑上求和。因此，方差

$$\begin{aligned}
\sigma_X^2 &= E(X^2) - \mu_X^2 \\
&= \{np \cdot [(n-1)p] + np\} - (np)^2 = np(1-p)
\end{aligned}$$

最后，计算 MGF

$$
\begin{aligned}
M_X(t) &= E(e^{tX}) \\
&= \sum_{x=0}^{n} e^{tx}\binom{n}{x}p^x(1-p)^{n-x} \\
&= \sum_{x=0}^{n} \binom{n}{x}(pe^t)^x(1-p)^{n-x} \\
&= (pe^t+1-p)^n, \quad -\infty < t < \infty
\end{aligned}
$$

其中，最后一个等式来自二项式定理

$$
\sum_{x=0}^{n}\binom{n}{x}u^x v^{n-x} = (u+v)^n
$$

二项分布是统计学最古老的概率分布之一。当某种事件只有两个可能结果，且每个结果出现的概率保持稳定时，就会出现二项分布。二项分布最初应用于赌博游戏，后来扩展到许多其他领域，在经济学有广泛应用。许多试验都可视为伯努利试验序列，而多次伯努利试验的结果的总和即服从二项分布。例如，二项分布可用于近似 n 个产品中次品数量的分布，其中每个产品为次品的概率均为 p。又如，二项分布可用于刻画金融资产价格变动在一定时期内 (如一年) 发生跳跃的累计次数 (Das, 2002)。

4.2.3 负二项分布

二项分布 $B(n,p)$ 描述了在试验次数 n 固定的情况下，成功次数的概率分布。现在，考察为了获得某一给定成功次数所需试验总次数的概率分布。该分布称为负二项分布，记作 $NB(n,p)$。

具体而言，在一系列独立 Bernoulli(p) 试验中，令随机变量 X 表示获得 r 次成功所需的试验次数，即在第 X 次试验时获得第 r 次成功，其中 r 为固定整数。换言之，$X-1$ 是获得第 r 次成功之前所进行的试验次数。由于前 $X-1$ 次试验中共有 $r-1$ 次成功，X 的 PMF 为

$$
\begin{aligned}
f_X(x) &= \left[\binom{x-1}{r-1}p^{r-1}(1-p)^{(x-1)-(r-1)}\right]p \\
&= \binom{x-1}{r-1}p^r(1-p)^{x-r}, \quad x = r, r+1, \cdots
\end{aligned}
$$

其中 $\binom{x-1}{r-1}p^{r-1}(1-p)^{(x-1)-(r-1)}$ 表示前 $x-1$ 次试验中共获得 $r-1$ 次成功的概率，而 p 则为第 x 次试验成功的概率。

负二项分布在经济学有广泛应用。例如，若一个家庭希望生育一定数量的男孩或女孩，可用负二项分布描述该家庭的人数规模 (Rao *et al.*, 1973)。

负二项分布有时也定义为获得第 r 次成功之前失败的次数，即 $Y = X - r$。

Y 的支撑为所有非负整数的集合 $\{0,1,\cdots\}$。Y 的 PMF 为

$$\begin{aligned} f_Y(y) &= P(Y=y) \\ &= P(X=y+r) \\ &= \binom{y+r-1}{r-1} p^r(1-p)^y, \quad y=0,1,\cdots \end{aligned}$$

4.2.4 几何分布

几何分布是进行一系列独立伯努利试验时获得第一次成功所需试验次数的概率分布，即负二项分布在 $r=1$ 时的特殊情形。当 $r=1$ 时，负二项分布变成

$$f_X(x) = p(1-p)^{x-1}, \quad x=1,2,\cdots$$

在一些发展中国家，许多农村家庭直至生下第一个男孩后才停止生育。因此，几何分布可用于对农村家庭人数规模进行建模。

几何分布是最简单的等待时间的离散概率分布。随机变量 X 可解释为获得第一次成功所需的试验次数，即“等待第一次成功”所需的次数或时间。

几何分布具有以下“无记忆 (memoryless) ”或“无时效 (nonaging)”性质：对整数 $s>t$，有

$$P(X>s|X>t) = P(X>s-t)$$

即已经失败 t 次的情况下再失败 $s-t$ 次的概率，与试验开始时观测到 $s-t$ 次失败的概率相等。换言之，在某一时期失败的概率仅依赖于这段时期的长度，与开始的时间点无关。

问题 4.2 如何证明几何分布的“无记忆”特征?

由条件概率公式 $P(A|B)=P(A\cap B)/P(B)$，以及当 $s>t$ 时，事件 $\{X>t\}$ 包含事件 $\{X>s\}$，可得

$$\begin{aligned} P(X>s|X>t) &= \frac{P(X>s,X>t)}{P(X>t)} = \frac{P(X>s)}{P(X>t)} \\ &= \frac{1-P(X\leqslant s)}{1-P(X\leqslant t)} = \frac{1-\sum_{x=1}^{s} p(1-p)^{x-1}}{1-\sum_{x=1}^{t} p(1-p)^{x-1}} \\ &= \frac{(1-p)^s}{(1-p)^t} = (1-p)^{s-t} \\ &= P(X>s-t) \end{aligned}$$

几何分布常被视为对以下即将介绍的指数分布的离散类似，可用于对出生人口

建模。

4.2.5 泊松分布

若离散随机变量 X 的 PMF 为

$$f_X(x) = e^{-\lambda}\frac{\lambda^x}{x!}, \quad x = 0, 1, \cdots$$

其中 $\lambda > 0$，则称其服从泊松分布 Poisson(λ)。参数 λ 称为强度参数 (intensity parameter)。

Poisson(λ) 随机变量的支撑为所有非负整数的集合，因此是无限可列的。参数 λ 取不同值时的 PMF 如图 4.2 所示。

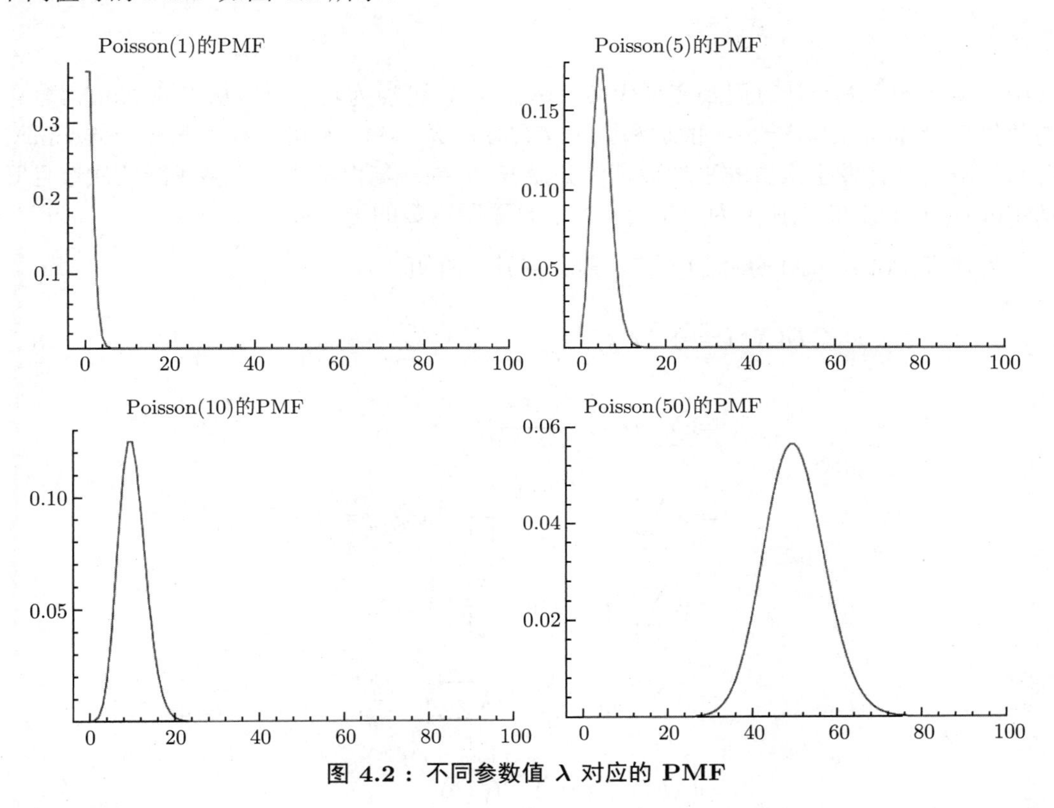

图 4.2：不同参数值 λ 对应的 PMF

首先验证对任意给定 $\lambda > 0$，$\sum_{x=0}^{\infty} f_X(x) = 1$ 是否成立。根据麦克劳林级数展开

$$e^{\lambda} = \sum_{x=0}^{\infty} \frac{\lambda^x}{x!}$$

有

$$\sum_{x=0}^{\infty} f_X(x) = e^{-\lambda} \sum_{x=0}^{\infty} \frac{\lambda^x}{x!} = e^{-\lambda} e^{\lambda} = 1$$

其次，计算 $X \sim \text{Poisson}(\lambda)$ 的均值：

$$
\begin{aligned}
E(X) &= \sum_{x=0}^{\infty} x e^{-\lambda} \frac{\lambda^x}{x!} \\
&= \sum_{x=1}^{\infty} x e^{-\lambda} \frac{\lambda^x}{x!} \qquad [\text{使用 } x! = x(x-1)!] \\
&= \lambda \sum_{x=1}^{\infty} e^{-\lambda} \frac{\lambda^{x-1}}{(x-1)!} \\
&= \lambda \sum_{y=0}^{\infty} e^{-\lambda} \frac{\lambda^y}{y!} \\
&= \lambda
\end{aligned}
$$

其中，最后一个求和计算用到变量代换 $y = x - 1$，可视为对一个服从 $\text{Poisson}(\lambda)$ 分布的随机变量 Y 的 PMF$f_Y(\cdot)$ 的加和。因 $E(X) = \lambda$，参数 λ 可解释为服从 $\text{Poisson}(\lambda)$ 分布的随机事件发生次数的平均数。例如，若 X 为一年内某资产价格跳跃的次数且服从 $\text{Poisson}(\lambda)$ 分布，则 λ 为一年内资产价格跳跃次数的平均数。

为计算 $\text{Poisson}(\lambda)$ 分布的方差，需计算其二阶矩：

$$
\begin{aligned}
E(X^2) &= \sum_{x=0}^{\infty} x^2 e^{-\lambda} \frac{\lambda^x}{x!} \\
&= \sum_{x=1}^{\infty} x e^{-\lambda} \frac{\lambda^x}{(x-1)!} \\
&= \lambda \sum_{x=1}^{\infty} x e^{-\lambda} \frac{\lambda^{x-1}}{(x-1)!} \qquad (\text{令 } y = x - 1) \\
&= \lambda \sum_{y=0}^{\infty} (y+1) e^{-\lambda} \frac{\lambda^y}{y!} \\
&= \lambda \sum_{y=0}^{\infty} y e^{-\lambda} \frac{\lambda^y}{y!} + \lambda \sum_{y=0}^{\infty} e^{-\lambda} \frac{\lambda^y}{y!} \\
&= \lambda E(Y) + \lambda \sum_{y=0}^{\infty} f_Y(y) \\
&= \lambda^2 + \lambda
\end{aligned}
$$

其中，倒数第三个等式的第一个求和运算可视为一个服从 $\text{Poisson}(\lambda)$ 分布的随机变量 Y 的均值，第二个求和可视为对 Y 的 PMF $f_Y(\cdot)$ 在其支撑上求和。因此，方差为

$$
\begin{aligned}
\sigma_X^2 &= E(X^2) - \mu_X^2 = (\lambda^2 + \lambda) - \lambda^2 \\
&= \lambda
\end{aligned}
$$

注意 Poisson(λ) 分布的均值和方差均等于 λ。

最后， Poisson(λ) 分布的 MGF 为

$$
\begin{aligned}
M_X(t) &= E(e^{tX}) \\
&= \sum_{x=0}^{\infty} e^{tx} f_X(x) \\
&= \sum_{x=0}^{\infty} e^{tx} e^{-\lambda} \frac{\lambda^x}{x!} \\
&= e^{-\lambda} \sum_{x=0}^{\infty} \frac{(\lambda e^t)^x}{x!} \\
&= e^{-\lambda} e^{\lambda e^t} \qquad \left(\text{用到 } e^a = \sum_{x=0}^{\infty} \frac{a^x}{x!} \right) \\
&= e^{\lambda(e^t - 1)}, \quad -\infty < t < \infty
\end{aligned}
$$

尽管 Poisson(λ) 分布的支撑为所有非负整数的集合，而 $B(n,p)$ 分布的支撑则是 $n+1$ 个非负整数的集合 $\{0, 1, \cdots, n\}$，但当 $n \to \infty$ 时，这两个分布密切相关。如前所述，二项分布 $B(n,p)$ 的 MGF

$$
M_B(t) = (pe^t + 1 - p)^n, \quad -\infty < t < \infty
$$

当 $n \to \infty$ 但 $np \to \lambda$，即当一个事件发生的可能性很小或微乎其微，但进行很多次试验时，可用 Poisson(λ) 分布近似二项分布 $B(n,p)$，因为

$$
\begin{aligned}
M_B(t) &= (pe^t + 1 - p)^n \\
&= \left[1 + \frac{np(e^t - 1)}{n} \right]^n \\
&\to e^{\lambda(e^t - 1)} = M_P(t)
\end{aligned}
$$

上式推导中使用了当 $n \to \infty$ 时，$(1 + \frac{a}{n})^n \to e^a$ 这一极限性质。因此，当 $n \to \infty$，$np \to \lambda$，即当 n 很大而 p 很小时，二项分布 $B(n,p)$ 近似等价于泊松分布。这一性质可避免二项概率公式的繁冗计算。Poisson (1837) 正是利用二项分布序列的极限推导泊松分布。Bortkiewicz (1898) 将这一性质称为小数定律 (law of small numbers)。概率论中，小数定律也称为稀有事件定律或泊松极限定理。小数定律凸显了泊松分布在概率论特别是离散概率分布中的中心地位。

图 4.3 画出了当 $np = \lambda = 5$ 时，Poisson(λ) 分布对二项分布 $B(n,p)$ 当 n 取不同值时的近似。可以看出，即使 n 值不大，该近似仍然适用。

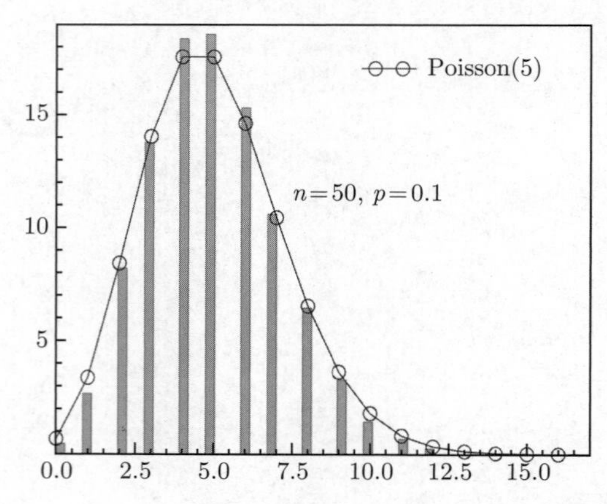

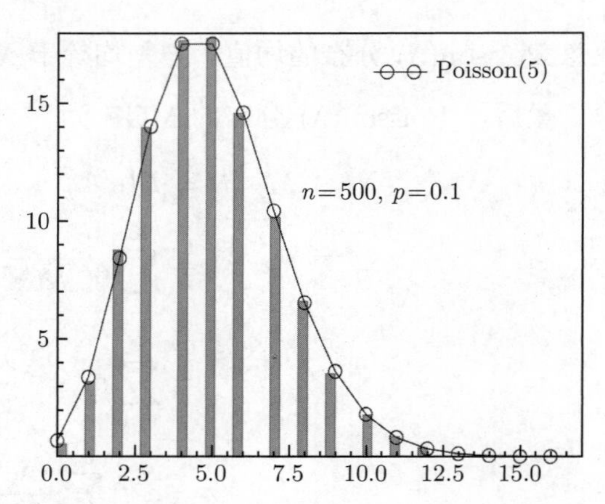

图 4.3 : Poisson(λ) 分布对二项分布 $B(n,p)$ 的近似

事实上，对于负二项分布 $NB(r,p)$，当 $r\to\infty$ 而 $r(1-p)\to\lambda$ 时， $NB(r,p)$ 同样收敛于 Poisson(λ) 分布，因为有

$$\begin{aligned} f_Y(y) &= \binom{y+r-1}{r-1}p^r(1-p)^y \\ &\to \frac{e^{-\lambda}\lambda^y}{y!},\quad y=0,1,\cdots \end{aligned}$$

因此，$NB(r,p)$ 同样可用 Poisson(λ) 分布近似。这可用当 $r\to\infty$，$r(1-p)\to\lambda$ 时，$NB(n,p)$ 的 MGF 收敛于 Poisson(λ) 的 MGF 的方法加以证明。

泊松分布通常用于研究某个时期内或某个空间内发生的随机事件序列。假设从 $t=0$ 时刻开始计算某事件发生的次数，则在每个时刻 t 都可定义一个整数，记作 $N(t)$。$N(t)$ 是在时间段 $[0,t]$ 内该事件发生的次数。显然，对任意 t，$N(t)$ 是一个离散随机变量，其可能取值的集合为 $\{0,1,2,\cdots\}$。为探讨该事件在 $[0,t]$ 发生次数 $N(t)$ 的分布，假设：

- *平稳性*：对任意 $m\geqslant 0$ 以及任意两个相等的时间区间 Δ_1 和 Δ_2，事件在 Δ_1 发生 m 次的概率与在 Δ_2 上发生 m 次的概率相等；

- *增量独立性*：对任意 $m\geqslant 0$ 以及任意时间区间 $[t,t+s)$，事件在 $[t,t+s)$ 发生 m 次的概率与该事件在 t 时刻之前发生的次数相互独立。特别地，给定时间点 $0\leqslant t_1<t_2<\cdots<t_k$，对 $1\leqslant i\leqslant k-1$，令 A_i 表示上述事件在 $[t_i,t_{i+1})$ 发生 m_i 次。则独立增量性意味着 $A_1,A_2,\cdots,A_{k-1}$ 为 $k-1$ 个独立事件。

- *次序性*：事件不可能在很短时间内发生两次或两次以上。这一条件的数学表述是 $\lim_{\delta\to 0}P[N(\delta)>1]/\delta=0$。这意味着当时间区间 $\delta\to 0$，某事件发生两次或者以上的概率 $P[N(\delta)>1]$ 趋于 0 的速度比 δ 快。因此，若 δ 可忽略，则 $P[N(\delta)>1]$ 更可忽略不计。

满足上述三个假设的随机过程 $\{N(t)\}$ 称为平稳泊松过程。根据平稳性可知随机变量 $N(t_2)-N(t_1)$ 和 $N(t_2+s)-N(t_1+s)$ 拥有相同的概率分布。事件在 $[t_i,t_{i+1})$ 发生的次数 $N(t_{i+1})-N(t_i)$ 称为随机过程 $\{N(t)\}$ 从 t_i 到 t_{i+1} 之间的增量。此外，平稳性与次序性意味着某事件不可能同时发生两次或者两次以上。假设 $N(0)=0$，时间 t 固定，计算事件在区间 $[0,t]$ 上发生的次数。首先，将区间 $[0,t]$ 等分为 n 个子区间 $\frac{t}{n}$，其中 n 很大。$N(t)$ 是 n 个独立伯努利 Bernoulli(p) 随机变量的总和，对于某些正数 λ，$p\approx\lambda\times(t/n)$。根据小数定律，二项分布收敛于泊松分布，满足

$$P\left[N(t)=m\right]=\frac{(\lambda t)^m e^{-\lambda t}}{m!},\quad m=0,1,2,\cdots$$

对任意 $t>0$，$N(t)$ 是一个参数为 λt 的泊松随机变量，故有 $E[N(t)]=\lambda t$，以及 $\lambda=E[N(1)]$。因此，参数 λ 表示事件在单位时间内发生的平均次数。具有这一性质的随机过程称为发生率为 λ 的泊松过程，通常记作 $\{N(t),\ t>0\}$。

正如 Douglas (1980) 指出，泊松分布在离散分布中所起的作用与即将介绍的正态分布在连续分布中所起的作用几乎是同等重要的。泊松分布、二项分布与正态分布是概率论与统计学中最重要的三大概率分布。二项分布的泊松近似，使得泊松分布在次品的质量控制方面发挥了重要作用。泊松分布广泛应用于刻画某事件在特定时间段或者特定空间内发生的次数的分布 (如通过收银台的顾客人数、电话响起的次数、事故发生的次数、地震的次数、行业内违约或破产的次数、资产价格跳跃的次数)。泊松分布的基本假设之一是在很小时间段上，某事件发生的概率与等待时间成比例。该基本假设为采用泊松分布刻画上述事件的合理性提供了重要保障。Bortkiewicz (1898) 考察了可能产生泊松分布的各种情形。特别地，他用泊松分布刻画普鲁士军队每年在行军中被马踢致死的士兵人数，其中每个士兵因该原因而死亡的概率很小但面对这种风险的士兵人数却很庞大。在金融学，泊松分布广泛应用于刻画资产价格在一定时期内跳跃次数的概率分布。例如，Merton (1976) 假设资产价格除了包含布朗运动成分之外还包含泊松跳跃成分。这种用于金融衍生品定价的所谓跳跃扩散模型是一种复合模型，包含泊松跳跃过程和扩散过程。此外，泊松回归，即关于某一事件发生的次数和一组经济解释变量 (如 Z) 之间关系 (假设 $\lambda=\alpha+\beta Z$) 的分析，在计量经济学中同样有非常广泛的应用 (如 Hausman *et al.*, 1984)。

第三节 连续概率分布

本节介绍几种常见的连续概率分布。

4.3.1 均匀分布

若连续随机变量 X 的 PDF 为

$$f_X(x)=\begin{cases}\frac{1}{b-a}, & a\leqslant x\leqslant b\\ 0, & \text{其他}\end{cases}$$

则称其在区间 $[a,b]$ 上服从均匀分布，记作 $X \sim U[a,b]$。当 $a=0$，$b=1$ 时，$U[0,1]$ 称为标准均匀分布。

图 4.4 描画了 $U[0,1]$ 分布的 PDF。因其 PDF 的形状特点，均匀分布也称矩形分布。

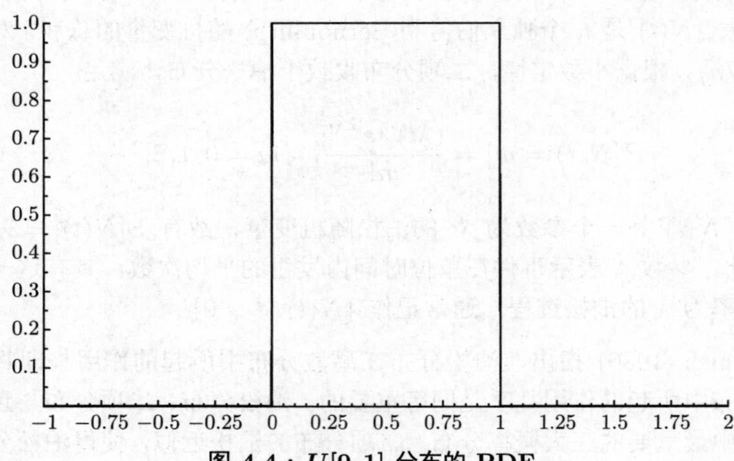

图 4.4：$U[0,1]$ 分布的 PDF

因为 X 是有界随机变量，其各阶矩均存在。第 k 阶矩为

$$
\begin{aligned}
E(X^k) &= \int_{-\infty}^{\infty} x^k f_X(x)dx = \frac{1}{b-a}\int_a^b x^k dx \\
&= \frac{1}{b-a}\frac{x^{k+1}}{k+1}\bigg|_a^b = \frac{1}{b-a}\frac{b^{k+1}-a^{k+1}}{k+1}
\end{aligned}
$$

令 $k=1$，可得 X 的均值

$$
\begin{aligned}
\mu_X &= \frac{1}{b-a}\frac{b^2-a^2}{2} \\
&= \frac{1}{2}\frac{b^2-a^2}{b-a} \\
&= \frac{1}{2}(a+b)
\end{aligned}
$$

令 $k=2$，可得二阶矩

$$
\begin{aligned}
E(X^2) &= \frac{1}{b-a}\frac{b^3-a^3}{3} \\
&= \frac{1}{3}\frac{b^3-a^3}{b-a} \\
&= \frac{1}{3}(b^2+a^2+ab)
\end{aligned}
$$

其中，用到公式

$$
b^3-a^3=(b-a)(b^2+a^2+ab)
$$

由此可得 X 的方差

$$\begin{aligned}\sigma_X^2 &= E(X^2) - \mu_X^2 \\ &= \frac{1}{3}(b^2 + a^2 + ab) - \frac{1}{4}(a+b)^2 \\ &= \frac{1}{12}(b^2 + a^2 - 2ab) \\ &= \frac{1}{12}(b-a)^2\end{aligned}$$

矩生成函数

$$\begin{aligned}M_X(t) &= \int_{-\infty}^{\infty} e^{tx} f_X(x) dx \\ &= \int_a^b e^{tx} \frac{1}{b-a} dx \\ &= \frac{1}{t(b-a)} e^{tx}\Big|_a^b \\ &= \frac{1}{t(b-a)}(e^{tb} - e^{ta}), \quad -\infty < t < \infty\end{aligned}$$

对标准均匀分布 $U[0,1]$，其均值为 $\frac{1}{2}$，方差为 $\frac{1}{12}$。第三章已经证明，概率积分变换 $Y = F_X(X)$ 服从 $U[0,1]$ 分布。均匀分布在统计学和计量经济学中有十分重要的应用。

4.3.2 贝塔分布

若连续随机变量 X 的 PDF 为

$$f_X(x) = \frac{1}{B(\alpha,\beta)} x^{\alpha-1}(1-x)^{\beta-1}, \quad 0 \leqslant x \leqslant 1$$

则称其服从贝塔分布 $BETA(\alpha,\beta)$，其中参数 $\alpha > 0$，$\beta > 0$，而 $B(\alpha,\beta)$ 称为贝塔函数 (Beta function)，其定义为

$$\begin{aligned}B(\alpha,\beta) &= \int_0^1 x^{\alpha-1}(1-x)^{\beta-1} dx \\ &= \frac{\Gamma(\alpha)\Gamma(\beta)}{\Gamma(\alpha+\beta)}\end{aligned}$$

这里函数 $\Gamma(\alpha)$ 称为伽玛函数 (Gamma function)，定义为

$$\Gamma(\alpha) = \int_0^{\infty} t^{\alpha-1} e^{-t} dt$$

以下引理给出了伽玛函数 $\Gamma(\alpha)$ 的若干重要性质。

引理 4.1 [$\Gamma(\alpha)$ 的性质]:

(1) $\Gamma(\alpha+1)=\alpha\Gamma(\alpha)$;

(2) 若k是正整数，则$\Gamma(k)=(k-1)!$;

(3) $\Gamma\left(\frac{1}{2}\right)=\sqrt{\pi}$。

证明：留作练习题。 ■

问题 4.3 如何证明恒等式

$$B(\alpha,\beta)=\frac{\Gamma(\alpha)\Gamma(\beta)}{\Gamma(\alpha+\beta)} \quad ?$$

贝塔分布 $BETA(\alpha,\beta)$ 的均值为

$$\begin{aligned}
E(X)&=\int_0^1\frac{\Gamma(\alpha+\beta)}{\Gamma(\alpha)\Gamma(\beta)}x^{(\alpha+1)-1}(1-x)^{\beta-1}dx\\
&=\frac{\alpha}{\alpha+\beta}\int_0^1\frac{(\alpha+\beta)\Gamma(\alpha+\beta)}{\alpha\Gamma(\alpha)\Gamma(\beta)}x^{(\alpha+1)-1}(1-x)^{\beta-1}dx\\
&=\frac{\alpha}{\alpha+\beta}\int_0^1\frac{\Gamma(\alpha+1+\beta)}{\Gamma(\alpha+1)\Gamma(\beta)}x^{(\alpha+1)-1}(1-x)^{\beta-1}dx\\
&=\frac{\alpha}{\alpha+\beta}
\end{aligned}$$

其中最后一个积分可视为对贝塔分布 $BETA(\alpha+1,\beta)$ 的 PDF 的积分。

为了计算方差，首先求二阶矩：

$$\begin{aligned}
E(X^2)&=\int_0^1\frac{\Gamma(\alpha+\beta)}{\Gamma(\alpha)\Gamma(\beta)}x^{(\alpha+2)-1}(1-x)^{\beta-1}dx\\
&=\frac{\alpha}{(\alpha+\beta)}\int_0^1\frac{\Gamma(\alpha+1+\beta)}{\Gamma(\alpha+1)\Gamma(\beta)}x^{(\alpha+2)-1}(1-x)^{\beta-1}dx\\
&=\frac{\alpha(\alpha+1)}{(\alpha+\beta)(\alpha+\beta+1)}\int_0^1\frac{\Gamma(\alpha+2+\beta)}{\Gamma(\alpha+2)\Gamma(\beta)}x^{(\alpha+2)-1}(1-x)^{\beta-1}dx\\
&=\frac{\alpha(\alpha+1)}{(\alpha+\beta)(\alpha+\beta+1)}
\end{aligned}$$

其中，最后一个积分可视为贝塔分布 $BETA(\alpha+2,\beta)$ 的 PDF 之积分。

由此可得方差

$$\mathrm{var}(X)=E(X^2)-E^2(X)$$

$$
\begin{aligned}
&= \frac{\alpha(\alpha+1)}{(\alpha+\beta)(\alpha+\beta+1)} - \left(\frac{\alpha}{\alpha+\beta}\right)^2 \\
&= \frac{\alpha\beta}{(\alpha+\beta)^2(\alpha+\beta+1)}
\end{aligned}
$$

而 MGF 为

$$
\begin{aligned}
M_X(t) &= E(e^{tX}) \\
&= \int_0^1 \frac{\Gamma(\alpha+\beta)}{\Gamma(\alpha)\Gamma(\beta)} e^{tx} x^{\alpha-1}(1-x)^{\beta-1} dx \\
&= 1 + \sum_{j=1}^{\infty} \left(\prod_{i=0}^{j-1} \frac{\alpha+i}{\alpha+\beta+i} \right) \frac{t^j}{j!}
\end{aligned}
$$

其中，利用了麦克劳林级数展开

$$
e^{tx} = \sum_{j=0}^{\infty} \frac{t^j x^j}{j!}
$$

与均匀分布类似，$BETA(\alpha,\beta)$ 也是一类常用的有界支撑分布。事实上，标准均匀分布 $U[0,1]$ 是 $BETA(\alpha,\beta)$ 分布当 $\alpha=\beta=1$ 时的特例。$BETA(\alpha,\beta)$ 分布的形状取决于参数 (α,β) 的取值，如图 4.5 所示。因此，α 和 β 称为形状参数 (shape parameters)。

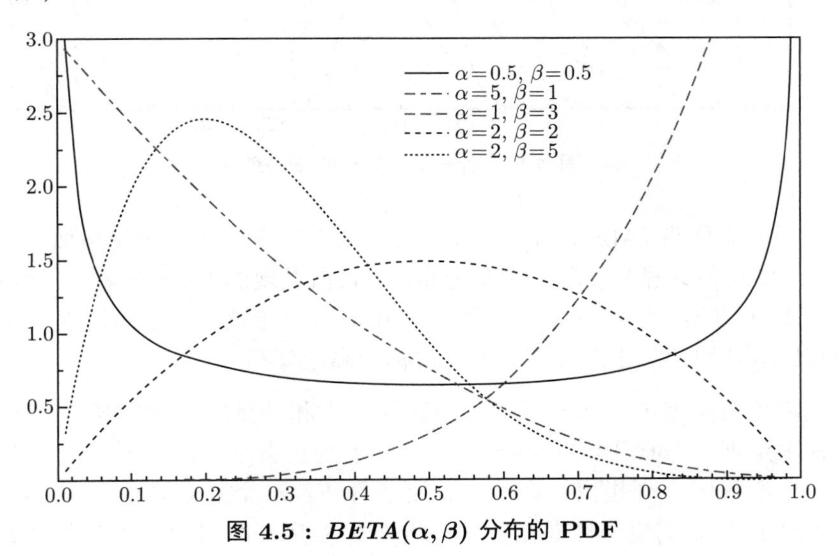

图 4.5：$BETA(\alpha,\beta)$ 分布的 PDF

由于 $BETA(\alpha,\beta)$ 的支撑为 $[0,1]$，贝塔分布可用于对取值落在区间 $[0,1]$ 的比率或者数量的概率分布建模。例如，Granger (1980) 用贝塔分布对个体消费者的边际消费倾向建模，发现具有“短期记忆 (short memory)”特征的个体消费加总后将显现“长期记忆 (long memory)”时间序列性质，即很久以前的消费与当期消费仍然高度相关。

4.3.3 正态分布

若连续随机变量 X 的 PDF 为

$$f_X(x)=\frac{1}{\sqrt{2\pi\sigma^2}}e^{-(x-\mu)^2/2\sigma^2},\quad -\infty<x<\infty$$

其中 $-\infty<\mu<\infty$ 和 $\sigma^2>0$，则称其服从正态分布，记作 $X\sim N(\mu,\sigma^2)$。

参数 μ 和 σ^2 分别为位置和尺度参数。当 $\mu=0$，$\sigma^2=1$ 时，$X\sim N(0,1)$ 称为标准正态分布或单位正态分布 (unit normal distribution)。标准正态分布的概率分布表在任何一本标准统计学教科书中都可找到。图 4.6 是标准正态分布以及一些其他正态分布的 PDF。

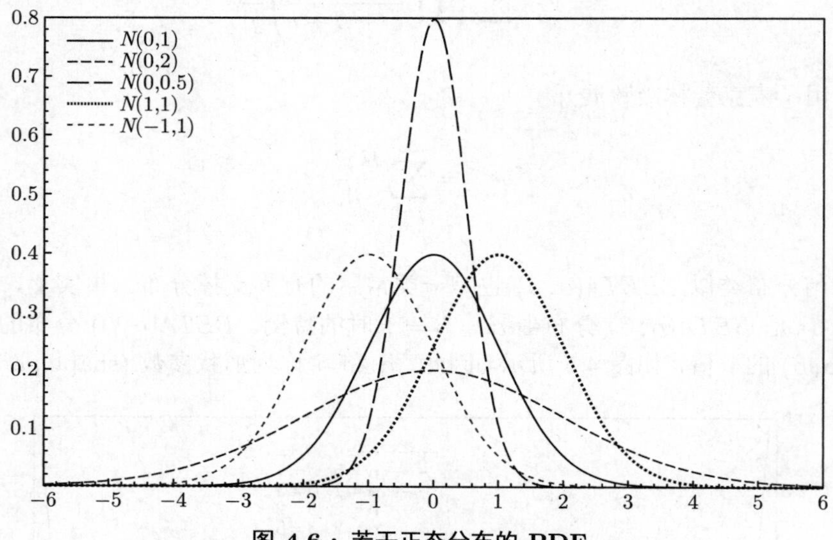

图 4.6：若干正态分布的 PDF

亚伯拉罕·棣莫弗 (Abraham de Moivre) 1733 年在研究抛掷硬币概率 (即伯努利试验，$p=\frac{1}{2}$) 的近似计算时发现了正态分布。他将所发现的 PDF 命名为指数钟形曲线。1809 年，约翰·高斯 (Johann C. F. Gauss) 用正态分布预测星体的位置，并因此确立了正态分布的重要地位。正态分布也因此常称为高斯分布。

作为概率论最重要的分布，正态分布在统计学和计量经济学中长期占据着核心位置。中心极限定理 (central limit theorem, CLT) 为正态分布的广泛应用及其合理性提供了保障。中心极限定理指出，在若干正则条件下，n 个独立同分布 (IID) 随机变量 $\{X_1,\cdots,X_n\}$ 的样本均值经标准化后，将随样本容量 n 的增加依分布收敛于标准正态分布，即当 $n\to\infty$ 时

$$\sqrt{n}\frac{\bar{X}_n-\mu_X}{\sigma_X}\xrightarrow{d}N(0,1)$$

其中 $\bar{X}_n=n^{-1}\sum_{i=1}^{n}X_i$ 为样本均值，且 $\xrightarrow{d}$ 表示依分布收敛。因此，当 $n\to\infty$ 时，$\sqrt{n}(\bar{X}_n-\mu_X)/\sigma_X$ 的分布收敛于 $N(0,1)$。可以通过证明 $\sqrt{n}\,(X_n-\mu_X)\,/\sigma_X$ 的 MGF

收敛于 $N(0,1)$ 的 MGF 进行验证。关于 CLT 的进一步讨论，可参考第七章。

不论 X_i 是离散或连续随机变量，也无论 X_i 的支撑是有界或无界，中心极限定理均成立。比如，假设 X_i 是伯努利 Bernoulli(p) 随机变量，其中 $0<p<1$。$X=\sum_{i=1}^{n}X_i$ 服从二项分布 $B(n,p)$，当 $n\to\infty$ 时，$\frac{X-np}{\sqrt{np(1-p)}}\xrightarrow{d}N(0,1)$，故二项分布可任意用正态分布进行良好近似。De Moivre (1718) 首次证明了当 $p=\frac{1}{2}$ 时，上述假设成立，而 Laplace (1812) 则将假设成立的范围推广到 $0<p<1$。因此，二项分布 $B(n,p)$ 可用 $N[np,np(1-p)]$ 近似，其中 n 很大但 p 无须很小。

问题 4.4 如何证明对任意给定的 $-\infty<\mu<\infty$ 和 $\sigma^2>0$，

$$\int_{-\infty}^{\infty}\frac{1}{\sqrt{2\pi}\sigma}e^{-\frac{(x-\mu)^2}{2\sigma^2}}dx=1 \quad ?$$

令 $y=(x-\mu)/\sigma$，可将上述问题转化为验证下式是否成立：

$$\int_{-\infty}^{\infty}\frac{1}{\sqrt{2\pi}}e^{-\frac{y^2}{2}}dy=1$$

由于

$$\begin{aligned}
\left(\int_{-\infty}^{\infty}e^{-\frac{x^2}{2}}dx\right)^2 &= \int_{-\infty}^{\infty}e^{-\frac{x^2}{2}}dx\int_{-\infty}^{\infty}e^{-\frac{y^2}{2}}dy \\
&= \int_{-\infty}^{\infty}\int_{-\infty}^{\infty}e^{-\frac{x^2+y^2}{2}}dxdy \qquad [\text{令 } x=r\cos(\theta),\ y=r\sin(\theta)] \\
&= \int_{0}^{\infty}\int_{0}^{2\pi}e^{-\frac{r^2}{2}}rdrd\theta \\
&= 2\pi\int_{0}^{\infty}e^{-\frac{r^2}{2}}rdr \\
&= 2\pi
\end{aligned}$$

故有

$$\frac{1}{\sqrt{2\pi}}\int_{-\infty}^{\infty}e^{-\frac{x^2}{2}}dx=1$$

现在，计算正态分布的矩。特别将证明 X 的均值和方差分别等于 μ 和 σ^2。

首先，均值为

$$\begin{aligned}
E(X) &= \int_{-\infty}^{\infty}xf_X(x)dx \qquad [\text{令 } x=(x-\mu)+\mu] \\
&= \int_{-\infty}^{\infty}(x-\mu)f_X(x)dx+\mu\int_{-\infty}^{\infty}f_X(x)dx
\end{aligned}$$

$$
\begin{aligned}
&= \int_{-\infty}^{\infty} (x-\mu)\frac{1}{\sqrt{2\pi\sigma^2}} e^{-\frac{(x-\mu)^2}{\sqrt{2\sigma^2}}} dx + \mu \qquad (\text{令 } y = x-\mu) \\
&= \int_{-\infty}^{\infty} y \frac{1}{\sqrt{2\pi\sigma^2}} e^{-\frac{y^2}{2\sigma^2}} dy + \mu \\
&= \mu
\end{aligned}
$$

其中,由于被积函数 $g(y) = y\frac{1}{\sqrt{2\pi}\sigma}e^{-y^2/2\sigma^2}$ 为奇函数 (即对所有 y 值,有 $g(-y) = -g(y)$),故倒数第二个等式中的积分为 0。

其次，使用分部积分求方差:

$$
\begin{aligned}
\sigma_X^2 &= \int_{-\infty}^{\infty} (x-\mu)^2 f_X(x) dx \\
&= \int_{-\infty}^{\infty} (x-\mu)^2 \frac{1}{\sqrt{2\pi\sigma^2}} e^{-\frac{(x-\mu)^2}{2\sigma^2}} dx \qquad (\text{令} y = x-\mu) \\
&= \int_{-\infty}^{\infty} y^2 \frac{1}{\sqrt{2\pi}\sigma} e^{-\frac{y^2}{2\sigma^2}} dy \\
&= -\sigma^2 \int_{-\infty}^{\infty} y d\Big(\frac{1}{\sqrt{2\pi}\sigma} e^{-\frac{y^2}{2\sigma^2}}\Big) \qquad \Big(\text{令 } u = y, v = \frac{1}{\sqrt{2\pi\sigma^2}} e^{-y^2/2\sigma^2}\Big) \\
&= -\sigma^2 \Big(y \frac{1}{\sqrt{2\pi}\sigma} e^{-\frac{y^2}{2\sigma^2}}\Big|_{-\infty}^{\infty} - \int_{-\infty}^{\infty} \frac{1}{\sqrt{2\pi}\sigma} e^{-\frac{y^2}{2\sigma^2}} dy\Big) \\
&= \sigma^2
\end{aligned}
$$

最后一个积分可视为对服从 $N(0,\sigma^2)$ 分布的随机变量 Y 的 PDF 的积分。

最后，推导 $X \sim N(\mu,\sigma^2)$ 的矩生成函数。

定理 4.1 假设 $X \sim N(\mu,\sigma^2)$，则

$$
M_X(t) = e^{\mu t + \frac{\sigma^2}{2}t^2}, \quad -\infty < t < \infty
$$

证明：至少有两种方法可推导 X 的 MGF。

(1) 方法 1:

$$
\begin{aligned}
M_X(t) &= \int_{-\infty}^{\infty} e^{tx} \frac{1}{\sqrt{2\pi}\sigma} e^{-\frac{(x-\mu)^2}{2\sigma^2}} dx \\
&= \frac{1}{\sqrt{2\pi}\sigma} \int_{-\infty}^{\infty} e^{tx} e^{-\frac{1}{2\sigma^2}(x^2-2\mu x+\mu^2)} dx \\
&= e^{-\frac{\mu^2}{2\sigma^2}} \frac{1}{\sqrt{2\pi}\sigma} \int_{-\infty}^{\infty} e^{-\frac{1}{2\sigma^2}[x^2-2(\mu+\sigma^2 t)x+(\mu+\sigma^2 t)^2-(\mu+\sigma^2 t)^2]} dx \\
&= e^{-\frac{\mu^2}{2\sigma^2}} e^{\frac{(\mu+\sigma^2 t)^2}{2\sigma^2}} \left\{ \frac{1}{\sqrt{2\pi}\sigma} \int_{-\infty}^{\infty} e^{-\frac{[x-(\mu+\sigma^2 t)]^2}{2\sigma^2}} dx \right\}
\end{aligned}
$$

$$
\begin{aligned}
&= e^{\frac{2\mu\sigma^2 t+\sigma^4 t^2}{2\sigma^2}} \times 1 \\
&= e^{\mu t+\frac{1}{2}\sigma^2 t^2}, \quad t \in (-\infty, \infty)
\end{aligned}
$$

其中，倒数第二个等式源于对所有 μ，σ^2 以及 t，有

$$
\frac{1}{\sqrt{2\pi}\sigma}\int_{-\infty}^{\infty} e^{-\frac{[x-(\mu+\sigma^2 t)]^2}{2\sigma^2}}dx = 1
$$

(2) 方法 2: 注意到 $X = \mu + \sigma Y$，其中 $Y \sim N(0,1)$。由定理 3.20，得

$$
\begin{aligned}
M_X(t) &= E(e^{tX}) \\
&= E[e^{t(\mu+\sigma Y)}] \\
&= e^{\mu t}E(e^{\sigma t Y}) \\
&= e^{\mu t}M_Y(\sigma t)
\end{aligned}
$$

其中，

$$
\begin{aligned}
M_Y(t) &= E(e^{tY}) \\
&= \frac{1}{\sqrt{2\pi}}\int_{-\infty}^{\infty} e^{ty}e^{-\frac{1}{2}y^2}dy \\
&= e^{\frac{1}{2}t^2}\frac{1}{\sqrt{2\pi}}\int_{-\infty}^{\infty} e^{-\frac{1}{2}(y-t)^2}dy \\
&= e^{\frac{1}{2}t^2}
\end{aligned}
$$

则

$$
M_X(t) = e^{\mu t}M_Y(\sigma t) = e^{\mu t+\frac{1}{2}\sigma^2 t^2}
$$

因此，有

$$
\begin{aligned}
M'_X(t)|_{t=0} &= e^{\mu t+\frac{1}{2}\sigma^2 t^2}(\mu+\sigma^2 t)\Big|_{t=0} = \mu \\
M''_X(t)|_{t=0} &= \left[e^{\mu t+\frac{1}{2}\sigma^2 t^2}\sigma^2 + e^{\mu t+\frac{1}{2}\sigma^2 t^2}(\mu+\sigma^2 t)^2\right]\Big|_{t=0} = \sigma^2+\mu^2
\end{aligned}
$$

证毕。 ■

由于正态分布关于 μ 对称，故对任意整数 $k \geqslant 0$，中心化的奇数阶矩满足 $E(X-\mu)^{2k+1} = 0$。假设对任意正整数 k，需要计算偶数阶矩 $E(X-\mu)^{2k}$。这可通过对 $M_X(t)$ 求 $2k$ 次导数获得，但是，当 k 很大时，计算十分繁琐。以下首先利用微分与积分运算的对偶性简化运算，推导出正态随机变量 X 的高阶矩 $E(X-\mu)^{2k}$ 的表达式。

令 $\beta = \frac{1}{2\sigma^2}$ 或等价地 $\sigma = \frac{1}{\sqrt{2\beta}}$，得

$$
E(X-\mu)^{2k} = \int_{-\infty}^{\infty}(x-\mu)^{2k}\frac{1}{\sqrt{2\pi\sigma^2}}e^{-\frac{1}{2\sigma^2}(x-\mu)^2}dx
$$

$$\begin{aligned}
&= \int_{-\infty}^{\infty} y^{2k} \frac{1}{\sqrt{2\pi\sigma^2}} e^{-\frac{y^2}{2\sigma^2}} dy \\
&= \int_{-\infty}^{\infty} \frac{1}{\sqrt{2\pi}\sigma} y^{2k} e^{-\beta y^2} dy \\
&= \frac{1}{\sqrt{2\pi}\sigma} \int_{-\infty}^{\infty} (-1)^k \frac{d^k}{d\beta^k} e^{-\beta y^2} dy \\
&= \frac{1}{\sqrt{2\pi}\sigma} (-1)^k \frac{d^k}{d\beta^k} \int_{-\infty}^{\infty} \sqrt{2\pi\sigma^2} \frac{1}{\sqrt{2\pi\sigma^2}} e^{-\frac{1}{2\sigma^2} y^2} dy \\
&= \frac{1}{\sqrt{2\pi}\sigma} (-1)^k \frac{d^k}{d\beta^k} \left(\sqrt{2\pi}\sigma\right) \\
&= \frac{1}{\sqrt{2\pi}\sigma} (-1)^k \sqrt{2\pi} \frac{d^k}{d\beta^k} \left(\frac{1}{\sqrt{2\beta}}\right) \qquad \left(\text{注意 } \sigma = \frac{1}{\sqrt{2\beta}}\right) \\
&= \frac{1}{\sqrt{2}\sigma} (-1)^k \frac{d^k}{d\beta^k} \left(\beta^{-\frac{1}{2}}\right) \\
&= \frac{1}{\sqrt{2}\sigma} (-1)^k \left(-\frac{1}{2}\right)\left(-\frac{3}{2}\right) \cdots \left(\frac{1}{2} - k\right) \beta^{-\frac{1}{2}-k} \\
&= \frac{1}{\sqrt{\pi}} \Gamma\left(k + \frac{1}{2}\right) 2^k \sigma^{2k}
\end{aligned}$$

其中最后一个等式用到了 $\beta = \frac{1}{2\sigma^2}$ 以及引理 4.1 (3) 的结果 $\Gamma\left(\frac{1}{2}\right) = \sqrt{\pi}$。

对 $k = 2$ 的特殊情形，有

$$E(X-\mu)^4 = (-1)^2 \left(-\frac{1}{2}\right)\left(-\frac{3}{2}\right) 4\sigma^4 = 3\sigma^4$$

则 $N(\mu, \sigma^2)$ 的峰度为

$$K = \frac{E(X-\mu)^4}{\sigma^4} = 3$$

微分与积分运算的对偶性可应用于包括离散分布在内的许多概率分布。

事实上，对正态分布，还有一种计算各阶矩的更为简便方法。

引理 4.2 [斯特恩引理 (*Stein's Lemma*)]: 假设 $X \sim N(\mu, \sigma^2)$，并且 $g(\cdot)$ 为满足 $E|g'(X)| < \infty$ 的可导函数，则

$$E[g(X)(X-\mu)] = \sigma^2 E[g'(X)]$$

证明：根据分部积分公式，得

$$E[g(X)(X-\mu)] = \int_{-\infty}^{\infty} g(x)(x-\mu) \frac{1}{\sqrt{2\pi\sigma^2}} e^{-\frac{(x-\mu)^2}{2\sigma^2}} dx$$

$$
\begin{aligned}
&= -\int_{-\infty}^{\infty} g(x) d\left[\frac{\sigma^2}{\sqrt{2\pi\sigma^2}} e^{-\frac{(x-\mu)^2}{2\sigma^2}}\right] \\
&= -g(x) \frac{\sigma^2}{\sqrt{2\pi\sigma^2}} e^{-\frac{(x-\mu)^2}{2\sigma^2}} \Big|_{-\infty}^{\infty} + \int_{-\infty}^{\infty} \frac{\sigma^2}{\sqrt{2\pi\sigma^2}} e^{-\frac{(x-\mu)^2}{2\sigma^2}} dg(x) \\
&= \sigma^2 \int_{-\infty}^{\infty} g'(x) \frac{1}{\sqrt{2\pi\sigma^2}} e^{-\frac{(x-\mu)^2}{2\sigma^2}} dx \\
&= \sigma^2 E[g'(X)]
\end{aligned}
$$

证毕。 ■

现在应用该引理计算正态分布的中心化四阶矩

$$
\begin{aligned}
E(X-\mu)^4 &= E[(X-\mu)^3(X-\mu)] \\
&= E[g(X)(X-\mu)]
\end{aligned}
$$

其中 $g(X)=(X-\mu)^3$。由斯特恩引理，得

$$
\begin{aligned}
E(X-\mu)^4 &= \sigma^2 E[3(X-\mu)^2] \\
&= 3\sigma^4
\end{aligned}
$$

对 $g(X)$ 求导降低了矩的阶数。

4.3.4 柯西与稳态分布

若连续随机变量 X 的 PDF 为

$$
f_X(x) = \frac{1}{\pi\sigma} \frac{1}{1+\left(\frac{x-\mu}{\sigma}\right)^2}, \quad -\infty < x < \infty
$$

其中参数 $\sigma > 0$，则称其服从柯西分布 $\text{Cauchy}(\mu, \sigma)$。

参数 μ 和 σ 分别为位置参数和尺度参数。该分布关于 μ 对称，其支撑无界。当 $\mu = 0$，$\sigma = 1$ 时，该分布称为标准柯西分布，记作 $\text{Cauchy}(0,1)$。

柯西分布的实际应用价值不大，但具有特殊的理论重要性。特别地，柯西分布拥有若干独特性质，可为统计学中一般条件下成立的结果提供反例。

与正态分布相比，柯西分布的尾部长而厚。正态和柯西分布最显著的区别在于后者的尾部更长更厚。对 $\text{Cauchy}(\mu,\sigma)$ 分布，其 PDF 的尾部以非常慢的双曲速度衰减至 0，即当 $|x| \to \infty$ 时，$f_X(x) \sim x^{-2}$。因此，柯西分布的所有大于等于 1 阶的各阶矩均不存在，因而其 MGF 也不存在。例如，对于 $\text{Cauchy}(0,1)$ 分布，有

$$
E|X| = \int_{-\infty}^{\infty} |x| f_X(x) dx
$$

$$
\begin{aligned}
&= \int_{-\infty}^{\infty} |x| \frac{1}{\pi} \frac{1}{1+x^2} dx \\
&= \frac{2}{\pi} \int_{0}^{\infty} \frac{x}{1+x^2} dx \\
&= \frac{1}{\pi} \ln(1+x^2) \Big|_{0}^{\infty} \\
&= \infty
\end{aligned}
$$

这表明柯西分布的均值以及所有高阶矩均不存在。因此，位置参数 μ 不能解释为均值，而尺度参数 σ 也不能解释为标准差。

$\text{Cauchy}(\mu, \sigma)$ 的特征函数为

$$
\begin{aligned}
\varphi_X(t) &= E(e^{\mathbf{i}tX}) \\
&= e^{\mathbf{i}\mu t - \sigma|t|}
\end{aligned}
$$

该特征函数关于 t 在原点处不可导，这与其所有大于等于 1 阶的各阶矩均不存在的性质一致。

问题 4.5 何种情况会出现柯西分布?

两个独立正态随机变量的比率服从柯西分布。

实际上，柯西分布和正态分布同属于所谓的稳态分布 (stable distributions)，稳态分布是概率论非常重要的一类分布。

问题 4.6 什么是稳态分布?

稳态分布的 PDF 通常没有解析形式，但它具有解析形式的特征函数:

$$
\varphi_X(t) = e^{\mathbf{i}\mu t - \sigma|t|^c[1+\mathbf{i}\lambda \text{sgn}(t)\omega(|t|,c)]}
$$

其中 $\mathbf{i} = \sqrt{-1}$，$0 < c \leqslant 2$，$-1 \leqslant \lambda \leqslant 1$，$\sigma > 0$，并且

$$
\begin{aligned}
\omega(|t|, c) &= \begin{cases} \tan\left(\frac{1}{2}\pi c\right), & c \neq 1 \\ -\frac{2}{\pi}\ln(|t|), & c = 1 \end{cases} \\
\text{sgn}(t) &= \begin{cases} 1, & t > 0 \\ 0, & t = 0 \\ -1, & t < 0 \end{cases}
\end{aligned}
$$

直观上，μ 是位置参数，σ 是尺度参数，c 是尾部参数，λ 是偏度参数。PDF 的形状

由 c 和 λ 共同决定。当 $\lambda=0$ 时，则为对称分布；当 $\lambda=0$ 时，令 $c=2$ 可得正态分布，令 $c=1$ 则可得柯西分布。图 4.7 给出了参数 (μ,σ,c,λ) 取不同值时稳态分布的 PDF。

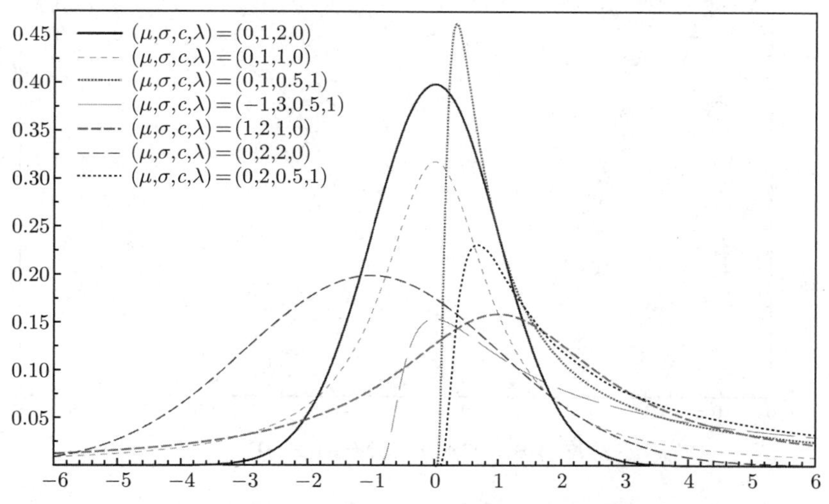

图 4.7：参数 (μ,σ,c,λ) 取不同值时对应的稳态分布的 PDF

稳态分布的矩仅当 $c>1$ 时存在。若 $c<2$，则稳态分布的方差不存在。当独立同分布的稳态随机变量之和具有极限分布时，该极限分布依然为稳态分布而不是正态分布。因此，非正态稳定分布可将中心极限定理 (CLT) 推广到求和变量的二阶矩为无限时的情形。

稳态分布与金融计量经济学的近期研究热点之一 —— 列维过程密切相关。列维过程可更为恰当地刻画金融数据中通常出现的厚尾现象。Mandelbrot (1963) 和 Fama (1965) 曾用稳态分布对股票收益率建模。

4.3.5 对数正态分布

若连续随机变量 X 的 PDF 为

$$f_X(x)=\begin{cases}\frac{1}{\sqrt{2\pi}\sigma}\frac{1}{x}e^{\frac{1}{2\sigma^2}(\ln x-\mu)^2}, & x>0\\ 0, & x\leqslant 0\end{cases}$$

则称其服从对数正态分布，记作 $LN(\mu,\ \sigma^2)$。图 4.8 给出了参数 (μ,σ^2) 取不同值时对数正态分布的 PDF。

借助第三章介绍的变换方法，可证 $Y=\ln(X)\sim N(\mu,\sigma^2)$。事实上，正是由于随机变量 X 的对数形式服从正态分布，该随机变量被称为对数正态随机变量。对数正态分布有时也称为反对数正态分布。这一命名的逻辑基础在于该分布并非对正态变量取对数的分布，而是对其取指数的分布，即随机变量的反对数函数服从正态分布。

事实上，对数正态分布有更一般的定义。假设 $Y=\ln(X-\alpha)\sim N(\mu,\sigma^2)$，则称随机变量 X 服从分布 $LN(\alpha,\mu,\sigma^2)$。由于参数 α 仅影响 X 的均值，故此处只考虑两个

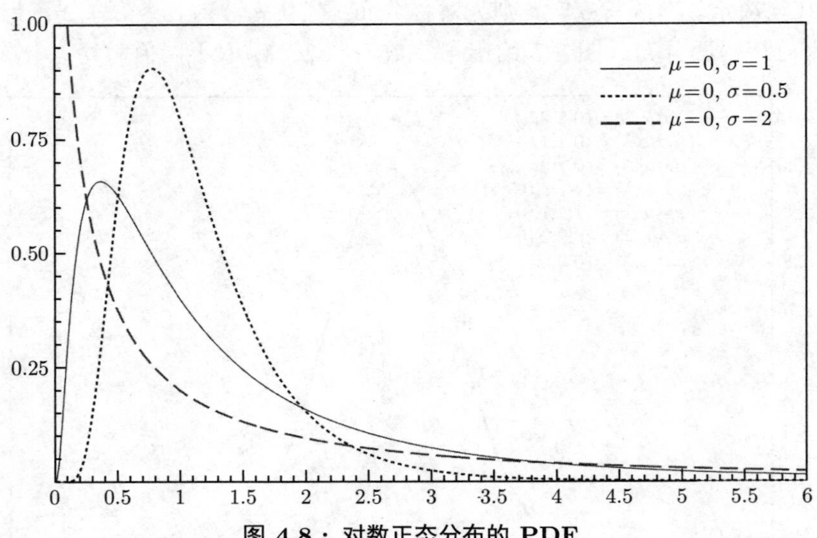

图 4.8：对数正态分布的 PDF

参数的对数正态分布 $LN(\mu, \sigma^2)$。

如定理 4.1 所述，正态随机变量 $Y \sim N(\mu, \sigma^2)$ 的 MGF 为

$$M_Y(t) = E(e^{tY}) = e^{\mu t + \frac{\sigma^2}{2} t^2}$$

因此，$LN(\mu, \sigma^2)$ 随机变量 X 的各阶矩均存在且

$$\begin{aligned} E(X^k) &= E(e^{kY}) \\ &= M_Y(k) \\ &= e^{k\mu + \frac{\sigma^2}{2} k^2}, \quad k = 1, 2, \cdots \end{aligned}$$

特别地，均值为

$$\mu_X = e^{\mu + \frac{\sigma^2}{2}}$$

方差为

$$\sigma_X^2 = E(X^2) - \mu_X^2 = e^{2\mu + \sigma^2}(e^{\sigma^2} - 1)$$

需要指出，参数 μ 和 σ^2 并非 $LN(\mu, \sigma^2)$ 分布的均值和方差。

尽管对数正态分布的各阶矩均存在，但其矩生成函数并不存在。为说明这一点，考察

$$\begin{aligned} M_X(t) &= E(e^{tx}) \\ &= \int_0^\infty e^{tx} \frac{1}{\sqrt{2\pi}\sigma} \frac{1}{x} e^{-\frac{1}{2\sigma^2}(\ln x - \mu)^2} dx \end{aligned}$$

$$
\begin{aligned}
&= \int_0^{\infty} \frac{1}{\sqrt{2\pi}\sigma} e^{te^{\ln x} - \frac{1}{2\sigma^2}(\ln x-\mu)^2} d\ln x \\
&= \int_{-\infty}^{\infty} \frac{1}{\sqrt{2\pi}\sigma} e^{te^{y} - \frac{1}{2\sigma^2}(y-\mu)^2} dy \qquad (\text{令 } y = \ln x) \\
&\geqslant \int_{M}^{M+1} \frac{1}{\sqrt{2\pi}\sigma} e^{te^{y} - \frac{1}{2\sigma^2}(y-\mu)^2} dy \qquad (\text{对任意 } M > 0) \\
&\geqslant \frac{1}{\sqrt{2\pi}\sigma} e^{te^{M} - \frac{1}{2\sigma^2}(M-\mu)^2} (M+1-M) \qquad (\text{对足够大的 } M) \\
&= \frac{1}{\sqrt{2\pi}\sigma} e^{te^{M} - \frac{1}{2\sigma^2}(M-\mu)^2} \\
&\to \infty, \quad \text{当 } M \to \infty
\end{aligned}
$$

最后一步是根据当 $M \to \infty$ 且 $t > 0$ 时，$te^M - (M-\mu)^2/2\sigma^2 \to \infty$。

直观上，对数正态分布具有很长的右侧尾。当 $t > 0$，指数函数 e^{tX} 取大数值的概率较大，导致 e^{tX} 的期望，即矩生成函数 $M_X(t)$ 不存在。

问题 4.7 对数正态分布 $LN(\mu, \sigma^2)$ 的特征函数是什么？

对数正态分布广泛应用于对非负且右偏随机变量的建模。特别地，该分布被广泛地应用于刻画资产价格、商品价格、收入以及人口等变量的概率分布。为了说明这一点，考察非负经济变量

$$X_t = X_{t-1}(1 + Y_t)$$

其中 $\{Y_t\}$ 为 IID 随机变量序列。这里，X_{t-1} 可理解为时期 $t-1$ 的基数，而 Y_t 是从时期 $t-1$ 到时期 t 的随机增长率。

根据该递归关系，有

$$X_n = X_0 \prod_{t=1}^{n} (1 + Y_t)$$

因此

$$\ln X_n = \ln X_0 + \sum_{t=1}^{n} \ln(1 + Y_t)$$

根据中心极限定理，当 n 很大时，$\sum_{t=1}^{n} \ln(1+Y_t)$ 经过标准化后近似服从正态分布。因此，其指数形式 $\prod_{t=1}^{n}(1+Y_t)$ 近似服从对数正态分布。

对数正态分布假设还为很多实际分析与计算提供了便利。例如，假设某股票价格 $P_t \sim LN(\mu t, \sigma^2 t)$，其中时间 t 可连续变化。则 $\ln P_t \sim N(\mu t, \sigma^2 t)$，其对数收益率为

$$R_t = \ln(P_t / P_{t-1}) = \ln(P_t) - \ln(P_{t-1})$$

该式近似等于股票价格从时期 $t-1$ 到时期 t 的相对价格变化率，且服从正态分布。因此，从时期 $t=1$ 到时期 $t=m$ 的 m 期累积收益率 $\sum_{t=1}^{m} R_t$ 同样服从正态分布。Black & Scholes (1973) 在推导欧式期权价格时，假设股票价格服从对数正态分布。

对数正态分布也可用于描述各种经济单位规模 (如 Gibrat, 1930, 1931)。Eeckhout (2004) 基于 2000 年美国人口普查数据，指出美国城市规模服从对数正态分布，并提出一个具有局部外部性的经济活动均衡模型来解释其对数正态分布。该分布还在描述员工任职年限与其离职之间的关系上取得了巨大成功 (Young, 1971; McClean, 1976)。O'Neil & Wells (1972) 指出，对数正态分布可有效地对个人保险理赔分布建模。Alizadeh *et al.* (2002) 指出，资产价格范围 (即最高价减最低价) 观测数据近似服从对数正态分布，并通过高斯拟极大似然估计法，利用该典型经验特征事实预估随机波动模型。此外，对数正态分布以及下面即将介绍的韦伯分布均可用于对寿命分布特征进行建模。

4.3.6 伽玛分布与广义伽玛分布

若非负连续随机变量 X 的 PDF 为

$$f_X(x) = \begin{cases} \frac{1}{\Gamma(\alpha)\beta^\alpha} x^{\alpha-1} e^{-x/\beta}, & x > 0 \\ 0, & x \leqslant 0 \end{cases}$$

其中参数 $\alpha, \beta > 0$，$\Gamma(\alpha) = \int_0^\infty t^{\alpha-1} e^{-t} dt$ 为伽玛函数，则称其服从伽玛分布 $G(\alpha, \beta)$。

伽玛分布 $G(\alpha, \beta)$ 是刻画区间 $[0, \infty)$ 上非负随机变量的一类非常灵活的分布族，其中 α 为形状参数，β 为控制分布分散程度的尺度参数。当 $\beta = 1$ 时，伽玛分布 $G(\alpha,\ 1)$ 称为标准伽玛分布。对于不同的参数 (α, β) 值，伽玛分布的 PDF 形状如图 4.9 所示。

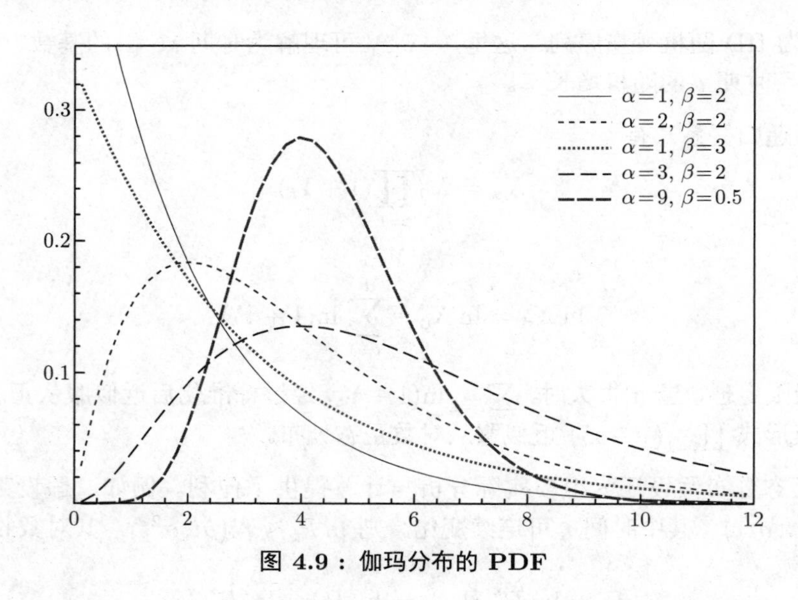

图 4.9：伽玛分布的 PDF

问题 4.8 如何证明对任意给定参数 $\alpha, \beta > 0$，积分 $\int_0^\infty \frac{1}{\Gamma(\alpha)\beta^\alpha} x^{\alpha-1} e^{-x/\beta} dx = 1$?

根据变量替换以及伽玛函数的定义，得

$$\begin{aligned}\int_0^{\infty}\frac{1}{\Gamma(\alpha)\beta^{\alpha}}x^{\alpha-1}e^{-x/\beta}dx&=\frac{1}{\Gamma(\alpha)}\int_0^{\infty}(x/\beta)^{\alpha-1}e^{-(x/\beta)}d(x/\beta)\\&=\frac{1}{\Gamma(\alpha)}\int_0^{\infty}y^{\alpha-1}e^{-y}dy\qquad(\text{令 }y=x/\beta)\\&=\frac{1}{\Gamma(\alpha)}\Gamma(\alpha)\\&=1\end{aligned}$$

现在推导 X 的均值、方差以及 MGF。其均值为

$$\begin{aligned}\mu_X&=\int_{-\infty}^{\infty}xf_X(x)dx=\int_0^{\infty}\frac{1}{\Gamma(\alpha)\beta^{\alpha}}x^{\alpha}e^{-x/\beta}dx\\&=\int_0^{\infty}\frac{\alpha\beta}{\alpha\Gamma(\alpha)\beta^{\alpha+1}}x^{(\alpha+1)-1}e^{-x/\beta}dx\qquad[\text{令 }\alpha^*=\alpha+1\text{且应用 }\alpha\Gamma(\alpha)=\Gamma(\alpha+1)]\\&=\alpha\beta\int_0^{\infty}\frac{1}{\Gamma(\alpha^*)\beta^{\alpha^*}}x^{\alpha^*-1}e^{-x/\beta}dx\\&=\alpha\beta\end{aligned}$$

其中最后一处积分可视为对 $G(\alpha^*,\beta)$ 分布的 PDF 的积分。

其二阶矩为

$$\begin{aligned}E(X^2)&=\int_0^{\infty}\frac{1}{\Gamma(\alpha)\beta^{\alpha}}x^{\alpha+2-1}e^{-x/\beta}dx=\int_0^{\infty}\frac{\alpha(\alpha+1)\beta^2}{\Gamma(\alpha+2)\beta^{\alpha+2}}x^{\alpha+2-1}e^{-x/\beta}dx\\&=\alpha(\alpha+1)\beta^2\textstyle\int_0^{\infty}\frac{1}{\Gamma(\alpha+2)\beta^{\alpha+2}}x^{\alpha+2-1}e^{-x/\beta}dx\\&=\alpha(\alpha+1)\beta^2\end{aligned}$$

其中，最后一处积分可视为对 $G(\alpha+2,\beta)$ 分布的 PDF 的积分。由此可得方差

$$\sigma_X^2=E(X^2)-\mu_X^2=\alpha\beta^2$$

最后，其 MGF 为

$$\begin{aligned}M_X(t)&=\int_0^{\infty}e^{tx}\frac{1}{\Gamma(\alpha)\beta^{\alpha}}x^{\alpha-1}e^{-x/\beta}dx\\&=\int_0^{\infty}\frac{1}{\Gamma(\alpha)\beta^{\alpha}}x^{\alpha-1}e^{-x(1/\beta-t)}dx\qquad\left(\text{令 }\beta^*=\frac{1}{1/\beta-t}\right)\\&=\int_0^{\infty}\frac{1}{\Gamma(\alpha)\beta^{\alpha}}x^{\alpha-1}e^{-x/\beta^*}dx\end{aligned}$$

$$= \frac{(\beta^*)^\alpha}{\beta^\alpha}\int_0^\infty \frac{1}{\Gamma(\alpha)(\beta^*)^\alpha} x^{\alpha-1}e^{-x/\beta^*}dx = \frac{(\beta^*)^\alpha}{\beta^\alpha}$$
$$= (1-\beta t)^{-\alpha}, \quad t < 1/\beta$$

其中，最后一处积分可视为对 $G(\alpha, \beta^*)$ 分布的 PDF 的积分。

伽玛分布的形状与对数正态分布类似，可用于对经济事件持续等待时间的分布建模 (如失业持续期、价格久期、贫困持续期、企业存活期等)，也可用于对非负随机变量，如收入、人口和距离等建模。Cox *et al.* (1985) 提出了一个即期利率期限结构的连续时间均衡模型。他们假设即期利率服从一个平方根过程，即

$$dr_t = k(\theta - r_t)dt + \sigma\sqrt{r_t}dB_t$$

其中 B_t 为布朗运动。给定参数 $k, \theta > 0$，利率将趋于中心位置或长期均衡值 θ，而参数 k 决定其调整速度。

关于即期利率的上述设定避免了类似像 Vasicek (1977) 模型中可能出现的负利率情况。在 Vasicek (1977) 模型中，

$$dr_t = k(\theta - r_t)dt + \sigma dB_t$$

可以证明 Cox *et al.* (1985) 模型的即期利率 r_t 服从具有如下 PDF 的伽玛分布

$$f(r) = \frac{1}{\Gamma(\alpha)\beta^\alpha} r^{\alpha-1}e^{-r/\beta}$$

其中 $\alpha = \frac{2k\theta}{\sigma^2}$ 和 $\beta = \frac{\sigma^2}{2k}$。因此，短期利率 r_t 的稳态均值和方差分别为 θ 和 $\sigma^2\theta/2k$。

与伽玛分布紧密相关的一个分布是广义伽玛分布。假设随机变量

$$Y = \left(\frac{X-\gamma}{\beta}\right)^c$$

服从标准伽玛分布，即 $Y \sim G(\alpha, 1)$ 或者等价地有 PDF

$$f_Y(y) = \frac{y^{\alpha-1}e^{-y}}{\Gamma(\alpha)}, \quad y \geqslant 0$$

则称随机变量 X 服从形状参数为 α 和 c，尺度参数为 β，位置参数为 γ 的广义伽玛分布。根据单变量变换方法 (定理 3.12)，可证 X 的 PDF 为

$$f_X(x) = \frac{c}{\Gamma(\alpha)\beta^{c\alpha}}(x-\gamma)^{c\alpha-1}e^{-\left(\frac{x-\gamma}{\beta}\right)^c}, \quad x \geqslant \gamma$$

在实际应用中，通常令 $\gamma = 0$。图 4.10 给出了不同参数取值，特别是参数 c 的取值不同时，广义伽玛分布的 PDF 图。

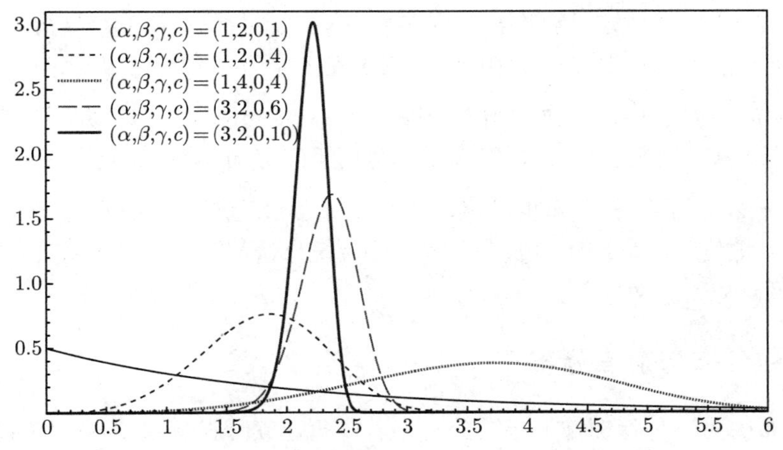

图 4.10：不同参数取值对应的广义伽玛分布的 PDF

广义伽玛分布的矩可通过以下关系从标准伽玛分布 $G(\alpha,1)$ 的矩表达式求得：

$$E\left[\left(\frac{X-\gamma}{\beta}\right)^k\right]=E\left[\left(\frac{X-\gamma}{\beta}\right)^{c(k/c)}\right]=E\left(Y^{(k/c)}\right)=\frac{\Gamma(\alpha+k/c)}{\Gamma(\alpha)}$$

4.3.7 卡方分布

现在考察伽玛分布的一个特例。

若非负连续随机变量 X 的 PDF 为

$$f_X(x)=\begin{cases}\frac{1}{\Gamma(\frac{\nu}{2})\sqrt{2^\nu}}x^{\frac{\nu}{2}-1}e^{-\frac{x}{2}}, & x>0\\ 0, & x\leqslant 0\end{cases}$$

则称其服从自由度为 ν 的卡方分布，记作 χ^2_ν。

卡方分布 χ^2_ν 是伽玛分布 $G(\alpha,\beta)$ 当 $\alpha=\frac{\nu}{2}$，$\beta=2$ 时的特例，其阶矩为

$$E(X^k)=\frac{2^k\Gamma\left(\frac{\nu}{2}+k\right)}{\Gamma\left(\frac{\nu}{2}\right)}$$

特别地，其均值为

$$E(X)=\nu$$

方差为

$$\operatorname{var}(X)=2\nu$$

MGF 为

$$M_X(t)=(1-2t)^{-\frac{\nu}{2}},\quad t<\frac{1}{2}$$

卡方分布 χ^2_ν 的上述定义允许自由度参数 ν 取非整数值。第五章将指出，当 ν 为整数时，χ^2_ν 分布等价于 ν 个独立 $N(0,1)$ 随机变量的平方和。

卡方分布 χ^2_ν 是右偏态分布。当自由度 $\nu\to\infty$ 时，χ^2_ν 分布近似于均值为 ν，方差为 2ν 的正态分布。因此，当 ν 足够大时，可用正态分布 $N(\nu,2\nu)$ 近似卡方分布 χ^2_ν。

与正态分布类似，χ^2_ν 分布也是概率论与统计学最为重要的分布之一，并在计量经济学占据核心地位。计量经济学的许多常用检验统计量都是二次项形式的，而且渐进服从于 χ^2_ν 分布。

4.3.8 指数分布与韦伯分布

伽玛分布的另一种特例称为指数分布。若非负连续随机变量 X 的 PDF 为

$$f_X(x)=\begin{cases}\frac{1}{\beta}e^{-x/\beta}, & x>0\\ 0, & x\leqslant 0\end{cases}$$

其中 $\beta>0$ 为尺度参数，则称其服从指数 $EXP(\beta)$ 分布。当 $\beta=1$ 时，则称 X 服从标准指数分布，记作 $EXP(1)$。

指数分布 $EXP(\beta)$ 是伽玛分布 $G(\alpha,\beta)$ 当 $\alpha=1$ 时的一个特例，其 MGF 为

$$M_X(t)=E(e^{tX})=\frac{1}{1-\beta t},\quad t<\frac{1}{\beta}$$

均值为

$$E(X)=\beta$$

方差为

$$\text{var}(X)=\beta^2$$

与几何分布类似，指数分布也具有“无记忆”性质，即对任意正数 x 和 y，且 $x>y$，有

$$P(X>x|X>y)=P(X>x-y)$$

为说明这一点, 注意指数分布 $EXP(\beta)$ 的 CDF 为

$$F_X(x)=1-e^{-x/\beta},\quad x\geqslant 0$$

则当 $x>y$ 时，有

$$\begin{aligned}P(X>x|X>y) &= \frac{P(X>x,X>y)}{P(X>y)}\\ &= \frac{P(X>x)}{P(X>y)}\end{aligned}$$

$$
\begin{aligned}
&= \frac{1-F_X(x)}{1-F_Y(y)} \\
&= \frac{e^{-x/\beta}}{e^{-y/\beta}} \\
&= e^{-(x-y)/\beta} \\
&= P(X > x-y)
\end{aligned}
$$

指数分布可视为第 4.2.4 节介绍的离散几何分布的连续近似。指数分布是唯一一个具有无记忆性质的连续分布 (问题：如何证明?)。事实上，泊松过程提供了一个将指数分布和伽玛分布联系在一起的统一框架。假设 $\{N(t): t \geqslant 0\}$ 表示发生率为 λ 的泊松过程。令 X_1 表示从时刻 0 到某事件第一次发生的时间间隔，并且对 $n \geqslant 2$，X_n 表示第 $(n-1)$ 次和第 n 次事件发生之间的时间间隔。可以证明，$\{X_1, X_2, \cdots\}$ 是一个独立同分布指数随机变量序列，即 $X_i \sim \text{IID } EXP(1/\lambda)$。令 $X = \sum_{i=1}^n X_i$ 表示从时刻 0 发生 n 次事件的时间间隔，则可证明 X 服从 $G(n, 1/\lambda)$ 分布。当然，在 $G(\alpha, \beta)$ 分布的一般化定义中，并不要求 α 为整数。

为什么指数分布有助于经济学和金融学的研究？

指数分布非常重要，并且在统计学和计量经济学有广泛应用。类似于伽玛分布，指数分布也可用于对经济事件的久期建模，比如工人失业持续期、信用卡违约发生前的时间长短、两次交易之间或两个价格变化之间的持续期等。指数分布可合理地描述许多经济现象。以下是劳动经济学的一个例子：令 X 表示具有 PDF $f_X(x)$ 的工人失业持续期，其相应的风险率或风险函数定义如下

$$
\begin{aligned}
\lambda(x) &= \lim_{\Delta x \to 0^+} \frac{P(X \leqslant x + \Delta x | X > x)}{\Delta x} \\
&= \lim_{\Delta x \to 0^+} \frac{P(x < X \leqslant x + \Delta x)}{P(X > x)\Delta x} \\
&= \left[\lim_{\Delta x \to 0^+} \frac{\int_x^{x+\Delta x} f_X(u)du}{\Delta x}\right] \frac{1}{P(X > x)} \\
&= \frac{f_X(x)}{P(X > x)} \\
&= \frac{f_X(x)}{1 - F_X(x)} \\
&= -\frac{d}{dx} \ln[1 - F_X(x)]
\end{aligned}
$$

直观上，风险函数 $\lambda(x)$ 是失业工人在持续失业 x 时期后找到工作的瞬时概率。久期分析试图使用一些经济变量解释 $\lambda(x)$。最简单的参照例子是假设对任意失业持续期 x，风险率均为常数，即

$$
\lambda(x) = \lambda_0, \quad \text{对所有 } x
$$

此时，可以证明失业持续期 X 服从指数分布 $EXP(1/\lambda_0)$:

$$f_X(x) = \lambda_0 e^{-\lambda_0 x}, \quad x > 0$$

在金融计量经济学中，高频股票收益率 $\{X_t\}$ 的一个经验典型特征事实是股票收益的绝对值 $|X_t|$ 近似地服从于标准指数分布 (Ding *et al.*, 1993)，这里 X_t 为第 t 期的标准化资本收益率。

许多重要分布都与指数分布紧密相关。例如，若 $Y = (X - \alpha)^c$ 服从参数为 β 的指数分布，则称 X 服从韦伯 (Weibull) 分布，其 PDF 为

$$f_X(x) = \frac{c}{\beta}(x-\alpha)^{c-1}e^{-\frac{(x-\alpha)^c}{\beta}}, \quad x > \alpha$$

其中 α 为位置参数，β 为尺度参数，c 为形状参数，且 c 必须大于 1 (问题: 为什么?)。实际应用中通常设 $\alpha = 0$。

韦伯分布相对于指数分布更加灵活。例如，其相应的风险函数不再是常数。因此，韦伯分布在风险函数建模中具有重要价值。Engle & Russell (1998) 应用韦伯分布对金融领域中两个交易之间或两个价格变化之间的持续时间进行建模。对于参数 (α, β, c) 的不同取值，韦伯分布 PDF 的形状如图 4.11 所示。

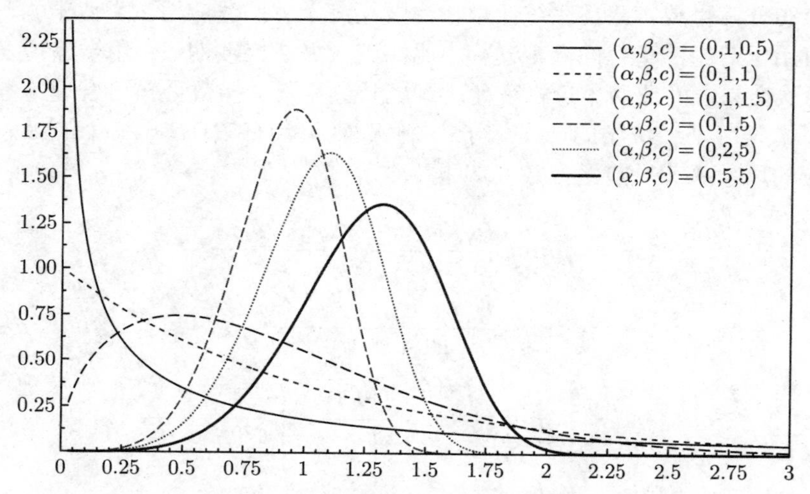

图 4.11：韦伯分布在各参数 (α, β, c) 取值下的 PDF

另外，若 $Y = e^{-X}$ 服从指数分布 $EXP(\beta)$，则称 X 服从极值分布。Nelson (1991) 在提出其著名的 Exponential GARCH (EGARCH) 波动率模型时使用该分布刻画股票收益的非对称波动特征。

4.3.9 双指数分布

若连续随机变量 X 的 PDF 为

$$f_X(x) = \frac{1}{2\beta}e^{-\frac{|x-\alpha|}{\beta}}, \quad -\infty < x < \infty$$

其中参数 $\beta > 0$，则称其服从双指数 $DEXP(\alpha, \beta)$ 分布。

$DEXP(\alpha, \beta)$ 分布是关于 α 对称的分布，其尾部相对于正态分布更厚。该分布在 $x = \alpha$ 处取得峰值且其导数在该点不存在。

X 的均值为

$$E(X) = \alpha$$

方差为

$$\mathrm{var}(X) = 2\beta^2$$

MGF 为

$$M_X(t) = \frac{e^{\alpha t}}{1 - \beta^2 t^2}, \quad |t| < \frac{1}{\beta}$$

双指数分布也称为拉普拉斯分布。当 $\alpha = 0$ 时，X 的绝对值，$Y = |X|$，服从指数分布 $EXP(\beta)$ (参见第三章的例 3.24)。拉普拉斯分布经常用于构造估计模型参数的拟似然函数，相当于最小化绝对偏差均值。

尽管 $DEXP(\alpha, \beta)$ 分布相对于正态分布具有更厚的尾部，但其各阶矩均存在而且其尾部相对于柯西分布尾部更窄。图 4.12 给出了标准柯西分布 Cauchy$(0, 1)$、标准正态分布 $N(0, 1)$ 以及双指数分布 $DEXP(0, 1)$ 的 PDF。

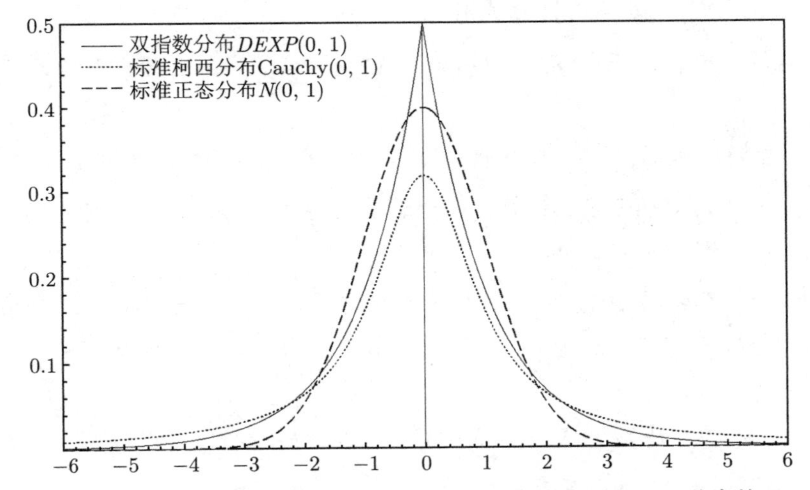

图 4.12：Cauchy$(0,1)$ 分布、$N(0,1)$ 分布以及 $DEXP(0,1)$ 分布的 PDF

第四节 小结

本章介绍了一些重要的离散概率分布和连续概率分布，并探讨了各分布的性质及其相互关系。离散分布包括伯努利分布、二项分布、负二项分布、几何分布、泊松分布等，而连续分布包括均匀分布、贝塔分布、正态分布、柯西分布、稳态分布、对数正态分布、伽玛分布、广义伽玛分布、卡方分布、指数分布、韦伯分布、双指数分布等。这些参数分布的灵活程度取决于 PDF 的函数形式以及参数的数目。本章重视对各参数的解释，以及这些重要分布在经济学、金融学与管理学的应用。

练习题四

4.1 若一对夫妇希望有 95% 的概率至少生育一个男孩和一个女孩，那么他们应当计划至少生育多少个孩子？假设生育一个男孩和生育一个女孩的概率相等，并且与家庭中其他孩子的性别相互独立。

4.2 假设 X_i 服从伯努利分布 Bernoulli(p)，并且 $X_1,\cdots,X_n$ 联合独立。定义 $X=\sum_{i=1}^n X_i$，证明 X 服从二项分布 $B(n,p)$。

4.3 令 X 表示参数为 (n,p) 的二项随机变量，并且试验的次数 n 很大 $(n\to\infty)$，成功的概率 p 很小 $(p\to 0)$，从而成功的平均次数保持在适中水平 (存在某个常数 λ 使得 $np=\lambda$)。证明 X 的 PMF 收敛到泊松分布的 PMF，即当 $n\to\infty$ 时，$P(X=i)\to\frac{e^{-\lambda}\lambda^i}{i!}$，这里 $i=0,1,\cdots$。

4.4 对离散随机变量 X，由于函数 $E(t^X)=\sum_x t^x f_X(x)$ 中 t^x 的系数为 $f_X(x)=P(X=x)$，该函数通常称为概率生成函数。假设随机变量 X 服从几何分布 $f_X(x)=(1-p)^{x-1}p$，其中 $0<p<1$。则其概率生成函数是什么？

4.5 令 X 表示具有标准正态 PDF $f_X(x)=(1/\sqrt{2\pi})e^{-x^2/2}$ 的随机变量，其中 $-\infty<x<\infty$。

(1) 首先直接计算 $E(X^2)$，然后借助 $Y=X^2$ 的 PDF 计算 $E(Y)$；

(2) 求 $Y=|X|$ 的 PDF，并进一步计算其均值和方差 (该分布有时称为折叠正态分布)。

4.6 假设 $\{N(t):t\geqslant 0\}$ 为发生率为 λ 的泊松过程。令 X_1 表示从时刻 0 到某事件第一次发生之间的时间间隔，对 $n\geqslant 2$，令 X_n 表示第 $n-1$ 次到第 n 次事件发生之间的时间间隔。证明:

(1) $\{X_1,X_2,\cdots\}$ 是满足 $X_i\sim EXP(1/\lambda)$ 的独立指数随机变量序列；

(2) $X=\sum_{i=1}^n X_i$ 服从伽玛分布。

4.7 伽玛函数定义为

$$\Gamma(\alpha)=\int_0^\infty t^{\alpha-1}e^{-t}dt$$

证明以下关于伽玛函数的两个恒等式成立:

(1) $\Gamma(\alpha+1)=\alpha\Gamma(\alpha)$;

(2) $\Gamma\left(\frac{1}{2}\right)=\sqrt{\pi}$。

4.8 假设随机变量 X 的 PDF 为 $f_X(x)=\frac{2}{\sqrt{2\pi}}e^{-x^2/2}$，$0<x<\infty$。求变换 $Y=g(x)$ 以及 α 和 β 的值，使得 $Y\sim$ 伽玛分布 $G(\alpha,\beta)$。已知 $Y\sim \mathrm{G}(\alpha,\beta)$ 的 PDF 为 $f_X(x)=$

$\frac{1}{\Gamma(\alpha)\beta^\alpha}x^{\alpha-1}e^{-x/\beta}$，$x > 0$。

4.9 参数为 α, β 的帕累托分布的 PDF 为 $f(x) = \frac{\beta\alpha^\beta}{x^{\beta+1}}$，其中 $\alpha < x < \infty$，$\alpha > 0$，$\beta > 0$。

(1) 证明 $f(x)$ 是一个 PDF;

(2) 推导该分布的均值和方差;

(3) 证明若 $\beta \leqslant 2$，则其方差不存在。

4.10 设 X 服从二项分布 $B(n,p)$，其中 $p \in (0,1)$，其 PMF 为

$$f(x) = \binom{n}{x}p^x(1-p)^{n-x}, \quad x = 0, 1, \cdots, n$$

用矩生成函数唯一性定理证明当 $n \to \infty$ 但 $np \to \lambda \in (0, \infty)$ 时，二项分布可用泊松分布 Poisson(λ) 近似。(提示：证明二项分布的 MGF 收敛至泊松分布的 MGF。)

4.11 求参数为 $p \in (0,1)$ 的几何分布的均值和方差。

4.12 证明几何分布具有如下马尔可夫性质：

$$P(X = x + y|X \geqslant y) = P(X = x), \quad \text{对所有正整数 } x, y$$

4.13 (1) 某电子产品能承受一定次数的外部冲击。但是，当发生第 K 次冲击时，该产品失灵，即产品的寿命是从时刻 0 到第 K 次冲击到来时的时间间隔。假设在时期 $[0, t)$，外部冲击数服从泊松分布 Poisson(λt)：

$$P(X = x) = \frac{(\lambda t)^x}{x!}e^{-x}, \quad x = 0, 1, \cdots$$

证明产品的寿命服从伽玛分布 $G(K, \lambda)$:

(2) 一般而言，若 $X \sim G(\alpha, \beta)$，且 α 是一个整数，则对 $Y \sim \text{Poisson}(x/\beta)$，有

$$P(X \leqslant x) = P(Y \geqslant \alpha), \quad \text{对任意 } x$$

4.14 求服从参数 p 的几何分布的均值和方差。

4.15 一个经常忘事的家庭主妇不记得她 12 把钥匙中的哪一把可打开某个房门。若她随机地有放回地选择钥匙尝试打开房门，则：

(1) 在打开房门之前，她平均需要尝试多少把钥匙？

(2) 她在尝试三次后就可打开房门的概率有多大？

4.16 只有串联系统的所有组成元件都正常工作，则该系统才能正常工作 (因此当至少有一个元件失灵时，该系统失灵)。假设每个元件的寿命服从 $EXP(1)$ 分布，并且各元件之间相互独立运行，求系统寿命 T 的分布和生存函数 $P(T > t)$，其中 t 为任意给定

实数。

4.17 假设 X 服从指数分布，证明

$$P(X>x+y|X>x)=P(X>y),\ \text{对所有}\ 0<x,y<\infty$$

4.18 假设连续型随机变量 X 的概率密度函数和累积分布函数分别为 $f(x)$ 和 $F(x)$，并且具有无记忆特征，即对于所有的 x 和 $\delta>0$，都有 $P(X>x+\delta|X>x)=P(X>\delta)$，证明：

(1) $\lim_{\delta\to 0^+}P(x<X\leqslant x+\delta|X>x)/\delta=f(x)/[1-F(x)]$；

(2) 对于某个参数 $\beta>0$，X 服从指数分布 $EXP(\beta)$。

4.19 许多“知名”分布都是本章讨论过的一般分布的变换。推导以下各命名分布的PDF并验证其确为 PDF。

(1) 若 $X\sim$ 指数分布 $EXP(\beta)$，则 $Y=X^{1/\gamma}$ 服从韦伯分布 Weibull(γ,β) 分布，其中 $\gamma>0$ 为常数；

(2) 若 $X\sim$ 指数分布 $EXP(\beta)$，则 $Y=(2X/\beta)^{1/2}$ 服从瑞利分布 (Rayleigh distribution)；

(3) 若 $X\sim$ 伽玛分布 $G(a,b)$，则 $Y=1/X$ 服从逆伽玛分布 $IG(a,b)$ (inverse-Gamma distribution)；

(4) 若 $X\sim$ 伽玛分布 $G(\frac{3}{2},\beta)$，则 $Y=(X/\beta)^{1/2}$ 服从麦克斯韦分布 (Maxwell distribution)；

(5) 若 $X\sim$ 指数分布 $EXP(1)$，则 $Y=\alpha-\gamma\ln X$ 服从伽贝尔分布 Gumbel (α,γ)，其中 $-\infty<\alpha<\infty$ 和 $\gamma>0$。

4.20 证明斯特恩引理的如下类似情形 (假设函数 $g(\cdot)$ 满足适当条件)：

(1) 若 $X\sim$ 伽玛分布 $G(\alpha,\beta)$，则

$$E\left[g(X)(X-\alpha\beta)\right]=\beta E\left[Xg'(X)\right]$$

(2) 若 $X\sim$ 贝塔分布$BETA(\alpha,\beta)$，则

$$E\left\{g(X)\left[\beta-(\alpha-1)\frac{(1-X)}{X}\right]\right\}=E\left[(1-X)g'(X)\right]$$

4.21 假设 X 服从双指数分布 $DEXP(\mu,\sigma)$，其 PDF 为 $f_X(x)=\dfrac{1}{2\sigma}e^{-|x-\mu|/\sigma},-\infty<x<\infty$。证明当 $\mu=0$ 时，X 的绝对值 $Y=|X|$ 服从指数分布 $EXP(\sigma)$。

4.22 假设 $Y=e^{-X}$ 服从指数分布 $EXP(\beta)$，求 X 的 PDF。X 的分布称为极值分布。

4.23 若随机变量 X 的 PDF 为

$$f_X(x) = \begin{cases} Ae^{-(x-\mu)/2\sigma_1^2}, & x \leqslant \mu \\ Ae^{-(x-\mu)/2\sigma_2^2}, & x > \mu \end{cases}$$

则称其服从参数为 μ, σ_1, σ_2 的两部分正态分布。

(1) 求常数 A 的值；

(2) 求 X 的均值；

(3) 求 X 的方差。

4.24 假设 $X \sim N(\mu, \sigma^2)$，求 $Y = 1/X$ 的 PDF。

4.25 假设 $X \sim \chi_\nu^2$，则 $Y = \sqrt{X}$ 称为自由度为 ν 的卡分布，记作 χ_ν。证明：

(1) Y 的 PDF 为 $f_Y(y) = \frac{1}{2^{(\nu/2)-1}\Gamma(\nu/2)} e^{-y^2/2} y^{\nu-1}$，$y > 0$；

(2) $E(Y^k) = \frac{2^{k/2}\Gamma[(\nu+k)/2]}{\Gamma(\nu/2)}$。

第五章 多元随机变量及其概率分布

摘要： 本章探讨随机变量之间的关系，这些关系可借助随机变量的联合概率分布来刻画。由于多元分布的绝大多数结论可从二元分布的研究中获得，本章主要关注二元随机变量的概率分布。首先，分别采用联合累积分布函数、联合概率质量函数 (当 X, Y 为离散随机变量时) 和联合概率密度函数 (当 X, Y 为连续随机变量时) 描述二元随机向量 (X, Y) 的联合概率分布；然后，借助条件分布、相关性和条件期望从多个角度刻画 X 和 Y 之间的关系；另外，本章还介绍正态分布，引入独立性概念，并探讨独立性概念下联合分布、条件分布以及相关性等的含义。

关键词： 联合概率分布、边际分布、条件分布、二元变换、二元正态分布、联合矩生成函数、相关性、独立性、条件均值、条件方差、重复期望法则

第一节 随机向量及其联合概率分布

任何经济体都是一个包含不同经济单元 (例如家庭、资产、行业、市场等) 的随机系统。由于经济单元之间通常相互关联，经济变量之间也因此相互关联。经济统计分析最重要目的之一是识别经济事件或经济变量之间的逻辑关系。正如第二章所述，对事件 A 和 B，联合概率 $P(A \cap B)$ 和条件概率 $P(A|B)$ 分别描述了两个事件之间的联合关系和预测关系。这种关系有助于使用一个事件的信息预测另一个事件。

定义 5.1 *[随机向量 (Random Vector)]*: 一个 n 维随机向量，记作 $(Z_1, \cdots, Z_n)'$，是从样本空间 S 到 n 维欧式空间 $\mathbb{R}^n$ 的一个映射。对于样本空间内的任意结果 $s \in S$，$Z(s)$ 是一个 n 维实值向量，称为随机向量 Z 的一个实现。

本章将着重讨论二元概率分布，它可反映多元概率分布的绝大多数 (但非全部) 本质特征。本章主要关注两个随机变量 (X, Y)，其中 X 和 Y 定义在同一概率空间 $(S, \mathbb{B}, P)$ 上。(X, Y) 的一组实现值记作 $(x, y) \in \mathbb{R}^2$。

借助二元随机向量 (X, Y) 的定义，现在探讨不同事件的联合概率分布。与一元情况类似，可采用 CDF，此处称为 X 和 Y 的联合 CDF，以刻画二者的联合分布。

定义 5.2 *[联合 CDF]*: X 和 Y 的联合 CDF 定义如下:

$$
\begin{aligned}
F_{XY}(x, y) &= P(X \leqslant x, Y \leqslant y) \\
&= P(X \leqslant x \cap Y \leqslant y)
\end{aligned}
$$

其中 $(x,y)\in\mathbb{R}^2$ 是任意实数组。

首先考察联合 CDF 的性质。

引理 5.1 [$F_{XY}(x,y)$ 的性质]: *对任意实数组 (x,y),*

(1) $F_{XY}(-\infty,y)=F_{XY}(x,-\infty)=0$; $F_{XY}(\infty,\infty)=1$;

(2) $F_{XY}(x,y)$ 是关于 x 和 y 的非递减函数;

(3) $F_{XY}(x,y)$ 是关于 x 和 y 的右连续函数。

以下陈述一个重要结论。

定理 5.1

$$F_X(x)=F_{XY}(x,\infty), \text{且 } F_Y(y)=F_{XY}(\infty,y)$$

证明: 定义两个事件: $A=\{X\leqslant x\}$, $B=\{Y\leqslant\infty\}$。由于 B 总是成立，故有 $A\cap B=A$。因此，$P(A)=P(A\cap B)$，即 $F_X(x)=F_{XY}(x,\infty)$。证毕。 ■

定理 5.1 表明可从 X 和 Y 的联合 CDF 求得其各自的 CDF。X 和 Y 各自的 CDF 分别称为 X 和 Y 的边际 CDF。

联合 CDF 和边际 CDF 在统计学和计量经济学有广泛应用。以下以关联 (copula) 函数为例，说明其重要性。关联函数可用于对随机变量之间的相依性的建模。

例 5.1 [二元关联 (Copula) 函数]: 令 $U=F_X(X)$，$V=F_Y(Y)$ 分别为 X 和 Y 的概率积分变换。这两个随机变量均为 $U[0,1]$ 随机变量，且 (U,V) 的联合 CDF

$$C(u,v)=P(U\leqslant u,V\leqslant v),\quad -\infty\leqslant u,v\leqslant\infty$$

称为 (X,Y) 联合概率分布的关联函数。关联函数 $C(u,v)$ 和联合 CDF $F_{XY}(x,y)$ 紧密相关。假设 $F_X(\cdot)$ 和 $F_Y(\cdot)$ 为严格递增函数，则有

$$\begin{aligned}F_{XY}(x,y)&=P(X\leqslant x,Y\leqslant y)\\&=P[F_X(X)\leqslant F_X(x),F_Y(Y)\leqslant F_Y(y)]\\&=P[U\leqslant F_X(x),V\leqslant F_Y(y)]\\&=C[F_X(x),F_Y(y)]\end{aligned}$$

这表明联合分布 $F_{XY}(x,y)$ 可分解为两个成分：一部分是边际分布 $F_X(\cdot)$ 和 $F_Y(\cdot)$，另一部分是 X 和 Y 之间“纯粹”的关联函数 $C(\cdot,\cdot)$。换言之，关联函数 $C(\cdot,\cdot)$ 仅刻画了 X 和 Y 之间的关联性而与其边际分布无关。关联函数可将边际行为与 X 和 Y 之间的关联性区分开来。给定函数形式 $C(\cdot,\cdot)$，不同的边际分布会导致 (X,Y) 的不同联合

分布。由于关联函数可用于刻画不同市场之间或不同资产之间的联动性 (Cherubini *et al.*, 2004)，其被广泛应用于计量经济学和金融业界中。

5.1.1 离散情形

当 X 和 Y 均为离散随机变量时，可定义联合 PMF 以刻画二者的联合概率分布。

定义 5.3 [联合 *PMF*]: 若 X 和 Y 为两个离散随机变量，则对任意 $(x,y)\in\mathbb{R}^2$，二者的联合 PMF 定义为

$$f_{XY}(x,y)=P(X=x\cap Y=y)=P(X=x,Y=y),\quad -\infty<x,y<\infty$$

下面考察联合 PMF 的性质。

引理 5.2 [$f_{XY}(x,y)$ 的性质]:

(1) 对任意 $(x,y)\in\mathbb{R}^2$，$f_{XY}(x,y)\geqslant 0$;

(2) $\sum_{x\in\Omega_X}\sum_{y\in\Omega_Y}f_{XY}(x,y)=1$，其中 Ω_X 和 Ω_Y 分别为 X 和 Y 的支撑集。

定义 5.4 [支撑]: 二维随机向量 (X,Y) 的支撑定义为所有取严格正概率的可能实现值 (x,y) 构成的集合，即

$$\text{Support }(X,Y)=\Omega_{XY}=\{(x,y)\in\mathbb{R}^2:f_{XY}(x,y)>0\}$$

仅在 (X,Y) 的支撑上进行假设比较方便。

问题 5.1 假设 Ω_X 和 Ω_Y 分别为 X 和 Y 的支撑。是否有

$$\begin{aligned}\Omega_{XY}&=\Omega_X\times\Omega_Y\\&=\{(x,y)\in\mathbb{R}^2:f_X(x)>0,f_Y(y)>0\}\end{aligned}$$

其中符号“×”代表笛卡尔乘积。

答案是否定的。考虑一个二维分布的例子，其中 X 和 Y 均为非负整数但满足约束条件 $X\leqslant Y$。则

$$\Omega_X=\Omega_Y=\{0,1,2,\cdots\}$$

而

$$\Omega_{XY}=\{(x,y):0\leqslant x\leqslant y<\infty,\text{其中 }x,\ y\text{ 均为整数}\}$$

显然，Ω_{XY} 是 $\Omega_X\times\Omega_Y$ 的一个子集。

问题 5.2

$$\sum_{(x,y)\in\Omega_{XY}} f_{XY}(x,y)=1$$

是否成立？其中，Ω_{XY} 通常是 $\Omega_X\times\Omega_Y$ 的一个子集。

联合 PMF $f_{XY}(x,y)$ 可用于计算由 (X,Y) 定义的任意事件的概率。对任意子集 $A\in\mathbb{R}^2$，有

$$P[(X,Y)\in \mathrm{A}]=\sum_{(x,y)\in A} f_{XY}(x,y)$$

例 5.2：假设 X 和 Y 的联合 PMF 为

$$f_{XY}(x,y)=c\,|x+y|\,,\quad x=-1,0,1;\ y=0,1$$

其中 c 为未知常数。求 (1) X,Y 以及 (X,Y) 的支撑；(2)c 的值；(3) $P(X=0$ 且 $Y=1)$；(4) $P(X=1)$；(5) $P(|X-Y|\leqslant 1)$。

解：(1) $\Omega_X=\{-1,0,1\}$，$\Omega_Y=\{0,1\}$ 以及 $\Omega_{XY}=\{(-1,0),(0,1),(1,0),(1,1)\}$。由于 $(0,0)\in\Omega_X\times\Omega_{\mathrm{Y}}$ 但 $(0,0)\notin\Omega_{XY}$，Ω_{XY} 是 $\Omega_X\times\Omega_{\mathrm{Y}}$ 的一个子集。

(2) 由等式 $\sum_{x\in\Omega_X}\sum_{y\in\Omega_Y} f_{XY}(x,y)=1$，有

$$c\,[|-1+0|+|-1+1|+|0+0|+|0+1|+|1+0|+|1+1|]=1$$

因此得 $c=\frac{1}{5}$。

(3) 由联合 PMF 定义可知

$$P(X=0,Y=1)=f_{XY}(0,1)=\frac{1}{5}\,|0+1|=\frac{1}{5}$$

(4) 因事件 $\{X=1\}=\{X=1\}\cap\{Y\in\Omega_Y\}$，有

$$\begin{aligned}&P(X=1)\\=&\sum_{y\in\Omega_y} f_{XY}(1,y)\\=&f_{XY}(1,0)+f_{XY}(1,1)\\=&\frac{3}{5}\end{aligned}$$

(5)

$$P(|X-Y|\leqslant 1)=\sum_{(x,y)\in\Omega_{XY}:|x-y|\leqslant 1} f_{XY}(x,y)$$

$$
= f_{XY}(-1,0) + f_{XY}(0,1) + f_{XY}(1,0) + f_{XY}(1,1)
$$
$$
= 1
$$

现在探讨 $f_{XY}(x,y)$ 和 $F_{XY}(x,y)$ 之间的关系。这与一元变量情形下 $f_X(x)$ 和 $F_X(x)$ 之间的关系十分类似。

对于离散随机变量 X 和 Y，其联合 CDF 为

$$
\begin{aligned}
F_{XY}(x,y) &= P(X \leqslant x, Y \leqslant y) \\
&= \sum_{(u,v)\in\Omega_{XY}(x,y)} f_{XY}(u,v)
\end{aligned}
$$

其中 $\Omega_{XY}(x,y)$ 是在 (X,Y) 的支撑 Ω_{XY} 上满足 $u \leqslant x$，$v \leqslant y$ 的所有可能 (u,v) 取值所构成的集合，即

$$
\Omega_{XY}(x,y) = \{(u,v) \in \Omega_{XY} : u \leqslant x, v \leqslant y\}
$$

因此，可从 $f_{XY}(x,y)$ 求得 $F_{XY}(x,y)$。

另一方面，通过对 $F_{XY}(x,y)$ 求差分，可从 $F_{XY}(x,y)$ 求得 $f_{XY}(x,y)$。不失一般性，假设 X 的可能取值按照升序排列：$x_1 < x_2 < x_3 < \cdots$，Y 的可能取值也按升序排列：$y_1 < y_2 < y_3 < \cdots$。则对 $i > 1$，$j > 1$，有

$$
\begin{aligned}
f_{XY}(x_i,y_j) &= \Delta_Y \Delta_X F_{XY}(x_i,y_j) \\
&= \Delta_Y \left[F_{XY}(x_i,y_j) - F_{XY}(x_{i-1},y_j)\right] \\
&= [F_{XY}(x_i,y_j) - F_{XY}(x_i,y_{j-1})] - [F_{XY}(x_{i-1},y_j) - F_{XY}(x_{i-1},y_{j-1})] \\
&= F_{XY}(x_i,y_j) - F_{XY}(x_i,y_{j-1}) - F_{XY}(x_{i-1},y_j) + F_{XY}(x_{i-1},y_{j-1})
\end{aligned}
$$

其中，Δ_X 和 Δ_Y 分别是对 x 和 y 的差分算子。例如，对任意给定的 y，有 $\Delta_X F_{XY}(x_i,y) = F_{XY}(x_i,y) - F_{XY}(x_{i-1},y)$。

上述公式不包含 $i=1$ 或 $j=1$ 的情况。对这类情形，有

$$
f_{XY}(x_i,y_j) = \begin{cases} F_{XY}(x_i,y_j) - F_{XY}(x_i,y_{j-1}), & i=1, j>1 \\ F_{XY}(x_i,y_i) - F_{XY}(x_{i-1},y_j), & i>1, j=1 \\ F_{XY}(x_i,y_i), & i=1, j=1 \end{cases}
$$

上述二元情形均可推广到 n 维随机向量的多元情形。例如，n 个离散随机变量 $X_1,\cdots,X_n$ 的联合 PMF 为

$$
f_{\boldsymbol{X}^n}(\boldsymbol{x}^n) = P(X_1 = x_1,\cdots,X_n = x_n)
$$

其中 $\boldsymbol{x}^n = (x_1,\cdots,x_n)' \in \mathbb{R}^n$ 是 n 维实数空间上的任意 n 维数组。而 $\boldsymbol{X}^n = (X_1,\cdots,X_n)'$ 的联合 CDF 则为

$$F_{\boldsymbol{X}^n}(\boldsymbol{x}^n) = P(X_1 \leqslant x_1, \cdots, X_n \leqslant x_n)$$

其中 $\boldsymbol{x}^n \in \mathbb{R}^n$。

5.1.2 连续情形

现在考察连续随机变量的情形。

定义 5.5 [联合 PDF]: 若两个随机变量 X 和 Y 的联合 CDF $F_{XY}(x,y)$ 对 x 和 y 均是绝对连续的，则称其具有连续联合分布。此时，存在函数 $f_{XY}(x,y)$，对任意给定的 $(x,y) \in \mathbb{R}^2$，有

$$F_{XY}(x,y) = P(X \leqslant x, Y \leqslant y) = \int_{-\infty}^{y} \int_{-\infty}^{x} f_{XY}(u,v)\,dudv$$

其中函数 $f_{XY}(x,y)$ 称为 (X,Y) 的联合 PDF。

该公式类似于离散情形下对联合 PMF 中的二重求和，表明在连续情形下 $F_{XY}(x,y)$ 可通过对联合 PDF $f_{XY}(x,y)$ 进行双重积分而求得。

引理 5.3 [联合 PDF $f_{XY}(x,y)$ 的性质]:

(1) 对 xy 平面上的所有实数组 (x,y)，有 $f_{XY}(x,y) \geqslant 0$;

(2) $\int_{-\infty}^{\infty}\int_{-\infty}^{\infty} f_{XY}(x,y)dxdy = 1$。

证明: (1) 对任意给定的二元数组 $(x,y) \in \mathbb{R}^2$，定义 $A(x,y) = \{(u,v) : u \leqslant x, v \leqslant y\}$，有

$$\begin{aligned}
P[(X,Y) \in A(x,y)] &= P(X \leqslant x, Y \leqslant y) \\
&= F_{XY}(x,y) \\
&= \int_{-\infty}^{x}\int_{-\infty}^{y} f_{XY}(u,v)dudv
\end{aligned}$$

该公式与在离散情形下对联合 PDF 二重求和类似，表明可通过对联合 PDF $f_{XY}(x,y)$ 二重积分而得 $F_{XY}(x,y)$ 。

对函数 $F_{XY}(x,y)$ 的任意可微点 (x,y)，有

$$f_{XY}(x,y) = \frac{\partial^2 F_{XY}(x,y)}{\partial x \partial y} \geqslant 0$$

其中，等式由微积分基本定理可得，不等式乃根据 $F_{XY}(x,y)$ 为 (x,y) 的非递减函数而得。该公式与离散情形下对联合 CDF $F_{XY}(x,y)$ 进行二重差分类似，表明在连续情形

下可通过对联合 CDF $F_{XY}(x,y)$ 求导而得联合 PDF $f_{XY}(x,y)$。

(2) 根据 $F_{XY}(\infty,\infty)=1$ 即得 $\int_{-\infty}^{\infty}\int_{-\infty}^{\infty} f_{XY}(x,y)dxdy=1$。证毕。 ■

问题 5.3 如何解释联合 PDF $f_{XY}(x,y)$？

给定 xy 平面上的任意数组 (x,y)，考虑事件

$$A(x,y)=\left\{x-\frac{\epsilon}{2}<X\leqslant x+\frac{\epsilon}{2} \text{ 且 } y-\frac{\epsilon}{2}<Y\leqslant y+\frac{\epsilon}{2}\right\}$$

其中 $\epsilon>0$ 为很小的常数。几何上，$A(x,y)$ 是 (X,Y) 在以点 (x,y) 为中心、四边长度均为 ϵ 的一个小矩形区域内取值的事件。假设 $f_{XY}(x,y)$ 在点 (x,y) 处连续，则有

$$\begin{aligned}
P\left[A(x,y)\right] &= P\left(x-\frac{\epsilon}{2}<X\leqslant x+\frac{\epsilon}{2}, y-\frac{\epsilon}{2}<Y\leqslant y+\frac{\epsilon}{2}\right)\\
&= \int_{y-\epsilon/2}^{y+\epsilon/2}\int_{x-\epsilon/2}^{x+\epsilon/2} f_{XY}(u,v)dudv\\
&= f_{XY}(\bar{x},\bar{y})\epsilon\epsilon \qquad \left[\text{对某一对}(\bar{x},\bar{y})\right]\\
&\approx f_{XY}(x,y)\epsilon^2 \qquad (\text{当}\epsilon\text{很小时})
\end{aligned}$$

因此，$f_{XY}(x,y)$ 虽不是概率测度，但其与 (X,Y) 在以点 (x,y) 为中心的一个小矩形区域内取值的概率成正比。换言之，$f_{XY}(x,y)$ 和 (X,Y) 在 xy 平面上以点 (x,y) 为中心的区域内取值的概率成正比。

可用三维空间几何解释概率 $P[(X,Y)\in A]$，其中 A 是 xy 平面上的一个子区域。回顾单变量情形，当 A 为实数轴上的一个区间 (比如 $A=\{x\in\mathbb{R}: a<x\leqslant b\}$) 时，概率 $P(X\in A)$ 等于 PDF 曲线 $f_X(x)$ 和实数轴在区间 A 上形成的面积，如图 5.1 (a) 所示。对于双变量情形，假设 A 是 xy 平面上的一片区域，则概率 $P[(X,Y)\in A]$ 是 $f_{XY}(x,y)$ 表面和 xy 平面在区域 A 上所形成的体积，如图 5.1 (b) 所示。

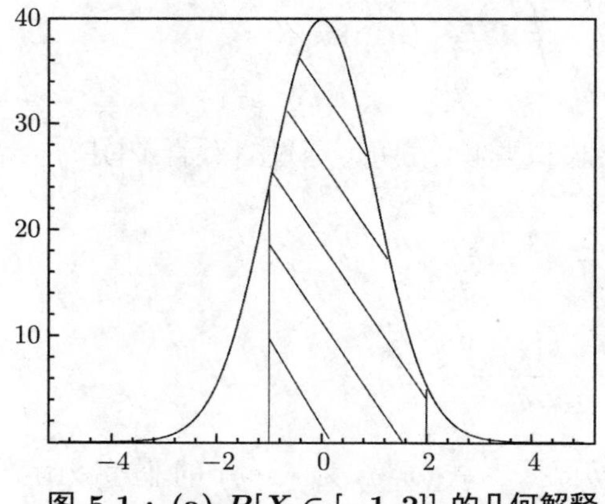

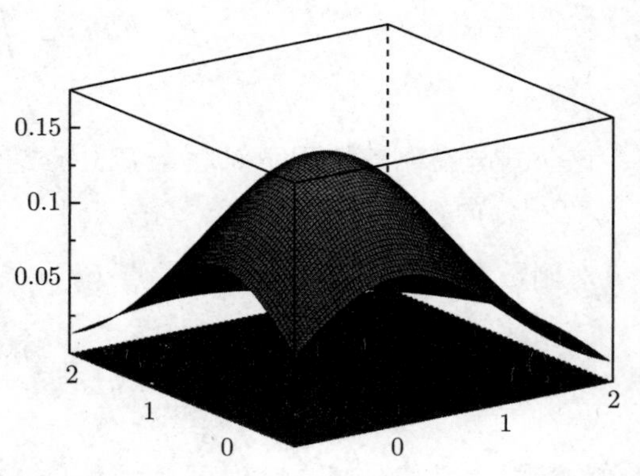

图 5.1：(a) $P[X\in[-1,2]]$ 的几何解释　(b) $P[(X,Y)\in[-1,2]^2]$ 的几何解释

$P[(X,Y)\in A]$ 的上述几何解释具有重要含义：(1) (X,Y) 在某个点 (x,y) 处取值或在 xy 平面上的任意有限个点处取值的概率为 0；(2) (X,Y) 在 xy 平面上任意一条曲线上取值的概率亦为 0。

由于 $F_{XY}(x,y)$ 和 $f_{XY}(x,y)$ 可互推，二者所包含的关于 (X,Y) 联合分布的信息是相同的，因而是等价的。在很多实际应用中，使用 $f_{XY}(x,y)$ 相对而言比较方便。另外，与单变量情形类似，对于每个联合 CDF $F_{XY}(x,y)$，其相应的联合 PDF$f_{XY}(x,y)$ 在 xy 平面上 (x,y) 可列点集上的定义可能存在一定程度的任意性，但这并不会对联合 CDF F_{XY} (x,y) 产生任何影响。方便起见，通常定义在 xy 平面上最平滑的联合 PDF$f_{XY}(x,y)$。

需要指出，联合 PDF $f_{XY}(x,y)$ 对 $\mathbb{R}^2$ 空间上的所有二元数组 (x,y) 均有定义。然而，尽管 PDF $f_{XY}(x,y)$ 对任意集合内的任意点有定义，但是其在某一集合 A 上的所有点可能取值为零，即 $P[(X,Y)\in A]=0$。因此，可仅关注 $f_{XY}(x,y)$ 严格为正时 (x,y) 的集合。此类集合称为 (X,Y) 的支撑。

定义 5.6 *[* (X,Y) *的支撑]：二元连续随机向量* (X,Y) *的支撑定义为*

$$\text{Support}(X,Y)=\Omega_{XY}=\{(x,y)\in\mathbb{R}^2: f_{XY}(x,y)>0\}$$

因此，(X,Y) 的支撑 Support(X,Y) 是 xy 平面中满足 (X,Y) 在该点的小邻域内取值的概率严格为正的所有点 (x,y) 构成的集合。由于对 (X,Y) 支撑集外的所有点 (x,y)，有 $f_{XY}(x,y)=0$，故在计算与 (X,Y) 相关的任意事件的概率时，仅需在支撑 Ω_{XY} 上对 $f_{XY}(x,y)$ 求积分。

例 5.3：假设 X 和 Y 的联合 PDF 为

$$f_{XY}(x,y)=cy^2,\quad 0\leqslant x\leqslant 2\ ,\ 0\leqslant y\leqslant 1$$

其中 c 为未知常数。求 (1) c 的值；(2) $P(X+Y>2)$；(3) $P(X<0.5)$；(4) $P(X=3Y)$。

解：支撑 $\Omega_{XY}=\{(x,y):0\leqslant x\leqslant 2, 0\leqslant y\leqslant 1\}$ 为 xy 平面上的矩形区域。

(1) 因等式 $\int_{-\infty}^{\infty}\int_{-\infty}^{\infty} f_{XY}(x,y)dxdy=1$，则

$$\begin{aligned}\int_0^1\left(\int_0^2 cy^2dx\right)dy &= \int_0^1 cy^2\left(\int_0^2 dx\right)dy\\ &= c\int_0^1 y^2x\big|_0^2dy\\ &= 2c\int_0^1 y^2dy\\ &= \frac{2c}{3}y^3\Big|_0^1\end{aligned}$$

$$= \frac{2c}{3}$$
$$= 1$$

因此，得 $c = \frac{3}{2}$。

(2)

$$P(X + Y > 2) = \int_0^1 \left(\int_{2-y}^2 \frac{3}{2} y^2 dx \right) dy = \frac{3}{8}$$

(3)

$$P(X < 0.5) = \int_0^1 \left(\int_0^{\frac{1}{2}} \frac{3}{2} y^2 dx \right) dy = \frac{1}{4}$$

(4) 因为 $x = 3y$ 是一条直线，直线上方 $f_{xy}(x, y)$ 覆盖的体积为 0，故

$$P(X = 3Y) = 0$$

例 5.4：假设 X 和 Y 的联合 PDF 为

$$f_{XY}(x, y) = cx^2 y, \quad x^2 \leqslant y \leqslant 1$$

其中 c 为未知常数。求 (1) c 的值；(2) $P(X \geqslant Y)$。

解：支撑 $\Omega_{XY} = \{(x, y) : x^2 \leqslant y \leqslant 1\}$，如图 5.2 所示。

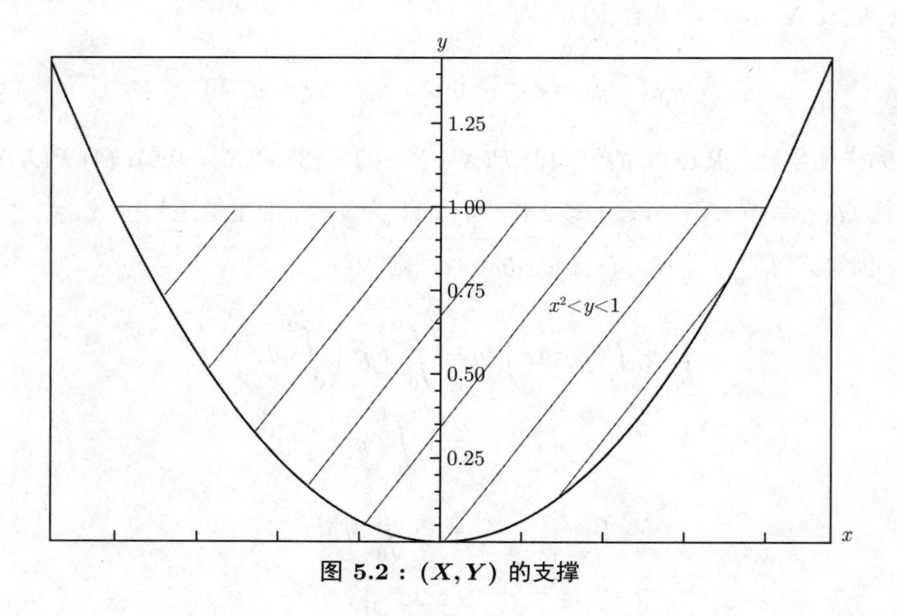

图 5.2：(X, Y) 的支撑

(1) 根据

$$\int_0^1 \left(\int_{-\sqrt{y}}^{\sqrt{y}} cx^2 y dx\right) dy = 1$$

可得 $c = \frac{21}{4}$。

(2)

$$P(X \geqslant Y) = \int_0^1 \left(\int_y^{\sqrt{y}} cx^2 y dx\right) dy = \frac{3}{20}$$

例 5.5：假设 (X, Y) 的联合 CDF 为

$$F_{XY}(x, y) = \frac{1}{16} xy(x + y), \quad 0 \leqslant x \leqslant 2,\ 0 \leqslant y \leqslant 2$$

求 (1) CDF $F_{XY}(x, y)$ 在整个 xy 平面上的完整表达式；(2) 联合 PDF $f_{XY}(x, y)$；(3) $P(1 \leqslant X \leqslant 2,\ 1 \leqslant Y \leqslant 2)$。

解：(1) 根据引理 5.1 和定理 5.1 关于联合 CDF$F_{XY}(x, y)$ 的性质，有

$$F_{XY}(x, y) = \begin{cases} 0, & x < 0 \text{ 或 } y < 0 \\ \frac{1}{16} xy(x + y), & 0 \leqslant x \leqslant 2,\ 0 \leqslant y \leqslant 2 \\ \frac{1}{8} x(x + 2), & 0 \leqslant x \leqslant 2,\ y > 2 \\ \frac{1}{8} y(y + 2), & x > 2,\ 0 \leqslant y \leqslant 2 \\ 1, & x > 2,\ y > 2 \end{cases}$$

(2) 对联合 CDF $F_{XY}(x, y)$ 求偏导，可得

$$\begin{aligned} f_{XY}(x, y) &= \frac{\partial^2 F_{XY}(x, y)}{\partial x \partial y} \\ &= \frac{1}{8}(x + y), \quad 0 \leqslant x \leqslant 2, 0 \leqslant y \leqslant 2 \end{aligned}$$

对所有其他的点 (x, y)，有 $f_{XY}(x, y) = 0$。

(3)

$$\begin{aligned} P(1 \leqslant X \leqslant 2, 1 \leqslant Y \leqslant 2) &= \int_1^2 \int_1^2 \frac{1}{8}(x + y) dx dy \\ &= \frac{3}{8} \end{aligned}$$

二元连续随机变量的相关概念可扩展到更一般的多元情形。n 维连续随机向量

$\boldsymbol{X}^n = (X_1, \cdots, X_n)'$ 的联合 CDF 为

$$F_{\boldsymbol{X}^n}(\boldsymbol{x}^n) = \int_{-\infty}^{x_1} \cdots \int_{-\infty}^{x_n} f_{\boldsymbol{X}^n}(\boldsymbol{u}^n) d\boldsymbol{u}^n$$

其中 $f_{\boldsymbol{X}^n}(\boldsymbol{x}^n)$ 是 $\boldsymbol{X}^n$ 的联合 PDF，$\boldsymbol{x}^n = (x_1, \cdots, x_n)'$, 且 $\boldsymbol{u}^n = (u_1, \cdots, u_n)'$。若对空间 $\mathbb{R}^n$ 上的点 $\boldsymbol{x}^n$，$F_{\boldsymbol{X}^n}(\boldsymbol{x}^n)$ 的偏导数存在，则有

$$f_{\boldsymbol{X}^n}(\boldsymbol{x}^n) = \frac{\partial^n F_{\boldsymbol{X}^n}(\boldsymbol{x}^n)}{\partial x_1 \cdots \partial x_n}$$

第二节　边际分布

从联合 PMF/PDF $f_{XY}(x, y)$ 可获取哪些信息呢？直观上，可得如下信息：

(1) X 的边际分布信息，由 X 的 PMF/PDF $f_X(x)$ 刻画；

(2) Y 的边际分布信息，由 Y 的 PMF/PDF $f_Y(y)$ 刻画；

(3) X 和 Y 之间的预测关系，由适当的条件分布刻画。

5.2.1　离散情形

以下探讨如何从联合 PMF/PDF $f_{XY}(x, y)$ 获取上述信息。首先考察离散随机变量的情形。

定义 5.7 [边际概率质量函数]: 假设 X 和 Y 具有联合离散分布，其联合 PMF 为 $f_{XY}(x, y)$。则 X 和 Y 的边际 PMF 分别定义为

$$f_X(x) = P(X = x) = \sum_{y \in \Omega_Y} f_{XY}(x, y), \quad -\infty < x < \infty$$

$$f_Y(y) = P(Y = y) = \sum_{x \in \Omega_X} f_{XY}(x, y), \quad -\infty < y < \infty$$

为了理解边际 PMF 的定义，可在二元情形下定义事件 $\{X = x\}$。注意到

$$\begin{aligned}\{X = x\} &= \{X = x\} \cap \{Y \in \Omega_Y\} \\ &= \{X = x\} \cap \left[\bigcup_{y \in \Omega_Y} \{Y = y\}\right] \\ &= \bigcup_{y \in \Omega_Y} [\{X = x\} \cap \{Y = y\}]\end{aligned}$$

最后一个等式根据定理 2.1 的分配律而得。全概率公式指出，对任意事件 A 以及一系列互斥且完全穷尽事件序列 $\{A_1, A_2, \cdots\}$，有 $P(A) = \sum_{i=1}^{\infty} P(A \cap A_i)$。与之类似，可得

$$\begin{aligned} F_X(x) &= P(X = x) \\ &= P(\{X = x\} \cap \{Y \in \Omega_Y\}) \\ &= \sum_{y \in \Omega_Y} f_{XY}(x, y) \end{aligned}$$

直观上，X 的边际 PMF $f_X(x)$ 是不论 Y 取何值，X 取给定值 x 的概率。通过考虑 Y 的所有可能取值，消去了关于 Y 的全部信息而只保留 X 的信息。之所以称 $f_X(x)$ 为 X 的边际 PMF，旨在强调其是在给定二元随机向量 (X, Y) 的联合分布下，随机变量 X 的 PMF。就技术层面来说，“边际”这一修饰词是多余的。

边际 PMF 具有如下性质。

引理 5.4 *[$f_X(x)$ 和 $f_Y(y)$ 的性质]*:

(1) 对所有 $x \in (-\infty, \infty)$，有 $f_X(x) \geqslant 0$；

(2) $\sum_{x \in \Omega_X} f_X(x) = 1$，其中 Ω_X 为 X 的支撑。

类似结果对 $f_Y(y)$ 亦成立。

例 5.6：假设 X 和 Y 的联合 PMF 为

$$f_{XY}(x, y) = \frac{1}{5}|x + y|, \quad x = -1, 0, 1; y = 0, 1$$

求 (1) $f_X(x)$；(2) $f_Y(y)$。

解：(1) 对于 $x = -1$，事件 $\{X = -1\}$ 包含两个基本结果：$\{X = -1, Y = 0\}$ 和 $\{X = -1, Y = 1\}$。这两个基本结果相互排斥。因此，

$$\begin{aligned} f_X(-1) &= P(X = -1) \\ &= f_{XY}(-1, 0) + f_{XY}(-1, 1) \\ &= \frac{1}{5} \end{aligned}$$

类似有

$$f_X(0) = f_{XY}(0, 0) + f_{XY}(0, 1) = \frac{1}{5}$$

$$f_X(1) = f_{XY}(1, 0) + f_{XY}(1, 1) = \frac{3}{5}$$

则 X 的边际 PMF 为

$$f_X(x)=\begin{cases}\frac{1}{5}, & x=-1\\ \frac{1}{5}, & x=0\\ \frac{3}{5}, & x=1\end{cases}$$

(2) 类似可得 Y 的 PMF 为

$$f_Y(y)=\begin{cases}\frac{2}{5}, & y=0\\ \frac{3}{5}, & y=1\end{cases}$$

可用矩阵形式完整地描述 (X,Y) 的联合 PMF $f_{XY}(x,y)$，并且对行或者列求和，即可分别得二者的边际 PMF：

Y/X	-1	0	1
0	$\frac{1}{5}$	0	$\frac{1}{5}$
1	0	$\frac{1}{5}$	$\frac{2}{5}$

可能出现联合 PMF 不同，但边际 PMF 相同的情形。许多联合分布有相同的边际分布。联合 PMF 不仅提供了边际信息，而且包括无法从 X 和 Y 的边际分布中获取的二者之间关系的信息。尽管 X 和 Y 的边际分布可能相同，但若二者之间的关系有所差异时，则会产生不同的联合分布。以下考察一个简单的例子。

例 5.7： 假设 X 和 Y 均为二值随机变量，其取值为 1 或 0。考虑以下 (X,Y) 的两个联合 PMF，分别是

情形 (1)：

$$f_{XY}(x,y)=\begin{cases}p, & x=y=1\\ 1-p, & x=y=0\\ 0, & \text{其他}\end{cases}$$

情形 (2)：

$$f_{XY}(x,y)=\begin{cases}p^{x+y}(1-p)^{2-(x+y)}, & x=1,0;\ y=1,0\\ 0, & \text{其他}\end{cases}$$

显然，情形 (1) 和 (2) 是 (X,Y) 的两个不同联合分布。但这在两种情况下，均有 $X\sim$ Bernoulli(p)，$Y\sim$ Bernoulli(p)。

5.2.2 连续情形

假设二维连续随机向量 (X,Y) 的联合 PDF 为 $f_{XY}(x,y)$。首先考虑如何求得 X 的边际 CDF。由于事件 $\{X\leqslant x\}=\{X\leqslant x\}\cap\{-\infty<Y<\infty\}$，故

$$\begin{aligned}
F_X(x) &\equiv P(X \leqslant x) \\
&= P(X \leqslant x, -\infty < Y < \infty) \\
&= \int_{-\infty}^{x} \int_{-\infty}^{\infty} f_{XY}(u, y) du dy \\
&= \int_{-\infty}^{x} \left[\int_{-\infty}^{\infty} f_{XY}(u, y) dy\right] du \\
&= \int_{-\infty}^{x} f_X(u) du
\end{aligned}$$

对上述等式两边求微分，可得

$$f_X(x) = \int_{-\infty}^{\infty} f_{XY}(x, y) dy$$

因此，通过对联合 PDF $f_{XY}(x, y)$ 关于 y 求积分，可得边际 PDF $f_X(x)$。

定义 5.8 *[边际 PDF]*: 假设 X 和 Y 具有联合连续分布，并且其联合 PDF 为 $f_{XY}(x, y)$。则 X 和 Y 的边际 PDF 分别定义为:

$$f_X(x) = \int_{-\infty}^{\infty} f_{XY}(x, y) dy, \quad -\infty < x < \infty$$

$$f_Y(y) = \int_{-\infty}^{\infty} f_{XY}(x, y) dx, \quad -\infty < y < \infty$$

与经济学中其他边际概念比如边际效用和边际生产率不同，一个变量的边际 PDF 是通过对另一个变量求积分而得，而并非对该变量求偏导数。直观上，对联合 PDF $f_{XY}(x, y)$ 关于 y 求积分，余下即为关于 X 的信息。边际 PDF 具有下述性质。

引理 5.5 *[$f_X(x)$ 和 $f_Y(y)$ 的性质]*:

(1) 对任意 $x \in (-\infty, \infty)$，有 $f_X(x) \geqslant 0$;

(2) $\int_{-\infty}^{\infty} f_X(x) dx = 1$。

类似结果对 $f_Y(y)$ 也成立。

例 5.8: 假设 (X, Y) 的联合 PDF 为 $f_{XY}(x, y) = 4xy$，其中 $0 < x < 1$，$0 < y < 1$。求边际 PDF$f_X(x)$ 和 $f_Y(y)$。

解: 支撑 $\Omega_{XY} = \{(x, y) : 0 < x < 1, 0 < y < 1\}$ 是一个单位矩形区域。对 $0 < x < 1$，X 的边际 PDF 为

$$f_X(x) = \int_0^1 4xydy = 2x$$

对 $x \leqslant 0$ 或 $x \geqslant 1$，有 $f_X(x) = 0$。

对 $0 < y < 1$，Y 的边际 PDF 为

$$f_Y(y) = \int_0^1 4xydx = 2y$$

对 $y \leqslant 0$ 或 $y \geqslant 1$，$f_Y(y) = 0$。

例 5.9：假设对 $x^2 < y < 1$，X 和 Y 的联合 PDF 为 $f_{XY}(x,y) = cy^2$。求 (1) $f_X(x)$；(2) $f_Y(y)$。

解：(X,Y) 的支撑与例 5.4 中 (X,Y) 的支撑相同，如图 5.2 所示。从中可求得 X 的支撑为 $\Omega_X = \{x \in \mathbb{R} : -1 < x < 1\}$，$Y$ 的支撑为 $\Omega_Y = \{y \in \mathbb{R} : 0 < y < 1\}$。

首先用如下性质确定 c 的值：

$$\int_{-\infty}^{\infty}\int_{-\infty}^{\infty} f_{XY}(x,y)dxdy = 1$$

给定图 5.2 所示的 (X,Y) 的支撑，有

$$\begin{aligned}
c\int_{-1}^{1}\left(\int_{x^2}^{1} y^2 dy\right)dx &= c\int_{-1}^{1}\frac{1}{3}\left(1-x^6\right)dx \\
&= \frac{2c}{3}\int_0^1 (1-x^6)dx \\
&= \frac{4c}{7} \\
&= 1
\end{aligned}$$

因此 $c = \frac{7}{4}$。

(1) 对 $-1 < x < 1$，有

$$\begin{aligned}
f_X(x) &= \int_{-\infty}^{\infty} f_{XY}(x,y)dy \\
&= \int_{x^2}^{1} cy^2 dy \\
&= c\frac{1}{3}y^3\Big|_{x^2}^{1} \\
&= \frac{7}{12}(1-x^6)
\end{aligned}$$

因此 X 的边际 PDF 为

$$f_X(x)=\begin{cases}\frac{7}{12}(1-x^6), & -1<x<1\\ 0, & \text{其他}\end{cases}$$

(2) 对 $0<y<1$，有

$$\begin{aligned}f_Y(y)&=\int_{-\infty}^{\infty}f_{XY}(x,y)dx\\&=\int_{-\sqrt{y}}^{\sqrt{y}}cy^2dx\\&=cy^2\cdot 2\sqrt{y}\\&=\frac{7}{2}y^{\frac{5}{2}}\end{aligned}$$

因此，Y 的边际 PDF 为

$$f_Y(y)=\begin{cases}\frac{7}{2}y^{\frac{5}{2}}, & 0<y<1\\ 0, & \text{其他}\end{cases}$$

当有两个以上的随机变量时，不仅可定义每个随机变量的边际分布，还可对随机变量的任意子集定义联合分布。例如，若有 n 个离散随机变量 $X_1,\cdots,X_n$，则 X_1 的边际 PMF 为

$$f_{X_1}(x_1)=\sum_{x_2\in\Omega_2}\cdots\sum_{x_n\in\Omega_n}f_{\boldsymbol{X}^n}(\boldsymbol{x}^n),\quad -\infty<x_1<\infty$$

子集 (X_1,X_2,X_3) 的联合 PMF 为

$$f_{X_1X_2X_3}(x_1,x_2,x_3)=\sum_{x_4\in\Omega_4}\cdots\sum_{x_n\in\Omega_n}f_{\boldsymbol{X}^n}(\boldsymbol{x}^n),\quad -\infty<x_1,x_2,x_3<\infty$$

其中 $\boldsymbol{X}^n=(X_1,\cdots,X_n)'$，$\boldsymbol{x}^n=(x_1,\cdots,x_n)'$，且 Ω_i，$i=1,\cdots,n$，是 X_i 的支撑。

第三节　条件分布

通常情况下，两个随机变量 (X,Y) 的观测值是互相关联的。因此，即使无法根据 X 的相关信息准确预测 Y 的实现值，也可据此获得 Y 的相关信息。

问题 5.4　如何刻画 X 和 Y 之间的预测关系？

可借助 Y 在给定 X 取值时的条件分布这一概念予以描述。以下分别探讨离散随机

变量和连续随机变量两种情形。

5.3.1 离散情形

首先探讨离散随机变量的情形。

定义 5.9 [条件 *PMF*]: 假设 X 和 Y 具有联合离散分布，其联合 PMF 为 $f_{XY}(x,y)$，边际 PMF 分别为 $f_X(x)$ 和 $f_Y(y)$。随机变量 Y 基于 $X=x$ 的条件 PMF 定义为

$$\begin{aligned} f_{Y|X}(y|x) &= P(Y=y|X=x) \\ &= \frac{f_{XY}(x,y)}{f_X(x)} \end{aligned}$$

其中 $f_X(x)>0$。类似地，随机变量 X 基于 $Y=y$ 的条件 PMF 定义为

$$\begin{aligned} f_{X|Y}(x|y) &= P(X=x|Y=y) \\ &= \frac{f_{XY}(x,y)}{f_Y(y)} \end{aligned}$$

其中 $f_Y(y)>0$。

直观上，条件 PMF $f_{Y|X}(y|x)$ 是在观测到随机变量 X 取值 x 的条件下，随机变量 Y 取任意值 y 的概率。第二章曾指出，任意两个事件的条件概率公式为 $P(A|B)=P(A\cap B)/P(B)$。若定义事件 $A=\{X=x\}$ 和 $B=\{Y=y\}$，则

$$f_{Y|X}(y|x)=P(B|A)=\frac{P(A\cap B)}{P(A)}$$

例 5.10: 假设两个随机变量 X 和 Y 相互独立，且 $X\sim \text{Poisson}(\lambda_1)$，$Y\sim \text{Poisson}(\lambda_2)$。可证明 $X+Y\sim \text{Poisson}(\lambda_1+\lambda_2)$。给定 $X+Y=n$，求 X 的条件分布。

解: 根据条件 PMF 的定义以及 X 和 Y 之间相互独立这一性质，有

$$\begin{aligned} P(X=k|X+Y=n) &= \frac{P(X=k,X+Y=n)}{P(X+Y=n)} \\ &= \frac{P(X=k)P(Y=n-k)}{P(X+Y=n)} \\ &= \frac{\frac{\lambda_1^k}{k!}e^{-\lambda_1}\frac{\lambda_2^{n-k}}{(n-k)!}e^{-\lambda_2}}{\frac{(\lambda_1+\lambda_2)^n}{n!}e^{-(\lambda_1+\lambda_2)}} \\ &= \frac{n!}{k!(n-k)!}\frac{\lambda_1^k\lambda_2^{n-k}}{(\lambda_1+\lambda_2)^n} \end{aligned}$$

$$
\begin{aligned}
&= \binom{n}{k}\left(\frac{\lambda_1}{\lambda_1+\lambda_2}\right)^k\left(\frac{\lambda_2}{\lambda_1+\lambda_2}\right)^{n-k} \\
&= \binom{n}{k}\left(\frac{\lambda_1}{\lambda_1+\lambda_2}\right)^k\left(1-\frac{\lambda_1}{\lambda_1+\lambda_2}\right)^{n-k}, \quad k=0,1,\cdots,n
\end{aligned}
$$

因此，给定 $X+Y=n$，X 服从参数为 $p=\frac{\lambda_1}{\lambda_1+\lambda_2}$ 的二项分布 $B(n,p)$。

问题 5.5 *若 $f_X(x)=0$，条件 PMF $f_{Y|X}(y|x)$ 应当如何定义?*

由于以不可能事件为条件没有任何实际意义，故当 $f_X(x)=0$ 时，$f_{Y|X}(y|x)$ 没有定义。需要强调，给定任意 x 满足 $f_X(x)>0$，条件 PMF$f_{Y|X}(y|x)$ 是 Y 的 PMF。即：给定任意满足 $f_X(x)>0$ 的 x，有 (1) 对任意 $y\in(-\infty,\infty)$，$f_{Y|X}(y|x)\geqslant 0$；(2) $\sum_{y\in\Omega_{Y|X}(x)} f_{Y|X}(y|x)=1$，其中 $\Omega_{Y|X}(x)=\{y\in\Omega_Y: f_{Y|X}(y|x)>0\}$ 为满足 $f_{Y|X}(y|x)>0$ 的所有 y 的可能取值构成的集合。随机变量 X 的不同实现值 x 对应 Y 的不同条件分布。例如，假定 X 为取 0 和 1 两个可能实现值的状态变量。当 $X=0$ 时 (如代表股市为熊市)，股票收益率 Y 的波动较大；当 $X=1$ 时 (如代表股市为牛市)，股票收益率 Y 的波动较小。再如，假设 Y 表示雇员的工资收入，X 为表示性别的虚拟变量，对女性雇员其取值为 1，对男性雇员其取值为 0。则 $f_{Y|X}(y|1)$ 表示女性雇员工资收入的分布，而 $f_{Y|X}(y|0)$ 表示男性雇员工资收入的分布。根据条件 PMF 的定义，有如下乘法法则：

$$
f_{XY}(x,y)=f_{Y|X}(y|x)f_X(x)=f_{X|Y}(x|y)f_Y(y)
$$

其中，只要 $f_X(x)>0$，第一个等式恒成立；只要 $f_Y(y)>0$，第二个等式恒成立。上述乘法法则说明联合 PMF 可等价地由条件 PMF $f_{Y|X}(y|x)$ 与边际 PMF$f_X(x)$ 联合描述。对 X 的不同取值 x，Y 基于 $X=x$ 条件下的概率分布可能并不相同，由此构成了一个关于 Y 的概率分布族，其中每个 x 对应 Y 的一个概率分布。当描述整个分布族时，可用“$Y|X$ 的分布”表示。例如，若 X 是取正整数值的随机变量，且 Y 基于 $X=x$ 的条件分布为二项分布 $B(x,p)$，则称 $Y|X$ 的分布是 $B(X,p)$，或者记作 $Y|X\sim B(X,p)$。当使用符号 $Y|X$ 或使用随机变量 X 作为 Y 的概率分布的参数时，可解释为在描述整个条件概率分布族。条件 PMF$f_{Y|X}(y|x)$ 描述了如何使用 X 的信息预测 Y 的概率分布，因此，其在描述两个随机变量之间关系上具有重要价值。需要指出，条件 PMF 是一种预测关系，而非从 X 到 Y 的因果关系。例如，随机变量 X 和 Y 可能同时受到不可观测随机变量 Z 的影响，此时尽管 X 并非影响 Y 的原因，但二者通常彼此关联，因此可用 X 的信息预测 Y 的概率分布。

5.3.2 连续情形

以下考察连续随机变量的情形。给定随机变量 X 的观测值 $X=x$，对于任意实数集合 A，本节将探讨基于 $X=x$ 条件下 $Y\in A$ 的概率。与离散情形不同，若 X 和 Y 均为连续随机变量，则对任意 x，有 $P(X=x)=0$。因此，在计算诸如 $P(Y>5|X=10)$ 的

条件概率时，由于分母 $P(X=10)=0$，无法使用定义 $P(A|B)=P(A\cap B)/P(B)$，其中 $B=\{X=10\}$。换言之，条件 PMF 的定义不适用于连续随机变量的情形。然而，在实际应用中，有可能观测到 $X=10$。在测量的极限上，若观测到 $X=10$，则其可提供关于 Y 的信息。可证明当 X 和 Y 连续时，可将 PMF 替换为 PDF，采用与离散情形类似的方式定义给定 $X=x$ 下 Y 的条件概率分布。换言之，对于连续情形，需要扩展离散情形下 PMF 的概念。

定义 5.10 [条件 *PDF*]：假定 X 和 Y 具有联合连续分布，其联合 PDF 为 $f_{XY}(x,y)$，边际 PDF 分别为 $f_X(x)$ 和 $f_Y(y)$。则给定 $X=x$ 下 Y 的条件 PDF 定义为

$$f_{Y|X}(y|x)=\frac{f_{XY}(x,y)}{f_X(x)}$$

其中 $f_X(x)>0$。类似地，X 基于 $Y=y$ 的条件 PDF 为

$$f_{X|Y}(x|y)=\frac{f_{XY}(x,y)}{f_Y(y)}$$

其中 $f_Y(y)>0$。

需要指出，对离散随机变量 (X,Y)，条件 PMF $f_{Y|X}(y|x)$ 是在给定事件 $\{X=x\}$ 发生时事件 $\{Y=y\}$ 发生的概率，而对于连续随机变量 (X,Y)，条件 PDF $f_{Y|X}(y|x)$ 则定义为联合 PDF$f_{XY}(x,y)$ 和边际 PDF $f_X(x)$ 的比值。

例 5.11：假设二维随机变量 (X,Y) 服从 $\{(x,y):x^2+y^2\leqslant 1\}$ 上的均匀分布。求 (1) Y 基于 $X=x$ 的条件概率；(2) $P(Y>0|X=0)$。

解：(1) (X,Y) 的联合 PDF 为

$$f_{XY}(x,y)=\begin{cases}\frac{1}{\pi}, & x^2+y^2\leqslant 1\\ 0, & \text{其他}\end{cases}$$

且支撑 $\Omega_{XY}=\{(x,y)\in\mathbb{R}^2:x^2+y^2\leqslant 1\}$ 为 xy 平面上以原点 (0,0) 为中心的单位圆。对 $-1\leqslant x\leqslant 1$，有

$$\begin{aligned}f_X(x)&=\int_{-\infty}^{\infty}f_{XY}(x,y)dy\\&=\int_{-\sqrt{1-x^2}}^{\sqrt{1-x^2}}\frac{1}{\pi}dy\\&=\frac{2}{\pi}\sqrt{1-x^2}\end{aligned}$$

因此，对于 $-1<x<1$，Y 基于 $X=x$ 的条件 PDF 为

$$\begin{aligned} f_{Y|X}(y|x) &= \frac{f_{XY}(x,y)}{f_X(x)} \\ &= \begin{cases} \frac{1}{2\sqrt{1-x^2}}, & -\sqrt{1-x^2} \leqslant y \leqslant \sqrt{1-x^2} \\ 0, & \text{其他} \end{cases} \end{aligned}$$

对任意给定的 $x \in (-1,1)$，Y 基于 $X=x$ 的条件 PDF 为服从区间 $[-\sqrt{1-x^2}, \sqrt{1-x^2}]$ 上的均匀分布。

(2) Y 基于 $X=x$ 的条件分布依赖于 x 的大小。当 $x=0$ 时，有

$$f_{Y|X}(y|0) = \begin{cases} \frac{1}{2}, & -1<y<1 \\ 0, & \text{其他} \end{cases}$$

因此

$$\begin{aligned} P(Y>0|X=0) &= \int_0^\infty f_{Y|X}(y|0)dx \\ &= \int_0^1 \frac{1}{2}dy \\ &= \frac{1}{2} \end{aligned}$$

现在，探讨条件 PDF $f_{Y|X}(y|x)$ 的性质，并对其给以解释。

引理 5.6 [条件 *PDF* 的性质]: *对任意满足 $f_X(x)>0$ 的 $x \in \mathbb{R}$，$f_{Y|X}(y|x)$ 为 Y 的 P-DF。即*

(1) 对任意 $y \in (-\infty,\infty)$，有 $f_{Y|X}(y|x) \geqslant 0$;

(2) $\int_{-\infty}^{\infty} f_{Y|X}(y|x) = 1$。

上述性质对 $f_{X|Y}(x|y)$ 同样成立。

证明: 设 $f_X(x)>0$，则对所有 $y \in (-\infty,\infty)$，$f_{Y|X}(y|x) = f_{XY}(x,y)/f_X(x)$ 有定义且非负。此外，

$$\begin{aligned} \int_{-\infty}^{\infty} f_{Y|X}(y|x)dy &= \int_{-\infty}^{\infty} \frac{f_{XY}(x,y)}{f_X(x)}dy \\ &= \frac{1}{f_X(x)}\int_{-\infty}^{\infty} f_{XY}(x,y)dy \\ &= \frac{1}{f_X(x)} f_X(x) \\ &= 1 \end{aligned}$$

证毕。 ■

因此，给定任意满足 $f_X(x)>0$ 的 x 值，$f_{Y|X}(y|x)$ 为 Y 的 PDF。不同的 x 值对应 Y 的不同分布。这意味着可用 X 的相关信息预测 Y 的分布。图 5.3 描绘了例 5.11 中，条件 PDF $f_{Y|X}(y|x)$ 对于不同 $x\in(-1,1)$ 取值的连续分布族。

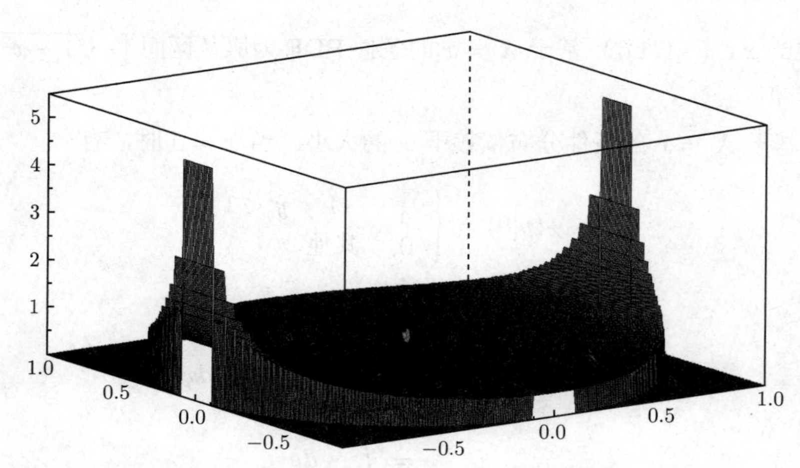

图 5.3：例 5.11 中的条件 PDF $f_{Y|X}(y|x)$，其中 $x\in(-1,1)$

问题 5.6 如何解释条件 PDF $f_{Y|X}(y|x)$？

对满足 $f_{XY}(x,y)>0$ 的任意给定 (x,y)，考虑两个事件 $A(x)=\{x-\frac{\epsilon}{2}<X\leqslant x+\frac{\epsilon}{2}\}$ 和 $B(y)=\{y-\frac{\epsilon}{2}<Y\leqslant y+\frac{\epsilon}{2}\}$，其中 ϵ 为很小的正常数。由中值定理可得

$$\begin{aligned}P[A(x)\cap B(y)] &= \int_{y-\epsilon/2}^{y+\epsilon/2}\int_{x-\epsilon/2}^{x+\epsilon/2} f_{XY}(u,v)dudv\\ &\approx f_{XY}(x,y)\epsilon^2\\ P[A(x)] &= \int_{x-\epsilon/2}^{x+\epsilon/2} f_X(u)du\\ &\approx f_X(x)\epsilon\end{aligned}$$

则有

$$\begin{aligned}P[B(y)|A(x)] &= \frac{P[A(x)\cap B(y)]}{P[A(x)]}\\ &\approx \frac{f_{XY}(x,y)\epsilon^2}{f_X(x)\epsilon}\\ &= f_{Y|X}(y|x)\epsilon\end{aligned}$$

这意味着条件 PDF $f_{Y|X}(y|x)$ 和下式的条件概率成正比

$$P[B(y)|A(x)]=P\left(y-\frac{\epsilon}{2}<Y\leqslant y+\frac{\epsilon}{2}\middle|x-\frac{\epsilon}{2}<X\leqslant x+\frac{\epsilon}{2}\right)$$

即当 X 在给定小区间 $(x-\frac{\epsilon}{2},x+\frac{\epsilon}{2}]$ 上取值时，Y 在小区间 $(y-\frac{\epsilon}{2},y+\frac{\epsilon}{2}]$ 内取值的条件概率。换言之，$f_{Y|X}(y|x)$ 与给定 X 在 x 附近取值时，Y 在 y 附近取值的概率成正比。

与离散情况类似，连续情形也有乘法法则，即

$$f_{XY}(x,y)=f_{Y|X}(y|x)f_X(x)=f_{X|Y}(x|y)f_Y(y)$$

其中，当 $f_X(x)>0$ 时，第一个等式成立；当 $f_Y(y)>0$ 时，第二个等式成立。

当存在两个以上随机变量时，可考虑多种条件分布。例如，可定义

$$f_{X_i|\boldsymbol{X}^{i-1}}(x_i|\boldsymbol{x}^{i-1})=\frac{f_{X^i}(\boldsymbol{x}^i)}{f_{\boldsymbol{X}^{i-1}}(\boldsymbol{x}^{i-1})}$$

其中 $f_{\boldsymbol{X}^{i-1}}(\boldsymbol{x}^{i-1})>0$，$\boldsymbol{X}^{i-1}=(X_1,\cdots,X_{i-1})'$，$\boldsymbol{x}^{i-1}=(x_1,\cdots,x_{i-1})'$。

同样可定义

$$f_{(X_1,X_2)|(X_3,X_4)}(x_1,x_2|x_3,x_4)=\frac{f_{X_1X_2X_3X_4}(x_1,x_2,x_3,x_4)}{f_{X_3X_4}(x_3,x_4)}$$

其中 $f_{X_3X_4}(x_3,x_4)>0$。

第四节 独立性

一般情况下，X 和 Y 的边际分布 (可用边际 PMF/PDF$f_X(x)$ 和 $f_Y(y)$ 描述) 无法完整刻画 X 和 Y 的联合分布。事实上，许多不同的联合分布都具有相同的边际分布。因此，一般无法仅根据边际 PMF/PDF $f_X(x)$ 和 $f_Y(y)$ 的信息确定联合 PMF/PDF $f_{XY}(x,y)$。然而，存在一个重要特例，即当 X 和 Y 相互独立时，可用边际分布确定联合分布。此时，X 的所有信息不包含 Y 的任何信息，反之亦然。这就是 X 和 Y 之间所谓的独立性，表示 X 和 Y 之间不存在任何关联。

定义 5.11 [独立性]：对于两个随机变量 X 和 Y，若

$$F_{XY}(x,y)=F_X(x)F_Y(y),\quad \text{对所有} -\infty<x,y<\infty$$

则称二者相互独立，其中 $F_{XY}(\cdot)$, $F_X(\cdot)$, $F_Y(\cdot)$ 分别为联合和边际 CDF。

上述独立性的定义等价于以下定义，即对任意实数子集 $A \in \Omega_X$ 和 $B \in \Omega_Y$，有

$$P(X \in A, Y \in B) = P(X \in A)P(Y \in B)$$

无论 X 和 Y 是离散还是连续随机变量，上述独立性的定义均成立。对于离散情形，可用联合和边际 PMF 刻画独立性。

定理 5.2 对于两个离散随机变量 (X,Y)，X 和 Y 相互独立，当且仅当

$$f_{XY}(x,y) = f_X(x)f_Y(y), \quad \text{对所有 } (x,y) \in \mathbb{R}^2$$

其中 $f_{XY}(x,y)$，$f_X(x)$，$f_Y(y)$ 分别为联合和边际 PMF。

证明：(1) [必要性] 根据独立性的定义，有

$$F_{XY}(x,y) = F_X(x)F_Y(y), \text{ 对所有} -\infty < x,y < \infty$$

不失一般性，假设 X 的可能取值按照升序排列：$x_1 < x_2 < x_3 < \cdots$，并且 Y 的可能取值也按升序排列：$y_1 < y_2 < y_3 < \cdots$。

当 $i > 1$ 时，对上式关于 x 求差分，即从 x_{i-1} 到 x_i 的差分，得

$$\begin{aligned}\Delta_X F_{XY}(x_i,y) &= F_{XY}(x_i,y) - F_{XY}(x_{i-1},y)\\ &= [F_X(x_i) - F_X(x_{i-1})]F_Y(y)\end{aligned}$$

进一步当 $j > 1$ 时，对上式关于 y 求差分，可得

$$\Delta_Y \Delta_X F_{XY}(x_i,y_j) = [F_X(x_i) - F_X(x_{i-1})][F_Y(y_j) - F_Y(y_{j-1})]$$

由此可得联合 PMF 和边际 PMF 之间的关系为

$$f_{XY}(x_i,y_j) = f_X(x_i)f_Y(y_j), \quad i,j > 1$$

当 $i = 1$ 或 $j = 1$ 时，可得相同结果 (请自行证明)。

(2) [充分性] 假设有

$$f_{XY}(x_i,y_j) = f_X(x_i)f_Y(y_j), \text{ 对所有 } i,j = 1,2,\cdots$$

进一步假设 $x_i \leqslant x < x_{i+1}$，$y_i \leqslant y < y_{i+1}$，则有

$$F_{XY}(x,y) = P(X \leqslant x, Y \leqslant y)$$

$$
\begin{aligned}
&= \sum_{i'=1}^{i}\sum_{j'=1}^{j} f_{XY}(x_{i'}, y_{j'}) \\
&= \sum_{i'=1}^{i} f_X(x_{i'}) \sum_{j'=1}^{j} f_Y(y_{j'}) \\
&= F_X(x)F_Y(y)
\end{aligned}
$$

由于 i, j 为任意值，故 x 和 y 也为任意值。因此，对 xy 平面上的所有 (x,y)，有 $F_{XY}(x,y) = F_X(x)F_Y(y)$。证毕。 ■

以下探讨连续随机变量情形下，如何用联合和边际 PDF 刻画独立性。

定理 5.3 假设 X 和 Y 为两个连续随机变量，则 X 和 Y 相互独立，当且仅当

$$
f_{XY}(x,y) = f_X(x)f_Y(y), \quad 对所有(x,y) \in \mathbb{R}^2
$$

其中 $f_{XY}(x,y)$，$f_X(x)$ 和 $f_Y(y)$ 为联合和边际 PDF。

证明：(1) [必要性] 首先证明若 (X,Y) 相互独立，则对所有 $(x,y) \in \mathbb{R}^2$，有 $f_{XY}(x,y) = f_X(x)f_Y(y)$。

假设 (X,Y) 相互独立，根据定义可知

$$
F_{XY}(x,y) = F_X(x)F_Y(y), \quad 对所有\ x,y
$$

对上式两边分别关于 x 和 y 求偏导数，可得

$$
\begin{aligned}
\frac{\partial^2 F_{XY}(x,y)}{\partial x \partial y} &= \frac{\partial^2 F_X(x)F_Y(y)}{\partial x \partial y} \\
&= \frac{\partial F_X(x)}{\partial x}\frac{\partial F_Y(y)}{\partial y}
\end{aligned}
$$

这意味着

$$
f_{XY}(x,y) = f_X(x)f_Y(y), \quad 对所有(x,y) \in \mathbb{R}^2
$$

(2)[充分性] 需要证明当 $f_{XY}(x,y) = f_X(x)f_Y(y)$ 时，X 和 Y 相互独立。假设对任意 $(u,v) \in \mathbb{R}^2$，有 $f_{XY}(u,v) = f_X(u)f_Y(v)$，则对其求积分可得

$$
\begin{aligned}
\int_{-\infty}^{y}\int_{-\infty}^{x} f_{XY}(u,v)dudv &= \int_{-\infty}^{y}\int_{-\infty}^{x} f_X(u)f_Y(v)dudv \\
&= \int_{-\infty}^{x} f_X(u)du \int_{-\infty}^{y} f_Y(v)dv
\end{aligned}
$$

即

$$F_{XY}(x,y)=F_X(x)F_Y(y), \text{ 对所有 } -\infty<x,y<\infty$$

根据定义可知 X 和 Y 相互独立。证毕。 ■

例 5.12：假设 $f_{XY}(x,y)=4xy$，其中 $0\leqslant x\leqslant 1$ 和 $0\leqslant y\leqslant 1$。那么 X 和 Y 是否相互独立？

解：在例 5.8 中，已求得对 $0\leqslant x\leqslant 1$，有 $f_X(x)=2x$；对 $0\leqslant y\leqslant 1$，有 $f_Y(y)=2y$。因此

$$f_X(x)f_Y(y)=4xy=f_{XY}(x,y), \quad 0\leqslant x\leqslant 1, 0\leqslant y\leqslant 1$$

同时，对所有由 $0\leqslant x\leqslant 1$，$0\leqslant y\leqslant 1$ 定义的矩形区域外的 (x,y)，有 $f_{XY}(xy)=f_X(x)f_Y(y)=0$。由此可知，对 xy 平面上所有的 (x,y)，$f_{XY}(xy)=f_X(x)f_Y(y)$，即 X 和 Y 相互独立。

例 5.13：假设 $f_{XY}(x,y)=8xy$，$0\leqslant x\leqslant y\leqslant 1$。$X$ 和 Y 是否相互独立？

解：支撑 $\Omega_{XY}=\{(x,y):0\leqslant x\leqslant y\leqslant 1\}$ 为上三角区域，如图 5.4 所示。

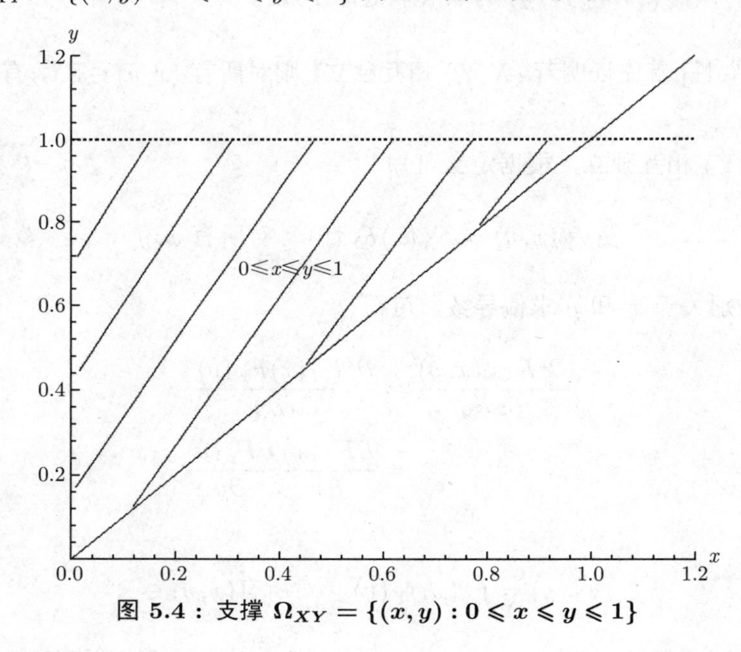

图 5.4：支撑 $\Omega_{XY}=\{(x,y):0\leqslant x\leqslant y\leqslant 1\}$

分别对 y 和 x 求积分，可得边际 PDF

$$f_X(x)=4x(1-x^2), \quad 0\leqslant x\leqslant 1$$

且

$$f_Y(y)=4y^3, \quad 0\leqslant y\leqslant 1$$

由于当 $0\leqslant x\leqslant y\leqslant 1$ 时，$f_X(x)f_Y(y)\neq f_{XY}(x,y)$，因此，$X$ 和 Y 并不独立。

现在考察独立性的含义。

假设 X 和 Y 有联合 PMF/PDF $f_{XY}(x,y)$，若其在 xy 平面上对所有 (x,y) 可分解为两个函数 $h(x)g(y)$ 的乘积，其中 $h(x)$ 和 $g(y)$ 不一定是 X 和 Y 的 PMF/PDF，则下述定理表明 X 和 Y 相互独立。

定理 5.4 [因子分解定理 (*Factorization Theorem*)]：两个随机变量 X 和 Y 相互独立，当且仅当联合 PMF/PDF 可写成

$$f_{XY}(x,y)=g(x)h(y),\quad \text{对所有}\ -\infty<x,y<\infty$$

证明：此处只证明连续情形。离散情形的证明类似可得。

(1) 若 X 和 Y 相互独立，则

$$f_{XY}(x,y)=f_X(x)f_Y(y)=g(x)h(y),\quad \text{对所有}\ -\infty<x,y<\infty$$

其中，令 $g(x)=f_X(x)$ 和 $h(y)=f_Y(y)$，即可得证。

(2) 现假设存在某些函数 $g(\cdot)$ 和 $h(\cdot)$，使得

$$f_{XY}(x,y)=g(x)h(y),\quad \text{对所有}\ -\infty<x,y<\infty$$

则可得边际 PDF

$$\begin{aligned}f_X(x)&=\int_{-\infty}^{\infty}f_{XY}(x,y)dy\\&=\int_{-\infty}^{\infty}g(x)h(y)dy\\&=g(x)\int_{-\infty}^{\infty}h(y)dy\end{aligned}$$

$$f_Y(y)=h(y)\int_{-\infty}^{\infty}g(x)dx$$

因此，

$$\begin{aligned}f_X(x)f_Y(y)&=\left[g(x)\int_{-\infty}^{\infty}h(v)dv\right]\left[h(y)\int_{-\infty}^{\infty}g(u)du\right]\\&=g(x)h(y)\int_{-\infty}^{\infty}\int_{-\infty}^{\infty}g(u)h(v)dudv\\&=f_{XY}(x,y),\quad \text{对所有}\ -\infty<x,y<\infty\end{aligned}$$

上述推导中使用了如下等式

$$\int_{-\infty}^{\infty}\int_{-\infty}^{\infty} f_{XY}(u,v)dudv = \int_{-\infty}^{\infty}\int_{-\infty}^{\infty} g(u)h(v)dudv$$
$$= 1$$

证毕。 ■

因子分解定理提供了一种检验独立性的简便方法，即检查联合 PMF/PDF 是否可划分为两个分别关于 x 和 y 的独立函数的乘积。需要强调，需要检查因子分解对整个 xy 平面上所有点 (x,y)，而非只是在 xy 平面上的一个子区域上是否成立。

此外，对连续随机变量 (X,Y)，可能存在 (x,y) 的某个集合 A，满足 $\int_A dxdy = 0$，使得在该集合上，$f_{XY}(x,y) \neq f_X(x)f_Y(y)$。对于这种情况，由于仅在集合 A 上不同的两个 PDF 仍具有相同的概率分布，仍可称 X 和 Y 相互独立。

下面，考察独立性对于条件概率分布的含义。

定理 5.5 假设两个随机变量 X 和 Y 相互独立，则条件 PMF/PDF

$$f_{Y|X}(y|x) = f_Y(y), \quad 对所有(x,y) \in \mathbb{R}^2$$

其中 $f_X(x) > 0$；并且

$$f_{X|Y}(x|y) = f_X(x), \quad 对所有(x,y) \in \mathbb{R}^2$$

其中 $f_Y(y) > 0$。

证明：若 X 和 Y 相互独立，对 xy 平面上的所有 (x,y)，有 $f_{XY}(x,y) = f_X(x)f_Y(y)$。因此，

$$\begin{aligned} f_{Y|X}(y|x) &= \frac{f_{XY}(x,y)}{f_X(x)} \\ &= \frac{f_X(x)f_Y(y)}{f_X(x)} \\ &= f_Y(y), \quad 对所有(x,y) \in \mathbb{R}^2 \end{aligned}$$

其中 $f_X(x) > 0$。类似有

$$f_{X|Y}(x|y) = f_X(x), \quad 对所有(x,y) \in \mathbb{R}^2$$

其中 $f_Y(y) > 0$。证毕。 ■

该定理意味着当 X 和 Y 相互独立时，X 的信息对 Y 的条件概率分布无任何预测

能力，反之亦然。

例 5.14：假设两个随机变量 X 和 Y 的联合 PDF 为

$$f_{XY}(x,y)=\begin{cases} e^{-y}, & 0<x<y<\infty \\ 0, & \text{其他} \end{cases}$$

(1) 求 $f_X(x)$ 和 $f_Y(y)$；(2) 求 $f_{Y|X}(y|x)$ 和 $f_{X|Y}(x|y)$；(3) 检验 X 和 Y 是否相互独立。

解：支撑 $\Omega_{XY}=\{(x,y):0<x<y<\infty\}$ 为一个上三角区域，如图 5.5 所示。

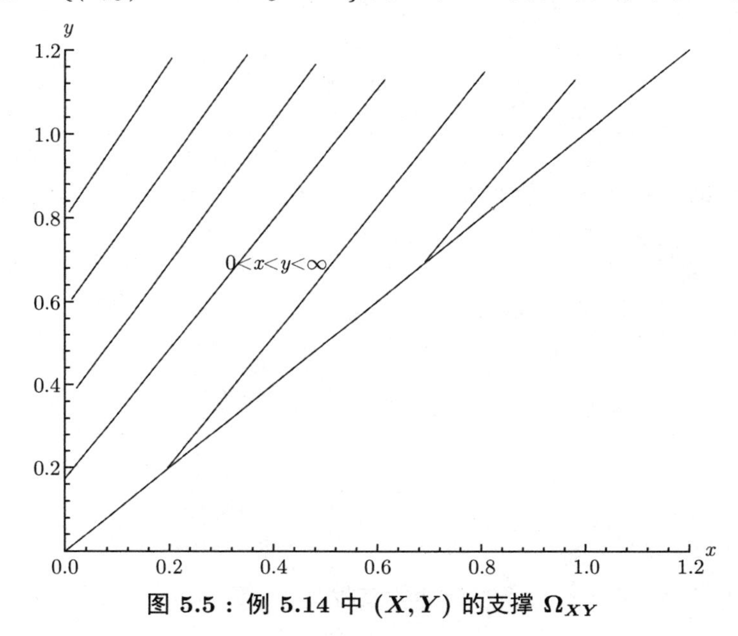

图 5.5：例 5.14 中 (X,Y) 的支撑 Ω_{XY}

(1) X 的支撑为 $0<x<\infty$。由定义

$$f_X(x)=\int_{-\infty}^{\infty} f_{XY}(x,y)dy$$

对于 $x\leqslant 0$，有 $f_{XY}(x,y)=0$。故而对 $x\leqslant 0$，有 $f_X(x)=0$。

对 $x>0$，

$$\begin{aligned} f_X(x) &= \int_x^{\infty} e^{-y}dy \\ &= e^{-x} \end{aligned}$$

因此

$$f_X(x)=\begin{cases} e^{-x}, & x>0 \\ 0, & \text{其他} \end{cases}$$

需要注意，不论 X 和 Y 是否相互独立，边际 PDF $f_X(x)$ 都与 y 无关。

下面计算 $f_Y(y)$。Y 的支撑为 $0<y<\infty$。由于对 $y\leqslant 0$，有 $f_{XY}(x,y)=0$，所以对 $y\leqslant 0$，$f_Y(y)=0$。对 $y>0$，

$$\begin{aligned}f_Y(y)&=\int_{-\infty}^{\infty}f_{XY}(x,y)dx\\&=\int_0^y e^{-y}dx\\&=ye^{-y}\end{aligned}$$

因此

$$f_Y(y)=\begin{cases}ye^{-y}, & y>0\\ 0, & \text{其他}\end{cases}$$

(2) 首先计算 $f_{Y|X}(y|x)$。因为对 $x\leqslant 0$，有 $f_X(x)=0$，条件 PDF $f_{Y|X}(y|x)$ 仅对任意给定 $x>0$ 有定义。给定任意的 $x>0$，有

$$\begin{aligned}f_{Y|X}(y|x)&=\frac{f_{XY}(x,y)}{f_X(x)}\\&=\frac{e^{-y}}{e^{-x}},\quad 0<x<y<\infty\end{aligned}$$

因此

$$f_{Y|X}(y|x)=\begin{cases}e^{-(y-x)}, & y\in(x,\infty)\\ 0, & y\in(-\infty,x]\end{cases}$$

上式意味着，Y 基于 $X=x$ 的条件分布为支撑为 $y\in(x,\infty)$ 的指数分布。

以下计算 $f_{X|Y}(x|y)$。因为 $y\leqslant 0$ 时，$f_Y(y)=0$，条件 PDF $f_{X|Y}(x|y)$ 仅对任意给定 $y>0$ 有定义。根据定义可得

$$\begin{aligned}f_{X|Y}(x|y)&=\frac{f_{XY}(x,y)}{f_Y(y)}\\&=\frac{e^{-y}}{ye^{-y}}\\&=\frac{1}{y},\quad x\in(0,y)\end{aligned}$$

因此，对任意给定 $y>0$，

$$f_{X|Y}(x|y)=\begin{cases}\frac{1}{y}, & x\in(0,y)\\ 0, & \text{其他}\end{cases}$$

这意味着 X 基于 $Y=y$ 服从区间 $(0,y)$ 上的均匀分布。

(3) 由于对 $0<x<y<\infty$，$f_{X|Y}(x|y)\neq f_X(x)$，故 X 和 Y 并非相互独立。

若 X 和 Y 相互独立，则在集合 $\Omega_X\times\Omega_Y=\{(x,y):x\in\Omega_X$ 和 $y\in\Omega_Y\}$ 上，$f_{XY}(x,y)=f_X(x)f_Y(y)>0$，其中 $\Omega_X=\{x:f_X(x)>0\}$，$\Omega_Y=\{y:f_Y(y)>0\}$ 分别为 X 和 Y 的支撑。对叉乘 (cross-product) 集合 $\Omega_X\times\Omega_Y$ 上的元素，可分别考虑 x 和 y 的取值。若 $f_{XY}(x,y)$ 为联合 PMF/PDF 并且 $f_{XY}(x,y)>0$ 构成的集合不是叉乘集合，则随机变量 X 和 Y 并不相互独立。例如，满足 $0<x<y<\infty$ 的 (x,y) 的值的集合不是一个叉乘集合。

以下将独立性的定义进一步扩展到两个以上随机变量的情形。

定义 5.12 对于 n 个随机变量 $X_1,\cdots,X_n$，若联合 CDF 等于边际 CDF 的乘积

$$F_{\boldsymbol{X}^n}(\boldsymbol{x}^n)=\prod_{i=1}^n F_{X_i}(x_i),\quad \text{对所有}-\infty<x_1,\cdots,x_n<\infty$$

则其相互独立，其中 $\boldsymbol{X}^n=(X_1,\cdots,X_n)'$ 并且 $\boldsymbol{x}^n=(x_1,\cdots,x_n)'$。

对两个以上的随机变量，可能存在任意两个变量相互独立但所有变量并非相互独立的情况。以下提供一个说明性示例。

例 5.15：假设随机变量 X_1,X_2,X_3 的联合 PDF 为

$$f_{X_1X_2X_3}(x_1,x_2,x_3)=\begin{cases}(x_1+x_2)e^{-x_3}, & 0<x_1<1,\ 0<x_2<1,\ x_3>0\\ 0, & \text{其他}\end{cases}$$

可以证明 X_1，X_2 和 X_3 两两独立，但三者并非联合独立。这与第二章例 2.58 中三个事件两两独立，但并非联合独立的情形类似。

何时两两独立意味着联合独立呢？若存在此类情形，将大大简化对多维情形下相互独立性的判断。一个例子是多维正态分布，其两两独立意味着联合独立。参见本章第六节和第八节的讨论。

独立性在经济学、金融学与管理学有很多重要应用。正如第二章例 2.51 所讨论的，几何随机游走常用于对资产价格建模，其中对数价格的增量 (近似等于相对价格变化率) 在不同时期相互独立。因此，可通过判断不同时期的相对价格变化率是否相互独立以检验随机游走假设。在实际应用中，本章所介绍的独立性概念及其各种性质为使用观测数据检验独立性提供了强有力的操作工具。例如，可对联合 PDF 和边际 PDF 分别构建一致估计量，然后判断联合 PDF 是否等于边际 PDF 的乘积。更多讨论参见 Hong & White (2005) 和 Robinson (1991)。

第五节　二元变换

第三章讨论了给定随机变量 X 的 PMF/PDF $f_X(x)$，如何求一元变换 $Y=g(X)$ 的 PMF/PDF $f_Y(y)$。现在假设有二元变换

$$\begin{cases} U=g_1(X,Y) \\ V=g_2(X,Y) \end{cases}$$

其中 (X,Y) 的联合 PMF/PDF $f_{XY}(x,y)$ 已给定。那么如何求 (U,V) 的联合 PMF/PDF $f_{UV}(u,v)$?

以下举例说明二元变换在经济学和金融学的重要性。

例 5.16: 假设 X 和 Y 是引起欧元汇率 U 和日元汇率 V 波动的两个共同因素。那么，U 和 V 均为 X 和 Y 的函数。

例 5.17: 某商品的需求 U 和供给 V 均是商品价格 X 和消费者收入 Y 的函数。

有时候，需要在给定 (X,Y) 的联合概率分布情况下求 $U=g_1(X,Y)$ 的概率分布。对这种情形，可先求出 $U=g_1(X,Y)$ 和 $V=X$ 的联合 PMF/PDF $f_{UV}(u,v)$，再对 v 积分得 PMF/PDF$f_U(u)$。

以下分别在离散随机变量和连续随机变量的情形下探讨如何求得 (U,V) 的联合 PMF/PDF $f_{UV}(u,v)$。对于离散情形，新的随机变量 (U,V) 亦为离散变量，其联合 PMF 可由如下公式求得

$$\begin{aligned} f_{UV}(u,v) &= P(U=u,V=v) \\ &= \sum_{(x,y)\in A(u,v)} f_{XY}(x,y) \end{aligned}$$

其中

$$A(u,v)=\{(x,y)\in\Omega_{XY}:g_1(x,y)=u,g_2(x,y)=v\}$$

即，在 (X,Y) 的支撑上，满足条件 $u=g_1(x,y)$ 和 $v=g_2(x,y)$ 的 (x,y) 所有可能取值所构成的集合。

例 5.18: 假设 X 和 Y 分别是参数为 θ 和 λ 的相互独立的泊松随机变量，则 (X,Y) 的联合 PMF 为

$$f_{XY}(x,y)=\frac{\theta^x e^{-\theta}}{x!}\frac{\lambda^y e^{-\lambda}}{y!},\ \ x=0,1,2,\cdots;\ y=0,1,2,\cdots$$

求 $X+Y$ 的 PMF。

解: 定义 $U=X+Y$，$V=Y$。则 (U,V) 的支撑为 $\Omega_{UV}=\{(u,v):u=v,v+1,v+2,\cdots;v=0,1,\cdots\}$。对任意 $(u,v)\in\Omega_{UV}$，唯一满足 $x+y=u$，$y=v$ 的 (x,y) 值是 $(x,y)=(u-v,v)$。因此，$A(u,v)=\{(u-v,v)\}$，(U,V) 的联合 PMF 为

$$
\begin{aligned}
f_{UV}(u,v) &= f_{XY}(u-v,v) \\
&= f_X(u-v)f_Y(v) \\
&= \frac{\theta^{u-v}e^{-\theta}}{(u-v)!}\frac{\lambda^v e^{-\lambda}}{v!}, \quad u=v,v+1,v+2,\cdots;\ v=0,1,\cdots
\end{aligned}
$$

由于对任意给定整数 $u \geqslant 0$，当且仅当 $v=0,1,\cdots,u$ 时，有 $f_{UV}(u,v)>0$，故 U 的边际 PMF

$$
\begin{aligned}
f_U(u) &= \sum_{v=0}^{u} f_{UV}(u,v) \\
&= \sum_{v=0}^{u} \frac{\theta^{u-v}e^{-\theta}}{(u-v)!}\frac{\lambda^v e^{-\lambda}}{v!} \\
&= e^{-(\theta+\lambda)}\sum_{v=0}^{u} \frac{\theta^{u-v}}{(u-v)!}\frac{\lambda^v}{v!} \\
&= \frac{e^{-(\theta+\lambda)}}{u!}\sum_{v=0}^{u}\binom{u}{v}\lambda^v\theta^{u-v} \\
&= \frac{e^{-(\theta+\lambda)}}{u!}(\theta+\lambda)^u, \quad u=0,1,2,\cdots
\end{aligned}
$$

因此，$U=X+Y$ 服从泊松分布 Poisson($\theta+\lambda$)。本例与例 5.10 相关。

以下考察连续随机变量情形。为方便后文讨论，首先回顾雅可比矩阵 (Jacobian matrix) 和雅可比的概念。

定义 5.13 *[雅可比矩阵和雅可比]*：对于二元变换

$$
\begin{cases} U = g_1(X,Y) \\ V = g_2(X,Y) \end{cases}
$$

其中函数 $g_1(\cdot,\cdot)$ 和 $g_2(\cdot,\cdot)$ 关于 (x,y) 连续可导。则 2×2 维矩阵

$$
J_{UV}(x,y) = \begin{bmatrix} \frac{\partial g_1(x,y)}{\partial x} & \frac{\partial g_1(x,y)}{\partial y} \\ \frac{\partial g_2(x,y)}{\partial x} & \frac{\partial g_2(x,y)}{\partial y} \end{bmatrix}
$$

称为 (U,V) 的雅可比矩阵，其行列式称为 (U,V) 的雅可比。

雅可比矩阵 $J_{UV}(x,y)$ 不一定是对称矩阵。

定义 5.14 *[反函数 (Inverse Function)]*：假设 $\mathbb{A}$ 和 $\mathbb{B}$ 是 $\mathbb{R}^2$ 的子集，$g_1:\mathbb{A}\to\mathbb{B}$ 和 $g_2:\mathbb{A}\to\mathbb{B}$ 是连续可导函数，且 $J_{UV}(x,y)$ 的行列式对任意 $(x,y)\in\mathbb{A}$ 非零。则存在如下函数

$$\begin{cases} X = h_1(U,V) \\ Y = h_2(U,V) \end{cases}$$

其中 $h_1 : \mathbb{B} \to \mathbb{A}$ 和 $h_2 : \mathbb{B} \to \mathbb{A}$ 是 $\mathbb{B}$ 上的连续可导函数，且满足条件

$$h_1\left[g_1(x,y), g_2(x,y)\right] = x$$

$$h_2\left[g_1(x,y), g_2(x,y)\right] = y$$

则向量函数 $\{h_1(\cdot), h_2(\cdot)\}$ 称为向量函数 $\{g_1(\cdot), g_2(\cdot)\}$ 的反函数。

直观上，反函数 $h_1(U,V)$ 和 $h_2(U,V)$ 可通过求解方程组 $U = g_1(X,Y)$ 和 $V = g_2(X,Y)$ 将 (X,Y) 表示为 (U,V) 的函数而获得。

以下定理说明反函数的雅可比矩阵等于原函数雅可比矩阵的逆。

定理 5.6 (X,Y) 的雅可比矩阵为

$$\begin{aligned} J_{XY}(u,v) &= \begin{bmatrix} \frac{\partial h_1(u,v)}{\partial u} & \frac{\partial h_1(u,v)}{\partial v} \\ \frac{\partial h_2(u,v)}{\partial u} & \frac{\partial h_2(u,v)}{\partial v} \end{bmatrix} \\ &= J_{UV}(x,y)^{-1} \end{aligned}$$

其中 $x = h_1(u,v)$，$y = h_2(u,v)$。

证明：由反函数定义，已知如下恒等式成立

$$h_1\left[g_1(x,y), g_2(x,y)\right] = x$$

$$h_2\left[g_1(x,y), g_2(x,y)\right] = y$$

令 $u = g_1(x,y)$，$v = g_2(x,y)$，并且对第一个恒等式分别关于 x 和 y 求微分可得

$$\frac{\partial h_1(u,v)}{\partial u}\frac{\partial g_1(x,y)}{\partial x} + \frac{\partial h_1(u,v)}{\partial v}\frac{\partial g_2(x,y)}{\partial x} = 1$$

$$\frac{\partial h_1(u,v)}{\partial u}\frac{\partial g_1(x,y)}{\partial y} + \frac{\partial h_1(u,v)}{\partial v}\frac{\partial g_2(x,y)}{\partial y} = 0$$

类似地，对第二个恒等式分别关于 x 和 y 求微分可得

$$\frac{\partial h_2(u,v)}{\partial u}\frac{\partial g_1(x,y)}{\partial x} + \frac{\partial h_2(u,v)}{\partial v}\frac{\partial g_2(x,y)}{\partial x} = 0$$

$$\frac{\partial h_2(u,v)}{\partial u}\frac{\partial g_1(x,y)}{\partial y} + \frac{\partial h_2(u,v)}{\partial v}\frac{\partial g_2(x,y)}{\partial y} = 1$$

将上述四个微分方程表示成矩阵形式，可得

$$\begin{bmatrix} \frac{\partial h_1(u,v)}{\partial u} & \frac{\partial h_1(u,v)}{\partial v} \\ \frac{\partial h_2(u,v)}{\partial u} & \frac{\partial h_2(u,v)}{\partial v} \end{bmatrix} \begin{bmatrix} \frac{\partial g_1(x,y)}{\partial x} & \frac{\partial g_1(x,y)}{\partial y} \\ \frac{\partial g_2(x,y)}{\partial x} & \frac{\partial g_2(x,y)}{\partial y} \end{bmatrix} = \begin{bmatrix} 1 & 0 \\ 0 & 1 \end{bmatrix}$$

或

$$J_{XY}(u,v)J_{UV}(x,y) = I$$

其中 I 为 2×2 的单位矩阵。由于 $J_{UV}(x,y)$ 对所有 $(x,y) \in \mathbb{A}$ 均是非奇异的，对上式右乘 $J_{UV}(x,y)$ 的逆，可得

$$J_{XY}(u,v) = J_{UV}^{-1}(x,y)$$

证毕。 ■

例 5.19： 两个随机变量 $(U,V) : \mathbb{R}^2 \to \mathbb{R}^2$ 分别定义为 $U \equiv g_1(x,y) = XY$ 和 $V \equiv g_2(x,y) = X$。则 $g : \mathbb{R}^2 \to \mathbb{R}^2$ 为一一映射，且具有反函数 $h : \mathbb{R}^2 \to \mathbb{R}^2$。(1) 求反函数；(2) 证明 $J_{XY}(u,v) = J_{UV}^{-1}(x,y)$，其中 $u = xy$ 与 $v = x$。

解： (1) 给定

$$U = XY = g_1(X,Y)$$

$$V = X = g_2(X,Y)$$

有反函数

$$X = h_1(U,V) = V$$

$$Y = h_2(U,V) = \frac{U}{V}$$

(2) 根据定义，反函数的雅可比矩阵为

$$\begin{aligned} J_{XY}(u,v) &= \begin{bmatrix} \frac{\partial h_1(u,v)}{\partial u} & \frac{\partial h_1(u,v)}{\partial v} \\ \\ \frac{\partial h_2(u,v)}{\partial u} & \frac{\partial h_2(u,v)}{\partial v} \end{bmatrix} \\ &= \begin{bmatrix} 0 & 1 \\ \frac{1}{v} & -\frac{u}{v^2} \end{bmatrix} \end{aligned}$$

进一步地，原函数 $U = g_1(X,Y) = XY$，$V = g_2(X,Y) = X$ 的雅可比矩阵为

$$\begin{aligned} J_{UV}(x,y) &= \begin{bmatrix} \frac{\partial g_1(x,y)}{\partial x} & \frac{\partial g_1(x,y)}{\partial y} \\ \\ \frac{\partial g_2(x,y)}{\partial x} & \frac{\partial g_2(x,y)}{\partial y} \end{bmatrix} \\ &= \begin{bmatrix} y & x \\ 1 & 0 \end{bmatrix} \end{aligned}$$

其逆矩阵为

$$
\begin{aligned}
J_{UV}(x,y)^{-1} &= -\frac{1}{x}\begin{bmatrix} 0 & -x \\ -1 & y \end{bmatrix} \\
&= \begin{bmatrix} 0 & 1 \\ \frac{1}{x} & -\frac{y}{x} \end{bmatrix} \\
&= \begin{bmatrix} 0 & 1 \\ \frac{1}{v} & -\frac{u}{v^2} \end{bmatrix} \\
&= J_{XY}(u,v)
\end{aligned}
$$

其中 $u = xy$ 和 $v = x$。

现在考察更为一般的情况：假设 (X, Y) 的联合 PDF 为 $f_{XY}(x, y)$，且

$$
\begin{cases} U = g_1(X,Y) \\ V = g_2(X,Y) \end{cases}
$$

那么，如何求 (U, V) 的联合 PDF $f_{UV}(u, v)$？

以下二元变换定理为推导联合 PDF $f_{UV}(u, v)$ 提供了一种有效方法。

定理 5.7 *[二元变换 (Bivariate Transformation)]*: 假设二元连续型随机变量 (X, Y) 的联合 PDF 为 $f_{XY}(x, y)$, 并记 (X, Y) 的支撑为 $\Omega_{XY} = \{(x,y) \in \mathbb{R}^2 : f_{XY}(x,y) > 0\}$。定义

$$
\begin{cases} U = g_1(X,Y) \\ V = g_2(X,Y) \end{cases}
$$

其中, $g : \Omega_{XY} \to \mathbb{R}^2$ 为一一映射、在 Ω_{XY} 上连续可导, 且对所有 $(x, y) \in \Omega_{XY}$, 有行列式 $\det[J_{UV}(x, y)] \neq 0$。则 (U, V) 的联合 PDF 为

$$
f_{UV}(u,v) = f_{XY}(x,y)\left|\det[J_{XY}(u,v)]\right|, \quad \text{对所有}(u,v) \in \Omega_{UV}
$$

其中 $x = h_1(u, v)$, $y = h_2(u, v)$, 且

$$
\Omega_{UV} = \left\{(u,v) \in \mathbb{R}^2 : u = g_1(x,y),\ v = g_2(x,y), \quad \text{对所有}(x,y) \in \Omega_{XY}\right\}
$$

为 (U, V) 的支撑。

证明：对 (U, V) 支撑 Ω_{UV} 上的任意 (u, v)，有

$$
\begin{aligned}
F_{UV}(u,v) &= P(U \leqslant u, V \leqslant v) \\
&= P[g_1(X,Y) \leqslant u,\ g_2(X,Y) \leqslant v]
\end{aligned}
$$

$$= \int\int_{\mathbb{A}(u,v)} f_{XY}(x',y')dx'dy'$$

其中，二重积分在集合 $\mathbb{A}(u,v) = \{(x,y) \in \mathbb{R}^2 : g_1(x,y) \leqslant u$ 和 $g_2(x,y) \leqslant v\}$ 上运算。令变量变换 $s = g_1(x',y')$ 和 $t = g_2(x',y')$，并且运用二重积分的变量替换公式，得

$$F_{UV}(u,v) = \int_{-\infty}^{v}\int_{-\infty}^{u} \frac{1}{|\det[J_{UV}(x',y')]|} f_{XY}(x',y')dsdt$$

其中 (x',y') 满足约束 $g_1(x',y') = s$ 和 $g_2(x',y') = t$。对上式两边关于 (u,v) 求偏导，可得

$$\begin{aligned} f_{UV}(u,v) &= \frac{\partial^2 F_{UV}(u,v)}{\partial u \partial v} \\ &= f_{XY}(x,y)\frac{1}{|\det[J_{UV}(x,y)]|} \end{aligned}$$

其中 $x = h_1(u,v)$，$y = h_2(u,v)$。根据 $J_{UV}(x,y) = J_{XY}^{-1}(u,v)$，同样有

$$f_{UV}(u,v) = f_{XY}(x,y)\,|\det[J_{XY}(u,v)]|$$

证毕。 ■

为更好地理解二元变换定理，考察事件 $u - \frac{\epsilon}{2} < U \leqslant u + \frac{\epsilon}{2}$ 与 $v - \frac{\epsilon}{2} < V \leqslant v + \frac{\epsilon}{2}$，其中常数 $\epsilon > 0$。该事件指的是 (U,V) 在以 (u,v) 为中心的矩形内取值，边长均为 ϵ。当 ϵ 很小时，其概率约等于 $f_{UV}(u,v)\epsilon^2$。接着，考察等价事件 $x - \frac{\delta}{2} < X \leqslant x + \frac{\delta}{2}$ 与 $y - \frac{\delta}{2} < Y \leqslant y + \frac{\delta}{2}$，其中 $x = h_1(u,v), y = h_2(u,v), \delta^2 = |\det[J_{XY}(u,v)]|\,\epsilon^2$。等价指的是事件 (U,V) 在以 (u,v) 为中心、边长为 ϵ 的矩形内取值，对应于事件 (X,Y) 在以 (x,y) 为中心、边长为 δ 的矩形内取值。由于 (U,V) 在以 (u,v) 为中心的第一个矩形内取值的概率等于 (X,Y) 在以 (x,y) 为中心的第二个矩形内取值的概率，可知当 ϵ 充分小时，

$$\begin{aligned} f_{UV}(u,v)\epsilon^2 &\sim f_{XY}(x,y)\delta^2 \\ &\sim f_{XY}(x,y)\,|\det[J_{XY}(u,v)]|\,\epsilon^2 \end{aligned}$$

则

$$f_{UV}(u,v) = f_{XY}(x,y)\,|\det[J_{XY}(u,v)]|$$

第三章讨论过，对一元变换 $Y = g(X)$，其中 $g(X)$ 为连续可导单调函数，其 PDF 为

$$f_Y(y) = f_X(x)\,|h'(y)| = f_X(x)|g'(x)|^{-1}$$

其中 $x = h(y)$ 为 $y = g(x)$ 的反函数。具体参见第三章的定理 3.12。因此，可将二元变换定理视为一元变换定理的扩展。事实上，对两个以上随机变量的情形，可推导类似的多元变换定理。

二元变换定理十分重要，可用于推导一元分布和二元分布。需要强调，一一映射是应用二元变换的关键条件，这与一元变换要求函数 $g(\cdot)$ 为单调变换是类似的。

问题 5.7 若 $g(\cdot)$ 是 (X, Y) 的支撑 A 上的多对一函数，又会怎么样呢？

若 $g(\cdot)$ 不是一一映射，则上述二元变换定理不适用。然而，若 (X, Y) 的支撑 A 可分解为 k 个互斥子集 $\{A_i\}_{i=1}^k$，其中 $i = 1, \cdots, k$，则对于 A_i 上的 (x, y)，有 $g(x, y) = g_i(x, y)$，其中 $g_i(x, y)$ 是 A_i 上的一一映射。与第三章的定理 3.13 的一元情形类似，可证明 $f_{UV}(u, v)$ 等于 $f_{XY}(x, y)$ 在 k 个子集 $\{A_i\}$ 上各自变换的总和。

现在根据二元变换定理证明，对任意连续可导的一一映射 $g_1(\cdot)$ 和 $g_2(\cdot)$，随机变量 X 和 Y 相互独立等价于 $g_1(X)$ 和 $g_2(Y)$ 相互独立。

定理5.8 假设 $U = g_1(X)$ 和 $V = g_2(Y)$ 是连续可导一一映射的可测函数。则 X 和 Y 相互独立，当且仅当 U 和 V 相互独立。

证明： (1) [必要性] 首先证明 X 和 Y 相互独立意味着 U 和 V 相互独立。根据定义可知，雅可比矩阵为

$$J_{UV}(x, y) = \begin{bmatrix} g_1'(x) & 0 \\ 0 & g_2'(y) \end{bmatrix}$$

雅可比为

$$\det[J_{UV}(x, y)] = g_1'(x)g_2'(y)$$

根据二元变换定理，有

$$\begin{aligned} f_{UV}(u, v) &= f_{XY}(x, y)|\det[J_{UV}(x, y)]|^{-1} \\ &= f_X(x)f_Y(y)|g_1'(x)g_2'(y)|^{-1} \\ &= [f_X(x)|g_1'(x)|^{-1}][f_Y(y)|g_2'(y)|^{-1}] \\ &= f_U(u)f_V(v) \end{aligned}$$

其中，$x = g_1^{-1}(u)$ 和 $y = g_2^{-1}(v)$ 分别为 $g_1(x)$ 和 $g_2(y)$ 的反函数。因为 (u, v) 为任意值，故有 U 和 V 相互独立。

(2) [充分性] 其次证明 U 和 V 相互独立意味着 X 和 Y 相互独立。对二元变换 $X = g_1^{-1}(U)$ 和 $Y = g_2^{-1}(V)$ 应用二元变换定理，参照与 (1) 类似的推导过程即可证明。证毕。 ■

现在，举几个二元变换的应用示例。

例 5.20：假设随机变量 $X \sim$ 贝塔分布 $BETA(\alpha,\beta)$，其 PDF 为

$$f_X(x) = \frac{\Gamma(\alpha+\beta)}{\Gamma(\alpha)\Gamma(\beta)} x^{\alpha-1}(1-x)^{\beta-1}, \quad 0<x<1$$

随机变量 $Y \sim$ 贝塔分布 $BETA(\alpha+\beta,\gamma)$，其 PDF 为

$$f_Y(y) = \frac{\Gamma(\alpha+\beta+\gamma)}{\Gamma(\alpha+\beta)\Gamma(\gamma)} y^{\alpha+\beta-1}(1-y)^{\gamma-1}, \quad 0<y<1$$

并且 X 和 Y 相互独立。定义 $U=XY$，$V=X$，求二者的联合 PDF $f_{UV}(u,v)$。

解：(1) 首先，(X,Y) 的支撑为

$$\begin{aligned}\Omega_{XY} &= \{(x,y)\in\mathbb{R}^2 : f_{XY}(x,y) = f_X(x)f_Y(y)>0\} \\ &= \{(x,y)\in\mathbb{R}^2 : 0<x<1, 0<y<1\}\end{aligned}$$

这是一个矩形区域。

给定 $U=XY$ 和 $V=X$，求得 (U,V) 的支撑为

$$\begin{aligned}\Omega_{UV} &= \{(u,v)\in\mathbb{R}^2 : f_{UV}(u,v)>0\} \\ &= \{(u,v)\in\mathbb{R}^2 : 0<u<v, 0<v<1\} \\ &= \{(u,v)\in\mathbb{R}^2 : 0<u<v<1\}\end{aligned}$$

(2) 以下求解反函数 $x=h_1(u,v)$ 和 $y=h_2(u,v)$。给定 $u=xy$，$v=x$，有

$$x = h_1(u,v) = v$$

$$y = h_2(u,v) = \frac{u}{v}$$

(3) (X,Y) 的雅可比矩阵为

$$\begin{aligned}J_{XY}(u,v) &= \begin{bmatrix} \frac{\partial h_1(u,v)}{\partial u} & \frac{\partial h_1(u,v)}{\partial v} \\ \\ \frac{\partial h_2(u,v)}{\partial u} & \frac{\partial h_2(u,v)}{\partial v} \end{bmatrix} \\ &= \begin{bmatrix} 0 & 1 \\ \frac{1}{v} & -\frac{u}{v^2} \end{bmatrix}\end{aligned}$$

因此，雅可比为

$$\det[J_{XY}(u,v)] = \det\left(\begin{bmatrix} 0 & 1 \\ v^{-1} & -u/v^2 \end{bmatrix}\right) = -\frac{1}{v}$$

由二元变换定理，得

$$\begin{aligned}
f_{UV}(u,v) &= f_{XY}(x,y)\left|\det\left[J_{XY}(u,v)\right]\right| \\
&= f_X(x)f_Y(y)\left|-\frac{1}{v}\right| \\
&= \frac{\Gamma(\alpha+\beta)}{\Gamma(\alpha)\Gamma(\beta)}x^{\alpha-1}(1-x)^{\beta-1}\frac{\Gamma(\alpha+\beta+\gamma)}{\Gamma(\alpha+\beta)\Gamma(\gamma)}y^{\alpha+\beta-1}(1-y)^{\gamma-1}\frac{1}{v} \\
&= \frac{\Gamma(\alpha+\beta+\gamma)}{\Gamma(\alpha)\Gamma(\beta)\Gamma(\gamma)}v^{\alpha-1}(1-v)^{\beta-1}\left(\frac{u}{v}\right)^{\alpha+\beta-1}\left(1-\frac{u}{v}\right)^{\gamma-1}\frac{1}{v}
\end{aligned}$$

其中 $0<u<v<1$，$x=v$，$y=u/v$。

例 5.21：假设 X 和 Y 为相互独立的 $N(0,\sigma^2)$ 随机变量。定义 $U=X^2+Y^2$，$V=X/\sqrt{X^2+Y^2}$。(1) 求 $f_{UV}(u,v)$；(2) 证明 U 和 V 相互独立。

解：(1) 由 $U=X^2+Y^2$，$V=X/\sqrt{X^2+Y^2}$ 和 $X\sim N(0,\sigma^2)$，$Y\sim N(0,\sigma^2)$ 可知，(U,V) 的支撑为

$$\Omega_{UV}=\{(u,v)\in\mathbb{R}^2:0<u<\infty,-1<v<1\}$$

由于 (x,y) 和 $(x,-y)$ 对应相同的 (u,v) 值，(U,V) 并非一一映射，故无法直接应用二元变换定理。令 $Z=Y^2$，则从 (X,Z) 到 (U,V) 为一一映射变换，因此，可应用二元变换定理。对任意 $z\geqslant 0$，$Z=Y^2$ 的分布为：

$$\begin{aligned}
F_Z(z) &= P(Y^2\leqslant z) \\
&= P(-\sqrt{z}\leqslant Y\leqslant\sqrt{z}) \\
&= F_Y(\sqrt{z})-F_Y(-\sqrt{z}) \\
f_Z(z) &= F_Z'(z) \\
&= f_Y(\sqrt{z})\frac{1}{2\sqrt{z}}+f_Y(-\sqrt{z})\frac{1}{2\sqrt{z}} \\
&= \frac{1}{\sqrt{2\pi z}\sigma}e^{-z/2\sigma^2},\quad z\geqslant 0
\end{aligned}$$

由于 X 和 Y 相互独立，X 和 $Z=Y^2$ 也相互独立，所以 (X,Z) 的联合 PDF 为

$$f_{XZ}(x,z)=\frac{1}{2\pi\sigma^2\sqrt{z}}e^{-x^2/2\sigma^2}e^{-z/2\sigma^2},\quad -\infty<x<\infty,\ 0\leqslant z<\infty$$

另外，(X,Z) 的支撑为

$$\Omega_{XZ}(x,z)=\{(x,z)\in\mathbb{R}^2:-\infty<x<\infty,\ 0\leqslant z<\infty\}$$

$U=X^2+Z$ 和 $V=X/\sqrt{X^2+Z}$ 的联合支撑为

$$\Omega_{UV}=\{(u,v)\in\mathbb{R}^2:0<u<\infty,\ \ -1<v<1\}$$

现在，求反函数 $X=h_1(U,V)$ 和 $Z=h_2(U,V)$。给定

$$\begin{aligned}U&=X^2+Z\\V&=\frac{X}{\sqrt{X^2+Z}}\end{aligned}$$

有

$$\begin{aligned}X&=h_1(U,V)=V\sqrt{U}\\Z&=h_2(U,V)=U(1-V^2)\end{aligned}$$

则 (X,Z) 的雅可比矩阵为

$$\begin{aligned}J_{XZ}(u,v)&=\begin{bmatrix}\frac{\partial h_1(u,v)}{\partial u} & \frac{\partial h_1(u,v)}{\partial v}\\ \\ \frac{\partial h_2(u,v)}{\partial u} & \frac{\partial h_2(u,v)}{\partial v}\end{bmatrix}\\&=\begin{bmatrix}\frac{v}{2\sqrt{u}} & \sqrt{u}\\ 1-v^2 & -2uv\end{bmatrix}\end{aligned}$$

根据二元变换定理可得

$$\begin{aligned}f_{UV}(u,v)&=f_{XZ}(x,z)\left|\det\left[J_{XZ}(u,v)\right]\right|\\&=\frac{1}{2\pi\sigma^2\sqrt{z}}e^{-\frac{x^2}{2\sigma^2}}e^{-\frac{z}{2\sigma^2}}\left|\det\left[J_{XZ}(u,v)\right]\right|\\&=\frac{1}{2\pi\sigma^2\sqrt{u(1-v^2)}}e^{-\frac{u}{2\sigma^2}}\sqrt{u}\\&=\frac{1}{2\pi\sigma^2\sqrt{1-v^2}}e^{-\frac{u}{2\sigma^2}},\ u>0,\ \ -1<v<1\end{aligned}$$

则

$$f_{UV}(u,v)=\begin{cases}\frac{1}{2\pi\sigma^2\sqrt{1-v^2}}e^{-\frac{u}{2\sigma^2}}, & 0<u<\infty,\ \ -1<v<1\\ 0, & \text{其他}\end{cases}$$

(2) 尽管 U 和 V 均为 (X,Y) 的函数,但对所有 $(u,v)\in\mathbb{R}^2$,其联合 PDF $f_{UV}(u,v)$ 可分解成如下两个分别关于 u 和 v 的函数的乘积，即

$$g(u)=\begin{cases}e^{-\frac{u}{2\sigma^2}}, & u>0\\ 0, & u\leqslant 0\end{cases}$$

和

$$h(v) = \begin{cases} \frac{1}{2\pi\sigma^2\sqrt{1-v^2}}, & -1 < v < 1 \\ 0, & \text{其他} \end{cases}$$

因此，根据因子分解定理 (定理 5.4) 可得 U 和 V 相互独立。

例 5.22：假设 $X \sim N(\mu, \sigma^2)$，$Y \sim N(\mu, \sigma^2)$，并且 X, Y 相互独立。令 $U = X + Y$，$V = X - Y$。(1) 求 (U, V) 的联合 PDF；(2) 证明 U 和 V 相互独立。

解：(1) (U, V) 的支撑为整个 xy 平面。根据 $U = X + Y$，$V = X - Y$，有

$$X = h_1(U, V) = \frac{1}{2}(U + V)$$

$$Y = h_2(U, V) = \frac{1}{2}(U - V)$$

(X, Y) 的雅可比矩阵为

$$J_{XY}(u, v) = \begin{bmatrix} \frac{1}{2} & \frac{1}{2} \\ \frac{1}{2} & -\frac{1}{2} \end{bmatrix}$$

根据二元变换定理 (定理 5.7) 以及 $x = \frac{1}{2}(u + v)$ 和 $y = \frac{1}{2}(u - v)$，可得

$$\begin{aligned} f_{UV}(u, v) &= f_{XY}(x, y) \left|\det\left[J_{XY}(u, v)\right]\right| \\ &= \frac{1}{2\pi\sigma^2} e^{-\frac{1}{2\sigma^2}[(x-\mu)^2 + (y-\mu)^2]} \cdot \frac{1}{2} \\ &= \frac{1}{4\pi\sigma^2} e^{-\frac{1}{8\sigma^2}(u+v-2\mu)^2} e^{-\frac{1}{8\sigma^2}(u-v-2\mu)^2} \\ &= \frac{1}{4\pi\sigma^2} e^{-\frac{1}{4\sigma^2}(u-2\mu)^2} e^{-\frac{1}{4\sigma^2}v^2} \\ &= \frac{1}{\sqrt{2\pi 2\sigma^2}} e^{-\frac{1}{4\sigma^2}(u-2\mu)^2} \frac{1}{\sqrt{2\pi 2\sigma^2}} e^{-\frac{1}{4\sigma^2}v^2}, \quad -\infty < u, v < \infty \end{aligned}$$

(2) 从上述 $f_{UV}(u, v)$ 的表达式可得，$U \sim N(2\mu, 2\sigma^2)$，$V \sim N(0, 2\sigma^2)$。而且，其联合 PDF 可写为

$$f_{UV}(u, v) = g(u)h(v), \quad -\infty < u, v < \infty$$

其中

$$g(u) = \frac{1}{\sqrt{2\pi 2\sigma^2}} e^{-\frac{1}{4\sigma^2}(u-2\mu)^2}, \quad -\infty < u < \infty$$

为 $N(2\mu, 2\sigma^2)$ 的 PDF，而

$$h(v) = \frac{1}{\sqrt{2\pi 2\sigma^2}} e^{-\frac{1}{4\sigma^2}v^2}, \quad -\infty < v < \infty$$

为 $N(0,2\sigma^2)$ 的 PDF。根据因子分解定理 (定理 5.4) 可得 U 和 V 相互独立。

例 5.23：假设 $X\sim U[0,1]$，$Y\sim U[0,1]$，并且 X 和 Y 相互独立，求 $X+Y$ 的 PDF。

解：令 $U=X+Y$，$V=X$。首先求 (U,V) 的联合 PDF $f_{UV}(u,v)$，再对 v 积分求得 U 的 PDF$f_U(u)$。

(1) 根据 $U=X+Y$，$V=X$，可得 (U,V) 的支撑为

$$\Omega_{UV}=\{(u,v)\in\mathbb{R}^2: v\leqslant u\leqslant 1+v,\ \ 0\leqslant v\leqslant 1\}$$

支撑 Ω_{UV} 如图 5.6 所示。

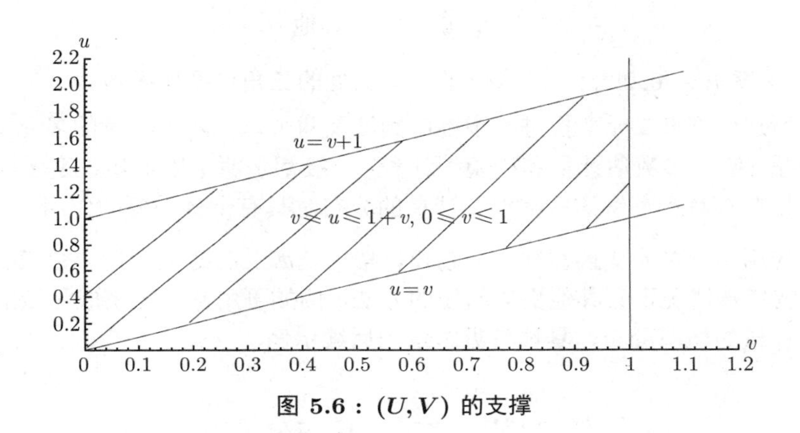

图 5.6：(U,V) 的支撑

(2) (U,V) 的雅可比矩阵 $J_{UV}(x,y)$ 为

$$J_{UV}(x,y)=\begin{bmatrix}\frac{\partial g_1(x,y)}{\partial x} & \frac{\partial g_1(x,y)}{\partial y}\\ \frac{\partial g_2(x,y)}{\partial x} & \frac{\partial g_2(x,y)}{\partial y}\end{bmatrix}=\begin{bmatrix}1 & 1\\ 1 & 0\end{bmatrix}$$

因此，(U,V) 的雅可比为

$$\det\left[J_{UV}(x,y)\right]=-1$$

(3) 根据二元变换定理，可得

$$\begin{aligned}f_{UV}(u,v)&=f_{XY}(x,y)\left|\det\left[J_{UV}(x,y)\right]\right|^{-1}\\&=f_X(x)f_Y(y)|-1|^{-1}\\&=1,\quad 0\leqslant v\leqslant 1,\ v\leqslant u\leqslant 1+v\end{aligned}$$

对上式关于 v 求积分即可得 U 的 PDF $f_U(u)$。U 的支撑为 $0\leqslant u\leqslant 2$。现将其分解为两个子区间：$0\leqslant u\leqslant 1$ 和 $1\leqslant u\leqslant 2$，并分别考虑。

情形 (1)：对 $0\leqslant u\leqslant 1$，有

$$f_U(u) = \int_0^u dv = u$$

情形 (2)：对 $1 < u \leqslant 2$，有

$$\begin{aligned} f_U(u) &= \int_{u-1}^1 dv \\ &= 2 - u \end{aligned}$$

则

$$f_U(u) = \begin{cases} u, & 0 \leqslant u \leqslant 1 \\ 2-u, & 1 < u \leqslant 2 \\ 0, & \text{其他} \end{cases}$$

这是一个在支撑 $u \in [0,2]$ 上、顶点位于 $u=1$ 处的三角形密度函数。

如前文所述，可将二元变换进一步推广到涉及两个以上随机变量的多元变换。许多重要的统计量 (例如参数估计量和检验统计量) 一般都是两个以上随机变量的函数。因此，多元变换在求解和理解这些重要统计量的分布时具有十分重要的作用。

在实际应用中，多元变换往往十分繁琐，特别是涉及的随机变量个数较多时。幸运的是，在一些特殊情况下有其他更加简便的方法，例如可用基于矩生成函数的方法求解所关注的统计量的概率分布，具体参见本章的后续示例。

第六节　二元正态分布

现在介绍一类非常重要的二元联合分布，称为二元正态分布。

定义 5.15 *[二元正态分布 (Bivariate Normal Distribution)]*：若随机变量 (X,Y) 的联合 PDF 为

$$f_{XY}(x,y) = \frac{1}{2\pi\sigma_1\sigma_2\sqrt{1-\rho^2}} e^{-\frac{1}{2(1-\rho^2)}\left[\left(\frac{x-\mu_1}{\sigma_1}\right)^2 + \left(\frac{y-\mu_2}{\sigma_2}\right)^2 - 2\rho\left(\frac{x-\mu_1}{\sigma_1}\right)\left(\frac{y-\mu_2}{\sigma_2}\right)\right]}, \ -\infty < x, y < \infty$$

则称其服从联合正态分布，记作 $BN(\mu_1, \mu_2, \sigma_1^2, \sigma_2^2, \rho)$，其中 $|\rho| \leqslant 1$。当 $(\mu_1, \mu_2, \sigma_1, \sigma_2) = (0,0,1,1)$ 时，称 $BN(0,0,1,1,\rho)$ 为标准二元正态分布。

$f_{XY}(x,y)$ 的另一种表述是

$$f_{XY}(x,y) = \frac{1}{\sqrt{(2\pi)^2 \det(\Sigma)}} e^{-\frac{1}{2}(z-\mu)'\Sigma^{-1}(z-\mu)}$$

其中 $z = (x,y)'$，$\mu = (\mu_1, \mu_2)'$，且

$$\Sigma = \begin{bmatrix} \sigma_1^2 & \rho\sigma_1\sigma_2 \\ \rho\sigma_1\sigma_2 & \sigma_2^2 \end{bmatrix}$$

$$= \begin{bmatrix} \sigma_1 & 0 \\ 0 & \sigma_2 \end{bmatrix} \begin{bmatrix} 1 & \rho \\ \rho & 1 \end{bmatrix} \begin{bmatrix} \sigma_1 & 0 \\ 0 & \sigma_2 \end{bmatrix}$$

$(X,Y) \sim BN(\mu_1,\mu_2,\sigma_1^2,\sigma_2^2,\rho)$ 在参数不同取值下的联合 PDF $f_{XY}(x,y)$ 如图 5.7 所示。

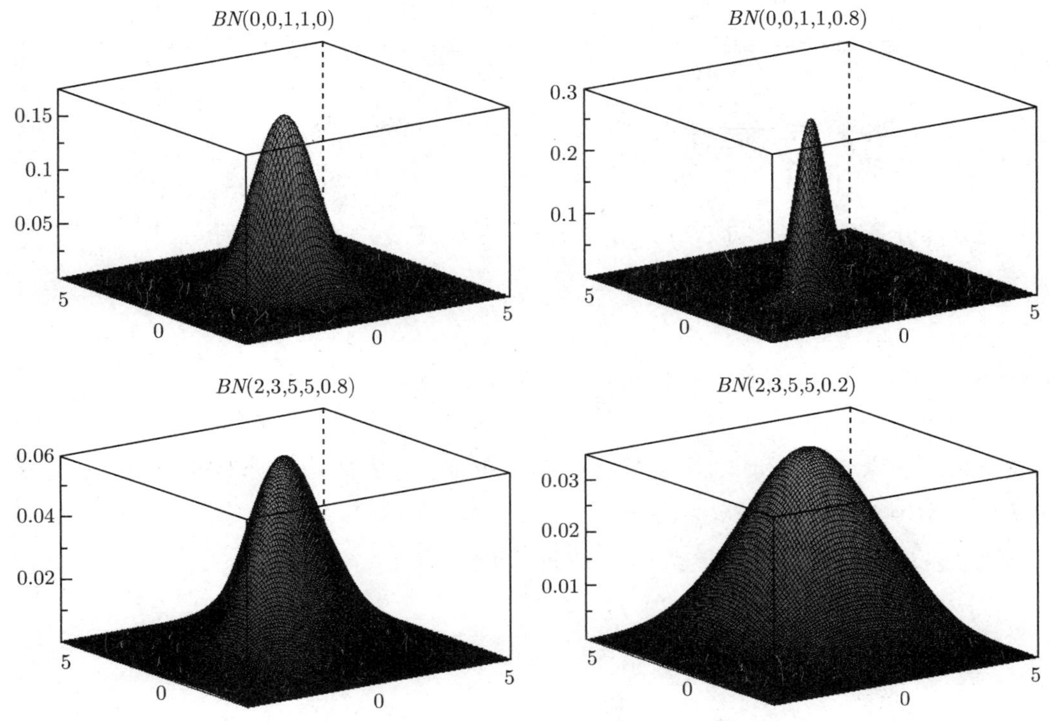

图 5.7：$(X,Y) \sim BN(\mu_1,\mu_2,\sigma_1^2,\sigma_2^2,\rho)$ 的联合 PDF $f_{XY}(x,y)$

现在考察当 $(X,Y) \sim BN(\mu_1,\mu_2,\sigma_1^2,\sigma_2^2,\rho)$ 时，如何求解 X 和 Y 的边际 PDF 和 Y 基于 $X=x$ 的条件 PDF 和 X 基于 $Y=y$ 的条件 PDF。令

$$q(x,y) = \frac{1}{1-\rho^2}\left[\left(\frac{x-\mu_1}{\sigma_1}\right)^2 - 2\rho\left(\frac{x-\mu_1}{\sigma_1}\right)\left(\frac{y-\mu_2}{\sigma_2}\right) + \left(\frac{y-\mu_2}{\sigma_2}\right)^2\right]$$

则二元正态分布的联合 PDF 可表述为

$$f_{XY}(x,y) = \frac{1}{2\pi\sigma_1\sigma_2\sqrt{1-\rho^2}}e^{-\frac{1}{2}q(x,y)}$$

经简单代数运算，可得

$$\begin{aligned}(1-\rho^2)q(x,y) &= (1-\rho^2)\left(\frac{x-\mu_1}{\sigma_1}\right)^2 + \left[\left(\frac{y-\mu_2}{\sigma_2}\right) - \rho\left(\frac{x-\mu_1}{\sigma_1}\right)\right]^2 \\ &= (1-\rho^2)\left(\frac{x-\mu_1}{\sigma_1}\right)^2 + \left(\frac{y-\mu}{\sigma_2}\right)^2\end{aligned}$$

其中

$$\mu = \mu_2 + \frac{\rho\sigma_2}{\sigma_1}(x - \mu_1)$$

因此

$$\begin{aligned} f_X(x) &= \frac{1}{\sqrt{2\pi\sigma_1^2}} e^{-\frac{(x-\mu_1)^2}{2\sigma_1^2}} \int_{-\infty}^{\infty} \frac{1}{\sqrt{2\pi\sigma_2^2(1-\rho^2)}} e^{-\frac{(y-\mu)^2}{2\sigma_2^2(1-\rho^2)}} dy \\ &= \frac{1}{\sqrt{2\pi\sigma_1^2}} e^{-\frac{(x-\mu_1)^2}{2\sigma_1^2}}, \quad -\infty < x < \infty \end{aligned}$$

上式积分部分是对正态分布 $N\left[\mu, \sigma_2^2(1-\rho^2)\right]$ 的 PDF 之积分，故等于 1。

由对称性，同理可得

$$f_Y(y) = \frac{1}{\sqrt{2\pi\sigma_2^2}} e^{-\frac{(y-\mu_2)^2}{2\sigma_2^2}}, \quad -\infty < y < \infty$$

上述结果意味着当 X 和 Y 服从联合正态分布时，二者的边际分布均服从正态分布，即 $X \sim N(\mu_1, \sigma_1^2)$，$Y \sim N(\mu_2, \sigma_2^2)$。

当 $f_X(x) > 0$ 时，Y 基于 $X = x$ 的条件 PDF 为

$$\begin{aligned} f_{Y|X}(y|x) &= \frac{f_{XY}(x,y)}{f_X(x)} \\ &= \frac{1}{\sqrt{2\pi\sigma_2^2(1-\rho^2)}} e^{-\frac{(y-\mu)^2}{2\sigma_2^2(1-\rho^2)}}, \quad -\infty < y < \infty \end{aligned}$$

其中 $\mu = \mu_2 + \frac{\rho\sigma_2}{\sigma_1}(x - \mu_1)$。因此，$Y$ 基于 $X = x$ 的条件分布同样为正态分布 $N[\mu_2 + \frac{\rho\sigma_2}{\sigma_1}(x - \mu_1),\ \sigma_2^2(1-\rho^2)]$；类似可得，$X$ 基于 $Y = y$ 的条件分布为正态分布 $N[\mu_1 + \frac{\rho\sigma_1}{\sigma_2}(y - \mu_2),\ \sigma_1^2(1-\rho^2)]$。随机变量 $(X, Y) \sim BN(\mu_1, \mu_2, \sigma_1^2, \sigma_2^2, \rho)$ 的条件 PDF $f_{Y|X}(y|x)$ 如图 5.8 所示。

常数 ρ 刻画了 X 和 Y 的相依关系。当 $\rho = 0$ 时，(X, Y) 的联合 PDF 为

$$\begin{aligned} f_{XY}(x,y) &= \frac{1}{2\pi\sigma_1\sigma_2} e^{-\frac{1}{2}\left[\left(\frac{x-\mu_1}{\sigma_1}\right)^2 + \left(\frac{y-\mu_2}{\sigma_2}\right)^2\right]} \\ &= \frac{1}{\sqrt{2\pi\sigma_1^2}} e^{-\frac{1}{2}\left(\frac{x-\mu_1}{\sigma_1}\right)^2} \frac{1}{\sqrt{2\pi\sigma_2^2}} e^{-\frac{1}{2}\left(\frac{y-\mu_2}{\sigma_2}\right)^2} \\ &= f_X(x) f_Y(y), \quad \text{对所有}(x,y) \in \mathbb{R}^2 \end{aligned}$$

因此，当且仅当 $\rho = 0$ 时，两个服从联合正态分布的随机变量 X 和 Y 相互独立。

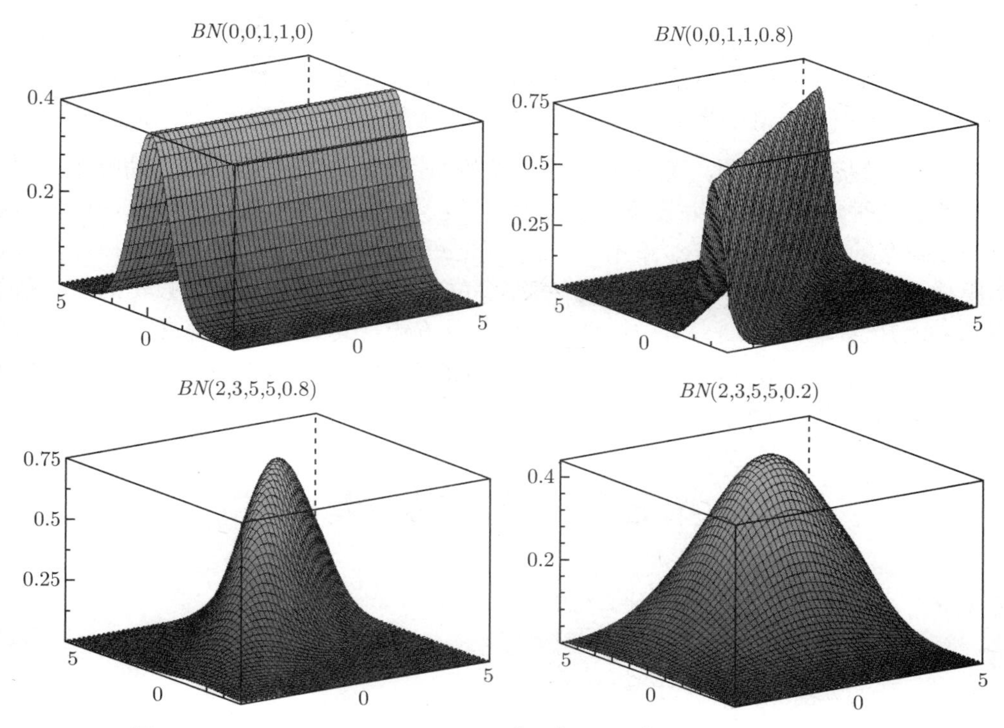

图 5.8： $(X,Y)\sim BN(\mu_1,\mu_2,\sigma_1^2,\sigma_2^2,\rho)$ 的条件 PDF $f_{Y|X}(y|x)$

问题 5.8 如何解释相依系数 ρ?

已经证明，两个联合正态随机变量的边际分布依然为正态分布。那么反之是否成立？即假设 X 和 Y 的边际分布均为正态分布，X 和 Y 是否服从联合正态分布？答案是否定的。现在提供一个反例。

例 5.24: 假设两个随机变量 X 和 Y 的联合 PDF 为

$$f_{XY}(x,y)=\begin{cases} 2f_X(x)f_Y(y), & xy>0 \\ 0, & xy\leqslant 0 \end{cases}$$

其中

$$f_X(x)=\frac{1}{\sqrt{2\pi}}e^{-\frac{1}{2}x^2},\quad f_Y(y)=\frac{1}{\sqrt{2\pi}}e^{-\frac{1}{2}y^2}$$

可以证明 X 和 Y 为正态随机变量，但二者显然不服从联合正态分布。

在多元框架下，同样可定义多元正态分布。若随机变量 $X_1,\cdots,X_n$ 的联合 PDF 为

$$f_{\boldsymbol{X}^n}(\boldsymbol{x}^n)=\frac{1}{\sqrt{(2\pi)^n\det(\Sigma)}}e^{-\frac{1}{2}(\boldsymbol{X}^n-\mu)'\Sigma^{-1}(\boldsymbol{X}^n-\mu)},\quad \boldsymbol{x}^n\in\mathbb{R}^n$$

则称其服从联合正态分布，记作 $N(\mu,\Sigma)$，其中 $\boldsymbol{X}^n=(X_1,\cdots,X_n)'$，$\boldsymbol{x}^n=(x_1,\cdots,x_n)'$，

$\mu=(\mu_1,\cdots,\mu_n)'$，且 Σ 为 $n\times n$ 维对称正定矩阵。矩阵 Σ 称为随机向量 X^n 的方差-协方差矩阵，因为 Σ 的对角元素是 X_i 的方差，非对角元素是对于所有 $i\neq j$，X_i 与 X_j 之间的协方差。显然，若对于所有 $i\neq j$，X_i 与 X_j 之间的协方差为 0，则 Σ 是对角矩阵。

多元正态假设大大简化了很多实际应用的概率计算。例如，投资组合的收益率是 n 种资产的加权平均收益率。假设资产收益率 $X_1,\cdots,X_n$ 服从多元正态分布，可证明这些资产收益率的任意线性组合，记作 $X\equiv\sum_{i=1}^n c_iX_i$，将服从正态分布，即投资组合收益率服从正态分布。因此，在资产收益率服从联合正态分布的假设下，投资组合收益率的概率 (如 $P(X<-V_{0.01})=0.01$) 的计算将十分方便。此处，$V_{0.01}$ 是 1% 显著性水平下的风险价值 (value at risk, VaR)，其在金融风险管理中有广泛应用 (关于风险价值的讨论可参见第三章第八节)。

第七节　期望与协方差

问题 5.9　从二元分布中可获取什么信息呢?

首先，在二元联合分布下定义数学期望。

定义 5.16 *[二元联合分布下的期望]*: 假设 $g:\Omega_{XY}\to\mathbb{R}$ 为实值可测函数，其中 Ω_{XY} 是 (X,Y) 的支撑，则函数 $g(X,Y)$ 的期望定义为

$$\begin{aligned}E[g(X,Y)] &= \int_{-\infty}^{\infty}\int_{-\infty}^{\infty}g(x,y)dF_{XY}(x,y)\\ &= \begin{cases}\sum\sum_{(x,y)\in\Omega_{XY}}g(x,y)f_{XY}(x,y), & (X,Y)\text{为离散随机变量}\\ \int_{-\infty}^{\infty}\int_{-\infty}^{\infty}g(x,y)f_{XY}(x,y)dxdy, & (X,Y)\text{为连续随机变量}\end{cases}\end{aligned}$$

其中上述二重求和或二重积分存在。与一元情形类似，若 $E|g(X,Y)|<\infty$，则称 $E[g(X,Y)]$ 存在。

现考察几个重要函数 $g(X,Y)$ 的期望。首先令 $g(X,Y)=X^rY^s$，则可得 (X,Y) 的各种阶数的联合乘积矩。

定义 5.17 *[乘积矩 (Product Moment)]*: (X,Y) 关于原点的第 r 阶和第 s 阶乘积矩定义如下

$$E(X^rY^s)=\begin{cases}\sum_{x\in\Omega_X}\sum_{y\in\Omega_Y}x^ry^sf_{XY}(x,y), & (X,Y)\text{为离散随机变量}\\ \int_{-\infty}^{\infty}\int_{-\infty}^{\infty}x^ry^sf_{XY}(x,y)dxdy, & (X,Y)\text{为连续随机变量}\end{cases}$$

类似地，第 r 阶和第 s 阶中心化乘积矩 (central product moment) 定义为

$$\begin{aligned}&E\left\{[X-E(X)]^r[Y-E(Y)]^s\right\}\\=&\begin{cases}\sum_{x\in\Omega_X}\sum_{y\in\Omega_Y}(x-\mu_X)^r(y-\mu_Y)^s f_{XY}(x,y), & (X,Y)\text{为离散随机变量}\\ \int_{-\infty}^{\infty}\int_{-\infty}^{\infty}(x-\mu_X)^r(y-\mu_Y)^s f_{XY}(x,y)dxdy, & (X,Y)\text{为连续随机变量}\end{cases}\end{aligned}$$

若 X 和 Y 非相互独立，则称二者之间存在关系或关联。然而，若存在关系或关联，该关系可弱可强。如何测度 X 和 Y 之间关系的强弱呢？交叉乘积 $E(X^rY^s)$ 和 $E\left[(X-\mu_X)^r(Y-\mu_Y)^s\right]$ 提供了一种刻画 X 和 Y 之间关系或关联的方法。不同的阶数 (r,s) 刻画了 X 和 Y 之间不同形式或不同方面的关联。为说明这一点，考虑 $(r,s)=(1,1)$ 的特殊情形。这对应于函数 $g(X,Y)=(X-\mu_X)(Y-\mu_Y)$ 的期望。若 X 和 Y 倾向于在其均值上方或下方同方向移动，则该函数为正值；若 X 和 Y 倾向于在其均值上方或下方反方向移动，则该函数取负值。因此，该函数可用于刻画 X 和 Y 联动的方向。

定义 5.18 [协方差 (Covariance)]：*假设* $E(X^2)<\infty, E(Y^2)<\infty$。*随机变量* X *和* Y *的协方差定义为*

$$\begin{aligned}\operatorname{cov}(X,Y)&=E\left[(X-\mu_X)(Y-\mu_Y)\right]\\&=\int_{-\infty}^{\infty}\int_{-\infty}^{\infty}(x-\mu_X)(y-\mu_Y)dF_{XY}(x,y)\end{aligned}$$

与一元情形类似，$\operatorname{cov}(X,Y)$ 定义中的期望算子可解释为乘积 $(X-\mu_X)(Y-\mu_Y)$ 在无限次重复独立试验中实现值的平均。协方差是对 X 和 Y 之间联动性的一种测度。若 X 和 Y 同时出现较大值或较小值的概率较大，则 $\operatorname{cov}(X,Y)>0$，此时称 X 和 Y 正相关。另一方面，若 X 的较大值和 Y 的较小值同时出现与 X 的较小值和 Y 的较大值同时出现的概率较大，则 $\operatorname{cov}(X,Y)<0$，此时称 X 和 Y 负相关。若二者的变化不相关，则 $\operatorname{cov}(X,Y)=0$，此时称 X 和 Y 不相关。因此，$\operatorname{cov}(X,Y)$ 的符号刻画了 X 和 Y 联动方向。注意 $\operatorname{cov}(X,X)=\operatorname{var}(X)$。

非零协方差意味着 X 和 Y 存在相关性，但二者之间未必存在因果关系。例如，若发现石油价格上涨和经济增长放缓之间存在正相关关系，这无法说明石油价格上涨导致了经济放缓。又如，若发现抽烟和罹患癌症之间有正相关关系，这并不说明抽烟导致患癌。

以下定理提供了计算协方差的一个简便公式。

定理 5.9 *假设* (X,Y) *拥有有限二阶矩，则*

$$\operatorname{cov}(X,Y)=E(XY)-\mu_X\mu_Y$$

证明：因为期望算子 $E(\cdot)$ 为线性算子，则

$$
\begin{aligned}
\operatorname{cov}(X,Y) &= E\left[(X-\mu_X)(Y-\mu_Y)\right] \\
&= E(XY - X\mu_Y - \mu_X Y + \mu_X\mu_Y) \\
&= E(XY) - \mu_X\mu_Y
\end{aligned}
$$

证毕。 ■

由于 $\operatorname{cov}(X,Y)$ 的数值依赖于 X 和 Y 的大小，因此，其无法为 X 和 Y 之间相关关系的强度提供有价值的信息。下面给出一种对 X 和 Y 的量纲具有稳健性的标准化测度。

定义 5.19 *[相关系数 (Correlation Coefficient)]*：*X 和 Y 的相关系数定义为*

$$
\rho_{XY} = \frac{\operatorname{cov}(X,Y)}{\sigma_X\sigma_Y}
$$

相关系数 ρ_{XY} 也称为总体皮尔逊 (Pearson) 相关系数或总体皮尔逊积矩相关系数，是标准化的协方差，无度量单位，与偏度和峰度的定义类似。ρ_{XY} 的大小可以反映 ρ_{XY} 所刻画的关联程度。在考察 ρ_{XY} 所反映的关联性的本质之前，首先证明其绝对值总小于等于 1。

定理 5.10　$|\rho_{XY}| \leqslant 1$。

证明：根据柯西-施瓦兹不等式 (Cauchy-Schwartz inequality)，对任意可测函数 $g(X)$ 和 $h(Y)$，有

$$
E|g(X)h(Y)| \leqslant \{E[g^2(X)]E[h^2(Y)]\}^{1/2}
$$

令 $g(X) = X - \mu_X$，$h(Y) = Y - \mu_Y$，得

$$
\begin{aligned}
|\operatorname{cov}(X,Y)| &\leqslant E\left|(X-\mu_X)(Y-\mu_Y)\right| \\
&\leqslant (\sigma_X^2\sigma_Y^2)^{1/2} \\
&= \sigma_X\sigma_Y
\end{aligned}
$$

由此可知 $|\rho_{XY}| \leqslant 1$。证毕。 ■

相关系数 ρ_{XY} 是 X 和 Y 之间线性关系的测度。为了深入理解其线性关系的本质，首先给出当 Y 为 X 的线性函数时，关于 ρ_{XY} 的一个重要结论。

定理 5.11　*假设 $Y = a + bX$, $b \neq 0$, 其中 $\sigma_X^2 = \operatorname{var}(X)$ 存在。则当 $b > 0$ 时，$\rho_{XY} = 1$；当 $b < 0$ 时，$\rho_{XY} = -1$。*

证明：由于 $\mu_Y = a + b\mu_X$，并且 $\sigma_Y^2 = b^2\sigma_X^2$，可得协方差

$$\begin{aligned}\operatorname{cov}(X,Y) &= E[(X-\mu_X)(Y-\mu_Y)] \\ &= E[(X-\mu_X)(a+bX-a-b\mu_X)] \\ &= bE(X-\mu_X)^2 \\ &= b\sigma_X^2\end{aligned}$$

则

$$\begin{aligned}\rho_{XY} &= \frac{\operatorname{cov}(X,Y)}{\sigma_X\sigma_Y} \\ &= \frac{b\sigma_X^2}{|b|\,\sigma_X^2} \\ &= \frac{b}{|b|} \\ &= \begin{cases} 1, & b>0 \\ -1, & b<0 \end{cases}\end{aligned}$$

证毕。 ■

因此，当 X 和 Y 存在完全线性关系时，总有 $\rho_{XY}=\pm 1$，即 ρ_{XY} 的绝对值取到最大值 1。从这一意义上说，ρ_{XY} 是 X 和 Y 之间线性关系的强弱测度。

对 X 和 Y 的某些类型的联合分布而言，相关系数 ρ_{XY} 是描述联合分布的一种十分有用的方式。然而，ρ_{XY} 的标准定义却没有揭示这一事实。已经知道，对任意两个随机变量，有 $-1\leqslant\rho_{XY}\leqslant 1$。若 $\rho_{XY}=1$，则存在一条由方程 $Y=a+bX$ 描述的直线，其中 $b>0$。该直线包含了 X 和 Y 概率分布的全部信息。在这种极端情况下，有 $P(Y=a+bX)=1$。若 $\rho_{XY}=-1$，情况类似，只是 $b<0$。一个值得关注的问题是：当 ρ_{XY} 并未达到极值时，xy 平面上是否存在一条直线，使得 X 和 Y 集中在该直线周围带状区域的概率较高？在某些条件下这种情况的确存在。此时，可将 ρ_{XY} 视作对 X 和 Y 在该直线附近取值的集中程度的一种测度。

以下给出一个示例。

例 5.25：假设联合 PDF 为

$$f_{XY}(x,y)=\begin{cases}\frac{1}{4\varepsilon h}, & -\varepsilon+a+bx<y<\varepsilon+a+bx,\quad -h<x<h \\ 0, & \text{其他}\end{cases}$$

其中，常数 $h>0$，$\varepsilon>0$，而支撑 Ω_{XY} 如图 5.9 所示。

此处，$|Y-(a+bX)|$ 在带宽为 ε 的范围内。当且仅当 $\varepsilon=0$ 时，存在精确的线性关系：$Y=a+bX$。可以证明

$$\rho_{XY}=\frac{bh}{\sqrt{\varepsilon^2+b^2h^2}}$$

显然，当 $b>0$ 时，ρ_{XY} 随着带宽 ε 收缩到零而收敛于 1。

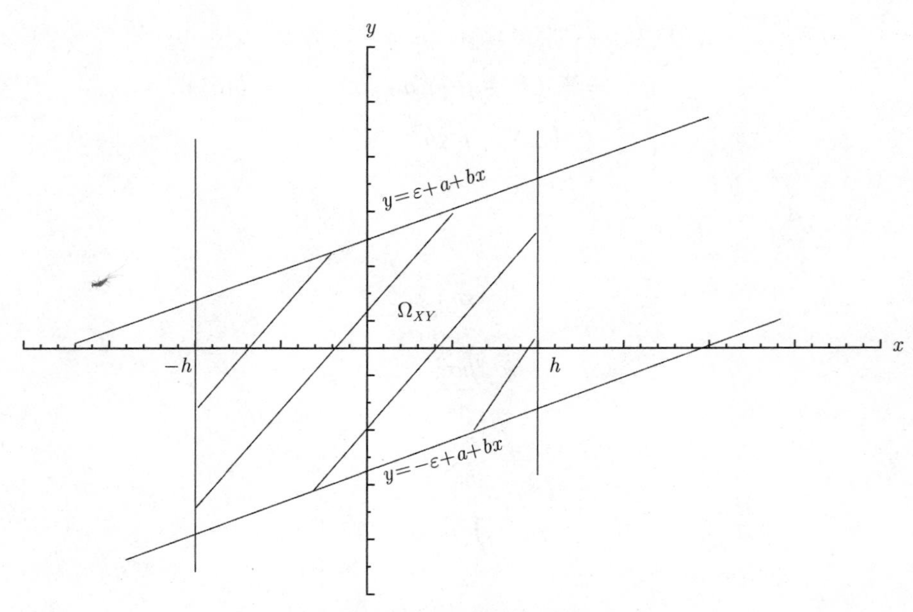

图 5.9：例 5.25 中的支撑 Ω_{XY}

在例 5.25 中，$|Y-(a+bX)|$ 的变动范围由常数 ε 界定。在以下另一个例子中，$|Y-(a+bX)|$ 等于一个支撑无界但方差有限的随机变量 ε，换言之，Y 相对直线 $a+bX$ 的偏离是一个随机变量 ε。此时，ρ_{XY} 仍可测度线性关联程度。

例 5.26 [线性回归模型 (Linear Regression Model)]：假设

$$Y=a+bX+\varepsilon$$

其中随机变量 ε 满足 $E(\varepsilon)=0$，$\text{var}(\varepsilon)=\sigma_\varepsilon^2>0$，并且 ε 和 X 正交，即 $E(X\varepsilon)=0$。统计学和计量经济学常称此模型为线性回归模型。随机变量 ε 可视为对完全线性关系 $Y=a+bX$ 的随机扰动。不同于例 5.25，$\varepsilon=Y-(a+bX)$ 可能具有无界支撑。当 $\sigma_\varepsilon^2>0$ 时，$|\rho_{XY}|<1$，并且 $|\rho_{XY}|$ 将随 σ_ε^2 增加而减小。给定 $E(X\varepsilon)=0$，可证

$$\begin{aligned}\rho_{XY}&=\frac{\text{cov}(X,Y)}{\sigma_X\sigma_Y}\\&=\frac{b}{\sqrt{b^2+\sigma_\varepsilon^2/\sigma_X^2}}\end{aligned}$$

因此，$|\rho_{XY}|$ 对 1 的偏离程度取决于比例 $\sigma_\varepsilon^2/\sigma_X^2$ 的大小。该比例常称为噪声信号比 (noise-to-signal ratio)。

以下定理揭示线性回归模型 $Y=a+bX+\varepsilon$ 是如何产生的，其中回归扰动项 ε 与 X 正交，即 $E(X\varepsilon)=0$。

定理 5.12 *[最优线性最小二乘预测 (Best Linear Least Squares Prediction)]*：假设随机变量 X 和 Y 均具有有限二阶矩。若用线性函数 $\alpha+\beta X$ 预测 Y，则预测误差

为 $Y-(\alpha+\beta X)$。评价预测优劣的一种常用准则为均方误 (mean squared error)，定义为

$$\text{MSE}(\alpha,\beta)=E[Y-(\alpha+\beta X)]^2$$

则最小化 $\text{MSE}(\alpha,\beta)$ 的最优参数 (α^*,β^*) 为

$$\alpha^*=\mu_Y-\frac{\text{cov}(X,Y)}{\text{var}(X)}\mu_X$$

$$\beta^*=\frac{\text{cov}(X,Y)}{\text{var}(X)}=\rho_{XY}\sqrt{\frac{\text{var}(Y)}{\text{var}(X)}}$$

证明：用一阶条件 (FOC) 求解最优参数 (α^*,β^*)

$$\frac{\partial \text{MSE}(\alpha,\beta)}{\partial\alpha}|_{(\alpha^*,\beta^*)}=-2E[Y-(\alpha^*+\beta^*X)]=0$$

$$\frac{\partial \text{MSE}(\alpha,\beta)}{\partial\beta}|_{(\alpha^*,\beta^*)}=-2E\{X[Y-(\alpha^*+\beta^*X)]\}=0$$

求解上述联立方程，即可得 α^* 和 β^* 的表达式。证毕。 ■

定义最优线性最小二乘预测 $\alpha^*+\beta^*X$ 的预测误差为

$$\varepsilon=Y-(\alpha^*+\beta^*X)$$

则可将 Y 表述为

$$Y=\alpha^*+\beta^*X+\varepsilon$$

其中 ε 与 X 正交，即

$$E(X\varepsilon)=0$$

最小化 $\text{MSE}(\alpha,\beta)$ 的一阶条件确保 $E(X\varepsilon)=0$。换言之，最优线性最小二乘预测从本质上确保了随机扰动项 ε 正交于 X，这意味着 ε 不包含任何可用于预测 Y 的 X 的线性成分。这也验证了例 5.26 的正交化条件的合理性。注意最优斜率参数 β^* 与协方差 $\text{cov}(X,Y)$ 成比例。若 $\text{cov}(X,Y)=0$，则线性预测函数 $\alpha^*+\beta^*X$ 在 MSE 准则下对 Y 没有预测能力；若 $\text{cov}(X,Y)\neq 0$，则可借助线性模型 $\alpha^*+\beta^*X$ 实现 X 对 Y 的预测。然而，需要再次强调，预测关系并不意味存在从 X 到 Y 的因果关系。关于线性回归模型的统计理论，参见第十章。

协方差在经济分析中有广泛应用。例如，在微观经济学中，替代品消费是负相关的，而互补品消费是正相关的。菲利普斯曲线作为宏观经济学中最为重要的典型经验特征事实，描述了失业率和通货膨胀率呈现反向变动的关系，即二者负相关。作为另一个例子，现在通过金融学中称为资本资产定价模型说明协方差的重要作用。

例 5.27 [资本资产定价模型 (Capital Asset Pricing Model, CAPM)]：假设 R_{pt} 表示某投资组合在持有期 t 的收益率，r_{ft} 表示无风险利率，R_{mt} 为同一持有期内市场资

产组合 (如用 S&P 500 价格指数代表) 的收益率。则 CAPM 假定

$$R_{pt} - r_{ft} = \beta_p(R_{mt} - r_{ft}) + \varepsilon_{pt}$$

其中 $R_{pt} - r_{ft}$ 表示投资组合在第 t 期的超额收益率，$R_{mt} - r_{ft}$ 表示同一时期内市场投资组合的超额收益率，代表无法避免的系统性风险。随机变量 ε_{pt} 表示该投资组合的特质风险 (idiosyncratic risk)，该风险可通过分散化投资而消除 (即用很多种资产形成资产组合，参见第六章例 6.6)。简便起见，这里假设 $R_{mt} - r_{ft}$ 和 ε_{pt} 相互独立。因此，该投资组合的预期超额收益率等于 β_p 乘以市场投资组合的预期超额收益率。这意味着在均衡状态下，任意投资组合仅能获得与市场风险相匹配的收益率，而与特质风险无关，即只有无法避免的系统性市场风险才可获得补偿。可以证明斜率系数

$$\begin{aligned}\beta_p &= \frac{\operatorname{cov}(R_{pt} - r_{ft}, R_{mt} - r_{ft})}{\operatorname{var}(R_{mt} - r_{ft})} \\ &= \rho_{pm}\frac{\sqrt{\operatorname{var}(R_{pt} - r_{ft})}}{\sqrt{\operatorname{var}(R_{mt} - r_{ft})}}\end{aligned}$$

其中，ρ_{pm} 为 $R_{pt} - r_{ft}$ 和 $R_{mt} - r_{ft}$ 的相关系数。在金融学，参数 β_p 称为投资组合的“beta 系数”。该系数具有重要的经济解释：其测量了投资组合的风险和与该风险相对应的回报。β_p 的大小取决于该投资组合和市场投资组合之间的相关程度以及该投资组合相对于市场投资组合的风险大小，反映了投资组合的风险程度。根据定义，市场投资组合的 β 等于 1，即 $\beta_m = 1$。若 $\beta_p > 1$，则投资组合较之市场投资组合风险更大，反之若 $\beta_p < 1$，则投资组合比市场投资组合风险更小。

根据上述关于 CAPM 的假设，有

$$\operatorname{var}(R_{pt} - r_{ft}) = \beta_p^2 \operatorname{var}(R_{mt} - r_{ft}) + \operatorname{var}(\varepsilon_{pt})$$

其中 $\operatorname{var}(R_{pt}-r_{ft})$ 度量投资组合的总风险，$\operatorname{var}(\varepsilon_{pt})$ 度量投资组合的特质风险，而 $\beta_p^2\operatorname{var}(R_{mt} - r_{ft})$ 度量投资组合无法避免的市场系统风险。

为了进一步探讨 $\operatorname{cov}(X,Y)$ 的性质，现考察如下线性变换的均值和方差：

$$Z = a + bX + cY$$

在经济学，有许多关于 $Z = a + bX + cY$ 的例子。例如，Z 是某个包含了两种风险资产和一种无风险资产的投资组合的收益率，其中随机变量 X 和 Y 分别为两种风险资产的收益率，而参数 a, b, c 为风险资产和无风险资产的投资权重 (假设无风险资产的收益率为 1)。投资者可能关注该种投资组合的预期收益和风险的测算。再如，Z 是生产的总成本，其中 bX 和 cY 为要素投入 (例如劳动和资本) 的成本，而 a 为生产固定成本。

定理 5.13 假设 $Z = a + bX + cY$，则有

(1) $E(Z) = a + b\mu_X + c\mu_Y$；

(2) $\mathrm{var}(Z) = b^2\sigma_X^2 + c^2\sigma_Y^2 + 2bc\mathrm{cov}(X,Y)$。

简便起见，假设 $a = 0$，$b = c = 1$，则定理 5.13 表明

$$\mathrm{var}(X+Y) = \sigma_X^2 + \sigma_Y^2 + 2\mathrm{cov}(X,Y)$$

当 $\mathrm{cov}(X,Y) > 0$ 时，有 $\mathrm{var}(X+Y) > \sigma_X^2 + \sigma_Y^2$，即和的方差大于方差的和。此时由于 X 和 Y 呈现同方向变动的概率较大，因此 $X+Y$ 更倾向于出现极大或者极小值。

另一方面，当 $\mathrm{cov}(X,Y) < 0$ 时，和的方差小于方差的和。此时由于 X 和 Y 呈现反方向变动的概率较大，因此 $X+Y$ 的变化不大。这一结论在资产投资组合的风险测度上具有重要含义：在其他条件不变的情况下，风险资产之间正相关将增加投资组合的风险，风险资产负相关则降低投资组合的风险。

更为一般地，有关于如下多元随机变量的结论。

定理 5.14 假设 $X_1, \cdots, X_n$ 为 n 个随机变量组成的序列，且 $Y = a_0 + \sum_{i=1}^n a_i X_i$，其中 a_i 为常数。则有

(1) $E(Y) = a_0 + \sum_{i=1}^n a_i E(X_i)$；

(2) $\mathrm{var}(Y) = \sum_{i=1}^n a_i^2 \mathrm{var}(X_i) + 2\sum_{i=2}^n \sum_{j=1}^{i-1} a_i a_j \mathrm{cov}(X_i, X_j)$。

现在，可对第五章第六节介绍的二元正态分布 $BN(\mu_1, \mu_2, \sigma_1^2, \sigma_2^2, \rho)$ 中的常数 ρ 提供一个合理的解释，即证明 ρ 为 X 和 Y 之间的相关系数。

定理 5.15 假设两个随机变量 (X,Y) 服从二元正态分布 $BN(\mu_1, \mu_2, \sigma_1^2, \sigma_2^2, \rho)$，则相关系数 $\rho_{XY} = \rho$。

证明：

$$\begin{aligned}
\rho_{XY} &= \frac{\mathrm{cov}(X,Y)}{\sigma_1\sigma_2} \\
&= \int_{-\infty}^{\infty}\int_{-\infty}^{\infty}\left(\frac{x-\mu_1}{\sigma_1}\right)\left(\frac{y-\mu_2}{\sigma_2}\right)f(x,y)dxdy \qquad \left(\text{令 } u = \frac{x-\mu_1}{\sigma_1}, v = \frac{y-\mu_2}{\sigma_2}\right) \\
&= \int_{-\infty}^{\infty}\int_{-\infty}^{\infty} uv\frac{1}{2\pi\sqrt{1-\rho^2}}e^{-\frac{1}{2(1-\rho^2)}\left[u^2-2u\rho v+(\rho v)^2-(\rho v)^2+v^2\right]}dudv \\
&= \frac{1}{2\pi\sqrt{1-\rho^2}}\int_{-\infty}^{\infty}\int_{-\infty}^{\infty} uve^{-\frac{1}{2(1-\rho^2)}[(u-\rho v)^2+(1-\rho^2)v^2]}dudv \\
&= \frac{1}{2\pi\sqrt{1-\rho^2}}\int_{-\infty}^{\infty}\int_{-\infty}^{\infty} wve^{-\frac{1}{2(1-\rho^2)}[w^2+(1-\rho^2)v^2]}dwdv \qquad (\text{令 } w = u-\rho v)
\end{aligned}$$

$$+\rho\frac{1}{2\pi\sqrt{1-\rho^2}}\int_{-\infty}^{\infty}\int_{-\infty}^{\infty}v^2e^{-\frac{1}{2(1-\rho^2)}[w^2+(1-\rho^2)v^2]}dwdv$$
$$=0+\rho$$
$$=\rho$$

因此，常数 ρ 为 X 和 Y 的相关系数。证毕。■

例 5.28：给定两个相互独立的 $N(0,1)$ 随机变量 Z_1 和 Z_2，如何构造二元正态分布 $(X,Y)\sim BN(\mu_1,\mu_2,\sigma_1^2,\sigma_2^2,\rho)$？

解：定义

$$X=\mu_1+aZ_1+bZ_2$$
$$Y=\mu_2+cZ_1+dZ_2$$

其中，常数 a,b,c,d 满足约束条件

$$a^2+b^2=\sigma_1^2$$
$$c^2+d^2=\sigma_2^2$$
$$ac+bd=\rho\sigma_1\sigma_2$$

根据二元变换定理可证 $(X,Y)\sim BN(\mu_1,\mu_2,\sigma_1^2,\sigma_2^2,\rho)$。

例 5.28 是统计学中独立成分分析法 (independent component analysis, ICA) 的一个特例。所谓独立成分分析法是指随机变量 $X_1,\cdots,X_n$ 可分别表示为独立成分 $Z_1,\cdots,Z_m$ 的线性组合，其中整数 n 和 m 可能并不相等。此处，独立成分 $Z_1,\cdots,Z_m$ 可解释为对变量系统 $X_1,\cdots,X_n$ 的独立随机冲击。在这一框架下，可直接用方差和预期边际效应评估每个冲击对系统的影响。

由于 ρ_{XY} 是 X 和 Y 之间线性关系的测度，因此通常称为线性相关系数。同时，为避免混淆，“线性”一词通常用于描述 ρ_{XY} 测度的相关关系。比如，常用“正线性相关 (positively linearly correlated)”代替“正相关性 (positively correlated)”。

由于相关系数 ρ_{XY} 仅刻画了线性相关性，相关系数为零的两个随机变量 X 和 Y 之间可能存在很强的非线性相依关系。换言之，ρ_{XY} 可能无法捕捉某些非线性关系，如下例所示。

例 5.29：假设 $X\sim N(0,\sigma^2)$，并且 $Y=X^2$，则

$$\begin{aligned}\text{cov}(X,Y)&=E(XY)-\mu_X\mu_Y\\&=E(X^3)\\&=\int_{-\infty}^{\infty}x^3\frac{1}{\sqrt{2\pi\sigma^2}}e^{-\frac{x^2}{2\sigma^2}}dx\\&=0\end{aligned}$$

其中，积分等于零系根据被积函数为奇函数 (即对所有 x，有 $g(-x)=-g(x)$) 的性质而得。因此，尽管 Y 和 X 间存在确定的 (非线性) 函数关系，但二者并不相关。这说明 $\text{cov}(X,Y)$ 无法描述 X 和 Y 之间存在的某些重要的非线性关系。

第八节 联合矩生成函数

在本节，首先定义 (X,Y) 的联合 MGF，然后讨论其性质。

定义 5.20 [联合 *MGF*]: (X,Y) 的联合 MGF 定义为

$$M_{XY}(t_1,t_2)=E(e^{t_1X+t_2Y}),\quad -\infty<t_1,t_2<\infty$$

其中上述期望对在 $(0,0)$ 的某邻域内所有 (t_1,t_2) 都存在。

联合 MGF $M_{XY}(t_1,t_2)$ 是第三章第九节 MGF $M_X(t)$ 的二元扩展，其包含了关于 (X,Y) 联合概率分布的信息。X 和 Y 的边际 MGF 可从联合 MGF $M_{XY}(t_1,t_2)$ 求得：

$$M_X(t_1)=M_{XY}(t_1,0)$$
$$M_Y(t_2)=M_{XY}(0,t_2)$$

若联合 MGF $M_{XY}(t_1,t_2)$ 对 $(0,0)$ 的某个邻域内所有 (t_1,t_2) 都存在，则乘积矩 (product moment) $E(X^rY^s)$ 对所有阶数 (r,s) 均存在，且 $M_{XY}(t_1,t_2)$ 可用于生成各种阶数的乘积矩 $E(X^rY^s)$。

定理 5.16 假设联合 MGF $M_{XY}(t_1,t_2)$ 对在 $(0,0)$ 的某个邻域内所有 (t_1,t_2) 都存在，则对所有非负整数 $r,s\geqslant 0$，有

$$E(X^rY^s)=M_{XY}^{(r,s)}(0,0)$$

并且

$$\text{cov}(X^r,\ Y^s)=M_{XY}^{(r,s)}(0,0)-M_X^{(r)}(0)M_Y^{(s)}(0)$$

特别地，

$$\text{cov}(X,\ Y)=M_{XY}^{(1,1)}(0,0)-M_X^{(1)}(0)M_Y^{(1)}(0)$$

证明：给定 $M_{XY}(t_1,t_2)=\int_{-\infty}^{\infty}\int_{-\infty}^{\infty}e^{t_1x+t_2y}dF_{XY}(x,y)$，有

$$\begin{aligned}
M_{XY}^{(r,s)}(t_1,t_2) &= \frac{\partial^{r+s}}{\partial t_1^r\partial t_2^s}\int_{-\infty}^{\infty}\int_{-\infty}^{\infty}e^{t_1x+t_2y}dF_{XY}(x,y)\\
&= \int_{-\infty}^{\infty}\int_{-\infty}^{\infty}\frac{\partial^{r+s}e^{t_1x+t_2y}}{\partial t_1^r\partial t_2^s}dF_{XY}(x,y)\\
&= \int_{-\infty}^{\infty}\int_{-\infty}^{\infty}x^ry^se^{t_1x+t_2y}dF_{XY}(x,y)
\end{aligned}$$

则

$$M_{XY}^{(r,s)}(0,0)=\int_{-\infty}^{\infty}\int_{-\infty}^{\infty}x^r y^s dF_{XY}(x,y)=E(X^rY^s)$$

进一步地，

$$\begin{aligned}M_{XY}^{(r,s)}(0,0)-M_X^{(r)}(0)M_Y^{(s)}(0)&=E(X^rY^s)-E(X^r)E(Y^s)\\&=\operatorname{cov}(X^r,Y^s)\end{aligned}$$

作为特例，当 $(r,s)=(1,1)$ 时，$\operatorname{cov}(X,Y)$ 可通过对联合 MGF $M_{XY}(t_1,t_2)$ 以及边际 MGF$M_X(t_1)$ 和 $M_Y(t_2)$ 求导得到。证毕。 ■

与一元情况类似，当联合 MGF $M_{XY}(t_1,t_2)$ 对 $(0,0)$ 的某个邻域内所有 (t_1,t_2) 都存在时，其可唯一地刻画 (X,Y) 的联合概率分布。

例 5.30：假设 X, Y 服从二元正态分布 $BN(\mu_1,\mu_2,\sigma_1^2,\sigma_1^2,\rho)$，则其联合 MGF 为

$$\begin{aligned}M_{XY}(t_1,t_2)&=e^{\mu_1t+\mu_2t+\frac{\sigma_1^2t_1^2+\sigma_2^2t_2^2+2\rho\sigma_1\sigma_2t_1t_2}{2}}\\&=e^{\mu'\boldsymbol{t}+\frac{1}{2}\boldsymbol{t}'\Sigma\boldsymbol{t}}\end{aligned}$$

其中 $\boldsymbol{t}=(t_1,t_2)'$，$\mu=(\mu_1,\mu_2)'$，且

$$\Sigma=\begin{bmatrix}\sigma_1^2 & \rho\sigma_1\sigma_2\\ \rho\sigma_1\sigma_2 & \sigma_2^2\end{bmatrix}$$

在多元框架下，可定义随机变量 $X_1,\cdots,X_n$ 的联合 MGF：

$$M_{\boldsymbol{X}^n}(\boldsymbol{t})=E\left(e^{\boldsymbol{t}'\boldsymbol{X}^n}\right)=E\left(e^{\Sigma_{i=1}^n t_iX_i}\right)$$

其中 $\boldsymbol{X}^n=(X_1,\cdots,X_n)'$，$\boldsymbol{t}=(t_1,\cdots,t_n)'$，且上述期望对在原点 $(0,\cdots,0)'$ 的某个邻域内所有 $\boldsymbol{t}=(t_1,\cdots,t_n)'$ 都存在。

某些联合分布可能不存在联合 MGF。然而，对于任意联合分布，可定义联合特征函数 (joint characteristic function)，此函数总存在且具有与联合 MGF 类似的性质。篇幅所限，此处不介绍联合特征函数，感兴趣的读者请参见 Hong (1999) 在时间序列范畴下关于联合特征函数的讨论。

第九节　独立性和期望

为探讨联合概率分布中独立性对期望的含义，首先引入独立性的一个重要结论。

定理 5.17　假设 (X,Y) 相互独立，则对任意可测可积函数 $h(X)$ 和 $q(Y)$，有

$$E[h(X)q(Y)]=E[h(X)]E[q(Y)]$$

或者等价地

$$\mathrm{cov}[h(X), q(Y)] = 0$$

证明：

$$\begin{aligned}
E[h(X)q(Y)] &= \int_{-\infty}^{\infty}\int_{-\infty}^{\infty} h(x)q(y)dF_{XY}(x,y) \\
&= \int_{-\infty}^{\infty}\int_{-\infty}^{\infty} h(x)q(y)dF_X(x)dF_Y(y) \qquad (\text{由独立性}) \\
&= \int_{-\infty}^{\infty} h(x)dF_X(x)\int_{-\infty}^{\infty} q(y)dF_Y(y) \\
&= E[h(X)]E[q(Y)]
\end{aligned}$$

因此，若 X 和 Y 相互独立，则其任意线性或非线性可测变换均不相关。证毕。 ■

5.9.1 独立性和矩生成函数

为了说明上述定理的作用，首先陈述一个关于独立性对 MGF 影响的推论。

推论 5.1 假设 X 和 Y 相互独立，并且二者的边际 MGF$M_X(t)$ 和 $M_Y(t)$ 对在 0 的某个邻域内所有 t 都存在。则 $M_{X+Y}(t)$ 对在 0 的某个邻域内所有 t 都存在，且

$$M_{X+Y}(t) = M_X(t)M_Y(t), \quad \text{对 } 0 \text{ 的某个邻域内的所有 } t$$

需要强调，$M_{X+Y}(t)$ 是随机变量 $X+Y$ 的 MGF，而非 (X, Y) 的联合 MGF $M_{XY}(t_1, t_2)$。

证明：令

$$g(X,Y) = e^{t(X+Y)} = e^{tX}e^{tY} = h(X)q(Y)$$

根据定理 5.17 可知，若 X 和 Y 相互独立，则 $M_{X+Y}(t)$ 对在 0 的小邻域内所有 t 都存在且

$$E[e^{t(X+Y)}] = E(e^{tX})E(e^{tY})$$

即

$$M_{X+Y}(t) = M_X(t)M_Y(t)$$

证毕。 ■

上述关于独立随机变量和的 MGF 的性质在刻画某些随机变量之和的概率分布时非常有用。以下举几个例子说明。

例 5.31 [正态分布的可加性 (Reproductivity of Normal Distribution)]：假设 $X \sim N(\mu_1, \sigma_1^2)$，$Y \sim N(\mu_2, \sigma_2^2)$，且 X 和 Y 相互独立。证明

$$X \pm Y \sim N(\mu_1 \pm \mu_2, \sigma_1^2 + \sigma_2^2)$$

解：X 和 Y 的 MGF 分别为

$$M_X(t) = E(e^{tX}) = e^{\mu_1 t + \frac{\sigma_1^2}{2}t^2}$$

$$M_Y(t) = E(e^{tY}) = e^{\mu_2 t + \frac{\sigma_2^2}{2}t^2}$$

根据独立性可得

$$\begin{aligned} M_{X+Y}(t) &= M_X(t)M_Y(t) \\ &= e^{\mu_1 t + \frac{\sigma_1^2}{2}t^2} e^{\mu_2 t + \frac{\sigma_2^2}{2}t^2} \\ &= e^{\mu t + \frac{\sigma^2}{2}t^2} \end{aligned}$$

其中 $\mu = \mu_1 + \mu_2$，$\sigma^2 = \sigma_1^2 + \sigma_2^2$。因此

$$X + Y \sim N(\mu_1 + \mu_2, \sigma_1^2 + \sigma_2^2)$$

换言之，两个独立正态随机变量之和仍为正态变量。事实上，该结果对多个相互独立正态随机变量的线性组合仍适用。该性质称为正态分布的可加性。

例 5.32 [泊松分布的可加性 (Reproductivity of Poisson Distribution)]：假设 $X_1, \cdots, X_n$ 为 n 个独立随机变量，其中 X_i 服从泊松分布 Poisson(λ_i)，$i = 1, \cdots, n$。证明 $\sum_{i=1}^n X_i$ 服从泊松分布 Poisson(λ)，其中 $\lambda = \sum_{i=1}^n \lambda_i$。

解：若随机变量 X_i 服从泊松分布 Poisson(λ_i)，其 MGF

$$M_i(t) = e^{\lambda_i(e^t - 1)}, \quad -\infty < t < \infty$$

因 $X = \sum_{i=1}^n X_i$，其 MGF

$$\begin{aligned} M_X(t) &= E\left(e^{t\Sigma_{i=1}^n X_i}\right) \\ &= \prod_{i=1}^n M_i(t) \\ &= \prod_{i=1}^n e^{\lambda_i(e^t - 1)} \\ &= e^{\lambda(e^t - 1)} \end{aligned}$$

其中 $\lambda = \sum_{i=1}^n \lambda_i$。因此，$X \sim$ Poisson(λ)。换言之，n 个互相独立的 Poisson(λ_i) 随机变量之和仍为 Poisson(λ) 随机变量，其中 $\lambda = \sum_{i=1}^n \lambda_i$。这称为泊松分布的可加性。

例 5.33 [χ^2 分布的可加性]：假设 $X_1, X_2, \cdots, X_n$ 相互独立，且分别服从 $\chi_{\nu_i}^2$ 分布。证明 $\sum_{i=1}^n X_i$ 服从 χ_ν^2 分布，其中 $\nu = \sum_{i=1}^n \nu_i$。

解：由第四章知 $\chi_{\nu_i}^2$ 分布的 MGF 为

$$M_i(t) = (1-2t)^{-\nu_i/2}, \quad t < \frac{1}{2}$$

令 $X = \sum_{i=1}^{n} X_i$，则其 MGF 为

$$\begin{aligned} M_X(t) &= E\left(e^{tX}\right) \\ &= \prod_{i=1}^{n} M_i(t) \\ &= \prod_{i=1}^{n} (1-2t)^{-\nu_i/2} \\ &= (1-2t)^{-\frac{1}{2}\sum_{i=1}^{n}\nu_i} \end{aligned}$$

由此可得，$X \sim \chi^2_\nu$，其中 $\nu = \sum_{i=1}^{n} \nu_i$。即，独立 χ^2 随机变量之和仍为 χ^2 随机变量，其自由度等于各随机变量自由度之和。该性质称为 χ^2 分布的可加性。

Dykstra & Hewett (1972) 曾举两个例子阐明卡方分布的性质。其中一个例子显示，若一个随机变量服从 χ^2 分布，另一个随机变量为取值为正的随机变量，但未必服从 χ^2 分布，则二者之和依然服从 χ^2 分布；另一个例子指出，两个不相互独立的 χ^2 随机变量之和依然服从 χ^2 分布。

例 5.34：假设随机变量 $X_1, X_2, \cdots, X_n$ 相互独立，且均服从参数为 $\beta > 0$ 的指数分布，证明 $\sum_{i=1}^{n} X_i$ 服从伽玛分布 $G(n, \beta)$。

解：由于 X_i 服从 $EXP(\beta)$ 分布，其 MGF 为

$$M_i(t) = (1-\beta t)^{-1}, \quad t < \frac{1}{\beta}$$

记 $X = \sum_{i=1}^{n} X_i$，则其 MGF 为

$$\begin{aligned} M_X(t) &= \prod_{i=1}^{n} M_i(t) \\ &= (1-\beta t)^{-n} \end{aligned}$$

这说明 $X \sim G(n, \beta)$。即，具有相同参数 β 的 n 个独立指数随机变量之和服从伽玛分布 $G(n, \beta)$。

5.9.2 独立性和不相关性

根据定理 5.17 可知，相互独立的随机变量必然不相关。

推论 5.2 假设 X 和 Y 相互独立，则 $\text{cov}(X, Y) = 0$。

证明：令 $g(X) = X - \mu_X$，$h(Y) = Y - \mu_Y$，应用定理 5.17 即可得证。证毕。 ■

定理 5.17 表明，独立性排除了 X 和 Y 之间的所有可能关联性，而不相关仅意味着不存在线性关系。显然，独立性比不相关更强。因此，相互独立必然不相关，但不相关并不意味着相互独立，如下例所示。

例 5.35：令 $Y = X^2$，其中 X 服从关于 0 对称的连续概率分布 (即 $f_X(x) = f_X(-x)$，$-\infty < x < \infty$)。则

$$\text{cov}(X, Y) = 0$$

解：由于 X 的分布关于 0 对称，故有 $E(X) = 0$，且 $E(X^3) = 0$。因此

$$\begin{aligned}
\text{cov}(X, Y) &= E(XY) - E(X)E(Y) \\
&= E(X^3) - 0 \cdot E(X^2) \\
&= E(X^3) \\
&= \int_{-\infty}^{\infty} x^3 f_X(x) dx \\
&= 0
\end{aligned}$$

当 X 服从关于 0 对称的分布时，$\text{cov}(X, Y)$ 无法捕获 X 和 $Y = X^2$ 之间的二次型关系。

例 5.36 [不相关的二元学生 t-分布]：若随机变量 X 和 Y 的联合 PDF 为

$$f_{XY}(x, y) = \frac{1}{2\pi}\left[1 + \frac{1}{\nu}(x^2 + y^2)\right]^{-\frac{\nu}{2}}, \quad \nu \geqslant 3$$

则称其服从标准二元学生 t-分布，其中形状参数 ν 称为自由度。可证明 $\text{cov}(X, Y) = 0$ (问题：如何证明?)。然而，由于 X 和 Y 的联合 PDF$f_{XY}(x, y)$ 无法分解为两个分别关于 x 和 y 的函数之积，故对任意给定 $\nu < \infty$，X 和 Y 并不相互独立。

当 $\nu \to \infty$ 时，有

$$f_{XY}(x, y) \to \frac{1}{2\pi} e^{-\frac{1}{2}(x^2 + y^2)}$$

这里用到了当 $\nu \to \infty$ 时，$(1 + a/\nu)^\nu \to e^a$ 这一极限性质。在这种情况下，X 和 Y 为相互独立的 $N(0, 1)$ 随机变量。对不同自由度 ν，图 5.10 给出了二维标准学生 t-分布的联合 PDF $f_{XY}(x, y)$。

例 5.37：假设随机变量 X 的 PDF 为 $f(x-\theta)$，其中 $f(\cdot)$ 关于 0 对称且 $E|X| < \infty$。定义 $Y = \mathbf{1}(|X - \theta| < 2)$，其中 $\mathbf{1}(\cdot)$ 为指示函数，其当 $|X - \theta| < 2$ 时取 1，而当 $|X - \theta| \geqslant 2$ 时取 0。检验 $\text{cov}(X, Y) = 0$ 是否成立。

解：留作练习题。

上例说明尽管相互独立必然不相关，但反之不成立。然而，存在一些特殊情形使得当且仅当 (X, Y) 相互独立时，有 $\text{cov}(X, Y) = 0$。现在提供两个示例。

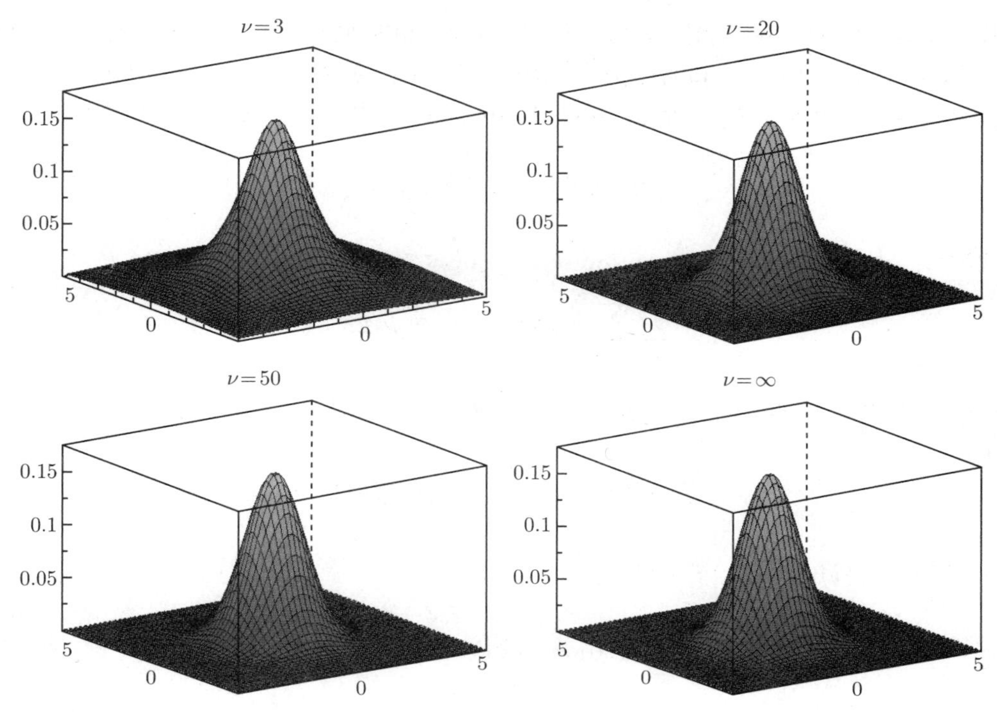

图 5.10：不同自由度 ν 对应的二维标准学生 t-分布的联合 PDF $f_{XY}(x,y)$

定理 5.18 假设 (X,Y) 服从联合正态分布，则当且仅当 $\text{cov}(X,Y)=0$ 时 (X,Y) 相互独立。

证明：(1) [必要性] 由推论 5.2，若 X 和 Y 相互独立，则有 $\text{cov}(X,Y)=0$。

(2) [充分性] 证明 $\text{cov}(X,Y)=0$ 意味着 X 和 Y 相互独立。对二维正态分布 $BN(\mu_1,\mu_2,\sigma_1^2,\sigma_2^2,\rho)$，定理 5.15 已证相关系数 $\rho_{XY}=\rho$。因此，当 $\text{cov}(X,Y)=0$ 时，有 $\rho=0$。于是联合 PDF 为

$$\begin{aligned}f_{XY}(x,y)&=\frac{1}{\sqrt{2\pi\sigma_1^2}}e^{-\frac{1}{2\sigma_1^2}(x-\mu_1)^2}\frac{1}{\sqrt{2\pi\sigma_2^2}}e^{-\frac{1}{2\sigma_2^2}(y-\mu_2)^2}\\&=f_X(x)f_Y(y),\quad \text{对所有}-\infty<x,y<\infty\end{aligned}$$

因此，X 和 Y 相互独立。证毕。 ■

定理 5.18 提供了一种检验两个联合正态分布随机变量是否相互独立的简便方法，即只需检验 X 和 Y 的相关系数是否为零即可。

对离散随机变量，也存在不相关等价于相互独立的情形，如下例所示。

定理 5.19 假设 $X\sim\text{Bernoulli}(p_1)$，$Y\sim\text{Bernoulli}(p_2)$。则当且仅当 $\text{cov}(X,Y)=0$ 时，X 和 Y 相互独立。

证明：只需证明若 $\text{cov}(X,Y)=0$，则 X 和 Y 相互独立。现考察对所有 $x=1,0$ 和 $y=1,0$，$f_{XY}(x,y)=f_X(x)f_Y(y)$ 是否成立。首先，注意到 $f_X(1)=p_1$，$f_X(0)=1-p_1$，$f_Y(1)=p_2$，$f_Y(0)=1-p_2$，$\mu_X=p_1$，且 $\mu_Y=p_2$。假设 $\text{cov}(X,Y)=0$，则

$$E(XY)=E(X)E(Y)$$

或等价地

$$\sum_{x=0}^{1}\sum_{y=0}^{1}xyf_{XY}(x,y)=p_1p_2$$

由于 $\sum_{x=0}^{1}\sum_{y=0}^{1}xyf_{XY}(x,y)=f_{XY}(1,1)$，故有

$$f_{XY}(1,1)=p_1p_2=f_X(1)f_Y(1)$$

另外，给定 $f_X(1)=\sum_{y=0}^{1}f_{XY}(1,y)$，有

$$\begin{aligned}f_{XY}(1,0)&=f_X(1)-f_{XY}(1,1)\\&=p_1(1-p_2)\\&=f_X(1)f_Y(0)\end{aligned}$$

类似地，可证

$$f_{XY}(0,1)=(1-p_1)p_2=f_X(0)f_Y(1)$$

及

$$f_{XY}(0,0)=(1-p_1)(1-p_2)=f_X(0)f_Y(0)$$

这表明，对所有 $x=1,0$ 和 $y=1,0$，有 $f_{XY}(x,y)=f_X(x)f_Y(y)$。因此，X 和 Y 相互独立。证毕。 ■

问题 5.10 定理 5.17 说明若 X 和 Y 相互独立，则对任意可测函数 $h(X)$ 和 $q(Y)$，有

$$\text{cov}[h(X),q(Y)]=0$$

现在，假设对任意可测函数 $h(X)$ 和 $q(Y)$，有 $\text{cov}[h(X),q(Y)]=0$。那么 X 和 Y 是否相互独立?

为回答这一问题，对任意给定 $(x,y)\in\mathbb{R}^2$，考察指示函数 $h_x(X)=\mathbf{1}(X\leqslant x)$ 和 $q_y(Y)=\mathbf{1}(Y\leqslant y)$。此时，

$$E[h_x(X)]=E[\mathbf{1}(X\leqslant x)]$$

$$= F_X(x)$$

$$\begin{aligned} E[q_y(Y)] &= E[\mathbf{1}(Y \leqslant y)] \\ &= F_Y(y) \end{aligned}$$

$$\begin{aligned} E[h_x(X)q_y(Y)] &= E[\mathbf{1}(X \leqslant x)\mathbf{1}(Y \leqslant y)] \\ &= F_{XY}(x,y) \end{aligned}$$

假设

$$\mathrm{cov}[h_x(X), q_y(Y)] = 0, \quad 对所有 -\infty < x, y < \infty$$

或等价地

$$E[h_x(X)q_y(Y)] = E[h_x(X)]E[q_y(Y)], \quad 对所有 -\infty < x, y < \infty$$

则

$$F_{XY}(x,y) = F_X(x)F_Y(y), \quad 对所有 -\infty < x, y < \infty$$

因此，X 和 Y 相互独立。

以下定理表明，也可用联合 MGF 等于边际 MGF 之积这一性质刻画独立性。

定理 5.20 假设联合 MGF $M_X(t_1,t_2) = E(e^{t_1X+t_2Y})$ 对在原点 $(0,0)$ 的某个邻域内所有 (t_1,t_2) 都存在，则当且仅当对原点 $(0,0)$ 某个邻域内的所有点 (t_1,t_2)，有

$$M_X(t_1,t_2) = M_X(t_1)M_Y(t_2)$$

成立时，X 和 Y 相互独立。

证明：(1) [必要性] 假设 X 和 Y 相互独立。则由定理 5.17，有

$$\begin{aligned} M_{XY}(t_1,t_2) &= E(e^{t_1X+t_2Y}) \\ &= E(e^{t_1X}e^{t_2Y}) \\ &= E(e^{t_1X})E(e^{t_2Y}) \\ &= M_X(t_1)M_Y(t_2) \end{aligned}$$

(2) [充分性] 现在证明若对所有在原点 $(0,0)$ 的某个邻域内所有 (t_1,t_2)，$M_{XY}(t_1,t_2) = M_X(t_1)M_Y(t_2)$，则 X 和 Y 相互独立。根据 MGF 的唯一性定理，二元分布 $F_{XY}(x,y)$ 是对应联合 $M_{XY}(t_1,t_2)$ 的唯一分布，而二元分布 $F_X(x)F_Y(y)$ 是对应联合 MGF

$M_X(t_1)M_Y(t_2)$ 的唯一分布。若对在关于原点 $(0,0)$ 的某个邻域内所有 (t_1,t_2)，有 $M_{XY}(t_1,t_2)=M_X(t_1)M_Y(t_2)$，则 $F_X(x)F_Y(y)$ 也是对应于 $M_{XY}(t_1,t_2)$ 的唯一分布。因此，对所有 $-\infty<x,y<\infty$，有 $F_{XY}(x,y)=F_X(x)F_Y(y)$。证毕。 ■

需要强调 $M_{XY}(t_1,t_2)$ 和 $M_{X+Y}(t)$ 的重要区别：$M_{XY}(t_1,t_2)=E(e^{t_1X+t_2Y})$ 是二元随机变量 (X,Y) 的联合 MGF，而 $M_{X+Y}(t)=E[e^{t(X+Y)}]$ 是 $X+Y$ 之和的 MGF。

综上所述，本书迄今提供了三种刻画独立性的基本方法，即联合 CDF、联合 PMF/PDF 以及联合 MGF 是否分别等于其相对应的边际函数的乘积。

另外，还存在一种基于广义协方差刻画独立性的方法。

定理 5.21 假设对在关于原点 $(0,0)$ 的某个邻域内所有 (t_1,t_2)，有 $M_{XY}(t_1,t_2)$ 存在。则 X 和 Y 相互独立，当且仅当对 $(0,0)$ 的某个邻域内的所有 (t_1,t_2)，有

$$\mathrm{cov}(e^{t_1X},e^{t_2Y})=0$$

证明：根据公式 $\mathrm{cov}(U,V)=E(UV)-E(U)E(V)$，可直接证明

$$\begin{aligned}\mathrm{cov}(e^{t_1X},e^{t_2Y})&=E(e^{t_1X}e^{t_2Y})-E(e^{t_1X})E(e^{t_2Y})\\&=M_{XY}(t_1,t_2)-M_X(t_1)M_Y(t_2)\end{aligned}$$

由于当且仅当 X 和 Y 相互独立时，对在关于 $(0,0)$ 的某个邻域内所有 (t_1,t_2)，有 $M_{XY}(t_1,t_2)=M_X(t_1)M_Y(t_2)$，因此，当且仅当 (X,Y) 相互独立时，对位于 $(0,0)$ 的某个邻域内所有 (t_1,t_2)，有 $\mathrm{cov}(e^{t_1X},e^{t_2Y})=0$ 成立。证毕。 ■

由于 $\mathrm{cov}(e^{t_1X},e^{t_2Y})$ 是指数变换 e^{t_1X} 和 e^{t_2Y} 的协方差，其可视作广义协方差 (generalized covariance)。定理 5.21 表明当且仅当对在关于 (0,0) 的某个邻域内的所有 (t_1, t_2)，该广义协方差 $\mathrm{cov}(e^{t_1X},e^{t_2Y})$ 为 0 时，X 和 Y 相互独立。

以下定理说明广义协方差 $\mathrm{cov}(e^{t_1X},e^{t_2Y})$ 实际上可视为协方差生成函数 (covariance generating function)。即，其可用于生成各种协方差 $\mathrm{cov}(X^r,Y^s)$。

定理 5.22 假设对在 $(0,0)$ 的某个邻域内所有 (t_1,t_2)，有 $M_{XY}(t_1,t_2)$ 存在。则

$$\mathrm{cov}(X,Y)=\left.\frac{\partial^2\mathrm{cov}(e^{t_1X},e^{t_2Y})}{\partial t_1\partial t_2}\right|_{(t_1,t_2)=(0,0)}$$

此外，对任意正整数 r,s，有

$$\mathrm{cov}(X^r,Y^s)=\left.\frac{\partial^{r+s}\mathrm{cov}(e^{t_1X},e^{t_2Y})}{\partial t_1^r\partial t_2^s}\right|_{(t_1,t_2)=(0,0)}$$

若对在关于 $(0,0)$ 的某个邻域内所有 (t_1,t_2)，有 $M_{XY}(t_1,t_2)$ 存在，则 $\mathrm{cov}(e^{t_1X},e^{t_2Y})$ 在原点 $(0,0)$ 处的各阶导数均存在。根据麦克劳伦级数展开 $e^{tX}=\sum_{r=0}^{\infty}\dfrac{(tX)^r}{r!}$ 可得

$$\begin{aligned}\operatorname{cov}(e^{t_1X},e^{t_2Y}) &= \sum_{r=1}^{\infty}\sum_{s=1}^{\infty}\frac{t_1^r t_2^s}{r!s!}\frac{\partial^{r+s}\operatorname{cov}(e^{t_1X},e^{t_2Y})}{\partial t_1^r\partial t_2^s}|_{(t_1,t_2)=(0,0)} \\ &= \sum_{r=1}^{\infty}\sum_{s=1}^{\infty}\frac{t_1^r t_2^s}{r!s!}\operatorname{cov}(X^r,Y^s)\end{aligned}$$

因此，$\operatorname{cov}(e^{t_1X},e^{t_2Y})$ 包含了各阶协方差 $\{\operatorname{cov}(X^r,Y^s)\}$ 的所有信息。若 X 和 Y 相互独立，则对所有 $r,s>0$，有 $\operatorname{cov}(X^r,Y^s)=0$，当然也包括 $\operatorname{cov}(X,Y)=0$。一般而言，$\operatorname{cov}(X,Y)=0$ 仅是独立性所隐含的性质形成的无穷集中的一个元素。可能存在 $\operatorname{cov}(X,Y)=0$ 但是对某些 (r,s)，$\operatorname{cov}(X^r,Y^s)\neq 0$ 的情形。在这种情况下，X 和 Y 不相关，但并非相互独立。一个经济学例子是高频资产收益率的时间序列 $\{X_t\}$。实际研究表明，高频资产收益率 $\{X_t\}$ 在不同时期互不相关，即对所有 $j>0$，有 $\operatorname{cov}(X_t,X_{t-j})=0$。然而，该序列存在持续的波动聚类 (volatility clustering) 现象，即序列 $\{X_t\}$ 的高波动和低波动往往会各自集聚在某一时间段，并且高低波动集聚的时期会交替出现。这表明至少对某些 $j>0$，有 $\operatorname{cov}(X_t^2,X_{t-j}^2)>0$。

最后考察如下问题：假设 X 的各阶矩存在，且对所有整数 $r,s>0$ 有 $\operatorname{cov}(X^r,Y^s)=0$。$X$ 和 Y 是否相互独立？

这与一元情形下两个随机变量 X 和 Y 的各阶矩相等是否意味着相同分布的问题类似 (参见定理 3.25)。在随机变量 X 和 Y 均存在有界支撑的情况下，答案是肯定的。

定理 5.23 假设随机变量 X 和 Y 具有有界支撑，则当且仅当 X 和 Y 相互独立时，对所有整数 $r,s>0$，有 $\operatorname{cov}(X^r,Y^s)=0$。

证明： 由于 X 和 Y 均具有有界支撑，所以存在常数 $M<\infty$ 使得 $P(|X|<M)=1$，$P(|Y|<M)=1$。因此，$E|X|^r\leqslant M^r$，并且 $E|Y|^s\leqslant M^s$。由于

$$\begin{aligned}\left|\operatorname{cov}(e^{t_1X},e^{t_2Y})\right| &= \left|\sum_{r=1}^{\infty}\sum_{s=1}^{\infty}\frac{t_1^r t_2^s}{r!s!}\operatorname{cov}(X^r,Y^s)\right| \\ &\leqslant \sum_{r=1}^{\infty}\sum_{s=1}^{\infty}\frac{|t_1|^r|t_2|^s}{r!s!}|\operatorname{cov}(X^r,Y^s)| \\ &\leqslant \sum_{r=1}^{\infty}\sum_{s=1}^{\infty}\frac{|t_1|^r|t_2|^s}{r!s!}(2M)^r(2M)^s \\ &= e^{2(|t_1|M+|t_2|M)}<\infty\end{aligned}$$

故对任意给定 $t_1,t_2\in(-\infty,\infty)$，有 $\operatorname{cov}(e^{t_1X},e^{t_2Y})$ 存在。上式推导用到了 $|\operatorname{cov}(X^r,Y^s)|\leqslant[\operatorname{var}(X^r)\operatorname{var}(Y^s)]^{1/2}\leqslant(2M)^{r+s}$ 这一事实。

(1) [必要性] 假设 X 和 Y 相互独立，则根据定理 5.17，且令 $h(X)=X^r,q(Y)=Y^s$，可得 $\operatorname{cov}(X^r,Y^s)=0$，对所有 $r,s>0$。

(2) [充分性] 假设对所有 $r,s>0$，$\text{cov}(X^r,Y^s)=0$。则对所有 $t_1,t_2\in(-\infty,\infty)$, 有

$$\text{cov}(e^{t_1X},e^{t_2Y})=\sum_{r=1}^{\infty}\sum_{s=1}^{\infty}\frac{t_1^r}{r!}\frac{t_2^s}{s!}\text{cov}(X^r,Y^s)=0$$

由定理 5.21 即得 X 和 Y 相互独立。证毕。 ■

定理 5.23 可视为定理 3.25 从一维到二维的推广。这表明可通过检验 X^r 和 Y^s 所有可能的协方差是否为零，来判断 X 和 Y 是否相互独立。当然，一个前提条件是 X 和 Y 的支撑是有界的。

现有文献还存在其他广义协方差的定义。例如，可定义广义协方差为:

$$\sigma_{XY}(x,y)\equiv\text{cov}[\mathbf{1}(X\leqslant x),\mathbf{1}(Y\leqslant y)],\quad -\infty<x,y<\infty$$

其中 $\mathbf{1}(\cdot)$ 为指示函数，若括号内的条件成立，其取值为 1，否则取值为 0。通过简单计算可证

$$\text{cov}[\mathbf{1}(X\leqslant x),\mathbf{1}(Y\leqslant y)]=F_{XY}(x,y)-F_X(x)F_Y(y)$$

显然，当且仅当对所有 (x,y)，广义协方差 $\sigma_{XY}(x,y)=0$ 时，有 X 和 Y 相互独立。

虽然协方差 $\text{cov}(X,Y)$ 不能刻画非高斯情况下 X 和 Y 所有的相依关系，但是广义协方差 $\sigma_{XY}(x,y)$ 可以刻画所有相依关系。事实上，根据 Hoeffding & Korrelationstheorie (1940)，协方差 $\text{cov}(X,Y)$ 与广义协方差 $\sigma_{XY}(x,y)$ 紧密相关，即

$$\text{cov}(X,Y)=\int_{-\infty}^{\infty}\int_{-\infty}^{\infty}[F_{XY}(x,y)-F_X(x)F_y(y)]\,dxdy=\int_{-\infty}^{\infty}\int_{-\infty}^{\infty}\sigma_{XY}(x,y)dxdy$$

协方差 $\text{cov}(X,Y)$ 不能刻画所有相依关系，因为对所有 (x,y)，有可能广义协方差 $\sigma_{XY}(x,y)$ 不为 0，但是二重积分为 0。霍夫丁测度法可以刻画 X 和 Y 的所有相依关系，

$$D^2(j)=\int_{-\infty}^{\infty}\int_{-\infty}^{\infty}\sigma_{XY}^2(x,y)dF_{XY}(x,y)=E\left[F_{XY}(X,Y)-F_X(X)F_Y(Y)\right]^2$$

若 $F_{XY}(x,y)$ 为连续分布，则当且仅当 X 和 Y 相互独立，$D^2(j)$ 取值为 0。

另外，肯德尔 (Kendall) 秩相关系数 τ (即样本秩相关统计量，用于测度两个测量量之间的序数关联) 的总体形式 (或概率极限) 为

$$\tau_{XY}=4\,\text{cov}\left[F_X(x),F_Y(y)\right]=4E\left[\sigma_{XY}(X,Y)\right]=4\int_{-\infty}^{\infty}\int_{-\infty}^{\infty}\sigma_{XY}(x,y)dF_{XY}(x,y)$$

在统计学，著名的斯皮尔曼 (Spearman) 相关系数或斯皮尔曼 ρ (即样本观测值的秩次相关系数) 的总体形式 (或概率极限) 为

$$S_{XY}=\frac{\text{cov}[F_X(X),F_Y(Y)]}{\sqrt{\text{var}[F_X(X)]\text{var}[F_Y(Y)]}}$$

可以证明

$$\mathrm{cov}[F_X(X), F_Y(Y)] = E\left[\sigma_{XY}(X, Y)\right]$$

直观上，肯德尔 τ 和斯皮尔曼 ρ 的总体形式都可以解释为 X 和 Y 的概率积分变换之间的协方差。两个系数并不具有当且仅当 X 和 Y 相互独立时取值为 0 的性质。然而，它们可以刻画 X 和 Y 之间存在的若干非线性相依关系。

上文讨论了零协方差和独立性之间的关系，接下来通过下列问题探讨相关性与因果关系之间的关联：

问题 5.11 相关性与因果关系有什么关联？若 $\mathrm{cov(X,Y)} \neq 0$，X 和 Y 存在因果关系吗？相反，若 X 和 Y 存在因果关系，可得 $\mathrm{cov(X,Y)} \neq 0$ 吗？

第十节 条件期望

问题 5.12 从条件分布 $f_{Y|X}(y|x)$ 可获取什么信息？

首先在条件分布框架下定义期望。

定义 5.21 [条件期望 (*Conditional Expectation*)]：可测函数 $g(X,Y)$ 基于 $X=x$ 的条件期望定义为

$$\begin{aligned} E[g(X,Y)|X=x] &= E[g(X,Y)|x] \\ &= \begin{cases} \sum_{y\in\Omega_Y(x)} g(x,y) f_{Y|X}(y|x), & (X,Y)\text{ 为离散随机变量} \\ \int_{-\infty}^{\infty} g(x,y) f_{Y|X}(y|x)dy, & (X,Y)\text{ 为连续随机变量} \end{cases} \end{aligned}$$

其中 $\Omega_Y(x) = \{y \in \Omega_Y : f_{Y|X}(y|x) > 0\}$ 为 Y 基于 $X=x$ 条件下的支撑。

在求条件期望 $E[g(X,Y)|X=x]$ 时，x 被视为固定值，且条件期望是对 Y 基于 $X=x$ 的条件分布而非 Y 的无条件分布求期望。

由于积分已消去 y，条件期望 $E[g(X,Y)|X=x]$ 仅为 x 的函数。因此，$E[g(X,Y)|X]$ 为随机变量 X 的函数。

借助条件期望 $E[g(X,Y)|X]$，可引入重复期望法则。

定理 5.24 [重复期望法则 (*Law of Iterated Expectations*)]：假设 $g(X,Y)$ 为可测函数且 $E[g(X,Y)]$ 存在，则

$$E[g(X,Y)] = E_X\{E[g(X,Y)|X]\}$$

$$= E_Y\{E[g(X,Y)|Y]\}$$

证明： 只考虑连续随机变量的情形。假设 (X,Y) 的联合 PDF 为 $f_{XY}(x,y)$。由联合概率密度的乘法法则，当 $f_X(x)>0$ 时，有 $f_{XY}(x,y)=f_{Y|X}(y|x)f_X(x)$。因此

$$\begin{aligned}
E[g(X,Y)] &= \int_{-\infty}^{\infty}\int_{-\infty}^{\infty} g(x,y)f_{XY}(x,y)dxdy \\
&= \int_{-\infty}^{\infty}\int_{-\infty}^{\infty} g(x,y)f_{Y|X}(y|x)f_X(x)dxdy \\
&= \int_{-\infty}^{\infty}\left[\int_{-\infty}^{\infty} g(x,y)f_{Y|X}(y|x)dy\right]f_X(x)dx \\
&= \int_{-\infty}^{\infty} E[g(X,Y)|X=x]f_X(x)dx \\
&= E_X\{E[g(X,Y)|X]\}
\end{aligned}$$

对离散随机变量的情形同理可证。证毕。 ■

重复期望法则提供一种计算无条件期望的两阶段方法，因此也常称为全期望法则，类似于第二章的全概率公式。以下考察 $g(X,Y)$ 的几种特殊形式，并对重复期望法则提供经济解释。

在实际应用中，通常混用期望符号“E”表示重复期望法则 $E[g(X,Y)]=E\{E[g(X,Y)|X]\}$。在同一个方程中，相同符号“$E$”表示不同的期望。内侧的符号 E 表示对条件分布 $Y|X$ 求期望，而外侧符号 E 对 X 的边际分布求期望。

下面介绍 Y 基于 $X=x$ 的各阶条件矩，并探讨其性质。

定义 5.22 ***[条件均值 (Conditional Mean)]***：Y 基于 $X=x$ 的条件均值定义为

$$\begin{aligned}
E(Y|x) &= E(Y|X=x) \\
&= \begin{cases} \sum_{y\in\Omega_Y(x)} yf_{Y|X}(y|x), & (X,Y)\text{ 为离散随机变量} \\ \int_{-\infty}^{\infty} yf_{Y|X}(y|x)dy, & (X,Y)\text{ 为连续随机变量} \end{cases}
\end{aligned}$$

条件均值 $E(Y|X=x)$ 是在 X 的取值为 x 条件下 Y 的期望值。现通过如下示例对 $E(Y|X)$ 以及重复期望法则给予经济解释。

例 5.38 [平均工资和重复期望法则]：假设 Y 为员工的工资，X 为员工的性别虚拟变量，若为女性员工，其取值为 0；若为男性，其取值为 1。则 $E(Y|X=0)$ 为女性员工的平均工资，$E(Y|X=1)$ 为男性员工的平均工资。

根据重复期望法则，可得全体员工的平均工资为

$$\begin{aligned}
E(Y) &= E[E(Y|X)] \\
&= P(X=0)E(Y|X=0)+P(X=1)E(Y|X=1)
\end{aligned}$$

其中 $P(X=0)$ 为女性员工在劳动力中的比例，$P(X=1)$ 为男性员工在劳动力中的比例。重复期望法则的使用可清楚地了解劳动力市场的收入分配情况。

条件均值 $E(Y|X)$ 仅为 X 的函数。为了明确 X 对 Y 的预测关系，也被称为 Y 对 X 的回归函数。该预测关系是统计学和计量经济学的一个主要研究对象。

为什么呢？

假设用 X 的函数 $g(X)$ 预测 Y，则预测误差为 $Y-g(X)$。评价模型 $g(X)$ 预测能力的一个准则是 $g(X)$ 的均方误，其定义如下

$$\mathrm{MSE}(g)=E[Y-g(X)]^2$$

$\mathrm{MSE}(g)$ 是预测误差平方的均值。$\mathrm{MSE}(g)$ 越小，则 $g(X)$ 的预测效果越好。如下定理表明，就均方误而言，条件均值是 Y 的最优预测量。

定理 5.25 *[均方误准则 (Mean Squared Error Criterion)]*: 假设 X 和 Y 是定义在同一样本空间上的随机变量，且 Y 具有有限方差，则条件均值 $E(Y|X)$ 是 $E[Y-g(X)]^2$ 最小化问题的最优解，即

$$E(Y|X)=\arg\min_{g(\cdot)} E[Y-g(X)]^2$$

其中最小化是对所有可测且平方可积函数求得。

证明：令 $g_0(X)=E(Y|X)$，则有

$$\begin{aligned}\mathrm{MSE}(g)&=E[Y-g(X)]^2\\&=E\{[Y-g_0(X)]+[g_0(X)-g(X)]\}^2\\&=E\{[Y-g_0(X)]^2+[g_0(X)-g(X)]^2\}\\&\quad+2E\{[Y-g_0(X)][g_0(X)-g(X)]\}\\&=E\{[Y-g_0(X)]^2\}+E\{[g_0(X)-g(X)]^2\}\end{aligned}$$

根据重复期望法则以及 $E\{[Y-g_0(X)]\,|X\}=0$，可证倒数第二个等式中的交叉项为零：

$$\begin{aligned}E\{[Y-g_0(X)][g_0(X)-g(X)]\}&=E_X\{E\left[(Y-g_0(X))\,(g_0(X)-g(X))\,|X\right]\}\\&=E_X\{(g_0(X)-g(X))\,E[\,(Y-g_0(X))\,|X]\}\\&=E_X[(g_0(X)-g(X))\cdot 0]\\&=0\end{aligned}$$

在 $\mathrm{MSE}(g)$ 的分解式中，第一项 $E[Y-g_0(X)]^2$ 与 $g(\cdot)$ 无关。因此，求 $g(\cdot)$ 最小化 $\mathrm{MSE}(g)$ 等价于最小化第二项 $E[g_0(X)-g(X)]^2$。当且仅当 $g(X)=g_0(X)$ 时，该项

达到最小。证毕。 ■

定理 5.26 [回归恒等式 (Regression Identity)]: 假设 $E(Y|X)$ 存在，则存在随机变量 ε 使得

$$Y = E(Y|X) + \varepsilon$$

其中 ε 满足

$$E(\varepsilon|X) = 0$$

证明：定义 $\varepsilon = Y - E(Y|X)$，则 $Y = E(Y|X) + \varepsilon$，其中

$$\begin{aligned} E(\varepsilon|X) &= E\{[Y - E(Y|X)]|X\} \\ &= E(Y|X) - E(Y|X) \\ &= 0 \end{aligned}$$

证毕。 ■

随机变量 ε 通常称为回归函数 $E(Y|X)$ 的随机扰动项，反映了 X 和 Y 之间关系的不确定性程度。当 $\varepsilon = 0$ 时，X 和 Y 之间的关系完全确定。此时，$Y = g_0(X)$，其中 $g_0(\cdot)$ 为某个可测函数。

条件 $E(\varepsilon|X) = 0$ 有何含义？简言之，该条件表明 ε 不包含可用于预测 Y 的条件期望值的任何有关 X 的有用信息。X 的系统信息中能够用于预测 Y 之条件均值的部分已完全反映在回归函数 $E(Y|X)$ 中。

回归函数 $E(Y|X)$ 是 X 的线性或非线性函数。当 $E(Y|X) = a + bX$ 时，称为线性回归函数。第十章将系统讨论线性回归模型的估计和检验理论。

以下举两个回归函数为 X 的线性函数的例子。

例 5.39: 假设联合 PDF 为 $f_{XY}(x, y) = e^{-y}$，其中 $-\infty < x < y < \infty$ (如本章例 5.14 所示)。求回归函数 $E(Y|X = x)$。

解：例 5.14 已证，对任意给定 $x > 0$，有

$$f_{Y|X}(y|x) = e^{-(y-x)}, \quad y \in (x, \infty)$$

因此

$$\begin{aligned} E(Y|x) &= \int_{-\infty}^{\infty} y f_{Y|X}(y|x) dy \\ &= \int_{x}^{\infty} y e^{-(y-x)} dy \\ &= e^{x} \int_{x}^{\infty} y e^{-y} dy \end{aligned}$$

$$= -e^x \int_x^\infty y de^{-y}$$
$$= 1 + x$$

例 5.40 [二元正态分布]：假设 (X, Y) 服从二元正态分布 $BN(\mu_1, \mu_2, \sigma_1^2, \sigma_2^2, \rho)$，则条件均值

$$E(Y|X) = \mu_2 + \rho \frac{\sigma_2}{\sigma_1}(X - \mu_1)$$

此为 X 的线性函数。

当 $E(Y|X) = a + bX$ 时，线性回归方程为

$$Y = a + bX + \varepsilon$$

其中 $E(\varepsilon|X) = 0$。

引理 5.7 假设 $Y = a + bX + \varepsilon$，其中 $E(\varepsilon|X) = 0$，则 $E(X\varepsilon) = 0$。

证明：根据定理 5.24 的重复期望法则，有

$$\begin{aligned} E(X\varepsilon) &= E[E(X\varepsilon|X)] \\ &= E[XE(\varepsilon|X)] \\ &= E(X \cdot 0) \\ &= 0 \end{aligned}$$

这意味着 $\text{cov}(X, \varepsilon) = 0$。(为什么?) 证毕。 ■

由于 ε 不包含可用于预测 Y 的条件期望的 X 的信息，ε 应当与 X 正交，即 $E(X\varepsilon) = 0$。根据正交性可得，ε 和 X 不相关，即 $\text{cov}(X, \varepsilon) = 0$。事实上，根据重复期望法则，$E(\varepsilon|X) = 0$ 意味着 ε 与 X 的任意可测函数 $h(X)$ 均正交，即 $E[\varepsilon h(X)] = 0$。

$E(\varepsilon|X) = 0$ 和 $E(X\varepsilon) = 0$ 之间存在很大差别。尽管 $E(\varepsilon|X) = 0$ 能够推出 $E(X\varepsilon) = 0$，但反之不成立。以下例子可说明这一点。

例 5.41：假设 $\varepsilon = (X^2 - 1) + u$，其中 X 和 u 为两个互相独立的 $N(0,1)$ 随机变量。则

$$\begin{aligned} E(\varepsilon|X) &= X^2 - 1 + E(u|X) \\ &= X^2 - 1 \end{aligned}$$

其中 $E(u|X) = E(u) = 0$。另一方面，

$$\begin{aligned} E(X\varepsilon) &= E(X^3 - X + Xu) \\ &= 0 \end{aligned}$$

在本例中，ε 包含一个可用 X 预测的非线性成分 X^2-1，故 $E(\varepsilon|X)\neq 0$。然而，ε 正交于 X 或 X 的任意线性函数。该结论具有非常重要的含义。假设

$$Y = a + bX + \varepsilon$$

其中 $E(X\varepsilon)=0$。由于无法从 $E(X\varepsilon)=0$ 推得 $E(\varepsilon|X)=0$，上式并不意味着线性模型 $g(X)=a+bX$ 是 X 对 Y 具有最小均方误的最优预测量。

条件均值或回归函数的概念在经济学、金融学与管理学领域均有广泛应用。以下是经济学和金融学的几个示例。

例 5.42 [消费函数 (Consumption Function) 和边际消费倾向 (Marginal Propensity to Consume)]：假设 Y 为消费，X 为收入，且

$$Y = a + bX + \varepsilon$$

其中 ε 代表了其他影响消费的随机因素，满足 $E(\varepsilon|X)=0$。条件期望

$$E(Y|X) = a + bX$$

称为消费函数，其导数

$$\frac{dE(Y|X)}{dX} = b$$

为预期边际消费倾向，即当收入增加 1 个单位时消费的预期增加量。这是凯恩斯有效需求不足理论中最重要的一个概念。

例 5.43 [条件均值和有效市场假说 (Efficient Market Hypothesis, EMH)]：假设 Y_t 表示第 t 期的资产收益率，I_{t-1} 为第 $t-1$ 期可获得的信息。假设投资者试图用第 $t-1$ 期获得的信息预测第 t 期资产收益率 Y_t。若基于 $t-1$ 期信息的预期收益率 $E(Y_t|I_{t-1})$ 和长期市场平均收益率 $E(Y_t)$ 相等，则 $t-1$ 期信息对未来预期收益率 Y_t 无预测能力。此时，称资本市场对 $t-1$ 期信息是有效的。该假说的正式表述如下

$$E(Y_t|I_{t-1}) = E(Y_t)$$

存在三种形式的有效市场假说：

(1) 弱式有效市场，其中 I_{t-1} 仅包含第 $t-1$ 期可获取的资产收益率所有历史信息。

(2) 半强式有效市场，其中 I_{t-1} 包含第 $t-1$ 期可获取的所有公开信息。

(3) 强式有效市场，其中 I_{t-1} 不仅包含第 $t-1$ 期可获取的公开信息，还包括一部分未公开的内部信息。

统计独立性可以刻画市场有效性。一个经典例子就是随机游走 (random walk) 模型

在金融市场上的应用 (参见 Fama, 1965; Malkiel, 1973)。这个思想至少可以追溯到法国数学家路易斯・巴施里耶 (Louis Bachelier) 1900 年的博士论文 (参见 Bachelier, 2006)。

事实上，在经济学中，市场有效性并不意味着不同时期的回报率是互相独立的。所谓市场有效性，特别是弱式有效市场假说，是指不能用历史回报率信息预测未来的期望回报率。更准确地说，未来回报率相对于整个历史回报率的条件期望，与历史回报率无关。从时间序列分析的角度看，如果未来回报率相对于历史回报率的条件均值与历史回报率无关，那么未来条件期望回报率就无法用历史回报率信息来预测。当然，不能预测回报率条件期望并不意味未来回报率相对于历史回报率的条件高阶矩，比如说它的条件方差，也是不可预测的。条件方差刻画市场波动大小，一个有效市场的回报率的波动大小是可以用历史信息预测的。一个著名的例子是 Engle (1982) 的自回归条件异方差 (autoregressive conditional heteroskedasticity, ARCH) 模型。

因此，虽然独立性意味着市场有效性，但市场有效性的定义，并不是由独立性刻画，而是由条件期望或鞅差序列 (martingale difference sequence, MDS) 来刻画。MDS 是指给定历史信息的条件期望超额回报率 (即条件期望回报率减去无条件长期回报率均值后) 在每个时期均为 0。事实上，市场有效性更一般的定义是，扣除风险补偿或风险溢价后的超额回报率为 MDS，即扣除风险补偿后的超额回报率是无法预测的，资产回报率本身可能是可以预测的，因为风险溢价可以预测，这与市场有效性并不矛盾。

例 5.44 [期望损失 (Expected Shortfall) 与金融风险管理 (Financial Risk Management)]：例 3.33 介绍了投资组合在某个时期的风险价值的概念。在 α 水平上的风险价值 $V_t(\alpha)$ 定义如下

$$P[X_t < -V_t(\alpha)|\, I_{t-1}] = \alpha$$

其中 X_t 为投资组合在第 t 时期的收益，I_{t-1} 为第 $t-1$ 期可获得的信息。风险价值 $V_t(\alpha)$ 是实际损失以概率 α 超出的临界值，通常用于确定资产充足水平以防止极端损失事件的发生。

在实际应用中，仅基于风险价值确定资产充足水平可能还不够谨慎。一些金融监管者建议使用期望损失即条件均值 $ES_t(\alpha) = -E[X_t|\, X_t < -V_t(\alpha)]$ 设定资产充足水平。在 α 水平的期望损失是假定危机发生情况下的预期损失 (当实际损失超出风险价值时即视为危机发生)。当 α 很小时，期望损失总是大于风险价值，从而提供了更为谨慎的风险管理方式。如图 5.11 所示。

例 5.45 [动态资产定价模型 (Dynamic CAPM) 与欧拉方程 (Euler Equation)]：在基于消费的标准资产定价模型中，代表性投资者在跨期预算约束下通过最大化如下预期终身效用以选择最优消费路径 $\{C_t, t = 1, 2, \cdots\}$：

$$\max_{\{C_t\}} E \sum_{j=0}^{\infty} \beta^j u(C_{t+j})$$

其中 β 为时间折现因子 (time discount factor)，$u(\cdot)$ 为投资者在每个时期的效用函数。

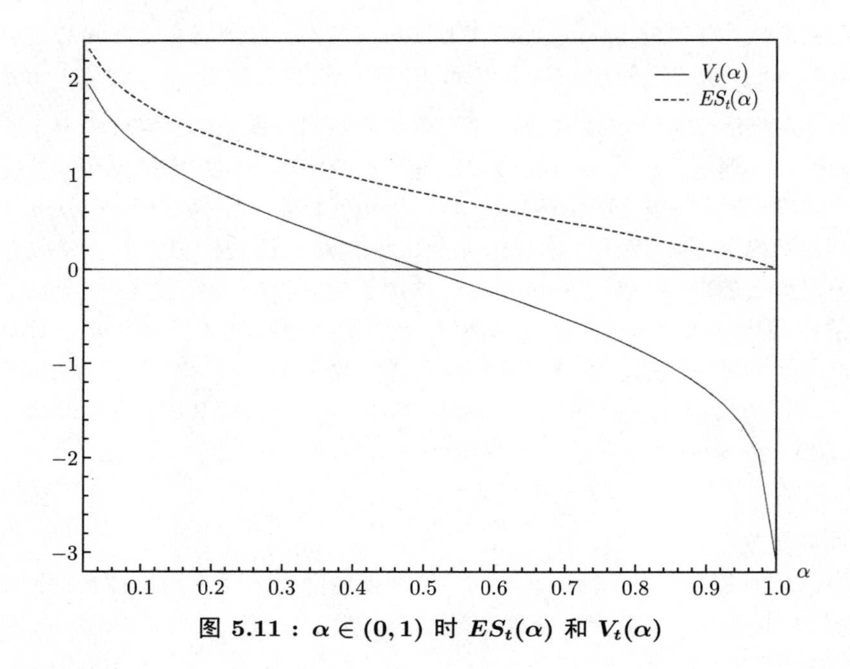

图 5.11：$\alpha \in (0,1)$ 时 $ES_t(\alpha)$ 和 $V_t(\alpha)$

该跨期效用最大化问题的一阶条件为

$$E(M_{t+1}R_{t+1}|\, I_t) = 1$$

其中 $M_{t+1} = \beta \dfrac{u'(C_{t+1})}{u'(C_t)}$ 称为随机折现因子，反映了代表性投资者的风险态度，而 R_{t+1} 则为从第 t 期到第 $t+1$ 期的总资产收益率。上述以条件均值刻画的一阶条件 (first order conditions, FOC) 通常称为欧拉方程 (Euler equation)。定义随机定价误差

$$\varepsilon_{t+1} = M_{t+1}R_{t+1} - 1$$

则欧拉方程可等价表示为

$$E(\varepsilon_{t+1}|I_t) = 0$$

直观上，欧拉方程揭示了第 $t+1$ 期的预期风险补偿收益应等于 1 (即第 t 期的投资成本)，也就是在每个时期均不存在系统定价偏差。它刻画了不确定条件下最优资产投资路径，从而也等价地刻画了不确定条件下最优消费路径。

以下，定义给定 $X=x$ 时，Y 的条件方差。

定义 5.23 *[条件方差 (Conditional Variance)]*：给定 $X=x$ 时 Y 的条件方差定义为

$$\text{var}(Y|\, X=x) = \int_{-\infty}^{\infty} [y - E(Y|\, X=x)]^2 dF_{Y|X}(y|\, x)$$

直观上，$\varepsilon = Y - E(Y|\, X)$ 为用 $E(Y|\, X)$ 预测 Y 时，Y 中不可预测的成分。条件方差 $\text{var}(Y|\, X) = \text{var}(\varepsilon|\, X)$ 度量了在给定信息 X 条件下，Y 的波动性或变异性如何随 X 的

变化而变化。

条件方差 $\mathrm{var}(Y|X)$ 称为条件方差函数。当 $\mathrm{var}(Y|X)=\sigma^2$ 为常数时，即 $\mathrm{var}(Y|X)$ 不依赖于 X 时，则称存在条件同方差 (conditional homoskedasticity)。条件同方差是经典回归模型的一个重要假设 (参考第十章)。

一般而言，Y 基于 X 的条件方差是 X 的函数，即条件方差依赖于 X。此时，$\mathrm{var}(Y|X)\neq\sigma^2$，称存在条件异方差 (conditional heteroskedasticity)。因为不同经济主体之间、不同时间段之间存在异质性，所以条件异方差现象并不罕见。比如，规模较大的企业，其产出变化常常较大。

以下给出条件方差建模的两个重要例子。

例 5.46 [利率波动的水平效应 (Level Effect)]：利率波动的一个重要经验典型特征事实是：利率波动取决于利率水平，即利率水平越高，其波动越大，如图 5.12 所示的美国短期利率情形。这一现象称为利率波动的水平效应，通常建模如下

$$\mathrm{var}(r_t|I_{t-1})=\alpha r_{t-1}^{\rho}$$

其中 r_t 为第 t 期的短期利率，I_{t-1} 为第 $t-1$ 期可获得的信息。更多讨论参见 Chan *et al.* (1992)。

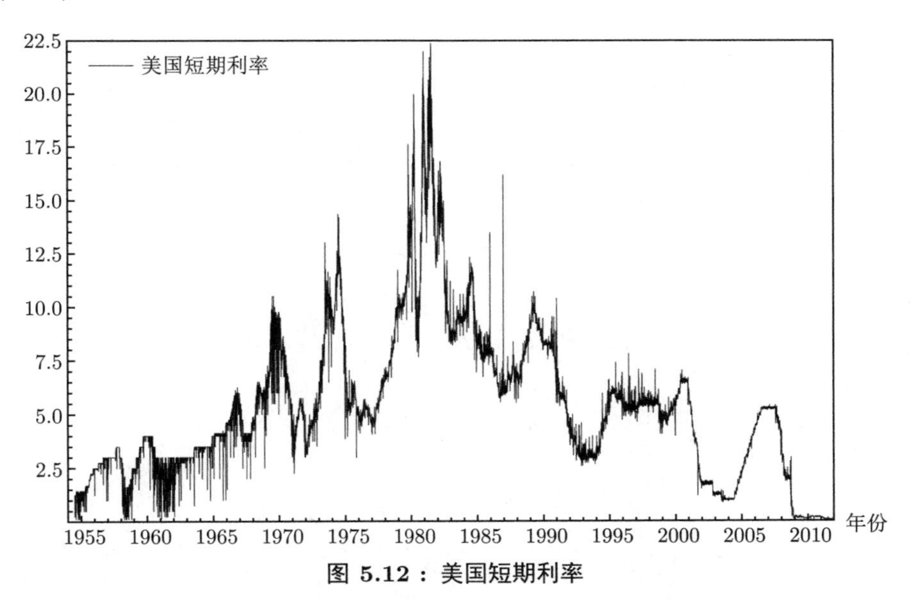

图 5.12：美国短期利率

除了利率外，Friedman (1977) 也指出，一般通货膨胀率越高，通货膨胀波动幅度越大。

例 5.47 [ARCH 模型和波动聚类 (Volatility Clustering)]：在金融市场上，资产价格的当期较大波动倾向于伴随未来较大波动，当期较小的波动倾向于伴随未来较小波动，如图 1.1 所示的 S&P 500 日收益率波动情形。该现象称为波动聚类 (Mandelbrot, 1963)。

为解释这一经验典型特征事实，Engle (1982) 提出了一类自回归条件异方差 (ARCH) 模型对波动进行建模。假设 Y_t 为第 t 时期的资产收益率，那么 ARCH(1) 模型为

$$\mathrm{var}(Y_t|\, I_{t-1}) = \alpha + \beta Y_{t-1}^2$$

其中参数 $\alpha, \beta > 0$，且 I_{t-1} 包含了所有过去的资产收益信息。

以下引理提供条件方差的一个简便计算公式。

引理 5.8

$$\mathrm{var}(Y|\, X) = E(Y^2|\, X) - [E(Y|\, X)]^2$$

证明： 留作练习题。 ■

这可视为定理 3.15 方差公式的条件版本。

例 5.48： 与例 5.39 相同，令 $f_{XY}(x,y) = e^{-y}$，其中 $0 < x < y < \infty$。根据例 5.39 可知 $E(Y|\, x) = 1 + x$，则

$$\begin{aligned}
\mathrm{var}(Y|x) &= E(Y^2|x) - [E(Y|x)]^2 \\
&= \int_x^{\infty} y^2 e^{-(y-x)} dy - (1+x)^2 \\
&= e^x \int_x^{\infty} y^2 e^{-y} dy - (1+x)^2 \\
&= -e^x \int_x^{\infty} y^2 de^{-y} - (1+x)^2 \qquad (\text{这里 } de^{-y} = -e^{-y}dy) \\
&= -e^x \left(y^2 e^{-y}|_x^{\infty} - \int_x^{\infty} e^{-y} dy^2 \right) - (1+x)^2 \\
&= -e^x \left(0 - x^2 e^{-x} - 2\int_x^{\infty} y e^{-y} dy \right) - (1+x)^2 \\
&= x^2 + 2e^x \int_x^{\infty} y e^{-y} dy - (1+x)^2 \\
&= x^2 + 2\int_x^{\infty} y e^{-(y-x)} dy - (1+x)^2 \\
&= x^2 + 2(1+x) - (1+x)^2 \\
&= 1
\end{aligned}$$

本例存在条件同方差现象。

例 5.49 [二维正态分布与条件同方差]： 假设 X 和 Y 服从二元正态分布 $BN(\mu_1, \mu_2, \sigma_1^2, \sigma_2^2, \rho)$，证明条件方差 $\mathrm{var}(Y|\, X) = \sigma_2^2(1-\rho^2)$。

解：在第五章第六节中，已证对二元正态分布，给定 X 时，Y 的条件分布服从均值为 $\mu_2+\frac{\rho\sigma_2}{\sigma_1}(X-\mu_1)$，方差为 $\sigma_2^2(1-\rho^2)$ 的正态分布。因此，条件方差 $\text{var}(Y|X)=\sigma_2^2(1-\rho^2)$，其不依赖于 X。

现在，举几个条件异方差的例子。

例 5.50：假设 $Y=Z\sqrt{1+X^2}$，其中 Z 为均值为 0，方差为 1 的随机变量且与 X 相互独立。求 (1)$E(Y|X)$；(2) $\text{var}(Y|X)$。

解：(1)

$$\begin{aligned}E(Y|X)&=E(Z\sqrt{1+X^2}|X)\\&=\sqrt{1+X^2}E(Z|X)\\&=\sqrt{1+X^2}E(Z)\\&=0=E(Y)\end{aligned}$$

(2)

$$\begin{aligned}\text{var}(Y|X)&=E(Y^2|X)-[E(Y|X)]^2\\&=E(Y^2|X)\\&=E[Z^2(1+X^2)|X]\\&=(1+X^2)E(Z^2|X)\\&=1+X^2\end{aligned}$$

例 5.51 [随机系数模型 (Random Coefficient Model) 与条件异方差 (Conditional Heteroskedasticity)]：假设

$$\begin{aligned}Y&=\alpha+\beta X+u_3\\&=(\alpha_0+u_1)+(\beta_0+u_2)X+u_3\end{aligned}$$

其中 u_1, u_2, u_3, X 相互独立，且对 $i=1,2,3$，$E(u_i)=0$。该模型称为随机系数模型。求 (1) $E(Y|X)$；(2) $\text{var}(Y|X)$。

解：(1) 首先

$$Y=\alpha_0+\beta_0X+\varepsilon$$

其中

$$\varepsilon=u_1+u_2X+u_3$$

由于 $E(\varepsilon|X)=0$，则

$$E(Y|X)=\alpha_0+\beta_0X$$

(2)

$$\begin{aligned}\mathrm{var}(Y|X) &= \mathrm{var}(\varepsilon|X) \\ &= \sigma_{u_1}^2 + \sigma_{u_2}^2 X^2 + \sigma_{u_3}^2 \\ &= (\sigma_{u_1}^2 + \sigma_{u_3}^2) + \sigma_{u_2}^2 X^2\end{aligned}$$

定理 5.27 *[方差分解 (Variance Decomposition)]*: 对任意两个存在有限二阶矩的随机变量 X 和 Y，有

$$\mathrm{var}(Y) = \mathrm{var}[E(Y|X)] + E[\mathrm{var}(Y|X)]$$

证明：令 $g_0(X) = E(Y|X)$，有 $Y = g_0(X) + \varepsilon$，其中 $E(\varepsilon|X) = 0$。则

$$\begin{aligned}\mathrm{var}(Y) &= \mathrm{var}[g_0(X) + \varepsilon] \\ &= \mathrm{var}[g_0(X)] + \mathrm{var}(\varepsilon) + 2\mathrm{cov}[g_0(X), \varepsilon] \\ &= \mathrm{var}[g_0(X)] + \mathrm{var}(\varepsilon)\end{aligned}$$

其中最后一个等式由定理 5.24 的重复期望法则以及 $E(\varepsilon|X) = 0$ 而得，因为

$$\begin{aligned}\mathrm{cov}[g_0(X), \varepsilon] &= E[g_0(X)\varepsilon] - E[g_0(X)]E(\varepsilon) \\ &= 0\end{aligned}$$

由于第一项 $\mathrm{var}[g_0(X)] = \mathrm{var}[E(Y|X)]$，只需证明 $\mathrm{var}(\varepsilon) = E[\mathrm{var}(Y|X)]$。由 $E(\varepsilon|X) = 0$ 以及重复期望法则，有 $E(\varepsilon) = 0$ 且

$$\begin{aligned}\mathrm{var}(\varepsilon) &= E(\varepsilon^2) \\ &= E[E(\varepsilon^2|X)] \\ &= E[\mathrm{var}(Y|X)]\end{aligned}$$

其中，由定义有 $\mathrm{var}(Y|X) = E(\varepsilon^2|X)$。证毕。 ■

方差分解定理也称为总方差定律或迭代方差定律。直观上，方差分解定理表示 Y 的总方差 $\mathrm{var}(Y)$ 等于两部分之和：一部分是最优 MSE 预测量 $E(Y|X)$ 的波动，其测度了 $E(Y|X)$ 对 Y 的预测能力。$E(Y|X)$ 波动越大，其对 Y 的预测能力越强；第二部分 $E[\mathrm{var}(Y|X)]$ 是预测误差 $\varepsilon = Y - E(Y|X)$ 之平方的均值，即 X 对 Y 的均方预测误差。由于 $\mathrm{var}(Y)$ 为常数，最优预测量 $E(Y|X)$ 波动的增加会降低均方预测误差。对可测函数 $g(\cdot)$，在 $Y = g(X)$ 的理想状态下，有 $E(Y|X) = g(X)$。此时，$E(Y|X)$ 可完全预测 Y 的变化，从而不存在预测误差。另一方面，若 X 和 Y 相互独立，则 $E(Y|X) = E(Y)$ 为常数。此时，$E(Y|X)$ 没有任何变化，而均方预测误差达到最大值 $\mathrm{var}(Y)$。

在计量经济学，前两阶条件矩非常重要。然而，经济学和金融学研究越来越关注高阶条件矩。以下是两个例子：

(1) 条件偏度 (conditional skewness)

$$S(Y|X)=\frac{E(\varepsilon^3|X)}{[\text{var}(\varepsilon|X)]^{3/2}}$$

(2) 条件峰度 (conditional kurtosis)

$$K(Y|X)=\frac{E(\varepsilon^4|X)}{[\text{var}(\varepsilon|X)]^2}$$

例 5.52：设 (X,Y) 服从二维正态分布 $NB(\mu_1,\mu_2,\sigma_1^2,\sigma_2^2,\rho)$，求 $E(Y|X)$，$\text{var}(Y|X)$，$S(Y|X)$ 和 $K(Y|X)$。

解：前面已证，Y 基于 X 的条件分布为正态分布

$$Y|X\sim N\left[\mu_2+\frac{\rho\sigma_2}{\sigma_1}(X-\mu_1),\sigma_2^2(1-\rho^2)\right]$$

因此，条件均值

$$E(Y|X)=\mu_2+\frac{\sigma_2}{\sigma_1}\rho(X-\mu_1)$$

条件方差

$$\text{var}(Y|X)=\sigma_2^2(1-\rho^2)$$

条件偏度

$$S(Y|X)=0$$

条件峰度

$$K(Y|X)=3$$

本例说明对二元正态变量，仅一阶条件矩 $E(Y|X)$ 依赖于 X，其他高阶条件矩均为常数，即不依赖于 X。

也可能存在低阶条件矩为常数，而高阶条件矩依赖于 X 的情形。

例 5.53：假设 Y 基于 X 的条件分布为对数正态分布 $LN(0,X^2)$，即给定 X 的条件下，$\ln(Y)$ 服从 $N(0,X^2)$ 分布。则有

$$E(Y^k|X)=e^{\frac{k^2}{2}X^2},\quad k=1,2,\cdots$$

令 $\mu(X)=E(Y|X)$，$\sigma^2(X)=\mathrm{var}(Y|X)$，定义标准化随机变量

$$Z=\frac{Y-\mu(X)}{\sigma(X)}$$

可证 $E(Z|X)=0$，$\mathrm{var}(Z|X)=1$，但 $E(Z^3|X)$ 为 X 的函数 (问题：如何验证?)。本例中，Z 的前两阶条件矩不依赖于 X，但 Z 的其他高阶条件矩为 X 的函数。

在经济实证研究中，应当采用哪个条件矩进行建模呢？

这取决于所研究的经济问题的本质。对一些具体应用，如市场有效性假说和动态资产定价，需要对经济变量或其函数的条件均值建模。对诸如波动溢出 (volatility spillover) 之类的研究，则需要对条件方差建模。在研究金融风险管理 (如，金融危机管理)、对冲和衍生品定价时，则需要对高阶条件矩乃至整个条件分布建模。

更一般地，考察以下不确定条件下的决策问题。假设决策者的损失函数为 $l(\cdot)$。该决策者在已知信息 $X=x$ 的基础上作出决策 a 以最小化预期损失函数。最小化问题为

$$\min_a E[l(Y-a)|X=x]=\min_a\int_{-\infty}^{\infty}l(y-a)f_{Y|X}(y|x)dy$$

其中 Y 为决策者制定决策时不可预知的随机结果，$f_{Y|X}(y|x)$ 为 Y 基于 $X=x$ 的条件 PDF。在实际应用中，条件 PDF $f_{Y|X}(y|x)$ 通常未知，从而需要对其建模。当损失函数为二次型时，有

$$l(e)=e^2$$

最优决策为条件均值

$$a^*(X)=E(Y|X)$$

当损失函数为所谓的 Linexp 函数

$$l(e)=\frac{1}{\alpha^2}[e^{\alpha e}-(1+\alpha e)]$$

且 Y 基于 X 的条件分布为正态分布时，最优决策为条件均值和条件方差的线性组合

$$a^*(X)=E(Y|X)+\frac{\alpha}{2}\mathrm{var}(Y|X)$$

除了 $\alpha=0$ 的情形，Linexp 损失函数为不对称函数。当 $\alpha=0$ 时，Linexp 函数变成平方损失函数。不同 α 值对应的 Linexp 损失函数如图 5.13 所示。

更一般地，若损失函数 $l(e)$ 为一般化损失函数，则最优决策 $a^*(X)$ 将依赖于 Y 基于 X 的整个条件分布。此时，仅用前几阶条件矩不足以描述最优决策问题，需要对整个条件 PDF $f_{Y|X}(y|x)$ 建模。更多讨论参见 Granger (1999)。

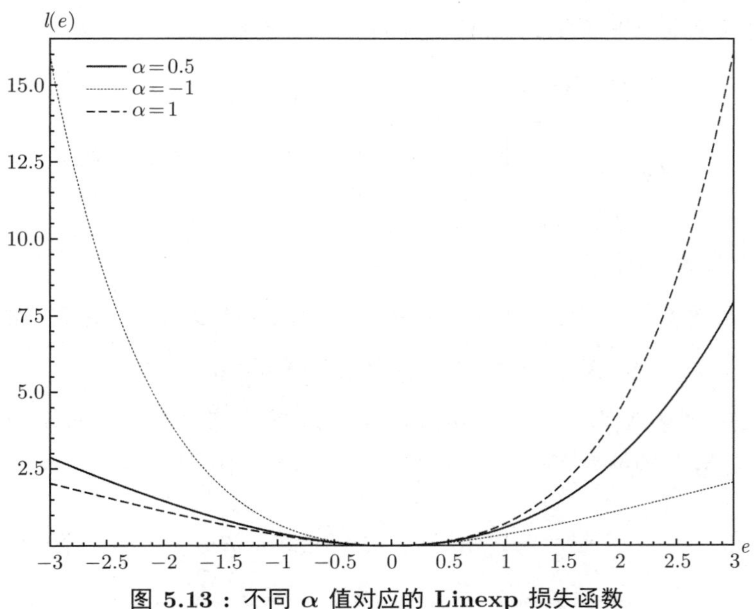

图 5.13：不同 α 值对应的 Linexp 损失函数

第十一节　小结

计量经济学最重要目的之一是识别各种经济关系。本章首先引入联合 CDF 刻画随机变量 X 和 Y 的联合概率分布，并且针对 (X,Y) 为离散随机变量或连续随机变量情形，分别给出了联合 PMF、联合 PDF 及其相应的条件分布形式。还介绍了二元变换联合分布的计算方法、借助条件分布考察了 X 和 Y 之间的预测关系，并且详细探讨了独立性概念及其对联合分布、条件分布、相关性以及联合矩生成函数的含义。此外，介绍了一类二元正态分布，并讨论了其重要性质。本章通篇注重直观解释，并对引入的大多数重要概念都提供了经济解释和应用示例。

练习题五

5.1 假设有如下联合 PDF:

$$f_{XY}(x,y)=\begin{cases} c(x+2y), & 0<x<2,\ 0<y<1 \\ 0, & \text{其他} \end{cases}$$

(1) 求 c 的值；

(2) 求 X 的边际 PDF;

(3) 求 X 与 Y 的联合 CDF;

(4) 求随机变量 $Z=9/(X+1)^2$ 的 PDF。

5.2 假设 (X,Y) 的联合 PDF 为

$$f_{XY}(x,y)=\begin{cases}1+\theta x, & -y<x<y,\ 0<y<1\\ 0, & \text{其他}\end{cases}$$

其中 θ 为一个常数。

(1) 确定 θ 的所有可能值，使得 $f_{XY}(x,y)$ 为联合 PDF，并给出推理过程；

(2) 令 $\theta=0$。检验 X 和 Y 是否相互独立，并证明。

5.3 对 m 个随机变量 $X_i, i=1,\cdots,m$, 用 $F_{X_i}(x_i)$ 表示 X_i 的边际分布，用 $F(x_1,\cdots,x_m)$ 表示 $(X_1,\cdots,X_m)$ 的联合分布。若函数 $C:[0,1]^m\to[0,1]$ 满足

$$F(x_1,\cdots,x_m)=C[F_{X_1}(x_1),\cdots,F_{X_m}(x_m)],\quad x_j\in(-\infty,\infty)$$

则称其为与 $F(x_1,\cdots,x_m)$ 相对应的关联函数。关联函数包含了随机向量各元素之间的所有相依信息，但不包含其边际分布信息。假设 $X=(X_1,\cdots,X_m)'$ 的联合 CDF 为 $F_X(x)=P(X_1\leqslant x_1,\cdots,X_m\leqslant x_m)$，边际 CDF 为 $F_{X_i}(x_i)=P(X_i\leqslant x_i)$，其中 $x=(x_1,\cdots,x_m)'$。进一步假设对任意 $i=1,\cdots,m$，$F_{X_i}(\cdot)$ 为严格递增函数。证明：

(1) X 的关联函数为 $C_X(u)=F_X[F_{X_1}^{-1}(u_1),\cdots,F_{X_m}^{-1}(u_m)]$;

(2) 假设 $Y_i=g_i(X_i)$，$i=1,\cdots,m$。证明对所有 u，有 $C_X(u)=C_Y(u)$。即关联函数对随机变量的严格递增变换保持不变。

5.4 (1) 若 X 和 Y 的联合 PDF 为 $f_{XY}(x,y)=x+y$，$0\leqslant x\leqslant 1, 0\leqslant y\leqslant 1$，求 $P(X>\sqrt{Y})$;

(2) 若 X 和 Y 的联合 PDF 为 $f_{XY}(x,y)=2x$，$0\leqslant x\leqslant 1, 0\leqslant y\leqslant 1$，求 $P(X^2<Y<X)$。

5.5 证明若 X 和 Y 的联合 CDF 满足 $F_{XY}(x,y)=F_X(x)F_Y(y)$，即 X 和 Y 相互独立，则对任意一对区间 (a,b) 与 (c,d)，都有

$$P(a\leqslant X\leqslant b, c\leqslant Y\leqslant d)=P(a\leqslant X\leqslant b)P(c\leqslant Y\leqslant d)$$

5.6 随机向量 (X,Y) 的联合分布为

		X		
		1	2	3
Y	2	$\frac{1}{12}$	$\frac{1}{6}$	$\frac{1}{12}$
	3	$\frac{1}{6}$	0	$\frac{1}{6}$
	4	0	$\frac{1}{3}$	0

(1) 证明 X 和 Y 相互依赖 (即非相互独立);

(2) 列举随机向量 (U,V) 的一个概率表，使之与 (X,Y) 具有相同的边际分布但相互独立。

5.7 假设 X 和 Y 为相互独立的标准正态随机变量。

(1) 求 $P(X^2+Y^2<1)$;

(2) 证明 X^2 服从 χ_1^2，并求 $P(X^2<1)$。

5.8 令 X 为 $EXP(1)$ 随机变量，并定义 Y 为 $X+1$ 的整数部分，即 $Y=i+1$ 当且仅当 $i\leqslant X<i+1$，其中 $i=0,1,\cdots$。

(1) 求 Y 的分布。Y 服从什么分布？

(2) 求 $X-4$ 基于 $Y\geqslant 5$ 的条件分布。

5.9 假设 $g(x)\geqslant 0$ 且 $\int_0^\infty g(x)dx=1$，证明 $f(x,y)=\frac{2g\sqrt{x^2+y^2}}{\pi\sqrt{x^2+y^2}}$，其中 $x,y>0$，是一个联合 PDF。

5.10 假设 (X,Y) 的联合 PDF 为

$$f(x,y)=e^{-y},\quad 0<x<y<\infty$$

求：(1) $f_X(x)$；(2) $f_Y(y)$；(3) $f_{X|Y}(x|y)$；(4) $f_{Y|X}(y|x)$；(5) X 和 Y 是否相互独立？

5.11 若随机变量 (X,Y) 的联合 PDF 为

$$f_{XY}(x,y)=\frac{1}{2\pi\sigma_1\sigma_2\sqrt{1-\rho^2}}e^{-\frac{1}{2(1-\rho^2)}\left[\left(\frac{x-\mu_1}{\sigma_1}\right)^2-2\rho\left(\frac{x-\mu_1}{\sigma_1}\right)\left(\frac{y-\mu_2}{\sigma_2}\right)+\left(\frac{y-\mu_2}{\sigma_2}\right)^2\right]},\ -\infty<x,y<\infty$$

其中 $-\infty<\mu_1,\mu_2<\infty$，$0<\sigma_1,\sigma_2<\infty$，$-1\leqslant\rho\leqslant 1$，则称其服从二元正态分布。求 (1) $f_X(x)$; (2) $f_Y(y)$; (3) $f_{Y|X}(y|x)$; (4) $f_{X|Y}(x|y)$; (5) 当参数 $(\mu_1,\mu_2,\sigma_1^2,\sigma_2^2,\rho)$ 满足什么条件时，X 和 Y 相互独立。提示：求 $f_X(x)$ 时，可构造以下函数并先对其积分：

$$z^2=\left[\left(\frac{y-\mu_2}{\sigma_2}\right)-\rho\left(\frac{x-\mu_1}{\sigma_1}\right)\right]^2$$

5.12 假设 X 服从 $N(0,\sigma^2)$。证明给定 $X>c$ 时 X 的条件 CDF 为

$$F_{X|X>c}(x)=\frac{\Phi(x/\sigma)-\Phi(c/\sigma)}{1-\Phi(c/\sigma)},\quad x>c$$

且该分布的 PDF 为

$$f_{X|X>c}(x)=\frac{\phi(x/\sigma)}{\sigma[1-\Phi(c/\sigma)]},\quad x>c$$

其中 $\phi(x)$ 和 $\Phi(x)$ 分别为 $N(0,1)$ 的 PDF 和 CDF，该分布称为截尾分布 (truncated distribution)。

5.13 假设随机变量 X 和 Y 的联合 PDF 为

$$f_{XY}(x,y)=\begin{cases}8xy, & 0\leqslant x\leqslant y\leqslant 1\\ 0, & \text{其他}\end{cases}$$

令 $U=X/Y$，$V=Y$。求 U 与 V 的联合 PDF。

5.14 (1) 假设 X_1 和 X_2 为独立的 $N(0,1)$ 随机变量，求 $(X_1-X_2)^2/2$ 的 PDF;

(2) 若 X_i，$i=1,2$, 为相互独立的标准伽玛 $G(\alpha_i,1)$ 随机变量，求 $X_1/(X_1+X_2)$ 和 $X_2/(X_1+X_2)$ 的边际分布。

5.15 假设 X_1，X_2 为相互独立的标准伽玛 $G(\alpha_i,1)$ 随机变量，其中参数 α_1，α_2 可取不同值。证明

(1) 随机变量 X_1+X_2 和 $X_1/(X_1+X_2)$ 相互独立;

(2) X_1+X_2 服从参数为 $\alpha=\alpha_1+\alpha_2$ 的标准伽玛分布 $G(\alpha,1)$;

(3) $X_1/(X_1+X_2)$ 服从参数为 α_1，α_2 的 $BETA$ 分布。

5.16 假设 X_1 和 X_2 为相互独立的 $N(0,\sigma^2)$ 随机变量。

(1) 求 Y_1 和 Y_2 的联合分布，其中 $Y_1={X_1}^2+{X_2}^2$ 和 $Y_2=X_1/\sqrt{Y_1}$;

(2) 证明 Y_1 和 Y_2 相互独立，并对该结果给出几何解释。

5.17 假设 $X\sim BETA(\alpha,\beta)$ 和 $Y\sim BETA(\alpha+\beta,\gamma)$ 为相互独立的随机变量，通过如下 (1) 和 (2) 变换并对 V 积分求出 XY 的分布:

(1) $U=XY$，$V=Y$;

(2) $U=XY$，$V=X/Y$。

5.18 假设 $X\sim N(\mu,\sigma^2)$，$Y\sim N(\gamma,\sigma^2)$，且二者相互独立。定义 $U=X+Y$ 和 $V=X-Y$。证明 U 和 V 为相互独立的正态随机变量，并分别求二者的边际分布。

5.19 证明:

(1) 若 $X_1\sim N(0,\sigma_1^2)$, $X_2\sim N(0,\sigma_2^2)$, 且 X_1 和 X_2 相互独立, 则 $X_1X_2/\sqrt{X_1^2+X_2^2}$ 服从正态分布;

(2) 进一步假设 $\sigma_1^2=\sigma_2^2$，则 $(X_1^2-X_2^2)/(X_1^2+X_2^2)$ 服从正态分布。

5.20 假设 $X_1\sim N(0,1)$，$X_2\sim N(0,1)$，且 X_1 和 X_2 相互独立。分别求如下随机变量的分布: (1) X_1/X_2; (2) $X_1/|X_2|$。

5.21 假设 Z_1,Z_2 为相互独立的标准正态随机变量。定义

$$X\ =\ \mu_1+aZ_1+bZ_2$$

$$Y = \mu_2 + cZ_1 + dZ_2$$

其中常数 a, b, c, d 满足如下约束条件

$$\begin{aligned} a^2 + b^2 &= \sigma_1^2 \\ c^2 + d^2 &= \sigma_2^2 \\ ac + bd &= \rho\sigma_1\sigma_2 \end{aligned}$$

证明 $(X, Y) \sim BN(\mu_1, \mu_2, \sigma_1^2, \sigma_2^2, \rho)$。

5.22 假设随机变量 X 和 Y 服从 $[0,1]$ 上的均匀分布，且相互独立。证明随机变量 $U = \cos(2\pi X)\sqrt{-2\ln Y}$ 和 $V = \sin(2\pi X)\sqrt{-2\ln Y}$ 是相互独立的标准正态随机变量。

5.23 假设 $X \sim U[0,1]$，$Y \sim U[0,1]$，且 X 与 Y 相互独立，求 $X - Y$ 的 PDF。

5.24 假设 $X_1 \sim$ 柯西分布Cauchy$(0,1)$，$X_2 \sim$ 柯西分布Cauchy$(0,1)$，且 X_1 和 X_2 相互独立。证明 $aX_1 + bX_2$ 服从柯西分布。

5.25 设 $X_1 \sim G(\alpha_1, 1)$，$X_2 \sim G(\alpha_2, 1)$，且 X_1 和 X_2 相互独立。证明 $X_1 + X_2$ 和 $X_1/(X_1 + X_2)$ 相互独立，并分别求二者的边际分布。

5.26 假设 X 和 Y 是两个在 [0, 1] 上相互独立的均匀随机变量。求：

(1) $\max(X, Y)$ 的 CDF 与 PDF；

(2) $\min(X, Y)$ 的 CDF 与 PDF；

(3) $\frac{\max(X,Y)}{\min(X,Y)}$ 的 CDF 与 PDF。

给出推理过程。

5.27 假设 (X, Y) 的联合 PDF 为 $f_{XY}(x, y)$，其中 a_1，a_2，$b_1 > 0$，$b_2 > 0$ 均为给定常数。令 $U = a_1 + b_1X$，$V = a_2 + b_2Y$。求 (U, V) 的联合 PDF。

5.28 若 $\ln(U)$ 和 $\ln(V)$ 服从二元正态分布 $BN(\mu_1, \mu_2, \sigma_1^2, \sigma_2^2, \rho)$，则随机变量 U 和 V 服从联合对数正态分布 $LN(\mu_1, \mu_2, \sigma_1^2, \sigma_2^2, \rho)$。

(1) 求 (U, V) 的联合 PDF；

(2) 求 U 的边际 PDF。

5.29 假设 X_i 的 PDF 为

$$\frac{1}{\sigma_i} f\left(\frac{x - \theta_i}{\sigma_i}\right), \quad i = 1, 2$$

且 X_1 和 X_2 相互独立。证明 $X_1 + X_2$ 的 PDF 有如下形式

$$\frac{1}{\sigma} f\left(\frac{x - \theta}{\sigma}\right)$$

其中 σ 和 θ 为两个参数。

5.30 证明当且仅当对任意 $a=(a_1,a_2,\cdots,a_n)'\in R^n$,线性组合 $a'X$ 服从均值为 $a'\mu$,方差为 $a'\Sigma a$ 的正态分布,则 n 维随机向量 $X=(X_1,X_2,\cdots,X_n)'$ 服从均值为 $\mu=E(X)$,方差-协方差矩阵为 $\Sigma=\mathrm{var}(X)$ 的多元正态分布。

5.31 假设 X_1,X_2,X_3 具有连续的联合 PDF $f_{X_1,X_2,X_3}(x_1,x_2,x_3)$。定义 $Y_1=F_1(X_1)$,$Y_2=F_2(X_1,X_2)$ 且 $Y_3=F_3(X_1,X_2,X_3)$,其中

$$F_1(x)=P(X_1\leqslant x)$$
$$F_2(x_1,x_2)=P(X_2\leqslant x_2|\,X_1=x_1)$$
$$F_3(x_1,x_2,x_3)=P(X_3\leqslant x_3|\,X_2=x_2,X_1=x_1)$$

证明 Y_1,Y_2,Y_3 相互独立且均服从 $[0,1]$ 上的均匀分布。(提示:首先定义 $f_{X_2|X_1}(x_2|\,x_1)=\frac{f_{X_1X_2}(x_1,x_2)}{f_{X_1}(x_1)}$,则 $F_2(x_1,x_2)=\int_{-\infty}^{x_2}f_{X_2|X_1}(y|\,x_1)dy$。)

5.32 假设 Y 基于 $X=x$ 的条件分布为 $N(x,x^2)$,且 X 的边际分布服从均匀分布 $U(0,1)$。

(1) 求 $E(Y)$,$\mathrm{var}(Y)$ 以及 $\mathrm{cov}(X,Y)$;

(2) 证明 Y/X 和 X 相互独立。

5.33 考虑两个随机变量 (X,Y)。假设 X 服从 $(-1,1)$ 上的均匀分布,即 X 的 PDF 为

$$f_X(x)=\begin{cases}\frac{1}{2}, & -1<x<1\\ 0, & \text{其他}\end{cases}$$

给定 $X=x$,Y 的条件 PDF 为

$$f_{Y|X}(y|\,x)=\frac{1}{\sqrt{2\pi}}e^{-\frac{(y-\alpha-\beta x)^2}{2}},\quad -\infty<y<\infty,-1<x<1$$

(1) 求 $E(Y)$;

(2) 求 $\mathrm{cov}(X,Y)$。

5.34 假设 X 和 Y 为具有有限期望的两个随机变量,证明若 $P(X\leqslant Y)=1$,则 $E(X)\leqslant E(Y)$。

5.35 假设 $g(X)$ 和 $h(Y)$ 是两个关于联合分布 (X,Y) 的平方可积函数。证明柯西-施瓦兹不等式成立:$\{E[g(X)h(Y)]\}^2<E\left[g^2(X)\right]E\left[h^2(Y)\right]$。

5.36 假设 X 和 Y 为两个相互独立的标准指数随机变量,求 $E[\max(X,Y)]$。

5.37 假设 X 和 Y 为具有任意联合概率分布函数的非负随机变量。若 $X>x$ 和 $Y>y$,则 $\mathbf{1}(x,y)$ 取值为 1,否则取值为 0。

(1) 证明 $\int_0^\infty \int_0^\infty \mathbf{1}(x,y)dxdy = XY$；

(2) 通过对 (1) 中的式子两边求期望，证明 $E(XY) = \int_0^\infty \int_0^\infty P(X > x, Y > y)$ $dxdy$。

5.38 贝塔 $BETA$ 分布的一个推广称为所谓的 Dirichlet 分布。在二维情形下，(X,Y) 的联合 PDF 为 $f_{XY}(x,y) = Cx^{a-1}y^{b-1}(1-x-y)^{c-1}$，$0 < x < 1$，$0 < y < 1$，$0 < y < 1-x < 1$，其中 $a > 0, b > 0, c > 0$ 均为常数。

(1) 证明 $C = \frac{\Gamma(a+b+c)}{\Gamma(a)\Gamma(b)\Gamma(c)}$；

(2) 证明 X 和 Y 的边际分布均为贝塔 $BETA$ 分布；

(3) 求 Y 在给定 $X = x$ 下的条件分布，并证明 $Y|(1-X)$ 服从贝塔分布 $BETA$ (b,c)；

(4) 证明 $E(XY) = \frac{ab}{(a+b+c+1)(a+b+c)}$ 并求协方差 $\text{cov}(X,Y)$。

5.39 假设 X_1，X_2 和 X_3 为不相关的随机变量，三者的均值均为 μ，方差为 σ^2。用均值 μ 和方差 σ^2 表示 $\text{cov}(X_1+X_2, X_2+X_3)$ 和 $\text{cov}(X_1+X_2, X_1-X_2)$。

5.40 假设 (X,Y) 为均值为 μ_X 和 μ_Y，方差为 σ_X^2 和 σ_Y^2 的二元随机向量。令 $U = X + Y$，$V = X - Y$。证明当且仅当 $\sigma_X^2 = \sigma_Y^2$ 时，U 和 V 不相关。

5.41 假设 $g(\cdot)$ 和 $h(\cdot)$ 为两个 PDF，其对应的 CDF 分别为 $G(\cdot)$ 和 $H(\cdot)$。证明

(1) 对于 $-1 \leqslant \alpha \leqslant 1$，函数

$$f(x,y) = g(x)h(y)\{1+\alpha[2G(x)-1][2H(y)-1]\}$$

为两个随机变量的联合 PDF；

(2) 证明 $g(\cdot)$ 和 $h(\cdot)$ 是联合 PDF$f(x,y)$ 的边际 PDF。

5.42 假设 X 和 Y 的联合 PMF 为

$$f_{XY}(x,y) = \begin{cases} \frac{1}{3}, & (x,y) = (-1,1),(0,0),(1,1) \\ 0, & \text{其他} \end{cases}$$

(1) 求 $\text{cov}(X,Y)$；

(2) X 和 Y 是否相互独立？说明理由。

5.43 Behboodian (1990) 阐明了如何构造不相关但非独立的二元随机变量。假设 $f_1(x)$，$f_2(x), g_1(y), g_2(y)$ 是均值分别为 $\mu_1, \mu_2, \varsigma_1, \varsigma_2$ 的一元密度函数，二元随机变量 (X,Y) 的密度函数为

$$f_{XY}(x,y) = af_1(x)g_1(y) + (1-a)f_2(x)g_2(y)$$

其中 $0 < a < 1$ 为已知常数。

(1) 证明 X 和 Y 边际密度分别为 $f_X(x) = af_1(x) + (1-a)f_2(x)$ 和 $f_Y(y) = ag_1(y) + (1-a)g_2(y)$；

(2) 证明当且仅当 $[f_1(x) - f_2(x)][g_1(y) - g_2(y)] = 0$ 时，X 和 Y 相互独立；

(3) 证明 $\text{cov}(X, Y) = a(1-a)(\mu_1 - \mu_2)(\varsigma_1 - \varsigma_2)$，并解释如何构建不相关但非独立的随机变量；

(4) 令 $f_1(x), f_2(x), g_1(y), g_2(y)$ 为二项分布的 PMF，分别举出使得 (X, Y) 独立、相关、不相关但非独立的参数组合例子。

5.44 假设 (X, Y) 具有二元正态 PDF

$$f_{XY}(x, y) = \frac{1}{2\pi\sqrt{1-\rho^2}} e^{-\frac{1}{2(1-\rho^2)}(x^2 - 2\rho xy + y^2)}, \quad -\infty < x, y < \infty$$

证明 $\text{corr}(X, Y) = \rho$，$\text{corr}(X^2, Y^2) = \rho^2$。(提示：使用条件期望可简化运算。)

5.45 假设 (X, Y) 服从相关系数为 ρ 的标准二元正态分布。定义 $U = (Y - \rho X)/\sqrt{1-\rho^2}$。证明 U 服从正态分布且与 X 相互独立。

5.46 证明 $\text{var}(Y|X) = E(Y^2|X) - [E(Y|X)]^2$。

5.47 假设 X 和 Y 的联合 PDF 是单位圆 $x^2 + y^2 \leqslant 1$ 内的均匀 PDF。求

(1) $E(Y|X)$；

(2) $\text{var}(Y|X)$。

5.48 假设 (X, Y) 服从联合正态分布 $BN(\mu_1, \mu_2, \sigma_1^2, \sigma_2^2, \rho)$。求

(1) $E(Y|X)$；

(2) $\text{var}(Y|X)$。

5.49 证明若 $X = (X_1, \cdots, X_m)'$ 服从均值向量为 $\mu = E(X) = (\mu_1, \cdots, \mu_2)'$，方差-协方差矩阵为 $\Sigma = \text{cov}(X, X)$ 的多元正态分布，则对任意满足 $\lambda'\lambda = 1$ 的常数向量 $\lambda = (\lambda_1, \cdots, \lambda_m)'$，$\lambda' X$ 服从均值为 $\lambda'\mu$，方差为 $\lambda'\Sigma\lambda$ 的正态分布。方差-协方差矩阵 Σ 定义为 $n \times n$ 矩阵 $E[(X-\mu)(X-\mu)']$，其中对角线元素为 $\text{var}(X_i)$，$i = 1, \cdots, m$，而非对角线元素为 $\text{cov}(X_i, X_j)$，$i \neq j$，$i, j = 1, \cdots, m$。

5.50 假设 X 和 Y 是满足 $E(Y|X) = 7 - \frac{1}{4}X$ 和 $E(X|Y) = 10 - Y$ 的随机变量。求 X 和 Y 的相关系数。

5.51 假设 $E(Y|X) = 1 + 2X$ 和 $\text{var}(X) = 2$，求 $\text{cov}(X, Y)$。

5.52 假设 $Y = \alpha_0 + \alpha_1 X + \varepsilon\sqrt{\beta_0 + \beta_1 X^2}$，其中 ε 和 X 为满足 $E(\varepsilon) = 0, \text{var}(\varepsilon) = 1$ 的相互独立的随机变量。求

(1) $E(Y|X)$；

(2) $\text{var}(Y|X)$。

5.53 设 (X,Y) 的联合分布满足 $E(Y^2)<\infty$ 和 $\mathrm{var}(X)<\infty$。令

$$\mathbb{A}=\{g:\mathbb{R}\to\mathbb{R}|g(x)=\alpha+\beta x,\quad -\infty<\alpha,\beta<\infty\}$$

表示线性函数族。

(1) 证明当且仅当 $E(u^*)=0$，$E(Xu^*)=0$，其中 $u^*=Y-g^*(X)$，$g^*(X)=\alpha^*+\beta^*X$ 为 $\min_{g\in\mathbb{A}}E[Y-g(X)]^2$ 的最优解；

(2) 用 $\mu_X,\sigma_X^2,\mu_Y,\sigma_Y^2$ 以及 $\mathrm{cov}(X,Y)$ 表示 α^* 和 β^*。

5.54 假设 X 和 Y 为两个随机变量且 $0<\sigma_X^2<\infty$。证明若 $E(Y|X)=\alpha_0+\alpha_1X$，则 $\alpha_1=\mathrm{cov}(X,Y)/\sigma_X^2$。

5.55 假设 $E(Y|X)$ 为 X 的线性函数，即 $E(Y|X)=a+bX$，其中 a,b 为常数。用 $\mu_X,\sigma_X^2,\mu_Y,\sigma_Y^2$ 以及 $\mathrm{cov}(X,Y)$ 表示 a,b 的值。证明若 $E(Y|X)$ 为 X 的线性函数，则当且仅当 $\mathrm{cov}(X,Y)=0$ 时，$E(Y|X)$ 不依赖于 X。给出推理过程。

5.56 两个随机变量 X 和 Y 的联合 PDF 为

$$f_{XY}(x,y)=\frac{1}{\alpha+\beta x}e^{-\frac{y}{\alpha+\beta x}},\qquad 0<y<\infty,\ 0<x<1$$

其中 $0<\alpha<\infty$，$0<\beta<\infty$ 为两个给定常数。

(1) 求条件 PDF $f_{Y|X}(y|x)$；

(2) 求条件均值 $E(Y|X)$；

(3) X 和 Y 是否互独立？请证明；

5.57 假设 (X,Y) 的联合 PDF 为

$$f_{XY}(x,y)=\begin{cases} xe^{-y}, & 0<x<y<\infty \\ 0, & \text{其他} \end{cases}$$

(1) 求 Y 在给定 $X=x$ 时的条件 PDF $f_{Y|X}(y|x)$；

(2) 求条件均值 $E(Y|x)$；

(3) 求条件方差 $\mathrm{var}(Y|x)$；

(4) X 和 Y 是否相互独立？请证明。

5.58 假设二元随机向量 (X,Y) 的条件均值 $E(Y|X)$ 为

$$E(Y|X)=\alpha_0+\alpha_1X+\alpha_2X^2$$

其中 $X\sim N(0,1)$，$\alpha_0,\alpha_1,\alpha_2$ 均为给定常数。

(1) 求 Y 的均值；

(2) 假设 $\alpha_1=\alpha_2=0$，是否有 $\mathrm{cov}(X,Y)=0$？请证明；

(3) 假设 $\mathrm{cov}(X,Y)=0$，是否有 $\alpha_1=\alpha_2=0$？请证明。

5.59 假设二元随机向量 (X,Y) 的条件均值 $E(Y|x)=E(Y|X=x)$ 为

$$E(Y|x)=\alpha_0+\alpha_1 x+\alpha_2 x^2$$

其中均值 $E(X)=0$，方差 $\mathrm{var}(X)>0$，且 $\alpha_0,\alpha_1,\alpha_2$ 为常数。

(1) 若对所有 x，有 $E(Y|x)=\alpha_0$，则 $\mathrm{cov}(X,Y)=0$ 是否成立？请证明；

(2) 若 $\mathrm{cov}(X,Y)=0$，则对所有 x，$E(Y|x)=\alpha_0$ 是否成立？请证明。

5.60 对任意两个方差有限的随机变量 X 与 Y，证明：

(1) $\mathrm{cov}(X,Y)=\mathrm{cov}\,[X,E(Y|X)]$；

(2) X 和 $Y-E(Y|X)$ 不相关；

(3) $\mathrm{var}[X,Y-E(Y|X)]=E[\mathrm{var}(Y|X)]$。

5.61 (1) 若 $E(Y|X)=E(Y)$，证明 $\mathrm{cov}(X,Y)=0$;

(2) $\mathrm{cov}(X,Y)=0$ 是否意味着 $E(Y|X)=E(Y)$？若是，请证明；若不然，举出反例。

5.62 假设 Y 为伯努利随机变量，X 为任意随机变量。证明当且仅当 $E(Y|X)=E(Y)$ 时，Y 和 X 相互独立。

5.63 假设 $E(Y|X)=\alpha+\beta X$ 且 $\mathrm{var}(Y)=\sigma^2$。证明 $\mathrm{var}(Y|X)=\sigma^2(1-\rho_{XY}^2)$。

5.64 假设 $X_1,\cdots,X_n$ 为 n 个方差为 σ^2 的独立同分布随机变量。定义 $\bar{X}_n=n^{-1}\sum_{i=1}^n X_i$。证明对任意整数 i, j，$1\leqslant i<j\leqslant n$，$X_i-\bar{X}_n$ 和 $X_j-\bar{X}_n$ 之间的相关系数为 $-\frac{1}{n-1}$。

5.65 假设 X 的概率密度函数为

$$f_X(x)=\begin{cases}|x|, & -1<x<1\\ 0, & \text{其他}\end{cases}$$

令 $Y=X^2$。

(1) 求 $\mathrm{cov}(X,Y)$;

(2) X 和 Y 是否相互独立？请解释。

5.66 假设 X_1,X_2,X_3 为服从伯努利分布 Bernoulli (p_i) 的随机变量，其中 $i=1,2,3$，且它们两两之间不相关，即对任意 $i\neq j$，有 $\mathrm{cov}(X_i,X_j)=0$。问 X_1,X_2,X_3 是否相互独立？说明原因。

5.67 假设 $\{X_i\}_{i=1}^n$ 为服从 $N(\mu,\sigma^2)$ 的独立同分布序列。定义 $\bar{X}_n = n^{-1}\sum_{i=1}^n X_i$。证明对所有 n，$\bar{X}_n$ 和 $g(X_1-\bar{X}_n,\cdots,X_n-\bar{X}_n)$ 相互独立，其中 $g(\cdot,\cdots,\cdot)$ 为任意可测函数。

5.68 假设 $X\sim$ 泊松分布 $\text{Poisson}(\lambda_1)$，$Y\sim$ 泊松分布 $\text{Poisson}(\lambda_2)$，且 X 和 Y 相互独立。证明：

(1) $X+Y\sim$ 泊松分布 $\text{Poisson}(\lambda_1+\lambda_2)$；

(2) X 在给定 $X+Y=n$ 时的条件分布为二项分布 $B(n,\frac{\lambda_1}{\lambda_1+\lambda_2})$。

5.69 一个公司将其资本投资在 A 和 B 两种债券上。若将 w_1 投资在债券 A 上，剩余的 $w_2=1-w_1$ 投资在债券 B 上，则 (w_1,w_2) 形成一个投资组合。分别用均值为 μ_X，方差为 σ_X^2 的随机变量 X 和均值为 μ_Y，方差为 σ_Y^2 的随机变量 Y 表示债券 A 和 B 的收益。X 和 Y 的相关系数为 ρ。

(1) 求投资组合 (w_1,w_2) 的平均收益和风险；

(2) 求最小化投资风险的投资组合 (w_1^*,w_2^*)。

第六章　统计抽样理论导论

摘要：本书前几章讨论了关于概率论的基本理论、方法与工具，本章将介绍统计学的若干基本概念，特别是经典抽样理论。统计推断的基本思想是假定观测数据由某个函数形式已知而参数值未知的概率分布模型生成，而统计推断的主要目的是提出基于观测数据对未知参数值进行推断的理论与方法。

关键词：总体、随机样本、参数、正态性、样本均值、样本方差、统计量、抽样分布、自由度、学生 t-分布、t-检验、$\mathcal{F}$-分布、F-检验、充分统计量、最小充分统计量

第一节　总体与随机样本

统计分析是建立在大量相同或相似重复试验之结果的基础上。假设随机变量 X_i 表示第 i 次试验的结果。若进行 n 次试验，可获得试验的结果序列 $X_1,\cdots,X_n$。该结果序列构成了一个随机样本。基于样本信息，可推断生成该观测结果序列的概率分布。

定义 6.1 *[随机样本]*：*一个随机样本是由 n 个随机变量 $X_1,\cdots,X_n$ 所构成的序列，记作 $\boldsymbol{X}^n=(X_1,\cdots,X_n)$。随机样本 $\boldsymbol{X}^n$ 的一个实现值称为从随机样本 $\boldsymbol{X}^n$ 生成的一个数据集或样本点，$\boldsymbol{X}^n$ 的一个样本点记作 $\boldsymbol{x}^n=(x_1,\cdots,x_n)$。一个随机样本 $\boldsymbol{X}^n$ 可生成多个不同的数据集。所有可能的 $\boldsymbol{X}^n$ 的样本点构成随机样本 $\boldsymbol{X}^n$ 的样本空间。*

现在考察几个例子。

例 6.1 [抛硬币]：假设抛掷 n 枚硬币。令 X_i 表示抛掷第 i 枚硬币的结果，若正面朝上则 $X_i=1$，否则 $X_i=0$。那么 $\boldsymbol{X}^n=(X_1,\cdots,X_n)$ 构成一个随机样本。抛掷 n 枚硬币后，将获一个实数序列，如

$$\boldsymbol{x}^n=(1,1,0,0,1,0,\cdots,1)$$

该序列是来自随机样本 $\boldsymbol{X}^n$，样本容量为 n 的一个数据集，也称为 $\boldsymbol{X}^n$ 的一个样本点。

显然，若再次抛掷这 n 枚硬币，会获得一个不同实数序列，如

$$\boldsymbol{x}^n=(1,0,0,1,1,1,\cdots,0)$$

这是来自随机样本 $\boldsymbol{X}^n$ 的另一数据集或样本点。随机样本 $\boldsymbol{X}^n$ 一共可生成 2^n 个数据集，每个数据集的样本容量均为 n。

例 6.2 [中国 GDP 年增长率]：令 X_i 表示 1953 至 2010 年间第 i 年的中国 GDP 年增长率，则 $\boldsymbol{X}^n=(X_1,\cdots,X_n)$ 构成了一个样本容量 $n=58$ 的随机样本。图 6.1 所示的观测数据 $\boldsymbol{x}^n=(x_1,\cdots,x_n)$ 是 $\boldsymbol{X}^n$ 的一个实现值。

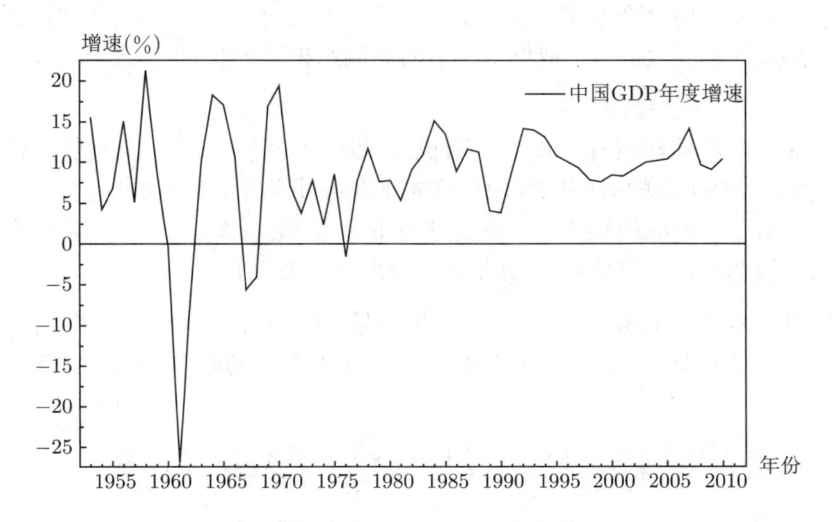

图 6.1：中国 GDP 年增长率

例 6.3：令 X_i 为 1960 年 1 月 4 日至 2010 年 12 月 31 日之间第 i 日的 S&P 500 价格指数日收益率，则 $\boldsymbol{X}^n=(X_1,\cdots,X_n)$ 构成了一个样本容量为 $n=12839$ 的随机样本。图 6.2 所示的观测数据集 $\boldsymbol{x}^n=(x_1,\cdots,x_n)$ 是随机样本 $\boldsymbol{X}^n$ 的一个实现值。

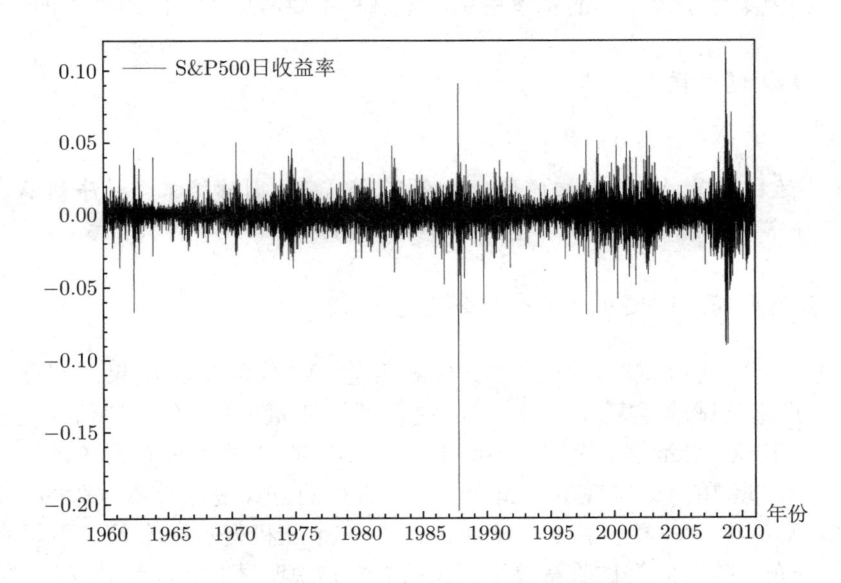

图 6.2： S&P 500 收盘价格指数日收益率

尽管在理论上，一个随机样本 $\boldsymbol{X}^n$ 可生成许多不同的样本容量均为 n 的数据集 $\boldsymbol{x}^n$，但在现实中常常只能观测或获得一个数据集 $\mathbf{x}^n$，就像例 6.2 和例 6.3 那样。例如，若希望获得中国 GDP 年增长率的另一个数据集 (即另一个不同的实现值序列)，则必须让中国经济回到 1953 年后重新运行。由于现实经济具有非试验性，这显然是无法实现的。有时，即便可重复某些社会经济实验，其成本也可能过于高昂而不能实现。然而，在统计分析中，我们仍然假设例 6.2 或例 6.3 中的观测数据是随机样本 $\boldsymbol{X}^n$ 众多可能的实现值之一。

另一方面，对某些随机样本而言，随机变量序列 $X_1,\cdots,X_n$ 及其实现值的顺序是不可随意改变的。例 6.2 的时间序列随机样本即是一个例子，其随机变量 $X_1,\cdots,X_n$ 并非互相独立，且 X_i 可能依赖于之前的经济增长率 $\{X_{i-1},X_{i-2},\cdots\}$。若改变随机变量序列及其实现值的顺序，则它们的动态结构信息将无法保存。

一个随机样本 $\boldsymbol{X}^n$ 可视为一个 n 维随机向量，即 $\boldsymbol{X}^n: S\to\mathbb{R}^n$，其中 S 为随机试验的样本空间。随机样本 $\boldsymbol{X}^n$ 的信息可由 n 个随机变量的联合 PMF/PDF 完整描述，即

$$f_{\boldsymbol{X}^n}(\mathbf{x}^n)=\prod_{i=1}^{n} f_{X_i|\mathbf{X}^{i-1}}(x_i|\,\mathbf{x}^{i-1})$$

按照惯例，通常记 $f_{X_1|\mathbf{X}^0}(x_1|\,x^0)=f_{X_1}(x_1)$，并称之为随机变量 X_1 的边际 PMF/PDF。这里，条件 PMF/PDF 的乘积系通过对联合概率反复应用概率乘法法则而得。联合 PMF/PDF 可用于计算随机样本 $\boldsymbol{X}^n$ 及其各种函数的联合概率。

上述随机样本的定义涵盖了独立样本和时间序列样本。对前者而言，随机样本中的随机变量 $X_1,\cdots,X_n$ 互相独立；对后者而言，随机样本中的随机变量 $X_1,\cdots,X_n$ 并非相互独立。为聚焦于统计学的基本思想，本书将主要考虑独立随机样本的情形。

定义 6.2 *[**IID** 随机样本]: 若*

(1) 随机变量 $X_1,\cdots,X_n$ 相互独立;

(2) 每个随机变量 X_i 具有相同的边际分布 $F_X(x)$，则称随机变量序列 $X_1,\cdots,X_n$ 为来自总体分布为 $F_X(x)$，样本容量为 n 的独立同分布 (IID) 随机样本。

问题 6.1 如何解释 IID 随机样本？其含义是什么？

假设进行一项随机试验，所关注的随机变量 X 代表实验结果，并服从概率分布 $F_X(x)$。若随机试验重复 n 次，则可观察到该变量的 n 个实现值，记作 $\mathbf{x}^n=(x_1,\cdots,x_n)$。若 X_i 表示第 i 次试验的结果变量，则 X_i 的概率分布为 $F_X(x)$，且 x_i 可视为 X_i 的一个观测值 (即实现值)。此外，试验进行的方式使得 n 次试验的结果彼此没有关联，即 $X_1,\cdots,X_n$ 相互独立，从而保证了 n 个随机变量通常具有不同的实现值。简言之，同分布意味着同类试验重复进行，独立性则说明试验之间是独立进行的，因而每次试验都可获得新的信息 (若 $X_1,\cdots,X_n$ 高度相关，其实现值将非常相似且变化很少，故包含的新信息也较少)。统计分析的主要目的就是基于大量重复同类试验所生成

的观测数据推断总体分布 $F_X(x)$。

对 IID 随机样本，总体是每个 X_i 的共同边际 CDF $F_X(x)$。在很多实际应用中，通常假设相对应的 PMF/PDF 为 $f_X(x)=f(x,\theta)$，其中函数形式 $f(\cdot,\cdot)$ 已知，但参数 θ 的值未知。例如，假设 $\boldsymbol{X}^n$ 是来自总体分布为 $N(\mu,\sigma^2)$ 的随机样本，则

$$
\begin{aligned}
f_X(x) &= f(x,\theta) \\
&= \frac{1}{\sqrt{2\pi\sigma^2}} e^{-\frac{(x-\mu)^2}{2\sigma^2}}, \quad -\infty < x < \infty
\end{aligned}
$$

其中 $\theta=(\mu,\sigma^2)$。给定来自随机样本 $\boldsymbol{X}^n$ 的观测数据 $\boldsymbol{x}^n$，可推断参数 $\theta=(\mu,\sigma^2)$ 的真实值。

正整数 n 称为样本容量。通常 $(X_1,\cdots,X_n)$ 由 n 次重复试验获取，其中随机变量 X_i 表示第 i 次试验的结果。通过重复试验，可确保每个实现值或观测结果都从相同总体生成。此外，所有试验均是独立进行的，这保证了 $\boldsymbol{X}^n=(X_1,\cdots,X_n)$ 是一个 IID 随机样本。每一次独立试验均提供新的信息。

问题 6.2 若随机样本中随机变量 $X_1,\cdots,X_n$ 并非同分布，那么如何定义总体呢?

由于经济主体存在异质性 (heterogeneity) 或者经济结构存在时变性，随机样本 $\boldsymbol{X}^n$ 的随机变量 $X_1,\cdots,X_n$ 可能不具有相同的概率分布，甚至它们之间的联合分布也具有时变性。尽管每个 X_i 可能有不同的分布，仍可假设其概率分布具有某些共同特征 (如共同的参数值)，这些共同特征可被定义为总体。

问题 6.3 如何从数据集 $\boldsymbol{x}^n$ 提取信息?

当抽取一个随机样本时，可观测到 $\boldsymbol{X}^n$ 的一个实现值 $\boldsymbol{x}^n$，并且可计算出关于 $\boldsymbol{x}^n$ 的描述性信息。任何合理定义的关于数据集 $\boldsymbol{x}^n$ 的描述性信息都可用函数 $T(\boldsymbol{x}^n)$ 数学化表达，其中 $T(\boldsymbol{x}^n)$ 的定义域为 $\boldsymbol{X}^n$ 的样本空间 (即支撑)。函数 $T(\cdot)$ 可为标量或向量，$T(\boldsymbol{X}^n)$ 称为统计量。

定义 6.3 *[统计量 (Statistic)]*: 令 $\boldsymbol{X}^n=(X_1,\cdots,X_n)$ 为来自某一总体，样本容量为 n 的随机样本。统计量 $T(\boldsymbol{X}^n)=T(X_1,\cdots,X_n)$ 是随机样本 $\boldsymbol{X}^n$ 的实值或向量值函数。

函数 $T(\cdot)$ 是从 n 维样本空间 $\boldsymbol{X}^n$ 到低维欧氏空间的一个映射。简便起见，这里省略了函数形式 $T(\cdot)$ 对样本容量 n 可能存在的依赖。统计量 $T(\boldsymbol{X}^n)$ 不包含任何未知参数，它完全是随机样本 $\boldsymbol{X}^n$ 的函数。给定任何一个数据集 $\boldsymbol{x}^n$，可获得统计量 $T(\boldsymbol{X}^n)$ 的一个实数值或向量值。

统计量 $T(\boldsymbol{X}^n)$ 可用于有效刻画数据的某些特征 (如最大值、最小值、中位数、均值、标准差等)，估计未知参数值，进行参数假设检验等。以下是关于统计量 $T(\boldsymbol{X}^n)$ 的

几个例子。

例 6.4: 令 $\boldsymbol{X}^n=(X_1,\cdots,X_n)$ 为一个随机样本，则样本均值

$$\bar{X}_n=\frac{1}{n}\sum\nolimits_{i=1}^{n}X_i$$

和样本方差

$$S_n^2=\frac{1}{n-1}\sum\nolimits_{i=1}^{n}(X_i-\bar{X}_n)^2$$

为两个统计量。

样本均值 $\bar{X}_n$ 和样本方差 S_n^2 可用于估计总体分布 $F_X(x)$ 的均值 μ_X 和方差 σ_X^2。本章将证明 $\bar{X}_n$ 和 S_n^2 分别是 μ_X 和 σ_X^2 的“良好”估计量。第七章和第八章将更正式地引入各种收敛概念度量估计量和待估参数值之间的接近程度。

例 6.5: 令 $\boldsymbol{X}^n=(X_1,\cdots,X_n)$ 为来自总体 $f(x,\theta)$ 的 IID 随机样本，其中 θ 是未知参数。则 $\boldsymbol{X}^n$ 的联合 PMF/PDF 的对数

$$\hat{L}(\theta|\boldsymbol{X}^n)=\ln\prod_{i=1}^{n}f(X_i,\theta)=\sum_{i=1}^{n}\ln f(X_i,\theta)$$

称为随机样本 $\boldsymbol{X}^n$ 关于参数 θ 的对数似然函数。$\hat{L}(\theta|\,\boldsymbol{X}^n)$ 依赖于随机样本 $\boldsymbol{X}^n$，但它不是一个统计量，因为它还依赖于未知参数 θ。

下面，定义统计量 $T(\boldsymbol{X}^n)$ 的抽样分布。

定义 6.4 [抽样分布 (*Sampling Distribution*)]: 统计量 $T(\boldsymbol{X}^n)$ 的概率分布称为 $T(\boldsymbol{X}^n)$ 的抽样分布。

因为 $T(\boldsymbol{X}^n)$ 是 n 个随机变量的函数，$T(\boldsymbol{X}^n)$ 本身是一个随机变量或随机向量。由于该分布通常可由随机样本中随机变量 $X_1,\cdots,X_n$ 的联合分布推导而来，所以 $T(\boldsymbol{X}^n)$ 的分布称为抽样分布。$T(\boldsymbol{X}^n)$ 的抽样分布不同于总体分布 $F_X(x)$，后者是 IID 随机样本 $\boldsymbol{X}^n$ 中的每个随机变量 X_i 的边际分布。

由于 $T(\boldsymbol{X}^n)$ 为随机向量 $\boldsymbol{X}^n$ 的函数，原则上可用第五章讨论的变换方法及其推广方法推导 $T(\boldsymbol{X}^n)$ 的抽样分布。若 $\boldsymbol{X}^n$ 是 IID 随机样本，则推导很简单。统计量 $T(\boldsymbol{X}^n)$ 的抽样分布在统计推断中扮演非常重要的角色。例如，构造置信区间估计量和假设检验统计量时，估计量或检验统计量的临界值需要通过 $T(\boldsymbol{X}^n)$ 抽样分布获得。

作为对随机样本 $\boldsymbol{X}^n$ 所含信息的描述，统计量 $T(\boldsymbol{X}^n)$ 可视为对 $\boldsymbol{X}^n$ 的样本空间的一种分割 (partition) 方法。一个随机样本 $\boldsymbol{X}^n$ 可生成许多数据集 $\boldsymbol{x}^n$，每个数据集都称为 $\boldsymbol{X}^n$ 样本空间内的一个样本点。对任意实数 t，令

$$A(t)=\{\boldsymbol{x}^n:T(\boldsymbol{x}^n)=t\}$$

为所有满足约束条件 $T(\boldsymbol{x}^n)=t$ 的样本点 $\boldsymbol{x}^n$ 的集合，则 $T(\boldsymbol{x}^n)=t$ 的一个值就概括了包含在 $A(t)$ 中的所有样本点。需要强调，$A(t)$ 是 $\boldsymbol{X}^n$ 的样本空间的一个子集。

实际应用中，一般将随机变量/向量 $\boldsymbol{X}^n$、$T(\boldsymbol{X}^n)$、$\bar{X}_n$ 以及 S_n^2 的实现值或观测值，而非随机变量/向量本身，称为“样本”“统计量”“样本均值”“样本方差”。这样其实更有意义且更符合语言习惯。

本章的后续部分将以样本均值 $\bar{X}_n$ 和样本方差 S_n^2 这两个经典统计量为例，介绍统计推断的基本概念、理论和方法。这样做的主要原因在于经典统计理论通常假设总体服从正态 $N(\mu,\sigma^2)$ 分布，因此只需估计正态总体的均值 μ 和方差 σ^2，即可得到总体的确切分布，并且可针对每个有限样本容量 n 推导 $\bar{X}_n$ 和 S_n^2 的确切抽样分布。当然，除此之外还有很多其他统计量，将在后续章节陆续介绍。比如，$T(\boldsymbol{X}^n)=\max_{1\leqslant i\leqslant n}(X_i)$ 和 $T(\boldsymbol{X}^n)=\min_{1\leqslant i\leqslant n}(X_i)$ 分别是最大、最小统计量，均是所谓次序统计量 (order statistics) 的特例。

第二节　样本均值的抽样分布

首先考察样本均值。

定义 6.5 [样本均值]：设 $\boldsymbol{X}^n=(X_1,\cdots,X_n)$ 为来自均值为 μ，方差为 σ^2 的总体分布的一个随机样本，则

$$T(\boldsymbol{X}^n)\equiv\bar{X}_n=\frac{1}{n}\sum_{i=1}^{n}X_i$$

称为随机样本 $\boldsymbol{X}^n$ 的样本均值。

因为 $X_1,\cdots,X_n$ 是随机变量，故 $\bar{X}_n$ 也是随机变量。$\bar{X}_n$ 的分布称为 $\bar{X}_n$ 的抽样分布。当仅有一个观测样本点 $\boldsymbol{x}^n$ 时，样本均值 $\bar{x}_n$ 看似不是随机的。然而，若注意到观测样本 $\boldsymbol{x}^n$ 是许多可能被抽取的样本点的其中之一，且每个观测样本一般会有不同的样本均值，那么就会理解样本均值事实上是随机的。

第三章曾求解如下最小化问题

$$\mu=\arg\min_{-\infty<a<\infty}E(X-a)^2$$

现在通过最小化相对应于 $E(X-a)^2$ 的样本版本，可得一个类似结果。

定理 6.1　假设 $\boldsymbol{X}^n$ 为一个随机样本，则

$$\bar{X}_n=\arg\min_{-\infty<a<\infty}\sum_{i=1}^{n}(X_i-a)^2$$

目标函数 $\sum_{i=1}^{n}(X_i-a)^2$ 称为残差平方和 (sum of squared residuals, SSR)。该定理表明，样本均值 $\bar{X}_n$ 是最小化残差平方和 $\sum_{i=1}^{n}(X_i-a)^2$ 的最优解。实际上，它是如下线性回归模型的普通最小二乘 (ordinary least squares, OLS) 估计量：

$$X_i = a + \varepsilon_i$$

其中 $\{\varepsilon_i\}$ 为 $E(\varepsilon_i)=0$，$\mathrm{var}(\varepsilon_i)=\sigma^2$ 的 IID 随机扰动项序列。第十章将讨论更一般的线性回归模型。

现在考察样本均值 $\bar{X}_n$ 的概率统计性质，这对推断未知总体均值 μ 非常重要。特别地，需探讨如下几个问题：

- $\bar{X}_n$ 的均值；
- $\bar{X}_n$ 的方差；
- $\bar{X}_n$ 的抽样分布。

首先探讨 $\bar{X}_n$ 的均值。

定理 6.2 假设 $X_1,\cdots,X_n$ 为具有相同总体均值 μ 的 n 个同分布随机变量序列，则对所有 $n\geqslant 1$，

$$E(\bar{X}_n)=\mu$$

证明：

$$\begin{aligned}E(\bar{X}_n)&=\frac{1}{n}\sum_{i=1}^{n}E(X_i)\\&=\frac{1}{n}\sum_{i=1}^{n}\mu\\&=\mu\end{aligned}$$

证毕。 ■

对任意给定样本容量 $n\geqslant 1$，样本均值 $\bar{X}_n$ 的期望等于总体均值 μ。这一结果不要求随机变量 $X_1,\cdots,X_n$ 相互独立。

直觉上，$E(\bar{X}_n)=\mu$ 表明样本均值 $\bar{X}_n$ 在估计总体均值 μ 时不存在系统性误差。若生成大量样本容量为 n 的数据集 $\mathbf{x}^n$，每个数据集提供 $\bar{X}_n$ 的一个实现值 $\bar{x}_n$，则对任意给定样本容量 n，这些样本均值的平均将充分接近总体均值 μ，即不存在系统性向上或向下偏离总体均值 μ 的误差。这类似于对某个目标进行多次射击，击中的位置均匀地分布于目标左侧和右侧，没有系统性偏差。

以下推导 $\bar{X}_n$ 的方差。

定理 6.3 假设 $\boldsymbol{X}^n$ 是来自均值为 μ，方差为 σ^2 的 IID 随机样本。则对所有 $n \geqslant 1$，

$$\mathrm{var}(\bar{X}_n) = \frac{\sigma^2}{n}$$

证明：当 X 和 Y 相互独立时，有

$$\begin{aligned}\mathrm{var}(a+bX+cY) &= b^2\sigma_X^2 + c^2\sigma_Y^2 + 2bc\mathrm{cov}(X,Y)\\ &= b^2\sigma_X^2 + c^2\sigma_Y^2\end{aligned}$$

类似地，对于 IID 随机样本 $\boldsymbol{X}^n$，有

$$\begin{aligned}\mathrm{var}(\bar{X}_n) &= \mathrm{var}\left(n^{-1}\sum_{i=1}^{n} X_i\right)\\ &= n^{-2}\sum_{i=1}^{n}\mathrm{var}(X_i)\\ &= n^{-2}\sum_{i=1}^{n}\sigma^2\\ &= \frac{\sigma^2}{n}\end{aligned}$$

证毕。 ■

需要强调，与每个随机变量 X_i 的总体方差 σ^2 不同，$\bar{X}_n$ 的方差 σ^2/n 测度了样本均值 $\bar{X}_n$ 距离其中心 $E(\bar{X}_n)$ 的远近。$\mathrm{var}(\bar{X}_n) = \sigma^2/n$ 表明 $\bar{X}_n$ 对其中心 $E(\bar{X}_n)$ 的偏离程度随样本容量 $n \to \infty$ 而趋于 0。由于 $E(\bar{X}_n) = \mu$，当 $n \to \infty$ 时，$\bar{X}_n$ 的均方误为

$$\begin{aligned}E(\bar{X}_n - \mu)^2 &= \mathrm{var}(\bar{X}_n)\\ &= \frac{\sigma^2}{n} \to 0\end{aligned}$$

即当 $n \to \infty$ 时，$\bar{X}_n$ 和 μ 之间距离平方的期望值趋于零。在这个意义上，当 $n \to \infty$ 时，样本均值估计量 $\bar{X}_n$ 越来越接近于 μ。

$\mathrm{var}(\bar{X}_n) = \sigma^2/n$ 在统计学上看似简单，却是金融学中风险分散化 (risk diversification) 原理的依据所在。

例 6.6 [通过分散化消除特质性风险 (Idiosyncratic Risk Elimination via Diversification)]：根据经典资本资产定价模型 (CAPM)，资产 i 在一定持有期内的收益率可表示为

$$R_i = \alpha + \beta_i R_m + \varepsilon_i$$

其中 α 是一个常数，代表无风险资产收益率，R_m 是所有资产都面临的共同的市场风险因子 (一般以市场组合收益率表示)，β_i 是因子载荷系数 (factor loading coefficient) 或 beta 系数，ε_i 则代表资产 i 的特质性风险。进一步假设 $\varepsilon_1,\cdots,\varepsilon_n$ 是均值为 0，方差为 σ^2 的独立同分布序列，且与市场风险因子 R_m 不相关。资产 i 的风险用其方差测度，等于

$$\mathrm{var}(R_i)=\beta_i^2\mathrm{var}(R_m)+\sigma^2$$

其中 $\beta_i^2\mathrm{var}(R_m)$ 是无法避免的市场系统性风险，而资产 i 的特质性风险 σ^2 则可通过构建一个包含大量不同资产的投资组合加以消除。为说明这一点，考察 n 个资产的等权重投资组合之收益率

$$\bar{R}_n=\sum_{i=1}^{n}\frac{1}{n}R_i=\alpha+\bar{\beta}_nR_m+\bar{\varepsilon}_n$$

其中，当 $n\to\infty$ 时 $\bar{\beta}_n=n^{-1}\sum_{i=1}^n\beta_i\to\beta\neq0$，而 $\bar{\varepsilon}_n=n^{-1}\sum_{i=1}^n\varepsilon_i$ 为 n 个资产的特质性风险样本 $(\varepsilon_1,\cdots,\varepsilon_n)$ 的样本均值。因为 $\mathrm{var}(\bar{\varepsilon}_n)=\sigma^2/n$，则当 $n\to\infty$，有

$$\mathrm{var}(\bar{R}_n)=\bar{\beta}_n^2\mathrm{var}(R_m)+\frac{\sigma^2}{n}\to\beta^2\mathrm{var}(R_m)$$

因此，与单个资产有关的特质性风险可通过在投资组合中纳入足够多数目的不同资产加以消除。

现在推导 $\bar{X}_n$ 的抽样分布。假设 $\boldsymbol{X}^n$ 为来自总体 $N(\mu,\sigma^2)$ 的 IID 随机样本。

定理 6.4 假设 $\boldsymbol{X}^n=(X_1,\cdots,X_n)$ 为 IID 正态分布随机样本，其中总体均值为 μ，总体方差为 $\sigma^2<\infty$。定义标准化样本均值 (standardized sample mean)

$$Z_n=\frac{\bar{X}_n-E(\bar{X}_n)}{\sqrt{\mathrm{var}(\bar{X}_n)}}=\frac{\bar{X}_n-\mu}{\sigma/\sqrt{n}}=\frac{\sqrt{n}(\bar{X}_n-\mu)}{\sigma}$$

则对所有 $n\geqslant1$，

$$Z_n\sim N(0,1)$$

证明： 令 $Y_i=(X_i-\mu)/\sigma$，则 $Y_i\sim N(0,1)$。由定理 4.1 可得 Y_i 的 MGF 为

$$M_{Y_i}(t)=e^{\frac{1}{2}t^2},\quad 对所有\ t\ 值$$

现在考察 $Z_n=n^{-1/2}\sum_{i=1}^nY_i$ 的 MGF：

$$\begin{aligned}M_{Z_n}(t)&=E(e^{tZ_n})\\&=E\left(e^{tn^{-\frac{1}{2}}\sum_{i=1}^nY_i}\right)\\&=E\left(\prod_{i=1}^ne^{tn^{-\frac{1}{2}}Y_i}\right)\end{aligned}$$

$$
\begin{aligned}
&= \prod_{i=1}^{n} E(e^{tn^{-\frac{1}{2}}Y_i}) \\
&= \prod_{i=1}^{n} M_{Y_i}(tn^{-\frac{1}{2}}) \\
&= \left[e^{\frac{1}{2}(tn^{-\frac{1}{2}})^2}\right]^n \\
&= e^{\frac{1}{2}t^2}
\end{aligned}
$$

则对所有 $n \geqslant 1$ 有 $Z_n \sim N(0,1)$。证毕。 ■

定理 6.4 表明 n 个互相独立的正态随机变量之和仍为正态变量，这称为正态分布的可加性。

当随机样本 $\boldsymbol{X}^n$ 并非来自正态总体时，$\bar{X}_n$ 和 Z_n 不再服从正态分布。例如，在例 6.1 中，对任意给定的样本容量 n，$n\bar{X}_n$ 服从二项分布 $B(n,p)$。

图 6.3 展示了样本均值 $\bar{X}_n$ 在下述各类总体分布下的抽样分布 (其中样本容量分别为 $n=1,2,5,10,30$)：(1) $N(0,1)$；(2) Bernoulli $\left(\frac{1}{2}\right)$；(3) $U[0,1]$；(4) $EXP(1)$。所有随机样本均使用样本均值和样本方差进行标准化处理。如图 6.3 所示，$\bar{X}_n$ 的抽样分布在不同样本容量下都以总体均值为中心 (即 $E(\bar{X}_n)=\mu$)，且其分散化程度随样本容量 n 的不断增加而减小 (即 $\text{var}(\bar{X}_n)=\sigma^2/n \to 0$)。

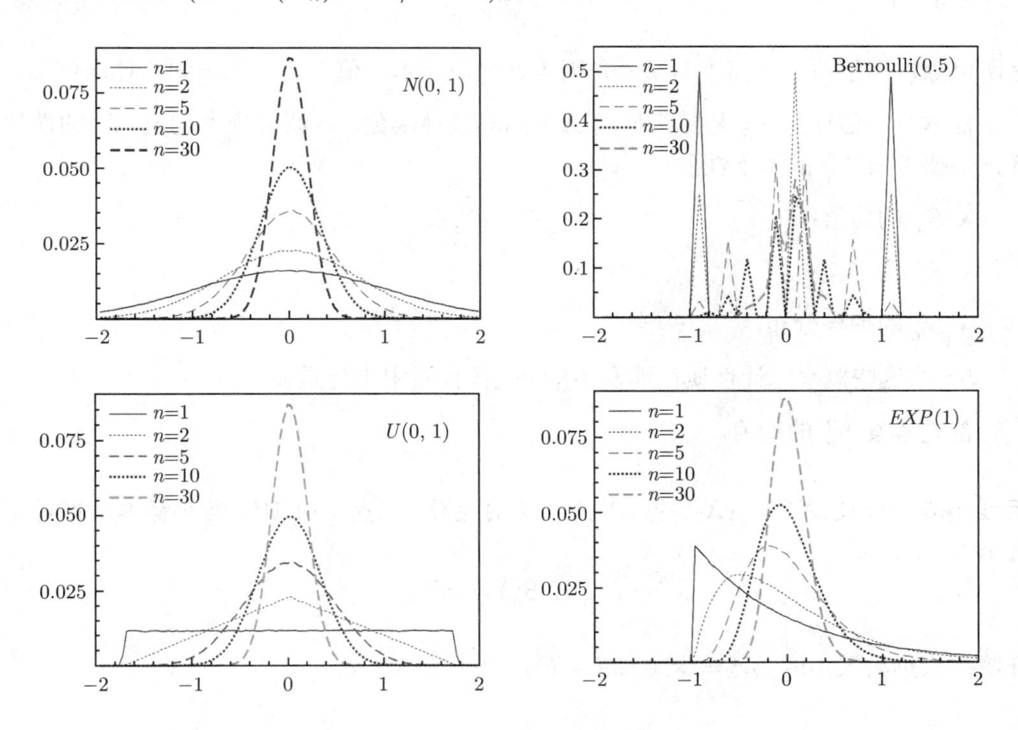

图 6.3：$\bar{X}_n$ 的抽样分布

第三节 样本方差的抽样分布

上一节介绍如何用样本均值 $\bar{X}_n$ 估计总体均值 μ，并证明 $\bar{X}_n$ 是 μ 的良好估计量，即当 $n \to \infty$ 时，$E(\bar{X}_n - \mu)^2 = \sigma^2/n \to 0$。这一节的问题是，如何估计总体方差 σ^2？

回顾方差公式

$$\sigma^2 = E(X_i - \mu)^2$$

σ^2 的一个可能估计量为

$$\frac{1}{n}\sum_{i=1}^{n}(X_i - \mu)^2$$

但若 μ 未知，则该估计量仍然未知。若用样本均值 $\bar{X}_n$ 代替 μ，则 $(X_i - \bar{X}_n)^2$ 的均值为

$$\frac{1}{n}\sum_{i=1}^{n}(X_i - \bar{X}_n)^2$$

事实上，通常使用如下的样本方差估计量

$$S_n^2 = \frac{1}{n-1}\sum_{i=1}^{n}(X_i - \bar{X}_n)^2$$

之所以除以因子 $n-1$ 而不是 n，是因为这里用样本均值 $\bar{X}_n$ 替代未知总体均值 μ。

样本方差估计量 S_n^2 是随机样本 $\boldsymbol{X}^n$ 的非线性函数。与研究样本均值 $\bar{X}_n$ 的性质一样，需要考察 S_n^2 的如下性质：

- S_n^2 的均值；
- S_n^2 的方差；
- S_n^2 的抽样分布。

S_n^2 的这些概率统计性质在涉及 S_n^2 的统计推断中十分重要。

首先考察 S_n^2 的均值。

定理 6.5 假设 $\boldsymbol{X}^n = (X_1, \cdots, X_n)$ 为来自总体 (μ, σ^2) 的 IID 随机样本。则对于所有 $n > 1$，

$$E(S_n^2) = \sigma^2$$

证明： 根据公式 $(a-b)^2 = a^2 - 2ab + b^2$，有

$$\sum_{i=1}^{n}(X_i - \bar{X}_n)^2 = \sum_{i=1}^{n}\left[(X_i - \mu) - (\bar{X}_n - \mu)\right]^2$$

$$
\begin{aligned}
&= \sum_{i=1}^{n}(X_i-\mu)^2 - 2\sum_{i=1}^{n}(X_i-\mu)(\bar{X}_n-\mu) + \sum_{i=1}^{n}(\bar{X}_n-\mu)^2 \\
&= \sum_{i=1}^{n}(X_i-\mu)^2 - 2(\bar{X}_n-\mu)\sum_{i=1}^{n}(X_i-\mu) + n(\bar{X}_n-\mu)^2 \\
&= \sum_{i=1}^{n}(X_i-\mu)^2 - 2n(\bar{X}_n-\mu)^2 + n(\bar{X}_n-\mu)^2 \\
&= \sum_{i=1}^{n}(X_i-\mu)^2 - n(\bar{X}_n-\mu)^2
\end{aligned}
$$

两边取期望得

$$
\begin{aligned}
E\sum_{i=1}^{n}(X_i-\bar{X}_n)^2 &= \sum_{i=1}^{n}E(X_i-\mu)^2 - nE[(\bar{X}_n-\mu)^2] \\
&= n\sigma^2 - n\frac{\sigma^2}{n} \\
&= (n-1)\sigma^2
\end{aligned}
$$

上述推导中，用到了 $\sum_{i=1}^{n}(X_i-\mu)=n(\bar{X}_n-\mu)$，以及第六章第二节的 $E(\bar{X}_n-\mu)^2=\frac{\sigma^2}{n}$。因此

$$
E(S_n^2)=E\left[\frac{1}{n-1}\sum_{i=1}^{n}(X_i-\bar{X}_n)^2\right]=\sigma^2
$$

证毕。 ■

由于此处用到了 $E(\bar{X}_n-\mu)^2=\sigma^2/n$，故假设 n 个随机变量 $X_1,\cdots,X_n$ 相互独立非常重要。

如前所述，使用因子 $n-1$ 而非 n 旨在确保 S_n^2 为 σ^2 的无偏估计量 (unbiased estimator)，即 $E(S_n^2)=\sigma^2$。因为 μ 未知，需用 $\bar{X}_n$ 来替代。这导致损失了一个用于计算样本方差 S_n^2 的观测值，使数据集的自由度从 n 减少到 $n-1$。本节后续将讨论损失自由度的概念。

因为 S_n^2 是随机样本 $\bar{X}_n$ 的非线性函数，S_n^2 的方差及其抽样分布依赖于每个随机变量 X_i 的分布，一般而言相当复杂。但存在一种特殊情形，即当 $\boldsymbol{X}^n$ 为来自总体 $N(\mu,\sigma^2)$ 的 IID 随机样本时，S_n^2 的抽样分布及其方差公式的推导相对比较简单。

在推导 S_n^2 的抽样分布之前，先回顾 χ^2 分布的性质，这些性质在总体为正态分布的随机抽样问题中发挥着重要作用。

在第四章中，若非负随机变量服从 χ^2 分布，则其 PDF 为

$$
f_X(x)=\frac{1}{\sqrt{2^v}\Gamma\left(\frac{\nu}{2}\right)}x^{\frac{\nu}{2}-1}e^{-\frac{x}{2}},\quad x>0
$$

其中 ν 称为卡方分布的自由度。

χ^2_ν 的自由度 ν 不必为整数。但当 ν 为整数时，随机变量 χ^2_ν 有更为直观的表示。

引理 6.1 令 $Z_1, \cdots, Z_\nu$ 为 IID $N(0,1)$ 随机变量，其中 ν 为正整数。则

$$\sum_{i=1}^{\nu} Z_i^2 \sim \chi^2_\nu$$

即 ν 个相互独立的 $N(0,1)$ 随机变量的平方和服从 χ^2_ν 分布。

证明： 当 $Z_i \sim N(0,1)$ 时，有 $Z_i^2 \sim \chi^2_1$，其 MGF 为

$$M_{Z_i^2}(t) = (1-2t)^{-\frac{1}{2}}, \quad t < \frac{1}{2}$$

令 $X = \sum_{i=1}^{\nu} Z_i^2$。则给定 $Z_1, \cdots, Z_\nu$ 相互独立，有

$$\begin{aligned} M_X(t) &= E(e^{tX}) \\ &= E(e^{t\sum_{i=1}^{\nu} Z_i^2}) \\ &= \prod_{i=1}^{\nu} E(e^{tZ_i^2}) \\ &= \left[(1-2t)^{-\frac{1}{2}}\right]^{\nu} \\ &= (1-2t)^{-\frac{\nu}{2}} \end{aligned}$$

根据 MGF 的唯一性，有 $X \sim \chi^2_\nu$。这称为 χ^2 分布的可加性。证毕。 ■

χ^2_ν 分布是伽玛分布的一个特例，即 $\text{Gamma}\left(\frac{\nu}{2}, 2\right)$，其均值和方差分别为

$$E(\chi^2_\nu) = \nu$$

和

$$\text{var}(\chi^2_\nu) = 2\nu$$

χ^2_ν 的形状不关于均值对称，而是偏向右边。当 $\nu \to \infty$ 时，偏度不断减小至零。

现在证明，经适当标准化后样本方差 S_n^2 的抽样分布将服从 χ^2_{n-1} 分布。

定理 6.6 假设 $\boldsymbol{X}^n = (X_1, \cdots, X_n)$ 为 IID $N(\mu, \sigma^2)$ 随机样本。则对每个 $n > 1$，

$$\frac{(n-1)S_n^2}{\sigma^2} = \frac{\sum_{i=1}^{n}(X_i - \bar{X}_n)^2}{\sigma^2} \sim \chi^2_{n-1}$$

其中 χ^2_{n-1} 是自由度为 $n-1$ 的卡方分布。

证明： 容易建立以下递归关系

$$(n-1)S_n^2 = (n-2)S_{n-1}^2 + \frac{n-1}{n}(X_n - \bar{X}_{n-1})^2$$

现用归纳法证明该定理，包含下述两个步骤。

步骤一：首先考察 $n=2$ 的情况。因为 $(X_2 - X_1)/\sqrt{2}\sigma \sim N(0,1)$，故有

$$\begin{aligned}\frac{(2-1)S_2^2}{\sigma^2} &= \frac{1}{2\sigma^2}(X_2 - X_1)^2 \\ &= \left(\frac{X_2 - X_1}{\sqrt{2}\sigma}\right)^2 \\ &\sim \chi^2_1\end{aligned}$$

步骤二：假设对任意正整数 $n=\nu>1$，有 $(\nu-1)S_\nu^2/\sigma^2 \sim \chi^2_{\nu-1}$。现在证明 $\nu S_{\nu+1}^2/\sigma^2 \sim \chi^2_\nu$。

对 $n=\nu+1$，有

$$\frac{\nu S_{\nu+1}^2}{\sigma^2} = \frac{(\nu-1)S_\nu^2}{\sigma^2} + \frac{\nu}{(\nu+1)\sigma^2}(X_{\nu+1} - \bar{X}_\nu)^2$$

此处 $X_{\nu+1} \sim N(\mu,\sigma^2)$，$\bar{X}_\nu \sim N\left(\mu, \frac{1}{\nu}\sigma^2\right)$，且 $X_{\nu+1}$ 和 $\bar{X}_\nu$ 相互独立。因此

$$X_{\nu+1} - \bar{X}_\nu \sim N\left(0, \sigma^2 + \frac{\sigma^2}{\nu}\right)$$

或等价地

$$\sqrt{\frac{\nu}{(\nu+1)\sigma^2}}(X_{\nu+1} - \bar{X}_\nu) \sim N(0,1)$$

故有 $\frac{\nu}{\nu+1}(X_{\nu+1} - \bar{X}_\nu)^2/\sigma^2 \sim \chi^2_1$。如果这一项和 S_ν^2 相互独立，则给定 $(\nu-1)S_\nu^2/\sigma^2 \sim \chi^2_{\nu-1}$ 且两个相互独立的 χ^2 随机变量之和服从 χ^2 分布 (关于 χ^2 分布的可加性，参见例 5.33)，可得 $\nu S_{\nu+1}^2/\sigma^2 \sim \chi^2_\nu$。因此，若能证明以下 S_n^2 和 $\bar{X}_n$ 相互独立的结论，则该定理得证。证毕。 ■

定理 6.7 设 $\boldsymbol{X}^n$ 为 IID $N(\mu,\sigma^2)$ 随机样本，则对任意 $n>1$，S_n^2 和 $\bar{X}_n$ 相互独立。

尽管 S_n^2 和 $\bar{X}_n$ 均为相同随机变量 $\{X_i\}_{i=1}^n$ 的函数，但定理 6.7 表明它们相互独立。S_n^2 和 $\bar{X}_n$ 相互独立来自随机样本 $\boldsymbol{X}^n$ 的正态性假设 (参考第五章例 5.21)。为证明定理 6.7，可使用下述引理。

引理 6.2 假设 $X_j \sim \text{IID } N(\mu,\sigma^2)$，$j=1,\cdots,n$。对常数 a_{ij} 和 b_{rj}，定义

$$U_i = \sum_{j=1}^{n} a_{ij}X_j, \quad i=1,\cdots,\nu$$

$$V_r = \sum_{j=1}^{n} b_{rj}X_j, \quad r=1,\cdots,m$$

其中 $\nu+m \leqslant n$，则

(1) 对任何一对 (i,r)，当且仅当 $\text{cov}(U_i,V_r)=0$ 时，随机变量 U_i 和 V_r 相互独立；

(2) 当且仅当对所有 $i\in\{1,\cdots,\nu\}$ 和 $r\in\{1,\cdots,m\}$，U_i 和 V_r 相互独立时，随机向量 $(U_1,\cdots,U_\nu)$ 和 $(V_1,\cdots,V_m)$ 相互独立。

直觉上，所有的 U_i 和 V_r 服从联合正态分布。因此，对所有 i,r，当且仅当每一对随机变量 U_i 和 V_r 的协方差为零时，二者相互独立。

证明：现在证明定理 6.7。由于 $S_n^2=(n-1)^{-1}\sum_{i=1}^{n}\left(X_i-\bar{X}_n\right)^2$ 是 n 个随机变量 $(X_1-\bar{X}_n),\cdots,(X_n-\bar{X}_n)$ 的函数，只需证明 $\bar{X}_n$ 和 $\{(X_1-\bar{X}_n),\cdots,(X_n-\bar{X}_n)\}$ 相互独立即可。

利用引理 6.2。令 $U_1=\bar{X}_n-\mu$，$V_r=X_r-\bar{X}_n$。首先证明对所有 $r=1,\cdots,n$，U_1 和 V_r 相互独立。

因为对任意给定 $r\in\{1,\cdots,n\}$，有

$$\begin{aligned}\text{cov}(U_1,V_r) &= E(U_1V_r)\\ &= E[(\bar{X}_n-\mu)(X_r-\mu)]-E(\bar{X}_n-\mu)^2\\ &= \frac{\sigma^2}{n}-\frac{\sigma^2}{n}\\ &= 0\end{aligned}$$

根据引理 6.2 (1)，有 U_1 和 V_r 相互独立。再由引理 6.2 (2) 即得 U_1 和 $(V_1,\cdots,V_n)$ 相互独立。

现令 $g(U_1)=U_1+\mu$ 和 $h(V_1,\cdots,V_n)=(n-1)^{-1}\sum_{r=1}^{n}V_r^2$。则 $g(U_1)$ 和 $h(V_1,\cdots,V_n)$ 相互独立。换言之，$\bar{X}_n$ 和 S_n^2 相互独立，证毕。 ■

还有另一方法可证明 $\bar{X}_n$ 和 S_n^2 相互独立。这是一种富有启发式的证明。

另一种证明：令 $\boldsymbol{X}=(X_1,\cdots,X_n)'$ 为 n 维列向量，$\boldsymbol{l}=(1,\cdots,1)'$ 为每个元素都是常数 1 的 n 维列向量，且 $\boldsymbol{I}$ 为 $n\times n$ 单位方阵，其中 $\boldsymbol{A}'$ 表示向量或矩阵 $\boldsymbol{A}$ 的转置。定义 $n\times n$ 矩阵

$$\boldsymbol{M}=\boldsymbol{I}-\frac{1}{n}\boldsymbol{l}\boldsymbol{l}'$$

注意 $\boldsymbol{M}^2=\boldsymbol{M}$ 且 $\boldsymbol{M}'=\boldsymbol{M}$。则有

$$\bar{X}_n=\frac{\boldsymbol{l}'\boldsymbol{X}}{n}$$

$$\begin{aligned}(n-1)S_n^2&=(\boldsymbol{MX})'(\boldsymbol{MX})\\&=\boldsymbol{X}'\boldsymbol{M}^2\boldsymbol{X}\\&=\boldsymbol{X}'\boldsymbol{MX}\end{aligned}$$

为证明 $\bar{X}_n$ 和 S_n^2 相互独立，只需证明随机变量 $\boldsymbol{l}'\boldsymbol{X}$ 和 n 维随机向量 $\boldsymbol{MX}$ 相互独立。

令

$$\begin{aligned}\boldsymbol{Z}&=\begin{pmatrix}\boldsymbol{l}'\boldsymbol{X}\\\boldsymbol{MX}\end{pmatrix}\\&=\begin{pmatrix}\boldsymbol{l}'\\\boldsymbol{M}\end{pmatrix}\boldsymbol{X}\\&=\boldsymbol{AX}\end{aligned}$$

其中，$\boldsymbol{A}$ 为 $(n+1)\times n$ 的矩阵。因为 $\boldsymbol{Z}$ 是 $\boldsymbol{X}$ 的线性组合，且 $\boldsymbol{X}\sim N(\boldsymbol{0},\sigma^2\boldsymbol{I})$ 是 IID 正态随机向量，故 $\boldsymbol{Z}$ 服从多元正态分布。又因为 $\boldsymbol{l}'\boldsymbol{M}=\boldsymbol{0}$ (请证明)，$\boldsymbol{l}'\boldsymbol{X}$ 和 $\boldsymbol{MX}$ 的方差-协方差矩阵

$$\begin{aligned}\operatorname{cov}(\boldsymbol{l}'\boldsymbol{X},\boldsymbol{MX})&\equiv E\left\{[\boldsymbol{l}'\boldsymbol{X}-E(\boldsymbol{l}'\boldsymbol{X})][\boldsymbol{MX}-E(\boldsymbol{MX})]'\right\}\\&=E\left\{\boldsymbol{l}'[\boldsymbol{X}-E(\boldsymbol{X})][(\boldsymbol{X}-E(\boldsymbol{X})]'\boldsymbol{M}'\right\}\\&=\boldsymbol{l}'E\left\{[\boldsymbol{X}-E(\boldsymbol{X})][\boldsymbol{X}-E(\boldsymbol{X})]'\right\}\boldsymbol{M}\\&=\boldsymbol{l}'\sigma^2\boldsymbol{IM}\\&=\boldsymbol{0}\end{aligned}$$

因为 $\boldsymbol{l}'\boldsymbol{X}$ 和 $\boldsymbol{MX}$ 服从联合正态分布且二者不相关，故 $\boldsymbol{l}'\boldsymbol{X}$ 和 $\boldsymbol{MX}$ 相互独立。证毕。 ■

现在提供关于样本方差 S_n^2 自由度的解释。定理 6.6 指出，当 $\{X_i\}_{i=1}^n$ 为 IID $N(\mu,\sigma^2)$ 时，有 $(n-1)S_n^2/\sigma^2\sim\chi_{n-1}^2$，其中 $n-1$ 为自由度。这是一个与平方和有关的概念。随机样本 $\boldsymbol{X}^n=(X_1,\cdots,X_n)$ 是 n 个相互独立的随机变量，现用于估计 σ^2。若已知 μ，则 σ^2 的一个估计量是 $n^{-1}\sum_{i=1}^n(X_i-\mu)^2$。但是，一般情况下总体均值 μ 是未知的。因此，只能用样本均值 $\bar{X}_n$ 替代 μ，从而使用估计量 $S_n^2=(n-1)^{-1}\sum_{i=1}^n\left(X_i-\bar{X}_n\right)^2$。此处使用的 n 个实际变量为 $(X_1-\bar{X}_n,\cdots,X_n-\bar{X}_n)$。这 n 个变量满足如下约束条件

$$\sum_{i=1}^{n}(X_i-\bar{X}_n)=0$$

因此，给定 $n-1$ 个变量，可从上述约束条件求得剩余的一个。从这个意义上说，在估计 S_n^2 时，因为需要满足上述约束条件而损失了原始样本的 1 个自由度，故平方和 $\sum_{i=1}^{n}(X_i-\bar{X}_n)^2$ 的自由度为 $n-1$。

更一般地，与平方和相关的自由度可由用于计算平方和的观测值个数减去估计参数的个数获得。需要用样本估计值替代的未知参数的个数，等于用于计算平方和的观测值所受约束的个数。

具体来说，考察如下经典线性回归模型

$$Y_i=X_i'\theta+\varepsilon_i,\quad i=1,\cdots,n$$

其中 X_i 为 $p\times 1$ 维解释向量，θ 为 $p\times 1$ 维参数向量，$\{\varepsilon_i\}_{i=1}^n$ 为来自总体 $N(0,\sigma_\varepsilon^2)$ 的 IID 随机序列。简单起见，假设 $\{X_i\}_{i=1}^n$ 为非随机变量，则 θ 的 OLS 估计量 $\hat{\theta}$ 是以下最小化问题的解

$$\hat{\theta}=\arg\min_{\theta}\sum_{i=1}^{n}(Y_i-X_i'\theta)^2$$

其一阶条件为

$$\sum_{i=1}^{n}X_i(Y_i-X_i'\hat{\theta})=\mathbf{0}$$

这是一个包含 p 个方程的联立方程组。求解可得

$$\begin{aligned}\hat{\theta}&=\left(\sum_{i=1}^{n}X_iX_i'\right)^{-1}\sum_{i=1}^{n}X_iY_i\\&=(\boldsymbol{X}'\boldsymbol{X})^{-1}\boldsymbol{X}'\boldsymbol{Y}\end{aligned}$$

其中 $\boldsymbol{X}=(X_1,X_2,\cdots,X_p)'$ 为 $n\times p$ 维矩阵，$\boldsymbol{Y}=(Y_1,\cdots,Y_n)'$ 为 $n\times 1$ 维向量。在一定的正则条件下，有

$$\hat{\theta}-\theta\sim N[\mathbf{0},\sigma_\varepsilon^2(\boldsymbol{X}'\boldsymbol{X})^{-1}]$$

其中 θ 为真实参数值，$\boldsymbol{X}'\boldsymbol{X}=\sum_{i=1}^{n}X_iX_i'$ 为 $p\times p$ 维矩阵。为推断 θ，必须估计 σ_ε^2。可用如下残差方差估计量 (residual variance estimator)

$$s^2=\frac{1}{n-p}\sum_{i=1}^{n}(Y_i-X_i'\hat{\theta})^2$$

这里使用 $n-p$ 是因为 $p\times 1$ 维参数向量 θ 值未知，需要使用 OLS 估计量 $\hat{\theta}$ 代替，从而导致在 n 个估计残差 $\{\hat{\varepsilon}_i=Y_i-X_i'\hat{\theta}\}_{i=1}^n$ 中失去 p 个自由度，这 n 个估计残差满足一阶

条件所施加的 p 个约束条件。使用因子 $n-p$ 确保了适当的正则条件下有 $E(s^2)=\sigma_\varepsilon^2$。更多讨论参见第十章。

以下在随机样本 $\boldsymbol{X}^n$ 的正态分布假设下推导 S_n^2 的均值和方差。$(n-1)S_n^2/\sigma^2\sim\chi_{n-1}^2$ 提供了一种更简便的方法证明 $E(S_n^2)=\sigma^2$，但需要更强的假设条件，即 $\boldsymbol{X}^n$ 为 IID 正态分布随机样本。给定 $E(\chi_{n-1}^2)=n-1$，有

$$E\left[\frac{(n-1)S_n^2}{\sigma^2}\right]=n-1$$

或

$$\frac{(n-1)}{\sigma^2}E(S_n^2)=n-1$$

则

$$E(S_n^2)=\sigma^2$$

同样地，根据结果 $(n-1)S_n^2/\sigma^2\sim\chi_{n-1}^2$，也可从 χ_{n-1}^2 分布推得 $\mathrm{var}(S_n^2)$。

定理 6.8 假设 $\boldsymbol{X}^n=(X_1,\cdots,X_n)$ 为 IID $N(\mu,\sigma^2)$ 随机样本。则对所有 $n>1$，

$$\mathrm{var}(S_n^2)=\frac{2\sigma^4}{n-1}$$

证明： 因为

$$\frac{(n-1)S_n^2}{\sigma^2}\sim\chi_{n-1}^2$$

且 χ_{n-1}^2 的方差为 $2(n-1)$，则有

$$\mathrm{var}\left[\frac{(n-1)S_n^2}{\sigma^2}\right]=2(n-1)$$

或

$$\frac{(n-1)^2}{\sigma^4}\mathrm{var}(S_n^2)=2(n-1)$$

因此 $\mathrm{var}(S_n^2)=2\sigma^4/(n-1)$。证毕。 ■

$\mathrm{var}(S_n^2)=2\sigma^4/(n-1)$ 和 $E(S_n^2)=\sigma^2$ 表明，当 $n\to\infty$ 时

$$\begin{aligned}\mathrm{MSE}(S_n^2)&=E(S_n^2-\sigma^2)^2\\&=\mathrm{var}(S_n^2)\\&=\frac{2\sigma^4}{n-1}\to 0\end{aligned}$$

因此，当 $n\to\infty$ 时，样本方差 S_n^2 和 σ^2 之间的差距越来越小。换言之，当 n 不断增

大时，S_n^2 越来越趋近 σ^2。

图 6.4 描绘了样本方差 S_n^2 在不同样本容量 $(n=2,5,10,30)$ 下的抽样分布。总体分布分别为：(1) $N(0,1)$；(2) Bernoulli $\left(\frac{1}{2}\right)$；(3) $U[0,1]$；(4) $EXP(1)$。所有随机样本均使用样本均值和样本方差进行标准化处理。可以看出，不论样本容量为多大，S_n^2 的抽样分布均以总体方差为中心 (即 $E(S_n^2)=\sigma^2$)，而 S_n^2 的波动程度随样本容量 n 的增加而减小。

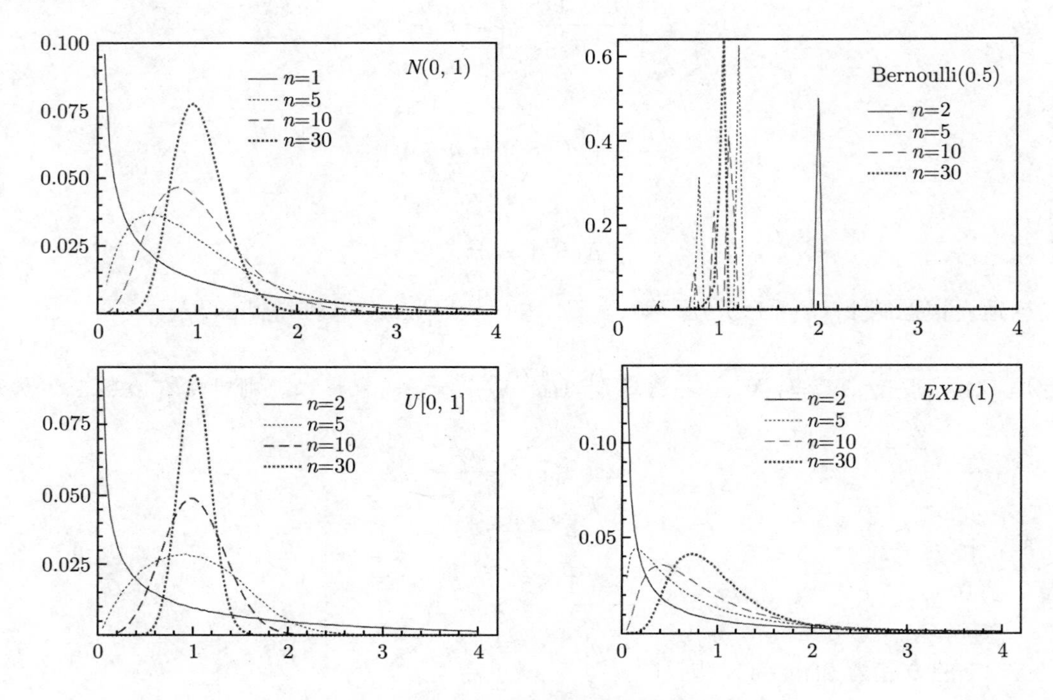

图 6.4：样本方差 S_n^2 的抽样分布

第四节　学生 t-分布

现在，介绍一种称为学生 t-分布 (Student's t-distribution) 的分布类型，其在经典统计推断中有十分重要的作用。

定义 6.6 *[学生 t-分布]*：令 $U\sim N(0,1)$，$V\sim\chi_\nu^2$，且 U 和 V 相互独立。则随机变量

$$T=\frac{U}{\sqrt{V/\nu}}\sim\frac{N(0,1)}{\sqrt{\chi_\nu^2/\nu}}$$

服从自由度 ν 的学生 t-分布，记作 $T\sim t_\nu$。

学生 t-分布的 PDF 如下

$$f_T(t)=\frac{\Gamma\left(\frac{\nu+1}{2}\right)}{\Gamma\left(\frac{\nu}{2}\right)}\frac{1}{(\nu\pi)^{1/2}}\frac{1}{(1+t^2/v)^{(\nu+1)/2}},\quad -\infty<t<\infty$$

可通过先求如下二元变换的联合 PDF $f_{TR}(t,r)$

$$\begin{cases} T=U/\sqrt{V/\nu} \\ R=U \end{cases}$$

再积分消去 R 求得上述结果。

现在考察学生 t-分布的性质。

引理 6.3 *[学生 t-分布的性质]*:

(1) t_ν 的 PDF 关于 0 对称;

(2) t_ν 分布的尾部比 $N(0,1)$ 更厚 (参见图 6.5);

(3) 只存在前 $\nu-1$ 阶矩。特别地，当 $\nu>2$ 时，均值 $\mu=0$，方差 $\sigma^2=\nu/(\nu-2)$。对任意给定 ν，MGF 不存在;

(4) 当 $\nu=1$ 时，$t_1\sim$ 柯西分布 Cauchy$(0,1)$;

(5) 当 $\nu\to\infty$ 时，$t_\nu\to N(0,1)$。

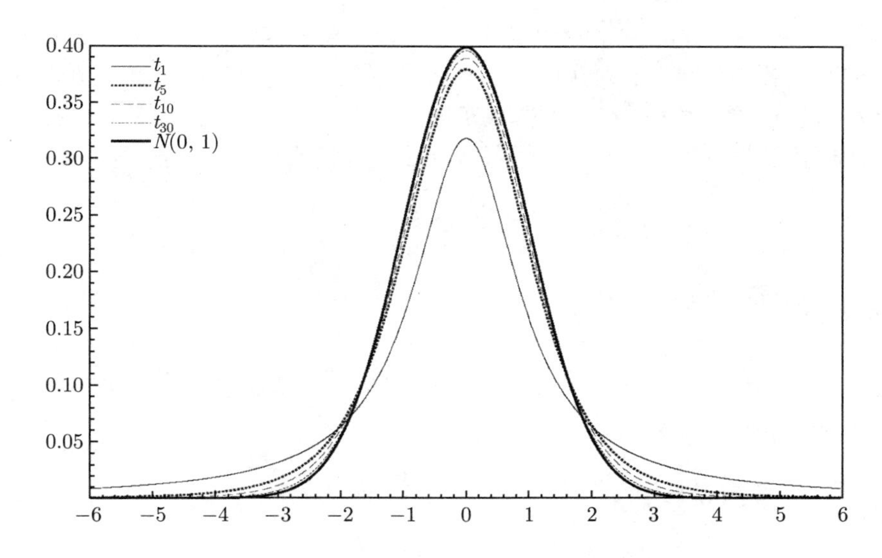

图 6.5 : t_1,t_5,t_{10},t_{30} 以及 $N(0,1)$ 的 PDF

因为当 $\nu \to \infty$ 时，$(1+a/\nu)^\nu \to e^a$，从如下极限可得 t_ν 收敛于 $N(0,1)$：

$$\lim_{\nu\to\infty} f_T(t) = \lim_{\nu\to\infty}\sqrt{\frac{2}{\nu}}\frac{\Gamma\left(\frac{\nu+1}{2}\right)}{\Gamma\left(\frac{\nu}{2}\right)}\lim_{\nu\to\infty}\frac{1}{(1+t^2/\nu)^{1/2}}\frac{1}{\sqrt{2\pi}}\lim_{\nu\to\infty}\frac{1}{(1+t^2/\nu)^{\nu/2}}$$
$$= \frac{1}{\sqrt{2\pi}}e^{-\frac{t^2}{2}}, \quad -\infty < t < \infty$$

此处，当 $\nu \to \infty$ 时，有

$$\sqrt{\frac{2}{\nu}}\frac{\Gamma\left(\frac{\nu+1}{2}\right)}{\Gamma\left(\frac{\nu}{2}\right)} \to 1$$

图 6.5 给出了学生 t-分布在自由度分别为 $\nu = 1, 5, 10, 30$ 时的 PDF 图，并与标准正态分布 $N(0,1)$ 比较。

学生 t-分布最初由威廉·戈塞 (William S. Gosset) 于 1908 年提出。因为其所在公司不允许员工公开发表论文，他用“学生”这一笔名发表这一研究成果。因此，t-分布也常称为学生 t-分布。

学生 t-分布的尾部比标准正态分布更厚的特性使其更适合于对高频金融数据进行建模。例如，Bollerslev (1987) 在 GARCH 波动模型中提出用自由度大于 2 的 t-分布代替正态分布，以捕捉股票收益率的尖峰和厚尾特征。

学生 t-分布在统计推断中十分重要。当 $\boldsymbol{X}^n$ 为 IID $N(\mu, \sigma^2)$ 随机样本时，对所有 $n \geqslant 1$ 有

$$\frac{\bar{X}_n - \mu}{\sigma/\sqrt{n}} \sim N(0,1)$$

这是一个非常重要的结果，它可用于当总体方差 σ^2 已知时对未知总体均值 μ 进行置信区间估计和假设检验。然而，在绝大多数实际应用中，一个主要困难是总体标准差 σ 是未知的，因此需要用样本标准差 S_n 代替 σ。这一替代改变了统计量

$$\frac{\bar{X}_n - \mu}{S_n/\sqrt{n}}$$

的抽样分布，如以下定理 6.9 所示。

定理 6.9 假设 $\boldsymbol{X}^n = (X, \cdots, X_n)$ 为来自 $N(\mu, \sigma^2)$ 总体的 IID 随机样本。则对所有 $n > 1$，标准化样本方差

$$\frac{\bar{X}_n - \mu}{S_n/\sqrt{n}} = \frac{\frac{\bar{X}_n - \mu}{\sigma/\sqrt{n}}}{\sqrt{\frac{(n-1)S_n^2}{\sigma^2}\Big/(n-1)}}$$
$$\sim \frac{N(0,1)}{\sqrt{\chi^2_{n-1}/(n-1)}}$$
$$\sim t_{n-1}$$

其中 t_{n-1} 是自由度为 $n-1$ 的学生 t-分布。

证明：令 $U=(\bar{X}_n-\mu)/(\sigma/\sqrt{n})$ 和 $V=(n-1)S_n^2/\sigma^2$。则 $U\sim N(0,1)$，$V\sim\chi^2_{n-1}$。同时，由定理 6.7 可知 $\bar{X}_n$ 和 S_n^2 相互独立。则

$$\frac{\bar{X}_n-\mu}{S_n/\sqrt{n}}=\frac{(\bar{X}_n-\mu)/(\sigma/\sqrt{n})}{\sqrt{(n-1)\,S_n^2/[\sigma^2\,(n-1)]}}$$
$$\sim t_{n-1}$$

证毕。 ■

为阐释学生 t-分布在统计推断中的重要性，以下分别考察关于总体均值 μ 的置信区间估计和假设检验问题。

例 6.7 [关于总体均值 μ 的置信区间估计]：假设 $\boldsymbol{X}^n=(X_1,\cdots,X_n)$ 是来自总体为 $N(\mu,\sigma^2)$ 分布的 IID 随机样本，其中 μ 和 σ^2 均未知。我们的主要目的是在 $(1-\alpha)100\%$ 置信水平上构建 μ 的置信区间估计量。

给定 $0<\alpha<1$，μ 的 $(1-\alpha)100\%$ 置信区间估计量定义为随机区间 $[\hat{L},\hat{U}]$，使得真实总体均值 μ 落入区间 $[\hat{L},\hat{U}]$ 的概率等于 $1-\alpha$，即

$$P(\hat{L}<\mu<\hat{U})=1-\alpha$$

当 σ^2 未知时，为了构造一个关于 μ 的区间估计量，定义学生 t_{n-1} 分布的右侧临界值 (upper-tailed critical value) $C_{t_{n-1},\alpha}$ 如下

$$P(t_{n-1}>C_{t_{n-1},\alpha})=\alpha$$

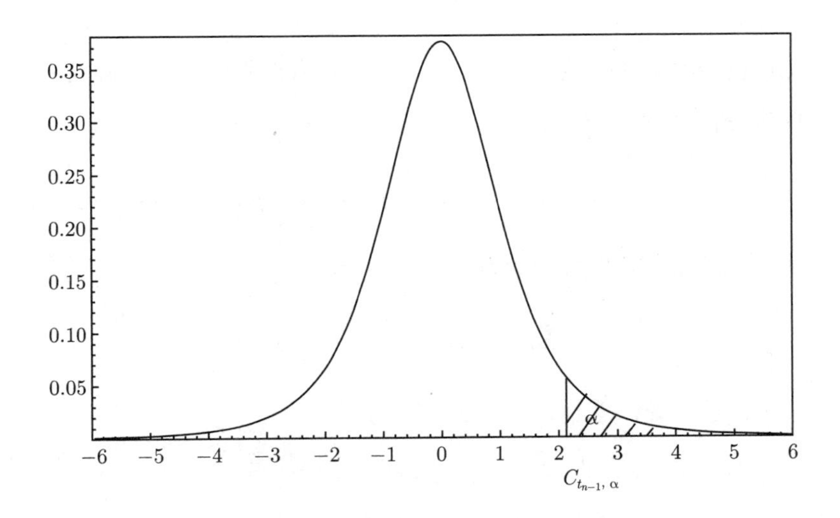

图 6.6：学生 t_{n-1} 分布的右侧临界值 $C_{t_{n-1},\alpha}$

如图 6.6 所示。根据定理 6.9 以及学生 t-分布的对称性，有

$$P\left[\left|\frac{\sqrt{n}(\bar{X}_n-\mu)}{S_n}\right|>C_{t_{n-1},\frac{\alpha}{2}}\right]=\alpha$$

或等价地

$$P\left[\left|\frac{\sqrt{n}(\bar{X}_n-\mu)}{S_n}\right|\leqslant C_{t_{n-1},\frac{\alpha}{2}}\right]=1-\alpha$$

从而，μ 的 $(1-\alpha)100\%$ 置信区间估计量为

$$P\left(\bar{X}_n-\frac{S_n}{\sqrt{n}}C_{t_{n-1},\frac{\alpha}{2}}<\mu<\bar{X}_n+\frac{S_n}{\sqrt{n}}C_{t_{n-1},\frac{\alpha}{2}}\right)=1-\alpha$$

给定一个随机样本 $\boldsymbol{X}^n$，随机区间估计量

$$\left[\bar{X}_n-\frac{S_n}{\sqrt{n}}C_{t_{n-1},\frac{\alpha}{2}},\ \bar{X}_n+\frac{S_n}{\sqrt{n}}C_{t_{n-1},\frac{\alpha}{2}}\right]$$

是完全可计算的。此处统计量

$$\frac{\bar{X}_n-\mu}{S_n/\sqrt{n}}$$

的抽样分布在确定临界值 $C_{t_{n-1},\frac{\alpha}{2}}$ 时发挥了至关重要的作用，故在确定置信区间估计量时也十分关键。

例 6.8 [关于总体均值的假设检验：t-检验]：假设有一个来自总体为 $N(\mu,\sigma^2)$ 分布的 IID 随机样本 $\boldsymbol{X}^n=(X_1,\cdots,X_n)$，其样本容量为 n。我们的目的是检验如下参数假设

$$\mathbb{H}_0:\mu=\mu_0$$

其中 μ_0 为给定 (已知) 常数 (例如 $\mu_0=0$)。那么如何检验这个参数假设呢？

为检验假设 $\mathbb{H}_0$，考察统计量

$$\bar{X}_n-\mu_0=(\bar{X}_n-\mu)+(\mu-\mu_0)$$

当 $\mathbb{H}_0$ 为真时，$\mu=\mu_0$。就均方误而言，当 $n\to\infty$ 时，有

$$\bar{X}_n-\mu_0=\bar{X}_n-\mu\to 0$$

因此，当 $n\to\infty$ 时，统计量 $\bar{X}_n-\mu_0$ 将趋近于零。

另一方面，若 $\mathbb{H}_0$ 为假，即 $\mu\neq\mu_0$，则就均方误而言，当 $n\to\infty$ 时，有

$$\begin{aligned}\bar{X}_n-\mu_0&=(\bar{X}_n-\mu)+(\mu-\mu_0)\\&\to\mu-\mu_0\neq 0\end{aligned}$$

因此，对 $\mathbb{H}_0$ 的检验可基于统计量 $\bar{X}_n-\mu_0$。若 $\bar{X}_n-\mu_0$ 足够小，则 $\mathbb{H}_0$ 为真；反之若 $\bar{X}_n-\mu_0$ 的绝对值足够大，则 $\mathbb{H}_0$ 为假。

问题 6.4 $\bar{X}_n-\mu_0$ 和零之间的距离为多大时才可认为其绝对值“足够大”呢？

这可由 $\bar{X}_n-\mu_0$ 的抽样分布决定。从 $\bar{X}_n-\mu_0$ 的抽样分布中，可找出称为临界值 (critical value) 的门槛值 (threshold value)，并据此通过比较判断 $\bar{X}_n-\mu_0$ 是否足够大。

设 $\boldsymbol{X}^n\sim \text{IID}\, N(\mu,\sigma^2)$。定理 6.2 和 6.3 已证，对每个正整数 n，有

$$\bar{X}_n-\mu\sim N\left(0,\frac{\sigma^2}{n}\right)$$

则

$$\bar{X}_n-\mu_0=(\bar{X}_n-\mu)+(\mu-\mu_0)\sim N\left(\mu-\mu_0,\frac{\sigma^2}{n}\right)$$

因此，标准化随机变量

$$\begin{aligned}\frac{\bar{X}_n-\mu_0}{\sigma/\sqrt{n}}&=\frac{\bar{X}_n-\mu}{\sigma/\sqrt{n}}+\frac{\sqrt{n}(\mu-\mu_0)}{\sigma}\\&\sim N\left[\frac{\sqrt{n}(\mu-\mu_0)}{\sigma},1\right]\end{aligned}$$

当假设 $\mathbb{H}_0$ 为真时，

$$\frac{\bar{X}_n-\mu_0}{\sigma/\sqrt{n}}\sim N(0,1)$$

这表明当 $\mathbb{H}_0$ 为真时，比值 $(\bar{X}_n-\mu_0)/(\sigma/\sqrt{n})$ 以很大的概率取一个较小的有限值，而 $(\bar{X}_n-\mu_0)/(\sigma/\sqrt{n})$ 取很大值的概率则很小。

另一方面，当 $\mathbb{H}_0$ 为假时，则当 $n\to\infty$ 时，有大概率出现

$$\frac{\bar{X}_n-\mu_0}{\sigma/\sqrt{n}}\to\infty$$

因此，可通过检查 $(\bar{X}_n-\mu_0)/(\sigma/\sqrt{n})$ 的绝对值是否足够大来判断 $\mathbb{H}_0$ 是否为真。

但是，比值

$$\frac{\bar{X}_n-\mu_0}{\sigma/\sqrt{n}}$$

并非统计量，因为其中包含未知参数 σ (注意 μ_0 为给定常数值，例如 $\mu_0=0$，故 μ_0 不存在问题)，需要以 σ 的估计量代替它，例如样本标准差 S_n。从而有以下的可行统计量

$$T(\boldsymbol{X}^n)=\frac{\bar{X}_n-\mu_0}{S_n/\sqrt{n}}$$

然而，当用 S_n 替代 σ 后，统计量 $T(\boldsymbol{X}^n)$ 的分布不再是 $N(0,1)$，而变成自由度为 $n-1$ 的

学生 t-分布。在假设 $\mathbb{H}_0:\mu=\mu_0$ 下，对所有 $n>1$，有

$$T(\boldsymbol{X}^n)\sim t_{n-1}$$

这是因为在原假设 $\mathbb{H}_0$ 成立时

$$\begin{aligned}T(\boldsymbol{X}^n)&=\frac{\bar{X}_n-\mu_0}{S_n/\sqrt{n}}\\&=\frac{\bar{X}_n-\mu}{S_n/\sqrt{n}}+\frac{\sqrt{n}(\mu-\mu_0)}{S_n}\\&=\frac{\bar{X}_n-\mu}{S_n/\sqrt{n}}\\&\sim t_{n-1}\end{aligned}$$

因此，当 $\mathbb{H}_0$ 为真时，t-检验统计量 $T(\boldsymbol{X}^n)$ 以很大的概率取较小的有限值，而取很大值的概率则很小。

另一方面，当 $\mathbb{H}_0:\mu=\mu_0$ 为假时，即当 $\mu\neq\mu_0$ ，$n\to\infty$ 时，有

$$T(\boldsymbol{X}^n)=\frac{\bar{X}_n-\mu}{S_n/\sqrt{n}}+\frac{\sqrt{n}(\mu-\mu_0)}{S_n}\to\infty$$

换言之，在 $\mathbb{H}_0$ 的备择假设下，当 $n\to\infty$ 时，统计量 $T(\boldsymbol{X}^n)$ 以接近 1 的概率发散到无穷。

现可提出基于临界值的 t-检验决策准则：

(1) 在预设显著水平 $\alpha\in(0,1)$ 下，若 t-检验统计量的绝对值

$$|T(\boldsymbol{X}^n)|>C_{t_{n-1},\frac{\alpha}{2}}$$

则拒绝原假设 $\mathbb{H}_0:\mu=\mu_0$，其中 $C_{t_{n-1},\frac{\alpha}{2}}$ 是当显著水平为 $\frac{\alpha}{2}$ 时学生 t_{n-1} 分布的右侧临界值，由 $P(t_{n-1}>C_{t_{n-1},\frac{\alpha}{2}})=\frac{\alpha}{2}$ 决定。

(2) 在显著水平 α 上，若 $|T(\boldsymbol{X}^n)|\leqslant C_{t_{n-1},\frac{\alpha}{2}}$，则无法拒绝原假设 $\mathbb{H}_0$。

图 6.7 给出了基于临界值的 t-检验决策准则对应的拒绝域和接受域。

直观上，t-检验决策准则表示，当 $|T(\boldsymbol{X}^n)|>C_{t_{n-1},\frac{\alpha}{2}}$ 时，说明 $\bar{X}_n-\mu_0$ 显著不为 0，因此拒绝 $\mathbb{H}_0$。另一方面，若 $|T(\boldsymbol{X}^n)|\leqslant C_{t_{n-1},\frac{\alpha}{2}}$，则 $\bar{X}_n-\mu_0$ 并不显著异于 0，故无法拒绝 $\mathbb{H}_0$。

在使用从样本容量为 n 的随机样本 $\boldsymbol{X}^n$ 所生成的数据检验 $\mathbb{H}_0$ 时，存在两类错误。一种情况是 $\mathbb{H}_0$ 为真，但被错误拒绝。这种情况发生的原因是检验统计量 $T(\boldsymbol{X}^n)$ 在 $\mathbb{H}_0$ 假设下服从学生 t_{n-1} 分布，而该分布有一个无界的支撑。因此，存在一个小概率使得 $T(\boldsymbol{X}^n)$ 在原假设 $\mathbb{H}_0$ 下仍可能取大于临界值的值。这是所谓的第一类错误。显著水平 α 控制第一

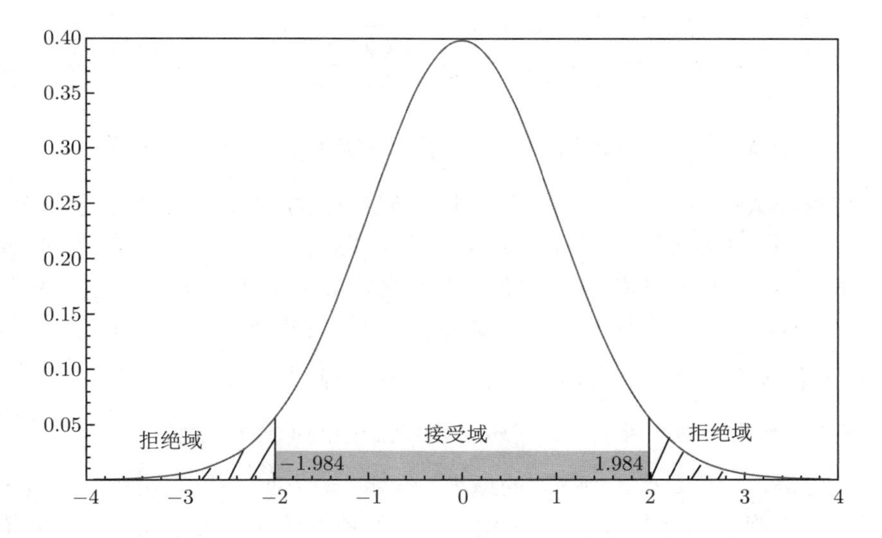

图 6.7：$n = 30, \alpha = 5\%$ 时 t-检验的拒绝域与接受域

类错误的概率。常用的显著水平为 10%，5% 或 1%。若

$$P\left[|T(\boldsymbol{X}^n)| > C_{t_{n-1},\frac{\alpha}{2}} \middle| \mathbb{H}_0\right] = \alpha$$

则该检验决策准则称为尺度 (size) α 的检验或 α 尺度的检验。

另一方面，概率

$$P\left[|T(\boldsymbol{X}^n)| > C_{t_{n-1},\frac{\alpha}{2}} \middle| \mathbb{H}_0\text{为假}\right]$$

称为尺度为 α 的 t-检验的功效函数 (power funciton)。当 $P\left[|T(\boldsymbol{X}^n)| > C_{t_{n-1},\frac{\alpha}{2}} \middle| \mathbb{H}_0\text{为假}\right] < 1$ 时，存在 $\mathbb{H}_0$ 为假但却被错误接受的可能性。这是所谓的第二类错误。

当 n 有限时，由于随机样本 $\boldsymbol{X}^n$ 提供的信息有限，因此犯第一类错误和第二类错误均是无法避免的，两者之间通常存在此消彼长的关系 (问题：为什么？)。在实际应用中，一般预设第一类错误的水平，并尽量使第二类错误的概率最小。

当 n 很大时，标准正态分布 $N(0,1)$ 与 t-分布的临界值很接近，因此可用 $N(0,1)$ 的临界值近似 t-分布的临界值。假设 $\boldsymbol{X}^n$ 为 IID $N(\mu,\sigma^2)$ 随机样本，则当 $n \to \infty$

$$\frac{\bar{X}_n - \mu}{S_n/\sqrt{n}} \sim t_{n-1} \to N(0,1)$$

这是因为当 $n \to \infty$ 时，$t_{n-1} \to N(0,1)$。因此，当 n 较大时，使用 t_{n-1} 或 $N(0,1)$ 的临界值差别不大。实际应用中，若 $n-1 \geqslant 30$，正态分布可很好地近似 t_{n-1}。

上述基于临界值的决策准则也可等价地通过统计量 $T(\boldsymbol{X}^n)$ 的所谓 P-值进行描述。给定任意观测数据集 $\boldsymbol{x}^n$，t-检验统计量 $T(\boldsymbol{X}^n)$ 有一个对应的实现值

$$T(\boldsymbol{x}^n) = \frac{\bar{x}_n - \mu_0}{s_n/\sqrt{n}}$$

则概率

$$p(\boldsymbol{x}^n) = P[|T(\boldsymbol{X}^n)| > |T(\boldsymbol{x}^n)| \,|\mathbb{H}_0] = P[|t_{n-1}| > |T(\boldsymbol{x}^n)|]$$

称为当给定观测数据集 $\boldsymbol{x}^n$ 时，t-检验统计量 $T(\boldsymbol{X}^n)$ 的 P-值。该值可视为当 $\mathbb{H}_0$ 为真时，t-检验统计量 $T(\boldsymbol{X}^n)$ 大于观测值 $T(\boldsymbol{x}^n)$ 的概率。当观测值 $T(\boldsymbol{x}^n)$ 较大时，$p(\boldsymbol{x}^n)$ 将较小。因此，一个足够小的 P-值意味着拒绝原假设 $\mathbb{H}_0$，而大的 P-值则表明观测数据与原假设 $\mathbb{H}_0$ 一致。因此，上述基于临界值的决策准则等价于以下基于 P-值的决策准则：

(1) 在显著水平 α 上，若 $p(\boldsymbol{x}^n) < \alpha$，则拒绝原假设 $\mathbb{H}_0$；

(2) 在显著水平 α 上，若 $p(\boldsymbol{x}^n) \geqslant \alpha$，则无法拒绝原假设 $\mathbb{H}_0$。

由定义可得，P-值是可拒绝 $\mathbb{H}_0$ 的最小显著水平。P-值不仅表明在给定显著水平上应拒绝或无法拒绝 $\mathbb{H}_0$，同时也表明决定无法拒绝或拒绝 $\mathbb{H}_0$ 是否侥幸。许多统计软件都有计算检验统计量或参数估计量的 P-值。

基于上述任意一种决策准则而拒绝原假设 $\mathbb{H}_0$，称为统计显著性 (statistical significance) 效应。从统计角度看，任意对 $\mathbb{H}_0$ 的偏离 (即任意 $\mu - \mu_0$ 之差)，不论多小，当样本容量 n 足够大时都会拒绝 $\mathbb{H}_0$。然而，$\mu - \mu_0$ 一个较小的偏差从经济角度看可能并不具有重要的实际意义。例如，投资者可能关心某共同基金的预期收益率 (μ) 是否与一个预设的回报率 (μ_0) 有显著不同。这里所说的显著性，通常指经济意义上的显著性，即 $\mu - \mu_0$ 之差需足够大才会考虑投资该共同基金，因为存在交易成本。然而，像 t-检验这样的统计检验会在样本容量 n 足够大时拒绝一个很小的 $\mu - \mu_0$ 之差。换言之，如果样本容量 n 足够大，一个经济意义上并不显著的差别效应可能在统计意义上是显著的。

另一方面，一个经济意义上重要的效应差别可能在统计意义上并不显著。当样本容量 n 很小时，这可能会发生，从而导致有很大的概率发生第二类错误。另外，没有统计显著性也可能是因为统计假设不能很好地反映重要的经济效应。比如，线性统计模型的系数可能无法有效刻画非线性效应。在这种情况下，即使样本容量 n 很大，系数也可能不具有统计显著性。

在实践应用中，为了寻找某个显著效应的证据，常常通过不同模型重复拟合观测数据或通过不同方式多次检验观测数据。这种做法一般称为数据窥视 (data snooping) 。同一数据的重复使用可能最终会导致某个检验统计量在预设显著性水平上具有显著性，即使根本不存在真实效应。这称为数据窥视偏差，其出现原因是第一类错误一直存在。这时的“显著效应”显然是虚假的。一般而言，不同模型设定的不同检验统计量并非相互独立。因此，需要考察所有检验统计量的相依性并评估总体显著性，这时可以使用邦费罗尼 (Bonferroni) 校正法（参见第九章第一节）。White（2000）提出了一个真实性检验 (reality check)，可用于减少数据窥视偏差。

更多关于假设检验的正式讨论可参见第九章。

第五节 $\mathcal{F}$-分布

与正态分布抽样紧密相关的另一分布为 $\mathcal{F}$-分布，因十九世纪最伟大的统计学家之一罗纳德·费希尔 (Ronald A. Fisher) 爵士而得名。它是两个服从卡方分布的独立随机变量各自除以其自由度后的比值的抽样分布。以下正式定义 $\mathcal{F}$-分布。

定义 6.7 *[$\mathcal{F}$-分布]*：令 U 和 V 是自由度分别为 p 和 q 的两个独立卡方随机变量，则

$$F = \frac{U/p}{V/q} \sim \mathcal{F}_{p,q}$$

服从自由度为 p 和 q 的 $\mathcal{F}$-分布。

问题 6.5 $\mathcal{F}_{p,q}$-分布的 PDF 是什么呢?

$\mathcal{F}_{p,q}$-分布的 PDF 为

$$f_F(x) = \frac{\Gamma\left(\frac{p+q}{2}\right)}{\Gamma\left(\frac{p}{2}\right)\Gamma\left(\frac{q}{2}\right)}\left(\frac{p}{q}\right)^{p/2}\frac{x^{(p/2)-1}}{[1+(p/q)x]^{(p+q)/2}}, \quad 0 < x < \infty$$

上述 PDF 可通过以下的二元变换

$$\begin{cases} F = (U/p)/(V/q) \\ G = U \end{cases}$$

先求得 (F, G) 的联合 PDF，然后积分消去 G。

图 6.8 显示了不同自由度 (p, q) 下的 $\mathcal{F}$-分布。

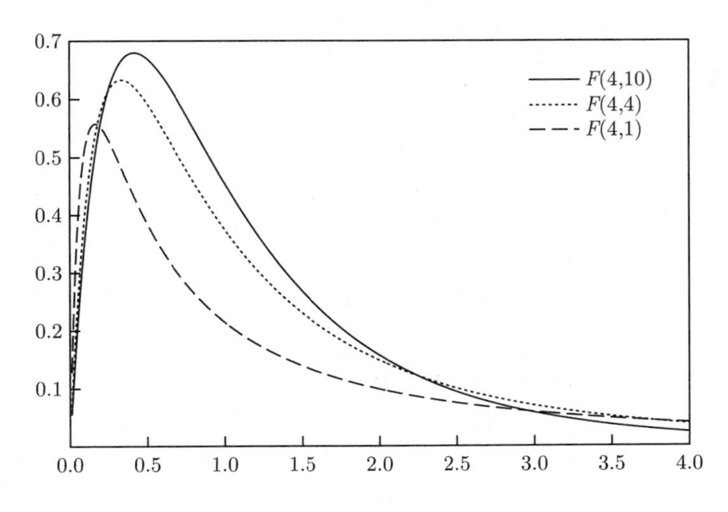

图 6.8：不同自由度 (p, q) 下的 $\mathcal{F}$-分布

引理 6.4 *[$\mathcal{F}_{p,q}$-分布的性质]*:

(1) 若 $X \sim \mathcal{F}_{p,q}$，则 $X^{-1} \sim \mathcal{F}_{q,p}$；

(2) 若 $X \sim t_q$，则 $X^2 \sim \mathcal{F}_{1,q}$；

(3) 若 $q \to \infty$，则 $p\mathcal{F}_{p,q} \to \chi_p^2$。

证明：结果 (1) 可从 F 随机变量的定义得到。对结果 (2)，随机变量 t_q 定义为

$$t_q \sim \frac{Z}{\sqrt{\chi_q^2/q}}$$

其中 $Z \sim N(0,1)$，且与 χ_q^2 相互独立。因此有

$$t_q^2 \sim \frac{\chi_1^2/1}{\chi_q^2/q} \sim \mathcal{F}_{1,q}$$

证毕。 ■

现在，通过考察一个参数假设检验问题说明 $\mathcal{F}$-分布的重要性。

例 6.9 [总体方差相等的假设检验 (Hypothesis Testing on Equality of Population Variances)]：令 $\boldsymbol{X}^n = (X_1, \cdots, X_n)$ 为来自总体为正态分布 $N(\mu_X, \sigma_X^2)$，样本容量为 n 的 IID 随机样本，$\boldsymbol{Y}^m = (Y_1, \cdots, Y_m)$ 为来自总体为 $N(\mu_Y, \sigma_Y^2)$ 分布，样本容量为 m 的 IID 随机样本。假设 $\boldsymbol{X}^n$ 和 $\boldsymbol{Y}^m$ 相互独立。若我们对比较总体的变异性感兴趣，即检验原假设 $\mathbb{H}_0 : \sigma_X^2 = \sigma_Y^2$ 是否成立，则可考虑基于如下的样本方差比的检验统计量

$$\frac{S_X^2}{S_Y^2}$$

在均方误意义上，当 $n \to \infty$ 时有 $S_X^2 \to \sigma_X^2$，当 $m \to \infty$ 时有 $S_Y^2 \to \sigma_Y^2$。因此当 $n, m \to \infty$ 时

$$\frac{S_X^2}{S_Y^2} \to \frac{\sigma_X^2}{\sigma_Y^2}$$

在 $\mathbb{H}_0 : \sigma_X^2 = \sigma_Y^2$ 的假设下，有

$$\begin{aligned}\frac{S_X^2}{S_Y^2} &= \frac{S_X^2/\sigma_X^2}{S_Y^2/\sigma_Y^2} \\ &= \frac{\frac{(n-1)S_X^2/\sigma_X^2}{n-1}}{\frac{(m-1)S_Y^2/\sigma_Y^2}{m-1}} \\ &\sim \frac{\chi_{n-1}^2/(n-1)}{\chi_{m-1}^2/(m-1)} \\ &\sim \mathcal{F}_{n-1,m-1}\end{aligned}$$

若 $\mathbb{H}_0$ 为假，即 $\sigma_X^2 \neq \sigma_Y^2$，则 $\frac{S_X^2}{S_Y^2} \neq \frac{S_X^2/\sigma_X^2}{S_Y^2/\sigma_Y^2} \sim \mathcal{F}_{n-1,m-1}$。因此，通过检验 S_X^2/S_Y^2 是否服从 $\mathcal{F}_{n-1,m-1}$，可判断方差是否相等。因为 $\mathcal{F}$-分布和样本方差紧密相关，故也常称为方差比分布。当然，一个服从 $\mathcal{F}$-分布的随机变量不一定是随机样本的方差比。

F-检验是经典数理统计学和经典计量经济学的一个重要检验，其中 S_X^2 和 S_Y^2 可分别进一步推广为受约束回归模型 (restricted regression model) 和无约束回归模型 (unrestricted regression model) 的残差平方和。例如，考察经典线性回归模型

$$Y_i = X_i'\beta + Z_i'\gamma + \varepsilon_i$$

其中 β 为 $p \times 1$ 维参数向量，γ 为 $q \times 1$ 维参数向量，$\{\varepsilon_i\}$ 为 IID $N(0, \sigma_\varepsilon^2)$ 随机变量序列，且与 $(X_1, \cdots, X_n)$ 和 $(Z_1, \cdots, Z_n)$ 相互独立。假设目的是检验原假设 $\mathbb{H}_0 : \gamma = \mathbf{0}$ 是否成立。在 $\mathbb{H}_0$ 假设下，Z_i 对条件均值 $E(Y_i|X_i, Z_i)$ 没有影响。在 $\mathbb{H}_0$ 的备择假设下，Z_i 对条件均值 $E(Y_i|X_i, Z_i)$ 有影响，因此，有约束线性回归模型 $Y_i = X_i'\beta + \varepsilon_i$ 存在遗漏变量问题。

为了检验原假设 $\mathbb{H}_0$，可进行两次最小二乘法回归。一次是无约束回归模型

$$Y_i = X_i'\beta + Z_i'\gamma + \varepsilon_i$$

其最小二乘法估计量为

$$(\hat{\beta}, \hat{\gamma}) = \arg \min_{\beta \in \mathbb{R}^p, \gamma \in \mathbb{R}^q} \sum_{i=1}^{n} (Y_i - X_i'\beta - Z_i'\gamma)^2$$

相应的残差方差估计量为

$$S_U^2 = \frac{1}{n-p-q} \sum_{i=1}^{n} (Y_i - X_i'\hat{\beta} - Z_i'\hat{\gamma})^2$$

其中下标 U 表示无约束回归模型。另一个是有约束回归模型

$$Y_i = X_i'\beta + \mu_i$$

其最小二乘法估计量为

$$\tilde{\beta} = \arg \min_{\beta \in \mathbb{R}^p} \sum_{i=1}^{n} (Y_i - X_i'\beta)^2$$

相对应的残差方差估计量为

$$S_R^2 = \frac{1}{n-p} \sum_{i=1}^{n} (Y_i - X_i'\tilde{\beta})^2$$

其中，下标 R 表示有约束回归模型。为检验 $\mathbb{H}_0$，可比较残差方差估计量 S_U^2 和 S_R^2。

在 $\mathbb{H}_0$ 假设下，二者将收敛于同一极限。在备择假设下，有约束回归模型因遗漏了变量 Z_i 对 Y_i 的影响，从而引起回归模型误设，导致 S_U^2 和 S_R^2 分别收敛于不同极限，且 $\lim_{n\to\infty}(S_R^2/S_U^2)>1$。因此关于 $\mathbb{H}_0$ 的检验统计量可构造如下：

$$F=\frac{[(n-p)S_R^2-(n-p-q)S_U^2]/q}{(n-p-q)S_U^2/(n-p-q)}$$

此 F 统计量非负，因为无约束回归模型的残差平方和总小于或等于有约束回归模型的残差平方和。可以证明，当 $\mathbb{H}_0$ 为真时，在适当的正则条件下

$$F\sim\frac{\chi_q^2/q}{\chi_{n-p-q}^2/(n-p-q)}\sim\mathcal{F}_{q,n-p-q}$$

因为在备择假设下 $\lim_{n\to\infty}(S_R^2/S_U^2)>1$，因此需要使用 $\mathcal{F}_{p,q}$-分布的右侧临界值。更多讨论参见第十章。

现在对第六章第四节和第五节的内容作一小结，t-分布和 $\mathcal{F}$-分布在数据生成过程来自正态分布总体的抽样问题中发挥着重要作用。当随机变量自身为许多“小”的随机变量之和时，正态性假设是合理的，其依据是将在第七章介绍的中心极限定理。然而很多经济金融数据不服从正态分布。此时，基于正态分布总体的抽样分布理论将不再适用，需要使用渐进理论或其他工具研究此类问题的抽样分布。具体可参见第七章渐进理论导论。

第六节　充分统计量

计量经济学和数理统计学有一个非常重要思想称为“KISS”原则 (Keep It Sophistically Simple)，即尽量用最简单的模型刻画数据所包含的重要信息。以下引入一个反映该原则的统计学概念 —— 充分统计量。

假设要使用来自总体 $f_X(x)=f(x,\theta)$ 的随机样本 $\boldsymbol{X}^n$ 所生成的数据集对参数 θ 进行推断。那么，在什么条件下随机样本 $\boldsymbol{X}^n$ 中关于 θ 的信息可用 $\boldsymbol{X}^n$ 的某个低维 (low-dimensional) 函数完全概括，如统计量 $T(\boldsymbol{X}^n)$？

假设一个随机试验产生了随机样本 $\boldsymbol{X}^n$ 的一个实现值 $\boldsymbol{x}^n$，同时假设某统计学家 A 观察到数据集 $\boldsymbol{x}^n$，而另一统计学家 B 仅观察到统计量 $t=T(\boldsymbol{x}^n)$ 的值。一般而言，A 比 B 拥有更多关于未知参数 θ 值的信息。

但是，有可能存在 B 和 A 实际上拥有关于 θ 的同样多样本信息的情形。若统计量 $T(\boldsymbol{X}^n)$ 概括了随机样本 $\boldsymbol{X}^n$ 中的关于 θ 的所有信息时，那么数据集 $\boldsymbol{x}^n$ 的个体值便没有提供关于 θ 的更多信息。具有这种理想性质的统计量 $T(\boldsymbol{X}^n)$ 称为 θ 的充分统计量。充分统计量对参数 θ 的一个重要含义在于只需关注该低维统计量，其最大方便之处是降维，因为原始随机样本 $\boldsymbol{X}^n$ 的维数很高，等于样本容量 n。

给定随机样本 $\boldsymbol{X}^n=(X_1,\cdots,X_n)$，若只关注总体分布某一方面的信息，例如未知

参数 θ 的值，则随机样本 $\boldsymbol{X}^n$ 可能包含很多其他无关 θ 的信息。一些数据归约 (data reduction) 的方法可“扔掉”与 θ 无关的多余样本信息，而只保留含有未知参数 θ 的关键样本信息。充分性原则 (sufficiency principle) 就是这样一种统计方法。

例如，假设随机样本 $\boldsymbol{X}^n \sim \text{IID}\ N(\mu, \sigma^2)$，其中 $\theta = (\mu, \sigma^2)$。则对 θ 的推断，只需保留样本均值 $\bar{X}_n$ 和样本方差 S_n^2，因为它们是 (μ, σ^2) 的充分统计量。

这里，一个问题是，对来自正态总体的随机样本 $\boldsymbol{X}^n$，如何检验 $(\bar{X}_n, S_n^2)$ 是 $\theta = (\mu, \sigma^2)$ 的充分统计量？更一般地，如何求得某个总体分布的参数 θ 的充分统计量？

首先，给出充分统计量的正式定义。

定义 6.8 *[充分统计量 (Sufficient Statistic)]*：令 $\boldsymbol{X}^n$ 为来自以 θ 为参数的某个总体分布的随机样本。给定统计量 $T(\boldsymbol{X}^n)$ 的值，即当 $T(\boldsymbol{X}^n) = T(\boldsymbol{x}^n)$ 时，若随机样本 $\boldsymbol{X}^n = \boldsymbol{x}^n$ 的条件概率分布不依赖于 θ 值，即对所有可能的 θ 值，有

$$f_{\boldsymbol{X}^n|T(\boldsymbol{X}^n)}[\boldsymbol{x}^n|T(\boldsymbol{x}^n), \theta] = h(\boldsymbol{x}^n)$$

则称统计量 $T(\boldsymbol{X}^n)$ 为 θ 的充分统计量。其中，等式左边为给定 $T(\boldsymbol{X}^n) = T(\boldsymbol{x}^n)$ 时，$\boldsymbol{X}^n = \boldsymbol{x}^n$ 的条件 PMF/PDF，一般来说依赖于 θ。等式右边 $h(\boldsymbol{x}^n)$ 不依赖于 θ，它只是样本点 $\boldsymbol{x}^n$ 的函数。

给定 $T(\boldsymbol{X}^n) = T(\boldsymbol{x}^n)$，若随机样本 $\boldsymbol{X}^n = \boldsymbol{x}^n$ 的条件概率 $f_{\boldsymbol{X}^n|T(\boldsymbol{X}^n)}[\boldsymbol{x}^n|T(\boldsymbol{x}^n), \theta]$ 不依赖于 θ，则给定 $T(\boldsymbol{x}^n)$ 值，所有使 $T(\boldsymbol{x}^n) = t$ 成立的样本点 $\boldsymbol{x}^n$ 对任意 θ 值均具有相同的概率。换言之，给定 $T(\boldsymbol{X}^n) = T(\boldsymbol{x}^n)$ 时，$\boldsymbol{X}^n = \boldsymbol{x}^n$ 的条件分布不依赖于 θ，因此满足数据集 $\boldsymbol{x}^n$ 并没有比统计量 $T(\boldsymbol{x}^n) = t$ 提供更多的关于 θ 的信息。因此，除了 $T(\boldsymbol{x}^n) = t$ 值之外的数据集 $\boldsymbol{x}^n$ 的信息无助于对 θ 的推断。θ 的充分统计量 $T(\boldsymbol{X}^n)$ 已完全捕捉了随机样本 $\boldsymbol{X}^n$ 中与 θ 相关的所有信息。所有从随机样本 $\boldsymbol{X}^n$ 的数据集 $\boldsymbol{x}^n$ 获得的关于 θ 的信息都可从统计量 $T(\boldsymbol{x}^n)$ 获得。

为深入了解充分统计量 $T(\boldsymbol{X}^n)$ 的性质，可考察离散情形。首先，充分性意味着对所有 θ 值，随机样本 $\boldsymbol{X}^n$ 基于 $T(\boldsymbol{X}^n) = T(\boldsymbol{x}^n)$ 下的条件 PMF

$$\begin{aligned} f_{\boldsymbol{X}^n|T(\boldsymbol{X}^n)}[\boldsymbol{x}^n|T(\boldsymbol{x}^n), \theta] &\equiv P_\theta[\boldsymbol{X}^n = \boldsymbol{x}^n|T(\boldsymbol{X}^n) = T(\boldsymbol{x}^n)] \\ &= h(\boldsymbol{x}^n) \end{aligned}$$

其中，$P_\theta(\cdot)$ 是 $\boldsymbol{X}^n$ 概率分布下的概率测度，通常依赖于参数 θ。

另一方面，一个随机样本 $\boldsymbol{X}^n$ 的全部信息可由 $\boldsymbol{X}^n = \boldsymbol{x}^n$ 的联合概率描述，记作 $P(\boldsymbol{X}^n = \boldsymbol{x}^n) = f_{\boldsymbol{X}^n}(\boldsymbol{x}^n, \theta)$。一般而言，该联合概率依赖于 θ。例如，当 $\boldsymbol{X}^n$ 为来自总体 PMF 为 $f(x, \theta)$ 的 IID 随机样本时，有

$$f_{\boldsymbol{X}^n}(\boldsymbol{x}^n, \theta) = \prod_{i=1}^{n} f(x_i, \theta)$$

因为 $T(\cdot)$ 是一个函数，从 $\boldsymbol{X}^n=\boldsymbol{x}^n$ 可推出 $T(\boldsymbol{X}^n)=T(\boldsymbol{x}^n)$，反之则不成立。因此有 $A=\{\boldsymbol{X}^n=\boldsymbol{x}^n\}\subseteq B=\{T(\boldsymbol{X}^n)=T(\boldsymbol{x}^n)\}$，从而 $A=A\cap B$。由充分性，随机样本 $\boldsymbol{X}^n$ 的联合 PMF

$$\begin{aligned}f_{\boldsymbol{X}^n}(\boldsymbol{x}^n,\theta)&=P(\boldsymbol{X}^n=\boldsymbol{x}^n)\\&=P(A\cap B)\\&=P(A|B)P(B)\\&=P[\boldsymbol{X}^n=\boldsymbol{x}^n|T(\boldsymbol{X}^n)=T(\boldsymbol{x}^n)]P[T(\boldsymbol{X}^n)=T(\boldsymbol{x}^n)]\\&=h(\boldsymbol{x}^n)f_{T(\boldsymbol{X}^n)}[T(\boldsymbol{x}^n),\theta]\end{aligned}$$

其中 $f_{T(\boldsymbol{X}^n)}[T(\boldsymbol{x}^n),\theta]\equiv P[T(\boldsymbol{X}^n)=T(\boldsymbol{x}^n)]$ 依赖于 θ，而 $h(\boldsymbol{x}^n)$ 不依赖于 θ。

充分统计量 $T(\boldsymbol{X}^n)$ 的抽样分布 $P[T(\boldsymbol{X}^n)=T(\boldsymbol{x}^n)]$ 与 θ 有关,而其他部分 $h(\boldsymbol{x}^n)$ 与 θ 无关。因此，若要对 θ 进行推断，只需保留 $T(\boldsymbol{X}^n)$ 的信息，而随机样本 $\boldsymbol{X}^n$ 中其他的信息对于推断 θ 则是多余的。换言之，在推断参数 θ 时，用低维的 $T(\boldsymbol{x}^n)$ 的信息与用高维数据集 $\boldsymbol{x}^n$ 的信息的效果是相同的。

例如,第八章将要介绍的极大似然估计方法 (maximum likelihood estimation, MLE) 就是选择 θ 值最大化目标函数 —— 对数似然函数

$$\ln f_{\boldsymbol{X}^n}(\boldsymbol{x}^n,\theta)=\ln h(\boldsymbol{x}^n)+\ln f_{T(\boldsymbol{X}^n)}[T(\boldsymbol{x}^n),\theta]$$

因为上式中第一部分与 θ 无关，故有

$$\hat{\theta}(\boldsymbol{x}^n)\equiv\arg\max_{\theta\in\Theta}\ln f_{\boldsymbol{X}^n}(\boldsymbol{x}^n,\theta)=\arg\max_{\theta\in\Theta}\ln f_{T(\boldsymbol{X}^n)}[T(\boldsymbol{x}^n),\theta]$$

其中 Θ 为参数空间。换言之，对 θ 的 MLE 只需最大化充分统计量的对数似然函数 $\ln f_{T(\boldsymbol{X}^n)}[T(\boldsymbol{x}^n),\theta]$。

现在讨论一个重要问题：如何判断 $T(\boldsymbol{X}^n)$ 是参数 θ 的充分统计量?

直接使用充分统计量的定义去验证一个统计量是否为 θ 的充分统计量，这种方法通常很繁冗。以下的因子分解定理更便于判断一个统计量是否为充分统计量。

定理 6.10 *[因子分解定理 (Factorization Theorem)]*: *令 $f_{\boldsymbol{X}^n}(\boldsymbol{x}^n,\theta)$ 为随机样本 $\boldsymbol{X}^n$ 的联合 PMF/PDF。当且仅当存在函数 $g(t,\theta)$ 和 $h(\boldsymbol{x}^n)$，满足对 $\boldsymbol{X}^n$ 的样本空间中的任意样本点 $\boldsymbol{x}^n$ 以及任意参数值 $\theta\in\Theta$，都有*

$$f_{\boldsymbol{X}^n}(\boldsymbol{x}^n,\theta)=g[T(\boldsymbol{x}^n),\theta]h(\boldsymbol{x}^n)$$

则统计量 $T(\boldsymbol{X}^n)$ 为 θ 的充分统计量，其中 $g(t,\theta)$ 依赖于参数 θ，但 $h(\boldsymbol{x}^n)$ 不依赖于

参数 θ。

证明：此处仅证明离散情形，其中 $f_{\boldsymbol{X}^n}(\boldsymbol{x}^n,\theta)=P(\boldsymbol{X}^n=\boldsymbol{x}^n)$。

(1) [必要性] 当 $T(\boldsymbol{X}^n)$ 为充分统计量时，因为 $\{\boldsymbol{X}^n=\boldsymbol{x}^n\}\subseteq\{T(\boldsymbol{X}^n)=T(\boldsymbol{x}^n)\}$，有

$$\{\boldsymbol{X}^n=\boldsymbol{x}^n\}=\{\boldsymbol{X}^n=\boldsymbol{x}^n\}\cap\{T(\boldsymbol{X}^n)=T(\boldsymbol{x}^n)\}$$

因此

$$\begin{aligned}
f_{\boldsymbol{X}^n}(\boldsymbol{x}^n,\theta)&=P(\boldsymbol{X}^n=\boldsymbol{x}^n)\\
&=P[\boldsymbol{X}^n=\boldsymbol{x}^n,T(\boldsymbol{X}^n)=T(\boldsymbol{x}^n)]\\
&=P[\boldsymbol{X}^n=\boldsymbol{x}^n|T(\boldsymbol{X}^n)=T(\boldsymbol{x}^n)]P[T(\boldsymbol{X}^n)=T(\boldsymbol{x}^n)]\\
&=h(\boldsymbol{x}^n)P[T(\boldsymbol{X}^n)=T(\boldsymbol{x}^n)]\\
&=h(\boldsymbol{x}^n)g[T(\boldsymbol{x}^n),\theta]
\end{aligned}$$

其中 $g[T(\boldsymbol{x}^n),\theta]=P[T(\boldsymbol{X}^n)=T(\boldsymbol{x}^n)]$ 和 $h(\boldsymbol{x}^n)=P[\boldsymbol{X}^n=\boldsymbol{x}^n|T(\boldsymbol{X}^n)=T(\boldsymbol{x}^n)]$，后者不依赖于 θ。

(2) [充分性] 假设有

$$f_{\boldsymbol{X}^n}(\boldsymbol{x}^n,\theta)=g[T(\boldsymbol{x}^n),\theta]h(\boldsymbol{x}^n)$$

将证明条件概率 $P[\boldsymbol{X}^n=\boldsymbol{x}^n|T(\boldsymbol{X}^n)=T(\boldsymbol{x}^n)]$ 不依赖于 θ。

因为

$$\{\boldsymbol{X}^n=\boldsymbol{x}^n\}=\{\boldsymbol{X}^n=\boldsymbol{x}^n\}\cap\{T(\boldsymbol{X}^n)=T(\boldsymbol{x}^n)\}$$

有

$$\begin{aligned}
P[\boldsymbol{X}^n=\boldsymbol{x}^n|T(\boldsymbol{X}^n)=T(\boldsymbol{x}^n)]&=\frac{P[\boldsymbol{X}^n=\boldsymbol{x}^n,T(\boldsymbol{X}^n)=T(\boldsymbol{x}^n)]}{P[T(\boldsymbol{X}^n)=T(\boldsymbol{x}^n)]}\\
&=\frac{P(\boldsymbol{X}^n=\boldsymbol{x}^n)}{P[T(\boldsymbol{X}^n)=T(\boldsymbol{x}^n)]}\\
&=\frac{g[T(\boldsymbol{x}^n),\theta]h(\boldsymbol{x}^n)}{P[T(\boldsymbol{X}^n)=T(\boldsymbol{x}^n)]}
\end{aligned}$$

现在考察分母

$$P[T(\boldsymbol{X}^n)=T(\boldsymbol{x}^n)]=\sum_{\{\boldsymbol{y}^n:\ T(\boldsymbol{y}^n)=T(\boldsymbol{x}^n)\}}f_{\boldsymbol{X}^n}(\boldsymbol{y}^n,\theta)$$

$$= \sum_{\{\boldsymbol{y}^n:\ T(\boldsymbol{y}^n)=T(\boldsymbol{x}^n)\}} g[T(\boldsymbol{y}^n),\theta]h(\boldsymbol{y}^n)$$

$$= \sum_{\{\boldsymbol{y}^n:\ T(\boldsymbol{y}^n)=T(\boldsymbol{x}^n)\}} g[T(\boldsymbol{x}^n),\theta]h(\boldsymbol{y}^n)$$

$$= g[T(\boldsymbol{x}^n),\theta] \sum_{\{\boldsymbol{y}^n:\ T(\boldsymbol{y}^n)=T(\boldsymbol{x}^n)\}} h(\boldsymbol{y}^n)$$

其中求和是针对 $\boldsymbol{X}^n$ 的样本空间 (即支撑) 中满足约束条件 $T(\boldsymbol{y}^n)=T(\boldsymbol{x}^n)$ 的所有可能的样本点 $\{\boldsymbol{y}^n\}$。则条件概率为

$$\begin{aligned}
P[\boldsymbol{X}^n=\boldsymbol{x}^n|T(\boldsymbol{X}^n)=T(\boldsymbol{x}^n)] &= \frac{g[T(\boldsymbol{x}^n),\theta]h(\boldsymbol{x}^n)}{P[T(\boldsymbol{X}^n)=T(\boldsymbol{x}^n)]} \\
&= \frac{g[T(\boldsymbol{x}^n),\theta]h(\boldsymbol{x}^n)}{g[T(\boldsymbol{x}^n),\theta]\sum_{\{\boldsymbol{y}^n:\ T(\boldsymbol{y}^n)=T(\boldsymbol{x}^n)\}} h(\boldsymbol{y}^n)} \\
&= \frac{h(\boldsymbol{x}^n)}{\sum_{\{\boldsymbol{y}^n:\ T(\boldsymbol{y}^n)=T(\boldsymbol{x}^n)\}} h(\boldsymbol{y}^n)}
\end{aligned}$$

其不依赖于 θ。证毕。 ■

现在举几个例子阐释因子分解定理的应用。

例 6.10: 假设 $\boldsymbol{X}^n \sim \text{IID Bernoulli}(\theta)$，其中 $0<\theta<1$。证明 $T(\boldsymbol{X}^n)=n^{-1}\sum_{i=1}^n X_i$ 是 θ 的充分统计量。注意 $\theta=E(X_i)$。

解: 伯努利随机变量 X_i 的 PMF 为

$$f(x_i,\theta)=\theta^{x_i}(1-\theta)^{1-x_i}$$

其中 x_i 可取值 1 或 0。假设 $\boldsymbol{x}^n$ 为随机样本 $\boldsymbol{X}^n$ 的一个实现值 (即一个数据集)。则有

$$\begin{aligned}
P(\boldsymbol{X}^n=\boldsymbol{x}^n) &= \prod_{i=1}^n f(x_i,\theta) \\
&= \prod_{i=1}^n \theta^{x_i}(1-\theta)^{1-x_i} \\
&= \theta^{\sum_{i=1}^n x_i}(1-\theta)^{n-\sum_{i=1}^n x_i} \\
&= \theta^{nT(\boldsymbol{X}^n)}(1-\theta)^{n-nT(\boldsymbol{X}^n)} \\
&= g[T(\boldsymbol{x}^n),\theta]h(\boldsymbol{x}^n)
\end{aligned}$$

其中 $T(\boldsymbol{X}^n)=n^{-1}\sum_{i=1}^n X_i$，$h(\boldsymbol{x}^n)=1$，且 $g[T(\boldsymbol{x}^n),\theta]=\theta^{nT(\boldsymbol{X}^n)}(1-\theta)^{n-nT(\boldsymbol{X}^n)}$。注意，$nT(\boldsymbol{X}^n)=\sum_{i=1}^n X_i$ 也是 θ 的充分统计量。

例 6.11：令 $\boldsymbol{X}^n \sim \text{IID } N(\mu, \sigma^2)$，其中 σ^2 已知。证明 $T(\boldsymbol{X}^n) = \bar{X}_n$ 为 μ 的充分统计量。

解：本例中未知参数 $\theta = \mu$。因为 σ^2 已知，故不再是参数。$\boldsymbol{X}^n$ 的联合 PDF 为

$$
\begin{aligned}
f_{\boldsymbol{X}^n}(\boldsymbol{x}^n, \mu) &= \prod_{i=1}^{n} f_{X_i}(x_i, \theta) \\
&= \prod_{i=1}^{n} \frac{1}{\sqrt{2\pi\sigma^2}} e^{-\frac{(x_i-\mu)^2}{2\sigma^2}} \\
&= \frac{1}{(2\pi\sigma^2)^{n/2}} e^{-\frac{\sum_{i=1}^{n}(x_i-\bar{x}_n+\bar{x}_n-\mu)^2}{2\sigma^2}} \\
&= \frac{1}{(2\pi\sigma^2)^{n/2}} e^{-\frac{\sum_{i=1}^{n}(x_i-\bar{x}_n)^2+n(\bar{x}_n-\mu)^2}{2\sigma^2}} \\
&= \left[\frac{1}{(2\pi\sigma^2)^{n/2}} e^{-\frac{\sum_{i=1}^{n}(x_i-\bar{x}_n)^2}{2\sigma^2}}\right] e^{-\frac{n(\bar{x}_n-\mu)^2}{2\sigma^2}} \\
&= h(\boldsymbol{x}^n) g(\bar{x}_n, \mu)
\end{aligned}
$$

其中

$$
\begin{aligned}
h(\boldsymbol{x}^n) &= \frac{1}{(2\pi\sigma^2)^{n/2}} e^{-\frac{\sum_{i=1}^{n}(x_i-\bar{x}_n)^2}{2\sigma^2}} \\
g[T(\boldsymbol{x}^n), \theta] &= e^{-\frac{n(\bar{x}_n-\mu)^2}{2\sigma^2}}
\end{aligned}
$$

则 $T(\boldsymbol{X}^n) = \bar{X}_n$ 是 μ 的充分统计量。

例 6.12：假设 $\boldsymbol{X}^n \sim \text{IID } N(\mu, \sigma^2)$，其中 μ 和 σ^2 均为未知参数。则 $T(\boldsymbol{X}^n) = (\bar{X}_n, S_n^2)$ 为 (μ, σ^2) 的充分统计量。

解：本例中，未知参数 $\theta = (\mu, \sigma^2)$ 是二维向量。随机样本 X^n 的联合 PDF 为

$$
\begin{aligned}
f_{\boldsymbol{X}^n}(\boldsymbol{x}^n, \theta) &= \prod_{i=1}^{n} \frac{1}{\sqrt{2\pi}\sigma} e^{-\frac{(x_i-\mu)^2}{2\sigma^2}} \\
&= \frac{1}{(\sqrt{2\pi\sigma^2})^n} e^{-\frac{\sum_{i=1}^{n}(x_i-\mu)^2}{2\sigma^2}} \\
&= \frac{1}{(2\pi\sigma^2)^{n/2}} e^{-\frac{(n-1)[(n-1)^{-1}\sum_{i=1}^{n}(x_i-\bar{x}_n)^2]}{2\sigma^2} - \frac{n(\bar{x}_n-\mu)^2}{2\sigma^2}} \\
&= \frac{1}{(2\pi\sigma^2)^{n/2}} e^{-\frac{(n-1)S_n^2+n(\bar{x}_n-\mu)^2}{2\sigma^2}} \\
&= g[T(\boldsymbol{x}^n), \theta] h(\boldsymbol{x}^n)
\end{aligned}
$$

其中对所有 $\boldsymbol{x}^n$，$h(\boldsymbol{x}^n) = 1$。则二维统计量 $T(\boldsymbol{X}^n) = (\bar{X}_n, S_n^2)$ 是 $\theta = (\mu, \sigma^2)$ 的

充分统计量。这个结果解释了为什么经典统计抽样理论主要考虑样本均值 $\bar{X}_n$ 和样本方差 S_n^2，因为经典统计抽样理论假设随机样本 $\boldsymbol{X}^n$ 来自正态分布。在此假设条件下，$(\bar{X}_n, S_n^2)$ 是 $\theta=(\mu,\sigma^2)$ 的充分统计量。

对含有未知参数 μ 和 σ^2 的正态分布随机样本 $\boldsymbol{X}^n$，只需保留样本均值和样本方差就足以概括数据特征，因为 $(\bar{X}_n, S_n^2)$ 是 (μ,σ^2) 的充分统计量。然而，若随机样本并非来自正态分布，那么 $(\bar{X}_n, S_n^2)$ 就可能不是充分统计量。换言之，一个统计量 $T(\boldsymbol{X}^n)$ 是否为充分统计量通常依赖于具体的总体分布，在某些总体分布下是 θ 的充分统计量，在其他总体分布下则可能不是充分统计量。

问题 6.6 能否举出一个总体分布的例子，使得 $(\bar{X}_n, S_n^2)$ 不是 $\theta=(\mu,\sigma^2)$ 的充分统计量?

定理 6.11 [不变性原理 *(Invariance Principle)*]: 若 $T(\boldsymbol{X}^n)$ 是 θ 的充分统计量，则任意一一对应的函数 $R(\boldsymbol{X}^n)=r[T(\boldsymbol{X}^n)]$ 也是 θ 的充分统计量，同时也是变换参数 $r(\theta)$ 的充分统计量。

证明: 因为 $T(\boldsymbol{X}^n)$ 是 θ 的充分统计量，存在函数 $g(\cdot,\cdot)$ 和 $h(\cdot)$，使得随机样本 $\boldsymbol{X}^n$ 的联合 PMF/PDF 可写为

$$f_{\boldsymbol{X}^n}(\boldsymbol{x}^n,\theta)=g[T(\boldsymbol{x}^n),\theta]h(\boldsymbol{x}^n)$$

又因为 $r(\cdot)$ 是一一映射，其反函数 $r^{-1}(\cdot)$ 存在，并满足 $T(\boldsymbol{x}^n)=r^{-1}[R(\boldsymbol{x}^n)]$。则有

$$\begin{aligned}f_{\boldsymbol{X}^n}(\boldsymbol{x}^n,\theta)&=g\{r^{-1}[R(\boldsymbol{x}^n)],\theta\}h(\boldsymbol{x}^n)\\&=\tilde{g}[R(\boldsymbol{x}^n),\theta]h(\boldsymbol{x}^n)\end{aligned}$$

其中，变换函数 $\tilde{g}(\cdot,\theta)=g[r^{-1}(\cdot),\theta]$ 依赖于参数 θ。根据充分统计量的定义，$R(\boldsymbol{X}^n)$ 是 θ 的充分统计量。

类似地，因为 $\theta=r^{-1}[r(\theta)]=r^{-1}(\beta)$，其中 $\beta=r(\theta)$ 为变换参数，则有

$$\begin{aligned}f_{\boldsymbol{X}^n}(\boldsymbol{x}^n,\theta)&=g\{r^{-1}[R(\boldsymbol{x}^n)],r^{-1}(\beta)\}h(\boldsymbol{x}^n)\\&=g^*[R(\boldsymbol{x}^n),\beta]h(\boldsymbol{x}^n)\end{aligned}$$

其中 $g^*(\cdot,\beta)=g[r^{-1}(\cdot),r^{-1}(\beta)]$ 是参数 β 的函数。因此，$R(\boldsymbol{X}^n)$ 也是 β 的充分统计量。证毕。 ■

以下讨论一个分布族即指数族的充分统计量，其中包含许多重要的分布特例。

定义 6.9 [指数分布族 *(Exponential Family)*]: 概率分布族称为指数分布族，若其总体 PMF/PDF 可表示为

$$f(x,\theta)=h(x)c(\theta)e^{\sum_{j=1}^{k}w_j(\theta)t_j(x)}$$

第四章介绍的绝大多数重要分布 —— 包括离散分布和连续分布 —— 都属于指数分布族。正态分布 $N(\mu,\sigma^2)$ 即为一例，其 PDF 为

$$\begin{aligned}f(x,\theta)&=\frac{1}{\sqrt{2\pi}\sigma}e^{-\frac{1}{2\sigma^2}(x-\mu)^2}\\&=\frac{1}{\sqrt{2\pi}\sigma}e^{-\frac{x^2}{2\sigma^2}+\frac{\mu}{\sigma^2}x-\frac{\mu^2}{2\sigma^2}}\end{aligned}$$

其中

$$\begin{aligned}h(x)&=1\\c(\theta)&=\frac{1}{\sqrt{2\pi\sigma^2}}e^{-\frac{\mu^2}{2\sigma^2}}\\w_1(\theta)&=-\frac{1}{2\sigma^2}\\w_2(\theta)&=\frac{\mu}{\sigma^2}\\t_1(x)&=x^2\\t_2(x)&=x\end{aligned}$$

定理 6.12 令 $\boldsymbol{X}^n=(X_1,\cdots,X_n)$ 为来自总体 PMF/PDF 为 $f(x,\theta)$ 的 IID 随机样本。若

$$f(x,\theta)=h(x)c(\theta)e^{\sum_{j=1}^{k}w_j(\theta)t_j(x)}$$

则 $k\times 1$ 统计向量

$$T(\boldsymbol{X}^n)=\left[\sum_{i=1}^{n}t_1(X_i),\cdots,\sum_{i=1}^{n}t_k(X_i)\right]'$$

是 θ 的充分统计量。

证明： 留作练习题。 ■

一些情形下，随机样本 $\boldsymbol{X}^n$ 中关于标量参数 θ 的信息可能无法由单个标量统计量概括，而需要几个标量统计量描述。这时，充分统计量是一个向量，即 $T(\boldsymbol{X}^n)=[T_1(\boldsymbol{X}^n),\cdots,T_k(\boldsymbol{X}^n)]'$。因此，充分统计量 $T(\boldsymbol{X}^n)$ 的维数 k 可能与 θ 的维数不同。

随机样本 $\boldsymbol{X}^n$ 本身总是未知参数 θ 的一个充分统计量，因为可将随机样本 $\boldsymbol{X}^n$ 的联合 PMF/PDF 分解为

$$f_{\boldsymbol{X}^n}(\boldsymbol{x}^n,\theta)=g[T(\boldsymbol{x}^n),\theta]h(\boldsymbol{x}^n)$$

其中对所有样本点 $\boldsymbol{x}^n$，$T(\boldsymbol{x}^n)=\boldsymbol{x}^n$，$h(\boldsymbol{x}^n)=1$，$g[T(\boldsymbol{x}^n),\theta]=f_{\boldsymbol{X}^n}(\boldsymbol{x}^n,\theta)$。由因子分

解定理可知，$T(\boldsymbol{X}^n)=\boldsymbol{X}^n$ 为充分统计量。但是，该充分统计量的维度为 n，没有达到降维的目的。

一般来说，同一参数 θ 往往存在多个充分统计量。例如，充分统计量的任意一一对应的函数仍为参数 θ 的充分统计量 (参见定理 6.11)。同一参数 θ 的众多充分统计量在概括样本信息的有效性程度方面可能有所不同。那么如何最有效概括包含在随机样本 $\boldsymbol{X}^n$ 中关于未知参数 θ 的信息呢？

定义 6.10 [最小充分统计量 (*Minimal Sufficient Statistic*)]：若对任何其他充分统计量 $R(\boldsymbol{X}^n)$，$T(\boldsymbol{X}^n)$ 总是 $R(\boldsymbol{X}^n)$ 的函数，即对任意充分统计量 $R(\boldsymbol{X}^n)$，总存在一个函数 $r(\cdot)$ 满足 $T(\boldsymbol{X}^n)=r[R(\boldsymbol{X}^n)]$，则称充分统计量 $T(\boldsymbol{X}^n)$ 为参数 θ 的最小充分统计量。

参数 θ 的所有充分统计量都包含了与 θ 相关的所有样本信息，但最小充分统计量在 θ 的所有充分统计量中实现了对数据集的最大可能概括。

为什么呢？

为说明这一点，假设 $T(\boldsymbol{X}^n)=r[R(\boldsymbol{X}^n)]$，且 $t=r(\tau)$。定义 $\boldsymbol{X}^n$ 的样本空间中样本点的两个子集：

$$\begin{aligned}A_n(\tau)&=\{\boldsymbol{x}^n:R(\boldsymbol{x}^n)=\tau\}\\B_n(t)&=\{\boldsymbol{x}^n:T(\boldsymbol{x}^n)=t\}\\&=\{\boldsymbol{x}^n:r[R(\boldsymbol{x}^n)]=r(\tau)\}\end{aligned}$$

第一个子集 $A_n(\tau)$ 以 τ 为参数，第二个子集 $B_n(t)$ 以 t 为参数，其中 $t=r(\tau)$。则 $A_n(\tau)\subseteq B_n(t)$，因为 $R(\boldsymbol{x}^n)=\tau$ 可推出 $T(\boldsymbol{x}^n)=r[R(\boldsymbol{x}^n)]=r(\tau)=t$，但 $T(\boldsymbol{x}^n)=t$ 无法推出 $R(\boldsymbol{x}^n)=\tau$。因此，与 $R(\boldsymbol{x}^n)=\tau$ 相比，$T(\boldsymbol{x}^n)=t$ 概括的样本信息集 $B_n(t)$ 是一个更大的集合。

一个类似最小充分统计量的现实例子是一门课的考试复习策略。假设某门课程使用的必读教材共有 20 章，前半学期讲授了前 8 章，并进行了一次期中考试，后半学期讲授了第 9-18 章，最后两章要求学生自习。任课教师决定期末考试只考察期中考试之后的授课内容，即第 9-18 章的内容。对学生而言，他们期末考试只需复习第 9-18 章，这 10 章的内容相当于一个充分统计量。整本书 20 章内容也是一个充分统计量，但从某种意义上说，第 9-18 章的 10 章内容是一个最小充分统计量。如果学生时间很紧张，就只需要复习这 10 章的内容。

最小充分统计量并不唯一。最小充分统计量的任意一一映射仍为最小充分统计量，即若 $T(\boldsymbol{X}^n)$ 是最小充分统计量，则 $g[T(\boldsymbol{X}^n)]$ 也是，其中 $g(\cdot)$ 为一一映射。

问题 6.7 如何求得 θ 的最小充分统计量？

以下定理提供了一种检验统计量 $T(\boldsymbol{X}^n)$ 是否为参数 θ 的最小充分统计量的便捷方法。

定理 6.13 令 $f_{\boldsymbol{X}^n}(\boldsymbol{x}^n,\theta)$ 为随机样本 $\boldsymbol{X}^n$ 的 PMF/PDF。假设对随机样本 $\boldsymbol{X}^n$ 的样本空间中的任意两个样本点 $\boldsymbol{x}^n$ 与 $\boldsymbol{y}^n$，存在函数 $T(\boldsymbol{x}^n)$，当且仅当 $T(\boldsymbol{x}^n)=T(\boldsymbol{y}^n)$ 时，联合 PMF/PDF 之比 $f_{\boldsymbol{X}^n}(\boldsymbol{x}^n,\theta)/f_{\boldsymbol{X}^n}(\boldsymbol{y}^n,\theta)$ 为参数 θ 的常函数 (即不依赖于 θ)。则 $T(\boldsymbol{X}^n)$ 为 θ 的最小充分统计量。

证明： (1) 首先证明在给定条件下，$T(\boldsymbol{X}^n)$ 是 θ 的充分统计量。定义 $A(t)=\{\boldsymbol{x}^n: T(\boldsymbol{x}^n)=t\}$ 为随机样本 $\boldsymbol{X}^n$ 的样本空间中的样本点的一个集合。对每一个 $A(t)$，选择并固定一个元素 $\boldsymbol{x}_t^n\in A(t)$。换言之，对任意样本点 $\boldsymbol{x}^n\in A(t)$，令 $\boldsymbol{x}_t^n$ 为与 $\boldsymbol{x}^n$ 在同一集合 $A(t)$ 中的一个固定元素。因为 $\boldsymbol{x}^n$ 和 $\boldsymbol{x}_t^n$ 在同一个集合 $A(t)$ 中，故 $T(\boldsymbol{x}^n)=T(\boldsymbol{x}_t^n)$。因此，在满足定理所给定的假设条件下，有 $f_{\boldsymbol{X}^n}(\boldsymbol{x}^n,\theta)/f_{\boldsymbol{X}^n}(\boldsymbol{x}_t^n,\theta)$ 为 θ 的常函数 (即不依赖于 θ)。可定义函数 $h(\boldsymbol{x}^n)=f_{\boldsymbol{X}^n}(\boldsymbol{x}^n,\theta)/f_{\boldsymbol{X}^n}(\boldsymbol{x}_t^n,\theta)$，这里 $h(\boldsymbol{x}^n)$ 不依赖于 θ，且只是 $\boldsymbol{x}^n$ 的函数 (注意 $t=T(\boldsymbol{x}^n)$ 是 $\boldsymbol{x}^n$ 的函数，因此 $\boldsymbol{x}_t^n$ 也是 $\boldsymbol{x}^n$ 的函数)。同时，定义函数 $g(t,\theta)=f_{\boldsymbol{X}^n}(\boldsymbol{x}_t^n,\theta)$。则有

$$
\begin{aligned}
f_{\boldsymbol{X}^n}(\boldsymbol{x}^n,\theta)&=\frac{f_{\boldsymbol{X}^n}(\boldsymbol{x}_t^n,\theta)f_{\boldsymbol{X}^n}(\boldsymbol{x}^n,\theta)}{f_{\boldsymbol{X}^n}(\boldsymbol{x}_t^n,\theta)}\\
&=f_{\boldsymbol{X}^n}(\boldsymbol{x}_t^n,\theta)h(\boldsymbol{x}^n)\\
&=g(t,\theta)h(\boldsymbol{x}^n)\\
&=g[T(\boldsymbol{x}^n),\theta]h(\boldsymbol{x}^n)
\end{aligned}
$$

这里最后一个等式由 $t=T(\boldsymbol{x}^n)$ 而得。根据因子分解定理 (定理 6.10)，$T(\boldsymbol{X}^n)$ 是 θ 的充分统计量。

(2) 现在证明在给定假设条件下，$T(\boldsymbol{X}^n)$ 是最小充分统计量。令 $\tilde{T}(\boldsymbol{X}^n)$ 为 θ 的另一个充分统计量。由因子分解定理 (定理 6.10) 可知，存在函数 $\tilde{g}(\cdot,\cdot)$ 和 $\tilde{h}(\cdot)$ 满足 $f_{\boldsymbol{X}^n}(\boldsymbol{x}^n,\theta)=\tilde{g}[\tilde{T}(\boldsymbol{x}^n),\theta]\tilde{h}(\boldsymbol{x}^n)$。令 $\boldsymbol{x}^n$ 和 $\boldsymbol{y}^n$ 为 $\boldsymbol{X}^n$ 的样本空间的任意两个样本点且 $\tilde{T}(\boldsymbol{x}^n)=\tilde{T}(\boldsymbol{y}^n)$，则

$$
\frac{f_{\boldsymbol{X}^n}(\boldsymbol{x}^n,\theta)}{f_{\boldsymbol{X}^n}(\boldsymbol{y}^n,\theta)}=\frac{\tilde{g}[\tilde{T}(\boldsymbol{x}^n),\theta]\tilde{h}(\boldsymbol{x}^n)}{\tilde{g}[\tilde{T}(\boldsymbol{y}^n),\theta]\tilde{h}(\boldsymbol{y}^n)}=\frac{\tilde{h}(\boldsymbol{x}^n)}{\tilde{h}(\boldsymbol{y}^n)}
$$

不依赖于 θ。因为该比例不依赖于 θ，定理 6.13 所给定的充要假设条件表明 $T(\boldsymbol{x}^n)=T(\boldsymbol{y}^n)$。换言之，从 $\tilde{T}(\boldsymbol{x}^n)=\tilde{T}(\boldsymbol{y}^n)$ 可推出 $T(\boldsymbol{x}^n)=T(\boldsymbol{y}^n)$，故

$$
\{\boldsymbol{y}^n:\tilde{T}(\boldsymbol{y}^n)=\tilde{T}(\boldsymbol{x}^n)\}\subseteq\{\boldsymbol{y}^n:T(\boldsymbol{y}^n)=T(\boldsymbol{x}^n)\}
$$

因此，$T(\boldsymbol{x}^n)$ 为最小充分统计量。证毕。 ■

例 6.13： 令 $\boldsymbol{X}^n$ 为来自总体 $N(\mu,\sigma^2)$ 分布的 IID 随机样本，其中参数 μ 和 σ^2 未知。

令 $\boldsymbol{x}^n$ 和 $\boldsymbol{y}^n$ 表示 $\boldsymbol{X}^n$ 的样本空间中的任意两个样本点，并令 $(\bar{x}_n, s_X^2)$ 和 $(\bar{y}_n, s_Y^2)$ 分别为 $\boldsymbol{x}^n$ 和 $\boldsymbol{y}^n$ 的样本均值和样本方差。当且仅当 $(\bar{x}_n, s_X^2) = (\bar{y}_n, s_Y^2)$，有

$$\begin{aligned}\frac{f_{\boldsymbol{X}^n}(\boldsymbol{x}^n, \theta)}{f_{\boldsymbol{X}^n}(\boldsymbol{y}^n, \theta)} &= \frac{(2\pi\sigma^2)^{-n/2} e^{-[n(\bar{x}_n-\mu)^2+(n-1)s_X^2]/2\sigma^2}}{(2\pi\sigma^2)^{-n/2} e^{-[n(\bar{y}_n-\mu)^2+(n-1)s_Y^2]/2\sigma^2}} \\ &= 1\end{aligned}$$

不依赖于 θ。因此，$(\bar{x}_n, s_X^2)$ 为 (μ, σ^2) 的最小充分统计量。

第七节　小结

统计分析的基本思想是利用子集或样本信息推断数据生成过程的信息。本章介绍了统计抽样理论的基本概念与思想，相关概念包括总体、随机样本、数据集、统计量、参数和统计推断，并详细分析了两个重要的统计量 —— 样本均值和样本方差估计量，并在独立同分布正态随机样本假设下构建了经典有限样本抽样分布理论。该有限样本理论突显了 t-分布和 $\mathcal{F}$-分布在统计推断中的重要性。最后，介绍了充分统计量的概念和思想，并对其在数据简化中的作用进行了讨论。充分性原则很好概括了统计分析的本质思想，即如何最有效地概括观测数据，以推断总体分布或总体分布的参数。

练习题六

6.1 考察一个独立同分布随机样本 $\boldsymbol{X}^n = (X_1, X_2, X_3)$，其中 X_i 服从二元分布 $P(X_i = 0) = P(X_i = 1) = \frac{1}{2}$，$i = 1, 2, 3$。定义样本均值 $\bar{X}_n = \frac{1}{3}(X_1 + X_2 + X_3)$。求 (1) $\bar{X}_n$ 的抽样分布；(2) $\bar{X}_n$ 的均值；(3) $\bar{X}_n$ 的方差。

6.2 某社区有五个家庭，各自年收入分别为 1 万元、2 万元、3 万元、4 万元、5 万元。假设对五个家庭中的两个进行调查，这两个被调查家庭随机选定。求家庭收入样本均值的抽样分布，并给出推理过程。

6.3 假设资产 i 的收益满足以下公式

$$R_i = \alpha + \beta_i R_m + X_i$$

其中 R_i 为资产 i 的收益，α 为无风险资产收益，R_m 为代表市场系统风险的市场投资组合收益，X_i 代表资产 i 的个体特质风险。假设 $0 < \beta_i < \infty$。

现在考察一个由 n 个资产构成的等额权重的投资组合。该等额权重的投资组合的收益如下

$$\bar{R}_n = \sum_{i=1}^{n} \frac{1}{n} R_i$$

$$= \alpha + \left(\frac{1}{n}\sum_{i=1}^{n}\beta_i\right)R_m + \bar{X}_n$$
$$= \alpha + \bar{\beta}R_m + \bar{X}_n$$

其中 $\bar{\beta} = n^{-1}\sum_{i=1}^{n}\beta_i$，且 $\bar{X}_n = n^{-1}\sum_{i=1}^{n}X_i$ 是 n 个资产的个体特质风险随机样本 $\boldsymbol{X}^n = (X_1, \cdots, X_n)$ 的样本均值。假设 $\boldsymbol{X}^n$ 是总体均值为 μ，方差为 σ^2 的独立同分布随机样本。同时，假设 R_m 和 $\boldsymbol{X}^n$ 相互独立。

等额权重投资组合的总风险可用其方差度量。

(1) 证明

$$\text{var}(\bar{R}_n) = \bar{\beta}^2\text{var}(R_m) + \text{var}(\bar{X}_n)$$

即投资组合的风险包括市场风险和个体特质风险；

(2) 证明个体特质风险可通过多样化投资组合加以消除，即令 $n \to \infty$。

6.4 设有 k 个来自总体分布为 Bernoulli(p) 的 IID 随机样本，样本容量分别为 $n_1, \cdots, n_k$。假设这 k 个随机样本相互独立。基于这 k 个随机样本，分别定义 k 个样本均值 $\bar{X}_{n_1}, \cdots, \bar{X}_{n_k}$。同时定义整体样本均值 $\bar{X} = k^{-1}\sum_{i=1}^{k}\bar{X}_{n_i}$。求 (1) $\bar{X}$ 的均值；(2) $\bar{X}$ 的方差。

6.5 设 $\boldsymbol{X}^n = (X_1, \cdots, X_n)$ 为 IID $N(\mu_1, \sigma_1^2)$ 随机样本，$\boldsymbol{Y}^m = (Y_1, \cdots, Y_m)$ 为 IID $N(\mu_2, \sigma_2^2)$ 随机样本，且两个随机样本之间相互独立。求 $\bar{X}_n - \bar{Y}_m$ 的分布，其中 $\bar{X}_n$ 和 $\bar{Y}_m$ 分别是第一个随机样本和第二个随机样本的均值。

6.6 假设 $\boldsymbol{X}^n = (X_1, \cdots, X_n)$ 和 $\boldsymbol{Y}^n = (Y_1, \cdots, Y_n)$ 分别为两个相互独立的 IID $N(\mu, \sigma^2)$ 随机样本。$\bar{X}_n$ 和 $\bar{Y}_n$ 分别为两个随机样本的样本均值，S_X^2 和 S_Y^2 分别为两个随机样本的样本方差。求：

(1) $(\bar{X}_n - \bar{Y}_n)/\sqrt{2\sigma^2/n}$ 的分布；

(2) $(\bar{X}_n - \bar{Y}_n)/\sqrt{2S_X^2/n}$ 的分布；

(3) $(\bar{X}_n - \bar{Y}_n)/\sqrt{2S_Y^2/n}$ 的分布；

(4) $(\bar{X}_n - \bar{Y}_n)/\sqrt{(S_X^2 + S_Y^2)/n}$ 的分布；

(5) $(\bar{X}_n - \bar{Y}_n)/\sqrt{S_n^2/n}$ 的分布，其中 S_n^2 为差值样本 $\boldsymbol{Z}^n = (Z_1, \cdots, Z_n)$ 的样本方差，并且 $Z_i = X_i - Y_i$，$i = 1, 2, \cdots, n$。

6.7 令 $\boldsymbol{X}^n = (X_1, \cdots, X_n)$ 为 IID $N(\mu, \sigma^2)$ 随机样本。求样本方差 S_n^2 的一个函数，满足 $E[g(S_n^2)] = \sigma$。(提示：尝试 $g(S_n^2) = c\sqrt{S_n^2}$，其中 c 为常数。)

6.8 建立以下关于样本均值和样本方差的递归关系。令 $\bar{X}_n$ 和 S_n^2 分别为随机样本 $X^n = (X_1, \cdots, X_n)$ 的均值和方差。再假设额外获得另一个观测值 X_{n+1}。证明

(1) $\bar{X}_{n+1} = \frac{X_{n+1} + n\bar{X}_n}{n+1}$；

(2) $nS_{n+1}^2 = (n-1)S_n^2 + \frac{n}{n+1}(X_{n+1} - \bar{X}_n)^2$。

6.9 假设 $(X_1,\cdots,X_n)$ 是IID $N(0,\sigma^2)$。考虑如下一个关于 σ^2 的估计量 $\hat{\sigma}^2=\frac{1}{n}\sum_{i=1}^n X_i^2$。求:

(1) $n\hat{\sigma}^2/\sigma^2$ 的抽样分布;

(2) $E(\hat{\sigma}^2)$;

(3) $\operatorname{var}(\hat{\sigma}^2)$;

(4) $\operatorname{MSE}(\hat{\sigma}^2)=E(\hat{\sigma}^2-\sigma^2)^2$。

给出推理过程。

6.10 令 $X_i, i=1,2,3,$服从 $N(i,i^2)$ 分布且相互独立。对以下每种情形,用 X_1,X_2,X_3 构造一个所要求的统计量。

(1) 自由度为 3 的卡方分布;

(2) 自由度为 2 的 t-分布;

(3) 自由度为 1 和 2 的 $\mathcal{F}$-分布。

6.11 令 $U\sim N(0,1)$,$V\sim\chi_\nu^2$,且 U 和 V 互相独立。则随机变量

$$T=\frac{U}{\sqrt{V/\nu}}$$

服从自由度为 ν 的学生 t-分布,记作 $T\sim t_\nu$。证明 T 的 PDF 为

$$f(t)=\frac{\Gamma\left(\frac{\nu+1}{2}\right)}{\Gamma\left(\frac{\nu}{2}\right)}\frac{1}{(\nu\pi)^{1/2}}\frac{1}{(1+t^2/\nu)^{(\nu+1)/2}},\quad -\infty<t<\infty$$

6.12 证明对于学生 t_ν 随机变量,(1) 对于 $\nu>1$, $E(X)=0$;(2) 对于 $\nu>2$,$\operatorname{var}(X)=\nu/(\nu-2)$。

6.13 令 U 和 V 为两个独立卡方随机变量,自由度分别为 p 和 q。则随机变量

$$X=\frac{U/p}{V/q}\sim\mathcal{F}_{p,q}$$

服从自由度为 p 和 q 的 $\mathcal{F}$-分布。证明 X 的 PDF 为

$$f(x)=\frac{\Gamma\left(\frac{p+q}{2}\right)}{\Gamma\left(\frac{p}{2}\right)\Gamma\left(\frac{q}{2}\right)}\left(\frac{p}{q}\right)^{p/2}\frac{x^{(p/2)-1}}{[1+(p/q)x]^{(p+q)/2}},\quad 0<x<\infty$$

6.14 对于服从 $\mathcal{F}_{p,q}$-分布随机变量 X,求 (1) $E(X)$;(2) $\operatorname{var}(X)$。

6.15 令 X 为总体分布 $N(0,\sigma^2)$ 的一个观测值。问 $|X|$ 是充分统计量吗?

6.16 令 $X_1,\cdots,X_n$ 为独立随机变量序列，每个 X_i 的概率密度函数均为

$$f_i(x,\theta)=\begin{cases}e^{i\theta-x}, & x\geqslant i\theta\\ 0, & x<i\theta\end{cases}$$

证明 $T=\min_{1\leqslant i\leqslant n}(X_i/i)$ 是 θ 的充分统计量。

6.17 证明定理 6.12：令 $\boldsymbol{X}^n=(X_1,\cdots,X_n)$ 是来自 PMF/PDF 为 $f(x,\theta)$ 的某指数分布族的 IID 随机样本，其中

$$f(x,\theta)=h(x)c(\theta)\exp\left[\sum_{j=1}^{k}w_j(\theta)t_j(x)\right]$$

$\theta=(\theta_1,\cdots,\theta_p)$，且 $p\leqslant k$。则

$$T(\boldsymbol{X}^n)=\left[\sum_{i=1}^{n}t_1(X_i),\cdots,\sum_{i=1}^{n}t_k(X_i)\right]$$

是 θ 的充分统计量。

6.18 令 $\boldsymbol{X}^n=(X_1,\cdots,X_n)$ 为来自伽玛分布 $G(\alpha,\beta)$ 的独立同分布随机样本。求 (α,β) 的二维充分统计量。

6.19 令 $\boldsymbol{X}^n=(X_1,\cdots,X_n)$ 为来自具有如下 PDF 的总体分布的随机样本

$$f(x,\theta)=\theta x^{\theta-1},\quad 0<x<1$$

其中参数 $\theta>0$。问 $\sum_{i=1}^{n}X_i$ 是 θ 的充分统计量吗？给出推理过程。

6.20 令 X 为分布为 $\mathcal{F}_{p,q}$ 的随机变量。

(1) 推导 X 的 PDF；

(2) 推导 X 的均值和方差；

(3) 证明 $1/X$ 服从 $\mathcal{F}_{q,p}$ 分布；

(4) 证明 $\frac{p}{q}X/\left(1+\frac{p}{q}X\right)$ 服从贝塔分布 $BETA\left(\frac{p}{2},\frac{q}{2}\right)$。

6.21 证明：

(1) $(\sum_{i=1}^{n}X_i,\sum_{i=1}^{n}X_i^2)$ 在 $N(\mu,\mu)$ 分布族中是 μ 的充分统计量，但并非最小充分统计量；

(2) $\sum_{i=1}^{n}X_i^2$ 在 $N(\mu,\mu)$ 分布族中是 μ 的最小充分统计量；

(3) $(\sum_{i=1}^{n}X_i,\sum_{i=1}^{n}X_i^2)$ 在 $N(\mu,\mu^2)$ 分布族中是 μ 的最小充分统计量；

(4) $(\sum_{i=1}^{n}X_i,\sum_{i=1}^{n}X_i^2)$ 在 $N(\mu,\sigma^2)$ 分布族中是 (μ,σ^2) 的最小充分统计量。

6.22 设 $\boldsymbol{X}^n=(X_1,\cdots,X_n)$ 为来自泊松分布 Poisson(α) 的 IID 随机样本，该总体分布的概率质量函数如下

$$f_X(x)=e^{-\alpha}\frac{\alpha^x}{x!},\quad x=0,1,2,\cdots$$

其中参数 α 未知。求 α 的充分统计量。

6.23 设 $(X_1,\cdots,X_n)$ 为来自贝塔分布 $BETA(\alpha,\beta)$ 的 IID 随机样本，该总体分布的 PDF 为

$$f(x)=\frac{\Gamma(\alpha+\beta)}{\Gamma(\alpha)\Gamma(\beta)}x^{\alpha}(1-x)^{\beta},\quad 0<x<1$$

其中 α 的值已知但 β 的值未知。求 β 的一个充分统计量。它是最小充分统计量吗？

6.24 设 $\boldsymbol{X}^n=(X_1,\cdots,X_n)$ 为来自伽玛分布 $G(\alpha,\beta)$ 的随机样本，该总体分布的 PDF 为

$$f(x,\alpha,\beta)=\frac{1}{\Gamma(\alpha)\beta^{\alpha}}x^{\alpha-1}e^{-x/\beta},\quad x>0$$

其中参数 $\alpha>0,\beta>0$。假设 α 的值未知，但 β 的值已知。求 α 的充分统计量，并证明。

6.25 设 $(X_1,\cdots,X_n)$ 为来自韦伯分布 Weibull(α,β) 的随机样本,该总体分布的 PDF 为

$$f_X(x,\alpha,\beta)=\begin{cases}\frac{\alpha}{\beta}x^{\alpha-1}e^{-x^{\alpha}/\beta}, & x>0\\ 0, & \text{其他}\end{cases}$$

其中 $\alpha>0,\beta>0$。假设 α 已知，则 β 是唯一未知参数。

(1) 求 β 的充分统计量；

(2) 在 (1) 中求得的充分统计量是否为最小充分统计量？给出推理过程。

6.26 令 $(X_1,\cdots,X_n)$ 是来自总体分布为 $N(\theta,\theta)$ 的 IID 随机样本，其中 θ 是未知参数。求 θ 的充分统计量，并检验其是否为最小充分统计量。

6.27 假设 $(X_1,\cdots,X_n)$ 是均匀分布 $U[\alpha,\beta]$ 的 IID 随机样本，其中 $\alpha<\beta$。

(1) 假设 α 已知，求参数 β 的充分统计量。该充分统计量是否为最小充分统计量？给出推理过程；

(2) 假设 α 和 β 未知，求 $\theta=(\alpha,\beta)$ 的充分统计量。该充分统计量是否最小充分统计量？给出推理过程。

第七章　收敛和极限定理

摘要：经济学一个重要的经验典型事实是绝大多数经济观测数据，特别是高频金融时间序列数据，其分布的尾部比正态分布更厚，即所谓的厚尾特征。对非正态随机样本，统计量的抽样分布常依赖于样本容量 n 且难以求得。尽管可用各种数学方法确定这些分布，但因过于复杂，很少有人使用这些方法推导统计量的有限样本分布。渐进理论研究统计量在样本容量 n 不断增大时的各类收敛问题，它提供了一种在大样本情形下 (即 $n \to \infty$) 便于近似统计量的有限样本分布的分析方法，从而大大简化了实际应用中的统计推断。

本章将介绍当样本容量 $n \to \infty$ 时，一些基本的渐进分析工具。具体地，将分别讨论四种收敛模式 —— 依二次方均值收敛、依概率收敛、几乎处处收敛和依分布收敛，以及两个极限定理 —— 大数定律和中心极限定理。这些都是推导参数估计量与检验统计量渐进性质 (即大样本性质) 的基本工具。

关键词：依二次方均值收敛、依概率收敛、切比雪夫 (Chebyshev) 不等式、马尔可夫 (Markov) 不等式、弱大数定律、几乎处处收敛、强大数定律、依分布收敛、大样本理论、渐进分析、中心极限定理、斯勒茨基 (Slutsky) 定理、德尔塔 (Delta) 方法

第一节　极限和数量级

首先，复习非随机序列极限分析的几个基本概念。

定义 7.1 [极限 (*Limit*)]：*令 $\{b_n, n = 1, 2, \cdots\}$ 为一个非随机实数序列。若存在实数 b，使得对每一给定实数 $\epsilon > 0$，均存在有限整数 $N(\epsilon)$ 满足对所有 $n \geqslant N(\epsilon)$，有 $|b_n - b| < \epsilon$，则 b 是序列 $\{b_n, n = 1, 2, \cdots\}$ 的极限。*

当 $n \to \infty$ 时，$\{b_n, n = 1, 2, \cdots\}$ 收敛于 b，记作当 $n \to \infty$ 时 $b_n \to b$ 或 $\lim_{n\to\infty} b_n = b$。常数 $\epsilon > 0$ 可取很小的值。ϵ 越小，$N(\epsilon)$ 越大。ϵ 可解释为预先设定的对 b_n 和 b 之间偏离 (deviation) 的容忍度 (tolerance level)。

例 7.1：令 $b_n = 1 - n^{-1}$。则当 $n \to \infty$ 时，$b_n \to 1$。这是因为对 $b = 1$ 和任意 $\epsilon > 0$，存在 $N(\epsilon) = [\epsilon^{-1}] + 1$，其中 $[\cdot]$ 表示整数部分，使得对所有 $n \geqslant N(\epsilon)$，有

$$|b_n - b| = \frac{1}{n} < \epsilon$$

本例中，若 $\epsilon=10^{-4}$，则需 $N(\epsilon)=1/\epsilon+1=10^4+1$；若 $\epsilon=10^{-8}$，则需 $N(\epsilon)=10^8+1$。

例 7.2：令 $b_n=(1+a/n)^n$，其中 a 为常数。则当 $n\to\infty$ 时，$b_n\to e^a$。

例 7.3：令 $b_n=(-1)^n$。对常数 $M>1$ 和所有 $n\geqslant 1$，有 $|b_n|\leqslant M$，故 $\{b_n,n=1,2,\cdots\}$ 有界，但其极限不存在。

解：令 $\epsilon=\frac{1}{2}$。则不存在一个常数 b 和一个整数 $N(\epsilon)$ 使得对所有 $n>N(\epsilon)$，有 $|b_n-b|<\epsilon$。

定义 7.2 *[连续性]*：*若对任意实数序列* $\{b_n,n=1,2,\cdots\}$，*当* $n\to\infty$，$b_n\to b$ *时，有* $g(b_n)\to g(b)$，*则称函数* $g:\mathbb{R}\to\mathbb{R}$ *在* b *点处连续。*

连续性的另一个等价定义是：对任意给定的常数 $\epsilon>0$，存在 $\delta=\delta(\epsilon)$ 使得对任意 $|b_n-b|<\delta$，有 $|g(b_n)-g(b)|<\epsilon$。当 $g(\cdot)$ 在 b 处连续时，可记作 $\lim_{n\to\infty}g(b_n)=g(\lim_{n\to\infty}b_n)=g(b)$。换言之，连续函数序列的极限等于函数在极限处的值。

例 7.4：假设 $n\to\infty$ 时，$a_n\to a$ 且 $b_n\to b$。则当 $n\to\infty$ 时，

(1) $a_n+b_n\to a+b$；

(2) $a_nb_n\to ab$；

(3) 若 $b\neq 0$，$a_n/b_n\to a/b$。

例 7.5：定义函数

$$F(x)=\begin{cases}0, & x<0\\ \frac{1}{2}, & 0\leqslant x<1\\ 1, & x\geqslant 1\end{cases}$$

这里，$F(x)$ 在 0 和 1 点处均不连续。因为至少存在一个序列 $\{b_n\}$，如 $b_n=-\frac{1}{n}$，有 $b_n\to b=0$。但对所有 $n\geqslant 1$，$F(b_n)=F\left(-\frac{1}{n}\right)=0$ 而 $\lim_{n\to\infty}F\left(-\frac{1}{n}\right)=0\neq F(0)=\frac{1}{2}$。

定义 7.3 *[数量级 (Order of Magnitude)]*：

(1) 若对某个足够大的实数 $M<\infty$，*存在一个有限整数* $N(M)$ *使得对所有* $n\geqslant N(M)$，*有* $\left|n^{-\lambda}b_n\right|<M$，*则序列* $\{b_n,n=1,2,\cdots\}$ *的最高数量级为* n^λ，*记作* $b_n=O(n^\lambda)$ *或* $n^{-\lambda}b_n=O(1)$；

(2) 若对每个实数 $\epsilon>0$，*都存在一个有限整数* $N(\epsilon)$ *使得对所有* $n\geqslant N(\epsilon)$，*有* $\left|n^{-\lambda}b_n\right|<\epsilon$，*则序列* $\{b_n\}$ *的数量级小于* n^λ，*记作* $b_n=o(n^\lambda)$ *或* $n^{-\lambda}b_n=o(1)$。

在 $b_n=O(n^\lambda)$ 定义中，常数 M 通常是一个很大的实数。这里只需找到一个常数 M 即可。当 $\lambda>0$ 时，$b_n=O(n^\lambda)$ 表示 b_n 以不超过 n^λ 的速度趋向无限大。特别地，若

$$\lim_{n\to\infty}\frac{b_n}{n^\lambda}=C<\infty$$

则 $b_n = O(n^\lambda)$ 或 $n^{-\lambda}b_n = O(1)$。

例 7.6：$b_n = 4 + 2n + 6n^2$，则 $b_n = O(n^2)$，因为对所有充分大的 n，有

$$\frac{b_n}{n^2} = \frac{4}{n^2} + \frac{2n}{n^2} + \frac{6n^2}{n^2} \to 6 < 2M = 2 \times 6 \qquad (\text{当}M = 6\text{时})$$

直观上，b_n 的数量级由最快趋向无穷的那一项主导，即 n^2 决定。

值得注意，有可能 $\lim_{n\to\infty} b_n/n^\lambda$ 不存在但 $|b_n/n^\lambda|$ 有界，此时仍有 $b_n = O(n^\lambda)$，如下例所示。

例 7.7：令 $b_n = (-1)^n$，则 $b_n = O(1)$，因为对所有 $n \geqslant 1$,

$$|b_n| = 1 < M \equiv 1.01$$

在 $b_n = o(n^\lambda)$ 的定义中，常数 ϵ 可取很小的值。ϵ 越小，$N(\epsilon)$ 越大。直观上，$b_n = o(n^\lambda)$ 表示 b_n 的增速严格小于 n^λ，即

$$\lim_{n\to\infty} \frac{b_n}{n^\lambda} = 0$$

例 7.8：令 $b_n = 4 + 2n + 6n^2$，则对所有 $\delta > 0$，$b_n = o(n^{2+\delta})$。

显然，若 $b_n = o(n^\lambda)$，则 $b_n = O(n^\lambda)$。直观上，若 b_n 以低于 n^λ 的速度增加，当然其最大速率不超过 n^λ。

引理 7.1 令 a_n 和 b_n 为标量。

(1) 若 $a_n = O(n^\lambda)$ 和 $b_n = O(n^\mu)$，则 $a_nb_n = O(n^{\lambda+\mu})$，$a_n + b_n = O(n^k)$，其中 $k = \max(\lambda, \mu)$；

(2) 若 $a_n = o(n^\lambda)$ 和 $b_n = o(n^\mu)$，则 $a_nb_n = o(n^{\lambda+\mu})$，$a_n + b_n = o(n^k)$，其中 $k = \max(\lambda, \mu)$；

(3) 若 $a_n = O(n^\lambda)$ 和 $b_n = o(n^\mu)$，则 $a_nb_n = o(n^{\lambda+\mu})$，$a_n + b_n = O(n^k)$，其中 $k = \max(\lambda, \mu)$。

证明：(1) 因为 a_n 的速率不超过 n^λ，b_n 的速率不超过 n^μ，二者乘积 a_nb_n 的速率将不超过 $n^{\lambda+\mu}$。这是因为对所有充分大的 n (即对所有 $n \geqslant N(M)$)，有

$$\left|\frac{a_nb_n}{n^{\lambda+\mu}}\right| = \left|\frac{a_n}{n^\lambda}\frac{b_n}{n^\mu}\right| \leqslant M \times M = M^2$$

另一方面，$a_n + b_n$ 将由更快趋向无穷的那一项主导：对所有充分大的 n，有

$$\left|\frac{a_n + b_n}{n^k}\right| = \left|\frac{a_n}{n^k} + \frac{b_n}{n^k}\right| \leqslant \epsilon + M \leqslant 2M$$

因此，$a_n+b_n=O(n^k)$。

(2) 与结果 (1) 的证明类似。

(3) 乘积 $a_nb_n=o(n^{\lambda+\mu})$，因为给定 $a_n=O(n^\lambda)$ 和 $b_n=o(n^\mu)$，当 $n\to\infty$ 时，有

$$\left|\frac{a_nb_n}{n^{\lambda+\mu}}\right|=\left|\frac{a_n}{n^\lambda}\frac{b_n}{n^\mu}\right|\leqslant M\left|\frac{b_n}{n^\mu}\right|\to 0$$

证毕。■

例 7.9：设 $a_n=O(1)$，$b_n=o(1)$，则 $a_nb_n=o(1)$ 和 $a_n+b_n=O(1)$。

第二节 收敛概念的必要性

为什么统计学和计量经济学需要收敛概念呢？

回顾样本容量为 n 的随机样本 $\boldsymbol{X}^n=(X_1,\cdots,X_n)$ 是由 n 个随机变量 $X_1,\cdots,X_n$ 组成的一个序列，它可视为一个 n 维实值随机向量，其中维数 n 可趋于无穷大。$\boldsymbol{X}^n$ 的实现值是一个 n 维向量 $\boldsymbol{x}^n=(x_1,\cdots,x_n)$，通常称为从随机样本 $\boldsymbol{X}^n$ 生成的一个样本点或数据集。

因为 $\boldsymbol{X}^n$ 是 n 个随机变量的序列，故可用 $\boldsymbol{X}^n$ 的联合概率分布刻画随机样本。令 $\boldsymbol{x}^{i-1}=(x_{i-1},\cdots,x_0),i=1,2,\cdots$，则重复应用乘法法则可得 $\boldsymbol{X}^n$ 的联合 PMF/PDF 为

$$f_{\boldsymbol{X}^n}(\boldsymbol{x}^n)=\prod_{i=1}^n f_{X_i|\boldsymbol{X}^{i-1}}(x_i|\,\boldsymbol{x}^{i-1})$$

其中 $f_{X_i|\boldsymbol{X}^{i-1}}(x_i|\,\boldsymbol{x}^{i-1})$ 是给定 $\boldsymbol{X}^{i-1}=\boldsymbol{x}^{i-1}$ 下 X_i 的条件 PMF/PDF。根据惯例，通常记 $f_{X_i|\boldsymbol{X}^0}(x_i|\,x^0)=f_{X_1}(x_1)$ 为 X_1 的无条件 PMF/PDF。

当 $\boldsymbol{X}^n$ 是来自总体 PMF/PDF $f_X(\cdot)$ 的 IID 随机样本时，$\boldsymbol{X}^n$ 的联合 PMF/PDF 为

$$f_{\boldsymbol{X}^n}(\boldsymbol{x}^n)=\prod_{i=1}^n f_X(x_i)$$

该联合概率分布称为随机样本 $\boldsymbol{X}^n$ 的抽样分布，它完全描述了随机样本 $\boldsymbol{X}^n$ 的概率分布。

对 IID 随机样本 $\boldsymbol{X}^n$，每个随机变量 X_i 具有相同的 PMF/PDF $f_X(x)$，即总体分布。假定 $f_X(x)$ 为参数模型，即存在某有限维数的参数值 θ 使 $f_X(x)=f(x,\theta)$，其中函数形式 $f(\cdot,\cdot)$ 已知但参数值 θ 未知。例如，若假设 $f_X(x)$ 服从正态分布 $N(\mu,\sigma^2)$，则有

$$\begin{aligned}f_X(x)&=f(x,\theta)\\&=\frac{1}{\sqrt{2\pi\sigma^2}}e^{-\frac{1}{2\sigma^2}(x-\mu)^2},\quad -\infty<x<\infty\end{aligned}$$

其中 $\theta = (\mu, \sigma^2)$。

统计分析的一个重要目的是用给定随机样本 $\boldsymbol{X}^n$ 所生成的数据集 $\boldsymbol{x}^n$ 估计未知参数 θ。参数 θ 的估计量是 $\boldsymbol{X}^n$ 的函数，因此它是一个统计量。需要强调，统计量 $Z_n = T(\boldsymbol{X}^n)$ 仅为 $\boldsymbol{X}^n$ 的函数，而不包含任何未知参数，它本身是随机变量或随机向量。

为说明各种收敛概念的重要性，现在考察两个简单的统计量 —— 样本均值和样本方差。令总体 $\boldsymbol{X}^n$ 为一个来自均值为 μ，方差为 σ^2 的总体分布的 IID 随机样本，其样本容量是 n。假设均值 μ 未知，故用 $\boldsymbol{X}^n$ 的样本信息估计 μ。样本均值估计量

$$\bar{X}_n = T(\boldsymbol{X}^n) = \frac{1}{n}\sum_{i=1}^{n} X_i$$

可用于估计 μ。

类似地，假设 σ^2 未知，可用样本方差估计量

$$S_n^2 = \frac{1}{n-1}\sum_{i=1}^{n}(X_i - \bar{X}_n)^2$$

估计 σ^2。

若样本容量 n 足够大，则在均方误准则下，$\bar{X}_n$ 将趋近于 μ，而 S_n^2 将趋近于 σ^2。样本容量 n 越大，$\bar{X}_n$ 越接近 μ，而 S_n^2 越接近 σ^2。

问题 7.1 如何测量 $\bar{X}_n$ 对 μ 的接近程度和 S_n^2 对 σ^2 的接近程度呢?

由于 $\bar{X}_n$ 和 S_n^2 为随机变量，因此第七章第一节有关非随机序列的收敛概念不能应用。

$\bar{X}_n$ 和 S_n^2 均是从 S 到实数集的映射，即 $\bar{X}_n : S \to \mathbb{R}$ 和 $S_n^2 : S \to \mathbb{R}^+$，其中 S 是随机试验的样本空间。假设进行了一项随机试验，出现某个基本结果 $s \in S$，并观测到一个数据集 $\boldsymbol{x}^n = (x_1, \cdots, x_n)$，其中 $x_i = X_i(s)$，数据集 $\boldsymbol{x}^n$ 为随机样本 $\boldsymbol{X}^n$ 的一个实现。从数据集 $\boldsymbol{x}^n$ 可计算 μ 的一个估计值 $\bar{x}_n = \bar{X}_n(s)$ 和 σ^2 的一个估计值 $s_n^2 = S_n^2(s)$。若再进行一次随机实验，一般会出现一个不同的基本结果 $s \in S$，并观测到一个不同的数据集 $\boldsymbol{x}^n$。因此，不同的基本结果 s 将分别生成不同的 μ 与 σ^2 的估计值。

事实上，每个基本结果 $s \in S$ 都将生成实数序列 $\{\bar{x}_n = \bar{X}_n(s),\ n = 1, 2, \cdots\}$ 和 $\{s_n^2 = S_n^2(s),\ n = 1, 2, \cdots\}$。这两个非随机序列分别称为基本结果 s 发生时的样本均值 $\bar{X}_n$ 和样本方差 S_n^2 的样本路径 (sample path)。$\bar{X}_n$ 和 S_n^2 均有许多此类样本路径，如图 7.1 所示。不同样本路径对应不同的基本结果 $s \in S$，因此需要定义适当的收敛概念以测度 $\bar{X}_n$ 和 μ 之间以及 S_n^2 和 σ^2 之间的距离。存在多种收敛概念，这些不同收敛概念的共同特征就是它们均定义绝大多数非随机序列 $\{\bar{X}_n(s),\ n = 1, 2, \cdots\}$ 和 $\{S_n^2(s),\ n = 1, 2, \cdots\}$ 分别收敛于 μ 和 σ^2。

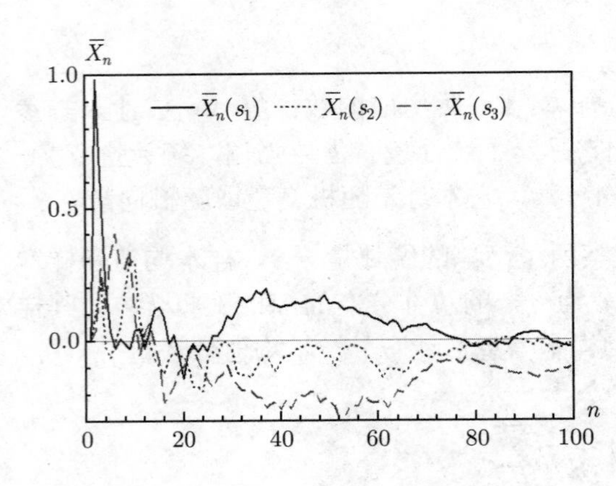

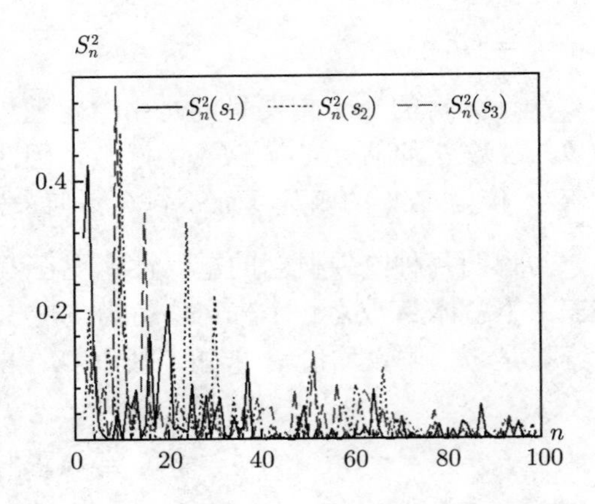

图 7.1：$\bar{X}_n$ 和 S_n^2 的样本路径

第三节　依二次方均值收敛和 L_p-收敛

假设有一个随机变量序列 $\{Z_n, n=1,2,\cdots\}$ 且当整数 n 不断增大时，Z_n 依某个准则“将收敛于”某随机变量 (包括常数) Z。需要强调，这里 Z_n 和 Z 不仅仅只局限于统计量。例如，Z_n 可以是随机样本 $\boldsymbol{X}^n$ 和参数 θ 的函数。

现在依次考察使用不同的准则以描述当 $n\to\infty$ 时 Z_n 收敛于 Z。

定义 7.4 [依二次方均值收敛 (*Convergence in Quadratic Mean*)]：令 $\{Z_n,\ n=1,2,\cdots\}$ 为一个随机变量序列，Z 为随机变量。若当 $n\to\infty$ 时，有

$$E(Z_n-Z)^2\to 0$$

或等价地

$$\lim_{n\to\infty} E(Z_n-Z)^2=0$$

则称随机序列 $\{Z_n,\ n=1,2,\cdots\}$ 依二次方均值 (或依均方 (mean square)) 收敛于 Z，也可记作 $Z_n\stackrel{q.m.}{\to}Z$ 或 $Z_n-Z=o_{q.m.}(1)$。

依二次方均值收敛表示当 $n\to\infty$ 时，$Z_n(s)$ 和 $Z(s)$ 之间偏离 (deviation) 平方的权重平均值趋于 0。此处是对样本空间 S 所有的基本结果 $\{s\}$ 按照其发生的概率赋予权重并求平均值。当 Z_n 依二次方均值收敛于 Z 时，可能在某些样本路径上 $Z_n(s)$ 并不收敛于 $Z(s)$ 甚至发散。然而，当 n 不断增大时，这些样本路径的二次方偏离加权后可忽略不计。

在样本均值 $\bar{X}_n$ 的应用中，令 $Z_n=\bar{X}_n$ 和 $Z=\mu$。

例 7.10：假设 $\boldsymbol{X}^n=(X_1,\cdots,X_n)$ 为来自均值为 μ，方差为 σ^2 总体分布的 IID 随机样本。定义 $Z_n=\bar{X}_n$。证明 $\bar{X}_n\stackrel{q.m.}{\to}\mu$。

证明：只需证明 $\lim_{n\to\infty} E(\bar{X}_n-\mu)^2=0$。因为 $E(\bar{X}_n)=\mu$ 且 $\text{var}(\bar{X}_n)=\frac{\sigma^2}{n}$，当 $n\to\infty$ 有

$$\begin{aligned} E(\bar{X}_n-\mu)^2 &= \text{var}(\bar{X}_n) \\ &= \frac{\sigma^2}{n} \\ &\to 0 \end{aligned}$$

更一般地，现引入 L_p-收敛的概念。依二次方均值收敛为其中一个特例 (即 $p=2$)。

定义 7.5 *[L_p-收敛]*：假设 $0<p<\infty$，$\{Z_n, n=1,2,\cdots\}$ 为满足 $E|Z_n|^p<\infty$ 的一个随机变量序列，而 Z 为满足 $E|Z|^p<\infty$ 的一个随机变量。若

$$\lim_{n\to\infty} E|Z_n-Z|^p=0$$

则随机变量序列 $\{Z_n\}$ 依 L_p 范数收敛于 Z。

以下几个与 L_p-收敛相关的不等式在统计学和计量经济学非常有用：

(1) 赫尔德 (Holder) 不等式

$$E|XY| \leqslant (E|X|^p)^{1/p}(E|Y|^q)^{1/q}$$

其中 $p>1$ 且 $1/p+1/q=1$。

(2) 闵可夫斯基 (Minkowski) 不等式

$$E|X+Y|^p \leqslant \left[(E|X|^p)^{1/p}+(E|Y|^p)^{1/p}\right]^p$$

对 $p\geqslant 1$。

上述分析中 Z_n 和 Z 均为标量。若 Z_n 和 Z 为 d 维随机向量，其中正整数 d 固定 (即当 $n\to\infty$ 时，d 不变)，那么如何定义 L_p-收敛呢？

对 $i=1,\cdots,d$，若向量 Z_n 的每一个元素都有 $Z_{in}\xrightarrow{L_p} Z_i$，则随机向量序列 $\{Z_n,\ n=1,2,\cdots\}$ 依 L_p 收敛于 Z。换言之，按元素逐个收敛保证整个向量 Z_n 联合收敛，反之亦然。

第四节 依概率收敛

现在介绍依概率收敛的概念。

定义 7.6 *[依概率收敛 (Convergence in Probability)]*：若对每个常数 $\epsilon>0$，当 $n\to$

∞ 时，有

$$P\left[|Z_n - Z| > \epsilon\right] \to 0$$

则称随机变量序列 $\{Z_n, n = 1, 2, \cdots\}$ 依概率收敛于随机变量 Z。

当 Z_n 依概率收敛于 Z 时，对所有 $\epsilon > 0$，有 $\lim_{n\to\infty} P(|Z_n - Z| > \epsilon) = 0$，或记作 $p\lim_{n\to\infty} Z_n = Z$，$Z_n \xrightarrow{p} Z$，$Z_n - Z = o_p(1)$，$Z_n - Z \xrightarrow{p} 0$。

依概率收敛因其较易检验，在统计学和计量经济学中应用广泛。依概率收敛也称弱收敛 (weak convergence)。

常数 $\epsilon > 0$ 可视为事先设定的临界值，若差值 $|Z_n - Z| > \epsilon$，则可视 $|Z_n - Z|$ 为"大偏离"；若 $|Z_n - Z| \leqslant \epsilon$ 则为"小偏离"。显然，ϵ 越小，则要求 n 越大，以确保 $|Z_n - Z| \leqslant \epsilon$。

还存在依概率收敛定义的其他表示方式。例如，给定任意 $\epsilon > 0$ 和 $\delta > 0$，存在有限整数 $N = N(\epsilon, \delta)$ 满足对所有 $n > N$，有 $P(|Z_n - Z| > \epsilon) < \delta$。

直觉上，对充分大的 n，$|Z_n - Z|$ 取较大值的概率极小。换言之，若 Z_n 依概率收敛于 Z，则当 n 充分大时，Z_n 将以很大的概率无限地接近 Z。

随机变量 Z_n 是从样本空间 S 到 $\mathbb{R}$ 的可测映射。定义样本空间 S 的一个集合

$$A_n(\epsilon) = \{s \in S : |Z_n(s) - Z(s)| \leqslant \epsilon\}$$

即 $A_n(\epsilon)$ 是样本空间 S 的一个子集，其中所有基本结果 $s \in S$，均满足 $|Z_n(s) - Z(s)| \leqslant \epsilon$。$A_n(\epsilon)$ 的大小同时取决于 ϵ 与 n。当 $n \to \infty$，Z_n 依概率收敛于 Z 时，发生"小偏离"的概率为

$$P[|Z_n - Z| \leqslant \epsilon] = P[A_n(\epsilon)] \to 1$$

对任意有限的 n，$P[A_n(\epsilon)]$ 可能不等于 1，但当 $n \to \infty$ 时其将任意接近于 1。换言之，补集 $A_n^c(\epsilon)$ 表示样本空间 S 中出现"大偏离"事件，这个集合对所有有限 n 都可能存在。然而，当 $n \to \infty$ 时，其出现的概率将衰减至 0。因此，依概率收敛也称为依概率趋近 1 收敛 (convergence with probability approaching 1)。

因为"大偏离 (即大于 ϵ) "的集合 $A_n^c(\epsilon) = \{s \in S : |Z_n(s) - Z(s)| > \epsilon\}$ 依赖于 n，某个给定的基本事件 $s \in S$ 有时可能在 $A_n^c(\epsilon)$ 之内，有时可能在 $A_n^c(\epsilon)$ 之外。但当 Z_n 依概率收敛于 Z 时，随着 n 不断增大，差值 $|Z_n - Z|$ 大于容忍度 ϵ 的可能性越来越小，最终这种可能性趋于 0。如图 7.2 所示。

作为特例，当 $Z_n \xrightarrow{p} b$ 时，其中 b 是常数，则称 Z_n 为 b 的一致 (consistent) 估计量，且 b 为 Z_n 的概率极限，记作 $b = p\lim_{n\to\infty} Z_n$。

例 7.11：假设 $\boldsymbol{X}^n = (X_1, \cdots, X_n)$ 为来自均匀分布 $U[0, \theta]$ 的 IID 随机样本，其中 $\theta > 0$ 是未知参数。定义统计量 $Z_n = \max_{1\leqslant i\leqslant n}(X_i)$。问 Z_n 是 θ 的一致估计量吗？

解：因为 $\{|Z_n - \theta| > \epsilon\} = \{Z_n - \theta > \epsilon\} \cup \{Z_n - \theta < -\epsilon\}$，对任意给定 $\epsilon > 0$，当 $n \to \infty$ 时，

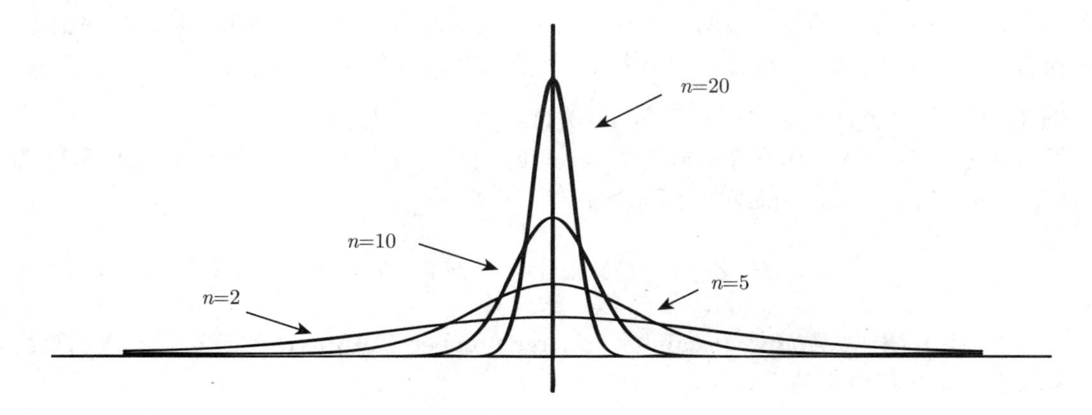

图 7.2：依概率收敛

有

$$\begin{aligned}
P(|Z_n-\theta|>\epsilon) &= P(Z_n>\theta+\epsilon)+P(Z_n<\theta-\epsilon)=P(Z_n<\theta-\epsilon)\\
&= P\left[\max_{1\leqslant i\leqslant n}(X_i)<\theta-\epsilon\right]\\
&= P(X_1<\theta-\epsilon, X_2<\theta-\epsilon,\cdots,X_n<\theta-\epsilon)\\
&= \prod_{i=1}^{n}P(X_i<\theta-\epsilon) \quad (\text{根据独立性})\\
&= \left(\frac{\theta-\epsilon}{\theta}\right)^n=\left(1-\frac{\epsilon}{\theta}\right)^n\to 0
\end{aligned}$$

因此 Z_n 是 θ 的一致估计量。统计量 $Z_n=\max_{1\leqslant i\leqslant n}(X_i)$ 称为次序统计量 (order statistic)，其包含了对随机样本 $\boldsymbol{X}^n$ 中的 n 个随机变量的某种排序信息。

类似地，可定义数量级为 n^α 的依概率收敛，其中 α 可为正数或负数：

(1) 若当 $n\to\infty$ 时，$Z_n/n^\alpha\xrightarrow{p}0$，则称随机变量序列 $\{Z_n,\ n=1,2,\cdots\}$ 为依概率数量级小于 n^α，记作 $Z_n=o_p(n^\alpha)$。

(2) 若对任意给定 $\delta>0$，存在常数 $M=M(\delta)<\infty$ 和有限整数 $N=N(\delta)$，使得对所有 $n>N$，有 $P(|Z_n/n^\alpha|>M)<\delta$，则称随机变量序列 $\{Z_n,\ n=1,2,\cdots\}$ 为依概率数量级不超过 n^α，记作 $Z_n=O_p(n^\alpha)$。

直觉上，若 $Z_n=O_p(n^\alpha)$，其中 $\alpha>0$，则数量级 n^α 是 Z_n 以趋近 1 的概率趋向无穷大的最快发散速率。当 $\alpha<0$ 时，数量级 n^α 是 Z_n 以趋近 1 的概率趋于 0 的最慢收敛速率。事实上，$Z_n=O_p(n^\alpha)$ 的定义涉及以下依概率有界的概念。

定义 7.7 [依概率有界 (*Boundedness in Probability*)]：对任意常数 $\delta>0$，存在常数 $M=M(\delta)$ 和有限整数 $N=N(\delta)$，使得对所有 $n\geqslant N$，有 $P(|Z_n|>M)<\delta$。则称 Z_n 依概率有界，记作 $Z_n=O_p(1)$。

直觉上，$Z_n = O_p(1)$ 说明对足够大的 n，$|Z_n|$ 取值大于一个很大常数的概率很小。换言之，对足够大的 n，$|Z_n|$ 取值以某个常数为界的概率很大。

例 7.12：若对所有 $n \geqslant 1$，有 $Z_n \sim N(0,1)$，则 $Z_n = O_p(1)$。
解:对任意给定的 $\delta > 0$,存在有限常数 $M = \Phi^{-1}\left(1 - \frac{\delta}{2}\right) < \infty$,其中 $\Phi^{-1}(\cdot)$ 为 $N(0,1)$ 的 CDF $\Phi(\cdot)$ 的反函数，满足对所有 $n \geqslant 1$ 有

$$P(|Z_n| > M) = 2\left[1 - \Phi(M)\right] = \delta < 2\delta$$

下面，介绍弱大数定律 (weak law of large numbers, WLLN)。首先提供几个以矩约束条件界定尾部概率的不等式。

引理 7.2 [马尔可夫 (Markov) 不等式]: *假设 X 为随机变量，$g(X)$ 为非负函数。则对任意 $\epsilon > 0$ 和任意 $k > 0$，有*

$$P\left[g\left(X\right) \geqslant \epsilon\right] \leqslant \frac{E\left[g(X)^k\right]}{\epsilon^k}$$

证明：令 $\mathbf{1}(\cdot)$ 为指示函数，取值为 0 或 1。则有

$$\begin{aligned}
P\left[g(X) > \epsilon\right] &= \int_{\{x:g(x)>\epsilon\}} dF_X(x) = \int_{-\infty}^{\infty} \mathbf{1}[g(x) > \epsilon] dF_X(x) \\
&\leqslant \int_{-\infty}^{\infty} \mathbf{1}[g(x) > \epsilon] \frac{g(x)^k}{\epsilon^k} dF_X(x) \leqslant \int_{-\infty}^{\infty} \frac{g(x)^k}{\epsilon^k} dF_X(x) \\
&= \frac{1}{\epsilon^k} E[g(X)^k]
\end{aligned}$$

证毕。 ■

马尔可夫不等式是证明依概率收敛的标准工具，其以用矩约束条件界定了尾部概率。尾部概率的厚度依赖于概率分布的矩。分布的矩的值越大，分布的尾部概率越大。

当 $k = 2$ 和 $g(x) = |x|$ 时，马尔可夫不等式称为切比雪夫 (Chebyshev) 不等式。由于二阶矩的计算较为简单，因此切比雪夫不等式在统计学和计量经济学应用广泛。

以下伯恩斯坦 (Bernstein) 不等式为样本均值 $\bar{X}_n$ 的尾部概率提供了更紧的限界。

引理 7.3 [伯恩斯坦 (Bernstein) 不等式]: *假设 $X_1, \cdots, X_n$ 为零均值和有界支撑的 n 个独立随机变量，即对所有 $i = 1, \cdots, n$ 有 $|X_i| < M$，其中 M 为一有界常数。令 ${\sigma_i}^2 = \mathrm{var}(X_i)$，并假设 $V_n \geqslant \sum_{i=1}^n \sigma_i^2$。则对任意常数 $\epsilon > 0$，有*

$$P\left(\left|\sum_{i=1}^{n} X_i\right| > \epsilon\right) \leqslant 2e^{-\frac{1}{2}\epsilon^2/(V_n + \frac{1}{3}M\epsilon)}$$

当 X_i 的支撑有界时，伯恩斯坦不等式为尾部概率提供了一个更快的指数衰减上界。伯恩斯坦不等式可推广至无界支撑或存在序列相关性的随机样本，具体参考 White & Wooldridge (1990)。

现在介绍弱大数定律 (WLLN)。

定理 7.1 [弱大数定律 (Weak Law of Large Numbers, WLLN)]: 假设 $\boldsymbol{X}^n = (X_1, \cdots, X_n)$ 为来自均值 $E(X_i) = \mu$ 和方差 $\text{var}(X_i) = \sigma^2 < \infty$ 的总体分布的 IID 随机样本。定义样本均值 $\bar{X}_n = n^{-1}\sum_{i=1}^n X_i$，则对任意给定常数 $\epsilon > 0$，当 $n \to \infty$ 时，有

$$P\left[\left|\bar{X}_n - \mu\right| \leqslant \epsilon\right] \to 1$$

$$\text{或} \bar{X}_n - \mu \xrightarrow{p} 0\text{，或} \bar{X}_n - \mu = o_p(1)$$

证明：首先，注意到 $E(\bar{X}_n) = \mu$ 和 $\text{var}(\bar{X}_n) = \sigma^2/n$。由切比雪夫不等式 (即马尔可夫不等式中令 $g(\bar{X}_n) = \left|\bar{X}_n - \mu\right|$ 和 $k = 2$)，有

$$\begin{aligned} P\left[\left|\bar{X}_n - \mu\right| > \varepsilon\right] &\leqslant \frac{E(\bar{X}_n - \mu)^2}{\varepsilon^2} \\ &= \frac{\text{var}(\bar{X}_n)}{\varepsilon^2} \\ &= \frac{\sigma^2}{n\varepsilon^2} \end{aligned}$$

则当 $n \to \infty$ 时，

$$\begin{aligned} P\left[\left|\bar{X}_n - \mu\right| \leqslant \varepsilon\right] &= 1 - P\left[\left|\bar{X}_n - \mu\right| > \varepsilon\right] \\ &\geqslant 1 - \frac{\sigma^2}{n\varepsilon^2} \\ &\to 1 \end{aligned}$$

因此，$\bar{X}_n \xrightarrow{p} \mu$ 或 $\bar{X}_n - \mu = o_p(1)$。证毕。 ■

WLLN 表示当样本容量 $n \to \infty$ 时，样本均值 $\bar{X}_n$ 将以趋于 1 的概率接近总体均值 μ。换言之，给定任意常数 $\epsilon > 0$，则对任意有限的 n，存在偏离 $\left|\bar{X}_n - \mu\right|$ 大于 ϵ 的可能性。但随着样本容量 n 不断增加，这种可能性越来越小。直观上，当 n 充分大时，样本均值 $\bar{X}_n$ 对 μ 的偏离会比任意预设的正常数 ϵ 小。

上述 WLLN 假设了有限方差。这个假设在大多数应用中是合理的，但它比所需要的假设要严格。事实上，只需要矩条件满足 $E|X_i| < \infty$ 即可 (参见 Resnik, 1999 或 Billingsley, 1995)。为了说明为何 WLLN 需要一定的矩条件，可考虑来自柯西分布的 IID 随机样本的例子，其各阶矩均不存在。

例 7.13：假设 $\boldsymbol{X}^n$ 为来自标准柯西分布 Cauchy(0,1) 的 IID 随机样本，则对所有整

数 $n>0$，有

$$\bar{X}_n \sim \text{Cauchy}\,(0,1)$$

因此，即使当 $n\to\infty$ 时，样本均值 $\bar{X}_n$ 也不收敛于任何常数。

WLLN 可从考察大量重复试验的角度来解释，其中第 i 次试验为随机变量 X_i 生成一个实现值 x_i，且某些观测到的实现值可能重复出现。第二章曾提及，大量重复试验结果的简单平均值可用每个实现值在所有试验中出现的相对频率作为权数，以加权平均表示。当重复试验的次数足够大时，每个实现值出现的相对频率充分接近其概率，简单平均值将充分接近总体均值。

例 7.14 [弱大数定律和购买并持有交易策略]：现用一个例子对 WLLN 进行经济解释。金融市场中有一种常用的投资策略称为“购买并持有交易策略 (buy-and-hold trading strategy)”，即投资者某日购买某个资产并长期持有直至售出。问该种交易策略所获得的日平均收益率是多少？

假设 X_i 是资产在第 i 期的收益率，不同时期资产的收益率服从 $\text{IID}(\mu,\sigma^2)$。同时假设投资者从第 1 期到第 n 期，总计持有资产共 n 期。则每一期的平均收益率为样本均值

$$\bar{X}_n=\frac{1}{n}\sum_{i=1}^{n}X_i$$

当 $n\to\infty$ 时，有

$$\bar{X}_n\xrightarrow{p}\mu=E(X_i)$$

即当持有期数 n 足够大时，购买并持有交易策略的平均收益率近似等于总体均值 μ。换言之，总体均值 μ 可视为购买并持有交易策略的长期平均收益率。

例 7.15 [弱大数定律和联合担保贷款]：许多中小企业曾很难申请到银行贷款。为此，不少商业银行推出了一种金融创新产品 —— 联合担保贷款，要求多个中小企业自愿组成一个联保体，若借贷企业破产，则其他企业须帮助偿还贷款。然而，这种针对中小企业的联合担保贷款实际上并不能为银行降低信用风险，因为联合担保企业通常都处于同一区域或同一行业，都面临同一区域或同一行业的共同的系统风险，因此银行无法分散风险。由于同一地区或同一行业的企业之间存在强关联，大数定律失效。

以下研究 L_p-收敛和依概率收敛之间的关系。

引理 7.4 假设当 $n\to\infty$ 时，$Z_n\xrightarrow{L_p}Z$。则当 $n\to\infty$ 时，$Z_n\xrightarrow{p}Z$。

证明：由马尔可夫不等式，若 $\lim_{n\to\infty}E|Z_n-Z|^p=0$，则对所有 $\epsilon>0$ 有

$$P\left[|Z_n-Z|>\epsilon\right]\leqslant\frac{E|Z_n-Z|^p}{\epsilon^p}\to 0$$

证毕。 ■

引理 7.4 表示从 L_p-收敛可推出依概率收敛，因为尾部概率以矩约束条件为界。该引理提供了一种证明依概率收敛的简便方法。

例 7.16：假设 $\boldsymbol{X}^n=(X_1,\cdots,X_n)$ 为 IID $N(\mu,\sigma^2)$ 随机样本。证明 $S_n^2\xrightarrow{p}\sigma^2$。

解：第六章定理 6.6 已证，对正态分布随机样本 $\boldsymbol{X}^n$，以及所有 $n>1$，有

$$\frac{(n-1)S_n^2}{\sigma^2}\sim\chi_{n-1}^2$$

则 $E(S_n^2)=\sigma^2$ 和 $\mathrm{var}(S_n^2)=2\sigma^4/(n-1)$。因此，当 $n\to\infty$ 时，有

$$\begin{aligned}E(S_n^2-\sigma^2)^2&=\mathrm{var}(S_n^2)\\&=\frac{2\sigma^4}{n-1}\\&\to 0\end{aligned}$$

由引理 7.4 得，当 $n\to\infty$ 时，有 $S_n^2\xrightarrow{p}\sigma^2$。

现在的一个问题是：依概率收敛是否可推出 L_p-收敛？以下例子说明依概率收敛不一定可推出 L_p-收敛。

例 7.17：假设一个二元随机变量序列 $\{Z_n,n=1,2,\cdots\}$ 定义如下

Z_n	$\frac{1}{n}$	n
$f_{Z_n}(z_n)$	$1-\frac{1}{n}$	$\frac{1}{n}$

(1) Z_n 是否依二次方均值收敛于 0？

(2) Z_n 是否依概率收敛于 0？

解：(1) Z_n 不依二次方均值收敛于 0，因为

$$\begin{aligned}E(Z_n-0)^2&=\sum_{z_n}(z_n-0)^2f_{z_n}(z_n)\\&=n^{-2}(1-n^{-1})+n^2(n^{-1})\\&>n\to\infty\end{aligned}$$

(2) 给定任意 $\epsilon>0$，对所有 $n>N(\epsilon)=[\epsilon^{-1}]+1$ (故 $n^{-1}<\epsilon$)，有

$$\begin{aligned}P(|Z_n-0|\leqslant\epsilon)&=P(Z_n=n^{-1})\\&=1-n^{-1}\\&\to 1,\quad 当\ n\to\infty\end{aligned}$$

因此，Z_n 依概率收敛于 0。

直觉上，Z_n 以概率 $1-n^{-1}$ 收敛于 0，故当 $n\to\infty$ 时 $Z_n\xrightarrow{p}0$。但当 $Z_n=n$ 时，Z_n 平方以速度 n^2 趋向无穷大，快于其概率 $P(Z_n=n)$ 趋于 0 的速度 n^{-1}，因此二阶矩不存在。

更一般地，依概率收敛意味着样本空间 S 中可能存在“大偏离”事件集，当 $n\to\infty$ 时该集合的概率趋于 0，但对有限 n 该集合的概率非零。某些大偏离甚至以快于概率趋于 0 的速度爆炸式增长，导致 L_p-收敛不存在。

对任意连续函数 $g(\cdot)$，有如下一般性结论。

引理 7.5 *[连续性]*: 假设 $g(\cdot)$ 为连续函数，且当 $n\to\infty$ 时，Z_n 依概率收敛于 Z，则 $g(Z_n)$ 也依概率收敛于 $g(Z)$。即若 $g(\cdot)$ 连续，且当 $n\to\infty$ 时，$Z_n\xrightarrow{p}Z$，则

$$g(Z_n)\xrightarrow{p}g(Z)$$

或等价地

$$p\lim g(Z_n)=g(p\lim Z_n)$$

证明：根据函数 $g(\cdot)$ 的连续性定义，对任意 $\epsilon>0$，存在常数 $\delta=\delta(\epsilon)$，使得对任何 $|Z_n-Z|\leqslant\delta$，有

$$|g(Z_n)-g(Z)|<\epsilon$$

现定义两个事件

$$A_n(\delta)\equiv\{s\in S:|Z_n(s)-Z(s)|\leqslant\delta\}$$
$$B_n(\epsilon)\equiv\{s\in S:|g[Z_n(s)]-g[Z(s)]|\leqslant\epsilon\}$$

由 $g(\cdot)$ 的连续性可推出 $A_n(\delta)\subseteq B_n(\epsilon)$，即 $A_n(\delta)$ 是 $B_n(\epsilon)$ 的一个子集，故有 $P[A_n(\delta)]\leqslant P[B_n(\epsilon)]$。当 $n\to\infty$ 时

$$P[B_n(\epsilon)^c]\leqslant P[A_n(\delta)^c]\to 0$$

其中 $B_n(\epsilon)^c$ 和 $A_n(\delta)^c$ 分别是 $B_n(\epsilon)$ 和 $A_n(\delta)$ 的补集。因为 ϵ 为任意值，δ 亦为任意值。故有当 $n\to\infty$，$g(Z_n)\xrightarrow{p}g(Z)$。证毕。 ■

上述引理是依概率收敛最重要的性质之一，它表示只要非线性函数连续，$p\lim$ 运算符就可穿透非线性函数。这类似于微积分中连续函数的极限等于极限的函数值这一性质。当将依概率收敛的随机序列应用于连续函数时，上述引理与微积分中常见的极限性质类似。另一方面，L_p 收敛中使用的期望算子 $E(\cdot)$ 并不具有该性质，即若 $Z_n\xrightarrow{L_p}Z$，不一定有 $g(Z_n)\xrightarrow{L_p}g(Z)$。

例 7.18：令 Z_n 依概率收敛于常数 $c\neq 0$，证明随机变量 Z_n/c 依概率收敛于 1。

解：该结果由引理 7.5 以及当 $c\neq 0$ 时函数 $g(z)=z/c$ 为连续函数即可得。

例 7.19：假设 Z_n 依概率收敛于一常数 c，并对任意 n 有 $P(Z_n < 0) = 0$。证明随机变量 $\sqrt{Z_n}$ 依概率收敛于 $\sqrt{c}$。

解：该结果由引理 7.5 以及平方根函数 $g(z) = \sqrt{z}$ 的连续性即可得。

本例中若令 $Z_n = S_n^2$，则 $\sqrt{Z_n} = S_n$ 为样本标准差。因此，若当 $n \to \infty$ 时，$S_n^2 \xrightarrow{p} \sigma^2$，则有当 $n \to \infty$ 时，$S_n \xrightarrow{p} \sigma$。

第五节 几乎处处收敛

随机变量 Z_n 是定义在样本空间 S 上的可测映射，即 $Z_n : S \to \mathbb{R}$。对随机序列 $\{Z_n,\ n = 1, 2, \cdots\}$，每个基本结果 $s \in S$ 都生成一个特定的实数序列 $\{z_n = Z_n(s),\ n = 1, 2, \cdots\}$。同样地，对随机变量 Z，每个基本结果 s 对应生成一个实现值 $z = Z(s)$。

几乎处处收敛类似于微积分中的逐点收敛 (pointwise convergence) 概念。所不同的是，在样本空间 S 的一个零概率子集上允许出现不收敛情况。

定义 7.8 [几乎处处收敛 (*Almost Sure Convergence*)]：若对每个给定常数 $\epsilon > 0$，有

$$P\left(\lim_{n\to\infty} |Z_n - Z| > \epsilon\right) = 0$$

或等价地

$$P[s \in S : \lim_{n\to\infty} |Z_n(s) - Z(s)| \leqslant \epsilon] = 1$$

其中 S 为样本空间，则称随机变量序列 $\{Z_n, n = 1, 2, \cdots\}$ 几乎处处收敛于随机变量 Z，记作 $Z_n \xrightarrow{a.s.} Z$，$Z_n - Z = o_{a.s.}(1)$，或 $Z_n - Z \xrightarrow{a.s.} 0$。

几乎处处收敛还有其他几种等价的表达方式，例如也可表述为

$$P(\lim_{n\to\infty} |Z_n - Z| = 0) = 1$$

因此，几乎处处收敛也称为依概率 1 收敛。当 $Z = b$ 时，其中 b 为常数，若 Z_n 依概率 1 收敛于 b，则称 Z_n 是 b 的强一致估计量。

为解释几乎处处收敛，定义集合

$$\begin{aligned} A(\epsilon) &= \{s \in S : \lim_{n\to\infty} |Z_n(s) - Z(s)| \leqslant \epsilon\} \\ &= \{s \in S : |Z_n(s) - Z(s)| \leqslant \epsilon, \quad \text{对所有} n > N(\epsilon, s)\} \end{aligned}$$

$A(\epsilon)$ 是样本空间 S 的一个子集，其中所有基本事件 s 均满足 $\lim_{n\to\infty} |Z_n(s) - Z(s)| \leqslant \epsilon$。直觉上，$A(\epsilon)$ 为 S 的一个收敛子集。这是因为对每个基本结果 $s \in A(\epsilon)$，当 $n \to \infty$ 时

样本路径 $\{Z_n(s), n=1,2,\cdots\}$ 均收敛于 $Z(s)$，尽管收敛速度可能随 s 不同而有所差异。若几乎处处收敛成立，则有

$$P\left(\lim_{n\to\infty}|Z_n-Z|\leqslant\epsilon\right)=P[A(\epsilon)]=1$$

换言之，几乎处处收敛要求收敛集 $A(\epsilon)$ 发生的概率为 1。概率为 1 意味着：对任意给定 $\epsilon>0$，当 n 足够大时，随机变量 Z_n 落在 Z 的 ϵ 邻域内的概率为 1。可能存在非空补集 $A(\epsilon)^c$，对其中每个基本结果 s，当 $n\to\infty$ 时样本路径 $Z_n(s)$ 不收敛于 $Z(s)$，但该集合的概率为零。

当样本空间 S 仅包含有限数目的基本结果时，几乎处处收敛等同于逐点收敛。为说明这一点，假设 s 是 S 的任意一个基本结果，对应一个实数序列 $\{Z_n(s),\ n=1,2,\cdots\}$。假设对每个基本结果 $s\in S$，实数序列 $Z_n(s)$ 总收敛于 $Z(s)$，则有 Z_n 几乎处处收敛于 Z。在这个意义上，几乎处处收敛等价于样本空间 S 上的逐点收敛。

当 S 包含连续基本结果时，收敛集 $A(\epsilon)=S-\Lambda$ 几乎覆盖了整个样本空间 S，其中 Λ 为 S 的子集，满足 $P(\Lambda)=0$。这种情况在 Λ 包含有限个或无限但可列个基本结果时出现。因为 $A(\epsilon)$ 包含“样本空间 S 几乎所有的点”，只有一个零概率集合 Λ 除外，故称该收敛为“几乎处处收敛”。

例 7.20：假设 $S=[0,1]$ 为样本空间，其基本结果服从标准均匀分布。定义两个随机变量

$$Z_n(s)=s+s^n \text{ 和 } Z(s)=s$$

证明 $Z_n-Z\xrightarrow{a.s.}0$。

证明：对每个 $s\in[0,1)$，当 $n\to\infty$ 时，$s^n\to 0$。则对所有 $s\in A(\epsilon)=[0,1)$，当 $n\to\infty$ 时有

$$Z_n(s)=s+s^n\to s=Z(s)$$

即对任意 $\epsilon>0$ 和区间 $[0,1)$ 中的任意 s，存在 $N(\epsilon,s)=[\ln\epsilon/\ln s]+1$ 使得对所有 $n>N(\epsilon,s)$，有

$$|Z_n(s)-Z(s)|=s^n<\epsilon$$

注意 $N(\epsilon,s)$ 依赖于基本结果 s，这表明 $Z_n(s)$ 的收敛速度依赖于 s。另一方面，当 $s=1$，有

$$Z_n(s)=s+s^n=1+1^n=2$$

$$Z(s)=s=1$$

$$|Z_n(s)-Z(s)|=1>\epsilon \qquad \left(\text{如 } \epsilon=\frac{1}{2}\right)$$

存在 $\Lambda=\{1\}$ 满足对所有 n 有 $Z_n(1)=2$，使得当 $n\to\infty$ 时 $Z_n(1)-Z(1)=1$ 并不趋于零。但 $P(\Lambda)=0$ 且 $P[A(\epsilon)]=1$，因为 s 服从连续分布。故 $Z_n-Z=o_{a.s.}(1)$。

类似地，可定义几乎处处收敛的数量级 n^α，其中常数 α 可正可负：

(1) 若当 $n\to\infty$ 时，有 $Z_n/n^\alpha \xrightarrow{a.s.} 0$，则随机变量序列 $\{Z_n,\ n=1,2,\cdots\}$ 的数量级小于 n^α 的概率为 1，记作 $Z_n=o_{a.s.}(n^\alpha)$；

(2) 若存在一个常数 $M<\infty$，满足 $P(|Z_n/n^\alpha|>M$ 当 $n\to\infty$ 时$)=0$，则随机变量序列 $\{Z_n,\ n=1,2,\cdots\}$ 数量级不超过 n^α 的概率为 1，记作 $Z_n=O_{a.s.}(n^\alpha)$。

特别地，$Z_n=O_{a.s.}(1)$ 表示对所有足够大的 n，Z_n 以一个较大常数为界的概率是 1。

现在考察依概率收敛和几乎处处收敛之间的关系。首先比较二者表示形式的不同，几乎处处收敛为

$$P\left(\lim_{n\to\infty}|Z_n-Z|>\epsilon\right)=0$$

而依概率收敛为

$$\lim_{n\to\infty}P(|Z_n-Z|>\epsilon)=0$$

对几乎处处收敛来说，在收敛集 $A(\epsilon)=\{s\in S:\lim_{n\to\infty}|Z_n(s)-Z(s)|<\epsilon\}$ 中，当 $n\to\infty$ 时，每个序列 $Z_n(s)$ 均收敛于 $Z(s)$，且 $A(\epsilon)$ 发生的概率为 1。而对依概率收敛来说，对应 $|Z_n(s)-Z(s)|$ “大偏离” (即大于 ϵ) 的集合 $A_n^c(\epsilon)=\{s:|Z_n(s)-Z(s)|>\epsilon\}$ 的概率可不为 0，但当 $n\to\infty$ 时，其概率收敛于 0。当 $n\to\infty$ 时，依概率收敛对随机序列 $\{Z_n-Z\}$ 的概率分布施加了极限条件，即随着 n 的增大，$|Z_n-Z|$ 为“小偏离”的概率趋于 1。而几乎处处收敛要求在序列数 n 足够大时，$|Z_n-Z|$ 为“小偏离”的概率等于 1。对任何有限但很大的 n，“大偏离” $|Z_n-Z|>\epsilon$ 对应的集合 $A_n^c(\epsilon)$ 可能存在非零概率的事实表明依概率收敛弱于几乎处处收敛。若对每一基本结果 $s\in S$，当 $n\to\infty$ 时，$Z_n(s)\to Z(s)$，则当 n 足够大时，偏离 $|Z_n(s)-Z(s)|$ 将最终变“小” (即小于 ϵ)。因此，几乎处处收敛可推出依概率收敛。

故有如下引理。

引理 7.6 若当 $n\to\infty$ 时，$Z_n\xrightarrow{a.s.}Z$，则 $Z_n\xrightarrow{p}Z$。

例 7.21：令样本空间 S 为闭区间 $[0,1]$，其基本结果 s 的产生服从标准均匀分布。对所有 $s\in[0,1]$，定义随机变量 $Z(s)=s$。同时，对 $n=1,2,\cdots$，定义随机变量序列

$$Z_n(s)=\begin{cases} s+s^n, & 0\leqslant s\leqslant 1-\frac{1}{n} \\ s+1, & 1-\frac{1}{n}<s\leqslant 1 \end{cases}$$

(1) Z_n 几乎处处收敛于 Z 吗？请证明；

(2) Z_n 依概率收敛于 Z 吗？请证明；

(3) Z_n 依 L_p 范数收敛于 Z 吗？请证明。

解：(1) 考虑集合

$$A^c(\epsilon)=\{s\in S:\lim_{n\to\infty}|Z_n(s)-Z(s)|>\epsilon\}$$

对任意给定 $s\in[0,1)$，当 n 充分大即 $n>N(s)=[1/(1-s)]+1$ 时，s 将落入区域 $[0,1-n^{-1}]$。故对任意 $s\in[0,1)$，有 $\lim_{n\to\infty}|Z_n(s)-Z(s)|=\lim_{n\to\infty}s^n=0$。因此补集 $A^c(\epsilon)$ 最多只包含一个基本结果，即 $s=1$。由于基本结果 s 的产生服从连续分布，故 $P[A^c(\epsilon)]=0$。因此 Z_n 几乎处处收敛于 Z。

(2) 因为几乎处处收敛可推出依概率收敛，由引理 7.6 可得 $Z_n\xrightarrow{p}Z$。

或可考察如下集合

$$A_n^c(\epsilon)=\{s\in S:|Z_n(s)-Z(s)|>\epsilon\}$$

不失一般性，假设 $0<\epsilon<1$。则对每个 n，区间 $[1-n^{-1},1]$ 包含在 $A_n^c(\epsilon)$ 之中。另外，若 $|Z_n(s)-Z(s)|=s^n>\epsilon$，则 $s>\epsilon^{1/n}$。故有

$$A_n^c(\epsilon)=[\min(1-n^{-1},\epsilon^{1/n}),1]$$

当 $n\to\infty$ 时

$$P[A_n^c(\epsilon)]=1-\min(1-n^{-1},\epsilon^{1/n})\to 0$$

(3) 对任意固定 $p>0$，当 $n\to\infty$ 时

$$\begin{aligned}E|Z_n-Z|^p&=\int_0^1|Z_n(s)-Z(s)|^p ds\\&=\int_0^{1-n^{-1}}s^{pn}ds+\int_{1-n^{-1}}^1 ds\\&=\frac{1}{pn+1}\left(1-\frac{1}{n}\right)^{pn+1}+\frac{1}{n}\\&\to 0\end{aligned}$$

因此，当 $n\to\infty$ 时，$Z_n\xrightarrow{L_p}Z$。

从几乎处处收敛可推出依概率收敛，但依概率收敛不一定可推出几乎处处收敛，以下提供两个例子说明这一点。

例 7.22：假设 $(S,\mathbb{B},P)$ 为一概率空间，其中样本空间 $S=[0,1]$，$\mathbb{B}$ 是 σ 域，而 P 是对 S 的连续均匀概率测度。定义如下随机变量的序列：

$$Z_1(s)=1,\quad 0\leqslant s\leqslant 1$$

$$Z_2(s)=\begin{cases}1, & 0\leqslant s\leqslant\frac{1}{2}\\0, & \frac{1}{2}<s\leqslant 1\end{cases}$$

$$Z_3(s)=\begin{cases}0, & 0\leqslant s\leqslant \frac{1}{2}\\ 1, & \frac{1}{2}<s\leqslant 1\end{cases}$$

$$Z_4(s)=\begin{cases}1, & 0\leqslant s\leqslant \frac{1}{3}\\ 0, & \frac{1}{3}<s\leqslant 1\end{cases}$$

$$Z_5(s)=\begin{cases}0, & 0\leqslant s\leqslant \frac{1}{3}\\ 1, & \frac{1}{3}<s\leqslant \frac{2}{3}\\ 0, & \frac{2}{3}<s\leqslant 1\end{cases}$$

$$Z_6(s)=\begin{cases}0, & 0\leqslant s\leqslant \frac{2}{3}\\ 1, & \frac{2}{3}<s\leqslant 1\end{cases}$$

$$\cdots$$

证明 $\{Z_n, n=1,2,\cdots\}$ 依概率收敛于 0，但不几乎处处收敛于 0。实际上，对任意给定 $\epsilon>0$，收敛集 $A(\epsilon)$ 是一个空集，即当 $n\to\infty$ 时，对任何 $s\in[0,1]$，样本路径 $Z_n(s)$ 不收敛于 $Z(s)$。

例 7.23：设 $(S,\mathbb{B},P)$ 为概率空间，其中样本空间 $S=[0,1]$，$\mathbb{B}$ 是 σ 域，P 是 S 上的标准均匀分布概率测度。定义 $Z(s)=s$ 和

$$Z_n(s)=\begin{cases}1, & s\in\left[\frac{i}{2^k},\frac{i+1}{2^k}\right]，其中\ i=n-2^k,\ 1\leqslant i\leqslant 2^k\\ s, & 其他\end{cases}$$

其中 $k=[\log_2 n]$ 为 $\log_2 n$ 的整数部分，且 $i=1,\cdots,2^k$。则

(1) 对每个 $\epsilon>0$，当 $n\to\infty$ 时，$P(|Z_n-Z|>\epsilon)\leqslant 1/2^k\to 0$。故当 $n\to\infty$ 有 $Z_n\xrightarrow{p}Z$；

(2) 当 $n\to\infty$ 时，$E|Z_n-Z|^p=1/2^k\to 0$，故 $Z_n\xrightarrow{L_p}Z$；

(3) 对任意 $s\in[0,1]$，$\lim_{n\to\infty}Z_n(s)$ 不存在，故 Z_n 不几乎处处收敛于 Z。

问题 7.2 几乎处处收敛和 L_p-收敛之间是什么关系？

几乎处处收敛无法推出 L_p-收敛，L_p-收敛也无法推出几乎处处收敛。

例 7.24：令样本空间 S 为闭区间 $[0,1]$，其基本结果 s 的发生服从标准均匀分布。对 $n=1,2,\cdots$，定义一个随机变量序列

$$Z_n(s)=\begin{cases}0, & s\in[0,1-n^{-2}]\\ e^n, & s\in(1-n^{-2},1]\end{cases}$$

回答如下问题并证明：当 $n\to\infty$ 时，(1) $Z_n\xrightarrow{q.m.}0$? (2) $Z_n\xrightarrow{p}0$? (3) $Z_n\xrightarrow{a.s.}0$?

解：(1) 否；(2) 是；(3) 是。

类似依概率收敛，几乎处处收敛可推广到任意连续函数。

引理 7.7 ***[连续性 (Continuity)]***：假设 $g(\cdot)$ 为连续函数，且当 $n \to \infty$ 时，Z_n 几乎处处收敛于 Z。则当 $n \to \infty$ 时，$g(Z_n)$ 几乎处处收敛于 $g(Z)$。

证明：该证明类似引理 7.5 对连续函数依概率收敛的证明。令 $s \in S$ 为任一基本结果。由 $g(\cdot)$ 的连续性可知，当 $n \to \infty$ 时，由 $Z_n(s) \to Z(s)$ 可推出 $g[Z_n(s)] \to g[Z(s)]$，则有

$$\{s \in S : Z_n(s) \to Z(s)\} \subseteq \{s \in S : g[Z_n(s)] \to g[Z(s)]\}$$

因此

$$P\{s \in S : g[Z_n(s)] \to g[Z(s)]\} \geqslant P[s \in S : Z_n(s) \to Z(s)] = 1$$

故 $g(Z_n) \xrightarrow{a.s.} g(Z)$。证毕。 ■

有了几乎处处收敛的概念，可引入强大数定律 (strong law of large numbers, SLLN)。

定理 7.2 ***[柯尔莫哥洛夫强大数定律 (Kolmogorov SLLN)]***：设 $\boldsymbol{X}^n = (X_1, \cdots, X_n)$ 是从 $E(X_i) = \mu$ 且 $E|X_i| < \infty$ 的总体分布产生的 IID 随机样本。定义样本均值 $\bar{X}_n = n^{-1}\sum_{i=1}^n X_i$。则当 $n \to \infty$ 时，

$$\bar{X}_n \xrightarrow{a.s.} \mu$$

证明：参见 Gallant (1997)。 ■

SLLN 指出，样本均值随机序列 $\{\bar{X}_n, n = 1, 2, \cdots\}$ 极限为 μ 的概率是 1。换言之，在样本空间 S 中，当 $n \to \infty$ 时，$\bar{X}_n(s)$ 的样本路径不收敛的那些基本结果的集合的概率为零。注意样本均值 $\bar{X}_n$ 几乎处处收敛于总体均值 μ 的唯一矩条件是总体均值 μ 存在。

最后介绍一致强大数定律 (uniform strong law of large numbers, USLLN)，其在统计学和计量经济学有广泛应用。

定理 7.3 ***[一致强大数定律 (USLLN)]***：假设 *(1)* $\boldsymbol{X}^n = (X_1, \cdots, X_n)$ 为 IID 随机样本；*(2)* 函数 $g(x, \theta)$ 在 $\Omega \times \Theta$ 上连续，其中 Ω 是 X_i 的支撑，Θ 是 $\mathbb{R}^d$ 上的紧集 (compact set)，d 为有限固定整数；*(3)* $E[\sup_{\theta \in \Theta} |g(X_i, \theta)|] < \infty$，其中期望 $E(\cdot)$ 在 X_i 的总体分布上取期望值。则当 $n \to \infty$ 时，

$$\sup_{\theta \in \Theta} \left| n^{-1} \sum_{i=1}^n g(X_i, \theta) - E[g(X_i, \theta)] \right| \xrightarrow{a.s.} 0$$

此外，$E[g(X_i, \theta)]$ 是参数空间 Θ 上关于 θ 的连续函数。

与定理 7.2 SLLN 不同的是，$g(X_i,\theta)$ 同时依赖于随机变量 X_i 和参数 θ。USLLN 表明，在参数空间 Θ 的所有可能取值中，样本均值 $n^{-1}\sum\limits_{i=1}^{n} g(X_i,\theta)$ 和总体均值 $E[g(X_i,\theta)]$ 之间的最大偏离几乎处处收敛于零。USLLN 在研究非线性统计量的渐进性质时非常有用。关于 USLLN 的应用可参见本书第八章和洪永淼 (2011)。

第六节 依分布收敛

假设 $\boldsymbol{X}^n=(X_1,\cdots,X_n)$ 为来自非正态分布的 IID 随机样本，如标准均匀分布。那么样本均值 $\bar{X}_n$ 的抽样分布是什么？

当随机变量 X_i 服从非正态分布时，一般而言 $\bar{X}_n$ 的抽样分布未知或相当复杂。一个可行的办法是考虑当样本容量 $n\to\infty$ 时 $\bar{X}_n$ 的极限分布 (limiting distribution)，此极限分布也称渐进分布 (asymptotic distribution)。

在现实抽样中，统计量 $\bar{X}_n$ 取决于样本容量 n 和随机样本 $\boldsymbol{X}^n$ 的总体分布。由于总体分布也是未知的，此时可用依分布收敛概念对统计量 $\bar{X}_n$ 的有限样本分布作近似分析。

定义 7.9 ***[依分布收敛 (Convergence in Distribution)]***：令 $\{Z_n,n=1,2,\cdots\}$ 为随机变量序列，其对应的 CDF 序列为 $\{F_n(z),n=1,2,\cdots\}$，令随机变量 Z 的 CDF 为 $F(z)$。若在 $F(z)$ 的每个连续点 $z\in(-\infty,\infty)$ 处有 CDF $F_n(z)$ 收敛于 $F(z)$，即在每个 $F(z)$ 连续的 z 点处都有

$$\lim_{n\to\infty} F_{Z_n}(z)=F(z)$$

则称当 $n\to\infty$ 时 Z_n 依分布收敛于 Z，其中 $F(z)$ 为随机变量序列 $\{Z_n,\ n=1,2,\cdots\}$ 的极限 (或渐进) 分布。

尽管称随机变量序列 $\{Z_n,\ n=1,2,\cdots\}$ 依分布收敛于随机变量 Z，其实是指累积分布函数 CDF 序列 $\{F_n(z),n=1,2,\cdots\}$ 收敛于 CDF $F(\cdot)$。换言之，依分布收敛是指随机变量序列的 CDF 序列收敛而并非随机变量序列 $\{Z_n\}$ 本身收敛。这一概念与依 L_p 收敛、依概率收敛以及几乎处处收敛完全不同。后面三种收敛概念均刻画了随机变量 Z_n 和随机变量 Z 之间的接近程度。

需要强调，极限分布 $F(\cdot)$ 可能无法由 $F_n(\cdot)$ 求极限获得。例如，若 $Z_n\sim N\left(0,\frac{1}{n}\right)$，则其分布函数

$$\begin{aligned}
F_n(z)&=\int_{-\infty}^{z}\frac{1}{\sqrt{1/n}\sqrt{2\pi}}e^{-nu^2/2}du\\
&=\int_{-\infty}^{\sqrt{n}z}\frac{1}{\sqrt{2\pi}}e^{-v^2/2}dv
\end{aligned}$$

$$= \Phi(\sqrt{n}z)$$

其中 $\Phi(\cdot)$ 是 $N(0,1)$ 的 CDF。显然，有

$$\lim_{n\to\infty} F_n(z) = \begin{cases} 0, & z < 0 \\ \frac{1}{2}, & z = 0 \\ 1, & z > 0 \end{cases}$$

现定义函数

$$F(z) = \begin{cases} 0, & z < 0 \\ 1, & z \geqslant 0 \end{cases}$$

则 $F(z)$ 为 CDF 且在 $F(z)$ 的每个连续点处有 $\lim_{n\to\infty} F_n(z) = F(z)$ (函数 $F(z)$ 只在 $z = 0$ 处不连续)。因此，$F(\cdot)$ 是 Z_n 的极限分布。但 $F(\cdot)$ 无法通过对 $F_n(\cdot)$ 求极限得到，因为在 $z = 0$ 点处 $\lim_{n\to\infty} F_n(0) \neq F(0)$。本例中，$\lim_{n\to\infty} F_n(z)$ 并非 CDF，因其在 $z = 0$ 不满足右连续。

依分布收敛的概念应用十分广泛。一般来说，对任意有限的 n，$F_n(z)$ 通常未知或相当复杂，但 $F(z)$ 已知且很简单。所以，若依分布收敛，则可用 CDF $F(z)$ 近似 CDF $F_n(z)$。当 n 很小时，近似未必理想，但随 n 不断增加，近似将越来越精确。因此，渐进分布 $F(z)$ 提供了一种进行统计推断的便利工具。

分布 $F(z)$ 称为 Z_n 的极限分布或渐进分布。假设 $F(\cdot)$ 有均值 μ 和方差 σ^2，那么二者分别称为分布 $F_n(\cdot)$ 的渐进均值和渐进方差。因为 $F(\cdot)$ 并非 $F_n(\cdot)$ 的极限，渐进均值和渐进方差可能并非 $F_n(\cdot)$ 的均值和方差的极限，即使后者存在。

例 7.25：设 $\boldsymbol{X}^n = (X_1, \cdots, X_n)$ 为 IID $U[0, \theta]$ 随机样本，其中 θ 是未知参数。定义 $Z_n = \max_{1\leqslant i\leqslant n}(X_i)$ 为 θ 的估计量。推导 $n(\theta - Z_n)$ 的极限分布。

解：任意给定 $u \geqslant 0$，当 $n \to \infty$ 时，有

$$\begin{aligned} P[n(\theta - Z_n) > u] &= P\left(Z_n < \theta - \frac{u}{n}\right) \\ &= P\left(X_1 < \theta - \frac{u}{n}, \cdots, X_n < \theta - \frac{u}{n}\right) \\ &= \prod_{i=1}^{n} P\left(X_i < \theta - \frac{u}{n}\right) \\ &= \left(1 - \frac{u}{n\theta}\right)^n \\ &\to e^{-u/\theta} \end{aligned}$$

上述推导用到极限公式 $\left(1 - \frac{a}{n}\right)^n \to e^{-a}$。则对任意 $u \geqslant 0$，当 $n \to \infty$ 时

$$F_n(u) = 1 - P[n(\theta - Z_n) > u]$$

$$\to 1 - e^{-u/\theta}$$

这说明 $n(\theta - Z_n)$ 依分布收敛于参数为 θ 的指数分布 $EXP(\theta)$。

现在考察依分布收敛和依概率收敛之间的关系。首先给出一个结论，即从依分布收敛可推出依概率有界。

引理 7.8 令 Z_n 是 CDF 为 $F_n(\cdot)$ 的随机变量，Z 是 CDF 为 $F(\cdot)$ 的连续随机变量。若当 $n \to \infty$ 时 $Z_n \xrightarrow{d} Z$，则 $Z_n = O_p(1)$。

证明：对任意给定常数 $\epsilon > 0$，令 $M = M(\epsilon)$ 为满足 $P(|Z| > M) < \epsilon$ 的常数。$F_n(z)$ 是 Z_n 的 CDF。给定 $Z_n \xrightarrow{d} Z$ 且 Z 的 CDF $F(z)$ 处处连续，则对任意 $z \in (-\infty, \infty)$ 和足够大的 n，有 $|F_n(z) - F(z)| \leqslant \epsilon$。这说明对所有充分大的 n，有

$$P(Z_n > M) - P(Z > M) \leqslant \epsilon$$
$$P(Z_n \leqslant -M) - P(Z \leqslant -M) \leqslant \epsilon$$

则

$$\begin{aligned} P(Z_n > M) + P(Z_n < -M) &\leqslant P(Z_n > M) + P(Z_n \leqslant -M) \\ &< P(Z > M) + P(Z \leqslant -M) + 2\epsilon \\ &= P(Z > M) + P(Z < -M) + 2\epsilon \end{aligned}$$

这里给定 Z 为连续随机变量，故有 $P(Z = -M) = 0$。因此

$$P(|Z_n| > M) < P(|Z| > M) + 2\epsilon < 3\epsilon \equiv \delta$$

因为 ϵ 是任意值，δ 也是任意值，故 $Z_n = O_p(1)$。证毕。 ■

直觉上，当 $n \to \infty$ 时，若 Z_n 的概率分布收敛于一个连续概率分布，则 Z_n 依概率有界。这有助于构造依概率有界的随机变量序列。通常情况下，证明随机变量序列依分布收敛较为容易。

例 7.26：在例 7.25 中，统计量 $Z_n = \max_{1 \leqslant i \leqslant n}(X_i)$，其中 $\boldsymbol{X}^n = (X_1, \cdots, X_n)$ 是来自均匀分布 $U[0, \theta]$ 的 IID 随机样本，例 7.25 已证明当 $n \to \infty$ 时，$n(\theta - Z_n) \xrightarrow{d} EXP(\theta)$。因此，$n(\theta - Z_n) = O_p(1)$，或 $Z_n - \theta = O_p(n^{-1})$。这表明 Z_n 以速度 n^{-1} 依概率逼近收敛于 θ。直觉上，随机变量的 n 个观测值 $\{X_i\}_{i=1}^n$ 或多或少地均匀分布于整个支撑区间 $[0, \theta]$。因此，$\{X_i\}_{i=1}^n$ 的最大值将以速度 n^{-1} 逼近均匀分布的上界 θ。

以下引理表明依概率收敛可推出依分布收敛。

引理 7.9 假设当 $n \to \infty$ 时，$Z_n \xrightarrow{p} Z$。则当 $n \to \infty$ 时，$Z_n \xrightarrow{d} Z$。

证明：留作练习题。 ■

若当 $n \to \infty$ 时，有 Z_n 依概率收敛于 Z，则当 $n \to \infty$ 时，随机变量 Z_n 任意逼近随机变量 Z 的概率趋近 1。因此，对充分大的 n，Z_n 的概率分布将任意逼近 Z 的概率分布，即当 $n \to \infty$ 时，Z_n 依分布收敛于 Z。

例 7.27：假设 $\{Z_n : n = 1, 2, \cdots\}$ 为来自总体分布 $F(z)$ 的 IID 随机变量，而 Z 是独立于随机序列 $\{Z_n : n = 1, 2, \cdots\}$ 但具有相同分布 $F(z)$ 的随机变量。另外，假设 $\text{var}(Z) = \sigma^2 < \infty$。

(1) Z_n 是否依分布收敛于 Z?

(2) Z_n 是否依二次方均值收敛于 Z?

(3) Z_n 是否依概率收敛于 Z?

证明：(1) 为证明 $Z_n \xrightarrow{d} Z$，只需证明

$$\lim_{n\to\infty} F_n(z) = F(z), \qquad \text{对所有连续点 } z \in (-\infty, \infty)$$

所谓连续点 z 是指函数 $F(z)$ 在点 z 处连续。给定同分布假设，对所有 $z \in (-\infty, \infty)$ 和所有 $n > 0$，有

$$F_n(z) = F(z)$$

因此，对所有连续点 $z \in (-\infty, \infty)$，有

$$\lim_{n\to\infty} F_n(z) = F(z)$$

则当 $n \to \infty$ 时，$Z_n \xrightarrow{d} Z$。

(2) 因为 Z_n 和 Z 相互独立，则

$$\begin{aligned} E(Z_n - Z)^2 &= \text{var}(Z_n - Z) \\ &= \text{var}(Z_n) + \text{var}(Z) \\ &= 2\text{var}(Z) \\ &= 2\sigma^2 > 0 \end{aligned}$$

因此，Z_n 尽管依分布收敛于 Z，但并不依二次方均值收敛于 Z。

(3) 不是。(问题：为什么?)

以下渐进等价性引理是推导统计量渐进分布的有效方法。

引理 7.10 *[渐进等价性 (Asymptotic Equivalence)]*：假设当 $n \to \infty$ 时，$Y_n - Z_n \xrightarrow{p} 0$ 且 $Z_n \xrightarrow{d} Z$。则当 $n \to \infty$，$Y_n \xrightarrow{d} Z$。

直觉上，当 $n \to \infty$ 时，若两个随机变量 Y_n 和 Z_n 以趋近 1 的概率相互趋近，则

二者服从相同的极限概率分布。当需要推导 Y_n 的渐进分布时，该引理非常有用。首先建立 Y_n 和 Z_n 的渐进等价性 (依概率)，即当 $n \to \infty$ 时，$Y_n - Z_n \xrightarrow{p} 0$。然后，根据引理 7.10， Y_n 和 Z_n 的渐进分布相同。例如，考虑推导如下标准化的夏普比 (Sharpe ratio) 在 $\mu = 0$ 的假设下的渐进分布

$$Y_n = \frac{\sqrt{n}\bar{X}_n}{S_n}$$

其中，$\bar{X}_n$ 和 S_n 为 IID 随机样本 $\boldsymbol{X}^n$ 的样本均值和样本方差。首先建立 Y_n 和如下随机变量之间依概率的渐进等价性

$$Z_n = \frac{\sqrt{n}\bar{X}_n}{\sigma}$$

然后推导 Z_n 的渐进分布。这样推导 Y_n 的渐进分布就简单得多，因为不需要考虑随机分母 S_n。

如例 7.26 所示，依分布收敛不一定能推导出依概率收敛。但在一种特殊情况下依分布收敛可推导出依概率收敛。现在，证明一个将某极限分布和依概率收敛于某一常数联系起来的定理。首先介绍退化概率分布的概念。

定义 7.10 [退化分布 (*Degenerate Distribution*)]: 若对某常数 c，有 $P(Z = c) = 1$，则称随机变量 Z 服从在 c 点的退化分布。

定理 7.4 令 $F_n(z)$ 为随机变量 Z_n 的 CDF， Z_n 的分布依赖于正整数 n。令 c 是与 n 无关的常数。则当且仅当 Z_n 的极限分布在 $z = c$ 处退化时，随机序列 $\{Z_n, n = 1, 2, \cdots\}$ 依概率收敛于常数 c。

证明：(1) [必要性] 首先，假设对任意给定 $\epsilon > 0$，$\lim_{n\to\infty} P(|Z_n - c| < \epsilon) = 1$。需要证明

$$\lim_{n\to\infty} F_n(z) = \begin{cases} 0, & z < c \\ 1, & z > c \end{cases}$$

根据上式可定义一个渐进分布

$$F(z) = \begin{cases} 0, & z < c \\ 1, & z \geqslant c \end{cases}$$

注意，对任意 $\epsilon > 0$，有

$$P(|Z_n - c| < \epsilon) = F_n(c + \epsilon) - F_n(c - \epsilon) - P(Z_n = c + \epsilon)$$

因为 $0 \leqslant F_n(z) \leqslant 1$ 且 $\lim_{n\to\infty} P(|Z_n - c| < \epsilon) = 1$，故对所有 $\epsilon > 0$

$$\lim_{n\to\infty} F_n(c + \epsilon) = 1$$

$$\lim_{n\to\infty} F_n(c-\epsilon) = 0$$

$$\lim_{n\to\infty} P(Z_n = c+\epsilon) = 0$$

则有

$$\lim_{n\to\infty} F_n(z) = \begin{cases} 0, & z < c \\ 1, & z > c \end{cases}$$

因此可定义渐进分布如下

$$F(z) = \begin{cases} 0, & z < c \\ 1, & z \geqslant c \end{cases}$$

其为 Z 的 CDF，使得 $P(Z=c)=1$。因为在实数集上 (仅 $z=c$ 为非连续点) 所有连续点 $\{z\}$ 上，有 $\lim_{n\to\infty} F_n(z) = F(z)$，故当 $n\to\infty$ 时，$Z_n \xrightarrow{d} c$。

(2) [充分性] 为完整证明该定理，假设

$$\lim_{n\to\infty} F_n(z) = \begin{cases} 0, & z < c \\ 1, & z \geqslant c \end{cases}$$

需证明对所有 $\epsilon > 0$，$\lim\limits_{n\to\infty} P(|Z_n - c| \leqslant \epsilon) = 1$。因为对所有 $\epsilon > 0$，当 $n\to\infty$ 时，有

$$\begin{aligned} 1 \geqslant P(|Z_n - c| \leqslant \epsilon) &= F_n(c+\epsilon) - F_n(c-\epsilon) + P(Z_n = c-\epsilon) \\ &\to 1 - 0 + 0 = 1 \end{aligned}$$

故当 $n\to\infty$ 时，对所有 $\epsilon > 0$，有 $P(|Z_n - c| \leqslant \epsilon) = 1$。证毕。 ■

类似于依概率收敛和几乎处处收敛，依分布收敛的性质也可扩展到任意连续函数。这就是所谓的连续映射定理。

定理 7.5 *[连续映射定理 (Continuous Mapping Theorem)]*: 假设当 $n\to\infty$ 时，k 维随机向量序列 $Z_n \xrightarrow{d} Z$ 且 $g: \mathbb{R}^k \to \mathbb{R}^l$ 为 l 维连续向量值函数，其中 k, l 是有限且固定正整数。则当 $n\to\infty$ 时，有 $g(Z_n) \xrightarrow{d} g(Z)$。

定理 7.5 表明，若 Z_n 的极限分布已知，则可求得 Z_n 的连续函数之极限分布。这对在已知 Z_n 的极限分布的情况下，推导统计量 $g(Z_n)$ 的极限分布尤其有用。

第七节　中心极限定理

有了依分布收敛的概念，现在可讨论概率论与数理统计学的一个基本定理 —— 中心极限定理 (central limit theorem, CLT)。

定理 7.6 [独立同分布随机样本的林德伯格-列维 (Lindeberg-Levy) 中心极限定理]: 令 $\boldsymbol{X}^n = (X_1, \cdots, X_n)$ 为来自均值为 μ，方差为 σ^2 $(0 < \sigma^2 < \infty)$ 的某个总体分布的 IID 随机样本。定义样本均值 $\bar{X}_n = n^{-1}\sum_{i=1}^n X_i$。当 $n \to \infty$ 时，则标准化样本均值

$$\begin{aligned} Z_n &= \frac{\bar{X}_n - E(\bar{X}_n)}{\sqrt{\operatorname{var}(\bar{X}_n)}} \\ &= \frac{\bar{X}_n - \mu}{\sigma/\sqrt{n}} \\ &= \frac{\sqrt{n}(\bar{X}_n - \mu)}{\sigma} \\ &\xrightarrow{d} N(0,1) \end{aligned}$$

标准正态随机变量 $Z \sim N(0,1)$ 的 CDF 常记作

$$\Phi(z) = \int_{-\infty}^{z} \frac{1}{\sqrt{2\pi}} e^{-x^2/2} dx$$

CLT 表明，当 $n \to \infty$ 时，$Z_n \xrightarrow{d} Z$，即对所有 $z \in (-\infty, \infty)$，$F_n(z) \to \Phi(z)$，其中 $F_n(z)$ 是 Z_n 的 CDF。

证明：定义标准化随机变量

$$Y_i = \frac{X_i - \mu}{\sigma}, \quad i = 1, \cdots, n$$

其特征函数为 $\varphi_Y(t) = E(e^{\mathbf{i}tY_i})$，其中 $\mathbf{i} = \sqrt{-1}$。则 Y_i 均值为 0，方差为 1。有

$$\begin{aligned} \varphi_Y'(0) &= 0 \\ \varphi_Y''(0) &= \mathbf{i}^2\sigma_Y^2 = -1 \end{aligned}$$

标准化样本均值为

$$\begin{aligned} Z_n &= \frac{\bar{X}_n - \mu}{\sigma/\sqrt{n}} \\ &= \sqrt{n}\frac{\bar{X}_n - \mu}{\sigma} \\ &= \sqrt{n}\left(n^{-1}\sum_{i=1}^n \frac{X_i - \mu}{\sigma}\right) \\ &= \sqrt{n}\bar{Y}_n \\ &= \frac{1}{\sqrt{n}}\sum_{i=1}^n Y_i \end{aligned}$$

由于 X_i 的矩生成函数 MGF 不一定存在，因此将采用特征函数法，证明当 $n \to \infty$ 时，$\varphi_n(t) \to e^{-\frac{1}{2}t^2}$，其中 $\varphi_n(t) = E(e^{\mathrm{i}tZ_n})$ 是 Z_n 的特征函数，而 $e^{-\frac{1}{2}t^2}$ 是 $N(0,1)$ 的特征函数。

给定 IID 假设，有

$$\begin{aligned}\varphi_n(t) &= E(e^{\mathrm{i}tZ_n})\\ &= E(e^{\mathrm{i}t\sqrt{n}\bar{Y}_n})\\ &= E(e^{\frac{\mathrm{i}t}{\sqrt{n}}\sum_{i=1}^n Y_i})\\ &= E(e^{\frac{\mathrm{i}t}{\sqrt{n}}Y_1}e^{\frac{\mathrm{i}t}{\sqrt{n}}Y_2}\cdots e^{\frac{\mathrm{i}t}{\sqrt{n}}Y_n})\\ &= E(e^{\frac{\mathrm{i}t}{\sqrt{n}}Y_1})E(e^{\frac{\mathrm{i}t}{\sqrt{n}}Y_2})\cdots E(e^{\frac{\mathrm{i}t}{\sqrt{n}}Y_n})\\ &= \left[E(e^{\frac{\mathrm{i}t}{\sqrt{n}}Y_1})\right]^n\\ &= \left[\varphi_Y\left(\frac{t}{\sqrt{n}}\right)\right]^n\end{aligned}$$

其中 $\varphi_Y(t) = E(e^{\mathrm{i}tY_i})$。现在，有

$$\begin{aligned}\ln\{[\varphi_Y(t/\sqrt{n})]^n\} &= n\ \ln[\varphi_Y(t/\sqrt{n})]\\ &= \frac{\ln[\varphi_Y(t/\sqrt{n})]}{1/n}\end{aligned}$$

给定 $\varphi_Y(0) = 1$ 和 $1/n \to 0$，$\ln[\varphi_Y(t/\sqrt{n})] \to 0$，对任意给定 $t \in (-\infty, \infty)$，由洛必达法则 (L'Hospital's rule) 可得：

$$\begin{aligned}\lim_{n\to\infty}\frac{\ln[\varphi_Y(t/\sqrt{n})]}{1/n} &= \lim_{n\to\infty}\frac{\frac{\varphi'_Y(t/\sqrt{n})}{\varphi_Y(t/\sqrt{n})}\left(-\frac{t}{2n\sqrt{n}}\right)}{-1/n^2}\\ &= \frac{t}{2}\lim_{n\to\infty}\frac{\frac{\varphi'_Y(t/\sqrt{n})}{\varphi_Y(t/\sqrt{n})}}{1/\sqrt{n}}\end{aligned}$$

其中

$$\frac{\varphi'_Y(t/\sqrt{n})}{\varphi_Y(t/\sqrt{n})} \to 0$$

给定 $\varphi'_Y(0) = 0$ 和 $1/\sqrt{n} \to 0$，再次应用洛必达法则得

$$\begin{aligned}\lim_{n\to\infty}\frac{\frac{\varphi'_Y(t/\sqrt{n})}{\varphi_Y(t/\sqrt{n})}}{1/\sqrt{n}} &= \lim_{n\to\infty}\frac{\frac{\varphi''_Y(t/\sqrt{n})\varphi_Y(t/\sqrt{n})-[\varphi'_Y(t/\sqrt{n})]^2}{[\varphi_Y(t/\sqrt{n})]^2}\left(-\frac{t}{2n\sqrt{n}}\right)}{-\frac{1}{2n\sqrt{n}}}\\ &= t\lim_{n\to\infty}\frac{\varphi''_Y(t/\sqrt{n})\varphi_Y(t/\sqrt{n})-[\varphi'_Y(t/\sqrt{n})]^2}{[\varphi_Y(t/\sqrt{n})]^2}\\ &= -t\end{aligned}$$

其中用到 $\varphi_Y(0)=1$，$\varphi'_Y(0)=0$，$\varphi''_Y(0)=-1$。

则有

$$\begin{aligned}\lim_{n\to\infty}\ln\varphi_n(t) &= \lim_{n\to\infty}\frac{\ln[\varphi_Y(t/\sqrt{n})]}{1/n}\\ &= -\frac{1}{2}t^2\end{aligned}$$

因为连续函数的极限 (此处为指数函数) 等于极限的函数，有

$$\lim_{n\to\infty}\varphi_n(t)=e^{-\frac{t^2}{2}}$$

因此，当 $n\to\infty$ 时 $Z_n\xrightarrow{d}N(0,1)$。证毕。 ■

以下提供另一种启发式证明。Z_n 的特征函数为

$$\begin{aligned}\varphi_n(t) &= E(e^{\mathrm{i}t\sqrt{n}\bar{Y}_n})\\ &= [E(e^{\mathrm{i}tY_1/\sqrt{n}})]^n\\ &= [\varphi_Y(t/\sqrt{n})]^n\\ &= \left[\varphi_Y(0)+\varphi'_Y(0)\frac{t}{\sqrt{n}}+\frac{1}{2}\varphi''_Y(0)\left(\frac{t}{\sqrt{n}}\right)^2+r\left(\frac{t}{\sqrt{n}}\right)\right]^n\\ &= \left[1-\frac{t^2}{2n}+o(n^{-1})\right]^n\\ &\to e^{-t^2/2}\end{aligned}$$

其中，$r(t/\sqrt{n})$ 代表余项，且应用了极限公式：当 $n\to\infty$ 时，$\left(1+\frac{a}{n}\right)^n\to e^a$。这个公式在第四章推导小数定律时也发挥了重要作用，即一些服从伯努利分布 (p) 的独立随机变量，它们的和服从二项分布 $B(n,p)$，而当 $np\to\lambda$ 且 $n\to\infty$ 时，和的分布便趋于泊松分布 Poisson(λ)。

在上述 CLT 的证明中，之所以使用特征函数而并非更为熟悉的矩生成函数，是因为某些总体分布的矩生成函数不一定存在，例如对数正态分布和学生 t-分布等，但其特征函数却总是存在的。当然，由于涉及复变函数，证明起来更困难些。历史上，CLT 是在十八世纪早期由亚伯拉罕·棣莫弗 (Abraham de Moivre) 针对来自伯努利分布的随机样本首次建立的。二十世纪早期，林德伯格 (J. W. Lindeberg) 和列维 (P. Levy) 各自独立完成了对任意分布的 IID 随机样本的 CLT 的证明。

CLT 意味着若一个大随机样本是从有限方差的任意总体分布生成的，则不论该总体分布是离散或者连续，当 n 足够大时，以下的标准化样本均值

$$Z_n=\frac{\sqrt{n}(\bar{X}_n-\mu)}{\sigma}$$

的分布将近似服从 $N(0,1)$ 分布。直观上，可以将样本均值 $\bar{X}_n$ 视为许多同类的独立“小”噪声或微扰的累加。尽管每个微扰服从一个任意分布，但独立的微扰累加会导致最终结果趋于正态分布。因此，在数值上，对每个充分大的 n，$\bar{X}_n$ 的分布近似于 $N(\mu,\sigma^2/n)$，或者 $\sum_{i=1}^n X_i$ 的分布近似于 $N(n\mu,n\sigma^2)$。图 7.3 给出了对应不同样本容量 $n=1,2,5,10,30,50$ 的 Z_n 的抽样分布图，其中总体分布分别为：(1) $U[0,1]$；(2) t_4-分布；(3) $EXP(1)$；(4) Bernoulli(0.5)。对 $n \geqslant 30$ 时，各总体分布下的 Z_n 的抽样分布均近似于正态分布。

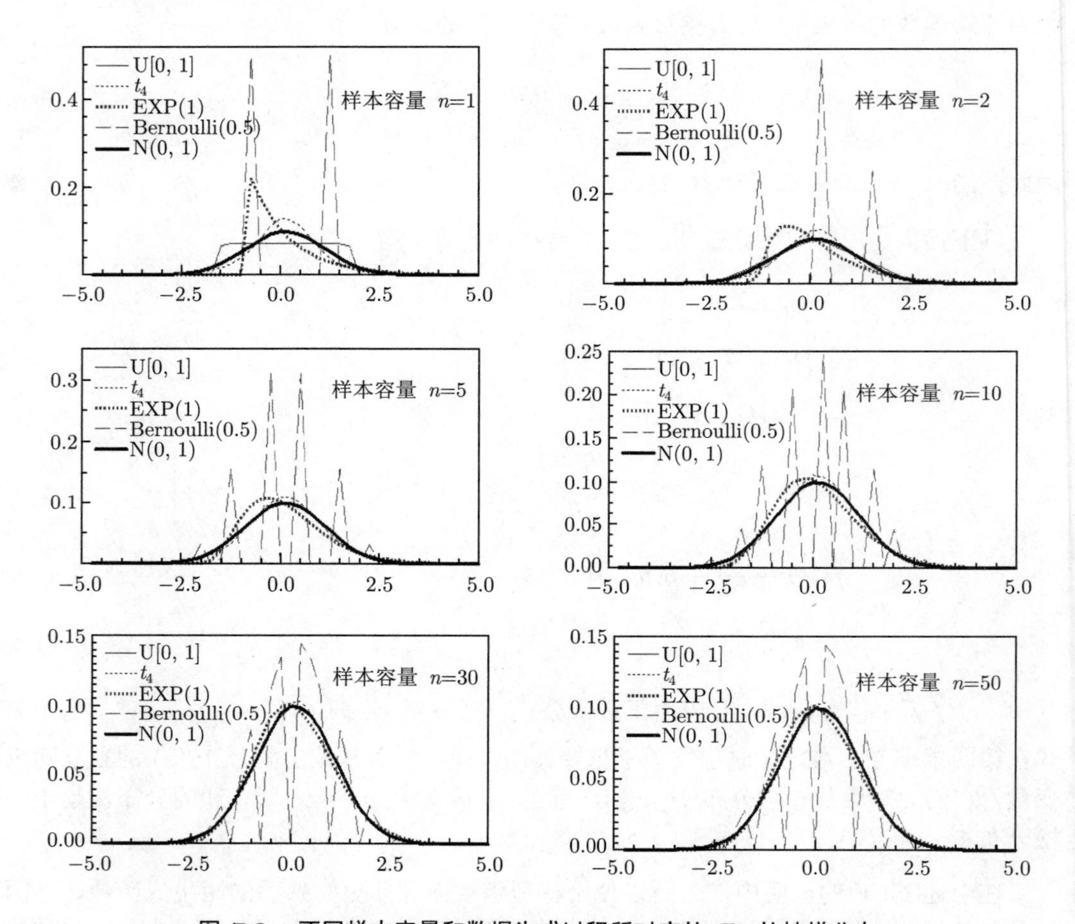

图 7.3：不同样本容量和数据生成过程所对应的 Z_n 的抽样分布

需要强调，CLT 并不是说可能取值的数目很大的总体近似于正态分布。CLT 并未涉及总体分布，而仅仅是关于标准化样本均值 Z_n 的近似分布的陈述。CLT 并未假设总体分布可能的取值需要很大数目 (相反地，总体可服从二元分布，如伯努利分布)，而是要求随机样本 $\boldsymbol{X}^n=(X_1,\cdots,X_n)$ 的样本容量 n 需要足够大。

CLT 有时被解释为当 $n\to\infty$ 时，$\bar{X}_n$ 的分布接近于正态分布。严格地说，这表述显然是错误的，因为 $\text{var}(\bar{X}_n)\to 0$ 且 $\bar{X}_n$ 收敛于如下退化分布 $F(\cdot)$，其满足若 $x<\mu$ 则 $F(x)=0$；若 $x\geqslant\mu$，则 $F(x)=1$。

应该说，CLT 对随机经济系统和物理实验中的某些随机变量近似服从正态分布提供了一个合理解释。经济学中，许多宏观经济变量都是众多个体单元相应的经济变量之和。在物理学，很多重要物理变量的观测值都是大量重复实验测量值的平均数。若独立性假设近似成立，则相关变量近似服从正态分布。

CLT 在统计推断中占据核心地位。尽管 CLT 提供了简单且有效的近似，但并不存在自动的方法可判断其近似的精确程度。事实上，近似的精确程度取决于样本容量 n 和总体分布，且不同情况下的近似程度有所不同。参见图 7.3。

随着计算机科技的迅猛发展，CLT 的重要性在某种程度上有所减弱。比如，可用所谓自助抽样 (Bootstrap) 的再抽样方法 (resampling method)，即一种基于计算机的重复抽样方法，对任意有限的样本容量 n 可较为精确地近似 $\bar{X}_n$ 的有限样本分布。关于自助抽样方法，可参见 Hall (1992)。

在经济学、金融学与管理学中，CLT 应用十分广泛，以下是其中一例。

例 7.28 [寿险 (Life Insurance)]：假设有 10,000 人从某保险公司购买寿险。保费是每人每年 12 美元。每个保险人在一年中死亡的概率为 0.006。若某保险申请人在该年中死亡，其家人将获得 1000 美元。问保险公司损失的概率是多大？

解：定义

$$X_i = \begin{cases} 1, & \text{第 } i \text{ 个人在某年死亡} \\ 0, & \text{其他} \end{cases}$$

则 $X_i \sim \text{Bernoulli}(p)$ 分布，其中 $p = 0.006$。由 CLT，当 $n \to \infty$ 时，

$$Z_n = \frac{\sqrt{n}(\bar{X}_n - p)}{\sqrt{p(1-p)}} \xrightarrow{d} N(0,1)$$

定义在一年中死亡的被保险人数为 $D_n = \sum_{i=1}^{n} X_i = n\bar{X}_n$，若

$$12n - 1000D_n < 0$$

即

$$\bar{X}_n > \frac{12}{1000}$$

则保险公司将亏损。因此，保险公司亏损的概率为

$$\begin{aligned} P\left(\bar{X}_n > \frac{12}{1000}\right) &= P\left[\frac{\sqrt{n}(\bar{X}_n - p)}{\sqrt{p(1-p)}} > \frac{\sqrt{n}\left(\frac{12}{1000} - p\right)}{\sqrt{p(1-p)}}\right] \\ &\approx 1 - \Phi\left[\frac{1.2 - 0.6}{\sqrt{0.006 \times (1 - 0.006)}}\right] \\ &\approx 1 - \Phi(7.769) \\ &\approx 0 \end{aligned}$$

根据 CLT 便很容易理解许多著名分布可由正态分布近似。现举几个例子。

例 7.29 [二项分布 $B(n,p)$ 的正态近似]：服从二项分布 $B(n,p)$ 的随机变量 Z_n，可表示为 $Z_n=\sum_{i=1}^n X_i$，其中 $\boldsymbol{X}^n=(X_1,\cdots,X_n)$ 为来自伯努利分布 Bernoulli(p) 的 IID 随机样本，且 $p=P(X_i=1)$。由 CLT，有 $n\to\infty$ 时，标准化随机变量

$$\frac{Z_n-E(Z_n)}{\sqrt{\operatorname{var}(Z_n)}}=\frac{Z_n-np}{\sqrt{np(1-p)}}$$
$$\xrightarrow{d} N(0,1)$$

虽然该结果仅当 $n\to\infty$ 时适用，但在实际应用中，即使样本量 n 不太大，有时仍使用正态分布近似二项分布。$p=0.4$ 的情况如图 7.4 所示，在 $n\geqslant 50$ 时已有很好的正态近似。

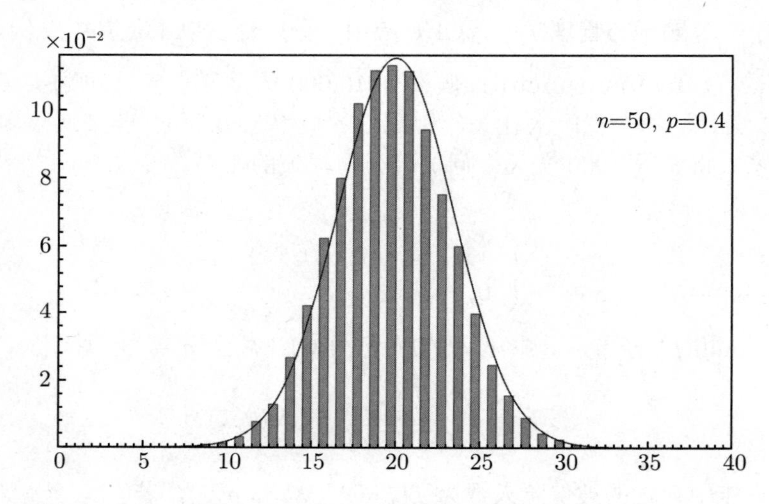

图 7.4：二项分布的正态近似

第四章讨论用泊松分布近似二项分布 $B(n,p)$，即所谓的小数定律。当 p 较小时，泊松近似相对较好，而当 np 和 $n(1-p)$ 均大于 5 时，正态近似更合适些。

例 7.30 [χ_n^2 的正态近似]：设 $\boldsymbol{X}^n$ 为 IID $N(0,1)$ 随机样本。令 $Y_i=X_i^2, i=1,\cdots,n$。则当 $n\to\infty$ 时，标准化随机变量

$$\frac{\sum_{i=1}^n Y_i-n\mu_Y}{\sqrt{n\sigma_Y^2}}=\frac{\sum_{i=1}^n X_i^2-n}{\sqrt{2n}}$$
$$\xrightarrow{d} N(0,1)$$

解：令 $\bar{Y}_n=n^{-1}\sum_{i=1}^n Y_i$。因为 $E(Y_i)=1$ 和 $\operatorname{var}(Y_i)=2$，根据 CLT，当 $n\to\infty$ 时，标准化样本均值

$$\frac{\bar{Y}_n-\mu_Y}{\sigma_Y/\sqrt{n}}=\frac{\bar{Y}_n-1}{\sqrt{2}/\sqrt{n}}\xrightarrow{d} N(0,1)$$

其中

$$\begin{aligned}\frac{\bar{Y}_n-1}{\sqrt{2}/\sqrt{n}} &= \frac{\sqrt{n}\left(\bar{Y}_n-1\right)}{\sqrt{2}} \\ &= \frac{\frac{1}{\sqrt{n}}\sum_{i=1}^{n}\left(Y_i-1\right)}{\sqrt{2}} \\ &= \frac{\sum_{i=1}^{n}Y_i-n}{\sqrt{2n}} \\ &= \frac{\sum_{i=1}^{n}X_i^2-n}{\sqrt{2n}}\end{aligned}$$

由引理 6.1，$\sum_{i=1}^{n}X_i^2\sim\chi_n^2$。因此，当自由度 n 足够大时，可用 $N(n,2n)$ 分布近似 χ_n^2 分布。例如，当 $\boldsymbol{X}^n$ 为 IID $N(\mu,\sigma^2)$ 随机样本时，对所有 $n>1$ 有 $(n-1)S_n^2/\sigma^2\sim\chi_{n-1}^2$。则当 $n\to\infty$ 时，

$$\left[\frac{(n-1)S_n^2}{\sigma^2}-(n-1)\right]/\sqrt{2(n-1)}\xrightarrow{d}N(0,1)$$

图 7.5 描绘对应不同 n 的 χ_n^2 分布的 $N(n,2n)$ 近似。

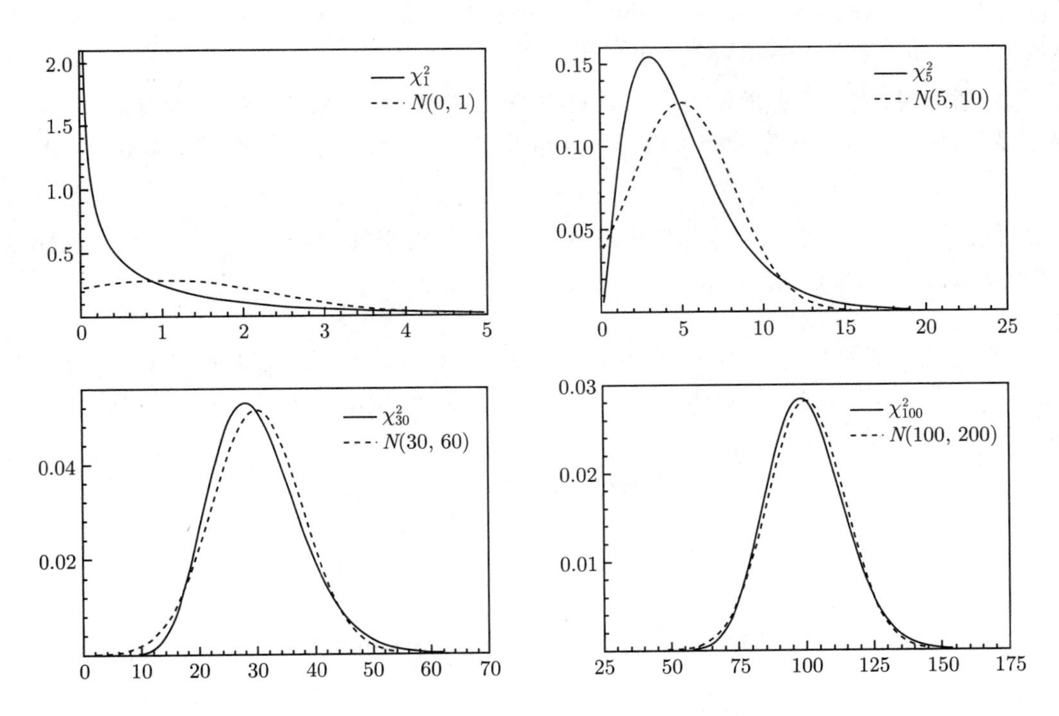

图 7.5：不同 n 的 χ_n^2 分布的 $N(n,2n)$ 近似

当 $n\leqslant 30$ 时，卡方分布的正态近似不是很精确。对较小的 n，一些连续性修正可

改进渐进分布的近似精度。

问题 7.3 CLT 中有限方差假设 $\mathrm{var}(X_i)=\sigma^2<\infty$ 的重要性如何呢?

现用一个例子说明 CLT 中有限方差假设的重要性。

例 7.31 [独立柯西随机变量之和]: 假设 $\boldsymbol{X}^n$ 为来自标准柯西分布 Cauchy(0,1) 的 IID 随机样本。证明对所有 $n\geqslant 1$，$\bar{X}_n\sim \mathrm{Cauchy}(0,1)$。

解: 现用特征函数证明该结论。由 IID 性质和第四章给出的 Cauchy(0,1) 随机变量的特征函数 $\varphi(t)=e^{-|t|}$，有

$$\begin{aligned}\varphi_{\bar{X}_n}(t)&=E(e^{\mathrm{i}t\bar{X}_n})\\&=\left[\varphi\left(\frac{t}{n}\right)\right]^n\\&=e^{-|t|}\\&=\varphi(t)\end{aligned}$$

因此，对所有 $n\geqslant 1$ 有 $\bar{X}_n\sim \mathrm{Cauchy}(0,1)$。当 $n\to\infty$ 时，一个 IID Cauchy(0,1) 随机样本的样本均值不收敛于 $N(0,1)$。

回顾第六章的引理 6.3，Cauchy(0,1) 随机变量服从学生 t_1-分布。对所有 $k\geqslant 1$，Cauchy 分布的 k 阶矩 $E(X_i^k)$ 均不存在。

本质上说，有限方差的假设分布对 CLT 至关重要。这意味着“小”(即有限方差) 的独立随机扰动之和的概率分布可用正态分布近似。尽管有限方差假设可稍微放松，但事实上不能放弃 (参见 Casella & Berger, 2002)。

但另一方面，可放松同分布假设。换言之，当随机变量 $X_1,X_2,\cdots,X_n$ 存在某种程度的异质性时，CLT 仍然成立。

定理 7.7 *[独立非同分布随机样本的李雅普诺夫 (Liapounov, 1901) 中心极限定理]*: 假设随机变量 $X_1,\cdots,X_n$ 联合独立，且对 $i=1,\cdots,n$ 有 $E|X_i-\mu_i|^3<\infty$，其中 $E(X_i)=\mu_i$。同时，假设

$$\lim_{n\to\infty}\frac{\sum_{i=1}^n E|X_i-\mu_i|^3}{\left(\sum_{i=1}^n\sigma_i^2\right)^{3/2}}=0$$

则当 $n\to\infty$ 时，标准化随机变量

$$Z_n=\frac{\sum_{i=1}^n X_i-\sum_{i=1}^n\mu_i}{\left(\sum_{i=1}^n\sigma_i^2\right)^{1/2}}\xrightarrow{d}N(0,1)$$

当随机变量 $X_1,\cdots,X_n$ 之间存在一定程度的相依性 (dependence) 时，CLT 仍然成立。生成时间序列数据的随机样本一般会出现这种相依性。尽管这种相依性不能太

强 (考虑在 $X_1 = X_2 = \cdots = X_n$ 的极端情况下会出现什么问题)，但仍可一定程度上放松独立性假设。参见 Billingsley (1995) 的第 27 节。序列相依随机变量的 CLT 可参见 White (2001)。这使得 CLT 也可应用于时间序列数据的统计分析。

下面，介绍一个可与 CLT 结合使用的重要渐进分析工具。

定理 7.8 *[斯勒茨基 (Slutsky) 定理]*：假设当 $n \to \infty$ 时，$X_n \xrightarrow{d} X$ 和 $C_n \xrightarrow{p} c$，其中 c 为常数。则当 $n \to \infty$ 时，有

(1) $X_n + C_n \xrightarrow{d} X + c$;

(2) $X_n - C_n \xrightarrow{d} X - c$;

(3) $X_n C_n \xrightarrow{d} cX$;

(4) 若 $c \neq 0$，$\frac{X_n}{C_n} \xrightarrow{d} \frac{X}{c}$。

证明：留作练习题 (应用依概率渐进等价引理，即引理 7.10)。 ■

例 7.32：假设标准化样本均值

$$\frac{\sqrt{n}(\bar{X}_n - \mu)}{\sigma} \xrightarrow{d} N(0,1)$$

且当 $n \to \infty$ 时，$S_n^2 \xrightarrow{p} \sigma^2$。故由平方根函数的连续性有 $S_n \xrightarrow{p} \sigma$。则由斯勒茨基定理可得

$$\begin{aligned}\frac{\sqrt{n}(\bar{X}_n - \mu)}{S_n} &= \frac{\sqrt{n}(\bar{X}_n - \mu)}{\sigma}\frac{\sigma}{S_n} \\ &\xrightarrow{d} N(0,1)\end{aligned}$$

该例说明以 S_n 替代 σ 不会改变 t-检验统计量 $\frac{\sqrt{n}(\bar{X}_n-\mu)}{S_n}$ 的渐进分布，尽管其改变了 t-检验统计量的有限样本分布。

例 7.33：假设当 $n \to \infty$ 时，$X_n \xrightarrow{d} X$ 和 $Y_n \xrightarrow{d} Y$。以下结果是否成立？给出推理过程。

(1) $X_n \pm Y_n \xrightarrow{d} X \pm Y$，当 $n \to \infty$ 时；

(2) $X_n Y_n \xrightarrow{d} XY$，当 $n \to \infty$ 时。

解：一般而言，答案是否定的，因为它们并未考虑 X_n 和 Y_n 之间的相依性。换言之，依边际分布收敛不一定能推出依联合分布收敛。这不同于其他收敛性概念如依二次方均值收敛、依概率收敛以及几乎处处收敛。对于这三种收敛，单个变量的收敛等价于联合收敛。

在统计学和计量经济学中，绝大多数统计量均是随机样本 $\boldsymbol{X}^n$ 的非线性函数。因此，无法直接应用 CLT。那么，如何求得非线性统计量 $Y_n = g(\bar{X}_n)$ 的极限分布呢？

$g(\bar{X}_n)$ 的渐进分布可通过德尔塔方法求得。

引理 7.11 [德尔塔 (Delta) 方法]: 假设当 $n\to\infty$ 时，$\sqrt{n}(\bar{X}_n-\mu)/\sigma\xrightarrow{d}N(0,1)$，同时 $g(\cdot)$ 为连续可导函数且 $g'(\mu)\neq 0$。则当 $n\to\infty$ 时

$$\sqrt{n}\left[g(\bar{X}_n)-g(\mu)\right]\xrightarrow{d}N(0,\sigma^2[g'(\mu)]^2)$$

和

$$\frac{\sqrt{n}\left[g(\bar{X}_n)-g(\mu)\right]}{\sigma g'(\mu)}\xrightarrow{d}N(0,1)$$

证明: 首先，由引理 7.8，$\sqrt{n}(\bar{X}_n-\mu)/\sigma\xrightarrow{d}N(0,1)$ 可推出 $\sqrt{n}(\bar{X}_n-\mu)/\sigma=O_p(1)$。因此有 $\bar{X}_n-\mu=O_p(n^{-1/2})=o_p(1)$。

其次，根据中值定理，有

$$Y_n=g(\bar{X}_n)=g(\mu)+g'(\bar{\mu}_n)(\bar{X}_n-\mu)$$

其中存在 $\lambda\in[0,1]$，$\bar{\mu}_n=\lambda\mu+(1-\lambda)\bar{X}_n$。注意 $|\mu_n-\mu|=\left|(1-\lambda)(\bar{X}_n-\mu)\right|\leqslant\left|\bar{X}_n-\mu\right|=o_p(1)$。根据斯勒茨基定理，有

$$\begin{aligned}\sqrt{n}\left[\frac{g(\bar{X}_n)-g(\mu)}{\sigma}\right]&=g'(\bar{\mu}_n)\sqrt{n}\frac{\bar{X}_n-\mu}{\sigma}\\&\xrightarrow{d}N[0,g'(\mu)^2]\end{aligned}$$

其中，给定 $\bar{\mu}_n\xrightarrow{p}\mu$ 和一阶导数 $g'(\cdot)$ 的连续性，由引理 7.5 可得 $g'(\bar{\mu}_n)\xrightarrow{p}g'(\mu)$。

又据斯勒茨基定理，有

$$\frac{\sqrt{n}[g(\bar{X}_n)-g(\mu)]}{\sigma g'(\bar{X}_n)}\xrightarrow{d}N(0,1)$$

证毕。 ■

德尔塔方法可视为概率论意义上的泰勒级数展开。它将光滑 (即可导) 的非线性统计量线性化，从而使应用中心极限定理成为可能。因而，该方法可视为中心极限定理从样本均值到非线性统计量的推广。当函数方程包含多个待估参数以及统计量是多个随机变量的函数时，德尔塔方法非常有用。

例 7.34: 假设当 $n\to\infty$，且 $\mu\neq 0$，$0<\sigma<\infty$ 时，有 $\sqrt{n}(\bar{X}_n-\mu)/\sigma\xrightarrow{d}N(0,1)$。求 $\sqrt{n}(\bar{X}_n^{-1}-\mu^{-1})$ 的极限分布。

解: 应用德尔塔方法，令 $g(z)=z^{-1}$。因为 $\mu\neq 0$，$g(z)=z^{-1}$ 在 $z=\mu$ 处连续可导且导数为

$$g'(\mu)=-\frac{1}{\mu^2}$$

据德尔塔方法，当 $n\to\infty$ 时，

$$\frac{\sqrt{n}(\bar{X}_n^{-1}-\mu^{-1})}{\sigma}\xrightarrow{d}N(0,\mu^{-4})$$

由斯勒茨基定理，当 $n\to\infty$ 时，

$$\frac{\bar{X}_n^2\sqrt{n}(\bar{X}_n^{-1}-\mu^{-1})}{\sigma}\xrightarrow{d}N(0,1)$$

为应用德尔塔方法，要求 $g'(\mu)\neq 0$。若 $g'(\mu)=0$，应用德尔塔方法将出现什么情况呢？

条件 $g'(\mu)\neq 0$ 使一阶泰勒级数展开成为可能，这是应用德尔塔方法的基础。当 $g'(\mu)=0$ 时，需要进一步扩展德尔塔方法，使用二阶泰勒级数展开。但此时二次型不再服从正态分布。

引理 7.12 *[二阶德尔塔 (Delta) 方法]*: 假设当 $n\to\infty$ 时，$\sqrt{n}(\bar{X}_n-\mu)/\sigma\xrightarrow{d}N(0,1)$，同时 $g(\cdot)$ 为二次连续可导函数，并满足 $g'(\mu)=0$，$g''(\mu)\neq 0$。则当 $n\to\infty$ 时，

$$\frac{n[g(\bar{X}_n)-g(\mu)]}{\sigma^2}\xrightarrow{d}\frac{g''(\mu)}{2}\chi_1^2$$

证明：留作练习题。 ■

引理 7.12 表明，$g(\bar{X}_n)-g(\mu)=O_p(n^{-1})$，即 $g(\bar{X}_n)$ 以速度 n^{-1} 依概率收敛于 $g(\mu)$。这与当 $g'(\mu)\neq 0$ 时，$g(\bar{X}_n)-g(\mu)=O_p(n^{-\frac{1}{2}})$ 收敛速度为 $n^{-\frac{1}{2}}$ 的情形不同。此时的统计量 $g(\bar{X}_n)$ 称为退化统计量，因为其收敛速度快于一般情形，即当 $g'(\mu)\neq 0$ 时的情形。在 $g'(\mu)=0$ 的退化情形中，$n[g(\bar{X}_n)-g'(\mu)]$ 的渐进分布由二阶泰勒级数展开中的起主导作用的二次型 $(\bar{X}_n-\mu)^2$ 决定，其经过适当标准化后服从渐进 χ_1^2 分布。

定理 7.6 的 CLT 适用于标量随机序列 $\{\bar{X}_n, n=1,2,\cdots\}$ 的情形。那么如何推导随机向量 Z_n 的渐进分布呢？

以下克拉默-沃尔德 (Cramer-Wold) 方法可用以推导随机向量 Z_n 的渐进分布。

引理 7.13 *[克拉默-沃尔德 (Cramer-Wold) 方法]*: 令 k 为固定正整数。若在 $F(z)$ 连续的每点 z 处有 $\lim\limits_{n\to\infty}F_n(z)=F(z)$，则称随机向量序列 $Z_n=(Z_{1n},\cdots,Z_{kn})'$ 依分布收敛于随机向量 Z，其中 $F_n(z)$ 是 Z_n 的 CDF，$F(z)$ 是 Z 的 CDF，k 是有限且固定的正整数。若当且仅当对每个非零 k 维常向量 a，当 $n\to\infty$ 时，有 $a'Z_n\xrightarrow{d}a'Z$，则随机向量序列 Z_n 依分布收敛于随机向量 Z。

例 7.35：假设 $Z_n\xrightarrow{d}Z\sim N(0,\Sigma)$，其中 μ 和 Σ 分别是 $k\times 1$ 随机向量和 $k\times k$ 非奇异对称矩阵，维数 k 为固定正整数。若当 $n\to\infty$ 时，$\hat{\Sigma}\xrightarrow{p}\Sigma$，则有如下二次型

$$Z_n'\hat{\Sigma}_n^{-1}Z_n\xrightarrow{d}Z'\Sigma^{-1}Z\sim\chi_k^2$$

证明：首先，根据克拉默-沃尔德方法和斯勒茨基定理，当 $n \to \infty$ 时可证明

$$\hat{\Sigma}^{-\frac{1}{2}} Z_n \xrightarrow{d} \Sigma^{-\frac{1}{2}} Z \sim N(0, I_k)$$

其中 I_k 是 $k \times k$ 单位矩阵。由连续映射定理，得

$$\begin{aligned}(\hat{\Sigma}^{-\frac{1}{2}} Z_n)'(\hat{\Sigma}^{-\frac{1}{2}} Z_n) &= Z_n' \hat{\Sigma}^{-1} Z_n \\ &\xrightarrow{d} Z' \Sigma^{-1} Z \sim \chi_k^2\end{aligned}$$

第八节　小结

经济学与金融学中一个重要的经验典型特征事实是绝大多数经济金融变量服从厚尾的概率分布。一般来说，当随机样本并非从正态分布总体生成时，大多数统计量的有限样本分布是未知的或相当复杂的。在此情形下，一个简便做法是考察当样本容量无限增大时统计量的极限分布，这通常称为渐进分析或渐进理论。本章介绍了渐进理论的基础概念与分析工具。首先，引入四个收敛概念 —— 依二次方均值收敛、依概率收敛、几乎处处收敛以及依分布收敛。前三种收敛用不同方式刻画了一个随机变量序列和一个随机变量之间的接近程度，而最后一个收敛概念则刻画了一个随机变量序列的概率分布与一个随机变量的概率分布之间的接近程度，而非随机变量本身之间的接近程度。同时讨论了各种收敛概念之间的关系。此外，还介绍并证明了两个极限定理 —— 大数定律和中心极限定理。这些渐进工具和方法在统计学与计量经济学非常有用。关于渐进理论的更多讨论，参见 White (2001)。

在实践应用中，渐进理论为统计推断提供了一种便捷方法。然而，对于有限的小样本，渐进分布相对于有限样本分布总是存在近似偏离，而且这种近似偏离在有限样本容量时可能很大。这时，可以采用其他方法进行近似，如常用的简单重复抽样方法 —— 自助抽样法 (Boostrap)，就可以对有限小样本进行合理近似。自助抽样法由 Efron (1979) 提出，其基本思想是从样本数据推断总体的分布，通过对样本数据进行再抽样并从再抽样数据推断原始样本数据的分布。由于总体分布是未知的，样本统计量与其总体值之间的真实偏离也是未知的。而在再抽样法中，再抽样随机样本的“总体分布”实际上是已知的样本数据的经验分布。因此，从再抽样数据推断“真实”样本的效果是可测度的。换言之，自助抽样法的基本思想就是，为了从原始数据推断真实概率分布，可通过从再抽样数据推断经验分布而获得。从再抽样数据推断经验分布的准确性是可被评估的，因为样本的经验分布已知。若经验分布是总体分布的合理近似，则可以反过来推测关于总体分布的推断准确性。

比如，假设要研究世界上人类的平均身高。因为无法测量世界上所有人的身高，故只抽取少部分人作为样本。假设样本容量为 n，即需要测量 n 个人的身高。根据该单一样本，只能获取一个均值估计量。为了推断关于总体平均身高估计的精确度，需要了解所估算的样本均值的差异性。最简单的自助抽样法是，利用计算机对包含 n 个身高值的

原始数据进行抽样，形成一个容量为 n 的新样本，即再抽样样本或 Boostrap 样本。这个 Boostrap 样本是通过对原始样本进行有放回抽样而得来的。对该过程进行多次重复后 (如，1000 次)，计算每个 Boostrap 样本的样本均值 (此样本均值称为 Boostrap 估计量)。然后，画一个 Boostrap 样本均值的直方图，用于估计原始样本的样本均值的分布形态，并用这个 Boostrap 分布推断原始随机样本的样本均值与总体均值之间的偏离程度。在有限样本条件下，自助抽样法通常比渐进分析方法要精确。关于自助抽样法的更多讨论，参见 Hall (1992) 和 Horowitz (1997)。

练习题七

7.1 假设 $X_1, X_2, \cdots$ 为一互不相关随机变量序列，有 $E(X_i) = \mu$，$\text{var}(X_i) = \sigma_i^2$，以及 $\sum_{i=1}^{\infty} \sigma_i^2 / i^2 < \infty$。证明当 $n \to \infty$ 时样本均值 $\bar{X}_n$ 依均方收敛于 μ。

7.2 令 $X_1, X_2, \cdots$ 为一随机变量序列，且依概率收敛于常数 a。假设对所有 i，$P(X_i > 0) = 1$。

(1) 证明由 $Y_i = \sqrt{X_i}$ 和 $Y_i = a/X_i$ 定义的随机变量序列分别依概率收敛；

(2) 用 (1) 的结论证明 σ/S_n 依概率收敛于 1。

7.3 假设 $\{X_n\}$ 是二阶矩有界随机变量序列。证明当且仅当 $n, m \to \infty, E(X_n - X_m)^2 \to 0$ 时，对 $E(X^2) < \infty$ 的某个随机变量 X，有 $X_n \xrightarrow{q.m.} X$。

7.4 设 $(S, \mathbb{B}, P)$ 为概率空间，其中样本空间 $S = [0, 1]$，$\mathbb{B}$ 是 σ 域，而 P 是在 S 上的标准均匀分布的概率测度。定义如下随机变量序列：

$$Z_1(s) = 1, \quad 0 \leqslant s \leqslant 1$$

$$Z_2(s) = \begin{cases} 1, & 0 \leqslant s \leqslant \frac{1}{2} \\ 0, & \text{其他} \end{cases}$$

$$Z_3(s) = \begin{cases} 1, & 0 < s \leqslant \frac{1}{2} \\ 0, & \text{其他} \end{cases}$$

$$Z_4(s) = \begin{cases} 1, & 0 \leqslant s \leqslant \frac{1}{3} \\ 0, & \frac{1}{3} < s \leqslant 1 \end{cases}$$

$$Z_5(s) = \begin{cases} 1, & 0 < s < \frac{1}{3} \\ 0, & \text{其他} \end{cases}$$

$$Z_6(s) = \begin{cases} 1, & 0 < s \leqslant \frac{1}{3} \\ 0, & \text{其他} \end{cases}$$

$$\cdots$$

(1) 随机序列 $\{Z_n, n=1,2,\cdots\}$ 依概率收敛于 0 吗？给出理由；

(2) $\{Z_n, n=1,2,\cdots\}$ 几乎处处收敛于 0 吗？给出理由。

7.5 令 $\boldsymbol{X}^n$ 为来自均值为 μ，方差为 σ^2 的总体分布的 IID 随机样本。应用强大数定律证明样本方差 S_n^2 几乎处处收敛于 σ^2。

7.6 令 $\boldsymbol{X}^n$ 为来自均值为 μ，方差为 σ^2 的总体分布的 IID 随机样本。证明

$$E\left[\frac{\sqrt{n}\left(\bar{X}_n-\mu\right)}{\sigma}\right]=0$$

和

$$\operatorname{var}\left[\frac{\sqrt{n}\left(\bar{X}_n-\mu\right)}{\sigma}\right]=1$$

因此，中心极限定理中样本均值 $\bar{X}_n$ 的标准化使随机变量和极限分布 $N(0,1)$ 具有相同的均值和方差。

7.7 假设 $\boldsymbol{X}^n=(X_1,\cdots,X_n)$ 是来自正态分布总体 $N(0,\sigma^2)$ 的 IID 随机样本，其中 $0<\sigma^2<\infty$，定义样本均值 $Z_n=n^{-1}\sum_{i=1}^n X_i$。

(1) 对任意 $n\geqslant 1$，求 Z_n 的抽样分布函数 $F_n(z)$；

(2) 当 $n\to\infty$ 时，求 Z_n 的极限分布；

(3) Z_n 的极限分布与 $\lim_{n\to\infty}F_n(z)$ 是否相同？请解释；

(4) 当 $n\to\infty$ 时，求 $\sqrt{n}Z_n$ 的极限分布。

7.8 伽玛分布 $G(\alpha,\beta)$ 的 MGF 为 $M_X(t)=(1-\beta t)^{-\alpha}$。假设 $\boldsymbol{X}^n$ 为来自 $G(\alpha,\beta)$ 的 IID 随机样本，那么 $\sqrt{n}\left(\bar{X}_n-\alpha\beta\right)$ 的 MGF 是什么？推导 $M_{\sqrt{n}\left(\bar{X}_n-\alpha\beta\right)}(t)$ 的极限。从这个极限，推导出 $\sqrt{n}\left(\bar{X}_n-\alpha\beta\right)$ 的极限分布。

7.9 $\boldsymbol{X}^n=(X_1,\cdots,X_n)$ 是从均匀分布 $U[\theta,1]$ 中抽取的独立同分布随机样本，其中 $\theta<1$。定义 θ 的估计量 $Z_n=\min_{1\leqslant i\leqslant n}X_i$。

(1) 当 $n\to\infty$ 时，证明 Z_n 是 θ 的一致估计量；

(2) 当 $n\to\infty$ 时，求 $n(Z_n-\theta)$ 的极限分布。

7.10 证明引理 7.9，其中 Z_n 和 Z 为连续随机变量。

(1) 给定常数 t 和 ϵ，证明 $P(Z\leqslant t-\epsilon)\leqslant P(Z_n\leqslant t)+P(|Z_n-X|\geqslant\epsilon)$。该式给出了 $P(Z_n\leqslant t)$ 的下界；

(2) 用类似方法求 $P(Z_n\leqslant t)$ 的上界；

(3) 推导 $P(Z_n\leqslant t)\to P(Z\leqslant t)$。

7.11 令 $X_n=Y_n+Z_n$，其中 $\{Y_n\}$ 是从正态总体分布 $N(0,1)$ 中抽取的独立同分布序

列，$\{Z_n\}$ 是从二元分布 $P\left(Z_n=\frac{1}{n}\right)=1-\frac{1}{n}$ 与 $P(Z_n=n)=\frac{1}{n}$ 中抽取的独立同分布序列，并且 Y_n 和 Z_n 相互独立。

(1) 求 X_n 的极限分布；

(2) X_n 的极限分布也称为 X_n 的渐进分布，并且渐进分布的均值和方差也分别称作渐进均值和渐进方差。现分别求 X_n 的均值和方差的极限值 $\lim_{n\to\infty}E(X_n)$ 和 $\lim_{n\to\infty}\mathrm{var}(X_n)$。它们是否分别与 X_n 的渐进均值和渐进方差相同？给出理由。

7.12 评价以下陈述的正确性："Z_n 的渐进分布函数是当 $n\to\infty$ 时 Z_n 的分布函数的极限"，并给出理由。

7.13 令 $\{X_i,Y_i\}_{i=1}^n$ 为 IID 随机样本，其中 X_i 和 Y_i 分别具有有限四阶矩。定义

$$\left(\hat{\alpha},\hat{\beta}\right)=\arg\min_{\alpha,\beta}\sum_{i=1}^{n}(Y_i-\alpha-\beta X_i)^2$$

(1) 分别推导 $\hat{\alpha}$ 和 $\hat{\beta}$ 的概率极限 (记为 α^* 和 β^*)，并给出推理过程；

(2) 分别推导 $\sqrt{n}\,(\hat{\alpha}-\alpha^*)$ 和 $\sqrt{n}\left(\hat{\beta}-\beta^*\right)$ 的渐进分布，并给出推理过程。

7.14 证明若当 $n\to\infty$ 时 $\sqrt{n}(\bar{X}_n-\mu)/\sigma\xrightarrow{d}N(0,1)$，则 $\bar{X}_n\xrightarrow{p}\mu$，并给出推理过程。

7.15 设 $(Z_1,\cdots,Z_n)$ 是 IID $N(0,1)$ 随机样本。$(\sum_{i=1}^n Z_i^2-n)/\sqrt{n}$ 的极限分布是什么？给出推理过程。

7.16 设 $\boldsymbol{X}^n$ 为来自 $E(X_i)=\mu,\mathrm{var}(X_i)=\sigma^2,E[(X_i-\mu)^4]=\mu_4$ 的总体分布的 IID 随机变量。定义 $S_n^2=(n-1)^{-1}\sum_{i=1}^n\left(X_i-\bar{X}_n\right)^2$。

(1) 证明当 $n\to\infty$ 时，$S_n^2\xrightarrow{p}\sigma^2$；

(2) 推导当 $n\to\infty$ 时，$\sqrt{n}(S_n^2-\sigma^2)$ 的极限分布，并给出推理过程。

7.17 假设当 $n\to\infty$ 时 $\sqrt{n}(\bar{X}_n-\mu)/\sigma\to N(0,1)$，其中 $-\infty<\mu<\infty$ 和 $0<\sigma<\infty$。求如下统计量适当标准化之后的非退化极限分布，并给出推理过程：

(1) $Y_n=e^{-\bar{X}_n}$；

(2) $Y_n=\bar{X}_n^2$，其中 $\mu=0$。

7.18 $\boldsymbol{X}^n=(X_1,\cdots,X_n)$ 是从标准正态分布 $N(0,1)$ 中抽取的独立同分布随机样本。求 $\frac{\Sigma_{i=1}^n X_i^2-n}{\sqrt{n}}$ 的渐进分布。

7.19 令 $\boldsymbol{X}^n$ 为 IID Bernoulli(p) 随机样本，并定义 $\bar{X}_n=n^{-1}\sum_{i=1}^n X_i$。

(1) 证明当 $n\to\infty$ 时，$\sqrt{n}(\bar{X}_n-p)\xrightarrow{d}N[0,p(1-p)]$；

(2) 证明对 $p\neq 1/2$，当 $n\to\infty$ 时，总体方差的估计量 $\bar{X}_n(1-\bar{X}_n)$ 满足

$$\sqrt{n}[\bar{X}_n(1-\bar{X}_n)-p(1-p)]\xrightarrow{d}N[0,(1-2p)^2p(1-p)]$$

(3) 证明对 $p=1/2$，当 $n\to\infty$ 时，$n\left[\bar{X}_n(1-\bar{X}_n)-\frac{1}{2}\right]\xrightarrow{d}-\frac{1}{4}\chi_1^2$。

7.20 某制药厂生产一种新药，并称该药物对某种疾病的治愈率达 80%。为检验其治愈率，现从临床试验中随机选择 100 名患此疾病的病人。若至少 75% 的病人痊愈了，该新药将通过检验。请计算如下两种情况下，该药通过检验的概率：

(1) 该药实际治愈率为 80%；

(2) 该药实际治愈率为 70%。

7.21 假设某种人寿保险的死亡率为 0.005。现有 1000 个人购买此种寿险，求：

(1) 一年中有 40 死亡的概率；

(2) 一年中少于 70 人死亡的概率。

7.22 证明斯勒茨基定理（定理 7.8）。

7.23 证明二阶德尔塔方法（引理 7.12）。

第八章　参数估计和评估

摘要：统计推断的重要目的之一是使用观测数据估计概率分布模型的未知参数值。本章将介绍几种关于概率分布模型参数的重要估计方法，特别是将讨论极大似然估计 (maximum likelihood estimation, MLE)、矩估计 (method of moments estimation, MME) 以及广义矩估计 (generalized method of moments, GMM) 方法，并研究其渐进性质。然后，以均方误准则为准则，讨论如何评估参数估计量的优劣性质，并以拉格朗日乘子法和克拉默-拉奥下界法 (Cramer-Rao lower bound) 推导最优无偏估计量。

关键词：极大似然估计、概率分布模型、渐进正态性、矩方法、广义矩方法、一致性、均方误、方差、偏差、最优线性无偏估计量 (BLUE)、克拉默-拉奥下界

第一节　总体与分布模型

考察一个来自总体分布 $f_X(x)$ 的随机样本 $\boldsymbol{X}^n=(X_1,\cdots,X_n)$。随机样本 $\boldsymbol{X}^n$ 的一个实现值 $\boldsymbol{x}^n$ 称为样本容量为 n 的数据集。统计推断的主要目的是使用观测数据 $\boldsymbol{x}^n$ 对总体分布 $f_X(x)$ 进行推断。

为此，通常假设一族参数候选概率分布

$$\mathbb{F}=\{f(\cdot,\theta):\theta\in\Theta\}$$

其中 $f:\Omega\times\Theta\to\mathbb{R}^+$ 是已知函数形式的 PMF/PDF，Ω 是随机变量 X_i 的支撑，Θ 是包含 $p\times 1$ 维参数向量 θ 的所有可能取值的参数空间，其中 p 是有限且固定的正整数。参数 $\theta\in\Theta$ 的每个值对应分布族 $\mathbb{F}$ 的一个分布，θ 不同取值对应 $\mathbb{F}$ 中不同的概率分布。

假设概率分布族 $\mathbb{F}$ 包含了生成观测数据 $\boldsymbol{x}^n$ 的未知真实总体分布 $f_X(x)$，即存在某一参数值 $\theta_0\in\Theta$ 满足

$$f_X(x)=f(x,\theta_0),\quad \text{对几乎所有 } x\in\Omega\ (\text{除一个可数实数集外})$$

则称 $\mathbb{F}$ 是对总体分布 $f_X(\cdot)$ 的正确设定，且 θ_0 称为参数 θ 的真实值。反之，若不存在任何参数值 $\theta\in\Theta$，使得对几乎所有 $x\in\Omega$ 有 $f_X(x)=f(x,\theta)$，则称 $\mathbb{F}$ 是总体分布 $f_X(\cdot)$ 的误设。例如，若设定一族正态分布模型，但真实总体分布服从伽玛分布，则正态分布模型为误设。此时，不存在任何参数值 θ，可使对几乎所有 $x\in\Omega$，有 $f_X(x)=f(x,\theta)$。图 8.1 提供了一个简单的图示：(a) 是正确模型设定图，其中真实总体分布 $f_X(x)$ 是被

包含在参数分布模型族的一个元素；(b) 是模型误设图，真实总体分布 $f_X(x)$ 在参数分布模型族之外。

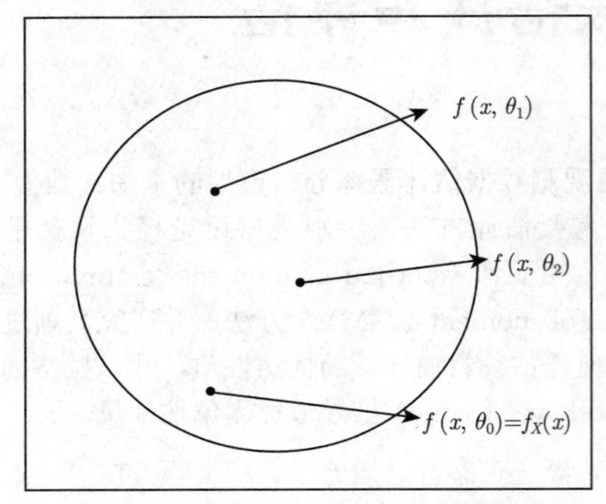

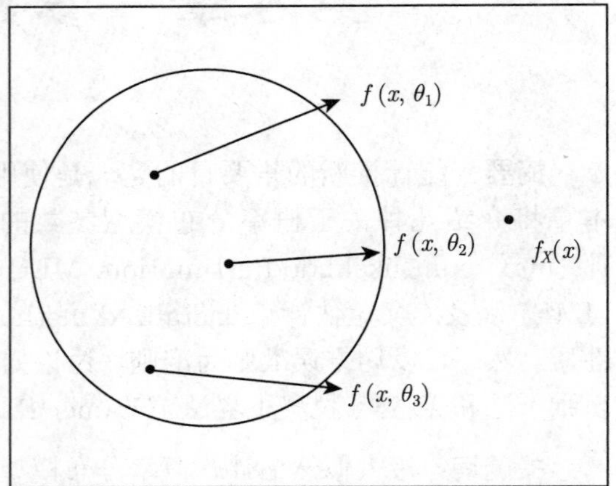

图 8.1: (a) 正确模型设定　　(b) 模型误设

以下提供两个统计学和计量经济学中常见的概率分布模型。

例 8.1 [Probit 和 Logit 离散选择模型]：当因变量有二元结果，如取 0 和 1 两个可能值，常使用 Probit 和 Logit 模型。例如，职员是否受雇、消费者是否购买某一款汽车，以及金融危机 (如违约风险) 是否发生等。

Probit 模型假设

$$P(Y_i = 1|\, X_i) = \Phi(\theta_1 + \theta_2 X_i), \quad i = 1, \cdots, n$$

其中 $\Phi(\cdot)$ 是 $N(0,1)$ CDF，X_i 是解释变量，$\theta = (\theta_1, \theta_2)$。

Logit 模型则假设

$$P(Y_i = 1|\, X_i) = \frac{1}{1 + e^{-(\theta_1 + \theta_2 X_i)}}$$

例 8.2 [经济学和金融学的生存/久期分析 (Survival/Duration Analysis in Economics and Finance)]：考虑对如下情况所需的时间建模：患癌病人还能存活多长时间、失业者花多长时间才能重新找到工作、两次交易或两个价格变化之间持续多长时间、罢工将持续多长时间、初创企业将存活多长时间、一个家庭多长时间可以脱贫、什么时候会爆发金融危机 (如信用违约风险)，等等。对这类问题的研究通常称为久期分析或生存分析。

在生存/久期分析中，人们通常对那些尚未结束的事件还将持续多久感兴趣。所谓的风险率 (hazard rate)，定义为已持续一段时间的某一事件，现在结束的即时概率。风险率是一个重要概念，可解释为在某个时点重新找到工作的概率、发生交易的概率、罢工结束的概率等。

假设随机变量 T_i 代表一个已发生了的经济事件的持续时间，其概率密度函数为 $f(t)$，概率分布函数为 $F(t)$。则生存函数 (survival function) 定义为

$$S(t) = P(T_i > t) = 1 - F(t)$$

风险率则为

$$\begin{aligned}\lambda(t) &= \lim_{\delta \to 0^+} \frac{P(t < T_i \leqslant t + \delta | T_i > t)}{\delta} \\ &= \frac{f(t)}{S(t)}\end{aligned}$$

直觉上，风险率 $\lambda(t)$ 是指事件已持续了 t 时期并将在时间点 t 结束的瞬时概率。上述公式表明，对 $\lambda(t)$ 的模型设定等价于对概率密度函数 $f(t)$ 的模型设定。从经济学视角看，对 $\lambda(t)$ 建模更易于进行经济解释。

风险率可能因人而异。为了控制个体之间的异质性 (heterogeneity)，可假设个体特质风险率依赖于个体特征变量 X_i (如年龄、性别、种族、教育、工作经验)，具体形式如下

$$\lambda_i(t) = e^{X_i'\theta} \lambda_0(t)$$

其中 $\lambda_0(t)$ 为基准风险函数 (baseline hazard function)。上述模型由 Cox (1972) 首先提出，称为比例风险模型 (proportional hazard model)。若模型正确设定，则真实参数值为

$$\theta_0 = \frac{\partial \ln \lambda_i(t)}{\partial X_i} = \frac{1}{\lambda_i(t)} \frac{\partial \lambda_i(t)}{\partial X_i}$$

可解释为个体 i 的特征变量 X_i 对其风险率的相对边际效应。对 θ_0 的推断可帮助理解个体特征如何对其久期产生影响。例如，假设 T_i 是工人 i 的失业持续时间，则对 θ_0 的推断有助于理解某个人的具体特征，如年龄、教育程度、性别、是否参加在职培训等，如何影响其失业持续时间。这对劳动力市场具有重要的政策启示。

可求得给定 X_i 时 T_i 的条件概率密度函数

$$f_i(t) = \lambda_i(t) S_i(t)$$

其中生存函数为

$$S_i(t) = e^{-\int_0^t \lambda_i(s) ds}$$

本章即将介绍的极大似然方法可用于估计参数值 θ_0。

Kiefer (1988) 对劳动经济学的久期分析做了很好的综述。关于劳动经济学的久期分析更全面的讨论，参见 Lancaster (1990)。

通常，真实参数值 θ_0 是未知的，需要使用观测数据 $\boldsymbol{x}^n$ 对 θ_0 做出推断。传统上，统计推断问题分为两大部分，一是参数估计，二是假设检验。本章重点考虑如何估计未知参数值 θ_0。关于 θ_0 的估计量是一个统计量，其实现值可视为对 θ_0 的估计值。以下将介绍两种最常用的估计方法，即极大似然估计法 (MLE) 和广义矩估计法 (GMM)。经典的矩估计方法 (MME) 是广义矩估计法的一个特例。

第二节　极大似然估计

如何根据数据集 $\boldsymbol{x}^n$ 估计未知参数值 θ_0？著名统计学家罗纳德·费希尔 (Ronald A. Fisher) 提出了一种称为极大似然估计 (MLE) 的方法。他证明 MLE 能给出参数 θ 的充分统计量 (只要其存在)，且在某些准则下，MLE 是 θ_0 最有效的估计量，从而展示了该方法的优越性。

MLE 的基本思想是基于观测数据 $\boldsymbol{x}^n$，选择参数 θ 值使得随机样本 $\boldsymbol{X}^n$ 取值为观测数据 $\boldsymbol{x}^n$ 的概率最大。

首先，定义随机样本 $\boldsymbol{X}^n$ 的似然函数。

定义 8.1 *[似然函数 (Likelihood Function)]*：给定观测数据集 $\boldsymbol{x}^n$，随机样本 $\boldsymbol{X}^n$ 的联合 PMF/PDF 作为参数 θ 的函数，

$$\hat{L}(\theta|\, \boldsymbol{x}^n) = f_{\boldsymbol{X}^n}(\boldsymbol{x}^n, \theta)$$

称为随机样本 $\boldsymbol{X}^n$ 在其取值为观测数据 $\boldsymbol{x}^n$ 时的似然函数。此外，$\ln \hat{L}(\theta|\, \boldsymbol{x}^n)$ 称为随机样本 $\boldsymbol{X}^n$ 在其取值为观测数据 $\boldsymbol{x}^n$ 时的对数似然函数 (log-likelihood function)。

似然函数 $\hat{L}(\theta|\, \boldsymbol{x}^n)$ 与随机样本 $\boldsymbol{X}^n$ 取值为 $\boldsymbol{x}^n$ 的联合概率或联合概率密度在数值上是相等的。但二者的概念不同：似然函数 $\hat{L}(\theta|\, \boldsymbol{x}^n)$ 是 $\boldsymbol{X}^n$ 取值为 $\boldsymbol{x}^n$ 的概率或概率密度如何随参数 θ 值的变化而变化，而 $f_{\boldsymbol{X}^n}(\boldsymbol{x}^n, \theta)$ 则是给定参数 θ 值时，对 $\boldsymbol{X}^n$ 取不同数据集 $\boldsymbol{x}^n$ 的概率或概率密度的测度。

需要强调，随机样本 $\boldsymbol{X}^n$ 的联合分布 $f_{\boldsymbol{X}^n}(\boldsymbol{x}^n, n)$ 不同于总体分布 $f(x, \theta)$。后者是每个随机变量 X_i 的分布。

极大似然估计方法就是在参数空间 Θ 上选择最大化似然函数的参数值 θ，该参数值称为极大似然估计量。

定义 8.2 *[极大似然估计量 (Maximum Likelihood Estimator, MLE)]*：令 Θ 为有限维参数空间，假设统计量 $\hat{\theta} = \hat{\theta}_n(\boldsymbol{X}^n)$ 在 $\theta \in \Theta$ 上最大化 $\hat{L}(\theta|\, \boldsymbol{X}^n)$，即

$$\hat{\theta} \equiv \hat{\theta}_n(\boldsymbol{X}^n) = \arg\max_{\theta \in \Theta} \hat{L}(\theta|\, \boldsymbol{X}^n)$$

若 $\hat{\theta} \equiv \hat{\theta}_n(\boldsymbol{X}^n)$ 存在，则称之为未知参数值 θ_0 的 MLE。给定随机样本 $\boldsymbol{X}^n$ 的一个样本点 (或数据集) $\boldsymbol{x}^n$，$\hat{\theta}_n(\boldsymbol{x}^n)$ 称为 θ_0 的一个极大似然估计值。一般情况下，不同的样本点 $\boldsymbol{x}^n$ 对应不同的极大似然估计值。

根据目标函数的性质，MLE 是使观测数据 $\boldsymbol{x}^n$ 发生的概率最大的参数估计值。换言之，通过选择参数估计值 $\hat{\theta}_n(\boldsymbol{x}^n)$，MLE 使 $\boldsymbol{X}^n = \boldsymbol{x}^n$ 的概率最大化，也就是使随机样本 $\boldsymbol{X}^n$ 取观测值 $\boldsymbol{x}^n$ 的概率最大化。

在一些情形下，对某些数据集 $\boldsymbol{x}^n$，$\hat{L}(\theta|\,\boldsymbol{x}^n)$ 在 Θ 上的最大值未必存在。此时 MLE 不存在。(问题：可否举出一个例子？)

现在提供保证 MLE 存在的充分条件。

定理 8.1 ***[MLE 的存在性 (Existence of MLE)]***：假设 $\hat{L}(\theta|\,\boldsymbol{X}^n)$ 为 $\theta \in \Theta$ 的连续函数的概率为 1，且参数空间 Θ 是紧集 (compact set)。则存在如下问题的全局最优解 (global maximizer) $\hat{\theta}$，即

$$\hat{\theta} \equiv \hat{\theta}_n(\boldsymbol{X}^n) = \arg\max_{\theta\in\Theta} \hat{L}(\theta|\,\boldsymbol{X}^n)$$

证明：应用维尔斯特拉斯定理 (Weierstrass theorem)。 ■

图 8.2 是当参数 θ 为标量时的 MLE 图。

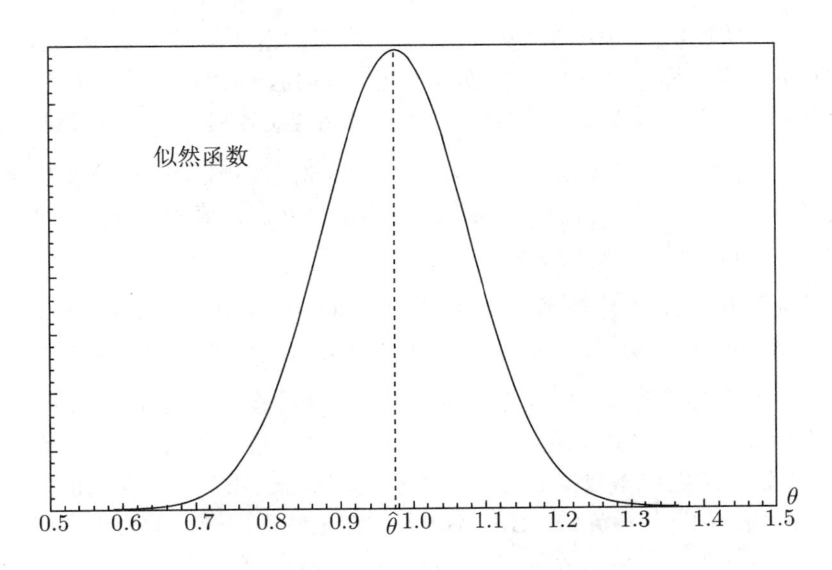

图 8.2：当参数 θ 为标量时的 MLE

通常求解 $\max_{\theta\in\Theta} \ln \hat{L}(\theta|\,\boldsymbol{X}^n)$ 比较方便，其中 $\ln \hat{L}(\theta|\,\boldsymbol{X}^n)$ 称为对数似然函数，它是 $\hat{L}(\theta|\,\boldsymbol{X}^n)$ 的严格单调增函数。MLE 可能并不唯一。给定观测数据集 $\boldsymbol{x}^n$，MLE 可能在参数空间 Θ 上的多个点处取值。因此，可能出现 MLE 有多个解的情形。

对数似然函数最大值在参数空间 Θ 上获得，而参数空间 Θ 可能存在一些约束条件。例如，当估计广义自回归条件异方差 (generalized autoregressive conditional heteroskedasticity, GARCH) 模型时 (Bollerslev, 1986)，需要对参数 θ 施加一些约束条件以保证条件方差总是非负的。

当 $\hat{L}(\theta|\boldsymbol{X}^n)$ 是 $\theta\in\Theta$ 的平滑函数时，特别地，当 $\ln\hat{L}(\theta|\boldsymbol{X}^n)$ 是 $\theta\in\Theta$ 的二次连续可导函数时，$\hat{\theta}$ 容易求解。在此情形下，MLE 存在的必要条件是 $\hat{\theta}$ 必须满足一阶条件 (first order conditions, FOC)

$$\left.\frac{\partial\ln\hat{L}(\theta|\boldsymbol{X}^n)}{\partial\theta}\right|_{\theta=\hat{\theta}}=\mathbf{0}$$

若 θ 是 $p\times 1$ 维参数向量，则一阶条件包含 p 个方程。从该一阶条件可求解 $\hat{\theta}$。从图像上看，MLE $\hat{\theta}$ 位于似然函数中斜率为 0 的点，见图 8.2。

FOC 仅为最大化的必要条件而非充分条件，故其仅为 MLE 提供了可能的候选参数值。一阶导数为零的点可能为局部最大 (local maxima)、全局最小 (global minima)、或拐点 (inflection point)。为了找到全局最大解，需检验二阶条件 (second order conditions, SOC)。若 $p\times p$ 维样本黑塞 (Hessian) 矩阵

$$\hat{H}(\theta)=\frac{\partial^2\ln\hat{L}(\theta|\boldsymbol{X}^n)}{\partial\theta\partial\theta'}$$

对所有 $\theta\in\Theta$ 是负定，则 $\hat{\theta}$ 是全局最大解。许多情况下可能不容易验证 $\hat{H}(\theta)$ 对所有 $\theta\in\Theta$ 是负定，而验证 $\hat{H}(\hat{\theta})$ 为负定则相对容易，从而可推出 $\hat{\theta}$ 是局部最大解。当 θ 维数较高时，用二阶导数条件检验最大值可能会比较繁冗，可以尝试其他方法。

需要强调，一阶导数为零仅可在函数定义域内部定位极值点。若极值出现在边界上，一阶导数可能不为零。因此，需要单独检验边界是否存在极值的情况，这可通过库恩-塔克 (Kuhn-Tucker) 定理完成。

当出现无法由一阶条件推出 $\hat{\theta}$ 的解析解 (closed form solution) 的情况时，需要求 $\hat{\theta}$ 的数值解 (numerical solution)。绝大多数计算机软件都可计算数值解。

求函数最大值时普遍存在的问题导致 MLE 方法存在两个潜在的困难。第一个是求全局最大值并验证其确为全局最大，第二个是数值敏感度，即估计值对数据的微小变化的敏感度。有时，可能样本数据之间差别很小 (如只增加几个新的观测值)，却可能产生差异非常大的估计值，从而导致 MLE 不可靠。在某些应用中可能会出现此类估计问题，例如厚尾概率分布的似然函数作为 θ 的函数相对比较平坦。

以下总结 MLE 方法的步骤：

• 求出对数似然函数 $\ln\hat{L}(\theta|\boldsymbol{X}^n)$ 的表达式。对具有总体 PMF/PDF $f(x,\theta)$ 的 IID 随机样本，$\ln\hat{L}(\theta|\boldsymbol{X}^n)=\sum_{i=1}^n\ln f(X_i,\theta)$；

• 解一阶条件 (FOC) 并求得 $\hat{\theta}$；

- 检验二阶条件 (SOC) 以确保 $\hat{\theta}$ 为全局最大解或至少为局部最大解。

绝大多数计算机软件 (如 Matlab、GAUSS、SAS、R) 都有 MLE 算法。

现在考察几个例子。

例 8.3： 令 $\boldsymbol{X}^n$ 为 IID $N(\mu,1)$ 随机样本。求 μ 的 MLE 估计量。

解： 令 $\theta=\mu$。因为 $\boldsymbol{X}^n$ 为 IID $N(\mu,1)$ 随机样本，随机样本 $\boldsymbol{X}^n$ 的似然函数为

$$\begin{aligned}\hat{L}(\mu|\,\boldsymbol{X}^n)&=\prod_{i=1}^{n}f(X_i,\theta)\\&=\prod_{i=1}^{n}\frac{1}{\sqrt{2\pi}}e^{-\frac{1}{2}(X_i-\mu)^2}\\&=(2\pi)^{-n/2}e^{-\frac{1}{2}\sum_{i=1}^{n}(X_i-\mu)^2}\end{aligned}$$

而因对数似然函数为

$$\ln\hat{L}(\mu|\,\boldsymbol{X}^n)=-\frac{n}{2}\ln(2\pi)-\frac{1}{2}\sum_{i=1}^{n}(X_i-\mu)^2$$

由 FOC 条件得

$$\frac{d\ln\hat{L}(\hat{\mu}|\,\boldsymbol{X}^n)}{d\mu}\equiv\left.\frac{d\ln\hat{L}(\mu|\,\boldsymbol{X}^n)}{d\mu}\right|_{\mu=\hat{\mu}}=\sum_{i=1}^{n}(X_i-\hat{\mu})=0$$

解得样本均值估计量

$$\hat{\mu}=\bar{X}_n$$

由 SOC 条件得

$$\frac{d^2\ln\hat{L}(\mu|\,\boldsymbol{X}^n)}{d\mu^2}=-n<0,\quad \text{对所有 } \mu$$

因此 $\hat{\mu}=\bar{X}_n$ 为全局最大解。同时 $\hat{\mu}=\bar{X}_n$ 也是 μ 的充分统计量，参见第六章例 6.11。

例 8.4： 假设 $\boldsymbol{X}^n$ 为 IID $N(\mu,\sigma^2)$ 随机样本，求 (μ,σ^2) 的 MLE。

解： 令 $\theta=(\mu,\sigma^2)$，则 $\boldsymbol{X}^n$ 的对数似然函数为

$$\ln\hat{L}(\theta|\,\boldsymbol{X}^n)=-\frac{n}{2}\ln(2\pi)-\frac{n}{2}\ln\sigma^2-\frac{1}{2\sigma^2}\sum_{i=1}^{n}(X_i-\mu)^2$$

FOC 为

$$\frac{\partial\ln\hat{L}(\hat{\theta}\big|\,\boldsymbol{X}^n)}{\partial\mu}=\frac{1}{\hat{\sigma}^2}\sum_{i=1}^{n}(X_i-\hat{\mu})=0$$

$$\frac{\partial \ln \hat{L}(\hat{\theta}\big|\, \boldsymbol{X}^n)}{\partial \sigma^2} = -\frac{n}{2\hat{\sigma}^2} + \frac{1}{2\hat{\sigma}^4}\sum_{i=1}^{n}(X_i - \hat{\mu})^2 = 0$$

其中 $\hat{\theta} = (\hat{\mu}, \hat{\sigma}^2)$。注意，此处 σ^2 被视为一个参数，而非 σ。

从而有

$$\hat{\mu} = \bar{X}_n$$

$$\hat{\sigma}^2 = n^{-1}\sum_{i=1}^{n}(X_i - \bar{X}_n)^2$$

σ^2 的 MLE 估计量 $\hat{\sigma}^2$ 与第六章定义的样本方差 $S_n^2 = (n-1)^{-1}\sum_{i=1}^{n}(X_i - \bar{X}_n)^2$ 有所不同。为检验 SOC，计算样本黑塞矩阵

$$\hat{H}(\theta) = \begin{bmatrix} -\frac{n}{\sigma^2} & -\frac{1}{\sigma^4}\sum_{i=1}^{n}(X_i - \mu) \\ -\frac{1}{\sigma^4}\sum_{i=1}^{n}(X_i - \mu) & \frac{n}{2\sigma^4} - \frac{1}{\sigma^6}\sum_{i=1}^{n}(X_i - \mu)^2 \end{bmatrix}$$

当 $\theta = \hat{\theta}$ 时，有

$$\hat{H}(\hat{\theta}) = \begin{bmatrix} -\frac{n}{\hat{\sigma}^2} & 0 \\ 0 & -\frac{n}{2\hat{\sigma}^4} \end{bmatrix}$$

为负定。因此 $\hat{\theta}$ 是局部最大解。同时，MLE $\hat{\theta} = (\hat{\mu}, \hat{\sigma}^2)$ 也是 $\theta = (\mu, \sigma^2)$ 的充分统计量，参见第六章例 6.12。

问题 8.1 当 θ 取值为 $\hat{\theta} = (\hat{\mu}, \hat{\sigma})$ 时，MLE 的目标函数 $\ln \hat{L}(\theta|\, \boldsymbol{X}^n)$ 的值为多少？

问题 8.2 假若将 σ 而非 σ^2 视作一个参数，上例中可否获得相同的 MLE 解呢？

答案是肯定的。从以下 MLE 不变性可求得

$$\hat{\sigma} = \sqrt{\hat{\sigma}^2}$$

定理 8.2 ***[极大似然估计的不变性 (Invariance of MLE)]***: 假设 $\hat{\theta}$ 为 $\theta \in \Theta$ 的 MLE 估计量，$g(\cdot)$ 是参数空间 Θ 上的一一映射。则 $g(\hat{\theta})$ 是 $g(\theta)$ 的 MLE 估计量。

证明：因 $g(\theta)$ 是参数空间 Θ 上的一一映射，故存在唯一反函数 $h(\cdot)$ 使得对所有 $\theta \in \Theta$ 有 $h[g(\theta)] = \theta$。定义新参数 $\tau = g(\theta)$。现在求 τ 的 MLE 估计量。由反函数可得 $\theta = h(\tau)$。于是随机样本 $\boldsymbol{X}^n$ 的似然函数为

$$\hat{L}(\theta|\, \boldsymbol{X}^n) = \hat{L}[h(\tau)|\, \boldsymbol{X}^n] = \hat{L}^*(\tau|\, \boldsymbol{X}^n)$$

其中 $\hat{L}^*(\tau|\, \boldsymbol{X}^n)$ 是随机样本 $\boldsymbol{X}^n$ 关于新参数 τ 的似然函数。

假设 $\hat{\theta}$ 是 $\theta\in\Theta$ 的全局 MLE 估计量。则有

$$\hat{L}(\hat{\theta}|\boldsymbol{X}^n)\geqslant\hat{L}(\theta|\boldsymbol{X}^n),\quad \text{对所有 } \theta\in\Theta$$

令 $\hat{\tau}=g(\hat{\theta})$，则 $\hat{\theta}=h(\hat{\tau})$。那么对任意 $\theta\in\Theta$，有

$$\begin{aligned}\hat{L}(\hat{\theta}|\boldsymbol{X}^n)&=\hat{L}[h(\hat{\tau})|\boldsymbol{X}^n]\\&=\hat{L}^*(\hat{\tau}|\boldsymbol{X}^n)\\&\geqslant\hat{L}(\theta|\boldsymbol{X}^n)=\hat{L}[h(\tau)|\boldsymbol{X}^n]\\&=\hat{L}^*(\tau|\boldsymbol{X}^n)\end{aligned}$$

其中因为 θ 取任意值，故 $\tau=g(\theta)$ 也取任意值。因此，对所有 $\tau\in\Gamma$ 有

$$\hat{L}^*(\hat{\tau}|\boldsymbol{X}^n)\geqslant\hat{L}^*(\tau|\boldsymbol{X}^n)$$

其中 $\Gamma=\{\tau:\tau=g(\theta),\text{ 对所有 }\theta\in\Theta\}$ 是新参数 τ 的参数空间。故 $\hat{\tau}$ 是 τ 的 MLE 估计量。证毕。 ■

以下定理说明若参数 θ 的充分统计量 $T(\boldsymbol{X}^n)$ 存在，则 MLE 估计量 $\hat{\theta}$ 可通过最大化充分统计量 $T(\boldsymbol{X}^n)$ 的似然函数求得。

定理 8.3 [*MLE* 的充分性 (*Sufficiency of MLE*)]: 假设给定随机样本取值 $\boldsymbol{X}^n=\boldsymbol{x}^n$，随机样本 $\boldsymbol{X}^n$ 的似然函数为 $f_{\boldsymbol{X}^n}(\boldsymbol{x}^n,\theta)$，且 $T(\boldsymbol{X}^n)$ 是 θ 的充分统计量，其中参数 $\theta\in\Theta$。则最大化随机样本 $\boldsymbol{X}^n$ 的似然函数的 MLE 估计量 $\hat{\theta}$ 也是最大化充分统计量 $T(\boldsymbol{X}^n)$ 的似然函数 $f_{T(\boldsymbol{X}^n)}[T(\boldsymbol{X}^n),\theta]$ 的 MLE 估计量。

证明：由定义得 MLE 估计量 $\hat{\theta}=\arg\max_{\theta\in\Theta}\ln f_{\boldsymbol{X}^n}(\boldsymbol{X}^n,\theta)$。因为 $T(\boldsymbol{X}^n)$ 是 θ 的充分统计量，故对任意给定样本点 $\boldsymbol{x}^n$，有

$$\begin{aligned}f_{\boldsymbol{X}^n}(\boldsymbol{x}^n,\theta)&=f_{T(\boldsymbol{X}^n)}[T(\boldsymbol{x}^n),\theta]f_{\boldsymbol{X}^n|T(\boldsymbol{X}^n)}[\boldsymbol{x}^n|T(\boldsymbol{x}^n)]\\&=f_{T(\boldsymbol{X}^n)}[T(\boldsymbol{x}^n),\theta]h(\boldsymbol{x}^n)\end{aligned}$$

其中，给定 $T(\boldsymbol{X}^n)=T(\boldsymbol{x}^n)$ 时，$\boldsymbol{X}^n$ 的条件分布 $f_{\boldsymbol{X}^n|T(\boldsymbol{X}^n)}[\boldsymbol{x}^n|T(\boldsymbol{x}^n)]$ 不依赖于参数 θ，并记作函数 $h(\boldsymbol{x}^n)$ (参见第六章第六节的讨论)。从而有

$$\ln f_{\boldsymbol{X}^n}(\boldsymbol{x}^n,\theta)=\ln f_{T(\boldsymbol{X}^n)}[T(\boldsymbol{x}^n),\theta]+\ln h(\boldsymbol{x}^n)$$

因此在参数空间 Θ 上最大化 $\ln f_{\boldsymbol{X}^n}(\boldsymbol{X}^n,\theta)$ 等价于在 Θ 上选择 θ 最大化 $\ln f_{T(\boldsymbol{X}^n)}[T(\boldsymbol{X}^n),\theta]$，即

$$\hat{\theta}=\arg\max_{\theta\in\Theta}\ln f_{\boldsymbol{X}^n}(\boldsymbol{X}^n,\theta)$$

$$= \arg\max_{\theta\in\Theta} \ln f_{T(\boldsymbol{X}^n)}[T(\boldsymbol{X}^n), \theta]$$

证毕。 ■

第三节 极大似然估计量的渐进性质

因为 MLE 估计量 $\hat{\theta}$ 通常是随机样本 $\boldsymbol{X}^n$ 的非线性函数，故当随机样本 $\boldsymbol{X}^n$ 并非由正态分布生成时，对推导任意给定样本容量 n 下 MLE $\hat{\theta}$ 的均值、方差以及抽样分布将十分困难。下面，应用第七章介绍的渐进理论来考察 MLE $\hat{\theta}$ 的渐进性质 (即当 $n \to \infty$ 时)，特别是证明 MLE $\hat{\theta}$ 为真实参数值 $\theta_0 \in \Theta$ 的一致估计量，且经适当标准化后收敛于正态分布。

首先提供一组正则 (regularity) 条件。为简便起见，此处假设参数 θ 为标量。

假设 8.1 $\boldsymbol{X}^n = (X_1, \cdots, X_n)$ 为来自某未知总体分布 $f_X(x)$ 的 IID 随机样本。

假设 8.2 *(1)* 对每个 $\theta \in \Theta$，$f(x, \theta)$ 是未知总体分布 $f_X(x)$ 的一个 PMF/PDF 模型，满足对支撑中的所有 x，$f(x, \theta) > 0$，其中 Θ 是有限维参数空间；*(2)* 存在唯一一个参数值 $\theta_0 \in \Theta$ 使得 $f(x, \theta_0)$ 与总体分布 $f_X(x)$ 一致，即对支撑中所有的 x，有 $f(x, \theta_0) = f_X(x)$；*(3)* $\ln f(x, \theta)$ 是 (x, θ) 的连续函数，且其绝对值小于非负函数 $b(x)$，满足 $E[b(X_i)] < \infty$，其中期望 $E(\cdot)$ 定义在总体分布 $f_X(x)$ 上。

假设 8.3 参数空间 Θ 为有界闭集，或等价地，Θ 为紧集。

假设 8.4 参数值 θ_0 是 $E[\ln f(X_i, \theta)]$ 的唯一最优解。

假设 8.5 θ_0 是参数空间 Θ 的内点 (interior point)。

假设 8.6 对每个内点 $\theta \in \Theta$，$f(x, \theta)$ 关于 θ 二阶连续可导，满足 *(1)* $\frac{\partial}{\partial\theta} \ln f(x, \theta)$ 和 $\frac{\partial^2}{\partial\theta^2} \ln f(x, \theta)$ 是 (x, θ) 的连续函数，其绝对值小于非负函数 $b(x)$，且 $E[b(X_i)] < \infty$，$E[b^2(X_i)] < \infty$；*(2)* 函数 $H(\theta) = E\left[\frac{\partial^2}{\partial\theta^2} \ln f(X_i, \theta)\right]$ 的绝对值在 Θ 不等于零，并且其绝对值为有限值。

为便于分析，这一节假设标量参数 θ。以下结论可直接扩展到参数 θ 为向量的情形，但这样做并不能对 MLE 的渐进性质提供新的洞见。

假设 8.2 是关于概率分布模型 $f(x, \theta)$ 的正确设定假设，即存在一个参数值 θ_0 使得概率分布模型 $f(x, \theta_0)$ 与总体分布 $f_X(x)$ 一致。参数值 θ_0 通常称为 θ 的真实值。假设 8.3 中参数空间 Θ 的紧性 (compactness) 保证了 MLE 的存在 (参见定理 8.1)。假设 8.4 称为识别条件 (identification condition)，它保证 MLE 估计量 $\hat{\theta}$ 的概率极限 θ_0 存

在并有定义。需要注意，除非 $\theta = \theta_0$，否则一般情形下

$$\begin{aligned} E[\ln f(X_i, \theta)] &= \int_{-\infty}^{\infty} \ln f(x, \theta) f_X(x) dx \\ &\neq \int_{-\infty}^{\infty} \ln f(x, \theta) f(x, \theta) dx \end{aligned}$$

在假设 8.5 和 8.6 下，可应用泰勒级数展开推导 MLE $\hat{\theta}$ 的渐进分布。统计学中，函数 $\frac{\partial}{\partial \theta} \ln f(x, \theta)$ 称为记分函数 (score function；若 θ 为参数向量，将为向量函数)，而函数 $H(\theta)$ 称为黑塞函数 (Hessian function；若 θ 为参数向量，将称为黑塞矩阵)。

为证明 MLE $\hat{\theta}$ 的一致性，首先介绍一个有用的引理。

引理 8.1 *[极值估计量引理；White (1994, 定理 3.4)]*：*假设 (1) $Q(\theta)$ 是 $\theta \in \Theta$ 的非随机连续实值函数，且 $\theta_0 \in \Theta$ 是 $Q(\theta)$ 在 Θ 上的唯一最优解，其中 Θ 为紧集；(2) 随机序列 $\hat{Q}_n(\theta)$ 是 $\theta \in \Theta$ 的连续函数的概率为 1；(3) $\lim_{n \to \infty} \sup_{\theta \in \Theta} \left| \hat{Q}_n(\theta) - Q(\theta) \right| = 0$ 的概率为 1。则当 $n \to \infty$ 时，$\hat{\theta} = \arg\max_{\theta \in \Theta} \hat{Q}_n(\theta)$ 存在，且几乎处处有 $\hat{\theta} \to \theta_0$。*

证明：参见 White (1994，定理 3.4 的证明) ■

$Q(\theta)$ 在假设 (1) 下的唯一最优解 θ_0 是一个识别条件，可保证假设 (2) 下的估计量 $\hat{\theta}$ 有一个明确的概率极限。这里的假设 (3) 是一致收敛条件 (uniform convergence condition)，它可由第七章定理 7.3 即一致强大数定律 (USLLN) 推得。这个假设意味着当 $n \to \infty$ 时，$\hat{Q}_n(\theta)$ 和 $Q(\theta)$ 之间在参数空间 Θ 上的最大偏离几乎处处收敛于 0。

在以下应用中，令 $\hat{Q}_n(\theta) = n^{-1} \ln \hat{L}(\theta \mid X^n)$ 且 $Q(\theta) = E[\ln f(X_i, \theta)]$，可证明 MLE $\hat{\theta}$ 几乎处处收敛于真实值 θ_0。为此，首先介绍引理 8.2，证明真实参数值 θ_0 是总体对数似然函数 $E[\ln f(X_i, \theta)]$ 的唯一最优解。

引理 8.2 *[$E[\ln f(X_i, \theta)]$ 的唯一最优解]*：*若假设 8.1 与假设 8.2(1)-(2) 成立，则模型真实参数值 θ_0 是 $E[\ln f(X_i, \theta)]$ 在 Θ 上的唯一最优解。*

证明：定义相对熵

$$I[f_X(\cdot), f(\cdot, \theta)] = -\int_{-\infty}^{\infty} \ln \left[\frac{f(x, \theta)}{f_X(x)} \right] f_X(x) dx$$

由詹森不等式与对数函数的凹凸性可推出，对所有 $\theta \in \Theta$，有 $I[f_X(\cdot), f(\cdot, \theta)] \geqslant 0$。故对所有 $\theta \in \Theta$，

$$\int_{-\infty}^{\infty} \ln[f(x, \theta)] f_X(x) dx \leqslant \int_{-\infty}^{\infty} \ln[f_X(x)] f_X(x) dx$$

显然，若令 $\theta=\theta_0$，在假设模型正确设定下，有 $f(x,\theta_0)=f_X(x)$，因此可在 $\theta=\theta_0$ 处获得 $E[\ln f(X_i,\theta)]=\int_{-\infty}^{\infty}\ln[f(x,\theta)]f_X(x)dx$ 的最大值。证毕。 ■

定理 8.4 [*MLE* 的一致性 (*Consistency of MLE*)]：若假设 8.1-8.4 成立，且 $\hat{\theta}=\arg\max_{\theta\in\Theta}\sum_{i=1}^{n}\ln f(X_i,\theta)$。则当 $n\to\infty$ 时，几乎处处有

$$\hat{\theta}\to\theta_0$$

证明：应用上述极值估计量引理。给定假设 8.2，$Q(\theta)=E[\ln f(X_i,\theta)]$ 是 $\theta\in\Theta$ 的连续函数，且由假设 8.3 和 8.4 可知，θ_0 是 $Q(\theta)$ 在紧集 Θ 上的唯一最优解。现令 $\hat{Q}_n(\theta)=n^{-1}\sum_{i=1}^{n}\ln f(X_i,\theta)$。则给定假设 8.1-8.3 以及第七章定理 7.3 的一致强大数定律，可得，当 $n\to\infty$ 时，几乎处处有 $\sup_{\theta\in\Theta}\left|\hat{Q}_n(\theta)-Q(\theta)\right|\to 0$。因此，根据极值估计量引理，当 $n\to\infty$ 时，几乎处处有 MLE $\hat{\theta}\to\theta_0$。证毕。 ■

注意，在确立 MLE $\hat{\theta}$ 的一致性时并未要求 θ_0 是参数空间 Θ 的内点。换言之，一致性定理允许 θ_0 是角点解 (即 θ_0 在 Θ 的边界上)。相应地，亦无需假设对数似然函数 $\ln f(x,\theta)$ 对 θ 可导。事实上，即使 $\ln f(x,\theta)$ 对 θ 可导，当存在角点解时，FOC 条件也可能不成立。

现在推导 MLE $\hat{\theta}$ (经适当标准化后) 的渐进分布。为此首先提供几个有用的引理。

引理 8.3 [记分函数 (*Score Function*) 的期望为零]：假设 $f(x,\theta)$ 是一个 PDF 模型且 $f(x,\theta)$ 关于 $\theta\in\Theta$ 连续可导，其中 θ 是参数空间 Θ 的内点。则对所有 Θ 内部的 θ，有

$$\int_{-\infty}^{\infty}\left[\frac{\partial\ln f(x,\theta)}{\partial\theta}\right]f(x,\theta)dx=0$$

PMF 模型也有类似结论。

证明：因 $f(x,\theta)$ 是一个 PDF 模型，故对任意给定 $\theta\in\Theta$，$f(x,\theta)$ 是 PDF。因此对参数空间 Θ 的任意内点 θ，有

$$\int_{-\infty}^{\infty}f(x,\theta)dx=1$$

求导并交换积分和求导的顺序，有

$$\frac{d}{d\theta}\int_{-\infty}^{\infty}f(x,\theta)dx=\frac{d}{d\theta}(1)=0$$

$$\int_{-\infty}^{\infty}\frac{\partial f(x,\theta)}{\partial\theta}dx=0$$

$$\int_{-\infty}^{\infty}\left[\frac{\partial\ln f(x,\theta)}{\partial\theta}\right]f(x,\theta)dx=0$$

证毕。 ■

对数似然函数 $\ln f(X_i,\theta)$ 的一阶导数称为随机变量 X_i 的记分函数，即

$$S(X_i,\theta)=\frac{\partial \ln f(X_i,\theta)}{\partial \theta}$$

直观上，根据引理 8.3，若 X_i 服从 $f(x,\theta)$ 概率分布，关于 θ 的随机变量 X_i 的记分函数 $S(X_i,\theta)$ 的期望值将为 0。也就是说，若在 $f(x,\theta)$ 概率分布下进行大量重复试验，$\ln f(x,\theta)$ 的平均斜率将为 0。

需要注意，除非 $\theta=\theta_0$，否则一般情形下

$$E_\theta\left[\frac{\partial \ln f(X_i,\theta)}{\partial \theta}\right]\equiv\int_{-\infty}^{\infty}\left[\frac{\partial \ln f(x,\theta)}{\partial \theta}\right]f(x,\theta)dx\neq E\left[\frac{\partial \ln f(X_i,\theta)}{\partial \theta}\right]$$

其中 $E_\theta(\cdot)$ 是定义于 $f(x,\theta)$ 的期望，而 $E(\cdot)$ 是定义在未知总体分布 $f_X(x)$ 上的期望。

引理 8.4 *[信息等式 (Information Equality)]*：假设 PDF 模型 $f(x,\theta)$ 对关于 $\theta\in\Theta$ 二次连续可导，其中 θ 是参数空间 Θ 的内点。定义

$$I(\theta)=\int_{-\infty}^{\infty}\left[\frac{\partial \ln f(x,\theta)}{\partial \theta}\right]^2 f(x,\theta)dx$$

$$H(\theta)=\int_{-\infty}^{\infty}\left[\frac{\partial^2 \ln f(x,\theta)}{\partial \theta^2}\right] f(x,\theta)dx$$

则对所有 Θ 内点 θ，

$$I(\theta)+H(\theta)=0$$

同样地，PMF 模型也有类似结论。

证明： 等式 $\int_{-\infty}^{\infty}f(x,\theta)dx=1$ 对 θ 求导并交换求导和积分顺序，得

$$\int_{-\infty}^{\infty}\frac{\partial}{\partial \theta}f(x,\theta)dx=0$$

变型改写为

$$\int_{-\infty}^{\infty}\frac{\partial \ln f(x,\theta)}{\partial \theta}f(x,\theta)dx=0$$

若该式对 θ 再次求导并交换求导和积分顺序，得

$$\int_{-\infty}^{\infty}\left\{\left[\frac{\partial^2 \ln f(x,\theta)}{\partial \theta^2}\right]f(x,\theta)+\left[\frac{\partial \ln f(x,\theta)}{\partial \theta}\right]\frac{\partial f(x,\theta)}{\partial \theta}\right\}dx=0$$

或等价地

$$\int_{-\infty}^{\infty}\left[\frac{\partial^2 \ln f(x,\theta)}{\partial\theta^2}\right]f(x,\theta)dx+\int_{-\infty}^{\infty}\left[\frac{\partial \ln f(x,\theta)}{\partial\theta}\right]^2 f(x,\theta)dx=0$$

证毕。 ■

当随机变量 X_i 服从概率分布 $f(x,\theta)$ 时，$I(\theta)$ 称为 X_i 的费雪信息 (Fisher information)。$I(\theta)$ 可用于测度随机变量 X_i 所包含的关于未知参数 θ 的信息量，因为 X_i 的概率分布依赖于 θ。$f(x,\theta)$ 刻画了给定参数 θ 值时，我们观测到随机变量 X_i 取 x 值的概率。若 $f(x,\theta)$ 关于 θ 的变化呈现尖峰态势，则很容易从随机变量 X_i 中推断出 θ 的“真实”值，或者说，随机变量 X_i 提供了参数 θ 的大量信息。相反，若 $f(x,\theta)$ 关于 θ 的变化呈现平峰、延展态势，则很难推断 θ 的“真实”值。因此，$\ln f(X_i,\theta)$ 对数似然函数斜率的绝对值大小可以提供参数值 θ 的信息。鉴于 X_i 是随机的，可以使用记分函数的方差来度量对数似然函数斜率平方的期望值，这就是费雪信息 $I(\theta)$。当 θ 为向量时，$I(\theta)$ 可拓展定义为费雪信息矩阵 (Fisher information matrix)。

$H(\theta)$ 是概率分布 $f(x,\theta)$ 的黑塞函数 (Hessian function)。当 θ 为向量时，$H(\theta)$ 可拓展定义为黑塞矩阵 (Hessian matrix)。若在概率分布 $f(x,\theta)$ 下进行大量重复试验，则 $H(\theta)$ 测度了对数似然函数 $\ln f(X_i,\theta)$ 曲率的大小。引理 8.4 的信息等式表明，记分函数 $S(X_i,\theta)$ 平方的期望值等于对数似然函数 $\ln f(X_i,\theta)$ 的曲率 (即二阶导数) 绝对值的期望值。$\ln f(X_i,\theta)$ 的曲率越大，对数似然函数从 θ 点峰值处下降越快，对数似然函数的斜率的绝对值变化便越大。

现证明经适当标准化处理后，MLE $\hat{\theta}$ 服从渐进正态分布。

定理 8.5 *[MLE 估计量的渐进正态性 (Asymptotic Normality of MLE)]*: 若假设 8.1-8.6 成立，则当 $n\to\infty$ 时，

$$\sqrt{n}(\hat{\theta}-\theta_0)\xrightarrow{d}N[0,-H(\theta_0)^{-1}]$$

证明：因当 $n\to\infty$ 时，几乎处处有 $\hat{\theta}\to\theta_0$，且 θ_0 是参数空间 Θ 的内点，因此当 n 充分大时，$\hat{\theta}$ 也是 Θ 内点的概率为 1。故一阶条件为

$$\frac{d\ln\hat{L}(\theta|\boldsymbol{X}^n)}{d\theta}|_{\theta=\hat{\theta}}=0$$

或等价地

$$\frac{d}{d\theta}\sum_{i=1}^{n}\ln f(X_i,\hat{\theta})=0$$

交换求导和求和顺序，得

$$\frac{1}{n}\sum_{i=1}^{n}\frac{\partial\ln f(X_i,\hat{\theta})}{\partial\theta}=0$$

由中值定理，有

$$\frac{1}{n}\sum_{i=1}^{n}\frac{\partial \ln f(X_i,\theta_0)}{\partial\theta}+\left[\frac{1}{n}\sum_{i=1}^{n}\frac{\partial^2 \ln f(X_i,\bar{\theta})}{\partial\theta^2}\right](\hat{\theta}-\theta_0)=0$$

其中，$\bar{\theta}$ 位于 $\hat{\theta}$ 和 θ_0 之间，即存在某个 $\lambda\in(0,1)$，有 $\bar{\theta}=\lambda\hat{\theta}+(1-\lambda)\theta_0$。当 $n\to\infty$ 时，几乎处处有

$$\left|\bar{\theta}-\theta_0\right|=\left|\lambda(\hat{\theta}-\theta_0)\right|\leqslant\left|\hat{\theta}-\theta_0\right|\to 0$$

以下，定义样本黑塞函数

$$\hat{H}(\theta)=\frac{1}{n}\sum_{i=1}^{n}\frac{\partial^2 \ln f(X_i,\theta)}{\partial\theta^2}$$

则有

$$\sqrt{n}(\hat{\theta}-\theta_0)=\left[-\hat{H}(\bar{\theta})\right]^{-1}\frac{1}{\sqrt{n}}\sum_{i=1}^{n}\frac{\partial \ln f(X_i,\theta_0)}{\partial\theta}$$

首先根据中心极限定理 (见第七章定理 7.6)，证明当 $n\to\infty$ 时

$$\frac{1}{\sqrt{n}}\sum_{i=1}^{n}\frac{\partial \ln f(X_i,\theta_0)}{\partial\theta}\xrightarrow{d}N[0,I(\theta_0)]$$

根据定义，记分函数

$$S_i(\theta)=\frac{\partial \ln f(X_i,\theta)}{\partial\theta},\quad i=1,\cdots,n$$

在随机样本 $\boldsymbol{X}^n$ 为 IID 的假设下，$\{S_i(\theta_0)\}_{i=1}^{n}$ 也是 IID 序列。给定假设 8.2 的模型正确设定条件 (即总体分布 $f_X(x)=f(x,\theta_0)$)，有

$$\begin{aligned}E[S_i(\theta_0)]&=\int_{-\infty}^{\infty}\frac{\partial \ln f(x,\theta_0)}{\partial\theta}f_X(x)dx\\&=\int_{-\infty}^{\infty}\frac{\partial \ln f(x,\theta_0)}{\partial\theta}f_X(x,\theta_0)dx\\&=0\end{aligned}$$

其中最后一个等式由引理 8.3 推出。 $E[S_i(\theta_0)]=0$ 表明，当 θ_0 是参数空间 Θ 的内点时， $\max_{\theta\in\Theta}E[\ln f(X_i,\theta)]$ 的一阶条件，在 $\theta=\theta_0$ 处成立。

给定 $E[S_i(\theta_0)]=0$，方差

$$\begin{aligned}\mathrm{var}[S_i(\theta_0)]&=E[S_i(\theta_0)^2]\\&=E\left[\frac{\partial \ln f(X_i,\theta_0)}{\partial\theta}\right]^2\end{aligned}$$

$$
\begin{aligned}
&= \int_{-\infty}^{\infty} \left[\frac{\partial \ln f(x,\theta_0)}{\partial \theta}\right]^2 f_X(x)dx \\
&= \int_{-\infty}^{\infty} \left[\frac{\partial \ln f(x,\theta_0)}{\partial \theta}\right]^2 f(x,\theta_0)dx \\
&= I(\theta_0) < \infty
\end{aligned}
$$

其中第四个等式由模型正确设定推出。由 IID 随机序列的中心极限定理 (参见定理 7.6) 可得，当 $n \to \infty$ 时，

$$
\begin{aligned}
\frac{1}{\sqrt{n}}\sum_{i=1}^{n}\frac{\partial \ln f(X_i,\theta_0)}{\partial \theta} &= \frac{1}{\sqrt{n}}\sum_{i=1}^{n} S(X_i,\theta_0) \\
&\xrightarrow{d} N[0, I(\theta_0)]
\end{aligned}
$$

以下证明当 $n \to \infty$ 时，几乎处处有 $\hat{H}\left(\bar{\theta}\right) \to H(\theta_0)$，其中黑塞函数 $H(\theta)$ 由引理 8.4 定义。现在，令

$$
\begin{aligned}
\bar{H}(\theta) &\equiv E\left[\frac{\partial^2 \ln f(X_i,\theta)}{\partial \theta^2}\right] \\
&= \int_{-\infty}^{\infty} \frac{\partial^2 \ln f(x,\theta)}{\partial \theta^2} f_X(x)dx
\end{aligned}
$$

注意，除非 $\theta = \theta_0$，否则 $\bar{H}(\theta) \neq H(\theta)$。进一步有

$$
\hat{H}(\bar{\theta}) - H(\theta_0) = [\hat{H}(\bar{\theta}) - \bar{H}(\bar{\theta})] + [\bar{H}(\bar{\theta}) - H(\theta_0)]
$$

对第二项，由引理 7.7 (几乎处处连续性定理)、几乎处处有 $\bar{\theta} \to \theta_0$、概率模型正确设定以及 $\bar{H}(\theta)$ 为 θ 的连续函数 (给定假设 8.6)，有

$$
\bar{H}\left(\bar{\theta}\right) - H\left(\theta_0\right) = \bar{H}\left(\bar{\theta}\right) - \bar{H}\left(\theta_0\right) \to 0
$$

此处为几乎处处收敛于 0。对第一项，当 $n \to \infty$ 时，由定理 7.3 的一致强大数定律 (USLLN)，有

$$
\begin{aligned}
\left|\hat{H}(\bar{\theta}) - \bar{H}(\bar{\theta})\right| &= \left|\frac{1}{n}\sum_{i=1}^{n}\frac{\partial^2 \ln f(X_i,\bar{\theta})}{\partial \theta^2} - \left\{E\left[\frac{\partial^2 \ln f(X_i,\theta)}{\partial \theta^2}\right]\right\}_{\theta=\bar{\theta}}\right| \\
&\leqslant \sup_{\theta\in\Theta}\left|\frac{1}{n}\sum_{i=1}^{n}\frac{\partial^2 \ln f(X_i,\theta)}{\partial \theta^2} - E\left[\frac{\partial^2 \ln f(X_i,\theta)}{\partial \theta^2}\right]\right| \\
&= \sup_{\theta\in\Theta}\left|\hat{H}(\theta) - \bar{H}(\theta)\right| \\
&\to 0
\end{aligned}
$$

此处为几乎处处收敛于 0。因此，当 $n \to \infty$ 时，几乎处处有 $\hat{H}(\bar{\theta}) - H(\theta_0) \to 0$，且在 $H(\theta_0)$ 非零情况下，几乎处处有

$$\hat{H}(\bar{\theta})^{-1} \to H(\theta_0)^{-1}$$

根据斯勒茨基定理 (参见定理 7.8)，当 $n \to \infty$ 时，

$$\begin{aligned}\sqrt{n}(\hat{\theta} - \theta_0) &= \left[-\hat{H}(\bar{\theta})\right]^{-1} \frac{1}{\sqrt{n}} \sum_{i=1}^{n} S(X_i, \theta_0) \\ &\xrightarrow{d} N[0, H(\theta_0)^{-1} I(\theta_0) H(\theta_0)^{-1}]\end{aligned}$$

根据引理 8.4 的信息等式和概率模型正确设定，可得 $I(\theta_0) = -H(\theta_0)$，因此

$$\sqrt{n}(\hat{\theta} - \theta_0) \xrightarrow{d} N[0, -H(\theta_0)^{-1}]$$

这里 $H(\theta_0)$ 为负，故 $-H(\theta_0)^{-1}$ 为正。证毕。■

渐进正态性 $\sqrt{n}(\hat{\theta} - \theta_0) \xrightarrow{d} N[0, -H(\theta_0)^{-1}]$ 表明 $\sqrt{n}(\hat{\theta} - \theta_0)$ 的渐进均值为零，渐进方差等于 $-H(\theta_0)^{-1}$。

函数

$$H(\theta) \equiv E_\theta \left[\frac{\partial^2 \ln f(X_i, \theta)}{\partial \theta^2}\right] = \int_{-\infty}^{\infty} \frac{\partial^2 \ln f(x, \theta)}{\partial \theta^2} f(x, \theta) dx$$

称为 PMF/PDF 模型 $f(x, \theta)$ 的黑塞函数 (或黑塞矩阵，当 θ 为向量时)，其中期望 $E_\theta(\cdot)$ 在 PDF 模型 $f(x, \theta)$ 下取得。该函数为负，且其绝对值大小测度了似然函数在 θ 点的曲率 (degree of curvature)。因此，MLE 估计量 $\hat{\theta}$ 的有效性取决于对数似然函数在真实参数值 θ_0 点的曲率。若对数似然函数在 θ_0 点的曲率大，则该对数似然函数在 θ_0 点有尖峰，从而易于精确估计 θ_0。相反，若在 θ 点的曲率较小，则对数似然函数较为平坦，因而难于精确估计 θ_0。比如，厚尾分布就是一个相对平坦的似然函数，该分布可能源自条件异方差。图 8.3 画出了总体对数似然函数期望值 $E[\ln f(X_i, \theta)]$ 在真实参数值 θ_0 处分别为尖峰和平峰的情况。

值得注意，模型正确设定下，$\sqrt{n}(\hat{\theta} - \theta_0)$ 的渐进方差等于 $-H(\theta_0)^{-1}$，这里我们可推得并利用 $E\left[\frac{\partial}{\partial \theta} \ln f(X_i, \theta_0)\right]^2 = I(\theta_0)$ 和 $E\left[\frac{\partial^2}{\partial \theta^2} \ln f(X_i, \theta_0)\right] = H(\theta_0)$ 这两个等式，其中期望定义在未知总体分布 $f_X(x)$ 上。因此，可以通过信息等式 $I(\theta_0) + H(\theta_0) = 0$ 简化 $\sqrt{n}(\hat{\theta} - \theta_0)$ 的渐进方差。若概率分布模型 $f(x, \theta)$ 对 $f_X(x)$ 误设，则得到的估计量 $\hat{\theta}$ 称为拟极大似然估计量 (Quasi-MLE, QMLE)。在概率分布模型误设情况下，一般无法简化 QMLE 的渐进方差。更多讨论，可参见 White (1982) 或 Hong (2020，Chapter 9)。

在计量经济学中，信息矩阵检验 (information matrix test) 是一个著名的概率分布模型设定检验 (White, 1982)。它通过检验以下等式是否成立来检验参数似然模型 $f(x, \theta)$ 是否正确设定：

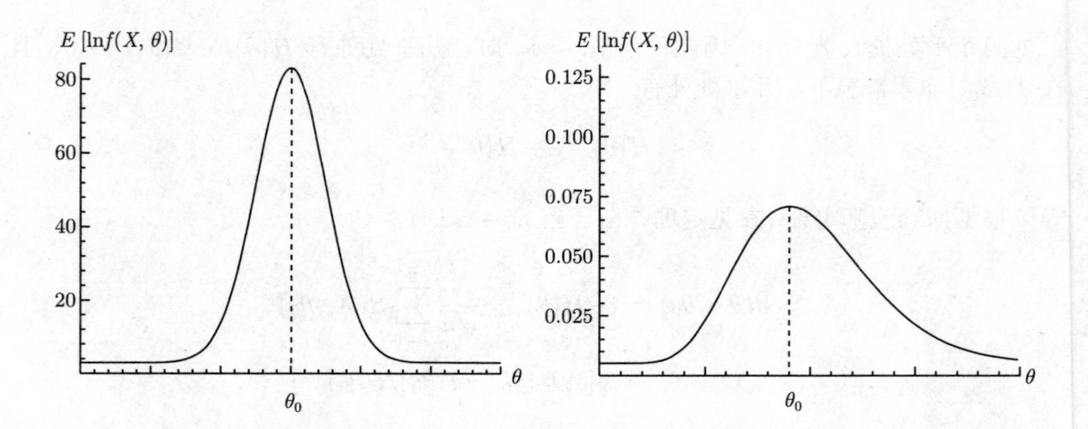

图 8.3 : (a) $E[\ln f(X_i,\theta)]$ 在 θ_0 处为尖峰 (b) $E[\ln f(X_i,\theta)]$ 在 θ_0 处为平峰

$$E\left[\frac{\partial \ln f\left(X_i,\theta\right)}{\partial \theta}\right]^2+E\left[\frac{\partial^2 \ln f\left(X_i,\theta\right)}{\partial \theta^2}\right]=0$$

其中,期望 $E(\cdot)$ 定义在总体分布 $f_X(x)$ 上。该等式与引理 8.4 的信息等式不同 (为什么?)。当模型 $f(x,\theta)$ 对总体分布 $f_X(x)$ 正确设定时,该等式成立,但是当 $f(x,\theta)$ 对 $f_X(x)$ 误设时,该等式一般不成立。请验证。

为什么 MLE 的渐进正态性在实际应用中有用呢?主要是因为它可用于构建置信区间估计量和进行参数假设检验。比如,关于 θ_0 的一个渐进 $100(1-\alpha)\%$ 置信区间估计量为随机区间 $[\hat{\theta}_L,\hat{\theta}_U]$,其中 $\hat{\theta}_L=\hat{\theta}_L(\boldsymbol{X}^n)$ 和 $\hat{\theta}_U=\hat{\theta}_U(\boldsymbol{X}^n)$,满足

$$\lim_{n\to\infty} P(\hat{\theta}_L \leqslant \theta_0 \leqslant \hat{\theta}_U)=1-\alpha$$

即当 $n\to\infty$ 时,真实参数值 θ_0 介于 $\hat{\theta}_L$ 和 $\hat{\theta}_U$ 之间的概率趋近于 $1-\alpha$。

上述推导已得,当 $n\to\infty$ 时,$\sqrt{n}(\hat{\theta}-\theta_0)\xrightarrow{d} N[0,-H(\theta_0)^{-1}]$ 且几乎处处有 $\hat{H}(\hat{\theta})\to H(\theta_0)$。根据斯勒茨基定理 (参见定理 7.8),可得

$$\sqrt{-n\hat{H}(\hat{\theta})}(\hat{\theta}-\theta_0)\xrightarrow{d} N(0,1)$$

因此,当 $n\to\infty$ 时,

$$P\left[-z_{\alpha/2}\leqslant \sqrt{-n\hat{H}(\hat{\theta})}(\hat{\theta}-\theta_0)\leqslant z_{\alpha/2}\right]\to 1-\alpha$$

其中 $z_{\alpha/2}$ 是 $\alpha/2$ 水平上 $N(0,1)$ 的右侧临界值 (upper-tailed critical value),即

$$P(Z\geqslant z_{\alpha/2})=\frac{\alpha}{2}$$

其中 $Z \sim N(0,1)$。例如，$z_{\alpha/2} = 1.65, 1.96, 2.33$，分别对应 $\alpha = 0.10, 0.05, 0.01$。

这等价于当 $n \to \infty$ 时，

$$P\left[\hat{\theta} - \frac{z_{\alpha/2}}{\sqrt{n}}\sqrt{\frac{1}{-\hat{H}(\hat{\theta})}} \leqslant \theta_0 \leqslant \hat{\theta} + \frac{z_{\alpha/2}}{\sqrt{n}}\sqrt{\frac{1}{-\hat{H}(\hat{\theta})}}\right] \to 1-\alpha$$

从而得到如下渐进 $(1-\alpha)100\%$ 置信区间

$$\hat{\theta} - \sqrt{-\frac{1}{n\hat{H}(\hat{\theta})}}z_{\frac{\alpha}{2}} \leqslant \theta_0 \leqslant \hat{\theta} + \sqrt{-\frac{1}{n\hat{H}(\hat{\theta})}}z_{\frac{\alpha}{2}}$$

显然，样本容量 n 越大或对数似然函数在真实参数值 θ_0 处的曲率越大，将获得越狭的 θ_0 置信界 (confidence bounds)，即更精确的区间估计。有关应用 MLE 的渐进正态性构造参数假设检验，可参见第九章。

第四节 矩方法与广义矩方法

8.4.1 矩估计法

矩估计方法 (MME) 是统计学最古老的参数估计方法之一。其基本思想是通过对总体分布的若干阶矩与其相对应的样本矩进行匹配，获得一定数量的匹配方程以求解总体分布的未知参数值。

具体来说，假设 $f(x,\theta)$ 为未知总体分布 $f_X(x)$ 的 PMF/PDF 模型，其中 $\theta \in \Theta$ 为 $p\times 1$ 维参数向量，且存在一个未知参数值 $\theta_0 \in \Theta$ 使得对几乎所有 x，有 $f_X(x) = f(x,\theta_0)$。这意味着参数概率模型 $f(x,\theta)$ 是对总体分布 $f_X(x)$ 的正确设定。另外，假设 $\boldsymbol{X}^n$ 为来自总体分布 $f_X(x)$ 的 IID 随机样本。$\boldsymbol{X}^n$ 的联合概率分布，$f_{\boldsymbol{X}^n}(\boldsymbol{x}^{n},\theta) = \prod_{i=1}^n f(x_i,\theta)$。

首先定义一个 $p\times 1$ 维统计向量

$$\hat{m} = \hat{m}_n(\boldsymbol{X}^n)$$

其数学期望为

$$\begin{aligned} M(\theta) &= E_\theta[\hat{m}_n(\boldsymbol{X}^n)] \\ &= \int_{\mathbb{R}^n} \hat{m}_n(\boldsymbol{x}^n) f_{\boldsymbol{X}^n}(\boldsymbol{x}^n,\theta)d\boldsymbol{x}^n \end{aligned}$$

其中，数学期望 $E_\theta(\cdot)$ 定义在随机样本 $\boldsymbol{X}^n$ 的联合 PDF $f_{\boldsymbol{X}^n}(\boldsymbol{x}^n,\theta)$ 上 (若 $\boldsymbol{X}^n$ 为离散变量随机样本，则 $f_{\boldsymbol{X}^n}(\boldsymbol{x}^n,\theta)$ 为 $\boldsymbol{X}^n$ 的联合 PMF，上述积分改为求和)。当 $\boldsymbol{X}^n$ 为 IID 随

机样本时，$f_{\boldsymbol{X}^n}(\boldsymbol{x}^n,\theta)=\prod_{i=1}^n f(x_i,\theta)$。数学期望 $M(\theta)$ 可称为总体矩函数。

其次，求解方程组

$$\hat{m}=M(\hat{\theta})$$

即选择参数值 $\hat{\theta}$ 使样本矩 $\hat{m}$ 等于总体矩 $M(\theta)$。求得的解 $\hat{\theta}=\hat{\theta}_n(\boldsymbol{X}^n)$ 称为真实参数值 θ_0 的矩估计量 (MME)。

或等价地，可定义如下样本矩函数，对于 $\theta\in\Theta$，

$$\hat{m}(\theta)\equiv\hat{m}_n(\boldsymbol{X}^n)-M(\theta)$$

则参数值 θ_0 的矩估计量 $\hat{\theta}$ 是以下方程组的解

$$\hat{m}(\theta)=0$$

通常，若对于某一参数值 θ_0，$\boldsymbol{X}^n$ 是总体 $f_X(x)=f(x,\theta_0)$ 的 IID 随机样本，则可采用以下基本步骤:

(1) 从总体 PMF/PDF 模型 $f(x,\theta)$ 计算若干总体矩 $E_\theta(X_i^k)$，$k=1,2,\cdots$，即

$$\begin{aligned}M_k(\theta)&=E_\theta(X_i^k)\\&=\begin{cases}\int_{-\infty}^{\infty}x^k f(x,\theta)dx, & X_i\text{ 是连续随机变量}\\\sum_{x\in\Omega_X}x^k f(x,\theta), & X_i\text{ 是离散随机变量}\end{cases}\end{aligned}$$

注意，总体矩 $M_k(\theta)$ 依赖于参数 θ。

(2) 计算随机样本 $\boldsymbol{X}^n$ 的样本矩

$$\hat{m}_k=n^{-1}\sum_{i=1}^n X_i^k,\quad k=1,2,\cdots$$

(3) 选择参数值 $\hat{\theta}$，使样本矩分别等于相应阶数的总体矩。一般而言，若 θ 是一个 $p\times 1$ 维参数向量，则需 p 个矩匹配方程

$$\begin{cases}\hat{m}_1=M_1(\hat{\theta})\\\hat{m}_2=M_2(\hat{\theta})\\\qquad\cdots\\\hat{m}_p=M_p(\hat{\theta})\end{cases}$$

求解这 p 个联立方程，可得 MME 估计量 $\hat{\theta}=\hat{\theta}_n(\boldsymbol{X}^n)$。

问题 8.3 为什么 MME $\hat{\theta}$ 能够一致估计真实参数值 θ_0?

直观上，根据弱大数定律，当 $n \to \infty$ 时，样本矩

$$\hat{m}_k \xrightarrow{p} E\left(X_i^k\right) = \int_{-\infty}^{\infty} x^k f_X(x)dx = \int_{-\infty}^{\infty} x^k f\left(x, \theta_0\right) dx = M_k\left(\theta_0\right)$$

因此，若对任意 n，令 $\hat{m}_k = M_k(\hat{\theta})$，即对样本矩和总体矩进行匹配，其中 $\hat{\theta} = \hat{\theta}_n\left(X^n\right)$ 依赖于 n，则当 $n \to \infty$ 时，$M_k(\hat{\theta}) \xrightarrow{p} M_k\left(\theta_0\right)$，故当 $n \to \infty$ 时，$\hat{\theta}$ 将依概率收敛于 θ_0。

以下通过几个例子说明矩估计方法。

例 8.5：假设 $\boldsymbol{X}^n$ 为 IID $EXP(\theta)$ 随机样本。分别用矩方法和 MLE 法求参数 θ 的估计量。

解：(1) 矩估计法：因为指数分布的 PDF 为

$$f(x, \theta) = \begin{cases} \frac{1}{\theta} e^{-x/\theta}, & x > 0 \\ 0, & x \leqslant 0 \end{cases}$$

可得总体均值

$$\begin{aligned} M_1(\theta) &= E_\theta(X_i) \\ &= \int_{-\infty}^{\infty} x f(x, \theta) dx \\ &= \int_0^{\infty} x \frac{1}{\theta} e^{-x/\theta} dx \\ &= \theta \end{aligned}$$

另一方面，一阶样本矩是样本均值

$$\hat{m}_1 = \bar{X}_n$$

将样本值和总体均值在 $\hat{\theta}$ 处匹配，有

$$\hat{m}_1 = M_1(\hat{\theta}) = \hat{\theta}$$

则得矩估计量

$$\hat{\theta} = \hat{m}_1 = \bar{X}_n$$

(2) MLE 方法：给定 IID $EXP(\theta)$ 假设，随机样本 $\boldsymbol{X}^n$ 的似然函数为

$$\begin{aligned}\hat{L}(\theta|\,\boldsymbol{X}^n) &= \prod_{i=1}^{n} f(X_i,\theta)\\ &= \left(\frac{1}{\theta}\right)^n e^{-\frac{1}{\theta}\sum_{i=1}^{n} X_i}\end{aligned}$$

因此，对数似然函数为

$$\ln \hat{L}(\theta|\,\boldsymbol{X}^n) = -n\ln\theta - \frac{1}{\theta}\sum_{i=1}^{n} X_i$$

一阶条件为

$$\frac{\partial \ln \hat{L}\left(\hat{\theta}\,|\boldsymbol{X}^n\right)}{\partial\theta} = -\frac{n}{\hat{\theta}} + \frac{1}{\hat{\theta}^2}\sum_{i=1}^{n} X_i = 0$$

则 MLE 估计量为

$$\hat{\theta} = \bar{X}_n$$

本例中，MME 和 MLE 两种方法求得的估计量完全相同，因此二者对 θ_0 的估计具有相同的有效性。这里，MME 和 MLE 同等有效的原因在于样本均值或一阶样本矩 $\bar{X}_n$ 是 θ 的充分统计量，均包含了随机样本 $\boldsymbol{X}^n$ 中关于 θ 的所有信息。

例 8.6：假设 $\boldsymbol{X}^n$ 是 IID $N(\mu,\sigma^2)$ 随机样本。求 $\theta=(\mu,\sigma^2)$ 的 MME 估计量。

解：前两阶总体矩和样本矩分别为

$$\begin{aligned}M_1(\theta) &= E_\theta(X_i) = \mu\\ M_2(\theta) &= E_\theta(X_i^2) = \sigma^2+\mu^2\\ \hat{m}_1 &= \bar{X}_n\\ \hat{m}_2 &= n^{-1}\sum_{i=1}^{n} X_i^2\end{aligned}$$

分别对前两阶样本矩和总体矩进行匹配，得

$$\begin{aligned}\bar{X}_n &= \hat{\mu}\\ n^{-1}\sum_{i=1}^{n} X_i^2 &= \hat{\sigma}^2+\hat{\mu}^2\end{aligned}$$

则有

$$\begin{aligned}\hat{\mu} &= \bar{X}_n\\ \hat{\sigma}^2 &= n^{-1}\sum_{i=1}^{n}(X_i-\bar{X}_n)^2\end{aligned}$$

MME 估计量和 MLE 估计量相同。这是因为对正态随机样本 $\boldsymbol{X}^n$，$(\bar{X}_n, S_n^2)$ 是 $\theta = (\mu, \sigma^2)$ 的充分统计量。

需要注意，当待估参数是总体矩或总体矩的函数时，可在总体分布模型 $f(x,\theta)$ 函数形式未知的情况下使用 MME 进行估计。从这一意义上说，MME 十分便于应用。其中一个例子就是稳态分布的参数估计，稳态分布的 PDF 没有解析形式，虽然其特征函数具有解析形式。但是，MME 仅利用有限数量的样本矩信息，使其可能无法充分利用随机样本 $\boldsymbol{X}^n$ 所包含的关于未知参数 θ 的所有信息。因此，即使在渐进意义上，MME 估计量可能不是 θ 的最有效估计量。另一方面，基于随机样本 $\boldsymbol{X}^n$ 整个联合 PMF/PDF 的 MLE 估计量能够充分利用 $\boldsymbol{X}^n$ 所包含的关于 θ 的所有信息。所以，MLE 可能比 MME 更有效，除非后者所使用的样本矩是 θ 参数的充分统计量。

8.4.2 广义矩估计方法

计量经济学中，总体矩即 $M(\theta) = E_\theta[\hat{m}_n(\boldsymbol{X}^n)]$ 常不可得，因为经济系统的总体分布未知。然而，经济理论通常蕴含了在真实模型参数值 θ_0 处必须满足的若干矩条件。换言之，经济学家经常通过一组矩条件刻画经济理论或经济假说。故可用经济理论所蕴含的这些矩条件来估计真实模型参数值 θ_0。具体而言，假设 θ 为一个 $p \times 1$ 维参数向量，且存在一个 $q \times 1$ 矩函数 $m(X, \theta)$ 使得对某个未知参数值 $\theta_0 \in \Theta$，满足

$$E[m(X, \theta_0)] = \mathbf{0}$$

其中，$E(\cdot)$ 是关于随机变量 X 的概率分布 (通常未知) 的数学期望，这些矩条件可能来自经济理论 (如理性期望模型的欧拉方程)，且 $q \geqslant p$。以下举几个经济学的例子。

例 8.7： 某投资者最大化其跨期效用函数如下

$$\max_{\{C_t\}} E\left[\sum_{j=0}^{\infty} \beta^j u(C_{t+j}) \middle| I_t\right]$$

这里，投资者受到跨期预算约束限制，参数 β 是时间折现因子，$u(C_t)$ 是投资者在第 t 期消费 C_t 的效用，I_t 是投资者在第 t 期所拥有的信息集，$E_t(\cdot) = E(\cdot | I_t)$ 是给定第 t 期的信息集投资者 I_t 下的条件期望。投资者将选择最佳消费序列 $\{C_t\}$ 满足一阶条件

$$P_t = \beta E\left[\frac{u'(C_{t+1})}{u'(C_t)} Y_{t+1} \middle| I_t\right]$$

其中，Y_{t+1} 是投资者在第 $t+1$ 期的资产的随机总收益率，P_t 是第 t 期的资产价格。该一阶条件称为欧拉方程。该方程表示，在均衡状态下，资产的现行价格应等于其风险补偿后的未来资产的预期总收益。此处，$\beta \frac{u'(C_{t+1})}{u'(C_t)}$ 称为随机折现因子，其测量了投资者的风险态度。

定义随机定价误差为

$$\varepsilon_{t+1}(\theta)=\beta\frac{u'(C_{t+1})}{u'(C_t)}Y_{t+1}-P_t$$

欧拉方程可等价地由如下条件矩刻画

$$E[\varepsilon_{t+1}(\theta_0)|\,I_t]=0$$

这表明理性投资者每一时期都没有系统性定价误差。

现在，定义矩函数

$$m(X_{t+1},\theta)=\left[\beta\frac{u'(C_{t+1})}{u'(C_t)}Y_{t+1}-P_t\right]Z_t$$

其中 $X_{t+1}=(C_t,C_{t+1},P_t,Y_{t+1},Z_t')'$，$Z_t\in I_t$ 是所谓的工具变量 (instrumental variables)。应用第五章定理 5.24 (重复期望法则)，可得

$$\begin{aligned}E[m(X_{t+1},\theta_0)]&=E\{E[m(X_{t+1},\theta_0)|\,I_t]\}\\&=0\end{aligned}$$

其中 $E(\cdot)$ 是未知总体分布下的无条件期望。

本例中,参数 θ 从哪里来呢?除时间折现因子 β 之外,效用函数中的某个 (些) 参数可刻画投资者的风险厌恶程度。例如,当投资者具有不变相对风险厌恶的效用函数 $u(C_t)=\frac{C_t^{\gamma}-1}{\gamma}$ 时，参数 $\gamma=-C_t\frac{u''(C_t)}{u'(C_t)}$ 度量了投资者的风险厌恶程度。此处，$\theta=(\beta,\gamma)'$。

例 8.8 [资本资产定价模型 (CAPM)]：定义 Y_t 为第 t 期 k 个资产 (或资产组合) 超额收益率的 $k\times1$ 维随机向量。这 k 个资产的超额收益率可用市场超额收益率来解释：

$$\begin{aligned}Y_t&=\alpha_0+\beta_0R_{mt}+\varepsilon_t\\&={\theta_0}'W_t+\varepsilon_t\end{aligned}$$

其中 $W_t=(1,R_{mt})'$ 是二元向量，R_{mt} 是市场组合的超额收益率，$\theta_0=(\alpha_0,\beta_0)'$ 是 $2\times k$ 参数矩阵，且 ε_t 是 $k\times1$ 维的随机扰动项，并有 $E\left(\varepsilon_t\,|W_t\right)=0$。这是标准资本资产定价模型 (CAPM)，其表示任何资产的期望超额收益率只取决于不可避免的市场系统风险，而与资产的特质风险无关。

令 $X_t=\left({Y_t}',{W_t}'\right)'$。定义 $q\times1$ 矩函数

$$m\left(X_t,\theta\right)=W_t\otimes\left(Y_t-\theta'W_t\right)$$

其中 $q=2k$，$\otimes$ 表示 Kronecker 积。当 CAPM 成立时，有

$$E\left[m\left(X_t,\theta_0\right)\right]=\mathbf{0}$$

这 q 个矩条件构成了估计和检验标准 CAPM 的基础。

例 8.7 和例 8.8 给出一系列矩条件，而非概率分布模型。换言之，经济理论只给定一系列矩条件，而总体的概率分布未知。因此，无法应用上述的 MLE 和 MME。下面，介绍广义矩估计法 (GMM)，它基于刻画经济理论的矩条件，而不要求知道数据生成过程的总体分布。

一般来说，假设给定 q 个总体矩条件

$$E[m(X_i,\theta_0)]=\mathbf{0}$$

其中 $m(X_i,\theta_0)$ 是 $q\times 1$ 维随机向量，θ_0 是 $p\times 1$ 维真实参数向量，$\mathbf{0}$ 是 $q\times 1$ 维零向量。通过选择参数值使样本矩等于总体矩 $E[m(X_i,\theta_0)]=\mathbf{0}$，可得 θ_0 的估计量 $\hat{\theta}$：

$$\hat{m}(\hat{\theta})\equiv n^{-1}\sum_{i=1}^{n}m(X_i,\hat{\theta})=\mathbf{0}$$

在实际应用中，可用 q 个矩条件，其中 $q\geqslant p$，即矩条件的数目不少于未知参数的数目。一般来说，无法求得严格满足方程 $\hat{m}(\theta)=\mathbf{0}$ 的解，因为方程的数目通常大于未知参数的数目。因此，只能选择一个估计量 $\hat{\theta}$ 使 $\hat{m}(\theta)$ 尽量接近零向量。具体而言，GMM 估计量是如下最小化二次型问题的解

$$\hat{\theta}=\arg\min_{\theta\in\Theta}\hat{m}(\theta)'\hat{W}^{-1}\hat{m}(\theta)$$

其中 $\hat{W}$ 为一个 $q\times q$ 随机非奇异对称矩阵，满足当 $n\to\infty$ 时，$\hat{W}\xrightarrow{p}W$，其中 W 是一个 $q\times q$ 非随机非奇异对称矩阵。简单起见，可选择 $\hat{W}=I$，这里 I 为 $q\times q$ 维单位矩阵。在此情形下，目标函数可写为

$$\hat{m}(\theta)'\hat{W}^{-1}\hat{m}(\theta)=\sum_{k=1}^{q}\hat{m}_k^2(\theta)$$

即 q 个样本矩的平方和。此处，每个样本矩是等权重的。实际上，第 8.4.1 节介绍的经典 MME 是 GMM 估计的一个特例，其中 $q=p$ 且 $\hat{W}=I$。

可能存在权重矩阵 $\hat{W}$ 的某个最优选择，以求得在一族 GMM 估计量中渐进最有效的估计量。直觉上，样本矩向量 $\hat{m}(\theta)$ 中的 q 个样本矩有不同的抽样变异性 (sampling variabilities) 且可能彼此相关。若权重矩阵 $\hat{W}$ 可赋予方差较大的样本矩较小的权重并消除不同样本矩之间的相关性，那么最后获得的估计量将是有效的。这与经典线性回归模型中广义最小二乘法 (generalized least squares, GLS) 的思想类似。详细讨论参见第十章第九节。

按照以上思想获得的估计量 $\hat{\theta}$ 称为广义矩估计量 (GMM)。在统计学和计量经济学中，也称为最小卡方估计量。因为在选择适当权重矩阵 $\hat{W}$ 的条件下，最小化的目标函

数 $n\hat{m}(\theta)'\hat{W}^{-1}\hat{m}(\theta)$ 将服从渐进卡方分布。GMM 估计通常与工具变量 Z_t 结合使用，并用于定义向量值矩函数 $m(X_i,\theta)$，如例 8.8 所示。GMM 方法由 Hansen (1982) 提出。

定理 8.6 *[GMM 估计量的存在性]*：假设二次型 $\hat{m}(\theta)'\hat{W}^{-1}\hat{m}(\theta)$ 在 $\theta\in\Theta$ 上连续的概率为 1，且参数空间 Θ 是一个紧集。则存在满足如下最小化问题的全局最优解

$$\hat{\theta}=\arg\min_{\theta\in\Theta}\hat{m}(\theta)'\hat{W}^{-1}\hat{m}\,(\theta)$$

证明：根据维尔斯特拉斯定理 (Weierstrass theorem)。 ■

类似于 MLE 和 MME，GMM 的矩条件常常是高度非线性的，因此 GMM 估计量 $\hat{\theta}$ 可能不存在解析解，只能通过数值方法求解。

正如前文曾指出，GMM 估计无需关于总体分布模型 $f(x,\theta)$ 函数形式的任何信息。大多数经济理论可用一组矩条件刻画。因此，GMM 在计量经济学应用十分广泛。然而，在 MLE 正确设定了总体分布 $f(x,\theta)$ 函数形式的情况下，GMM 和 MME 一般来说均不如 MLE 有效。

第五节　广义矩估计量的渐进性质

为考察 GMM 估计量 $\hat{\theta}$ 的渐进性质，首先提供一组正则条件。

假设 8.7　$\boldsymbol{X}^n=(X_1,\cdots,X_n)$ 为来自未知总体分布 $f_X(x)$ 的 IID 随机样本。

假设 8.8　$q\times 1$ 维矩函数 $m(x,\theta)$ 对 (x,θ) 连续且各元素的绝对值小于非负函数 $b(x)$，满足 $E[b(X_i)]<\infty$，其中期望 $E(\cdot)$ 定义在未知总体分布 $f_X(x)$ 上。

假设 8.9　在参数空间 Θ 中，有且仅有一个 $p\times 1$ 维参数值 θ_0，满足 $E[m(X_i,\theta_0)]=\mathbf{0}$，且 $p\leqslant q$。

假设 8.10　$p\times 1$ 维参数空间 Θ 为有界闭集。

假设 8.11　当 $n\to\infty$ 时，几乎处处有 $q\times q$ 随机权重矩阵 $\hat{W}\to W$，其中 W 为对称有界非奇异矩阵。

假设 8.12　$p\times 1$ 维未知参数值 θ_0 是参数空间 Θ 的内点。

假设 8.13　*(1)* 函数 $\frac{\partial}{\partial\theta}m(x,\theta)$ 和 $\frac{\partial^2}{\partial\theta\partial\theta'}m(x,\theta)$ 对 (x,θ) 连续，且其各元素的绝对值小于非负函数 $b(x)$，满足 $E[b(X_i)]<\infty$；

(2) $q\times q$ 对称矩阵 $V=E[m(X_i,\theta_0)m(X_i,\theta_0)']$ 有界且非奇异；

(3) $q \times p$ 梯度矩阵 (gradient matrix) $G(\theta_0) = E\left[\frac{\partial}{\partial\theta}m(X_i,\theta_0)\right]$ 满秩 (等于 p，给定 $p \leqslant q$)。

假设 8.9 是 θ_0 的识别条件，参数值 θ_0 通常称为由总体矩条件 $E[m(X_i,\theta_0)] = 0$ 刻画的真实模型参数值。识别条件保证 θ_0 是 GMM 估计量 $\hat{\theta}$ 的唯一概率极限。在推导 GMM 估计量 $\hat{\theta}$ 的一致性时，并不需要 θ_0 是内解的假设。然而，在推导 GMM 估计量 $\hat{\theta}$ 的渐进正态性时则需要此假设，因为将需要对 GMM 估计一阶条件进行泰勒级数展开。

首先确立 GMM 估计量的一致性。

定理 8.7 *[GMM 估计量的一致性]*：若假设 8.7-8.11 成立，则当 $n \to \infty$ 时，几乎处处有

$$\hat{\theta} \to \theta_0$$

证明：与 MLE 存在性的证明类似。注意此处 θ_0 可为角点解，从而一阶条件未必成立。 ■

经适当标准化后，可推导 GMM 估计量 $\hat{\theta}$ 的渐进分布。

定理 8.8 *[GMM 估计量的渐进正态性 (Asymptotic Normality)]*：若假设 8.7-8.13 成立，则

(1) 当 $n \to \infty$ 时

$$\sqrt{n}(\hat{\theta} - \theta_0) \xrightarrow{d} N(0, \Omega)$$

其中

$$\Omega = \Psi V \Psi'$$

$V = E[m(X_1,\theta_0)m(X_1,\theta_0)']$，且 $\Psi = [G(\theta_0)'W^{-1}G(\theta_0)]^{-1}G(\theta_0)'W^{-1}$。

(2) 若 $W = V$，则当 $n \to \infty$ 时，

$$\sqrt{n}(\hat{\theta} - \theta_0) \xrightarrow{d} N\{0, [G(\theta_0)'V^{-1}G(\theta_0)]^{-1}\}$$

证明：(1) 定义目标函数

$$\hat{Q}(\theta) = \hat{m}(\theta)'\hat{W}^{-1}\hat{m}(\theta)$$

这里事先设定的权重矩阵 $\hat{W}$ 并非 θ 的函数，故可得如下 $p \times 1$ 维一阶条件

$$\frac{d\hat{Q}(\hat{\theta})}{d\theta} = 2\hat{G}(\hat{\theta})'\hat{W}^{-1}\hat{m}(\hat{\theta}) = \mathbf{0}$$

其中，$q \times p$ 维样本矩阵

$$\begin{aligned}\hat{G}(\theta) &= \frac{d\hat{m}(\theta)}{d\theta} \\ &= \frac{1}{n}\sum_{i=1}^{n}\frac{\partial m(X_i,\theta)}{\partial\theta}\end{aligned}$$

由中值定理，有

$$\hat{m}(\hat{\theta}) = \hat{m}(\theta_0) + \hat{G}(\bar{\theta})(\hat{\theta}-\theta_0)$$

其中 $\bar{\theta}$ 位于 $\hat{\theta}$ 和 θ_0 之间，即 $\bar{\theta} = \lambda\hat{\theta} + (1-\lambda)\theta_0$，$\lambda \in [0,1]$。将该式代入上述一阶条件，得

$$\hat{G}(\hat{\theta})'\hat{W}^{-1}\hat{m}(\theta_0) + \hat{G}(\hat{\theta})'\hat{W}^{-1}\hat{G}(\bar{\theta})(\hat{\theta}-\theta_0) = \mathbf{0}$$

类似证明定理 8.5 关于 MLE 渐进正态性时对样本黑塞矩阵 $\hat{H}(\bar{\theta})$ 的推理思路，可证当 $n \to \infty$ 时，几乎处处有

$$\begin{aligned}\hat{G}(\hat{\theta}) &\to G(\theta_0) \\ \hat{G}(\bar{\theta}) &\to G(\theta_0)\end{aligned}$$

这两式的证明需要应用第七章定理 7.3 的一致强大数定律 (USLLN)，梯度函数 (gradient function) $G(\theta) = E\left[\frac{\partial}{\partial\theta}m(X_i,\theta)\right]$ 的连续性，以及当 $n \to \infty$ 趋于无穷时，几乎处处有 $\|\bar{\theta}-\theta_0\| \leqslant \|\hat{\theta}-\theta_0\| \to 0$。同时，由假设 8.11 可知，当 $n \to \infty$ 时，几乎处处有 $\hat{W} \to W$。因此，当 $n \to \infty$ 时，几乎处处有

$$\hat{G}(\hat{\theta})'\hat{W}^{-1}G(\bar{\theta}) \to G(\theta_0)'W^{-1}G(\theta_0)$$

其中，在假设 8.11 和假设 8.13(3) 下，$G(\theta_0)'W^{-1}G(\theta_0)$ 为非奇异矩阵。则对足够大的 n，存在随机逆矩阵 $[\hat{G}(\hat{\theta})'\hat{W}^{-1}G(\bar{\theta})]^{-1}$，这是因为当 $n \to \infty$ 时，几乎处处有

$$[\hat{G}(\hat{\theta})'\hat{W}^{-1}G(\bar{\theta})]^{-1} \to [G(\theta_0)'W^{-1}G(\theta_0)]^{-1}$$

由以上的一阶条件，得

$$\begin{aligned}\sqrt{n}(\hat{\theta}-\theta_0) &= -[\hat{G}(\hat{\theta})'\hat{W}^{-1}\hat{G}(\bar{\theta})]^{-1}\hat{G}(\hat{\theta})'\hat{W}^{-1}\sqrt{n}\hat{m}(\theta_0) \\ &= -\hat{\Psi}\sqrt{n}\hat{m}(\theta_0)\end{aligned}$$

根据 IID 随机序列的中心极限定理 (定理 7.6) 和克拉默-沃尔德 (Cramer-Wold) 方法 (引理 7.13)，有

$$\sqrt{n}\hat{m}(\theta_0) = \frac{1}{\sqrt{n}}\sum_{i=1}^{n}m(X_i,\theta_0) \xrightarrow{d} N(0,V)$$

其中 $V = E[m(X_i,\theta_0)m(X_i,\theta_0)']$ 为矩函数 $m(X_i,\theta_0)$ 在 $\theta=\theta_0$ 时的方差-协方差矩阵。

此外，当 $n \to \infty$ 时，几乎处处有

$$\hat{\Psi} \equiv [\hat{G}(\hat{\theta})'\hat{W}^{-1}\hat{G}(\bar{\theta})]^{-1}\hat{G}(\hat{\theta})'\hat{W}^{-1} \to [G(\theta_0)'W^{-1}G(\theta_0)]^{-1}G(\theta_0)'W^{-1} \equiv \Psi$$

由斯勒茨基定理 (定理 7.8)，当 $n \to \infty$ 时

$$\sqrt{n}(\hat{\theta}-\theta_0) \xrightarrow{d} N(0, \Psi V \Psi')$$

(2) 假设 $W = V$，即当权重 W 为矩函数 $m(X_i, \theta_0)$ 的方差-协方差矩阵时，有

$$\begin{aligned}\Psi V \Psi' &= \{[G(\theta_0)'V^{-1}G(\theta_0)]^{-1}G(\theta_0)'V^{-1}\}V\{[G(\theta_0)'V^{-1}G(\theta_0)]^{-1}G(\theta_0)'V^{-1}\}' \\ &= \{[G(\theta_0)'V^{-1}G(\theta_0)]^{-1}G(\theta_0)'V^{-1}\}V\{V^{-1}G(\theta_0)[G(\theta_0)'V^{-1}G(\theta_0)]^{-1}\} \\ &= [G(\theta_0)'V^{-1}G(\theta_0)]^{-1}\end{aligned}$$

故当 $W = V$ 时，若 $n \to \infty$，有

$$\sqrt{n}(\hat{\theta}-\theta_0) \xrightarrow{d} N\{0, [G(\theta_0)'V^{-1}G(\theta_0)]^{-1}\}$$

证毕。 ■

可进一步证明，当 $n \to \infty$ 时，在由以上假设刻画的一类 GMM 估计量中，以 $\hat{W} \to V$ 为权重矩阵的 GMM 估计量 $\hat{\theta}$ 是渐进最优 GMM 估计量。因为，相比其他使用不同权重矩阵的 GMM 估计量而言，其渐进方差最小。换言之，若权重矩阵 $\hat{W}$ 是样本矩 $\sqrt{n}\hat{m}(\theta_0)$ 的渐进方差的一致估计量，则其 GMM 估计量最有效，如以下定理所示。

定理 8.9 ***[GMM 的渐进有效性 (Asymptotic Efficiency of GMM)]***: 令 $\Omega_0 = [G(\theta_0)'V^{-1}G(\theta_0)]^{-1}$。则对所有有限对称且非奇异矩阵 W，

$$\Omega - \Omega_0 \text{ 为半正定 (PSD)}$$

其中 Ω 由定理 8.8 给出。

证明：注意到 $\Omega - \Omega_0$ 是半正定矩阵，当且仅当 $\Omega_0^{-1} - \Omega^{-1}$ 是半正定矩阵。为简化表达式，令 $G_0 = G(\theta_0)$，并分解 $q \times q$ 正定对称矩阵 $V = V^{1/2}V^{1/2}$，其中 $V^{1/2}$ 为 $q \times q$ 非奇异对称矩阵，其逆为 $V^{-1/2}$。对非奇异对称矩阵 A, B, C，有 $(ABC)^{-1} = C^{-1}B^{-1}A^{-1}$。因此有

$$\begin{aligned}\Omega_0^{-1} - \Omega^{-1} &= G_0'V^{-1}G_0 - G_0'W^{-1}G_0(G_0'W^{-1}VW^{-1}G_0)^{-1}G_0'W^{-1}G_0 \\ &= G_0'V^{-\frac{1}{2}}[I - V^{\frac{1}{2}}W^{-1}G_0(G_0'W^{-1}VW^{-1}G_0)^{-1}G_0'W^{-1}V^{\frac{1}{2}}]V^{-\frac{1}{2}}G_0 \\ &= G_0'V^{-\frac{1}{2}}\Pi V^{-\frac{1}{2}}G_0\end{aligned}$$

其中，$q \times q$ 维矩阵

$$\Pi \equiv I - V^{\frac{1}{2}} W^{-1} G_0 (G_0' W^{-1} V W^{-1} G_0)^{-1} G_0' W^{-1} V^{\frac{1}{2}}$$

是一个幂等矩阵 (idempotent matrix)，即 $\Pi = \Pi'$，$\Pi^2 = \Pi$。则

$$\begin{aligned}\Omega_0^{-1} - \Omega^{-1} &= (G_0' V^{-\frac{1}{2}} \Pi)(\Pi V^{-\frac{1}{2}} G_0) \\ &= (\Pi V^{-\frac{1}{2}} G_0)'(\Pi V^{-\frac{1}{2}} G_0)\end{aligned}$$

为半正定矩阵 (问题：为什么?)。证毕。 ■

在实际应用中，若 GMM 估计量 $\hat{\theta}$ 并非充分统计量的函数，则可能通过充分统计量改进 GMM 估计量的有效性。相反，MLE 估计量总为充分统计量的函数，故没有进一步改进的空间。所以，从有效性角度考虑，一般更偏好 MLE。但是，MLE 要求似然函数正确设定的相关信息，而这在经济理论中通常不容易获得。

第六节 均方误准则

一般而言，对同一参数 θ，不同的估计方法将给出不同的估计量。一个自然的问题是：哪个估计量是 θ 的最佳估计量？例如，总体方差 σ^2 至少有两个估计量：一个是样本方差 $S_n^2 = (n-1)^{-1}\sum_{i=1}^n (X_i - \bar{X}_n)^2$，另一是 MLE 估计量 $\hat{\sigma}^2 = n^{-1}\sum_{i=1}^n (X_i - \bar{X}_n)^2$。哪个估计量更好呢？

直觉上，最佳估计量应该是与未知真实参数 θ 最接近的那一个。为比较不同的估计量，需要定义适当的准则 (如距离或偏离程度) 以测度估计量 $\hat{\theta}$ 和真实参数 θ 之间的接近程度。关于 $\hat{\theta}$ 对 θ 的偏离程度有许多不同的测度。一般来说，绝对距离 $|\hat{\theta} - \theta|$ 的任意增函数都可作为估计量优劣程度的测度。然而，以下定义的均方误准则的相对优势在于，一方面它非常易于分析，另一方面它可分解为方差和偏差的平方和，且这一分解有很好的解释。

定义 8.3 [均方误 (Mean Squared Error, MSE)]：令 θ 为总体参数，其估计量 $\hat{\theta} = \hat{\theta}_n(\boldsymbol{X}^n)$ 的均方误 (MSE) 定义为

$$\mathrm{MSE}_\theta(\hat{\theta}) = E_\theta(\hat{\theta} - \theta)^2$$

其中 $E_\theta(\cdot)$ 表示对随机样本 $\boldsymbol{X}^n$ 的联合分布 $f_{\boldsymbol{X}^n}(\boldsymbol{x}^n, \theta)$ 取期望。

$\mathrm{MSE}_\theta(\hat{\theta})$ 度量了估计量 $\hat{\theta}$ 和参数 θ 之间的偏离程度。而真实的参数值通常是未知且任意的，因此我们考虑了对任意的参数值都适用的准则，通常将其记作基于 $f_{\boldsymbol{X}^n}(\boldsymbol{x}^n, \theta)$ 的期望或简单记作 θ。$\hat{\theta} - \theta$ 通常称为估计误差 (estimation error)，故 $\mathrm{MSE}_\theta(\hat{\theta})$ 是估计

误差大小的测度。$\mathrm{MSE}_\theta(\hat{\theta})$ 越小，估计量 $\hat{\theta}$ 越好。θ 的最优估计量 $\hat{\theta}$ 是 θ 的所有估计量中使 $\mathrm{MSE}_\theta(\theta)$ 最小的那一个。

需要强调，MSE 并非唯一的估计量优度判断准则。但由于其直观且易于分析，因而是实际中应用最为广泛的准则。

现在介绍一个重要概念 —— 偏差。

定义 8.4 *[偏差 (Bias)]：未知参数 θ 的估计量 $\hat{\theta}$ 的偏差定义为*

$$\mathrm{Bias}_\theta(\hat{\theta}) = E_\theta(\hat{\theta}) - \theta$$

若 $\mathrm{Bias}_\theta(\hat{\theta}) = 0$，则称估计量 $\hat{\theta}$ 为 θ 的无偏估计量。

偏差 $\mathrm{Bias}_\theta(\hat{\theta})$ 测度了参数 θ 的估计量 $\hat{\theta}$ 的不精确程度。直观上，估计精度 (accuracy) 是指很多测量值的平均值与真实参数值之间的接近程度，是对系统误差的一种描述。

一个无偏估计量在平均意义上给出了正确估计，即对参数 θ 的估计不存在任何系统性的向上或向下的偏差。

例 8.9：假设 $\boldsymbol{X}^n$ 为来自均值为 μ，方差为 σ^2 的某个总体分布的 IID 随机样本。求 $\mathrm{var}_\theta(\bar{X}_n)$ 的无偏估计量。

解：令 $\theta = (\mu, \sigma^2)$ 且 $\tau = \frac{\sigma^2}{n}$。由于 $\mathrm{var}_\theta(\bar{X}_n) = \frac{\sigma^2}{n}$，$\tau$ 的无偏估计量如下

$$\hat{\tau} = \frac{S_n^2}{n}$$

这里 $E_\theta(\hat{\tau}) = n^{-1}E_\theta(S_n^2) = \mathrm{var}_\theta(\bar{X}_n) = \tau$，故 $\mathrm{Bias}_\theta(\hat{\tau}) = E_\theta(\hat{\tau}) - \tau = 0$。

例 8.10：假设 $\boldsymbol{X}^n$ 为来自均值为 μ，方差为 σ^2 的某个总体分布的 IID 随机样本。求 μ^2 的无偏估计量。

解：令 $\theta = (\mu, \sigma^2)$。对参数 $\tau = \mu^2$，其无偏估计量为

$$\hat{\tau} = \bar{X}_n^2 - \frac{S_n^2}{n}$$

这是因为

$$\begin{aligned}
E(\hat{\tau}) &= E_\theta(\bar{X}_n^2) - \frac{E_\theta(S_n^2)}{n} \\
&= \mathrm{var}_\theta(\bar{X}_n) + [E_\theta(\bar{X}_n)]^2 - \frac{E_\theta(S_n^2)}{n} \\
&= \frac{\sigma^2}{n} + \mu^2 - \frac{\sigma^2}{n} \\
&= \mu^2
\end{aligned}$$

$$= \tau$$

直觉上，既然样本均值 $\bar{X}_n$ 是 μ 的一个好的估计量，可预期 $\bar{X}_n^2$ 也是 μ^2 的好的估计量。然而 $\bar{X}_n^2$ 是 $\bar{X}_n$ 的非线性函数，从而产生偏差 $\frac{\sigma^2}{n}$。这个偏差可用无偏估计量 $\frac{S_n^2}{n}$ 代替 $\frac{\sigma^2}{n}$ 加以修正。

以下提供一个非常有用的 $\text{MSE}_\theta(\hat{\theta})$ 分解公式。

定理 8.10 ***[MSE 分解 (MSE Decompostion)]***:

$$E_\theta(\hat{\theta}-\theta)^2 = \text{var}_\theta(\hat{\theta}) + [\text{Bias}_\theta(\hat{\theta})]^2$$

证明：利用公式 $(a+b)^2 = a^2 + b^2 + 2ab$，展开

$$\begin{aligned} E_\theta(\hat{\theta}-\theta)^2 &= E_\theta\Big[\hat{\theta} - E_\theta(\hat{\theta}) + E_\theta(\hat{\theta}) - \theta\Big]^2 \\ &= E_\theta\Big[\hat{\theta} - E_\theta(\hat{\theta})\Big]^2 + \Big[E_\theta(\hat{\theta}) - \theta\Big]^2 + 2E_\theta\left\{\Big[\hat{\theta} - E_\theta(\hat{\theta})\Big]\Big[E_\theta(\hat{\theta}) - \theta\Big]\right\} \\ &= E_\theta\Big[\hat{\theta} - E_\theta(\hat{\theta})\Big]^2 + \Big[E_\theta(\hat{\theta}) - \theta\Big]^2 \end{aligned}$$

其中，交叉乘积项

$$\begin{aligned} E_\theta\left\{\Big[\hat{\theta} - E_\theta(\hat{\theta})\Big]\Big[E_\theta(\hat{\theta}) - \theta\Big]\right\} &= E_\theta\left\{\Big[\hat{\theta} - E_\theta(\hat{\theta})\Big]\right\}\Big[E_\theta(\hat{\theta}) - \theta\Big] \\ &= 0 \cdot \Big[E_\theta(\hat{\theta}) - \theta\Big] \\ &= 0 \end{aligned}$$

证毕。 ■

因此，$\text{MSE}_\theta(\hat{\theta})$ 可分解为两部分：$\text{var}_\theta(\hat{\theta})$ 和 $\text{Bias}_\theta(\hat{\theta})^2$ 之和。此处，$\text{var}_\theta(\hat{\theta})$ 测度了估计量 $\hat{\theta}$ 因抽样变化导致的变异性 (variability)，而 $\text{Bias}_\theta(\hat{\theta})^2$ 测度了估计方法的估计精度 (accuracy)。对任何无偏估计量 $\hat{\theta}$，$\text{MSE}_\theta(\hat{\theta}) = E_\theta(\hat{\theta}-\theta)^2 = \text{var}_\theta(\hat{\theta})$。因此，最优无偏估计量是方差最小的无偏估计量。当然，最优无偏估计量可能不如某些有偏估计量，若后者的方差很小以至于可抵消存在的偏差。

可用打靶射击的简单例子直观理解 MSE 准则及其分解。若绝大多数射击都与目标很接近，那么积分很高，这对应一个很小的 MSE。若射击点分布以目标为中心 (偏差很小)，但在目标周围分散范围大 (方差很大)，或射击点分布并不分散 (方差很小)，但却以一个远离目标的点为中心 (偏差很大)，这两种情况获得的积分都很低。这些不同的场景如下图 8.4 所示。

事实上，MSE 是以下平方损失函数的期望值

$$l(a) = a^2$$

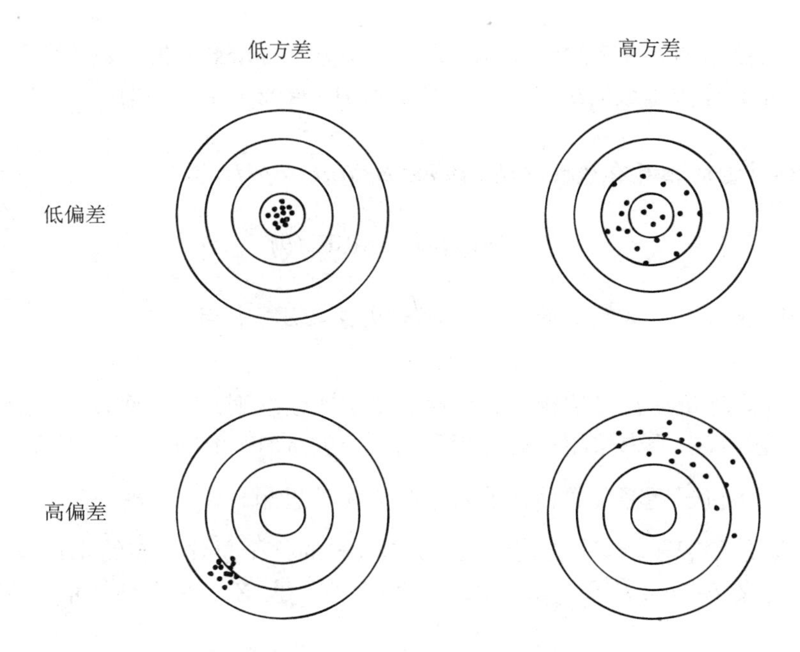

图 8.4：MSE 的方差和偏差示意图

在数学优化与决策理论中，损失函数或成本函数是从一个事件或若干变量值映射到实数的函数，直观上代表了该事件的某种“成本”。优化问题就是最小化损失函数的期望值。若损失函数是某个目标函数 (如经济学的利润函数或效用函数) 的负函数，则优化问题便是最大化该目标函数的期望值。

在统计学中，损失函数常常用于参数估计，所关注的问题基于一个数据集的参数估计值与真实值之间的差值。损失函数的概念早在拉普拉斯 (Pierre-Simon Laplace) 时期就已提出，在 20 世纪中期，由亚伯拉罕 • 沃尔德 (Abraham Wald) 重新引入到统计学中。在经济学中，损失函数通常指经济成本或效用函数的负值；在分类分析中，损失函数是案例错误分类的惩罚项；在优化控制中，损失函数是无法实现预期目标的惩罚项；在金融风险管理中，损失函数是财富损失。

平方损失函数及其 MSE 的一个缺陷是高估了奇异值 (outliers) 的影响，即赋予奇异值的权重太大。一个更稳健的损失函数是绝对损失函数 $l(a) = |a|$，这给出了平均绝对误差 (mean absolute error, MAE) 准则。绝对损失函数在 0 处是不可微的，因此分析起来更具挑战性。MSE 与 MAE 均为对称损失函数。有一类非对称损失函数称为 Linex 损失函数，定义为

$$l(a) = \frac{1}{\alpha^2}\left[e^{\alpha a} - (1 + \alpha a)\right]$$

为什么这类损失函数是非对称的呢？可考察指数函数 $e^{\alpha a}$ 在 0 处的泰勒级数展开式，从泰勒展开式可以看出，差值 $e^{\alpha a} - (1 + \alpha a)$ 是 αa 的二次、三次以及所有其他高阶多项式的加权平均数，而这些高阶式有很多是不对称的。非对称损失函数在经济学中并不罕见。例如，在 Kahneman & Tversky (1979) 的前景理论中，经济主体的风险态度依结

果是得还是失而不同。有趣的是，当参数 $\alpha \to 0$ 时，Linex 损失函数将变为平方损失函数。关于 Linex 损失函数的更多讨论，可参见 Hong & Lee (2013)。

定义 8.5 *[估计量的相对有效性 (**Relative Efficiency**)]*：若

$$\text{MSE}_\theta(\hat{\theta}) \leqslant \text{MSE}_\theta(\tilde{\theta})$$

则称在 MSE 准则下，参数 θ 的一个估计量 $\hat{\theta}$ 较之另一估计量 $\tilde{\theta}$ 更有效。

需要强调，评价估计量的相对有效性取决于比较准则。一般而言，不同准则将导致不同的有效性排序。本书采用实际应用最为广泛的 MSE 准则。

以下用几个例子阐释参数估计的若干基本统计思想。

例 8.11：假设 $\{X_i\}_{i=1}^{2n}$ 为来自均值 μ，方差 σ^2 的某个总体分布的 IID 随机样本。为了估计 μ，定义 $\hat{\mu}_1 = n^{-1}\sum_{i=1}^{n} X_i$，$\hat{\mu}_2 = (2n)^{-1}\sum_{i=1}^{2n} X_i$。哪个估计量在 MSE 准则下更优？

解：应用第六章定理 6.2 和定理 6.3，得 $E_\theta(\hat{\mu}_1) = \mu$，$\text{var}_\theta(\hat{\mu}_1) = \frac{\sigma^2}{n}$，$E_\theta(\hat{\mu}_2) = \mu$ 以及 $\text{var}_\theta(\hat{\mu}_2) = \frac{\sigma^2}{2n}$。则 $\text{MSE}_\theta(\hat{\mu}_1) = 2\text{MSE}_\theta(\hat{\mu}_2)$。因此 $\hat{\mu}_2$ 更有效。

直觉上，在参数估计时总希望能利用更多的样本信息。因此，从统计角度而言，样本分割 (sample splitting) 或样本截断 (sample truncation) 并不是有效方法，因为这些方法未能充分利用包含在 $\{X_i\}_{i=1}^{2n}$ 中的所有样本信息。

例 8.12：令 (X_1, X_2) 为来自均值为 μ，方差为 σ^2 的某个总体分布的 IID 随机样本。均值 μ 的两个估计量分别为

$$\begin{aligned}
\hat{\mu}_1 &= \bar{X}_n = \frac{1}{2}(X_1 + X_2) \\
\hat{\mu}_2 &= \frac{1}{3}(X_1 + 2X_2)
\end{aligned}$$

哪个估计量更好？

解：令 $\theta = (\mu, \sigma^2)$。可验证两个估计量均为 μ 的无偏估计。且

$$\begin{aligned}
\text{var}_\theta(\hat{\mu}_1) &= \frac{1}{2}\sigma^2 \\
\text{var}_\theta(\hat{\mu}_2) &= \frac{1}{9}\sigma^2 + \frac{4}{9}\sigma^4 \\
&= \frac{5}{9}\sigma^2 \\
&> \frac{1}{2}\sigma^2
\end{aligned}$$

因此，在 MSE 准则下 $\hat{\mu}_1$ 比 $\hat{\mu}_2$ 更有效。

直觉上，由于两个随机变量 X_1 和 X_2 服从同分布，没有理由区别对待 X_1 和 X_2 (即对同分布观测值赋不同的权重)。对每个观测值赋予等权重将获得 μ 的最有效估计。本章第七节将考察更加一般化的最优无偏估计量。

第七节 最优无偏估计量

现讨论如下问题：在参数 θ 的一类估计量中哪个是最优估计量？

当然，可定义 MSE 最小的估计量为最优。但在实际应用中这种估计量很难求获，因为估计量类型庞大。简便起见，以下只考察一类线性无偏估计量并在其中求最优估计量。

首先，定义变换参数 $\tau=\tau(\theta)$ 的广义无偏估计量概念。一个例子是 $\tau=\mu^2$，本章第六节例 8.10 讨论过这个例子。

定义 8.6 ***[广义无偏估计量 (Generalized Unbiased Estimator)]***: $\hat{\tau}=\hat{\tau}_n(\boldsymbol{X}^n)$ 是参数 $\tau(\theta)$ 的无偏估计量，若

$$E_\theta(\hat{\tau})=\tau(\theta),\ \text{对所有}\ \theta\in\Theta$$

其中 $E_\theta(\cdot)$ 是对 $\boldsymbol{X}^n$ 的联合概率分布 $f_{\boldsymbol{X}^n}(\boldsymbol{x}^n,\theta)$ 求期望。当 $\tau(\theta)=\theta$ 时，此定义即回到定义 8.4 (参数 θ 的无偏估计量) 的情形。

例 8.13：假设 $\boldsymbol{X}^n$ 是均值为 μ，方差为 σ^2 的某个总体分布的 IID 随机样本。令 $\theta=(\mu,\sigma^2)$ 和 $\tau(\theta)=(\mu-2)^2$。求 $\tau(\theta)$ 的无偏估计量。

解：首先尝试估计量 $\tilde{\tau}=(\bar{X}_n-2)^2$。则

$$\begin{aligned}E_\theta(\tilde{\tau})&=E_\theta(\bar{X}_n-2)^2\\&=E_\theta[(\bar{X}_n-\mu+\mu-2)^2]\\&=E_\theta(\bar{X}_n-\mu)^2+(\mu-2)^2\\&=\frac{\sigma^2}{n}+\tau(\theta)\end{aligned}$$

故有

$$E_\theta(\tilde{\tau})-\tau(\theta)=\frac{\sigma^2}{n}\neq 0$$

现考虑偏差修正

$$\hat{\tau}=(\bar{X}_n-2)^2-\frac{1}{n}S_n^2$$

则偏差修正后的估计量 $\hat{\tau}$ 是 $\tau(\theta)=(\mu-2)^2$ 的无偏估计。

定义 8.7 *[一致最优无偏估计量 (Uniform Best Unbiased Estimator)]*：令 Γ 为参数 $\tau(\theta)$ 的一类无偏估计量的集合，其中 $\theta \in \Theta$ 且 Θ 是 θ 的参数空间。若估计量 $\hat{\tau}^* \in \Gamma$ 满足：

(1) 对所有 $\theta \in \Theta$，$E_\theta(\hat{\tau}^*) = \tau(\theta)$ ；

(2) 对 Γ 中 $\tau(\theta)$ 的任意估计量 $\hat{\tau}$ 且对所有 $\theta \in \Theta$，有 $\text{var}_\theta(\hat{\tau}^*) \leqslant \text{var}_\theta(\hat{\tau})$。

则称估计量 $\hat{\tau}^* \in \Gamma$ 为 $\tau(\theta)$ 在参数空间 Θ 上属于 Γ 类所有估计量中的一致最优无偏估计量。

$\tau(\theta)$ 的估计量 $\hat{\tau}^*$ 是参数空间 Θ 上，Γ 类关于 $\tau(\theta)$ 的所有估计量中的一致最小方差无偏估计量 (uniform minimum variance unbiased estimator, UMVUE)。此处，“一致”表示 $\hat{\tau}^*$ 总是 $\tau(\theta)$ 的最优无偏估计量，不论参数 θ 取参数空间 Θ 中的任何值。

例 8.14 [同方差条件下最优线性无偏估计量 (Best Linear Unbiased Estimator, BLUE)]：令 $\boldsymbol{X}^n$ 为 IID (μ, σ^2) 随机样本。定义 μ 的一类线性无偏估计量如下

$$\Gamma = \left\{ \hat{\mu} : \mathbb{R}^n \to \mathbb{R} | \hat{\mu} = \sum_{i=1}^{n} c_i X_i, \quad (c_1, \cdots, c_n)' \in \mathbb{R}^n \right\}$$

(1) 证明：对所有 $\mu \in \mathbb{R}$ 和所有 $n \geqslant 1$，当且仅当 $\sum_{i=1}^n c_i = 1$ 时，$\hat{\mu}$ 为 μ 的无偏估计量；

(2) 求 μ 在 Γ 类估计量中的一致最有效无偏估计量。

解：注意到 $\hat{\tau} = \hat{\mu}$，此处 $\tau(\theta) = \mu$，$\theta = (\mu, \sigma^2)$。

(1) 给定 $\hat{\mu} = \sum_{i=1}^n c_i X_i$，取期望得 $E_\theta(\hat{\mu}) = \mu \sum_{i=1}^n c_i$。因此，若 $\hat{\mu}$ 为 μ 的无偏估计量，即如果

$$E_\theta(\hat{\mu}) = \mu, \quad \text{对所有}\mu\text{值}$$

则必有

$$\sum\nolimits_{i=1}^{n} c_i = 1$$

另一方面，若 $\sum_{i=1}^n c_i = 1$，则由 $E_\theta(\hat{\mu}) = \mu \sum_{i=1}^n c_i$，得

$$E_\theta(\hat{\mu}) = \mu \cdot 1 = \mu, \quad \text{对所有}\mu$$

即 $\hat{\mu}$ 是 μ 的无偏估计。因此，当且仅当 $\sum_{i=1}^n c_i = 1$ 时，$\hat{\mu}$ 为 μ 的无偏估计量。

(2) 为求 μ 的一致最有效无偏估计量，只需在 $\sum_{i=1}^n c_i = 1$ 约束条件下，在 Γ 类估计量中找方差最小的那一个估计量。在 IID 的假设下，$\hat{\mu} \in \Gamma$ 的方差为

$$\text{var}_\theta(\hat{\mu}) = \text{var}_\theta \left(\sum_{i=1}^{n} c_i X_i \right)$$

$$= \sum_{i=1}^{n} c_i^2 \mathrm{var}_\theta(X_i)$$
$$= \sigma^2 \sum_{i=1}^{n} c_i^2$$

因 $\hat{\mu}$ 无偏，故 $\sum_{i=1}^{n} c_i = 1$。因此，可求解方差最小化问题

$$\min_{\{c_i\}_{i=1}^n} \sigma^2 \sum_{i=1}^{n} c_i^2$$

满足约束条件

$$\sum_{i=1}^{n} c_i = 1$$

定义拉格朗日函数

$$L(c,\lambda) = \sigma^2 \sum_{i=1}^{n} c_i^2 + \lambda \left(1 - \sum_{i=1}^{n} c_i\right)$$

其中 $c = (c_1, \cdots, c_n)'$， λ 为拉格朗日乘子。

最小化拉格朗日函数的 $n+1$ 个一阶条件如下:

$$\frac{\partial L(c,\lambda)}{\partial c_i} = 2\sigma^2 c_i - \lambda = 0, \quad i = 1, \cdots, n$$
$$\frac{\partial L(c,\lambda)}{\partial \lambda} = 1 - \sum_{i=1}^{n} c_i = 0$$

解这 $n+1$ 个联立方程组，得

$$c_i^* = \frac{1}{n}, \quad i = 1, \cdots, n$$

因此，一致最有效无偏估计量为

$$\hat{\mu}^* = \sum_{i=1}^{n} \frac{1}{n} X_i = \bar{X}_n$$

即 μ 的最有效线性无偏估计量为样本均值 $\bar{X}_n$。另外，需验证二阶条件以确保 $\hat{\mu}^*$ 是全局最小值。结果的确如此，因为可以证明，对所有 μ，$L(c,\lambda)$ 的黑塞矩阵总为正定 (请验证)。

直觉上，因 n 个随机变量 $\{X_i\}_{i=1}^n$ 具有相同分布，没有理由对其区别对待。那么，最优权重自然是对所有观测值赋予等权重。这与经典线性回归模型的高斯-马尔可夫定

理 (Gauss-Markov theorem) 的思想完全相同。该定理指出，对经典线性回归模型

$$Y_i = X_i'\theta + \varepsilon_i, \quad i = 1, \cdots, n$$

其未知参数 θ 的普通最小二乘 (ordinary least squares, OLS) 估计量，在 $\{\varepsilon_i\}_{i=1}^n$ 为 IID $(0, \sigma_\varepsilon^2)$ 的假设下是最优线性无偏估计量 (BLUE)。在线性回归分析中，OLS 估计量 $\hat{\theta}$ 定义为最小化残差平方和的解，即

$$\hat{\theta} = \arg\min_{\theta} \sum_{i=1}^{n} (Y_i - X_i'\theta)^2$$

其对于每个残差 $Y_i - X_i'\theta$ 的权重相同。详细讨论参见第十章。

回顾第六章定理 6.1 关于样本均值 $\bar{X}_n$ 是最小化残差平方和的解

$$\bar{X}_n = \arg\min_{a} \sum_{i=1}^{n} (X_i - a)^2$$

这其实是线性回归模型的一个特例 (即只包含截距项)。

例 8.15[异方差条件下最优线性无偏估计量]：假设 $\boldsymbol{X}^n = (X_1, \cdots, X_n)$ 为独立但非同分布随机样本，其中 $E(X_i) = \mu$ 和 $\text{var}(X_i) = \sigma_i^2 < \infty, i = 1, \cdots, n$。在如下一类关于 μ 估计量中，求 μ 的一致最优线性无偏估计量

$$\Gamma = \left\{ \hat{\mu} : \mathbb{R}^n \to \mathbb{R} | \hat{\mu} = \sum_{i=1}^{n} c_i X_i, \quad (c_1, \cdots, c_n)' \in \mathbb{R}^n \right\}$$

其中 $\sum_{i=1}^n c_i = 1$。

解：当且仅当 $\sum_{i=1}^n c_i = 1$ 时，$\hat{\mu}$ 为 μ 的无偏估计量。应用拉格朗日乘子法，可在 Γ 类估计量中求得最优估计量为

$$\begin{aligned} \hat{\mu}^* &= \sum_{i=1}^{n} c_i^* X_i \\ &= \frac{1}{\sum_{i=1}^{n} \frac{1}{\sigma_i^2}} \sum_{i=1}^{n} \frac{1}{\sigma_i^2} X_i \end{aligned}$$

其中，最优权重为

$$c_i^* = \frac{\frac{1}{\sigma_i^2}}{\sum_{i=1}^{n} \frac{1}{\sigma_i^2}} \propto \frac{1}{\sigma_i^2}, \quad i = 1, \cdots, n$$

该结果表明，在独立但非同分布的随机样本中 (所有随机变量的均值 μ 相同，但方差不同) 求 μ 的最有效估计量，需要减小噪声大的观测值的影响 (即方差较大的观测值须赋予较小的权重，反之则赋予较大的权重)。最优权重与 σ_i^{-2} 成正比，σ_i^{-2} 是随机变量 X_i 方差的逆。

这与计量经济学中常用的广义最小二乘 (generalized least squares, GLS) 估计量的思想类似。考察线性回归模型

$$Y_i = X_i'\theta + \varepsilon_i, \quad i = 1, \cdots, n$$

其中随机扰动项 $\{\varepsilon_i\}_{i=1}^n$ 为一独立但非同分布序列,其均值 $E(\varepsilon_i) = 0$,方差 $\mathrm{var}(\varepsilon_i^2) = \sigma_i^2$。此处存在无条件异方差 (unconditional heteroskedasticity),因为 σ_i^2 对不同的 i 可能取不同的值。现在考察变换回归模型

$$\frac{Y_i}{\sigma_i} = \left(\frac{X_i}{\sigma_i}\right)'\theta + \frac{\varepsilon_i}{\sigma_i}$$

或等价地

$$Y_i^* = X_i^{*\prime}\theta + \varepsilon_i^*$$

其中,新的随机扰动项 $\{\varepsilon_i^*\}_{i=1}^n$ 是具有零均值和单位方差的 IID 序列。变换线性回归模型的 OLS 估计量为

$$\hat{\theta}^* = \arg\min_{\theta} \sum_{i=1}^n \left(Y_i^* - X_i^{*\prime}\theta\right)^2$$

称为 GLS 估计量。换言之,GLS 是对原始线性回归模型进行异方差修正后所获得的 OLS 估计量。估计量 $\hat{\theta}^*$ 对每个残差 $Y_i - X_i'\theta$ 除以相应的扰动项 ε_i 的标准差 σ_i 以降低噪声大的扰动项影响。可以证明,GLS 估计量为 BLUE。详细讨论参见第十章第九节。

拉格朗日乘子法是一种重要数学优化方法,广泛应用于经济学、金融学与管理学中。这个方法可用于求目标函数在等式约束下的局部极大值与极小值,其基本思想是将有约束的优化问题转化为一种无约束的优化问题。拉格朗日乘子法特别强调,在等式约束下的任何局部极大值 (或极小值) 处,目标函数梯度可以表达为约束函数梯度的线性组合,其中拉格朗日乘子是加权系数。换言之,约束函数梯度的任意垂直方向也垂直于目标函数梯度,或者说,在约束曲线上的任意可行方向上,目标函数的方向导数为 0。目标函数梯度与约束函数梯度的关系很自然地导致了对原始优化问题的重构,即可定义拉格朗日函数作为无约束的目标函数。除了对无偏估计量的方差进行最小化外,拉格朗日乘子法也可以应用于最优投资组合选择问题。投资者在期望投资组合收益保持不变这一约束条件下,选择最小化投资风险的投资组合权重,其中风险由组合收益率的方差测度。例 8.14 和例 8.15 中的最优系数 $\{c_i^*\}$ 即为最优投资组合权重。如例 8.15 所示,在所有风险资产的期望收益相等的前提下,若资产 i 的风险较高 (即相应的方差 σ_i^2 较大),则其投资权重相对较小。拉格朗日乘子法在预算约束下的效用最大化、技术约束下的成本最小化或利润最大化等经济问题中,也都有广泛应用。Chow (1975) 提出了一种通过拉格朗日乘子法解决宏观经济学动态最优化问题的方法,建立了一套可应用于随机经济系统的最优控制理论。

以上讨论集中于如何在一类无偏估计量中求一致最优无偏估计量的问题。一个自然

的问题是：是否无偏估计量总优于有偏估计量？

回答是否定的。以下举一例说明。

例 8.16: 令 $\boldsymbol{X}^n$ 为来自正态分布 $N(\mu,\sigma^2)$ 的 IID 随机样本。样本方差 $S_n^2=(n-1)^{-1}\sum_{i=1}^n\left(X_i-\bar{X}_n\right)^2$ 和 MLE 估计量 $\hat{\sigma}^2=n^{-1}\sum_{i=1}^n\left(X_i-\bar{X}_n\right)^2$ 是 σ^2 的两个估计量。依据 MSE，哪个估计量为更有效的估计量？

解: 首先，根据第六章定理 6.6，即 $\frac{(n-1)S_n^2}{\sigma^2}\sim\chi_{n-1}^2$，有 $E_\theta(S_n^2)=\sigma^2$ 和 $\text{var}_\theta(S_n^2)=\frac{2\sigma^4}{n-1}$。则有

$$\begin{aligned}\text{MSE}_\theta(S_n^2)&=E_\theta(S_n^2-\sigma^2)^2\\&=\text{var}_\theta(S_n^2)+[\text{Bias}_\theta(S_n^2)]^2\\&=\frac{2\sigma^4}{n-1}\end{aligned}$$

其次，观察到

$$\hat{\sigma}^2=\frac{n-1}{n}S_n^2$$

有

$$\begin{aligned}\text{Bias}_\theta(\hat{\sigma}^2)&=E_\theta(\hat{\sigma}^2)-\sigma^2\\&=\frac{n-1}{n}\sigma^2-\sigma^2\\&=-\frac{\sigma^2}{n}\end{aligned}$$

$$\begin{aligned}\text{var}_\theta(\hat{\sigma}^2)&=\left(\frac{n-1}{n}\right)^2\text{var}_\theta(S_n^2)\\&=\left(\frac{n-1}{n}\right)^2\frac{2\sigma^4}{n-1}\end{aligned}$$

从而对所有 $n>1$，

$$\begin{aligned}\text{MSE}_\theta(\hat{\sigma}^2)&=\left(1-\frac{1}{n}\right)^2\frac{2\sigma^4}{n-1}+\frac{\sigma^4}{n^2}\\&=\left[\left(1-\frac{1}{n}\right)^2+\frac{n-1}{2n^2}\right]\frac{2\sigma^4}{n-1}\\&=\frac{n-1}{n}\frac{2n-1}{2n}\frac{2\sigma^4}{n-1}\\&<\frac{2\sigma^4}{n-1}=\text{MSE}_\theta(S_n^2)\end{aligned}$$

因此，有偏估计量 $\hat{\sigma}^2$ 优于无偏估计量 S_n^2。

例 8.16 表明无偏估计量未必是更有效的估计量。正如此例所示，有时在方差和偏差之间存在一种权衡取舍，即用偏差的一个小增量可换取方差较大的减少，从而使 MSE 变小。

例 8.16 的结论并非意味着要舍弃 S_n^2 作为 σ^2 的估计量，该结论只是基于 MSE 所得。无法确定 MSE 是否为测度方差估计量优度的最佳方法。此外，当 n 较大时，就 MSE 而言，S_n^2 和 $\hat{\sigma}^2$ 几乎不存在差异。

样本方差 $\hat{S}_n^2$ 只是许多无偏估计量中的一个，就 MSE 而言，可能不如有偏估计量。再例如，经典线性回归模型中的 OLS 估计量 $\hat{\beta}$，OLS 估计量 $\hat{\beta}$ 是未知参数的无偏估计量。当自变量的数目很大，它们之间可能存在近似多重共线性时，OLS 估计量 $\hat{\beta}$ 将存在巨大方差。一个修正方法就是 Hoerl & Kennard (1970) 提出的所谓岭回归 (ridge regression) 估计方法。它通过对平方系数之和施加一个等比例的惩罚项来限制未知参数的大小。这将会带来偏差，但是 OLS 估计量方差会大大减小，从而得到一个更小的 MSE。另外，若许多未知系数为 0 或非常微小，可以通过套索算法 (least absolute shrinkage and selection operator, LASSO) 对系数绝对值总和施加一个等比例的惩罚项。LASSO 估计量可有效挑选出那些非零系数，从而大大减小 MSE 方差，但其偏差会变大。关于 LASSO 估计的更多讨论，可参见 Tibshirani (1996)。

第八节 克拉默-拉奥下界

一般而言，从一类无偏估计量中求最有效估计量是一件困难的事情。当总体分布模型 $f(x,\theta)$ 的函数形式已知时，有另一种评估参数估计量有效性的方法。简单起见，本节假设参数 θ 为标量。

定理 8.11 *[克拉默-拉奥下界 (Cramer-Rao Lower Bound)；克拉默-拉奥不等式 (Cramer-Rao Inequality)]*：令 $\boldsymbol{X}^n$ 为一个随机样本，其联合 PMF/PDF 为 $f_{\boldsymbol{X}^n}(\boldsymbol{x}^n,\theta)$，并令 $\hat{\tau}=\hat{\tau}_n(\boldsymbol{X}^n)$ 为参数 $\tau(\theta)$ 的任意估计量，且 $E_\theta(\hat{\tau})$ 是 θ 的可导函数，期望 $E_\theta(\cdot)$ 是定义在随机样本 $\boldsymbol{X}^n$ 的联合概率 PMF/PDF $f_{\boldsymbol{X}^n}(\boldsymbol{x}^n,\theta)$ 上。对满足 $E_\theta\left|h(\boldsymbol{X}^n)\right|<\infty$ 的任意函数 $h:\mathbb{R}^n\to\mathbb{R}$，如果以下条件

$$\frac{d}{d\theta}\int_{\mathbb{R}^n} h(\boldsymbol{x}^n)f_{\boldsymbol{X}^n}(\boldsymbol{x}^n,\theta)d\boldsymbol{x}^n=\int_{\mathbb{R}^n} h(\boldsymbol{x}^n)\frac{\partial f_{\boldsymbol{X}^n}(\boldsymbol{x}^n,\theta)}{\partial\theta}d\boldsymbol{x}^n$$

成立，则对所有 $n>0$ 和所有 $\theta\in\Theta$，有

$$\operatorname{var}_\theta(\hat{\tau})\geqslant B_n(\theta)\equiv\frac{\left[\frac{dE_\theta(\hat{\tau})}{d\theta}\right]^2}{E_\theta\left[\frac{\partial\ln f_{\boldsymbol{X}^n}(\boldsymbol{X}^n,\theta)}{\partial\theta}\right]^2}$$

其中 $B_n(\theta)$ 称为克拉默-拉奥下界 (Cramer-Rao lower bound)。特别地，当 $\hat{\tau}$ 是参数 $\tau(\theta)$ 的无偏估计量时，有

$$B_n(\theta)=\frac{[\tau'(\theta)]^2}{E_\theta\left[\frac{\partial \ln f_{\boldsymbol{X}^n}(\boldsymbol{X}^n,\theta)}{\partial\theta}\right]^2}$$

证明：这里只考察连续分布的情形，离散分布的证明类似。假设有

(1)
$$E_\theta\left[\frac{\partial \ln f_{\boldsymbol{X}^n}(\boldsymbol{X}^n,\theta)}{\partial\theta}\right]^2=\mathrm{var}_\theta\left[\frac{\partial \ln f_{\boldsymbol{X}^n}(\boldsymbol{X}^n,\theta)}{\partial\theta}\right]$$

(2)
$$\frac{dE_\theta(\hat{\tau})}{d\theta}=\mathrm{cov}_\theta\left[\hat{\tau},\frac{\partial \ln f_{\boldsymbol{X}^n}(\boldsymbol{X}^n,\theta)}{\partial\theta}\right]$$

根据柯西-施瓦茨 (Cauchy-Schwarz) 不等式，有

$$\left\{\mathrm{cov}_\theta\left[\hat{\tau},\frac{\partial \ln f_{\boldsymbol{X}^n}(\boldsymbol{X}^n,\theta)}{\partial\theta}\right]\right\}^2\leqslant \mathrm{var}_\theta(\hat{\tau})\mathrm{var}_\theta\left[\frac{\partial \ln f_{\boldsymbol{X}^n}(\boldsymbol{X}^n,\theta)}{\partial\theta}\right]$$

则从上述结果 (1) 和 (2)，可得

$$\begin{aligned}\mathrm{var}_\theta(\hat{\tau})&\geqslant\frac{\left\{\mathrm{cov}_\theta\left[\hat{\tau},\frac{\partial \ln f_{\boldsymbol{X}^n}(\boldsymbol{X}^n,\theta)}{\partial\theta}\right]\right\}^2}{\mathrm{var}_\theta\left[\frac{\partial \ln f_{\boldsymbol{X}^n}(\boldsymbol{X}^n,\theta)}{\partial\theta}\right]}\\&=\frac{\left[\frac{dE_\theta(\hat{\tau})}{d\theta}\right]^2}{E_\theta\left[\frac{\partial \ln f_{\boldsymbol{X}^n}(\boldsymbol{X}^n,\theta)}{\partial\theta}\right]^2}\\&=B_n(\theta)\end{aligned}$$

因此，只需证明结果 (1) 和 (2)。

首先证明结果 (1)，即证明在联合分布 $f_{\boldsymbol{X}^n}(\boldsymbol{X}^n,\theta)$ 下，随机样本 $\boldsymbol{X}^n$ 的记分函数 $\frac{\partial \ln f_{\boldsymbol{X}^n}(\boldsymbol{X}^n,\theta)}{\partial\theta}$ 的均值为零。因为

$$\begin{aligned}E_\theta\left[\frac{\partial \ln f_{\boldsymbol{X}^n}(\boldsymbol{X}^n,\theta)}{\partial\theta}\right]&=\int_{\mathbb{R}^n}\left[\frac{\partial \ln f_{\boldsymbol{X}^n}(\boldsymbol{x}^n,\theta)}{\partial\theta}\right]f_{\boldsymbol{X}^n}(\boldsymbol{x}^n,\theta)d\boldsymbol{x}^n\\&=\int_{\mathbb{R}^n}\frac{\partial f_{\boldsymbol{X}^n}(\boldsymbol{x}^n,\theta)}{\partial\theta}d\boldsymbol{x}^n\\&=\frac{d}{d\theta}\int_{\mathbb{R}^n}f_{\boldsymbol{X}^n}(\boldsymbol{x}^n,\theta)d\boldsymbol{x}^n\end{aligned}$$

$$= \frac{d(1)}{d\theta}$$
$$= 0$$

其中,第三个等式来自定理中可交换积分和求导顺序的条件假设。因此,由公式 $\text{var}(Y) = E(Y^2) - \mu_Y^2$,可求得记分函数的方差

$$\begin{aligned}\text{var}_\theta\left[\frac{\partial \ln f_{\boldsymbol{X}^n}(\boldsymbol{X}^n,\theta)}{\partial\theta}\right] &= E_\theta\left[\frac{\partial \ln f_{\boldsymbol{X}^n}(\boldsymbol{X}^n,\theta)}{\partial\theta}\right]^2 - \left\{E_\theta\left[\frac{\partial \ln f_{\boldsymbol{X}^n}(\boldsymbol{X}^n,\theta)}{\partial\theta}\right]\right\}^2 \\ &= E_\theta\left[\frac{\partial \ln f_{\boldsymbol{X}^n}(\boldsymbol{X}^n,\theta)}{\partial\theta}\right]^2\end{aligned}$$

结果 (1) 证毕。

下面证明结果 (2)。给定 $E_\theta\left[\frac{\partial \ln f_{\boldsymbol{X}^n}(\boldsymbol{X}^n,\theta)}{\partial\theta}\right] = 0$ 和 $\hat{\tau} = \hat{\tau}_n(\boldsymbol{X}^n)$,由公式 $\text{cov}(Y, Z) = E(YZ) - \mu_Y\mu_Z$,有

$$\begin{aligned}\text{cov}_\theta\left[\hat{\tau}, \frac{\partial \ln f_{\boldsymbol{X}^n}(\boldsymbol{X}^n,\theta)}{\partial\theta}\right] &= E_\theta\left[\hat{\tau}\frac{\partial \ln f_{\boldsymbol{X}^n}(\boldsymbol{X}^n,\theta)}{\partial\theta}\right] - E_\theta(\hat{\tau})E_\theta\left[\frac{\partial \ln f_{\boldsymbol{X}^n}(\boldsymbol{X}^n,\theta)}{\partial\theta}\right] \\ &= E_\theta\left[\hat{\tau}\frac{\partial \ln f_{\boldsymbol{X}^n}(\boldsymbol{X}^n,\theta)}{\partial\theta}\right] \\ &= \int_{\mathbb{R}^n} \hat{\tau}_n(\boldsymbol{x}^n)\left[\frac{\partial \ln f_{\boldsymbol{X}^n}(\boldsymbol{x}^n,\theta)}{\partial\theta}\right] f_{\boldsymbol{X}^n}(\boldsymbol{x}^n,\theta)d\boldsymbol{x}^n \\ &= \int_{\mathbb{R}^n} \hat{\tau}_n(\boldsymbol{x}^n)\frac{\partial f_{\boldsymbol{X}^n}(\boldsymbol{x}^n,\theta)}{\partial\theta}d\boldsymbol{x}^n \\ &= \frac{d}{d\theta}\int_{\mathbb{R}^n} \hat{\tau}_n(\boldsymbol{x}^n) f_{\boldsymbol{X}^n}(\boldsymbol{x}^n,\theta)d\boldsymbol{x}^n \\ &= \frac{dE_\theta(\hat{\tau})}{d\theta}\end{aligned}$$

其中,倒数第二个等式来自可交换积分和求导顺序的假设条件。结果 (2) 证毕。

克拉默-拉奥下界同样可适用于离散分布情形。唯一的变化是以求和替代积分,$f_{\boldsymbol{X}^n}(\boldsymbol{x}^n,\theta)$ 代表随机样本 $\boldsymbol{X}^n$ 的联合 PMF 而非联合 PDF。定理证毕。 ■

需要强调,克拉默-拉奥定理的一个关键假设具有一定限制性,即可交换积分和微分运算顺序。该条件称为正则条件 (regularity condition),即在一般情况下成立。这个条件可写为

$$\frac{d}{d\theta}\int_{\mathbb{R}^n} h(\boldsymbol{x}^n) f_{\boldsymbol{X}^n}(\boldsymbol{x}^n,\theta)d\boldsymbol{x}^n = \int_{\mathbb{R}^n} h(\boldsymbol{x}^n)\frac{\partial \ln f_{\boldsymbol{X}^n}(\boldsymbol{x}^n,\theta)}{\partial\theta} f_{\boldsymbol{X}^n}(\boldsymbol{x}^n,\theta)d\boldsymbol{x}^n$$

或等价地

$$\frac{dE_\theta\left[h(\boldsymbol{X}^n)\right]}{d\theta} = E_\theta\left[h(\boldsymbol{X}^n)\frac{\partial \ln f_{\boldsymbol{X}^n}(\boldsymbol{X}^n,\theta)}{\partial\theta}\right]$$

可以证明，指数分布族的概率密度函数满足该假设，但更一般情况下需要对假设进行验证。Newey & McFadden (1994，引理 3.6) 提供了可交换求导和运算积分顺序成立的充分条件。

举一个例子说明定理 8.11。考察向量空间的内积

$$\langle A(\boldsymbol{X}^n,\theta), B(\boldsymbol{X}^n,\theta)\rangle_\theta = E_\theta\left[A(\boldsymbol{X}^n,\theta)B(\boldsymbol{X}^n,\theta)\right]$$

可将估计量 $\hat{\tau}$ 分解为在由记分函数 $\frac{\partial}{\partial\theta}\ln f_{\boldsymbol{X}^n}(\boldsymbol{X}^n,\theta)$ 所张成的平面上的投影 $\lambda\frac{\partial}{\partial\theta}\ln f_{\boldsymbol{X}^n}(\boldsymbol{X}^n,\theta)$ 和垂直于记分函数的残差 $\hat{\tau}-\lambda\frac{\partial}{\partial\theta}\ln f_{\boldsymbol{X}^n}(\boldsymbol{X}^n,\theta)$，如图 8.5 所示。

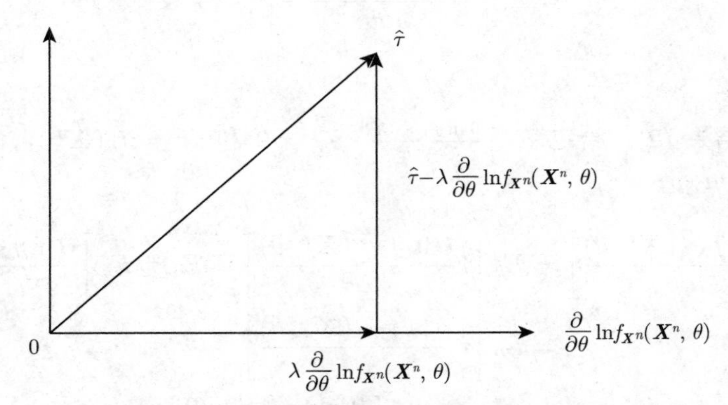

图 8.5：估计量 $\hat{\tau}$ 记分函数 $\frac{\partial}{\partial\theta}\ln f_{\boldsymbol{X}^n}(\boldsymbol{X}^n,\theta)$ 上的投影

有

$$\operatorname{cov}_\theta\left[\hat{\tau},\frac{\partial\ln f_{\boldsymbol{X}^n}(\boldsymbol{X}^n,\theta)}{\partial\theta}\right]=\lambda E_\theta\left[\frac{\partial\ln f_{\boldsymbol{X}^n}(\boldsymbol{X}^n,\theta)}{\partial\theta}\right]^2$$

由此可得出 λ 的表达式。故

$$\begin{aligned}\operatorname{var}_\theta(\hat{\tau}) &\geqslant \operatorname{var}_\theta\left[\lambda\frac{\partial\ln f_{\boldsymbol{X}^n}(\boldsymbol{X}^n,\theta)}{\partial\theta}\right]\\ &=\lambda^2\operatorname{var}_\theta\left[\frac{\partial\ln f_{\boldsymbol{X}^n}(\boldsymbol{X}^n,\theta)}{\partial\theta}\right]\\ &=\frac{\left[\frac{d}{d\theta}E_\theta(\hat{\tau})\right]^2}{E_\theta\left[\frac{\partial\ln f_{\boldsymbol{X}^n}(\boldsymbol{X}^n,\theta)}{\partial\theta}\right]^2}\end{aligned}$$

其中，利用了通过交换期望和微分运算顺序，有

$$E_\theta\left[\frac{\partial\ln f_{\boldsymbol{X}^n}(\boldsymbol{X}^n,\theta)}{\partial\theta}\right]=0$$

和

$$\operatorname{cov}_\theta\left[\hat{\tau},\frac{\partial\ln f_{\boldsymbol{X}^n}(\boldsymbol{X}^n,\theta)}{\partial\theta}\right]=\frac{dE_\theta(\hat{\tau})}{d\theta}$$

定理 8.11 表明任何一个估计量 $\hat{\tau}$ 的方差 $\mathrm{var}_\theta(\hat{\tau})$ 不小于克拉默-拉奥下界

$$B_n(\theta)=\frac{\left[\frac{dE_\theta(\hat{\tau})}{d\theta}\right]^2}{E_\theta\left[\frac{\partial \ln f_{\boldsymbol{X}^n}(\boldsymbol{X}^n,\theta)}{\partial\theta}\right]^2}$$

假设 $\tau(\theta)$ 的无偏估计量 $\hat{\tau}$ 的方差等于克拉默-拉奥下界，即

$$\mathrm{var}_\theta(\hat{\tau})=\frac{[\tau'(\theta)]^2}{E_\theta\left[\frac{\partial \ln f_{\boldsymbol{X}^n}(\boldsymbol{X}^n,\theta)}{\partial\theta}\right]^2}$$

则无偏估计量 $\hat{\tau}$ 是 $\tau(\theta)$ 的最有效无偏估计量。

问题 8.4 当 θ 为向量而非标量时，如何推导克拉默-拉奥下界?

定理 8.11 的克拉默-拉奥下界是一般性结论，因为其基于随机样本 $\boldsymbol{X}^n$ 的联合概率分布 $f_{\boldsymbol{X}^n}(\boldsymbol{x}^n,\theta)$，并没有假设 $\boldsymbol{X}^n$ 为 IID 随机样本。换言之，该定理适用于非独立或非同分布随机样本。现在考察一个特例，即 $\boldsymbol{X}^n$ 为来自总体分布 $f(x,\theta)$ 的 IID 随机样本。此时，克拉默-拉奥下界简化为总体分布模型 $f(x,\theta)$ 和样本容量 n 的函数。

推论 8.1 *[IID 随机样本下的克拉默-拉奥下界 (Cramer-Rao Lower Bound)]*: 令 $\boldsymbol{X}^n$ 为来自总体 PMF/PDF $f(x,\theta)$ 的 IID 随机样本，并令 $\hat{\tau}=\hat{\tau}_n(\boldsymbol{X}^n)$ 为 $\tau(\theta)$ 的任意估计量，且 $E_\theta[\hat{\tau}_n(\boldsymbol{X}^n)]$ 是 $\theta\in\Theta$ 的可导函数。假设对满足 $E_\theta\left|h(X_i)\right|<\infty$ 的任意函数 $h(x)$，有

$$\frac{d}{d\theta}\int_{-\infty}^{\infty}h(x)f(x,\theta)dx=\int_{-\infty}^{\infty}h(x)\frac{\partial f(x,\theta)}{\partial\theta}dx$$

则对所有 n，

$$\mathrm{var}_\theta(\hat{\tau})\geqslant B_n(\theta)\equiv\frac{\left[\frac{dE_\theta(\hat{\tau})}{d\theta}\right]^2}{nI(\theta)}$$

其中

$$I(\theta)=E_\theta\left[\frac{\partial\ln f(X_i,\theta)}{\partial\theta}\right]^2=\int_{-\infty}^{\infty}\left[\frac{\partial\ln f(x,\theta)}{\partial\theta}\right]^2 f(x,\theta)dx$$

是总体分布 PMF/PDF $f(x,\theta)$ 的费雪信息。

当 $\hat{\tau}$ 为 $\tau(\theta)$ 的无偏估计量时，则有

$$\mathrm{var}_\theta(\hat{\tau})\geqslant B_n(\theta)\equiv\frac{[\tau'(\theta)]^2}{nI(\theta)}$$

证明：给定定理 8.11 的克拉默-拉奥下界，只需证明在随机样本 $\boldsymbol{X}^n$ 为独立同分布的假

设下，克拉默-拉奥下界的分母

$$E_\theta\left[\frac{\partial \ln f_{\boldsymbol{X}^n}(\boldsymbol{X}^n,\theta)}{\partial\theta}\right]^2 = nE_\theta\left[\frac{\partial \ln f(X_i,\theta)}{\partial\theta}\right]^2 = nI(\theta)$$

因为 $\boldsymbol{X}^n$ 是来自总体分布 $f(x,\theta)$ 的 IID 样本，有 $f_{\boldsymbol{X}^n}(\boldsymbol{X}^n,\theta)=\prod_{i=1}^n f(X_i,\theta)$，故可得

$$\ln f_{\boldsymbol{X}^n}(\boldsymbol{X}^n,\theta)=\sum_{i=1}^n \ln f(X_i,\theta)$$

随机样本 $\boldsymbol{X}^n$ 的记分函数

$$\frac{\partial \ln f_{\boldsymbol{X}^n}(\boldsymbol{X}^n,\theta)}{\partial\theta}=\sum_{i=1}^n\frac{\partial \ln f(X_i,\theta)}{\partial\theta}$$

由引理 8.3，基于总体分布 $f(x,\theta)$ 的记分函数 $\frac{\partial \ln f(X_i,\theta)}{\partial\theta}$ 的期望为零，即

$$E_\theta\left[\frac{\partial \ln f(X_i,\theta)}{\partial\theta}\right]=\int_{-\infty}^{\infty}\frac{\partial \ln f(x,\theta)}{\partial\theta}f(x,\theta)dx=0$$

由 IID 假设得

$$\begin{aligned}
&E_\theta\left[\frac{\partial \ln f_{\boldsymbol{X}^n}(\boldsymbol{X}^n,\theta)}{\partial\theta}\right]^2\\
&=\mathrm{var}_\theta\left[\frac{\partial \ln f_{\boldsymbol{X}^n}(\boldsymbol{X}^n,\theta)}{\partial\theta}\right]=\mathrm{var}_\theta\left[\sum_{i=1}^n\frac{\partial \ln f(X_i,\theta)}{\partial\theta}\right]\\
&=\sum_{i=1}^n\mathrm{var}_\theta\left[\frac{\partial \ln f(X_i,\theta)}{\partial\theta}\right]=n\mathrm{var}_\theta\left[\frac{\partial \ln f(X_1,\theta)}{\partial\theta}\right]\\
&=nE_\theta\left[\frac{\partial \ln f(X_1,\theta)}{\partial\theta}\right]^2=nI(\theta)
\end{aligned}$$

其中，第三和第四个等式由 IID 假设推得，而第五个等式由 $E_\theta\left[\frac{\partial}{\partial\theta}\ln f(X_i,\theta)\right]=0$ 推得。证毕。 ■

在推论 8.1 中，$f(x,\theta)$ 是每个随机变量 X_i 的 PMF/PDF，而定理 8.11 中的 $f_{\boldsymbol{X}^n}(\boldsymbol{x}^n,\theta)$ 是随机样本 $\boldsymbol{X}^n$ 的联合 PMF/PDF。可以看出，在 IID 假设下，克拉默-拉奥下界 $B_n(\theta)$ 以速度 n 趋近于零。

除尺度因子 n^{-1} 外，克拉默-拉奥下界与费雪信息 $I(\theta)$ 的逆成正比。费雪信息测度总体分布 PMF/PDF $f(x,\theta)$ 或等价地每个随机变量 X_i 包含了多少关于 θ 的信息。$I(\theta)$ 越大，随机变量 X_i 就包含越多关于 θ 的信息，从而克拉默-拉奥下界 $B_n(\theta)$ 就越小。

有些情形下，$I(\theta)$ 的计算比较繁冗。根据引理 8.4 的信息等式 $I(\theta)+H(\theta)=0$，可

将参数 $\tau(\theta)$ 的无偏估计量 $\hat{\tau}$ 的克拉默-拉奥下界表达为

$$B_n(\theta) = \frac{[\tau'(\theta)]^2}{-nH(\theta)}$$

其中

$$\begin{aligned} H(\theta) &\equiv E_\theta\left[\frac{\partial^2 \ln f(X_i,\theta)}{\partial\theta^2}\right] \\ &= \int_{-\infty}^{\infty} \frac{\partial^2 \ln f(x,\theta)}{\partial\theta^2} f(x,\theta)dx \end{aligned}$$

称为总体分布 $f(x,\theta)$ 或随机变量 X_i 的黑塞函数或黑塞矩阵 (当 θ 为向量时)。因此，克拉默-拉奥下界 $B_n(\theta)$ 依赖于对数似然函数 $\ln f(X,\theta)$ 的曲率均值的倒数。对数似然函数的曲率的绝对值越大，克拉默-拉奥下界 $B_n(\theta)$ 越小。

定理 8.5 已证明，当 $n \to \infty$ 时，

$$\sqrt{n}(\hat{\theta}-\theta) \xrightarrow{d} N[0, -H(\theta)^{-1}]$$

其中 $\theta \in \Theta$ 为真实参数值。这表明当 n 充分大时，$\hat{\theta}-\theta$ 近似服从正态分布 $N\{0,[-nH\ (\theta)]^{-1}\}$。此时，MLE 估计量 $\hat{\theta}$ 的方差近似达到克拉默-拉奥下界，这对于任意总体分布 $f(x,\theta)$ 均成立。从定理 8.5 中 $\sqrt{n}(\hat{\theta}-\theta_0)$ 的渐进正态性，可得 MLE 估计量 $\hat{\theta}$ 的渐进偏差等于零，从而 MLE $\hat{\theta}$ 是渐进最有效的估计量。

例 8.17: 令 $\boldsymbol{X}^n$ 为 IID Poisson(λ) 随机样本。用克拉默-拉奥下界法证明样本均值 $\bar{X}_n$ 为参数 λ 的最优无偏估计量。

解: 在本例中，$\tau(\theta)=\theta=\lambda$，且 $\hat{\tau}=\bar{X}_n$，$E_\lambda(\hat{\tau})=\lambda$。因此，$\hat{\tau}$ 是 λ 的无偏估计量。对泊松分布 Poisson(λ)，$\sigma^2=\lambda$，故有

$$\text{var}_\lambda(\bar{X}_n) = \frac{\sigma^2}{n} = \frac{\lambda}{n}$$

因此只需证明克拉默-拉奥下界 $B_n(\lambda)=\frac{\lambda}{n}$。

因为对数似然函数

$$\begin{aligned} \ln f(X_i,\lambda) &= \ln\left(\frac{e^{-\lambda}\lambda^{X_i}}{X_i!}\right) \\ &= -\lambda + X_i\ln\lambda - \ln X_i! \end{aligned}$$

有

$$\begin{aligned} \frac{\partial^2 \ln f(X_i,\lambda)}{\partial\lambda^2} &= \frac{\partial^2(-\lambda + X_i\ln\lambda - \ln X_i!)}{\partial\lambda^2} \\ &= -\frac{X_i}{\lambda^2} \end{aligned}$$

和

$$H_\lambda(\lambda) = E_\lambda\left[\frac{\partial^2 \ln f(X_i,\lambda)}{\partial\lambda^2}\right]$$
$$= E_\lambda\left(-\frac{X_i}{\lambda^2}\right)$$
$$= -\frac{E_\lambda(X_i)}{\lambda^2}$$
$$= -\frac{1}{\lambda}$$

且因 $\hat{\tau} = \bar{X}_n$，有 $E_\lambda(\bar{X}_n) = \lambda$，故

$$\frac{dE_\lambda(\hat{\tau})}{d\lambda} = \frac{d\lambda}{d\lambda} = 1$$

因此，

$$B_n(\lambda) = \frac{\left[\frac{d}{d\lambda}E_\lambda(\hat{\tau})\right]^2}{-nH_\lambda(\lambda)}$$
$$= \frac{1^2}{-n\left(-\frac{1}{\lambda}\right)}$$
$$= \frac{\lambda}{n}$$

因为 $\text{var}_\lambda(\bar{X}_n) = B_n(\lambda)$，即样本均值 $\bar{X}_n$ 达到克拉默-拉奥下界，故 $\bar{X}_n$ 为 λ 的最优无偏估计量。

当 $\text{var}_\theta(\hat{\tau})$ 未达到克拉默-拉奥下界时，克拉默-拉奥下界可能无法给出确定性结论，即无法判定估计量 $\hat{\tau}$ 是否为 $\tau(\theta)$ 的最有效估计量。以下例子说明克拉默-拉奥下界法的这一缺陷。

例 8.18： 令 $\boldsymbol{X}^n$ 为 IID $N(\mu,\sigma^2)$ 随机样本，其中 μ 和 σ^2 未知。证明 S_n^2 未达到克拉默-拉奥下界。

解： 本例中 $\theta = (\mu,\sigma^2)$，$\tau(\theta) = \sigma^2$ 以及 $\hat{\tau} = S_n^2$。$N(\mu,\sigma^2)$ 分布的对数似然函数为

$$\ln f(X_i,\theta) = -\ln\sqrt{2\pi} - \frac{1}{2}\ln\sigma^2 - \frac{(X_i-\mu)^2}{2\sigma^2}$$

因此，有

$$\frac{\partial^2 \ln f(X_i,\theta)}{\partial(\sigma^2)^2} = \frac{1}{2\sigma^4} - \frac{(X_i-\mu)^2}{\sigma^6}$$

而黑塞矩阵为

$$E_\theta\left[\frac{\partial^2 \ln f(X_i,\theta)}{\partial(\sigma^2)^2}\right] = \frac{1}{2\sigma^4} - \frac{E_\theta(X_i-\mu)^2}{\sigma^6}$$
$$= \frac{1}{2\sigma^4} - \frac{1}{\sigma^4}$$
$$= -\frac{1}{2\sigma^4}$$

本例中,容易理解为什么信息矩阵 $I(\theta)$ 或黑塞矩阵 $H(\theta)$ 是对随机变量 X_i 所包含 σ^2 的信息的测度。方差 σ^2 越小，随机变量 X_i 的噪声越小，从而可更有效地估计 σ^2。

对 σ^2 的任意无偏估计量 $\hat{\tau} = \hat{\tau}_n(\boldsymbol{X}^n)$，有 $E_\theta[\hat{\tau}_n(\boldsymbol{X}^n)] = \sigma^2$，因此

$$\frac{dE_\theta[\hat{\tau}_n(\boldsymbol{X}^n)]}{d\sigma^2} = 1$$

由克拉默-拉奥下界，有

$$B_n(\theta) = \frac{1}{n}\left(1^2\Big/\frac{1}{2\sigma^4}\right)$$
$$= \frac{2\sigma^4}{n}$$
$$< \frac{2\sigma^4}{n-1} = \mathrm{var}_\theta(S_n^2)$$

因此， S_n^2 未能达到克拉默-拉奥下界 $2\sigma^4/n$。但是，只能说 S_n^2 未达到克拉默-拉奥下界，而不能判断 S_n^2 并非最优无偏估计量，因为存在两种可能性：(a) 存在另一个无偏估计量达到 $B_n(\theta)$；或 (b) σ^2 的任何无偏估计量都无法达到 $B_n(\theta)$。

综上所述，克拉默-拉奥下界法在求最优无偏估计量时可能有一个缺陷：若无偏估计量未能达到克拉默-拉奥下界，则无法判断其是否为最有效估计量。也就是说，克拉默-拉奥下界可能严格小于任意无偏估计量的方差。存在一个特例：当总体分布 $f(x,\theta)$ 为单参数指数型分布族情形时，可证明存在一个参数 θ 的无偏估计量，其达到了克拉默-拉奥下界。但是对其他概率分布模型，参数 θ 的无偏估计量不一定能达到克拉默-拉奥下界。这些情况需要引起注意，因为若无法找到达到克拉默-拉奥下界的估计量，则必须从理论上确定是否没有估计量能够达到克拉默-拉奥下界，或是否必须寻找更多的估计量。

以下定理提供估计量可达到克拉默-拉奥下界的充要条件。在由记分函数所张成的平面上的任意无偏估计量都是最优估计量。

定理 8.12 假设 $f_{\boldsymbol{X}^n}(\boldsymbol{x}^n,\theta)$ 是随机样本 $\boldsymbol{X}^n$ 的联合 PMF/PDF 且 $\hat{\tau} = \hat{\tau}_n(\boldsymbol{X}^n)$ 是参数 $\tau(\theta)$ 的一个无偏估计量，其中 $f_{\boldsymbol{X}^n}(\boldsymbol{x}^n,\theta)$ 和 $\hat{\tau}$ 满足克拉默-拉奥下界定理（定理 8.11）的条件。则估计量 $\hat{\tau}$ 达到克拉默-拉奥下界，当且仅当存在某一函数 $a:\Theta\to\mathbb{R}$，有

$$\hat{\tau}-\tau(\theta)=a(\theta)\frac{\partial \ln \hat{L}(\theta|\,\boldsymbol{X}^n)}{\partial \theta}$$

证明： 由柯西-施瓦茨 (Cauchy-Schwarz) 不等式，有

$$\left\{\operatorname{cov}_\theta\left[\hat{\tau},\frac{\partial \ln \hat{L}(\theta|\,\boldsymbol{X}^n)}{\partial \theta}\right]\right\}^2\leqslant \operatorname{var}_\theta(\hat{\tau})\operatorname{var}_\theta\left[\frac{\partial \ln \hat{L}(\theta|\,\boldsymbol{X}^n)}{\partial \theta}\right]$$

当且仅当中心化的参数估计量 $\hat{\tau}-\tau(\theta)$ 与随机样本 $\boldsymbol{X}^n$ 的记分函数 $\frac{\partial \ln \hat{L}(\theta|\boldsymbol{X}^n)}{\partial \theta}$ 成正比时，上述不等式才取等号。这是因为，当 $\hat{\tau}-\tau(\theta)$ 为记分函数 $\frac{\partial}{\partial \theta}\ln \hat{L}(\theta|\,\boldsymbol{X}^n)$ 的线性函数时，二者相关系数的绝对值等于 1。在此情况下，有 $\operatorname{var}_\theta(\hat{\tau})=B_n(\theta)$。证毕。 ■

例 8.19 [例 8.18 的延续]：来自 IID $N(\mu,\sigma^2)$ 总体分布的随机样本 $\boldsymbol{X}^n$ 的似然函数为

$$\hat{L}(\theta|\,\boldsymbol{X}^n)=\frac{1}{(2\pi\sigma^2)^{n/2}}e^{-\frac{1}{2\sigma^2}\sum_{i=1}^n(X_i-\mu)^2}$$

其中 $\theta=(\mu,\sigma^2)$。因此，$\boldsymbol{X}^n$ 的记分函数

$$\frac{\partial \ln \hat{L}(\theta|\boldsymbol{X}^n)}{\partial \sigma^2}=\frac{n}{2\sigma^4}\left[n^{-1}\sum_{i=1}^n(X_i-\mu)^2-\sigma^2\right]$$

当 $a(\theta)=\frac{2\sigma^4}{n}$ 时，可以证明，若 μ 已知，则 σ^2 的最优无偏估计量为 $\tilde{\sigma}^2=n^{-1}\sum_{i=1}^n(X_i-\mu)^2$。若 μ 未知，则无法达到克拉默-拉奥下界。

第九节 小结

参数估计是统计推断最重要的目的之一。本章首先介绍两种重要的估计方法——极大似然估计法 (MLE) 和矩估计法 (MME)，其中矩估计法经计量经济学家扩展为广义矩估计法 (GMM)。MLE 是基于正确设定的总体分布的参数 PMF/PDF 模型，而 MME 和 GMM 则基于一组关于总体分布的矩条件。因为是基于随机样本联合分布的信息，MLE 相对于 MME 或 GMM 一般来说总是更有效，除非后者所使用的样本矩是参数的充分统计量。但是，GMM 不需要数据生成过程的总体分布信息。为深入分析 MLE 和 MME/GMM 的概率统计性质，考察了这两个估计量的渐进性质。

为评估同一参数的不同估计量，本章引入均方误准则度量参数估计量和未知参数之间的接近程度，并且介绍两种评估无偏参数估计量的重要方法：一是拉格朗日乘子法，该法不需要关于总体分布 PMF/PDF 的信息；二是克拉默-拉奥 (Cramer-Rao) 下界法，此法需要随机样本的似然函数的信息。

练习题八

8.1 假设有服从 PMF $f(x,\theta)$ 分布的离散随机变量 X 的一个观测值，其中 $\theta \in \Theta = \{1,2,3\}$。求 θ 的 MLE。

x	$f(x,1)$	$f(x,2)$	$f(x,3)$
0	$\frac{1}{3}$	$\frac{1}{4}$	0
1	$\frac{1}{3}$	$\frac{1}{4}$	0
2	$\frac{1}{6}$	$\frac{1}{4}$	$\frac{1}{2}$
3	$\frac{1}{6}$	0	$\frac{1}{4}$

8.2 假设 $\boldsymbol{X}^n$ 为 IID 随机样本，总体分布来自如下两个 PDF 其中之一。若 $\theta = 0$，则

$$f(x,\theta) = \begin{cases} 1, & 0 < x < 1 \\ 0, & \text{其他} \end{cases}$$

若 $\theta = 1$，则

$$f(x,\theta) = \begin{cases} (1/2\sqrt{x}), & 0 < x < 1 \\ 0, & \text{其他} \end{cases}$$

求 θ 的 MLE。

8.3 假设一个观测值 X 来自 $N(0,\sigma^2)$ 总体。

(1) 求 σ^2 的无偏估计量；

(2) 求 σ 的 MLE；

(3) 讨论如何求 σ 的矩估计量。

8.4 假设随机变量 $\{Y_1,\cdots,Y_n\}$ 满足

$$Y_i = \beta x_i + \varepsilon_i, \quad i = 1,\cdots,n$$

其中 $x_1,\cdots,x_n$ 为非随机常数，而 $\{\varepsilon_i\}$ 是来自 $N(0,\sigma^2)$ 分布的 IID 序列，其中 σ^2 未知。

(1) 求 (β,σ^2) 的二维充分统计量；

(2) 求 β 的 MLE，并证明其为 β 的无偏估计量；

(3) 求 β 的 MLE 的分布。

8.5 假设本章第三节的假设 8.1-8.6 成立，但是密度模型 $f(x,\theta)$ 可能不是对未知总体 PDF $f_X(x)$ 的正确设定，即对所有实数 x，不存在 $\theta \in \Theta$ 使得 $f_X(x) = f(x,\theta)$。

MLE $\hat{\theta} = \arg\max_{\theta\in\theta} \ln \hat{L}(\theta \mid \boldsymbol{X}^n)$ 称为 QMLE。

(1) 证明当 $n \to \infty$ 时, 几乎处处有 $\hat{\theta} \to \theta_0$。给出推理过程;

(2) 对 $\sqrt{n}\left(\hat{\theta} - \theta_0\right)$ 渐进分布求导，并与定理 8.5 的结论进行比较。

8.6 令 $\boldsymbol{X}^n$ 为 IID Bernoulli(p) 随机样本。证明:

(1) $\bar{X}_n$ 是未知参数 p 的 MLE;

(2) $\bar{X}_n$ 的方差达到克拉默-拉奥下界，因而 $\bar{X}_n$ 是参数 p 的最优无偏估计量。

8.7 令 $\hat{\theta}_1, \cdots, \hat{\theta}_k$ 是参数 θ 的 k 个无偏估计量。$\text{var}_\theta(\hat{\theta}_i) = \sigma^2$,且若 $i \neq j$,有 $\text{cov}(\hat{\theta}_i, \hat{\theta}_j) = 0$，其中 $i, j = 1, \cdots, k$。

(1) 证明在所有线性组合型 $\sum_{i=1}^k a_i\hat{\theta}_i$ 的估计量中,其中 a_i 为常数,且 $E(\sum_{i=1}^k a_i\hat{\theta}_i) = \theta$，估计量 $\hat{\theta}^* = \frac{\sum_{i=1}^k \hat{\theta}_i/\sigma_i^2}{\sum_{i=1}^k 1/\sigma_i^2}$ 有最小方差;

(2) 证明 $\text{var}(\hat{\theta}^*) = \frac{1}{\sum_{i=1}^k 1/\sigma_i^2}$。

8.8 令 $\boldsymbol{X}^n$ 为来自正态总体分布 $N(\mu, \sigma^2)$ 的 IID 随机样本，其中 σ^2 已知。证明:

(1) $\bar{X}_n$ 是 μ 的 MLE;

(2) $\bar{X}_n$ 达到克拉默-拉奥下界，因而是 μ 的最优无偏估计量。

8.9 令 $\boldsymbol{X}^n$ 为来自正态总体分布 $N(\theta, 1)$ 的 IID 随机样本。估计量 $\hat{\theta} = \bar{X}_n^2 - (1/n)$ 是 θ^2 的最优无偏估计量。计算方差并证明其大于克拉默-拉奥下界。(提示：可用 χ^2 的性质计算 $\bar{X}_n^2 - (1/n)$ 的方差。)

8.10 假设 $\boldsymbol{X}^n$ 为正态总体分布 $N(\mu, \sigma^2)$ 的 IID 随机样本。令 S_n^2 为样本方差。求使 cS_n 为 σ 的无偏估计量的常数值 c。

8.11 令 $\boldsymbol{X}^n$ 为来自正态总体分布 $N(\theta, \theta^2)$ 的 IID 随机样本，其中 $\theta > 0$。这里，$\bar{X}_n$ 和 cS 均为 θ 的无偏估计量，其中 $c = \frac{\sqrt{n-1}\Gamma[(n-1)/2]}{\sqrt{2}\Gamma(n/2)}$。

(1) 证明对任意数 a，估计量 $a\bar{X}_n + (1-a)cS_n$ 是 θ 的无偏估计量;

(2) 求使估计量方差最小的 a 值。

8.12 假设 $\hat{\theta}_1, \hat{\theta}_2$ 和 $\hat{\theta}_3$ 均为 θ 的估计量且已知 $E(\hat{\theta}_1) = E(\hat{\theta}_2) = \theta$，$E(\hat{\theta}_3) \neq \theta$，$\text{var}(\hat{\theta}_1) = 12$，$\text{var}(\hat{\theta}_2) = 10$，$E(\hat{\theta}_3 - \theta)^2 = 6$。依 MSE 准则，哪个估计量为最佳估计量?

8.13 假设 $\boldsymbol{X}^n$ 为来自某总体分布的 IID 随机样本，均值 μ 和方差 σ^2 未知。定义参数 $\theta = (\mu - 2)^2$。

(1) 假设 $\hat{\theta} = (\bar{X}_n - 2)^2$ 为 θ 的一个估计量,其中 $\bar{X}_n$ 是样本均值。证明 $\hat{\theta}$ 并非 θ 的无偏估计量;

(2) 找出 θ 的一个无偏估计量。

8.14 假设 $\boldsymbol{X}^n$ 是指数分布总体的 IID 随机样本，其 PDF 为

$$f_X(x)=\begin{cases}\frac{1}{\theta}e^{-\theta x}, & x>0\\ 0, & x\leqslant 0\end{cases}$$

定义 θ 的两个估计量: $\hat{\theta}_1=\hat{X}_n$ 与 $\hat{\theta}_2=n\min_{1\leqslant i\leqslant n}\{X_i\}$。

(1) 证明 $\hat{\theta}_1$ 与 $\hat{\theta}_2$ 是 θ 的无偏估计量。给出推理过程;

(2) 就 MSE 而言,θ 的估计量 $\hat{\theta}_1$ 与 $\hat{\theta}_2$ 哪个更有效? 给出推理过程。

8.15 令 $\boldsymbol{X}^n$ 为 IID $U[0,\theta]$ 随机样本,其中 θ 未知。定义 θ 的两个估计量:

$$\hat{\theta}_1=\frac{n+1}{n}\max_{1\leqslant i\leqslant n}X_i$$

$$\hat{\theta}_2=\frac{2}{n}\sum_{i=1}^{n}X_i$$

(1) 证明 $P(\max_{1\leqslant i\leqslant n}X_i\leqslant t)=[F_X(t)]^n$,其中 $F_X(\cdot)$ 是总体分布 $U[0,\theta]$ 的 CDF;

(2) 计算 $E_\theta(\hat{\theta}_1)$ 和 $\mathrm{var}_\theta(\hat{\theta}_1)$;

(3) 证明 $\hat{\theta}_1$ 依概率收敛于 θ;

(4) 计算 $E_\theta(\hat{\theta}_2)$ 和 $\mathrm{var}_\theta(\hat{\theta}_2)$;

(5) 证明 $\hat{\theta}_2$ 依概率收敛于 θ;

(6) $\hat{\theta}_1$ 和 $\hat{\theta}_2$ 哪个更有效? 请解释。

8.16 一个 IID 随机样本 $\boldsymbol{X}^n$ 来自均值为 μ,方差为 σ^2 的总体分布。考察 μ 的如下估计量:

$$\hat{\mu}=\frac{2}{n(n+1)}\sum_{i=1}^{n}iX_i$$

(1) 证明 $\hat{\mu}$ 是 μ 的无偏估计量;

(2) 哪个估计量更有效,$\hat{\mu}$ 或 $\bar{X}_n$? 请解释。(提示: $\sum_{i=1}^{n}i=\frac{n(n+1)}{2}$ 且 $\sum_{i=1}^{n}i^2=\frac{n(n+1)(2n+1)}{6}$。)

8.17 假设 $\boldsymbol{X}^n=(X_1,\cdots,X_n)$ 为独立随机样本,且对 $i=1,\cdots,n$,有 $E(X_i)=\alpha i$,$\mathrm{var}(X_i)=\sigma^2$。考察如下一类 α 的估计量

$$\hat{\alpha}=\sum_{i=1}^{n}c_iX_i$$

其中 c_i 为某常数。

(1) 证明 $\hat{\alpha}$ 是 α 的无偏估计量,当且仅当 $\sum_{i=1}^{n}ic_i=1$;

(2) 求 $\hat{\alpha}$ 的最优无偏估计量对应的 c_i 值。

8.18 假设 $\boldsymbol{X}^n$ 是 IID $N(0,\sigma^2)$ 随机样本。定义

$$S_n^2=(n-1)^{-1}\sum_{i=1}^{n}\left(X_i-\bar{X}_n\right)^2$$

其中 $\bar{X}_n=n^{-1}\sum_{i=1}^{n}X_i$，且

$$\hat{\sigma}^2=n^{-1}\sum_{i=1}^{n}X_i^2$$

哪个估计量更有效？给出推理过程。

8.19 假设有 IID 随机样本 $\boldsymbol{X}^{2n}=(X_1,\cdots,X_n,X_{n+1},\cdots,X_{2n})$ 来自正态总体分布 $N(\mu,\sigma^2)$。令 S_1^2，S_2^2 以及 S^2 分别为前一半样本 $(X_1,\cdots,X_n)$、后一半样本 $(X_{n+1},\cdots,X_{2n})$ 以及整个样本 $\boldsymbol{X}^{2n}$ 的样本方差。

(1) 比较 σ^2 的三个估计量 S_1^2，S_2^2 和 S^2 的相对有效性；

(2) 定义 $\bar{S}^2=\frac{1}{2}(S_1^2+S_2^2)$。$\bar{S}^2$ 和 S^2 哪个是 σ^2 的更有效估计量？

8.20 假设 S_1^2,S_2^2 和 S_3^2 分别是基于三个 IID 随机样本 $\{X_1,\cdots,X_{n_1}\}$、$\{Y_1,\cdots,Y_{n_2}\}$ 和 $\{Z_1,\cdots,Z_{n_3}\}$ 的样本方差，这三个随机样本相互独立且来自同一个正态总体分布 $N(\mu,\sigma^2)$。样本容量 n_1，n_2，n_3 给定且可有不同取值。

定义 σ^2 的一类估计量如下

$$S^2=c_1S_1^2+c_2S_2^2+c_3S_3^2$$

其中 c_1，c_2，c_3 是待定常数。

(1) 在什么条件下，S^2 是 σ^2 的无偏估计量？

(2) 在 S^2 一类估计量中，求 σ^2 的最优无偏估计量。给出推理过程。

8.21 假设 $\boldsymbol{X}^n$ 是联合概率分布 PMF/PDF $f_{\boldsymbol{X}^n}(\mathbf{x}^n,\theta)$ 的随机样本，$\hat{\tau}=\hat{\tau}_n(\boldsymbol{X}^n)$ 是参数 $\tau(\theta)$ 的无偏估计量，其中 $f_{\boldsymbol{X}^n}(\mathbf{x}^n,\theta)$ 和 $\tau(\theta)$ 是 θ 的连续可微函数。由无偏性可知

$$\int\left[\hat{\tau}_n(\mathbf{x}^n)-\tau(\theta)\right]f_{\boldsymbol{X}^n}(\mathbf{x}^n,\theta)\,d\mathbf{x}^n=0$$

假设正则条件成立，可交换积分和微分运算顺序。通过对上述积分恒等式求导，得出克拉默-拉奥下界。给出推理过程。此方法可参见 Frieden (2004)。

8.22 假设 $\boldsymbol{X}^n=(X_1,\cdots,X_n)$ 为来自如下分布的 IID 随机样本：$P(X=-1)=\frac{1-\theta}{2}$，$P(X=0)=\frac{1}{2}$，$P(X=1)=\frac{\theta}{2}$。

(1) 求 θ 的 MLE，并验证其是否无偏；

(2) 求 θ 的 MME 估计量；

(3) 计算 θ 无偏估计量的克拉默-拉奥下界。

8.23 令 $X_1,\cdots,X_n$ 为来自如下 PMF 总体分布的 IID 随机样本

$$f(x,\theta)=\begin{cases}\theta, & x=1\\ 1-\theta, & x=0\end{cases}$$

其中 $0<\theta<1$。

(1) 求 θ 的 MLE 估计量 $\hat{\theta}$；

(2) $\hat{\theta}$ 是否为 θ 的最优无偏估计量？

8.24 令 $\theta=(\mu,\sigma^2)$。有如下 PDF 的随机变量 X

$$f(x,\theta)=\frac{1}{\sqrt{2\pi}\sigma x}e^{-\frac{(\ln x-\mu)^2}{2\sigma^2}},\quad 0<x<\infty$$

称为对数正态 $LN(\mu,\sigma^2)$ 随机变量，因其对数服从 $N(\mu,\sigma^2)$，即 $\ln X\sim N(\mu,\sigma^2)$。

假设 $\boldsymbol{X}^n=(X_1,\cdots,X_n)$ 为来自对数正态分布 $LN(0,\sigma^2)$ 总体的 IID 随机样本。有两个关于 σ^2 的估计量：$\hat{\sigma}^2=n^{-1}\sum_{i=1}^n(\ln X_i)^2$ 和 ${S_n}^2=(n-1)^{-1}\sum_{i=1}^n(\ln X_i-\hat{\mu})^2$，其中 $\hat{\mu}=\frac{1}{n}\sum_{i=1}^n\ln X_i$。在 MSE 准则下，哪个估计量更有效？请给出推理过程。

8.25 令 $\theta=(\mu,\sigma^2)$。有如下 PDF 的随机变量 X

$$f(x,\theta)=\frac{1}{\sqrt{2\pi}\sigma x}e^{-\frac{(\ln x-\mu)^2}{2\sigma^2}},\quad 0<x<\infty$$

称为对数正态 $LN(\mu,\sigma^2)$ 随机变量，因其对数服从 $N(\mu,\sigma^2)$，即 $\ln X\sim N(\mu,\sigma^2)$。

假设 $\boldsymbol{X}^n=(X_1,\cdots,X_n)$ 为来自对数正态分布 $LN(\mu,\sigma^2)$ 总体的 IID 随机样本。

(1) 求 (μ,σ^2) 的极大似然估计量 (MLE)；

(2) 用 $\hat{\mu}$ 表示 μ 的 MLE 估计量。$\hat{\mu}$ 是 μ 的最优无偏估计量吗？

8.26 假设 $\boldsymbol{X}^n=(X_1,\cdots,X_n)$ 为来自泊松分布 Poisson(λ) 的 IID 随机样本，其 PMF 为

$$f(x,\theta)=e^{-\lambda}\frac{\lambda^x}{x!},\quad x=0,1,2,\cdots$$

其中参数 λ 未知。

(1) 求 λ 的充分统计量；

(2) 求 λ 的 MLE 估计量；

(3) λ 的 MLE 估计量是其无偏估计量吗？给出推理过程。

8.27 假设 $\boldsymbol{X}^n=(X_1,\cdots,X_n)$ 为来自韦伯分布的独立同分布随机样本，其 PDF 为

$$f(x,\theta)=\begin{cases}\frac{\alpha}{\beta}x^{\alpha-1}\exp\left(-x^{\alpha}/\beta\right), & x>0\\ 0, & x\leqslant 0\end{cases}$$

其中 $\alpha>0$，$\beta>0$。设 α 已知，因此 β 是唯一未知参数。

(1) 求 β 的充分统计量；

(2) 求 β 的极大似然估计量；

(3) 在 (2) 中求得的 MLE 是 β 的无偏统计量吗？

(4) 在 (2) 中求得的 MLE 达到克拉默-拉奥下界吗？

对每一部分解答，都给出推理过程。

8.28 令 $\boldsymbol{X}^{n+1}=(X_1,\cdots,X_{n+1})$ 为 IID Bernoulli(p) 产生的随机样本，定义函数 $h(p)$

$$h(p)=P\left(\sum_{i=1}^{n}X_i>X_{n+1}\right)$$

即 $h(p)$ 是前 n 个观测值之和超过第 $n+1$ 个的概率。

(1) 证明

$$T(\boldsymbol{X}^{n+1})=\begin{cases}1, & \sum_{i=1}^{n}X_i>X_{n+1}\\ 0, & \text{其他}\end{cases}$$

是 $h(p)$ 的无偏估计量；

(2) 求 $h(p)$ 的最优无偏估计量。

8.29 令 X 为来自如下 PMF 的一个观测值

$$f(x,\theta)=\left(\frac{\theta}{2}\right)^{|x|}(1-\theta)^{1-|x|},\quad x=-1,0,1;\ 0\leqslant\theta\leqslant 1$$

(1) 求 θ 的 MLE；

(2) 定义估计量 $T(X)$

$$T(X)=\begin{cases}2, & X=1\\ 0, & \text{其他}\end{cases}$$

证明 $T(X)$ 为 θ 的无偏估计量；

(3) 求较之 $T(X)$ 更好的一个估计量，并证明其更有效。

8.30 假设 $\boldsymbol{X}^n=(X_1,X_2,\cdots,X_n)$ 是样本容量为 n 的随机观测样本。考虑如下模型：

$$X_i=\theta X_{i-1}+\varepsilon_i,\quad i=1,\cdots,n,$$

其中 $\{\varepsilon_i\}_{i=1}^n \sim \text{IID}\ N(0,\sigma_\varepsilon^2), X_0 \sim f_0(x), \theta$ 为未知标量参数，但 X_0 的密度函数 $f_0(x)$ 已知。

在统计学上，所谓的贝叶斯学派提出了一种估计未知参数 θ 的重要方法。第一步假设参数 θ 是随机的并且服从某个先验分布。假设 θ 的先验分布为 $N(0,\sigma_\theta^2)$，其中 σ_ε^2 和 σ_θ^2 均为已知常数。

(1) 推导随机向量 $(\theta, \boldsymbol{X}^n)$ 的联合概率密度函数 $f(\theta,\boldsymbol{x}^n)$，其中 $\boldsymbol{x}^n = (x_1, x_2, \cdots, x_n)$；

(2) 给定样本 $\boldsymbol{X}^n$，推导条件概率密度函数 $f(\theta|\boldsymbol{x}^n)$。该函数被称作后验概率密度；

(3) 贝叶斯估计量 $\hat{\theta} = \hat{\theta}_n(\boldsymbol{X}^n)$ 最小化了如下平均均方误

$$\hat{\theta} = \arg\min_a \int (a-\theta)^2 f(\theta, \boldsymbol{X}^n) d\theta$$

求 θ 的贝叶斯估计量。

在上述每步中，请详细阐述理由。

(提示：可运用乘法运算法则 $P(A \cap B) = P(A|B)P(B)$。)

第九章 假设检验

摘要：假设检验是统计推断的两个重要目的之一。本章将介绍假设检验的基本概念、基本思想和基本理论，并讨论参数假设检验中的三大基本检验方法 —— 沃尔德检验 (Wald test)、拉格朗日乘子检验 (Lagrange multiplier test) 以及似然比检验 (likelihood ratio test)。同时，指出了经济假说和参数假设之间的联系与区别。

关键词：假设检验、水平 (level)、第一类错误、第二类错误、一致最大功效检验、尺度 (size)、功效 (power)、内曼-皮尔逊引理 (Neyman-Pearson lemma)、沃尔德检验、拉格朗日乘子检验、似然比检验

第一节 假设检验导论

前一章介绍了估计总体分布模型 $f(x,\theta)$ 中未知参数 θ 的几种重要方法。给定一个来自总体分布 $f(x,\theta)$ 的随机样本 $\boldsymbol{X}^n$ 的实现值 $\boldsymbol{x}^n$，除估计未知真实参数值 θ 外，可能还希望了解真实参数值 θ 是否属于参数空间 Θ 的某个特定子集 Θ_0。以下先给出一个例子。

例 9.1 [教育回报 (Return to Education)]：令参数 θ 测量当其他因素不变时，增加一年教育时间所带来的时薪率的变化。劳动经济学家感兴趣的是，在控制其他因素的情况下，检验教育收益是否为零，即 θ 是否等于零。

定义 9.1 [假设 (*Hypothesis*)]: *假设是关于总体分布或总体分布某些特征的表述。假设检验问题中有两个互补的假设，称为原假设 (null hypothesis) 和备择假设 (alternative hypothesis)，分别用 $\mathbb{H}_0$ 和 $\mathbb{H}_A$ 表示。原假设是关于总体分布或总体分布中某些特征的陈述，备择假设则是对原假设的否定。*

检验原假设的目的就是基于由总体分布生成的观测数据集 $\boldsymbol{x}^n$，判断两个互补假设哪个为真。假定一个随机样本 $\boldsymbol{X}^n$ 由总体分布 $f(x,\theta)$ 生成，参数 $\theta\in\Theta$ 的真实值未知，Θ 是已知有限维数的参数空间。假设检验中，参数空间 Θ 被划分为两个互斥且完备的子集 Θ_0 和 Θ_A，即 $\Theta_0\cap\Theta_A=\varnothing$ 且 $\Theta_0\cup\Theta_A=\Theta$。所关注的问题是确定参数 θ 的真实值属于这两个子集的哪一个，即基于一个观测数据集 $\boldsymbol{x}^n$，在如下两个假设中二选一

$$\mathbb{H}_0:\theta\in\Theta_0$$

和

$$\mathbb{H}_A : \theta \in \Theta_A$$

第一个假设 $\mathbb{H}_0$ 称为原假设，第二个假设 $\mathbb{H}_A$ 称为备择假设。二者有各自的标记，因为它们在假设检验中是区别对待的。特别地，$\mathbb{H}_0$ 称为“原 (null)”假设，因为其代表的内容通常是“没有效果”或“没有关系”。例如，例 9.1 有 $\mathbb{H}_0 : \theta = 0$ 和 $\mathbb{H}_A : \theta \neq 0$。在现代统计学中，“原假设”可用于描述人们感兴趣的任何假设。

现在考察几个例子。

例 9.2： 令 θ 表示某工业品中次品所占比例。考虑检验 $\mathbb{H}_0 : \theta \leqslant \theta_0$ 和 $\mathbb{H}_A : \theta > \theta_0$，其中 θ_0 为已知常数，是次品的可接受最大比例。原假设指出次品所占比例不超过某一事先设定的不合格临界值。该假设是统计质量控制的基本思想。

例 9.3 [检验规模报酬不变假说 (Testing Constant Return to Scale Hypothesis)]： 生产函数

$$Y = F(L, K)$$

给出了当投入资本 K 和劳动 L 时可获得多少产出 Y。若产出与投入的增幅相同，即对所有常数 $\lambda > 0$，

$$\lambda F(L, K) = F(\lambda L, \lambda K)$$

则生产技术称为规模报酬不变。假设生产函数形式为柯布-道格拉斯函数

$$Y = AK^{\alpha}L^{\beta}$$

其中 A 为常数，$\theta = (\alpha, \beta)$ 为参数向量，则规模报酬不变假说可表达为

$$\mathbb{H}_0 : \alpha + \beta = 1$$

备择假设 $\mathbb{H}_A : \alpha + \beta \neq 1$ 包括两种情况：$\alpha + \beta > 1$ 和 $\alpha + \beta < 1$，分别对应规模报酬递增和规模报酬递减。

假设可划分为两种基本类型 —— 简单假设和复合假设。

定义 9.2 *[简单假设与复合假设 (Simple Hypothesis Versus Composite Hypothesis)]*：当且仅当假设中只有一个总体分布时，该假设称为简单假设。若假设包含了多个总体分布，则称其为复合假设。

对参数分布模型 $f(x, \theta)$，参数 θ 的每一个值对应一个总体分布，θ 的不同参数值对应不同的总体分布。在例 9.1 中，原假设 $\mathbb{H}_0$ 仅包含一个参数值，因此 $\mathbb{H}_0$ 是简单假设。相反，例 9.2 和例 9.3 的原假设包括不止一个参数值，因此是复合假设。

定义 9.3 *[假设检验 (Hypothesis Testing)]*：假设检验是一种统计决策规则，它设定了

- 对什么样本值 $\boldsymbol{x}^n$，决定无法拒绝 $\mathbb{H}_0$ 为真；
- 对什么样本值 $\boldsymbol{x}^n$，决定拒绝 $\mathbb{H}_0$ 而接受 $\mathbb{H}_A$ 为真。

构建假设检验决策规则的关键是确定拒绝或无法拒绝原假设 $\mathbb{H}_0$ 的规则。

定义 9.4 [**临界域或拒绝域** ***(Critical Region or Rejection Region)***]: 随机样本 $\boldsymbol{X}^n$ 的样本空间中那些将拒绝 $\mathbb{H}_0$ 的样本点的集合 $\mathbb{C}$ 称为拒绝域或临界域。拒绝域的补集称为接受域。

假设检验的标准方法是选择一个统计量 $T(\boldsymbol{X}^n)$，并用它将 $\boldsymbol{X}^n$ 的样本空间划分为互斥且完全穷尽的两个区域

$$\mathbb{A}_n(c) = \{\boldsymbol{x}^n : T(\boldsymbol{x}^n) \leqslant c\}$$

和

$$\mathbb{C}_n(c) = \{\boldsymbol{x}^n : T(\boldsymbol{x}^n) > c\}$$

其中 c 是某预先设定的常数。第一个区域 $\mathbb{A}_n(c)$ 是接受域，第二个区域 $\mathbb{C}_n(c)$ 是拒绝域。分界点 c 称为临界值，而 $T(\boldsymbol{X}^n)$ 称为检验统计量。假设检验的一个重要任务是如何确定适当的 c 值。一般而言，为了确定 c 的值，需要知道原假设 $\mathbb{H}_0$ 下检验统计量 $T(\boldsymbol{X}^n)$ 的抽样分布。以下考察一个简单的例子。

例 9.4: 假设 $\boldsymbol{X}^n$ 为 IID $N(\mu, \sigma^2)$ 随机样本，其中 μ 未知，但 σ^2 已知。考虑检验 $\mathbb{H}_0 : \mu = \mu_0$ 和 $\mathbb{H}_A : \mu \neq \mu_0$，其中 μ_0 为已知常数。这里，$\Theta_0 = \{\mu_0\}$ 只包含一个参数值 μ_0，而 Θ_A 包含实数线上所有除 μ_0 以外的参数值。

为检验原假设 $\mathbb{H}_0 : \mu = \mu_0$，考虑如下的检验统计量

$$T(\boldsymbol{X}^n) = \frac{\bar{X}_n - \mu_0}{\sigma/\sqrt{n}}$$

由假设可知，σ 为已知常数。在原假设 $\mathbb{H}_0 : \mu = \mu_0$ 下，有

$$T(\boldsymbol{X}^n) = \frac{\bar{X}_n - \mu_0}{\sigma/\sqrt{n}} \sim N(0,1)$$

在备择假设 $\mathbb{H}_A : \mu \neq \mu_0$ 下，

$$T(\boldsymbol{X}^n) \sim N\left[\frac{\sqrt{n}(\mu - \mu_0)}{\sigma}, 1\right]$$

当 $n \to \infty$ 时，$T(\boldsymbol{X}^n)$ 以概率趋于 1 发散到无穷。因此，若绝对值 $|T(\boldsymbol{X}^n)|$ 很大则接受 $\mathbb{H}_A$，若 $|T(\boldsymbol{X}^n)|$ 不大则无法拒绝 $\mathbb{H}_0$。那么，$|T(\boldsymbol{X}^n)|$ 的值需要多大才能判定为“大”？这取决于 $T(\boldsymbol{X}^n)$ 在原假设 $\mathbb{H}_0$ 下的抽样分布 $N(0,1)$。具体而言，令 $c = z_{\alpha/2}$，

其中 $z_{\alpha/2}$ 是 $N(0,1)$ 在 $\frac{\alpha}{2} \in (0, \frac{1}{2})$ 显著水平上的右侧临界值，即 $P(Z > z_{\alpha/2}) = \frac{\alpha}{2}$，这里 $Z \sim N(0,1)$。定义接受域和拒绝域如下

$$\mathbb{A}_n(c) = \left\{ \boldsymbol{x}^n : \left| \frac{\bar{x}_n - \mu_0}{\sigma/\sqrt{n}} \right| \leqslant z_{\frac{\alpha}{2}} \right\}$$

$$\mathbb{C}_n(c) = \left\{ \boldsymbol{x}^n : \left| \frac{\bar{x}_n - \mu_0}{\sigma/\sqrt{n}} \right| > z_{\frac{\alpha}{2}} \right\}$$

从而得到如下决策规则：

- 在显著水平 α 上无法拒绝 $\mathbb{H}_0 : \mu = \mu_0$，若

$$\boldsymbol{x}^n \in \mathbb{A}_n(c)$$

- 在显著水平 α 上拒绝 $\mathbb{H}_0 : \mu = \mu_0$，若

$$\boldsymbol{x}^n \in \mathbb{C}_n(c)$$

图 9.1 绘制了基于正态检验统计量 $T(\boldsymbol{X}^n)$ 的拒绝域和接受域。

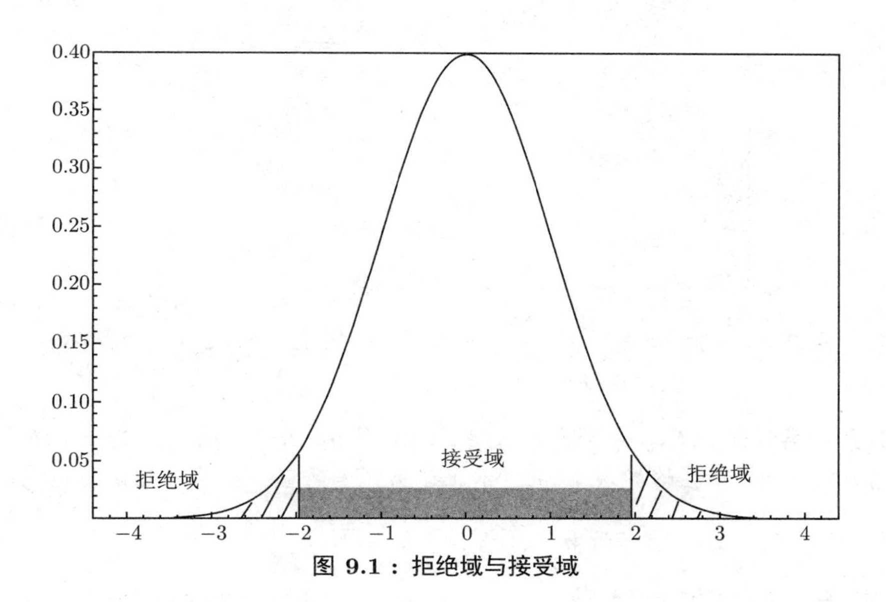

图 9.1：拒绝域与接受域

显著水平 α 是上述决策规则错误地拒绝正确原假设的概率。这类错误称为第一类错误 (type I error)，对任意有限样本容量 n，这类错误不可避免。这是因为检验统计量 $T(\boldsymbol{X}^n)$ 在原假设下服从 $N(0,1)$ 分布，其支撑为无限，故仍存在小概率取一个较大值。

当随机样本 $\boldsymbol{X}^n$ 为非正态分布或检验统计量 $T(\boldsymbol{X}^n)$ 是 $\boldsymbol{X}^n$ 的非线性函数时，对有限样本容量 n，$T(\boldsymbol{X}^n)$ 的抽样分布通常未知或计算繁冗。本章将应用渐进理论求 c 的渐

进临界值，这是一种近似但方便的统计检验规则。当然，也有其他选择 c 的方法，如自动抽样 (bootstrap) 法，可较为精确近似 $T(\boldsymbol{X}^n)$ 的有限样本分布，但其计算量较大 (参见 Hall, 1992)。

现在介绍假设检验的功效函数，也称势函数。

定义 9.5 [检验功效 (Power of Test)]: 若 $\mathbb{C}$ 是检验原假设 $\mathbb{H}_0: \theta \in \Theta_0$ 的拒绝域，则函数 $\pi(\theta) = P_\theta(\boldsymbol{X}^n \in \mathbb{C})$ 称为拒绝原假设 $\mathbb{H}$ 的检验功效，其中 $P_\theta(\cdot)$ 是当随机样本 $\boldsymbol{X}^n$ 服从分布 $f_{\boldsymbol{X}^n}(\boldsymbol{x}^n, \theta)$ 时的概率测度。

检验功效函数 $\pi(\theta)$ 是拒绝 $\mathbb{H}_0$ 的概率。在例 9.4 中，正态检验统计量 $T(\mathbf{X}^n) = \sqrt{n}(\bar{X}_n - \mu_0)/\sigma$ 的功效为

$$\pi(\mu) = P\left(\left|\frac{\bar{X}_n - \mu_0}{\sigma/\sqrt{n}}\right| > z_{\alpha/2}\right)$$

当 $\alpha = 0.05$ 与 $\alpha = 0.10$ 时，检验功效函数如图 9.2 所示。

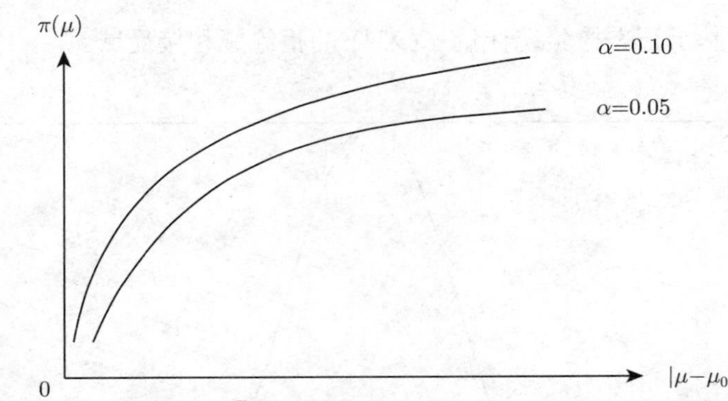

图 9.2：检验统计量 $\dfrac{\bar{X}_n - \mu_0}{\sigma/\sqrt{n}}$ 在 10% 和 5% 显著水平上的功效函数

定义 9.6 [第一类错误和第二类错误 (Type I and Type II Errors)]: 若 $\mathbb{H}_0: \theta \in \Theta_0$ 成立，但观测数据 $\boldsymbol{x}^n$ 落在临界域 $\mathbb{C}$ 中，则犯了第一类错误。犯第一类错误的概率为

$$\alpha(\theta) \equiv P_\theta(\boldsymbol{X}^n \in \mathbb{C} | \mathbb{H}_0)$$

若 $\mathbb{H}_A: \theta \in \Theta_0^c$ 成立但观测数据 $\boldsymbol{x}^n$ 落在接受域 $\mathbb{A}$ 内，则犯了第二类错误。犯第二类错误的概率为

$$\begin{aligned}\beta(\theta) &\equiv P_\theta(\boldsymbol{X}^n \in \mathbb{A} \mid \mathbb{H}_A) \\ &= 1 - P_\theta(\boldsymbol{X}^n \in \mathbb{C} \mid \mathbb{H}_A)\end{aligned}$$

在 $\mathbb{H}_0: \theta \in \Theta_0$ 下，功效函数 $\pi(\theta)$ 是犯第一类错误的概率，即错误拒绝正确原假设的概率。第一类错误无法避免，因为在原假设 $\mathbb{H}_0$ 下，检验统计量 $T(\boldsymbol{X}^n)$ 仍有一定概

率 (尽管较小) 取较大值。比如，例 9.4 中的正态检验统计量 $T(\boldsymbol{X}^n)=\sqrt{n}(\bar{X}_n-\mu_0)/\sigma$，在 $\mathbb{H}_0$ 下服从 $N(0,1)$ 分布，因此有很小但非零概率取一个较大值。在备择假设 $\mathbb{H}_A:\theta\in\Theta_0^c$ 下，功效函数 $\pi(\theta)$ 是拒绝错误原假设的概率，其值等于 $1-\beta(\theta)$，其中 $\beta(\theta)$ 是犯第二类错误的概率，即无法拒绝错误原假设的概率。有多种原因可能导致第二类错误。例如，样本容量 n 较小使得检验统计量 $T(\boldsymbol{X}^n)$ 以非零概率取较小值。若 $P[T(\boldsymbol{X}^n)>c\mid\mathbb{H}_A]>P[T(\boldsymbol{X}^n)>c|\,\mathbb{H}_0]$，则检验为无偏。即当 $\mathbb{H}_0$ 为假时，拒绝原假设 $\mathbb{H}_0$ 的概率严格大于当其为真时被拒绝的概率。

理想情况下，当然希望对所有 $\theta\in\Theta_0$ 统计检验的功效函数 $\pi(\theta)$ 均等于 0，而对所有 $\theta\in\Theta_A$，则功效函数均等于 1。然而，对任何统计检验，给定任意样本容量 n，都存在第一类错误和第二类错误之间的权衡取舍。对任意给定的 n，若临界域 $\mathbb{C}$ 变小，则犯第一类错误的概率将减小，但犯第二类错误的概率上升。反之，若临界域 $\mathbb{C}$ 增大，则第二类错误 $\beta(\theta)$ 减少，但第一类错误 $\alpha(\theta)$ 增加。给定一个检验，唯一可同时减少两类错误的办法是增加样本容量 n。

通常，假设检验是通过犯错误的概率进行评价与比较。因为上述两类错误的概率在许多情况下存在负相关，故假设检验的通常方法是对 Θ_0 中的所有 θ，以某个值 $\alpha\in(0,1)$ 限定第一类错误的概率，同时寻找一个检验使得对 Θ_A 中的所有 θ，该检验犯第二类错误的概率最小。具体而言，需要找一个对所有 $\theta\in\Theta_0$，满足 $P[T(\boldsymbol{X}^n)>c|\,\mathbb{H}_0]\leqslant\alpha$ 的检验统计量 $T(\boldsymbol{X}^n)$，且对所有 $\theta\in\Theta_A$，满足 $P[T(\boldsymbol{X}^n)>c\mid\mathbb{H}_A]\geqslant P[G(\boldsymbol{X}^n)>c\mid\mathbb{H}_A]$，这里 $G(\boldsymbol{X}^n)$ 为其他任意检验统计量。换言之，需要找一个有最大功效的检验统计量 $T(\boldsymbol{X}^n)$，同时其第一类错误可控。具有这些性质的检验 $T(\boldsymbol{X}^n)$ 称为一致最大功效检验，所谓“一致”是指该检验对所有 $\theta\in\Theta_A$ 均有最大功效。

以下给出正式定义。

定义 9.7 *[一致最大功效检验 (Uniformly Most Powerful Test)]*: 令 $\mathbb{T}$ 为一族关于 $\mathbb{H}_0:\theta\in\Theta_0$ 和 $\mathbb{H}_A:\theta\in\Theta_A$ 的检验集合，且 $\pi(\theta)$ 为某一检验 $T(\boldsymbol{X}^n)\in\mathbb{T}$ 的功效函数。若对所有 $\theta\in\Theta_A$，$\pi(\theta)\geqslant\tilde{\pi}(\theta)$，其中 $\tilde{\pi}(\theta)$ 是 $\mathbb{T}$ 集合中任意其他检验 $G(\boldsymbol{X}^n)$ 的功效函数。则检验 $T(\boldsymbol{X}^n)$ 称为 $\mathbb{T}$ 中的一致最大功效检验。

假设对检验统计量 $T(\boldsymbol{X}^n)$，有 $P[T(\boldsymbol{X}^n)>c\mid\mathbb{H}_0]\leqslant\alpha$。则 α 的值是检验统计量 $T(\boldsymbol{X}^n)$ 犯第一类错误的最大值，称为检验水平 (level)。若 $T(\boldsymbol{X}^n)$ 的水平为 α 且 $P[T(\boldsymbol{X}^n)>c|\mathbb{H}_0]=\alpha$，则该检验称为尺度 (size) 为 α 的检验。显然，一族水平为 α 的统计检验包含了尺度为 α 的检验。

尺度为 α 的检验精确地给出了犯第一类错误的概率。通常，用 $\mathbb{T}$ 表示一族具有相同显著性水平或相同尺度 α 的检验。但在一些复杂的检验情形中，可能计算上会比较困难，甚至无法构造尺度为 α 的假设。此时一般使用水平为 α 的检验，例如邦费罗尼 (Bonferroni) 校正法。假设基于同一个数据集对原假设 $\mathbb{H}_0$ 进行多种方法的假设检验，即对原假设 $\mathbb{H}_0$ 进行 k 个单独的检验。由于这 k 个检验一般并非相互独立，因此在实际中比较难以得到尺寸为 α 的综合检验。但邦费罗尼校正法可有效地控制第一类错误的水平，其描述如下：假设对每个 $i \in \{1, \cdots, k\}$，$T_i(\boldsymbol{X}^n)$ 是 $\mathbb{H}_0$ 的水平为 α/k 的一个检验，即

$$P[T_i(\boldsymbol{X}^n) > c_i | \mathbb{H}_0] \leqslant \frac{\alpha}{k}, \quad i = 1, \cdots, k$$

其中 c_i 为 $T_i(\boldsymbol{X}^n)$ 的临界值。则最大检验统计量

$$T(\boldsymbol{X}^n) = \max_{1 \leqslant i \leqslant k} T_i(\boldsymbol{X}^n)$$

是水平为 α 的检验，因为若令 $c = \max\limits_{1 \leqslant i \leqslant k} c_i$，则有

$$\begin{aligned} P[T(\boldsymbol{X}^n) > c \mid \mathbb{H}_0] &= P\left[\max_{1 \leqslant i \leqslant k} T_i(\boldsymbol{X}^n) > c \,\middle|\, \mathbb{H}_0\right] \\ &= P\left[\bigcup_{i=1}^{k} \{T_i(\boldsymbol{X}^n) > c\} \mid \mathbb{H}_0\right] \\ &\leqslant \sum_{i=1}^{k} P[T_i(\boldsymbol{X}^n) > c_i \mid \mathbb{H}_0] = \alpha \end{aligned}$$

其中不等式由第二章中布尔不等式 (Boole's inequality) 推得。该方法在统计学和计量经济学中有广泛应用，参见 Lee *et al.*(1993)，Hong & White (1995) 或 Campbell & Yogo (2006)。

实际应用中，通常事先设定某一检验水平，如设定 $\alpha = 0.01, 0.05, 0.10$。确定了检验水平，也就控制了第一类错误发生的概率。

上述所有假设均是统计假设，即对总体分布模型中未知参数的假设或限制。在计量经济学中，经济学家通常关注经济假说。为检验经济假说，需要将经济假说转化为一个统计假设，然后用经济观测数据对统计假设进行检验。在经济假说转化为统计假设的过程中往往需要加入一些辅助假设。这使得原始的经济假说和最终检验的统计假设之间存在一定差异。这一差异在对统计假设检验的实证结论进行经济解释时可能会引起一些问题。现在通过检验有效市场假说这一例子说明这一点。

例 9.5 [检验有效市场假说 (Testing Efficient Market Hypothesis, EMH)]： 假设 R_t 是某投资组合在第 t 期的收益率，$I_{t-1} = (R_{t-1}, R_{t-2}, \cdots)$ 为第 $t-1$ 期包含的所有历史收益率的信息集。若

$$E(R_t | I_{t-1}) = E(R_t)$$

则称资产市场为信息弱式有效 (informationally weakly efficient)，即资产收益率的历史信息不能预测未来的资产收益率。

为检验这一经济假说，可考虑如下线性自回归模型

$$R_t = \alpha + \sum_{j=1}^{k} \beta_j R_{t-j} + \varepsilon_t$$

其中 ε_t 是随机扰动项。在有效市场假说下，有

$$\mathbb{H}_0 : \beta_1 = \beta_2 = \cdots = \beta_k = 0$$

任何斜率系数 β_j，$j \in \{1, \cdots, k\}$ 不等于零都是拒绝 EMH 的证据。

但是，若无法拒绝统计假设 $\mathbb{H}_0$，这并不意味着原始的经济假说 —— 有效市场假说成立，因为线性自回归模型仅是多种检验资产收益率的历史信息对未来资产收益率是否有预测能力的方法之一。例如，历史信息的预测性可能以非线性的形式出现。因此，有效市场假说和统计假设 $\mathbb{H}_0$ 之间存在一定差距。正因为这一差距的存在，若无法拒绝 $\mathbb{H}_0$，只能称未发现推翻有效市场假说的证据，而无法得出有效市场假说成立的结论。

经济假设与统计假设不符的原因是数据证据和模型证据之间可能存在差异。统计模型可能无法刻画数据包含的所有重要信息，比如，线性自回归模型可能缺失资产回报率中可预测的非线性元素。

第二节 内曼-皮尔逊引理

现在讨论当 $\mathbb{H}_0$ 和 $\mathbb{H}_A$ 均为简单假设时的一致最大功效检验，即著名的内曼-皮尔逊引理 (Neyman-Pearson lemma)。该引理的基本思想是：似然比检验 (likelihood ratio test) 是一致最大功效检验。所谓的似然比检验是分别基于原假设 $\mathbb{H}_0$ 和备择假设 $\mathbb{H}_A$ 下的观测值 $\boldsymbol{x}^n$ 的似然比。若假设 $\mathbb{H}_A$ 下观测值 $\boldsymbol{x}^n$ 的概率显著大于其在假设 $\mathbb{H}_0$ 下的概率，则拒绝原假设 $\mathbb{H}_0$。若假设 $\mathbb{H}_A$ 下观测值 $\boldsymbol{x}^n$ 的概率没有显著大于其在假设 $\mathbb{H}_0$ 下的概率，则无法拒绝原假设 $\mathbb{H}_0$。至于多大的似然比才具有显著性，这取决于预设显著性水平的临界值。

定理 9.1 *[内曼-皮尔逊引理 (Neyman-Pearson Lemma)]*: 考虑检验一个简单的原假设 $\mathbb{H}_0 : \theta = \theta_0$ 和一个简单的备择假设 $\mathbb{H}_A : \theta = \theta_1$，其中对应于 θ_i $(i = 0, 1)$ 的随机样本 $\boldsymbol{X}^n$ 的 PMF/PDF 为 $f_{\boldsymbol{X}^n}(\boldsymbol{x}^n, \theta_i)$。给定某个常数 $c \geqslant 0$，定义一个检验的拒绝域 $\mathbb{C}_n(c)$ 和接受域 $\mathbb{A}_n(c)$ 分别为

(a)

$$\mathbb{C}_n(c) = \left\{ \boldsymbol{x}^n : \frac{f_{\boldsymbol{X}^n}(\boldsymbol{x}^n, \theta_1)}{f_{\boldsymbol{X}^n}(\boldsymbol{x}^n, \theta_0)} > c \right\}$$

和

$$\mathbb{A}_n(c) = \left\{ \boldsymbol{x}^n : \frac{f_{\boldsymbol{X}^n}(\boldsymbol{x}^n, \theta_1)}{f_{\boldsymbol{X}^n}(\boldsymbol{x}^n, \theta_0)} \leqslant c \right\}$$

且

(b)

$$P[\boldsymbol{X}^n \in \mathbb{C}_n(c) | \mathbb{H}_0] = \alpha$$

则

(1) [充分性] 满足上述条件 (a) 和 (b) 的任意检验是水平为 α 的一致最大功效检验;

(2) [必要性] 若存在一个检验，当 $c>0$ 时满足上述条件，则每个水平为 α 的一致最大功效检验均为尺度 α 的检验，即满足条件 (b)；且每个水平为 α 的一致最大功效检验都满足上述条件 (a)，除了可能一个有 $P(\boldsymbol{X}^n\in\mathbb{A}|\mathbb{H}_0)=P(\boldsymbol{X}^n\in\mathbb{A}|\mathbb{H}_A)=0$ 的零概率集合 $\mathbb{A}$ 之外。

证明：注意到第一类错误的概率

$$\begin{aligned}P[\boldsymbol{X}^n\in\mathbb{C}_n(c)|\mathbb{H}_0]&=E\{\mathbf{1}[\boldsymbol{X}^n\in\mathbb{C}_n(c)]|\mathbb{H}_0\}\\&=\int_{\mathbb{R}^n}\mathbf{1}[\boldsymbol{x}^n\in\mathbb{C}_n(c)]f(\boldsymbol{x}^n,\theta_0)d\boldsymbol{x}^n\end{aligned}$$

其中 $\mathbf{1}(\cdot)$ 是指示函数，若其内部的条件成立则取值 1，否则取值 0。

(1) 首先证明，一个满足条件 (a) 和 (b) 的检验 (比如 $T(\boldsymbol{X}^n)$) 具有一致最大功效。假设有另一检验 (比如 $T_1(\boldsymbol{X}^n)$) 满足 $E\{\mathbf{1}[\boldsymbol{X}^n\in\mathbb{C}_{1n}]|\mathbb{H}_0\}\leqslant\alpha$ (注意，$T_1(\boldsymbol{X}^n)$ 不一定是似然比检验)。以下将证明 $T(\boldsymbol{X}^n)$ 较 $T_1(\boldsymbol{X}^n)$ 的功效更大。若 $\mathbf{1}[\boldsymbol{x}^n\in\mathbb{C}_n(c)]>\mathbf{1}[\boldsymbol{x}^n\in\mathbb{C}_{1n}]$，则样本点 $\boldsymbol{x}^n$ 处于检验 $T(\boldsymbol{X}^n)$ 的拒绝域 $\mathbb{C}_n(c)$ 内，因而有 $f_{\boldsymbol{X}^n}(\boldsymbol{x}^n,\theta_1)>cf_{\boldsymbol{X}^n}(\boldsymbol{x}^n,\theta_0)$；反之，若 $\mathbf{1}[\boldsymbol{x}^n\in\mathbb{C}_n(c)]<\mathbf{1}[\boldsymbol{x}^n\in\mathbb{C}_{1n}]$，则样本点 $\boldsymbol{x}^n$ 处于检验 $T(\boldsymbol{X}^n)$ 的接受域 $\mathbb{A}_n(c)$ 中，因而有 $f_{\boldsymbol{X}^n}(\boldsymbol{x}^n,\theta_1)\leqslant cf_{\boldsymbol{X}^n}(\boldsymbol{x}^n,\theta_0)$。上述任何一种情况发生，都有

$$\{\mathbf{1}[\boldsymbol{x}^n\in\mathbb{C}_n(c)]-\mathbf{1}[\boldsymbol{x}^n\in\mathbb{C}_{1n}]\}[f_{\boldsymbol{X}^n}(\boldsymbol{x}^n,\theta_1)-cf_{\boldsymbol{X}^n}(\boldsymbol{x}^n,\theta_0)]\geqslant 0$$

故

$$\int_{\mathbb{R}^n}\{\mathbf{1}[\boldsymbol{x}^n\in\mathbb{C}_n(c)]-\mathbf{1}[\boldsymbol{x}^n\in\mathbb{C}_{1n}]\}[f_{\boldsymbol{X}^n}(\boldsymbol{x}^n,\theta_1)-cf_{\boldsymbol{X}^n}(\boldsymbol{x}^n,\theta_0)]d\boldsymbol{x}^n\geqslant 0$$

由此可推

$$\begin{aligned}&\int_{\mathbb{R}^n}\{\mathbf{1}[\boldsymbol{x}^n\in\mathbb{C}_n(c)]-\mathbf{1}[\boldsymbol{x}^n\in\mathbb{C}_{1n}]\}f_{\boldsymbol{X}^n}(\boldsymbol{x}^n,\theta_1)d\boldsymbol{x}^n\\ \geqslant\ & c\int_{\mathbb{R}^n}\{\mathbf{1}[\boldsymbol{x}^n\in\mathbb{C}_n(c)]-\mathbf{1}[\boldsymbol{x}^n\in\mathbb{C}_{1n}]\}f_{\boldsymbol{X}^n}(\boldsymbol{x}^n,\theta_0)d\boldsymbol{x}^n\end{aligned}$$

因$\int_{\mathbb{R}^n}\mathbf{1}[\boldsymbol{x}^n\in\mathbb{C}_{1n}]f_{\boldsymbol{X}^n}(\boldsymbol{x}^n,\theta_0)d\boldsymbol{x}^n\leqslant\alpha$, $\int_{\mathbb{R}^n}\mathbf{1}[\boldsymbol{x}^n\in\mathbb{C}_n(c)]f_{\boldsymbol{X}^n}(\boldsymbol{x}^n,\theta_0)d\boldsymbol{x}^n=\alpha$, 且 $c\geqslant 0$，得

$$c\int_{\mathbb{R}^n}\{\mathbf{1}[\boldsymbol{x}^n\in\mathbb{C}_n(c)]-\mathbf{1}[\boldsymbol{x}^n\in\mathbb{C}_{1n}]\}f_{\boldsymbol{X}^n}(\boldsymbol{x}^n,\theta_0)d\boldsymbol{x}^n\geqslant 0$$

从而

$$\int_{\mathbb{R}^n}\{\mathbf{1}[\boldsymbol{x}^n\in\mathbb{C}_n(c)]-\mathbf{1}[\boldsymbol{x}^n\in\mathbb{C}_{1n}]\}f_{\boldsymbol{X}^n}(\boldsymbol{x}^n,\theta_1)d\boldsymbol{x}^n\geqslant 0$$

因此

$$P[\boldsymbol{X}^n \in \mathbb{C}_n(c)|\mathbb{H}_A] \geqslant P(\boldsymbol{X}^n \in \mathbb{C}_{1n}|\mathbb{H}_A)$$

即在 $\mathbb{H}_A$ 下，检验 $T(\boldsymbol{X}^n)$ 较 $T_1(\boldsymbol{X}^n)$ 的功效更大。

(2) 假设 $T(\boldsymbol{X}^n)$ 是满足条件 (a)、(b) 以及 $c>0$ 的一个检验。

(i) 首先证明，任何水平为 α 的一致最大功效检验 (记作 $T_2(\boldsymbol{X}^n)$) 是尺度为 α 的检验，即满足条件 (b)。假设 $T_2(\boldsymbol{X}^n)$ 不是尺度为 α 的检验，则 $\int_{\mathbb{R}^n} \mathbf{1}[\boldsymbol{x}^n \in \mathbb{C}_{2n}] f_{\boldsymbol{X}^n}(\boldsymbol{x}^n, \theta_0) d\boldsymbol{x}^n < \alpha$。因为给定的检验 $T(\boldsymbol{X}^n)$ 满足条件 (b) 的假设，故有 $\int_{\mathbb{R}^n} \mathbf{1}[\boldsymbol{x}^n \in \mathbb{C}_n(c)] f_{\boldsymbol{X}^n}(\boldsymbol{x}^n, \theta_0) d\boldsymbol{x}^n = \alpha$。则

$$\int_{\mathbb{R}^n} \{\mathbf{1}[\boldsymbol{x}^n \in \mathbb{C}_n(c)] - \mathbf{1}[\boldsymbol{x}^n \in \mathbb{C}_{2n}]\} f_{\boldsymbol{X}^n}(\boldsymbol{x}^n, \theta_0) d\boldsymbol{x}^n > 0$$

注意，如果 $\mathbf{1}[\boldsymbol{x}^n \in \mathbb{C}_n(c)] - \mathbf{1}[\boldsymbol{x}^n \in \mathbb{C}_{2n}] > 0$，则样本点 $\boldsymbol{x}^n$ 处于检验 $T(\boldsymbol{X}^n)$ 的拒绝域 $\mathbb{C}_n(c)$ 中，并有 $f_{\boldsymbol{X}^n}(\boldsymbol{x}^n, \theta_1) > c f_{\boldsymbol{X}^n}(\boldsymbol{x}^n, \theta_0)$；如果 $\mathbf{1}[\boldsymbol{x}^n \in \mathbb{C}_n(c)] - \mathbf{1}[\boldsymbol{x}^n \in \mathbb{C}_{2n}] < 0$，则 $\boldsymbol{x}^n$ 处于检验 $T(\boldsymbol{X}^n)$ 的接受域 $\mathbb{A}_n(c)$ 中，并有 $f_{\boldsymbol{X}^n}(\boldsymbol{x}^n, \theta_1) \leqslant c f_{\boldsymbol{X}^n}(\boldsymbol{x}^n, \theta_0)$。因此

$$\int_{\mathbb{R}^n} \{\mathbf{1}[\boldsymbol{x}^n \in \mathbb{C}_n(c)] - \mathbf{1}[\boldsymbol{x}^n \in \mathbb{C}_{2n}]\} [f_{\boldsymbol{X}^n}(\boldsymbol{x}^n, \theta_1) - c f_{\boldsymbol{X}^n}(\boldsymbol{x}^n, \theta_0)] \, d\boldsymbol{x}^n \geqslant 0$$

给定 $c>0$，进一步可得

$$\begin{aligned}
&\int_{\mathbb{R}^n} \{\mathbf{1}[\boldsymbol{x}^n \in \mathbb{C}_n(c)] - \mathbf{1}[\boldsymbol{x}^n \in \mathbb{C}_{2n}]\} f_{\boldsymbol{X}^n}(\boldsymbol{x}^n, \theta_1) d\boldsymbol{x}^n \\
\geqslant\ & c \int_{\mathbb{R}^n} \{\mathbf{1}[\boldsymbol{x}^n \in \mathbb{C}_n(c)] - \mathbf{1}[\boldsymbol{x}^n \in \mathbb{C}_{2n}]\} f_{\boldsymbol{X}^n}(\boldsymbol{x}^n, \theta_0) d\boldsymbol{x}^n \\
>\ & 0
\end{aligned}$$

这表明 $P[\boldsymbol{X}^n \in \mathbb{C}_n(c)|\mathbb{H}_A] > P(\boldsymbol{X}^n \in \mathbb{C}_{2n}|\mathbb{H}_A)$，即检验 $T_2(\boldsymbol{X}^n)$ 并非一致最大功效检验，假设与结论矛盾。因此，$T_2(\boldsymbol{X}^n)$ 必满足条件 (b)。

(ii) 现在证明，除了满足 $P(\boldsymbol{X}^n \in \mathbb{A}|\mathbb{H}_0) = P(\boldsymbol{X}^n \in \mathbb{A}|\mathbb{H}_A) = 0$ 所构成的零概率的集合 $\mathbb{A}$ 外，任一水平为 α 的一致最大功效检验必满足条件 (a) 与 (b)。假设 $T^*(\boldsymbol{X}^n)$ 是任意一个水平为 α 的一致最大功效检验，其拒绝域为 $\mathbb{C}_n^*$。因为任一水平为 α 的最大功效检验均是尺度为 α 的检验，故有

$$\int_{\mathbb{R}^n} \mathbf{1}[\boldsymbol{x}^n \in \mathbb{C}_n^*] f_{\boldsymbol{X}^n}(\boldsymbol{x}^n, \theta_0) d\boldsymbol{x}^n = \alpha = \int_{\mathbb{R}^n} \mathbf{1}[\boldsymbol{x}^n \in \mathbb{C}_n(c)] f_{\boldsymbol{X}^n}(\boldsymbol{x}^n, \theta_0) d\boldsymbol{x}^n$$

同样，因为 $T(\boldsymbol{X}^n)$ 和 $T^*(\boldsymbol{X}^n)$ 均为最大功效检验，故二者在 $\mathbb{H}_A$ 下功效相等：

$$\int_{\mathbb{R}^n} \{\mathbf{1}[\boldsymbol{x}^n \in \mathbb{C}_n(c)] - \mathbf{1}[\boldsymbol{x}^n \in \mathbb{C}_n^*]\} f_{\boldsymbol{X}^n}(\boldsymbol{x}^n, \theta_1) d\boldsymbol{x}^n = 0$$

因此

$$\int_{\mathbb{R}^n} \{\mathbf{1}[\boldsymbol{x}^n \in \mathbb{C}_n(c)] - \mathbf{1}[\boldsymbol{x}^n \in \mathbb{C}_n^*]\} [f_{\boldsymbol{X}^n}(\boldsymbol{x}^n, \theta_1) - c f_{\boldsymbol{X}^n}(\boldsymbol{x}^n, \theta_0)]\, d\boldsymbol{x}^n = 0$$

同理，若 $\mathbf{1}[\boldsymbol{x}^n \in \mathbb{C}_n(c)] - \mathbf{1}[\boldsymbol{x}^n \in \mathbb{C}_n^*] > 0$，则 $\boldsymbol{x}^n$ 必处于检验 $T(\boldsymbol{X}^n)$ 的拒绝域 $\mathbb{C}_n(c)$ 中，因而有 $f_{\boldsymbol{X}^n}(\boldsymbol{x}^n, \theta_1) - c f_{\boldsymbol{X}^n}(\boldsymbol{x}^n, \theta_0) > 0$；反之，若 $\mathbf{1}[\boldsymbol{x}^n \in \mathbb{C}_n(c)] - \mathbf{1}[\boldsymbol{x}^n \in \mathbb{C}_n^*] < 0$，因而 $\boldsymbol{x}^n$ 必处于检验 $T(\boldsymbol{X}^n)$ 的接受域 $\mathbb{A}_n(c)$ 中，并有 $f_{\boldsymbol{X}^n}(\boldsymbol{x}^n, \theta_1) - c f_{\boldsymbol{X}^n}(\boldsymbol{x}^n, \theta_0) \leqslant 0$。在这两种情形下，均有乘积 $\{\mathbf{1}[\boldsymbol{x}^n \in \mathbb{C}_n(c)] - \mathbf{1}[\boldsymbol{x}^n \in \mathbb{C}_n^*(c)]\} [f_{\boldsymbol{X}^n}(\boldsymbol{x}^n, \theta_1) - c f_{\boldsymbol{X}^n}(\boldsymbol{x}^n, \theta_0)] \geqslant 0$。由于该非负的乘积的积分为 0，故除了一个零概率集合 $\mathbb{A}$ 外，对于 $\boldsymbol{X}^n$ 的样本空间上的所有样本点 $\boldsymbol{x}^n$，必有 $\mathbf{1}[\boldsymbol{x}^n \in \mathbb{C}_n(c)] - \mathbf{1}[\boldsymbol{x}^n \in \mathbb{C}_n^*] = 0$。因此，除了一个零概率集合 $\mathbb{A}$ 外，$\mathbb{C}_n^*$ 和 $\mathbb{C}_n(c)$ 是等价的，即 $T^*(\boldsymbol{X}^n)$ 满足条件 (a)。证毕。 ■

对于给定尺度 $\alpha \in (0,1)$，常数 c 取决于等式 $P[\boldsymbol{X}^n \in C_n(c) \mid \mathbb{H}_0] = \alpha$。这常数称为似然比检验 $f_{\boldsymbol{X}^n}(\boldsymbol{x}^n, \theta_1) / f_{\boldsymbol{X}^n}(\boldsymbol{x}^n, \theta_0)$ 在显著性水平 α 上的临界值。

内曼-皮尔逊引理提供了当原假设和备择假设均为简单假设时求一致最大功效检验的方法，即基于似然比的检验都为一致最大功效检验。但是当假设为复合假设时，即假设中包含不止一个参数值时，该引理不一定不成立。参见 Hong & Lee (2013)。

尽管内曼-皮尔逊引理偏于技术性，但我们可以提供一些直观例子。首先，分别计算原假设和备择假设下观测数据 $\boldsymbol{x}^n$ 发生的概率。若观测数据 $\boldsymbol{x}^n$ 在备择假设下发生的概率远大于其在原假设下发生的概率，则数据 $\boldsymbol{x}^n$ 处于拒绝域中；反之，数据 $\boldsymbol{x}^n$ 处于接受域中。图 9.3 体现了这种基本思想。根据内曼-皮尔逊引理，似然比检验事实上是最大功效检验 —— 不存在比同一尺度的似然比检验功效更大的拒绝域。

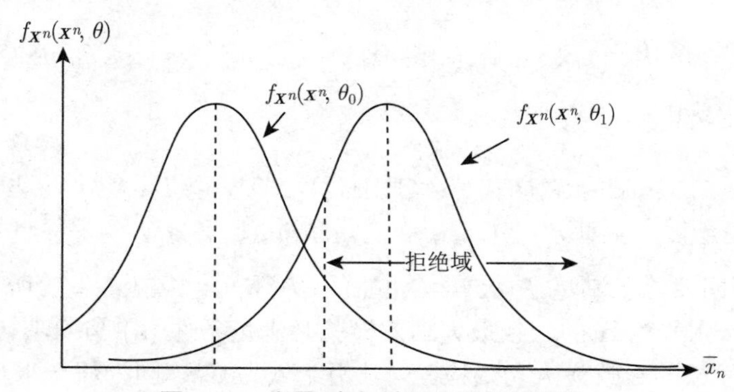

图 9.3：内曼-皮尔逊引理的几何表示

对内曼-皮尔逊引理稍做改动后，可以应用在一个看似不相关的经济学研究领域 —— 土地价值。消费者理论的一个主要部分是计算给定价格下消费者的需求函数。给定异质地产、土地价值尺度与土地效用尺度，消费者就能估计出自己可以买的最好地段。这种经济学的最大化问题与寻找最大功效统计检验问题十分相似，因此内曼-皮尔逊引理在此适用。更多讨论，参见 Berliant (1984)。

以下推论将内曼-皮尔逊引理和参数 θ 的充分统计量联系起来。

推论 9.1 [似然比检验和充分统计量 (*Likelihood Ratio Test and Sufficient Statis-*

tics)]：假设 $T(\boldsymbol{X}^n)$ 是 θ 的充分统计量，$g(t,\theta_i)$ 是对应 θ_i $(i=0,1)$ 时 $T(\boldsymbol{X}^n)$ 的 PMF/PDF。若给定 $c \geqslant 0$，定义一个检验的拒绝域和接受域分别为

$$\mathbb{C}_n(c) = \left\{ t : \frac{g(t,\theta_1)}{g(t,\theta_0)} > c \right\}$$

和

$$\mathbb{A}_n(c) = \left\{ t : \frac{g(t,\theta_1)}{g(t,\theta_0)} \leqslant c \right\}$$

其中 $P\left[T(\boldsymbol{X}^n) \in \mathbb{C}_n(c)|\mathbb{H}_0\right] = \alpha$。则任何基于充分统计量 $T(\boldsymbol{X}^n)$ 的拒绝域为 $\mathbb{C}_n(c)$ 的检验都是关于 $\mathbb{H}_0 : \theta = \theta_0$ 和 $\mathbb{H}_A : \theta = \theta_1$ 的水平为 α 的一致最大功效检验。

证明：留作练习题。 ■

因此，当 θ 的充分统计量 $T(\boldsymbol{X}^n)$ 存在时，基于随机样本 $\boldsymbol{X}^n$ 的似然比检验可简化为基于 θ 的充分统计量 $T(\boldsymbol{X}^n)$ 的似然比检验，并仍为一致最大功效检验。

例 9.6：假设 $\boldsymbol{X}^n$ 为来自指数分布 *EXP*(θ) 的 IID 随机样本。求在原假设 $\mathbb{H}_0 : \theta = 1$ 和备择假设 $\mathbb{H}_A : \theta = 2$ 下，在 α 显著水平上的一致最大功效检验。

解：指数分布 *EXP*(θ) 的 PDF 为 $f(x,\theta) = \frac{1}{\theta}e^{-x/\theta}$，$x \geqslant 0$。因此，随机样本 $\boldsymbol{X}^n$ 的似然函数为

$$\begin{aligned} f_{\boldsymbol{X}^n}(\boldsymbol{x}^n,\theta) &= \prod_{i=1}^{n} f(x_i,\theta) \\ &= \frac{1}{\theta^n} e^{-n\bar{x}_n/\theta} \end{aligned}$$

其中 $\bar{x}_n = n^{-1}\sum_{i=1}^{n} x_i$。由定理 6.10 因子分解定理知，$\bar{X}_n$ 是 θ 的充分统计量。因为 IID *EXP*(θ) 随机变量之和 $\sum_{i=1}^{n} X_i$ 服从伽玛分布 $\text{Gamma}(n,\theta)$ (参见例 5.34)，故样本均值 $\bar{X}_n \sim \text{Gamma}\left(n, \frac{\theta}{n}\right)$，其 PDF

$$g(\bar{x}_n,\theta) = \frac{n^n}{(n-1)!\theta^n} \bar{x}_n^{n-1} e^{-n\bar{x}_n/\theta}, \quad \bar{x}_n \geqslant 0$$

则似然比

$$\begin{aligned} \frac{f_{\boldsymbol{X}^n}(\boldsymbol{x}^n,\theta_1)}{f_{\boldsymbol{X}^n}(\boldsymbol{x}^n,\theta_0)} &= \frac{g(\bar{x}_n,\theta_1)}{g(\bar{x}_n,\theta_0)} \\ &= \frac{\frac{1}{2^n} e^{-\frac{n}{2}\bar{x}_n}}{e^{-n\bar{x}_n}} \\ &= \frac{1}{2^n} e^{\frac{n}{2}\bar{x}_n} \end{aligned}$$

用如下一维拒绝域定义一个检验

$$\bar{x}_n \in \mathbb{C}_n(c), \quad 若\frac{1}{2^n}e^{\frac{n}{2}\bar{x}_n} > c$$

或等价地

$$\bar{x}_n \in \mathbb{C}_n(c), \quad 若\ \bar{x}_n > 2\ln 2 + \frac{2\ln c}{n}$$

同时，确定常数 c 值以使得检验尺度为 α，即要求 c 满足

$$\begin{aligned}\alpha &= \int_{2\ln 2+2n^{-1}\ln c}^{\infty} g(\bar{x}_n, \theta_0)d\bar{x}_n \\ &= \int_{2\ln 2+2n^{-1}\ln c}^{\infty} \frac{n^n}{(n-1)!}\bar{x}_n^{n-1}e^{-n\bar{x}_n}d\bar{x}_n\end{aligned}$$

求解该非线性方程，得 $c = c(\alpha, n)$，这是 α 和 n 的函数，但它没有解析解。由内曼-皮尔逊引理与推论 9.1 可知，上述检验是尺度为 α 的一致最大功效检验。

第三节　沃尔德检验

本章后续部分，将考虑如何构建统计检验量以检验如下参数假设

$$\mathbb{H}_0 : g(\theta) = \mathbf{0}$$

和

$$\mathbb{H}_A : g(\theta) \neq \mathbf{0}$$

其中 $g : \mathbb{R}^p \to \mathbb{R}^J$ 是 $p \times 1$ 维参数向量 θ 的连续可导 $J \times 1$ 维向量值函数，整数 J 是参数向量 θ 所受的约束个数。假设 $J \leqslant p$，即约束个数不超过参数个数。

$g(\theta)$ 的一个例子为线性向量值函数

$$g(\theta) = R\theta - r$$

其中 R 为 $J \times p$ 已知常数矩阵，r 是 $J \times 1$ 已知常数向量。此时原假设

$$\mathbb{H}_0 : R\theta = r$$

对 $p \times 1$ 维参数向量 θ 附加 J 个线性约束。常数矩阵 R 可视为选择矩阵 (selection matrix)。例如，若选择 R 为 $p \times p$ 单位矩阵且 r 为 $p \times 1$ 零向量，则由 $R\theta = r$ 可推出参数向量 θ 的所有 p 个元素联合为零。

统计推断有三大经典检验方法，分别是沃尔德 (Wald) 检验、拉格朗日乘子 (Lagrange multiplier, LM) 检验以及似然比 (likelihood ratio, LR) 检验。后续章节将分别

讨论这三大重要检验，并在原假设 $\mathbb{H}_0$ 下分别推导这些检验统计量的渐进分布。本章假定 $\boldsymbol{X}^n$ 为来自总体分布 $f_X(x)=f(x,\theta_0)$ 的随机样本，其中 $\theta_0\in\Theta$ 为未知真实参数值；需要检验的参数假设是 $\mathbb{H}_0: g(\theta_0)=\mathbf{0}$ 和 $\mathbb{H}_A: g(\theta_0)\neq\mathbf{0}$。换言之，本章讨论的假设检验是建立在概率模型正确假定基础之上。

沃尔德检验以亚伯拉罕 • 沃尔德 (Abraham Wald) 命名，通过原假设 $\mathbb{H}_0$ 下无约束估计量与其假设值之间的加权平方距离评估模型参数约束条件的有效性，其中权重是估计量方差的逆，表示估计量的准确性。直观上，加权距离越大，约束条件的有效性越低。然而，推导沃尔德检验的有限样本分布十分困难，因此可以推导原假设 $\mathbb{H}_0$ 下沃尔德检验的渐进分布，再据此确定统计显著性。

首先讨论沃尔德检验。以下是一组正则条件。

假设 9.1 $\sqrt{n}(\hat{\theta}-\theta_0)\xrightarrow{d}N(0,V)$，其中 V 为 $p\times p$ 对称有界非奇异矩阵，未知真实参数值 θ_0 是紧参数空间 Θ 的内点。

假设 9.2 当 $n\to\infty$ 时，$\hat{V}\xrightarrow{p}V$。

假设 9.3 $g:\mathbb{R}^p\to\mathbb{R}^J$ 是 $\theta\in\Theta$ 的连续可导函数，且 $J\times p$ 梯度矩阵 $G(\theta_0)=\frac{\partial}{\partial\theta}g(\theta_0)$ 的秩为 J，其中 $J\leqslant p$。

假设 9.1 允许估计量 $\hat{\theta}$ 为任意的收敛速度为 $\sqrt{n}$ 的一致渐进正态估计量，MLE 和 MME 估计量是其中两个例子。假设 9.2 假定 $\hat{V}$ 是 $\sqrt{n}(\hat{\theta}-\theta_0)$ 的渐进方差 V 的一致估计量，且 $\hat{\theta}$ 有如下的渐进展开

$$\sqrt{n}(\hat{\theta}-\theta_0)=n^{-\frac{1}{2}}\sum_{i=1}^{n}\psi(X_i,\theta_0)+o_p(1)$$

其中 $\boldsymbol{X}^n=(X_1,\cdots,X_n)$ 是 IID 随机序列，$p\times 1$ 函数向量 $\psi(X_i,\theta_0)$ 满足 $E[\psi(X_i,\theta_0)]=\mathbf{0}$ 和 $E\left\|\psi\left(X_i,\theta_0\right)\right\|^2<\infty$，此处期望 $E(\cdot)$ 定义在总体分布 $f_X(x)$ 上。当概率模型正确设定时，有 $f_X(x)=f(x,\theta_0)$。在上述假设下，$V=E[\psi(X_i,\theta_0)\psi(X_i,\theta_0)']$。因此，可构造 V 的一致估计量为

$$\hat{V}=\frac{1}{n}\sum_{i=1}^{n}\psi(X_i,\hat{\theta})\psi(X_i,\hat{\theta})'$$

由定理 7.3 关于 IID 随机样本一致强大数定律可知，适当的正则条件可保证了当 $n\to\infty$ 时几乎处处有 $\hat{V}\to V$。若 $\hat{\theta}$ 是 MLE 估计量，则由 MLE 渐进正态性定理的证明 (参见定理 8.8 的证明) 可得

$$\psi(X_i,\theta_0)=-H^{-1}(\theta_0)\frac{\partial\ln f(X_i,\theta_0)}{\partial\theta}$$

从而

$$\begin{aligned} V &= E[\psi(X_i,\theta_0)\psi(X_i,\theta_0)'] \\ &= H^{-1}(\theta_0)I(\theta_0)H^{-1}(\theta_0) \\ &= -H^{-1}(\theta_0) \end{aligned}$$

其中，最后一个等式由引理 8.4 的信息等式 $I(\theta_0)+H(\theta_0)=0$ 推得。关于费雪信息矩阵 $I(\theta)$ 和黑塞矩阵 $H(\theta)$ 的定义参见第八章第三节。(问题：这里 V 的表达式推导是否用到概率模型正确设定条件？)

假设 9.3 是关于约束函数 $g(\cdot)$ 的正则条件，其中 $J\times p$ 矩阵 $G(\theta_0)$ 的满秩条件以及 $J\leqslant p$ 确保了 $J\times J$ 对称矩阵 $G(\theta_0)VG(\theta_0)'$ 是非奇异的。

为检验 $\mathbb{H}_0: g(\theta_0)=\mathbf{0}$，一个自然的方法是构造一个基于统计量 $g(\hat{\theta})$ 的检验。因为 $\hat{\theta}$ 是 θ_0 的一致估计量，且 $g(\cdot)$ 连续，由第七章引理 7.5 可知，当 $\hat{\theta}\xrightarrow{p}\theta_0$ 时，有 $g(\hat{\theta})\xrightarrow{p}g(\theta_0)$。从而 $g(\hat{\theta})$ 在假设 $\mathbb{H}_0$ 下将趋近零，而在 $\mathbb{H}_A$ 之下将收敛于非零极限。故可通过验证 $g(\hat{\theta})$ 是否接近零来检验 $\mathbb{H}_0$。若 $g(\hat{\theta})$ 接近零，则 $\mathbb{H}_0$ 成立。否则，$\mathbb{H}_A$ 成立。

那么，$g(\hat{\theta})$ 的值需要多大才可视为显著不为零？这应由 $g(\hat{\theta})$ 在原假设 $\mathbb{H}_0$ 下的抽样分布决定。$g(\hat{\theta})$ 的抽样分布精确描述了 $g(\hat{\theta})$ 和 $g(\theta_0)$ 之间的距离。但是，$g(\hat{\theta})$ 的有限样本抽样分布通常难以求得，尤其是当 $g(\cdot)$ 为非线性函数时。现在，应用第七章的渐进理论来推导基于 $g(\hat{\theta})$ 的检验统计量的渐进分布。

根据中值定理 (Bartle, 1976)，有

$$g(\hat{\theta})=g(\theta_0)+G(\bar{\theta})(\hat{\theta}-\theta_0)$$

其中，对 $\lambda\in[0,1]$，有 $\bar{\theta}=\lambda\hat{\theta}+(1-\lambda)\theta_0$，且梯度函数

$$G(\theta)=\frac{dg(\theta)}{d\theta}$$

是 $J\times p$ 矩阵，其第 i 行对应 $g(\theta)$ 的第 i 个元素对参数向量 θ 每个元素的导数。

由于 $\|\bar{\theta}-\theta_0\|=\|\lambda(\hat{\theta}-\theta_0)\|\leqslant\|\hat{\theta}-\theta_0\|\xrightarrow{p}0$，且 $G(\cdot)$ 连续，由连续性引理 7.5，当 $n\to\infty$ 时，有 $G(\bar{\theta})\xrightarrow{p}G(\theta_0)$。又由渐进正态性假设，$\sqrt{n}(\hat{\theta}-\theta_0)\xrightarrow{d}N(0,V)$，且由斯勒茨基定理 (参考定理 7.8)，有

$$\sqrt{n}[g(\hat{\theta})-g(\theta_0)]\xrightarrow{d}N[0,G(\theta_0)VG(\theta_0)']$$

在 $\mathbb{H}_0: g(\theta_0)=\mathbf{0}$ 下，

$$\sqrt{n}g(\hat{\theta})\xrightarrow{d}N[0,G(\theta_0)VG(\theta_0)']$$

给定 $G(\theta_0)$ 满秩以及 V 非奇异的条件下，$J \times J$ 矩阵 $G(\theta_0)VG(\theta_0)'$ 为非奇异矩阵，二次型

$$\sqrt{n}g(\hat{\theta})'[G(\theta_0)VG(\theta_0)']^{-1}\sqrt{n}g(\hat{\theta}) \xrightarrow{d} \chi_q^2$$

由 $G(\cdot)$ 的连续性以及 $\hat{\theta} \xrightarrow{p} \theta_0$，有 $G(\hat{\theta}) \xrightarrow{p} G(\theta_0)$，且由假设 9.2，有 $\hat{V} \xrightarrow{p} V$，则

$$G(\hat{\theta})\hat{V}G(\hat{\theta})' \xrightarrow{p} G(\theta_0)VG(\theta_0)'$$

因此，对足够大的样本容量 n，随机矩阵 $G(\hat{\theta})\hat{V}G(\hat{\theta})'$ 为非奇异，且由斯勒茨基定理 (参见定理 7.8)，沃尔德检验统计量定义为

$$\begin{aligned} W &= ng(\hat{\theta})'[G(\hat{\theta})\hat{V}G(\hat{\theta})']^{-1}g(\hat{\theta}) \\ &\xrightarrow{d} \chi_J^2 \end{aligned}$$

其中渐进分布 χ_J^2 在 $\mathbb{H}_0$ 成立时获得。

定理 9.2 [沃尔德检验 (Wald Test)]: *假定假设 9.1-9.3 以及 $\mathbb{H}_0$ 成立，则当 $n \to \infty$ 时，*

$$W = ng(\hat{\theta})'[G(\hat{\theta})\hat{V}G(\hat{\theta})']^{-1}g(\hat{\theta}) \xrightarrow{d} \chi_J^2$$

沃尔德检验统计量 W 是 $\sqrt{n}g(\hat{\theta})$ 和 $\sqrt{n}g(\theta_0)$ 之差的二次型，其中以 $\sqrt{n}[g(\hat{\theta}) - g(\theta_0)]$ 的渐进方差估计量 $G(\hat{\theta})\hat{V}G(\hat{\theta})'$ 的逆为权重。当 W 超过渐进分布 χ_J^2 的 $(1-\alpha)$ 临界值时，沃尔德检验在显著水平 α 上拒绝原假设 $\mathbb{H}_0 : g(\theta_0) = \mathbf{0}$。

另一方面，在 $\mathbb{H}_A : g(\theta_0) \neq \mathbf{0}$ 下，有 $g(\hat{\theta}) \xrightarrow{p} g(\theta_0) \neq \mathbf{0}$，$G(\hat{\theta}) \xrightarrow{p} G(\theta_0)$，且 $\hat{V} \xrightarrow{p} V$。因此，

$$\frac{W}{n} \xrightarrow{p} g(\theta_0)'[G(\theta_0)VG(\theta_0)']^{-1}g(\theta_0) > 0$$

换言之，沃尔德统计量 W 依概率以速度 n 发散至正无穷，从而确保在备择假设 $\mathbb{H}_A$ 下，当 $n \to \infty$ 时，沃尔德检验统计量 W 在任意给定的显著水平 α 上的渐进功效趋于 1。这说明沃尔德检验是一致检验，因其可检测出 $\mathbb{H}_0$ 的所有备择假设。

定理 9.2 的沃尔德检验统计量 W 可用任何一个收敛速度为 $\sqrt{n}$ 的一致估计量 $\hat{\theta}$ (即 $\sqrt{n}(\hat{\theta} - \theta_0) = O_p(1)$) 来构造。需要注意，不同的估计量 $\sqrt{n}\hat{\theta}$ 有不同的渐进方差 V，因而需要不同的渐进方差估计量 $\hat{V}$。(问题：使用不同估计量 $\hat{\theta}$ 的沃尔德检验会有什么不同?) 现在，考察一个特例，即当 $\hat{\theta}$ 是 MLE 估计量时。此时，$V = -H^{-1}(\theta_0)$，因此可用渐进方差估计量 $\hat{V} = [-\hat{H}(\hat{\theta})]^{-1}$，其中样本黑塞矩阵

$$\hat{H}(\theta) = \frac{1}{n}\sum_{i=1}^{n}\frac{\partial^2 \ln f(X_i, \theta)}{\partial\theta\partial\theta'}$$

所构造的沃尔德检验统计量如下

$$W = ng(\hat{\theta})'[-G(\hat{\theta})\hat{H}(\hat{\theta})^{-1}G(\hat{\theta})']^{-1}g(\hat{\theta})$$

若再加上第八章第三节的正则条件，可证当 $n \to \infty$ 时，几乎处处有 $\hat{H}(\hat{\theta}) \to H(\theta_0)$，从而在 $\mathbb{H}_0$ 之下 $W \xrightarrow{d} \chi_J^2$。

注意，沃尔德检验统计量 W 仅使用了备择假设 $\mathbb{H}_A$ 下的估计量。换言之，沃尔德检验只需要无约束模型的估计量，减少了计算量。然而，沃尔德检验的缺点是它会因原假设 $\mathbb{H}_0$ 的改变而改变。也就是说，非线性参数限制的代数等价表达式会导致不同的沃尔德检验统计量。这是因为沃尔德检验统计量来自泰勒展开式，非线性表达式的不同等价写法会导致相应的泰勒系数发生较大变化。

第四节　拉格朗日乘子检验

现在介绍拉格朗日乘子 (Lagrange multiplier, LM) 检验。在统计学，这也称作 Rao (1959) 氏有效分数 (efficient score) 检验。

假设 $\boldsymbol{X}^n$ 为来自总体分布 $f(x, \theta_0)$ 的 IID 随机样本，其中 θ_0 是 Θ 中的未知真实参数值。定义标准化的对数似然函数

$$\hat{l}(\theta) = \frac{1}{n}\sum_{i=1}^{n} \ln f(X_i, \theta)$$

现在考察在约束条件 $g(\theta) = \mathbf{0}$ 下，如何求解如下有约束的极大似然估计量

$$\tilde{\theta} = \arg\max_{\theta \in \Theta} \hat{l}(\theta)$$

定义拉格朗日函数

$$L(\theta, \lambda) = \hat{l}(\theta) + \lambda' g(\theta)$$

其中 λ 为 $J \times 1$ 拉格朗日乘子向量。令 $\tilde{\lambda}$ 为对应的 λ 的估计值。则一阶条件为

$$\frac{\partial L(\tilde{\theta}, \tilde{\lambda})}{\partial \theta} = \frac{\partial \hat{l}(\tilde{\theta})}{\partial \theta} + G(\tilde{\theta})'\tilde{\lambda} = \mathbf{0}$$

$$\frac{\partial L(\tilde{\theta}, \tilde{\lambda})}{\partial \lambda} = g(\tilde{\theta}) = \mathbf{0}$$

由中值定理，有

$$G(\tilde{\theta})'\tilde{\lambda} = -\frac{d\hat{l}(\tilde{\theta})}{d\theta} = -\frac{d\hat{l}(\theta_0)}{d\theta} - \frac{d^2\hat{l}(\bar{\theta}_a)}{d\theta d\theta'}(\tilde{\theta} - \theta_0)$$

其中，存在 $a \in [0, 1]$ 有 $\bar{\theta}_a = a\tilde{\theta} + (1 - a)\theta_0$，位于 $\tilde{\theta}$ 和 θ_0 之间。注意到

$$\frac{d^2\hat{l}(\theta)}{d\theta d\theta'} = \hat{H}(\theta)$$

为样本黑塞矩阵。给定第八章第三节的正则条件，上节已证当 $n \to \infty$ 时，对 θ_0 的任意强一致估计量 $\hat{\theta}$，几乎处处有 $\hat{H}(\hat{\theta}) \to H(\theta_0)$。因 $H(\theta_0)$ 非奇异，故当 $n \to \infty$ 时，几乎处处有 $\hat{H}^{-1}(\hat{\theta}) \to H^{-1}(\theta_0)$，且对充分大的 n，逆矩阵 $\hat{H}^{-1}(\hat{\theta})$ 存在。于是有

$$\hat{H}(\bar{\theta}_a)^{-1}G(\tilde{\theta})'\tilde{\lambda} = -\hat{H}(\bar{\theta}_a)^{-1}\frac{d\hat{l}(\theta_0)}{d\theta} - (\tilde{\theta} - \theta_0) \tag{9.1}$$

另一方面，由中值定理，得

$$\mathbf{0} = g(\tilde{\theta}) = g(\theta_0) + G(\bar{\theta}_b)(\tilde{\theta} - \theta_0)$$

其中，存在 $b \in [0,1]$，有 $\bar{\theta}_b = b\tilde{\theta} + (1-b)\theta_0$，位于 $\tilde{\theta}$ 和 θ_0 之间。故在 $\mathbb{H}_0 : g(\theta_0) = 0$ 下有

$$G(\bar{\theta}_b)(\tilde{\theta} - \theta_0) = \mathbf{0} \tag{9.2}$$

现在，用 $G(\bar{\theta}_b)$ 乘以等式 (9.1)，并应用等式 (9.2)，得

$$\begin{aligned} G(\bar{\theta}_b)\hat{H}(\bar{\theta}_a)^{-1}G(\tilde{\theta})'\tilde{\lambda} &= -G(\bar{\theta}_b)\hat{H}(\bar{\theta}_a)^{-1}\frac{d\hat{l}(\theta_0)}{d\theta} - G(\bar{\theta}_b)(\tilde{\theta} - \theta_0) \\ &= -G(\bar{\theta}_b)\hat{H}(\bar{\theta}_a)^{-1}\frac{d\hat{l}(\theta_0)}{d\theta} \end{aligned}$$

由函数 $G(\cdot)$ 的连续性，以及当 $n \to \infty$ 时几乎处处有 $\|\bar{\theta}_a - \theta_0\| \leqslant \|\tilde{\theta} - \theta_0\| \to 0$，$\|\bar{\theta}_b - \theta_0\| \leqslant \|\tilde{\theta} - \theta_0\| \to 0$，以及 $\hat{H}(\hat{\theta}) \to H(\theta_0)$，因此几乎处处有

$$G(\bar{\theta}_b)\hat{H}(\bar{\theta}_a)^{-1}G(\tilde{\theta})' \to G(\theta_0)H^{-1}(\theta_0)G(\theta_0)'$$

且后者非奇异。故对充分大的 n，$G(\bar{\theta}_b)\hat{H}(\bar{\theta}_a)^{-1}G(\tilde{\theta})'$ 为 $J \times J$ 非奇异矩阵。因此

$$\begin{aligned} \sqrt{n}\tilde{\lambda} &= -[G(\bar{\theta}_b)\hat{H}(\bar{\theta}_a)^{-1}G(\tilde{\theta})']^{-1}G(\bar{\theta}_b)\hat{H}(\bar{\theta}_a)^{-1}\sqrt{n}\frac{d\hat{l}(\theta_0)}{d\theta} \\ &= -\hat{A}\sqrt{n}\frac{d\hat{l}(\theta_0)}{d\theta} \end{aligned}$$

由定理 7.6 关于 IID 随机序列的中心极限定理，有

$$\sqrt{n}\frac{d\hat{l}(\theta_0)}{d\theta} = \frac{1}{\sqrt{n}}\sum_{i=1}^{n}\frac{\partial \ln f(X_i, \theta_0)}{\partial \theta} \xrightarrow{d} N[0, I(\theta_0)]$$

其中 $I(\theta_0)$ 是 $\theta = \theta_0$ 处的费雪信息矩阵，参见引理 8.4 的定义。(问题：此处是否用到概率模型正确设定条件？) 另一方面，当 $n \to \infty$ 时，几乎处处有

$$\hat{A} \to [G(\theta_0)H(\theta_0)^{-1}G(\theta_0)']^{-1}G(\theta_0)H(\theta_0)^{-1} = A_0$$

根据斯勒茨基定理 (参见定理 7.8)

$$\sqrt{n}\tilde{\lambda} \xrightarrow{d} N[0, A_0 I(\theta_0)A_0'] \sim N\{0, -[G(\theta_0)H(\theta_0)^{-1}G(\theta_0)']^{-1}\}$$

其中，利用引理 8.4 的信息等式 $I(\theta_0) + H(\theta_0) = 0$，可简化

$$\begin{aligned}A_0I(\theta_0)A_0' =&[G(\theta_0)H(\theta_0)^{-1}G(\theta_0)']^{-1}G(\theta_0)H(\theta_0)^{-1}I(\theta_0)\\&\times H(\theta_0)^{-1}G(\theta_0)'[G(\theta_0)H(\theta_0)^{-1}G(\theta_0)']^{-1}\\=&-[G(\theta_0)H(\theta_0)^{-1}G(\theta_0)']^{-1}\end{aligned}$$

因此，在原假设 $\mathbb{H}_0$ 下，有二次型

$$-n\tilde{\lambda}'G(\theta_0)H(\theta_0)^{-1}G(\theta_0)'\tilde{\lambda}\xrightarrow{d}\chi^2_J$$

现在可通过 $\sqrt{n}\tilde{\lambda}$ 的一个二次型构建拉格朗日乘子检验统计量。

定理 9.3 [拉格朗日乘子 (*Lagrange Multiplier, LM*) 检验]: 假定假设 8.1–8.6、假设 9.3 以及 $\mathbb{H}_0$ 成立。定义拉格朗日乘子检验统计量

$$LM=n\tilde{\lambda}'G(\tilde{\theta})[-\hat{H}(\tilde{\theta})]^{-1}G(\tilde{\theta})'\tilde{\lambda}$$

则在 $\mathbb{H}_0$：$g(\theta_0)=\mathbf{0}$ 之下，当 $n\to\infty$ 时，有

$$LM\xrightarrow{d}\chi^2_J$$

因此，当检验统计量 LM 大于渐进分布 χ^2_J 的 $(1-\alpha)$ 分位点时，LM 检验将在显著水平 α 上拒绝原假设 $\mathbb{H}_0:g(\theta_0)=\mathbf{0}$。

问题 9.1 如何解释拉格朗日乘子估计量 $\tilde{\lambda}$ 呢?

直观上，LM 检验是检验拉格朗日乘子估计量 $\tilde{\lambda}$ 在参数约束 $g(\theta_0)=\mathbf{0}$ 时的大小。若约束条件在极大似然值处无约束力，则拉格朗日乘子估计量 $\tilde{\lambda}$ 与零之间的偏离不会显著大于抽样误差。若约束条件在极大似然值处有约束力，则拉格朗日乘子估计量 $\tilde{\lambda}$ 显著不为零，赋予 LM 检验拒绝 $\mathbb{H}_A$ 的功效。至于多大的 $\sqrt{n}\tilde{\lambda}$ 才算“大”，取决于其样本分布。

从一阶条件 $G(\tilde{\theta})'\tilde{\lambda}=-\frac{d\hat{l}(\tilde{\theta})}{d\theta}$ 表达式可看出，LM 检验可以等价解释为一个基于原假设 $\mathbb{H}_0$ 下对数似然函数在受约束估计量 $\tilde{\theta}$ 处的斜率是否为零的检验。这种检验称为有效分数 (efficient score) 检验，因为似然函数的梯度函数称为记分函数 (score function)。直观上，若受约束估计量 $\tilde{\theta}$ 接近最大化似然函数的估计值，则似然函数的记分函数或斜率与零之间的偏离不应显著超过抽样误差。若 $\tilde{\theta}$ 与最大化似然函数的估计值相差极大，则记分函数显著不为零，赋予记分函数拒绝原假设的功效。尽管很难得到记分检验统计量的有限样本分布，即记分函数的二次型，但是它服从原假设下的渐进分布 χ^2，并已由 Rao (1948) 首次给予证明。

LM 检验或有效分数检验的主要优势在于使用方便，因为它只需要原假设 $\mathbb{H}_0$ 下的受约束参数估计量，通常比备择假设 $\mathbb{H}_A$ 下的无约束参数估计量更简单。另外，当无约束 MLE 估计量 $\hat{\theta}$ 是参数空间的边界点时，LM 检验仍然适用。Breusch & Pagan (1980) 提供了计量经济学 LM 检验方法的一些例子，也可参见 Engle (1984)。注意 LM 统计

检验量是 $\sqrt{n}\tilde{\lambda}$ 的二项式，或等价地是 $G(\tilde{\theta})'\sqrt{n}\tilde{\lambda}$ 的二项式，其中 $G(\tilde{\theta})'\sqrt{n}\tilde{\lambda}$ 的渐进方差为 $-H(\theta_0)$。这是在参数概率模型 PMF/PDF $f(x,\theta)$ 正确设定假设下获得的，即假设总体分布 $f_X(x)=f(x,\theta_0)$。如概率分布模型误设，$G(\tilde{\theta})'\sqrt{n}\tilde{\lambda}$ 的渐进方差将不等于 $-H(\theta_0)$，此时需要使用一致方差估计量以构造稳健 LM 统计检验量。

第五节 似然比检验

现在讨论似然比 (likelihood ratio, LR) 检验。第九章第二节已证明，当原假设和备择假设均为简单假设时，似然比检验是一致最大功效检验，这是著名的内曼-皮尔逊引理。以下考察 $\mathbb{H}_0: g(\theta_0)=\mathbf{0}$ 和 $\mathbb{H}_A: g(\theta_0)\neq\mathbf{0}$ 的似然比检验。

假设 $\boldsymbol{X}^n$ 为来自总体分布为 $f_X(x)=f(x,\theta_0)$ 的 IID 随机样本，其中真实参数值 θ_0 未知。$\boldsymbol{X}^n$ 的似然函数如下

$$f_{\boldsymbol{X}^n}(\boldsymbol{X}^n,\theta)=\prod_{i=1}^{n}f(X_i,\theta)$$

定义似然比统计量

$$\begin{aligned}\hat{\Lambda}&=\frac{\max_{\theta\in\Theta}f_{\boldsymbol{X}^n}(\boldsymbol{X}^n,\theta)}{\max_{\theta\in\Theta_0}f_{\boldsymbol{X}^n}(\boldsymbol{X}^n,\theta)}\\&=\frac{\prod_{i=1}^{n}f(X_i,\hat{\theta})}{\prod_{i=1}^{n}f(X_i,\tilde{\theta})}\end{aligned}$$

其中 $\hat{\theta}$ 和 $\tilde{\theta}$ 分别为无约束和有约束 MLE 估计量，即

$$\hat{\theta}=\arg\max_{\theta\in\Theta}\hat{l}(\theta)$$

$$\tilde{\theta}=\arg\max_{\theta\in\Theta_0}\hat{l}(\theta)$$

其中

$$\hat{l}(\theta)=\frac{1}{n}\sum_{i=1}^{n}\ln f(X_i,\theta)$$

是对数似然函数的样本均值，Θ_0 是满足约束条件 $g(\theta)=\mathbf{0}$ 的参数空间 Θ，即 $\Theta_0=\{\theta\in\Theta: g(\theta)=\mathbf{0}\}$。

假定原假设 $\mathbb{H}_0: g(\theta_0)=\mathbf{0}$ 成立。则无约束和有约束 MLE 估计量 $\hat{\theta}$ 和 $\tilde{\theta}$ 均为 θ_0 的一致估计，施加约束不会导致对数似然函数的大幅下降，故似然比 $\hat{\Lambda}$ 将接近 1。换言之，若观测数据支持约束条件，则两个极大似然值的偏离不会显著超过抽样误差。另一方面，若 $\mathbb{H}_0$ 不成立，则无约束 MLE $\hat{\theta}$ 是 θ_0 的一致估计，但有约束 MLE $\tilde{\theta}$ 则不是。无约束似然值将会显著高于有约束似然值，赋予检验拒绝 $\mathbb{H}_A$ 的功效。此时似然比 $\hat{\Lambda}$ 将显著大于 1。因此，可通过比较 $\hat{\Lambda}$ 是否显著大于 1 或等价地比较 $\ln\hat{\Lambda}$ 是否显著大于 0 来检验原假设 $\mathbb{H}_0$。究竟二者需要多大才算足够大取决于似然比 $\hat{\Lambda}$ 或对数似然比 $\ln\hat{\Lambda}$ 在 $\mathbb{H}_0$ 下的抽样分布。

正式定义似然比检验统计量

$$LR = 2\ln\hat{\Lambda} = 2n[\hat{l}(\hat{\theta}) - \hat{l}(\tilde{\theta})]$$

将 $\hat{l}(\tilde{\theta})$ 在无约束 MLE 估计量 $\hat{\theta}$ 处作二阶泰勒级数展开，得

$$\begin{aligned} LR &= 2n\left\{\hat{l}(\hat{\theta}) - \left[\hat{l}(\hat{\theta}) + \frac{d\hat{l}(\hat{\theta})}{d\theta}(\tilde{\theta}-\hat{\theta}) + \frac{1}{2}(\tilde{\theta}-\hat{\theta})'\frac{d^2\hat{l}(\bar{\theta}_a)}{d\theta d\theta'}(\tilde{\theta}-\hat{\theta})\right]\right\} \\ &= \sqrt{n}(\tilde{\theta}-\hat{\theta})'[-\hat{H}(\bar{\theta}_a)]\sqrt{n}(\tilde{\theta}-\hat{\theta}) \end{aligned}$$

其中存在 $a \in [0,1]$，有 $\bar{\theta}_a = a\tilde{\theta} + (1-a)\hat{\theta}$，位于 $\tilde{\theta}$ 和 $\hat{\theta}$ 之间，$\frac{d}{d\theta}\hat{l}(\hat{\theta}) = \mathbf{0}$ 是无约束 MLE $\hat{\theta}$ 的一阶条件，而

$$\hat{H}(\theta) = \frac{d^2\hat{l}(\theta)}{d\theta d\theta'}$$

是样本黑塞矩阵。

以下，在有约束 MLE 估计量 $\tilde{\theta}$ 处对 $\frac{d}{d\theta}\hat{l}(\hat{\theta})$ 作泰勒展开，得

$$\mathbf{0} = \frac{d\hat{l}(\hat{\theta})}{d\theta} = \frac{d\hat{l}(\tilde{\theta})}{d\theta} + \hat{H}(\bar{\theta}_b)(\hat{\theta}-\tilde{\theta})$$

其中，存在 $b \in [0,1]$，有 $\bar{\theta}_b = b\tilde{\theta} + (1-b)\hat{\theta}$，位于 $\tilde{\theta}$ 和 $\hat{\theta}$ 之间。该结果与有约束 MLE 估计量的一阶条件 $G(\tilde{\theta})'\tilde{\lambda} = -\frac{d}{d\theta}\hat{l}(\tilde{\theta})$ 相结合，可推出

$$\begin{aligned} \sqrt{n}(\hat{\theta}-\tilde{\theta}) &= -\hat{H}(\bar{\theta}_b)^{-1}\sqrt{n}\frac{d\hat{l}(\tilde{\theta})}{d\theta} \\ &= \hat{H}(\bar{\theta}_b)^{-1}G(\tilde{\theta})'\sqrt{n}\tilde{\lambda} \end{aligned}$$

这一关系式为拉格朗日乘子估计量 $\tilde{\lambda}$ 提供了另一种解释，即其测度了无约束和有约束 MLE 估计量 $\hat{\theta}$ 和 $\tilde{\theta}$ 之间的差异。

故而有

$$LR = -\sqrt{n}\tilde{\lambda}'G(\tilde{\theta})\hat{H}(\bar{\theta}_b)^{-1}\hat{H}(\bar{\theta}_a)\hat{H}(\bar{\theta}_b)^{-1}G(\tilde{\theta})'\sqrt{n}\tilde{\lambda}$$

因为

$$\begin{aligned} LR - LM &= -\sqrt{n}\tilde{\lambda}'[G(\tilde{\theta})\hat{H}(\bar{\theta}_b)^{-1}\hat{H}(\bar{\theta}_a)\hat{H}(\bar{\theta}_b)^{-1}G(\tilde{\theta})' - G(\tilde{\theta})\hat{H}(\tilde{\theta})^{-1}G(\tilde{\theta})']\sqrt{n}\tilde{\lambda} \\ &= O_p(1)o_p(1)O_p(1) \\ &= o_p(1) \end{aligned}$$

其中，由引理 7.11 以及 $\sqrt{n}\tilde{\lambda} \xrightarrow{d} N\{\mathbf{0}, -[G(\theta_0)H(\theta_0)^{-1}G(\theta_0)']^{-1}\}$ (第九章第四节已证明)，可得 $\sqrt{n}\tilde{\lambda} = O_p(1)$，且

$$\begin{aligned} &G(\tilde{\theta})\hat{H}(\bar{\theta}_b)^{-1}\hat{H}(\bar{\theta}_a)\hat{H}(\bar{\theta}_b)^{-1}G(\tilde{\theta})' - G(\tilde{\theta})\hat{H}(\tilde{\theta})^{-1}G(\tilde{\theta})' \\ &\xrightarrow{p} G(\theta_0)H(\theta_0)^{-1}H(\theta_0)H(\theta_0)^{-1}G(\theta_0)' - G(\theta_0)H(\theta_0)^{-1}G(\theta_0)' = \mathbf{0} \end{aligned}$$

因此在原假设 $\mathbb{H}_0$ 下两个统计量 LR 和 LM 渐进等价。据渐进等价性引理 (参见引理 7.10) 以及在 $\mathbb{H}_0$ 下 $LM \xrightarrow{d} \chi^2_J$ (参见定理 9.3)，可得如下结论。

定理 9.4 [似然比 (*Likelihood Ratio, LR*) 检验]: 若假设 8.1-8.6 、假设 9.3 以及 $\mathbb{H}_0 : g(\theta_0) = \mathbf{0}$ 成立，则在原假设 $\mathbb{H}_0$ 下，当 $n \to \infty$ 时，似然比检验统计量

$$LR \xrightarrow{d} \chi_J^2$$

似然比检验、沃尔德检验与拉格朗日乘子检验是假设检验的三大经典方法。事实上，还可证明，在原假设 $\mathbb{H}_0$ 下，基于 MLE $\hat{\theta}$ 的沃尔德检验统计量 W 和拉格朗日乘子检验统计量 LM 也渐进等价 (问题：如何证明?)。这表明，三种检验在原假设 $\mathbb{H}_0$ 之下都是渐进等价的。应该指出，似然比检验与基于 MLE $\hat{\theta}$ 的沃尔德检验以及拉格朗日乘子检验之渐进等价，其前提是假设参数概率模型 $f(x, \theta)$ 正确设定，即总体分布 $f_X(x) = f(x, \theta_0)$。如果概率分布模型 $f(x, \theta)$ 误设，三者将不会渐进等价，且 LR 检验量将不服从渐进 χ_J^2 分布 (问题：为什么?)。事实上，在模型误设时，依然可以构造服从渐进 χ^2 分布的稳健沃尔德检验统计量和稳健 LM 检验统计量，但却不能构造稳健 LR 检验统计量 (问题：为什么?)。关于这三种检验的渐进等价性的更多讨论，可参见 Engle (1984)。比较两个均存在未知参数的模型时，可采用似然比检验，根据内曼-皮尔逊引理，似然比检验的功效是同类检验中最大的。然而，若原假设或备择假设是复合的，则情况有所不同。这三种经典检验可以通过下图 9.4 呈现。

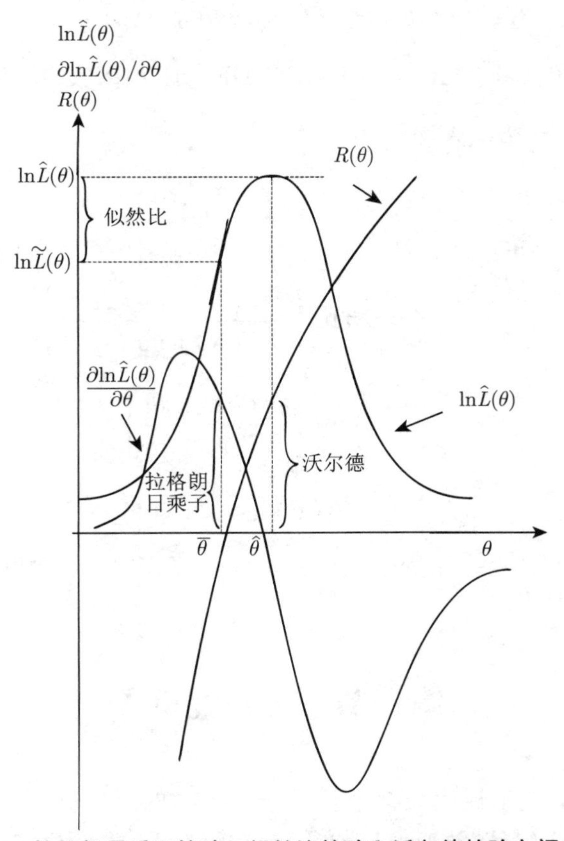

图 9.4：拉格朗日乘子检验、似然比检验和沃尔德检验之间的关系

LR 检验统计量包含有约束和无约束的 MLE 估计量，但计算其实很简单，因为样本对数似然值是 MLE 的目标函数，当使用 MLE 估计概率分布模型 $f(x,\theta)$ 时，统计软件包通常都会提供最大目标函数值。

现在考虑 LR 检验统计量和充分统计量 (若存在) 之间的关系。假设 $T(\boldsymbol{X}^n)$ 为 θ 的充分统计量，其抽样分布为 PMF/PDF $g[T(\boldsymbol{X}^n),\theta]$。则可考虑基于 $T(\boldsymbol{X}^n)$ 及其似然函数 $\hat{L}^*[\theta|\,T(\boldsymbol{X}^n)]=g[T(\boldsymbol{X}^n),\theta]$ 构造一个似然比检验，而并非基于原始随机样本 $\boldsymbol{X}^n$ 及其似然函数 $\hat{L}(\theta|\,\boldsymbol{X}^n)$。由于随机样本 $\boldsymbol{X}^n$ 中所有关于 θ 的信息都包含在 $T(\boldsymbol{X}^n)$ 中，基于 $T(\boldsymbol{X}^n)$ 的检验应该与基于原始样本 $\boldsymbol{X}^n$ 的检验一样有效。事实上二者完全等价，如以下定理 9.5 所示。

定理 9.5 *[基于充分统计量的 LR 检验 (LR Test Based on Sufficient Statistic)]*: 若 $T(\boldsymbol{X}^n)$ 是 θ 的充分统计量，且 $LR(\boldsymbol{X}^n)$ 和 $LR[T(\boldsymbol{X}^n)]$ 分别是基于 $\boldsymbol{X}^n$ 和 $T(\boldsymbol{X}^n)$ 的似然比检验，则

$$LR(\boldsymbol{X}^n)=LR[T(\boldsymbol{X}^n)]$$

证明：据因子分解定理 (参见定理 6.10)，随机样本 $\boldsymbol{X}^n$ 的 PMF/PDF 可写为

$$f_{\boldsymbol{X}^n}(\boldsymbol{x}^n,\theta)=g[T(\boldsymbol{x}^n),\theta]h(\boldsymbol{x}^n),\quad \theta\in\Theta$$

其中 $g(t,\theta)$ 为充分统计量 $T(\boldsymbol{X}^n)$ 的 PMF/PDF，且 $h(\boldsymbol{X}^n)$ 不依赖于 θ。则

$$\begin{aligned}LR(\boldsymbol{X}^n)&=2n\ln\hat{\Lambda}\\&=2n\ln\left[\frac{f_{\boldsymbol{X}^n}(\boldsymbol{X}^n,\hat{\theta})}{f_{\boldsymbol{X}^n}(\boldsymbol{X}^n,\tilde{\theta})}\right]\\&=2n\ln\left\{\frac{g[T(\boldsymbol{X}^n),\hat{\theta}]h(\boldsymbol{X}^n)}{g[T(\boldsymbol{X}^n),\tilde{\theta}]h(\boldsymbol{X}^n)}\right\}\\&=2n\ln\left\{\frac{g[T(\boldsymbol{X}^n),\hat{\theta}]}{g[T(\boldsymbol{X}^n),\tilde{\theta}]}\right\}\\&=LR[T(\boldsymbol{X}^n)]\end{aligned}$$

该结果表明，似然比检验统计量通过充分统计量 $T(\boldsymbol{X}^n)$ 与随机样本 $\boldsymbol{X}^n$ 建立联系。证毕。 ■

第六节　说明性例子

现在举两个简单例子说明如何计算基于 MLE 的沃尔德检验统计量 W、拉格朗日乘子检验统计量 LM 以及似然比检验统计量 LR。第一个例子是来自伯努利分布 Bernoulli (θ) 的 IID 随机样本，第二个例子是来自正态分布 $N(\mu,\sigma^2)$ 的 IID 随机样本。

9.6.1 伯努利分布下的假设检验

假设 $\boldsymbol{X}^n$ 为来自伯努利分布 Bernoulli(θ) 的 IID 随机样本，其中伯努利随机变量有两个可能的取值：

$$X_i = \begin{cases} 1, & \text{概率为 } \theta \\ 0, & \text{概率为 } 1-\theta \end{cases}$$

参数 $\theta \in (0,1)$ 未知。现考虑检验

$$\mathbb{H}_0 : \theta = \theta_0$$

和

$$\mathbb{H}_A : \theta \neq \theta_0$$

其中 θ_0 为已知常数。因此，有 $g(\theta) = \theta - \theta_0$，且梯度即导数为

$$G(\theta) = \frac{dg(\theta)}{d\theta} = 1$$

因为总体 PMF $f(x,\theta) = \theta^x(1-\theta)^{1-x}$，$x = 0, 1$，则 IID 随机样本 $\boldsymbol{X}^n$ 的对数似然函数为

$$\begin{aligned} \ln \hat{L}(\theta | \boldsymbol{X}^n) &= \sum_{i=1}^{n} \ln f(X_i, \theta) \\ &= n\bar{X}_n \ln \theta + n(1-\bar{X}_n)\ln(1-\theta) \end{aligned}$$

其中样本均值 $\bar{X}_n$ 是 θ 的充分统计量。 MLE 的一阶条件为

$$\frac{\partial \ln \hat{L}(\theta | \boldsymbol{X}^n)}{\partial \theta} = \frac{n\bar{X}_n}{\hat{\theta}} - \frac{n - n\bar{X}_n}{1-\hat{\theta}} = 0$$

因此，MLE $\hat{\theta} = \bar{X}_n$。

首先考察沃尔德检验。回顾引理 8.4 定义的黑塞矩阵

$$H(\theta) = E_\theta \left[\frac{\partial^2 \ln f(X_i, \theta)}{\partial \theta^2} \right]$$

因为

$$\frac{\partial^2 \ln f(X_i, \theta)}{\partial \theta^2} = -\frac{X_i}{\theta^2} - \frac{1-X_i}{(1-\theta)^2}$$

样本黑塞矩阵

$$\begin{aligned} \hat{H}(\theta) &= n^{-1} \sum_{i=1}^{n} \frac{\partial^2 \ln f(X_i, \theta)}{\partial \theta^2} \\ &= -\frac{\sum_{i=1}^{n} X_i}{n\theta^2} - \frac{\sum_{i=1}^{n}(1-X_i)}{n(1-\theta)^2} \end{aligned}$$

$$= -\frac{\bar{X}_n}{\theta^2} - \frac{1-\bar{X}_n}{(1-\theta)^2}$$

因此，有

$$\hat{H}(\hat{\theta}) = -\frac{1}{\bar{X}_n(1-\bar{X}_n)}$$

在原假设 $\mathbb{H}_0: \theta = \theta_0$ 下，当 $n \to \infty$ 时，沃尔德检验统计量为

$$\begin{aligned} W &= n g(\hat{\theta})'[-G(\hat{\theta})\hat{H}^{-1}(\hat{\theta})G(\hat{\theta})']^{-1} g(\hat{\theta}) \\ &= \frac{n(\hat{\theta}-\theta_0)^2}{\bar{X}_n(1-\bar{X}_n)} \\ &= \frac{n(\bar{X}_n-\theta_0)^2}{\bar{X}_n(1-\bar{X}_n)} \\ &\xrightarrow{d} \chi_1^2 \end{aligned}$$

这里渐进分布 χ_1^2 由 $\sqrt{n}(\bar{X}_n - \theta_0) \xrightarrow{d} N(0, \sigma^2)$ 和斯勒茨基定理 (定理 7.8) 而得。

下面考察拉格朗日乘子检验。定义拉格朗日函数

$$L(\theta, \lambda) = \hat{l}(\theta) + \lambda' g(\theta) = \hat{l}(\theta) + \lambda(\theta - \theta_0)$$

其中标准化对数似然函数

$$\hat{l}(\theta) = \bar{X}_n \ln\theta + (1-\bar{X}_n)\ln(1-\theta)$$

有约束 MLE 估计量的一阶条件为

$$\begin{aligned} \frac{\partial L(\tilde{\theta}, \tilde{\lambda})}{\partial \theta} &= \frac{\partial \hat{l}(\tilde{\theta})}{\partial \theta} + \tilde{\lambda} = 0 \\ \frac{\partial L(\tilde{\theta}, \tilde{\lambda})}{\partial \lambda} &= g(\tilde{\theta}) = \tilde{\theta} - \theta_0 = 0 \end{aligned}$$

从而 $\tilde{\theta} = \theta_0$，且

$$\begin{aligned} \tilde{\lambda} &= -\frac{\partial \hat{l}(\tilde{\theta})}{\partial \theta} \\ &= -\frac{\bar{X}_n}{\tilde{\theta}} + \frac{1-\bar{X}_n}{1-\tilde{\theta}} \\ &= -\frac{\bar{X}_n - \tilde{\theta}}{\tilde{\theta}(1-\tilde{\theta})} \\ &= -\frac{\bar{X}_n - \theta_0}{\theta_0(1-\theta_0)} \end{aligned}$$

这表明 $\tilde{\lambda}$ 测度了无约束 MLE $\hat{\theta} = \bar{X}_n$ 和有约束 MLE $\tilde{\theta} = \theta_0$ 之间的差异。

同时，样本黑塞矩阵

$$\begin{aligned}\hat{H}(\tilde{\theta}) &= -\frac{\bar{X}_n}{\theta_0^2} - \frac{1-\bar{X}_n}{(1-\theta_0)^2} \\ &= -\frac{\bar{X}_n(1-\theta_0)^2 + (1-\bar{X}_n)\theta_0^2}{\theta_0^2(1-\theta_0)^2}\end{aligned}$$

因此，有

$$\begin{aligned}LM &= -n\tilde{\lambda}'G(\tilde{\theta})\hat{H}(\tilde{\theta})^{-1}G(\tilde{\theta})'\tilde{\lambda} \\ &= n\left[-\frac{\bar{X}_n-\theta_0}{\theta_0(1-\theta_0)}\right]^2\left[\frac{\bar{X}_n(1-\theta_0)^2+(1-\bar{X}_n)\theta_0^2}{\theta_0^2(1-\theta_0)^2}\right]^{-1} \\ &= \frac{n(\bar{X}_n-\theta_0)^2}{\bar{X}_n(1-\theta_0)^2+(1-\bar{X}_n)\theta_0^2}\end{aligned}$$

最后，似然比检验统计量

$$\begin{aligned}LR &= 2n\left[\hat{l}(\hat{\theta}) - \hat{l}(\tilde{\theta})\right] \\ &= 2n\left[\bar{X}_n \ln\left(\frac{\bar{X}_n}{\theta_0}\right) + (1-\bar{X}_n)\ln\left(\frac{1-\bar{X}_n}{1-\theta_0}\right)\right]\end{aligned}$$

9.6.2 正态分布下的假设检验

假设 $\boldsymbol{X}^n$ 为来自正态分布 $N(\mu,\sigma^2)$ 的 IID 随机样本，其中参数 $\theta=(\mu,\sigma^2)$ 未知。考虑检验如下假设

$$\mathbb{H}_0: \mu = \mu_0$$

和

$$\mathbb{H}_A: \mu \neq \mu_0$$

其中 μ_0 为已知常数。这等价于选择检验函数

$$g(\theta) = \mu - \mu_0$$

从而

$$G(\theta) = \frac{dg(\theta)}{d\theta} = (1,\ 0)$$

是一个二维行向量。

因为总体分布 $N(\mu,\sigma^2)$ 的 PDF 为

$$f(x,\theta) = \frac{1}{\sqrt{2\pi\sigma^2}}e^{-\frac{(x-\mu)^2}{2\sigma^2}}$$

随机样本 $\boldsymbol{X}^n$ 的标准化对数似然函数是

$$\hat{l}(\theta) = -\frac{1}{2}\ln(2\pi) - \frac{1}{2}\ln(\sigma^2) - \frac{1}{2\sigma^2}\frac{1}{n}\sum_{i=1}^{n}(X_i-\mu)^2$$

对无约束的 MLE，例 8.4 已求得

$$\begin{aligned}\hat{\mu} &= \bar{X}_n \\ \hat{\sigma}^2 &= \frac{1}{n}\sum_{i=1}^{n}(X_i-\bar{X}_n)^2\end{aligned}$$

同时，样本黑塞矩阵

$$\hat{H}(\theta) = \begin{bmatrix} -\frac{1}{\sigma^2} & -\frac{1}{\sigma^4}\frac{1}{n}\sum_{i=1}^{n}(X_i-\mu) \\ -\frac{1}{\sigma^4}\frac{1}{n}\sum_{i=1}^{n}(X_i-\mu) & \frac{1}{2\sigma^4}-\frac{1}{\sigma^6}\frac{1}{n}\sum_{i=1}^{n}(X_i-\mu)^2 \end{bmatrix}$$

当 $\theta=\hat{\theta}$ 时，有

$$\hat{H}(\hat{\theta}) = \begin{bmatrix} -\frac{1}{\hat{\sigma}^2} & 0 \\ 0 & -\frac{1}{2\hat{\sigma}^4} \end{bmatrix}$$

从而在原假设 $\mathbb{H}_0$： $\mu=\mu_0$ 下，沃尔德检验统计量为

$$\begin{aligned}W &= -ng(\hat{\theta})'[G(\hat{\theta})\hat{H}(\hat{\theta})^{-1}G(\hat{\theta})']^{-1}g(\hat{\theta}) \\ &= \frac{n\left(\bar{X}_n-\mu_0\right)^2}{\hat{\sigma}^2} \\ &\xrightarrow{d} \chi_1^2\end{aligned}$$

这里渐进分布 χ_1^2 由 $\sqrt{n}(\bar{X}_n-\mu)/\sigma \sim N(0,1)$ 和斯勒茨基定理 (定理 7.8) 而得。

下面构建拉格朗日乘子检验统计量。考察有约束 MLE 估计量

$$\tilde{\theta} = \max_{\theta\in\Theta}\hat{l}(\theta)$$

此处约束条件为 $\mu=\mu_0$。定义拉格朗日函数

$$L(\theta,\lambda) = \hat{l}(\theta) + \lambda(\mu-\mu_0)$$

则一阶条件为

$$\begin{aligned}\frac{\partial L(\tilde{\theta},\tilde{\lambda})}{\partial\mu} &= \frac{1}{\tilde{\sigma}^2}\frac{1}{n}\sum_{i=1}^{n}(X_i-\tilde{\mu}) + \tilde{\lambda} = 0 \\ \frac{\partial L(\tilde{\theta},\tilde{\lambda})}{\partial\sigma^2} &= -\frac{1}{2\tilde{\sigma}^2} + \frac{1}{2\tilde{\sigma}^4}\frac{1}{n}\sum_{i=1}^{n}(X_i-\tilde{\mu})^2 = 0 \\ \frac{\partial L(\tilde{\theta},\tilde{\lambda})}{\partial\lambda} &= \tilde{\mu}-\mu_0 = 0\end{aligned}$$

求解一阶条件，得

$$\tilde{\mu} = \mu_0$$

$$\tilde{\sigma}^2 = \frac{1}{n}\sum_{i=1}^{n}(X_i - \mu_0)^2$$

$$\tilde{\lambda} = -\frac{1}{\tilde{\sigma}^2}(\bar{X}_n - \mu_0)$$

且样本黑塞矩阵

$$\hat{H}(\tilde{\theta}) = \begin{bmatrix} -\frac{1}{\tilde{\sigma}^2} & -\frac{1}{\tilde{\sigma}^4}(\bar{X}_n - \mu_0) \\ -\frac{1}{\tilde{\sigma}^4}(\bar{X}_n - \mu_0) & -\frac{1}{2\tilde{\sigma}^4} \end{bmatrix}$$

因此，拉格朗日乘子检验统计量

$$\begin{aligned} LM &= -n\tilde{\lambda}' G(\tilde{\theta})\hat{H}^{-1}(\tilde{\theta})G(\tilde{\theta})'\tilde{\lambda} \\ &= \frac{n(\bar{X}_n - \mu_0)^2}{\tilde{\sigma}^2 - 2(\bar{X}_n - \mu_0)^2} \end{aligned}$$

最后，构建似然比检验统计量 LR。因为

$$\hat{l}(\hat{\theta}) = -\frac{1}{2}\ln(2\pi) - \frac{1}{2}\ln(\hat{\sigma}^2) - \frac{1}{2}$$

$$\hat{l}(\tilde{\theta}) = -\frac{1}{2}\ln(2\pi) - \frac{1}{2}\ln(\tilde{\sigma}^2) - \frac{1}{2}$$

从而

$$\begin{aligned} LR &= 2n\left[\hat{l}(\hat{\theta}) - \hat{l}(\tilde{\theta})\right] \\ &= n\ln\left(\frac{\tilde{\sigma}^2}{\hat{\sigma}^2}\right) \end{aligned}$$

上式表明，极大似然检验通过比较原假设和备择假设下的方差估计量来检验总体均值是否满足 $\mu = \mu_0$。这里似然比等于样本方差比的对数函数。直观上，当 $\mu \neq \mu_0$，$\tilde{\sigma}^2 = n^{-1}\sum_{i=1}^{n}(X_i - \mu_0)^2$ 并非 σ^2 的一致估计量。当 n 很大时，$\tilde{\sigma}^2$ 将大于 $\hat{\sigma}^2$，赋予 LR 拒绝原假设的功效。当 $n \to \infty$ 时，LR 检验统计量趋向无穷大。

第七节　小结

假设检验是统计推断最重要的任务之一。本章介绍了统计推断中假设检验的基本概念和基本思想，以及著名的内曼-皮尔逊引理，即基于似然比的检验是简单假设的一致最

大功效检验。接着，讨论了三个经典的统计检验方法，即沃尔德检验、拉格朗日乘子检验和似然比检验，并证明了在参数概率模型正确设定条件下三者在原假设下渐进等价。

需要强调，本章讨论的所有假设检验均建立在总体分布模型正确设定的前提下。即存在一个未知参数值 θ_0，使得总体分布 $f_X(x)=f(x,\theta_0)$。当总体分布模型错误设定时，需要利用对模型误判稳健的一致渐进方差估计量来对沃尔德检验统计量和拉格朗日乘子检验统计量进行修正 (问题：为什么?)，才能获得模型误设情形下仍适用的参数假设检验统计量。但是，似然比检验统计量无法修正，因为其原理是基于比较原假设和备则假设下的最大似然值。更多讨论参见洪永淼 (2011，第九章)。

最后，当检验经济假说时，通常需要将经济假说转化为关于模型参数的统计假设。因为在这一转化过程中常需要附加一些辅助条件，可能导致原始经济假说和所检验的统计假设之间存在一定的差异。之所以存在这种差异，是因为统计模型通常无法刻画数据包含的所有基本信息，从而导致数据证据与模型证据之间存在差异。所以，对统计假设检验结果的分析与解释需要格外谨慎。

练习题九

9.1 假设 $\boldsymbol{X}^n$ 为来自正态分布 $N(\mu,\sigma^2)$ 的 IID 随机样本，其中 μ 是未知参数，而 σ^2 是已知常数。考察在显著水平 α 上关于 $\mathbb{H}_0:\mu=\mu_0$ 和 $\mathbb{H}_A:\mu\neq\mu_0$ 的检验统计量 $Z_n=\sqrt{n}(\bar{X}_n-\mu_0)/\sigma$。

(1) 求该检验的第一类错误；

(2) 求该检验的第二类错误；

(3) 在备则假设 $\mathbb{H}_A:\mu=\mu_0+\delta$，$\delta\neq 0$ 下推导该检验的功效函数。若 $|\delta|$ 增加，检验的功效将如何变化？若样本容量 n 增加，检验的功效又将如何变化？

9.2 假设 $\boldsymbol{X}^n$ 为来自正态分布 $N(\mu,\sigma^2)$ 的 IID 随机样本，其中 μ，σ^2 均为未知参数。求在显著水平 α 上，t-检验对 $\mathbb{H}_0:\mu=\mu_0$ 和 $\mathbb{H}_A:\mu\neq\mu_0$ 的接受域和拒绝域。

9.3 假设$\{X_i,Y_i\}_{i=1}^n$ 为来自总体分布为联合 PMF $f(x,y;\beta,\rho)=\frac{(\beta+x)^{-\rho}}{\Gamma(\rho)}y^{\rho-1}e^{-y/(\beta+x)}$，$x,y>0$ 的 IID 随机样本。考察检验原假设 $\mathbb{H}_0:\rho=1$，即原假设下总体分布由联合 PMF $f(x,y;\beta)=\frac{1}{\beta+x}e^{-y/(\beta+x)}$，$x,y>0$ 给定。

(1) 推导关于 $\mathbb{H}_0$ 的对数似然比检验统计量；

(2) 推导关于 $\mathbb{H}_0$ 的 LM 检验统计量；

(3) 推导基于 MLE 方法的关于 $\mathbb{H}_0$ 的沃尔德检验统计量。

9.4 假设 $\boldsymbol{X}^n$ 为来自正态分布 $N(\mu,\sigma^2)$ 的 IID 随机样本，其中 $\sigma^2=\sigma_0^2$ 为已知常数。

(1) 推导原假设 $\mathbb{H}_0:\mu=\mu_0$ 和备择假设 $\mathbb{H}_A:\mu\neq\mu_0$ 的对数似然比检验统计量；

(2) 在原假设 $\mathbb{H}_0$ 下，对数似然比检验统计量的分布是什么？

(3) 证明似然比检验等价于基于检验统计量 $Z_n=\sqrt{n}(\bar{X}_n-\mu_0)/\sigma_0$ 的检验，后者在 $\mathbb{H}_0$ 下服从 $N(0,1)$ 分布。

9.5 假设 $\boldsymbol{X}^n$ 为来自正态分布 $N(\mu,\sigma^2)$ 的 IID 随机样本，其中 μ 和 σ^2 均为未知参数。

(1) 推导原假设 $\mathbb{H}_0:\mu=\mu_0$ 和备择假设 $\mathbb{H}_A:\mu\neq\mu_0$ 的对数似然比检验统计量；

(2) 在原假设 $\mathbb{H}_0$ 下，对数似然比检验统计量的分布是什么？

(3) 证明似然比检验等价于基于检验统计量 $T=\sqrt{n}(\bar{X}_n-\mu_0)/S_n$ 的检验，后者在原假设 $\mathbb{H}_0$ 下服从学生 t_{n-1} 分布，其中 S_n 是样本标准差。

9.6 假设 $\boldsymbol{X}^n$ 为来自正态分布 $N(\mu,\sigma^2)$ 的 IID 随机样本，其中 μ 为未知参数。

(1) 推导原假设 $\mathbb{H}_0:\sigma^2=\sigma_0^2$ 和备择假设 $\mathbb{H}_A:\sigma^2\neq\sigma_0^2$ 的对数似然比检验统计量；

(2) 在原假设 $\mathbb{H}_0$ 下，对数似然比检验统计量的分布是什么？

9.7 假设 $\boldsymbol{X}^{n_1}$ 是来自正态分布 $N(\mu_1,\sigma_1^2)$ 的 IID 随机样本，$\boldsymbol{Y}^{n_2}$ 是来自正态分布 $N(\mu_2,\sigma_2^2)$ 的 IID 随机样本，且两个随机样本 $\boldsymbol{X}^{n_1}$ 和 $\boldsymbol{Y}^{n_2}$ 之间相互独立，其中 μ_1，μ_2，σ_1^2，σ_2^2 均为未知参数。

(1) 推导原假设 $\mathbb{H}_0:\sigma_1^2=\sigma_2^2$ 和备择假设 $\mathbb{H}_A:\sigma_1^2\neq\sigma_2^2$ 的对数似然比检验统计量；

(2) 在原假设 $\mathbb{H}_0$ 下，对数似然比检验统计量的分布是什么？

9.8 假设 $\boldsymbol{X}^{n_1}$ 为来自正态分布 $N(\mu_1,\sigma^2)$ 的 IID 随机样本，$\boldsymbol{Y}^{n_2}$ 为来自正态分布 $N(\mu_2,\sigma^2)$ 的 IID 随机样本，且两个随机样本 $\boldsymbol{X}^{n_1}$ 和 $\boldsymbol{Y}^{n_2}$ 之间相互独立，其中 μ_1，μ_2，σ^2 均为未知参数。

(1) 推导原假设 $\mathbb{H}_0:\mu_1=\mu_2$ 和备择假设 $\mathbb{H}_A:\mu_1\neq\mu_2$ 的对数似然比检验统计量；

(2) 在原假设 $\mathbb{H}_0$ 下，对数似然比检验统计量的分布是什么？

9.9 证明拉格朗日乘子检验统计量 LM 可表示为

$$LM=n\left[\frac{d\hat{l}(\tilde{\theta})}{d\theta}\right]'[-G(\tilde{\theta})\hat{H}(\tilde{\theta})^{-1}G(\tilde{\theta})']^{-1}\left[\frac{d\hat{l}(\tilde{\theta})}{d\theta}\right]$$

9.10 假设 $\boldsymbol{X}^n$ 为来自总体分布为 $f(x,\theta_0)$ 的 IID 随机样本，其中 θ_0 是未知参数值。令 $\hat{S}(\theta)=n^{-1}\sum_{i=1}^n\frac{\partial}{\partial\theta}\ln f(X_i,\theta)$，$\hat{\theta}$ 是 θ_0 的 MLE 估计量。定义检验统计量

$$\tilde{W}=ng(\hat{\theta})'G(\hat{\theta})\hat{S}(\hat{\theta})\hat{S}(\hat{\theta})'G(\hat{\theta})'g(\hat{\theta})$$

这是基于 MLE 的沃尔德检验统计量的另一种构造方法。证明在原假设 $\mathbb{H}_0:g(\theta_0)=0$ 下，$\tilde{W}\xrightarrow{d}\chi_J^2$。假设第八章第三节节的正则条件成立。

9.11 令 $\hat{S}(\theta)$ 定义如习题 9.10。定义

$$\widetilde{LM}=n\tilde{\lambda}'G(\tilde{\theta})\hat{S}(\tilde{\theta})\hat{S}(\tilde{\theta})'G(\tilde{\theta})'\tilde{\lambda}$$

这是基于 LM 检验统计量的另一种构造方法。证明在原假设 $\mathbb{H}_0: g(\theta_0)=0$ 下，$\widetilde{LM} \xrightarrow{d} \chi_J^2$。假设第九章第四节的正则条件成立。

9.12 假设第九章第四节的正则条件成立。证明在原假设 $\mathbb{H}_0: g(\theta_0)=0$ 下，基于 MLE $\hat{\theta}$ 的沃尔德检验统计量 W 渐进等价于定理 9.3 的 LM 检验统计量。

9.13 信息矩阵等式 (引理 8.4) 在推导 LR 检验统计量的渐进分布时起到什么作用？若信息矩阵等式不成立，在原假设 $\mathbb{H}_0: g(\theta_0)=0$ 下是否必然有 $LR \xrightarrow{d} \chi_J^2$。给出推理过程。

9.14 假设 $\boldsymbol{X}^n$ 为来自伯努利分布 Bernoulli(p) 的 IID 随机样本，构建一个关于 $\mathbb{H}_0: p=p_0$ 和 $\mathbb{H}_A: p \neq p_0$ 的一致最大功效检验。给出推理过程。

9.15 假设 $\boldsymbol{X}^n$ 为来自泊松分布 Poisson(λ) 的 IID 随机样本，考虑检验假设检验 $\mathbb{H}_0: \lambda=\lambda_0$ 和 $\mathbb{H}_A: \lambda \neq \lambda_0$。分别构造沃尔德检验统计量 W、拉格朗日检验统计量 LM 及似然比检验统计量 LR，并给出推导过程。

9.16 假设第八章第三节的正则条件以及假设 9.3 成立，证明在原假设 $\mathbb{H}_0: g(\theta)=\mathbf{0}$ 下，LM 和 LR 渐进等价。

第十章　经典线性回归分析

摘要：本章介绍经典线性回归理论，包括经典回归模型假设、普通最小二乘估计量的统计性质、t-检验和 F-检验、广义最小二乘估计量及其相关的统计推断方法。本章是构建现代计量经济学理论的基石，也是理解现代计量经济学的钥匙。

关键词：自相关、经典线性回归、条件异方差、条件同方差、F-检验、高斯-马尔可夫 (Gauss-Markov) 定理、广义最小二乘法、假设检验、模型选择准则、普通最小二乘法、R^2、t-检验

第一节　经典线性回归模型

假设 $\{Y_i, X_i'\}_{i=1}^n$ 是一个容量为 n 的可观测随机样本，其中 Y_i 是一个标量，$X_i = (1, X_{1i}, \cdots, X_{ki})'$ 是一个 $(k+1)\times 1$ 维的列向量，$X_{1i}, \cdots, X_{ki}$ 是回归变量，i 在截面数据中代表个体单元 (比如一个企业、一个家庭、一个国家)，在时间序列数据中代表一个时期 (比如天、周、月、年)。本章的目的是用随机样本 $\{Y_i, X_i'\}_{i=1}^n$ 生成的数据对条件均值 $E(Y_i|X_i)$ 进行建模，估计未知参数值并进行统计推断。为书写方便，本章记 $p = k+1$。其中，k 是不含截距项的回归变量的个数，p 是未知参数的个数。

本章考察以下线性回归模型

$$\begin{aligned} Y_i &= \alpha + \sum_{j=1}^{k} \beta_j X_{ji} + \varepsilon_i \\ &= X_i{}'\theta + \varepsilon_i, \quad i = 1, \cdots, n \end{aligned}$$

其中 $\theta = (\alpha, \beta_1, \cdots, \beta_k)'$ 是一个 $p \times 1$ 维的未知参数向量，ε_i 是一个不可观测的随机扰动项。这里，Y_i 称为因变量或被解释变量 (dependent variable or regressand)，$X_i = (1, X_{1i}, \cdots, X_{ki})'$ 称为 $p \times 1$ 维自变量或回归元 (independent variables or regressors)。若存在某一参数值 θ_0，有

$$E(Y_i|X_i) = X_i{}'\theta_0$$

则称线性回归模型是关于条件均值 $E(Y_i|X_i)$ 的正确设定。反之，若对所有参数值 θ，

$$E(Y_i|X_i) \neq X_i{}'\theta$$

则称线性回归模型是关于条件均值 $E(Y_i|X_i)$ 的误设。本章假设线性回归模型为正确设

定。

当且仅当条件均值 $E(Y_i|X_i)$ 的线性模型设定正确时，有

$$E(\varepsilon_i|X_i)=0$$

此时，参数值

$$\theta_0=\frac{\mathbf{d}E(Y_i|X_i)}{\mathbf{d}X_i}$$

可解释为 X_i 对 Y_i 的期望边际效应 (expected marginal effect)，并称为真实参数值。例如，若 X_i 是收入，Y_i 是消费，则 θ_0 是期望边际消费倾向 (marginal propensity to consume)。

线性回归模型指因变量 Y_i 是参数 θ 的线性函数，而不一定是经济解释变量的线性函数。线性回归模型允许 Y_i 和经济解释变量之间存在非线性关系，例如，当 $X_i=(1,X_{1i},X_{1i}^2,\cdots,X_{1i}^k)'$ 时，Y_i 是某一经济变量 X_{1i} 的一个多项式函数，但它仍属于线性回归模型。

线性回归模型，即使是正确设定，也并不意味着 X_i 和 Y_i 之间存在着因果关系。正如 Kendall & Stuart (1961) 指出的，“统计关系，无论多么强和多么富有启示性，都不能确立因果关系。因果关系的思想必须来自统计学之外，来源于一些理论或其他方面”。线性回归模型描述一种线性预测或推测 (predictive) 关系，即给定 X_i，是否可用线性模型预测或推测 Y_i?

现令

$$\begin{aligned}\boldsymbol{Y}&=(Y_1,\cdots,Y_n)',\quad n\times 1\\ \boldsymbol{X}&=(X_1,\cdots,X_n)',\quad n\times p\\ \boldsymbol{\varepsilon}&=(\varepsilon_1,\cdots,\varepsilon_n)',\quad n\times 1\end{aligned}$$

这里 $\boldsymbol{X}$ 的第 i 行是 $1\times p$ 维行向量 $X_i{}'=(1,X_{1i},\cdots,X_{ki})$。用矩阵符号，线性回归模型可简洁地表示为

$$\boldsymbol{Y}=\boldsymbol{X}\theta_0+\boldsymbol{\varepsilon}$$

本章假设以下条件成立，即

$$\begin{aligned}E(\varepsilon_i|\boldsymbol{X})&=E(\varepsilon_i|X_1,\cdots,X_i,\cdots,X_n)\\&=0,\quad i=1,\cdots,n\end{aligned}$$

这一条件称为严格外生性 (strict exogeneity)。它隐含线性回归模型为 $E(Y_i|X_i)$ 的正确设定，因为通过重复期望法则，可推出 $E(\varepsilon_i|X_i)=0$ 和 $E(\varepsilon_i)=0$。

对于任意 $i,j\in\{1,\cdots,n\}$，有

$$
\begin{aligned}
E\left(X_i\varepsilon_j\right) &= E\left[E\left(X_i\varepsilon_j|\boldsymbol{X}\right)\right] \\
&= E\left[X_iE\left(\varepsilon_j|\boldsymbol{X}\right)\right] \\
&= E\left(X_i0\right) \\
&= \mathbf{0}
\end{aligned}
$$

由于 $E(\varepsilon_i)=0$，$E(X_i\varepsilon_j)=\mathbf{0}$ 意味着对任意的 $i,j\in\{1,\cdots,n\}$，有 $\text{cov}(X_i,\varepsilon_j)=\mathbf{0}$。

矩阵 $\boldsymbol{X}$ 包含所有的自变量向量 $X_1,X_2,\cdots,X_n$。如果下标 i 表示时间，则严格外生性假设要求随机扰动项 ε_i 的条件均值不依赖于所有自变量过去和未来的数值。这排除了扰动项 ε_i 与自变量未来值之间的相关性，因此排除了所谓动态时间序列回归模型，即 X_i 包含因变量 Y_i 的滞后项 (如 Y_{i-1}, Y_{i-2}) 的回归模型。例如，考虑一阶自回归 (first-order autoregression, $AR(1)$) 模型

$$
\begin{aligned}
Y_i &= \alpha_0+\beta_0Y_{i-1}+\varepsilon_i \\
&= X_i'\theta_0+\varepsilon_i,\quad i=1,\cdots,n \\
\{\varepsilon_i\} &\sim \text{IID}\left(0,\sigma^2\right)
\end{aligned}
$$

其中 $X_i=(1,Y_{i-1})'$ 包含 Y_i 的一阶滞后项 Y_{i-1}。这是一个动态回归模型，因为 β_0Y_{i-1} 代表过去的“记忆”或“反馈”对现值的影响。所谓自回归是指 Y_i 与自己过去值之间的回归关系，自回归参数 β_0 决定反馈量的大小， β_0 的绝对值越大，其反馈效应越强。随机扰动项 ε_i 可视为第 i 时期的“新信息”效应。由于新信息不能够被预测，因此今天的新信息应该与昨天的信息无关，这就意味着 $E(\varepsilon_i|X_i)=0$。例如，假设新信息 ε_i 为 IID $(0,\sigma^2)$ 序列,则 ε_i 与过去的信息集合互相独立,故有 $E\left(X_i\varepsilon_i\right)=E\left(X_i\right)E\left(\varepsilon_i\right)=\mathbf{0}$。但是，$E\left(X_{i+1}\varepsilon_i\right)\neq\mathbf{0}$，从而 $E\left(\varepsilon_i|\boldsymbol{X}\right)\neq0$ ，即严格外生性假设不成立。换言之，严格外生性排除了一阶自回归模型。这里，X_i 所包含的 Y_i 的一阶滞后项 Y_{i-1} 称为先决变量 (predetermined variable)，因为 Y_{i-1} 与 ε_i 正交但依赖于 $\{\varepsilon_i\}$ 过去的信息。本章假设严格外生性条件的主要目的是建立有限样本分布理论 (即样本容量 n 不趋于无穷大)。对于大样本理论 (即渐进分布理论)，则不需要严格外生性假设。参见洪永淼 (2011，第五章)。

在计量经济学中，还有其他外生性的定义。比如，可将其定义为 $\{\varepsilon_i\}$ 和 $\boldsymbol{X}$ 相互独立，或 $\boldsymbol{X}$ 是非随机的。这排除了条件异方差 (即 $\text{var}(\varepsilon_i|\boldsymbol{X})$ 随 $\boldsymbol{X}$ 的变化而变化) 的可能性。在严格外生性假设下，仍允许条件异方差的存在，因为没有假设 ε_i 和 $\boldsymbol{X}$ 是相互独立的，仅仅假设条件均值 $E\left(\varepsilon_i|\boldsymbol{X}\right)$ 不依赖于 $\boldsymbol{X}$。在广义最小二乘法（generalized least squares, GLS）的情况下，$\text{var}\left(\varepsilon_i|\boldsymbol{X}\right)$ 可能依赖于 $\boldsymbol{X}$。具体讨论参见本章第九节。

现在以下考察两种特殊情形。

情形 (1)：如果 $\boldsymbol{X}$ 是非随机的，这对严格外生性假设将有何影响？

如果 $\boldsymbol{X}$ 是非随机的，严格外生性假设将变成以下简单的条件

$$
E\left(\varepsilon_i|\boldsymbol{X}\right)=E\left(\varepsilon_i\right)=0
$$

非随机 $\boldsymbol{X}$ 的一个例子是 $X_i = (1, i, \cdots, i^k)'$，其中 i 代表时间。这是一个具有时间趋势的回归模型

$$\begin{aligned} Y_i &= X_i'\theta_0 + \varepsilon_i \\ &= \alpha_0 + \sum_{j=1}^{k} \beta_{j0} i^j + \varepsilon_i \end{aligned}$$

情形 (2)：如果 $\{Y_i, X_i'\}_{i=1}^n$ 是一个独立同分布随机样本，即随机向量 $(Y_1, X_1'), \cdots, (Y_n, X_n')$ 是联合独立的，这对严格外生性假设有何影响？

当 $\{Y_i, X_i'\}_{i=1}^n$ 为独立同分布随机样本时，严格外生性假设将变为

$$\begin{aligned} E(\varepsilon_i | \boldsymbol{X}) &= E(\varepsilon_i | X_1, \cdots, X_i, \cdots, X_n) \\ &= E(\varepsilon_i | X_i) \\ &= 0 \end{aligned}$$

换言之，当 $\{Y_i, X_i'\}_{i=1}^n$ 为独立同分布时，$E(\varepsilon_i | \boldsymbol{X}) = 0$ 等价于 $E(\varepsilon_i | X_i) = 0$，即线性回归模型正确设定。

除严格外生性假设之外，本章还将假设以下所谓球形误差方差 (spherical error variance) 条件：

(a) [条件同方差 (conditional homoskedasticity)]

$$E(\varepsilon_i^2 | \boldsymbol{X}) = \sigma^2 > 0, \quad i = 1, \cdots, n$$

(b) [条件不相关 (conditional uncorrelatedness)]

$$E(\varepsilon_i \varepsilon_j | \boldsymbol{X}) = 0, \quad i \neq j, \quad i, j \in \{1, \cdots, n\}$$

其中，条件 (a) 意味着 ε_i 存在条件同方差，即

$$\begin{aligned} \operatorname{var}(\varepsilon_i | \boldsymbol{X}) &= E(\varepsilon_i^2 | \boldsymbol{X}) - [E(\varepsilon_i | \boldsymbol{X})]^2 \\ &= E(\varepsilon_i^2 | \boldsymbol{X}) \\ &= \sigma^2 \end{aligned}$$

而条件 (b) 意味着 $\{\varepsilon_i\}$ 不存在条件自相关，即对于所有的 $i \neq j$，有

$$\begin{aligned} \operatorname{cov}(\varepsilon_i, \varepsilon_j | \boldsymbol{X}) &= E(\varepsilon_i \varepsilon_j | \boldsymbol{X}) - E(\varepsilon_i | \boldsymbol{X}) E(\varepsilon_j | \boldsymbol{X}) \\ &= 0 \end{aligned}$$

如果 i 表示个体单元，这意味着横截面不相关 (cross-sectional uncorrelatedness)，如果 i 代表时间，这意味着序列不相关 (serial uncorrelatedness)。这两种情况均称为 $\{\varepsilon_i\}$ 不存在自相关。

根据重复期望法则，上述球型方差假设意味着对于所有 $i \in \{1, \cdots, n\}$，$\text{var}(\varepsilon_i) = \sigma^2$，这称为无条件同方差。同样地，对于所有 $i \neq j$，有 $\text{cov}(\varepsilon_i, \varepsilon_j) = 0$。

严格外生性假设和球形误差方差假设结合起来，可简洁表述为

$$E(\boldsymbol{\varepsilon}|\boldsymbol{X}) = \boldsymbol{0}$$
$$E(\boldsymbol{\varepsilon}\boldsymbol{\varepsilon}'|\boldsymbol{X}) = \sigma^2\boldsymbol{I}$$

其中 $\boldsymbol{I}$ 是一个 $n \times n$ 的单位阵。

由 $E(\boldsymbol{\varepsilon}|\boldsymbol{X}) = \boldsymbol{0}$ 和 $E(\boldsymbol{\varepsilon}\boldsymbol{\varepsilon}'|\boldsymbol{X}) = \sigma^2\boldsymbol{I}$ 并不能推出 ε_i 和 $\boldsymbol{X}$ 是相互独立的，它们只是假设 ε_i 的条件均值和条件方差不依赖于 $\boldsymbol{X}$，但允许 ε_i 的条件高阶矩 (比如条件偏度和峰度) 依赖于 $\boldsymbol{X}$。

为了识别未知参数值 θ_0，本章还将假设 $p \times p$ 维方阵 $\boldsymbol{X}'\boldsymbol{X} = \sum_{i=1}^n X_i X_i'$ 是非奇异的。这个假设排除了对任意 $i \in \{1, \cdots, n\}$，向量 X_i 中包括截距项在内的 p 个自变量之间存在多重共线性 (multicollinearity) 的可能性。自变量 X_i 存在多重共线性，是指至少存在一个 $j \in \{0, 1, \cdots, k\}$ 以及对所有的 $i \in \{1, \cdots, n\}$，变量 X_{ji} 可表示为其他 k 个变量 $\{X_{li}, l \neq j\}$ 的线性组合。在这种情况下，$\boldsymbol{X}'\boldsymbol{X}$ 不是非奇异矩阵 (请验证！)，其结果将导致线性回归模型的真实参数值 θ_0 不可识别。

$\boldsymbol{X}'\boldsymbol{X}$ 的非奇异性意味着 $\boldsymbol{X}$ 必须是满秩的，即秩为 p。因此，需要 $p \leqslant n$，即解释变量的个数不能超过样本容量 n，这是真实参数值 θ_0 可识别的必要条件。

直观上说，如果 $\{X_i\}_{i=1}^n$ 的值不存在变动或变动很小，将很难确定 Y_i 和 X_i 之间的关系。经典线性回归的目的就是考察 X_i 的变化如何导致 Y_i 的变化，因此，需要不同 i 的 X_i 取值有显著不同，才能较为精确地确定 X_i 和 Y_i 的关系。某种意义上，$\boldsymbol{X}'\boldsymbol{X}$ 可称为样本 $\boldsymbol{X}$ 的“信息矩阵”，因为它测度了 $\boldsymbol{X}$ 中的信息含量。$\boldsymbol{X}'\boldsymbol{X}$ 包含的信息含量影响参数值 θ_0 的估计精度。如果存在近似多重共线性 (near-multicollinearity)，即自变量 X_i 的样本值之间存在近似的线性关系，这时，虽然 $\boldsymbol{X}'\boldsymbol{X}$ 是非奇异的，但 $\boldsymbol{X}'\boldsymbol{X}$ 接近一个奇异矩阵，其最小特征值不为零但很接近零，且并不随样本容量 n 的增大而增大。其结果是，虽然以下将要介绍的普通最小二乘 (ordinary least squares，OLS) 估计量总有定义，其有限样本分布也可获得，但当 $n \to \infty$ 时，OLS 估计量的均方误并不趋于零，从而 OLS 估计量不收敛于真实参数值 θ_0。

第二节　普通最小二乘估计

如何利用随机样本 $\{Y_i, X_i'\}_{i=1}^n$ 产生的数据估计未知参数值 θ_0？

首先介绍普通最小二乘 (ordinary least squares, OLS) 估计方法。

定义 10.1 ***[OLS 估计量]:*** *定义线性回归模型 $Y_i = X_i'\theta + \varepsilon$ 的残差平方和 (sum of squared residuals, SSR) 为*

$$SSR(\theta) \equiv (\boldsymbol{Y} - \boldsymbol{X}\theta)'(\boldsymbol{Y} - \boldsymbol{X}\theta)$$
$$= \sum_{i=1}^{n} (Y_i - X_i'\theta)^2$$

则普通最小二乘 (OLS) 估计量 $\hat{\theta}$ 是以下最优化问题的解:

$$\hat{\theta} = \arg\min_{\theta \in \mathbb{R}^p} SSR(\theta)$$

定理 10.1 ***[OLS 的存在性]***: 假设 $p \times p$ 维矩阵 $\boldsymbol{X}'\boldsymbol{X}$ 非奇异, 则 OLS 估计量 $\hat{\theta}$ 存在, 且

$$\hat{\theta} = (\boldsymbol{X}'\boldsymbol{X})^{-1} \boldsymbol{X}'\boldsymbol{Y}$$

证明：假设 a 和 θ 均是 $p \times 1$ 维向量，利用下列等式

$$\frac{\partial (a'\theta)}{\partial \theta} = a$$

可得

$$\frac{dSSR(\theta)}{d\theta} = \frac{d}{d\theta} \sum_{t=1}^{n} (Y_i - X_i'\theta)^2$$
$$= \sum_{i=1}^{n} \frac{\partial (Y_i - X_i'\theta)^2}{\partial \theta}$$
$$= \sum_{i=1}^{n} 2(Y_i - X_i'\theta) \frac{\partial (Y_i - X_i'\theta)}{\partial \theta}$$
$$= -2 \sum_{i=1}^{n} X_i (Y_i - X_i'\theta)$$
$$= -2\boldsymbol{X}'(\boldsymbol{Y} - \boldsymbol{X}\theta)$$

OLS 估计量必须满足一阶条件：

$$-2\boldsymbol{X}'\left(\boldsymbol{Y} - \boldsymbol{X}\hat{\theta}\right) = \mathbf{0}$$

从而有

$$(\boldsymbol{X}'\boldsymbol{X})\hat{\theta} = \boldsymbol{X}'\boldsymbol{Y}$$

由于 $\boldsymbol{X}'\boldsymbol{X}$ 是非奇异的，因此有

$$\hat{\theta} = (\boldsymbol{X}'\boldsymbol{X})^{-1} \boldsymbol{X}'\boldsymbol{Y}$$

检查二阶条件，有 $p \times p$ 维样本黑塞矩阵

$$
\begin{aligned}
\frac{\partial^2 SSR(\theta)}{\partial\theta\partial\theta'} &= -2\sum_{i=1}^{n}\frac{\partial}{\partial\theta'}\left[X_i\left(Y_i - X_i'\theta\right)\right] \\
&= 2\boldsymbol{X}'\boldsymbol{X}
\end{aligned}
$$

由于样本黑塞矩阵为正定 (问题：为什么？)，故 $\hat{\theta}$ 是全局最优解。证毕。 ■

注意 $\hat{\theta}$ 的存在只需要 $\boldsymbol{X}'\boldsymbol{X}$ 为非奇异矩阵这一条件。

$\hat{Y}_i \equiv X_i'\hat{\theta}$ 称为观测值 Y_i 的拟合值 (fitted value) 或预测值 (predicted value)。另外， $e_i \equiv Y_i - \hat{Y}_i$ 是观测值 Y_i 的估计残差 (estimated residual) 或预测误差 (predicted error)。注意估计残差

$$
\begin{aligned}
e_i &= Y_i - \hat{Y}_i \\
&= (X_i'\theta_0 + \varepsilon_i) - X_i'\hat{\theta} \\
&= \varepsilon_i - X_i'(\hat{\theta} - \theta_0)
\end{aligned}
$$

其中真实扰动项 ε_i 是不可避免的噪声，而第二项 $X_i'(\hat{\theta} - \theta_0)$ 是估计误差；当样本容量越大 (从而 $\hat{\theta}$ 越趋近 θ_0) 时，这一项将变得越小，乃至可忽略不计。

普通最小二乘法 (OLS) 的一阶条件意味着 $n \times 1$ 维估计残差向量 $\boldsymbol{e} = \boldsymbol{Y} - \boldsymbol{X}\hat{\theta}$ 与自变量矩阵 $\boldsymbol{X}$ 是正交的，即

$$
\boldsymbol{X}'\boldsymbol{e} = \sum_{i=1}^{n} X_i e_i = \boldsymbol{0}
$$

这是由 OLS 的性质决定的，可由最小化问题 $\min_{\theta\in\mathbb{R}^p} SSR(\theta)$ 的一阶条件直接推出。无论线性回归模型设定是否正确，即不论 $E(\varepsilon_i|\boldsymbol{X}) = 0$ 是否成立，该正交条件总成立。另外，如果 X_i 包含截距项，则 $\boldsymbol{X}'\boldsymbol{e} = \boldsymbol{0}$ 意味着 $\boldsymbol{l}'\boldsymbol{e} = \boldsymbol{0} = \sum_{i=1}^{n} e_i = 0$，即估计残差 e_t 的样本均值总为 0，其中 $\boldsymbol{l} = (1, 1, \cdots, 1)'$ 为一个 $n \times 1$ 维向量，其每个元素均取值为 1。

第三节 拟合优度和模型选择准则

线性回归模型对数据的拟合程度如何？换言之，线性回归模型对观测数据 $\{Y_t\}$ 的变动的预测能力如何？为了刻画拟合优度，需要定义一些准则或指标。

首先介绍两个拟合优度指标，第一个指标称为非中心化多元相关系数平方 (uncentered squared multi-correlation coefficient)，通常称为非中心化 R^2。

定义 10.2 [非中心化 R^2]: 非中心化多元相关系数平方 R^2 定义为

$$
R_{uc}^2 = \frac{\hat{\boldsymbol{Y}}'\hat{\boldsymbol{Y}}}{\boldsymbol{Y}'\boldsymbol{Y}} = 1 - \frac{\boldsymbol{e}'\boldsymbol{e}}{\boldsymbol{Y}'\boldsymbol{Y}}
$$

其中，$\widehat{\boldsymbol{Y}}$ 是 $n\times 1$ 维的拟合值向量，第二个等式是由 OLS 估计的一阶条件得到的。

R_{uc}^2 的含义是因变量 $\{Y_i\}$ 的非中心化的样本二次型变动可以被预测值 $\{\hat{Y}_i\}$ 的非中心化样本二次型变动所解释的比例。根据定义，总有 $0\leqslant R_{uc}^2\leqslant 1$。

下面，定义一个相近的指标，叫作中心化多元相关系数平方 (centered squared multi-correlation coefficient)，通常简称 R^2。

定义 10.3 *[中心化 R^2 或决定系数 (Coefficient of Determination)]*：决定系数定义为

$$R^2\equiv 1-\frac{\sum_{i=1}^n e_i^2}{\sum_{i=1}^n (Y_i-\bar{Y})^2}$$

其中 $\bar{Y}=n^{-1}\sum_{i=1}^n Y_i$ 是样本均值。

当 X_i 包含截距项即 $X_{0i}=1$ 时，可进行如下正交分解：

$$\begin{aligned}\sum_{i=1}^n (Y_i-\bar{Y})^2&=\sum_{i=1}^n (\hat{Y}_i-\bar{Y}+Y_i-\hat{Y}_i)^2\\&=\sum_{i=1}^n (\hat{Y}_i-\bar{Y})^2+\sum_{i=1}^n e_i^2+2\sum_{i=1}^n (\hat{Y}_i-\bar{Y})e_i\\&=\sum_{i=1}^n (\hat{Y}_i-\bar{Y})^2+\sum_{i=1}^n e_i^2\end{aligned}$$

其中交叉项

$$\begin{aligned}\sum_{i=1}^n (\hat{Y}_i-\bar{Y})e_i&=\sum_{i=1}^n \hat{Y}_i e_i-\bar{Y}\sum_{i=1}^n e_i\\&=\hat{\theta}'\sum_{i=1}^n X_i e_i-\bar{Y}\sum_{i=1}^n e_i\\&=\hat{\theta}'\boldsymbol{X}'\boldsymbol{e}-\bar{Y}\boldsymbol{l}'\boldsymbol{e}\\&=\hat{\theta}'\mathbf{0}-\bar{Y}0\\&=0\end{aligned}$$

这里使用了 OLS 估计的一阶条件，即 $\boldsymbol{X}'\boldsymbol{e}=\mathbf{0}$ 和 $\boldsymbol{l}'\boldsymbol{e}=\sum_{i=1}^n e_i=0$ (因为 X_i 包含截距项)。从而

$$\begin{aligned}R^2&\equiv 1-\frac{\boldsymbol{e}'\boldsymbol{e}}{\sum_{i=1}^n (Y_i-\bar{Y})^2}\\&=\frac{\sum_{i=1}^n (Y_i-\bar{Y})^2-\sum_{i=1}^n e_i^2}{\sum_{i=1}^n (Y_i-\bar{Y})^2}\\&=\frac{\sum_{i=1}^n (\hat{Y}_i-\bar{Y})^2}{\sum_{i=1}^n (Y_i-\bar{Y})^2}\end{aligned}$$

并且有

$$0 \leqslant R^2 \leqslant 1$$

反之，如果 X_i 不包含截距项，则

$$\sum_{i=1}^{n}(Y_i - \bar{Y})^2 = \sum_{i=1}^{n}(\hat{Y}_i - \bar{Y})^2 + \sum_{i=1}^{n} e_i^2 + 2\sum_{i=1}^{n}(\hat{Y}_i - \bar{Y})e_i$$

$$\neq \sum_{i=1}^{n}(\hat{Y}_i - \bar{Y})^2 + \sum_{i=1}^{n} e_i^2$$

在这种情况下，R^2 可能为负值！因为交叉项 $2\sum_{i=1}^{n}(\hat{Y}_i - \bar{Y})e_i$ 可能为负值。

当 X_i 包含截距项时，中心化 R^2 和非中心化 R_{uc}^2 有相似的解释，即 R^2 测度 $\boldsymbol{Y}$ 的样本方差中可被线性模型拟合值 $X_i'\hat{\theta}$ 所解释的那部分的比例。

例 10.1 [资本资产定价模型 (Capital Asset Pricing Model, CAPM) 与 $\boldsymbol{R^2}$ 的经济含义]：经典资本资产定价模型可由以下方程刻画：

$$r_i - r_{fi} = \alpha + \beta(r_{mi} - r_{fi}) + \varepsilon_i, \quad i = 1, \cdots, n$$

其中 r_i 是某资产投资组合在时期 i 的收益率，r_{fi} 是无风险资产在时期 i 的收益率，r_{mi} 是市场投资组合在时期 i 的收益率。这里，$r_i - r_{fi}$ 是资产投资组合的风险溢价，$r_{mi} - r_{fi}$ 是市场投资组合的风险溢价，这是唯一的系统风险因子，而扰动项 ε_i 是资产投资组合的特质风险，可通过分散化投资而消除之。在该模型中，R^2 有很好的经济解释：它是其资产投资组合的风险 (以其风险溢价 $r_{pi} - r_{fi}$ 的样本方差测度) 能够被市场风险因子 $r_{mi} - r_{fi}$ 解释的那部分的比例，而 $1 - R^2$ 是该资产投资组合的风险中特质风险因子 ε_i 所占的比例。

实际上，中心化 R^2 是 $\{Y_i\}$ 和 $\{\hat{Y}_i\}$ 之间相关系数的平方。

定理 10.2 $R^2 = \hat{\rho}_{Y\hat{Y}}^2$，这里 $\hat{\rho}_{Y\hat{Y}}$ 是 $\{Y_i\}$ 和 $\{\hat{Y}_i\}$ 之间的样本相关系数。

证明：留作练习题。 ■

由于拟合值 $\hat{Y}_i = X_i'\hat{\theta} = \hat{\alpha} + \sum_{j=1}^{k}\hat{\beta}_j X_{ji}$ 是 $\{X_{ji}\}_{j=1}^{k}$ 的线性组合，其中 $\hat{\theta} = (\hat{\alpha}, \hat{\beta}_1, \cdots, \hat{\beta}_k)'$，$R^2$ 可视为 Y_i 和自变量 $\{X_{ji}\}_{j=1}^{k}$ 之间的多元样本相关系数的加权平均的平方。这就是为什么 R^2 被称为多元相关系数平方的原因。

以下定理 10.3 证明，对于任何给定的随机样本 $\{Y_i, X_i'\}_{i=1}^{n}$，R^2 是自变量个数的非减函数。换句话说，线性回归模型中自变量个数越多，R^2 越高。无论新增加的 X_i 对 Y_i 是否有真正的解释力，均是如此。

定理 10.3 假设 $\{Y_i, X_{1i}, \cdots, X_{(k+q)i}\}_{i=1}^{n}$ 是样本容量为 n 的可观测随机样本，R_1^2 是

以下列线性回归模型的中心化拟合优度

$$Y_i = X_i'\theta + \varepsilon_i$$

其中 $X_i = (1, X_{1i}, \cdots, X_{ki})'$，$\theta$ 是 $p \times 1$ 维的未知参数向量。另外，假设 R_2^2 是以下扩展的线性回归模型的中心化扰合优度

$$Y_i = \tilde{X}_i'\gamma + u_i$$

其中 $\tilde{X}_i = (1, X_{1i}, \cdots, X_{ki}, X_{(k+1)i}, \cdots, X_{(k+q)i})'$，$\gamma$ 是 $(p+q) \times 1$ 维的未知参数向量，q 是正整数。则

$$R_2^2 \geqslant R_1^2$$

证明： 根据拟合优度 R^2 的定义 (即定义 10.3)，有

$$R_1^2 = 1 - \frac{\boldsymbol{e}'\boldsymbol{e}}{\sum_{i=1}^n (Y_i - \bar{Y})^2}$$

$$R_2^2 = 1 - \frac{\tilde{\boldsymbol{e}}'\tilde{\boldsymbol{e}}}{\sum_{i=1}^n (Y_i - \bar{Y})^2}$$

其中 $\boldsymbol{e}$ 是 $\boldsymbol{Y}$ 对 $\boldsymbol{X}$ 回归的估计残差向量，$\tilde{\boldsymbol{e}}$ 是 $\boldsymbol{Y}$ 对 $\tilde{\boldsymbol{X}}$ 回归的估计残差向量。因此，只需要证明 $\tilde{\boldsymbol{e}}'\tilde{\boldsymbol{e}} \leqslant \boldsymbol{e}'\boldsymbol{e}$。因为 OLS 估计量 $\hat{\gamma} = (\tilde{\boldsymbol{X}}'\tilde{\boldsymbol{X}})^{-1}\tilde{\boldsymbol{X}}'\boldsymbol{Y}$ 是使扩展回归模型 $Y_i = \tilde{X}_i'\gamma + u_i$ 的 $SSR(\gamma)$ 最小化的最优解，故对于任意的 $\gamma \in \mathbb{R}^{p+q}$，有 $\tilde{\boldsymbol{e}}'\tilde{\boldsymbol{e}} = \sum_{i=1}^n (Y_i - \tilde{X}_i'\hat{\gamma})^2 \leqslant \sum_{i=1}^n (Y_i - \tilde{X}_i'\gamma)^2$。现选择 $\gamma = (\hat{\theta}', \boldsymbol{0}')'$，其中 $\hat{\theta} = (\boldsymbol{X}'\boldsymbol{X})^{-1}\boldsymbol{X}'\boldsymbol{Y}$ 是第一个回归模型 $Y_i = X_i'\theta + \varepsilon_i$ 的 OLS 估计量，则有

$$\begin{aligned}
\tilde{\boldsymbol{e}}'\tilde{\boldsymbol{e}} &\leqslant \sum_{i=1}^n \left(Y_i - {X_i}'\hat{\theta} - \sum_{j=k+1}^{k+q} 0X_{ji} \right)^2 \\
&= \sum_{i=1}^n (Y_i - X_i'\hat{\theta})^2 \\
&= \boldsymbol{e}'\boldsymbol{e}
\end{aligned}$$

因此，$R_1^2 \leqslant R_2^2$。证毕。 ■

定理 10.3 有其重要含义。首先，R^2 可用于自变量数目相等的线性回归模型的比较，但不适用于比较不同自变量数目的线性回归模型，因为模型的自变量越多，R^2 会越大，即使新增加的自变量对因变量没有真正的解释力，R^2 也会增加。其次，R^2 不是正确模型设定的判断标准。它测度的是抽样变化而非总体。R^2 高并不意味着模型设定正确，同样，正确的模型设定也并不意味着 R^2 高。事实上，给定自变量 X_i，R^2 值的大小与线性回归模型的信噪比 (signal to noise ratio) 有关。

严格来讲，R^2 只是测度了一种关联性 (association)，与因果关系无关。在经济时间

序列实证分析中，高的 R^2 通常容易获得。有时即使两变量间的因果关系很弱或几乎不存在，也能获得高的 R^2。例如，在伪回归 (spurious regression) 中，因变量 Y_i 和自变量 X_i 之间不存在因果关系，但由于它们在时间上常常表现出相同的趋势，结果 R^2 接近于 1。

最后，需要注意，R^2 测度了因变量 Y_i 和自变量 X_i 之间的线性关联程度 (见定理 10.3)。当 $E(Y_i|X_i)$ 是非线性函数时，用 R^2 来测度非线性回归模型的拟合优度并不合适。例如，考察线性回归模型

$$\ln Y_i = \alpha_0 + \beta_{10} \ln L_i + \beta_{20} \ln K_i + \varepsilon_i$$

其中，Y_i 是产出，L_i 是劳动，K_i 是资本。产出 Y_i 不是投入 L_i 和 K_i 的线性函数。在这种情况下，R^2 是 $\ln Y_i$ 的总样本变化能够被 $\ln K_i$ 和 $\ln L_i$ 的样本变化所解释的比例。它并不是 Y_i 的样本二次型变动能够被 L_i 和 K_i 的样本变化所解释的比例。

问题 10.1 那么，对于线性回归模型，什么是合适的模型选择准则？

通常存在很多备选的自变量可用于预测因变量，但没有必要在回归模型中包含所有的自变量。这里存在权衡：一方面，自变量越多，模型的系统偏差越小，如果所有的参数估计都不存在误差，那么该模型的预测能力是最优的。但另一方面，在样本容量 n 给定的情形下，参数越多，参数估计的准确性越差。统计学有一个重要的思想叫作 “KISS (Keep It Sophistically Simple)” 原则，就是尽量用简单的模型刻画数据所包含的重要信息。以下介绍三个常用的模型选择准则，它们均体现了这一重要的统计思想。

准则 1：Akaike 信息准则 (Akaike's information criterion, AIC)

线性回归模型可通过选择合适的未知参数数目 p，以最小化以下所谓的 Akaike 信息准则即 AIC 准则来选择模型：

$$AIC = \ln(s^2) + \frac{2p}{n}$$

其中

$$s^2 = \frac{\boldsymbol{e}'\boldsymbol{e}}{n-p}$$

$p = k+1$ 是包括截距项在内的自变量 X_i 的数目，第一项 $\ln(s^2)$ 测度模型的拟合优度，而第二项 $2p/n$ 测度模型的复杂程度。另外，s^2 是 $E(\varepsilon_i^2) = \sigma^2$ 的残差方差估计量 (residual variance estimator)，参见以下定理 10.4 (e)。AIC 准则由 Akaike (1973) 提出。

准则 2：Bayesian 信息准则 (Bayesian information criterion, BIC)

线性回归模型也可以通过选择合适的维数 p，以最小化以下所谓的 Bayesian 信息准则即 BIC 准则来选择模型：

$$BIC = \ln(s^2) + \frac{p\ln(n)}{n}$$

BIC 准则由 Schwarz (1978) 提出。

AIC 和 BIC 两个信息准则都试图在模型的拟合优度 $\ln(s^2)$ 和尽量少用参数之间进行权衡。当 $n \geqslant 7$ 时，$\ln n \geqslant 2$，与 AIC 相比，BIC 对模型复杂度给予更大的惩罚，这从各式第二项的对比中可以看出。因此，BIC 倾向于选择更加简单的线性回归模型。在大样本条件下，BIC 更接近于真实模型，而 AIC 倾向于接受过多参数的模型。在统计学，包含过多参数的模型被称为过度拟合 (overfitting)，而包含过少参数的模型被称为不足拟合 (underfitting)。

AIC 和 BIC 的区别主要在于它们的构造方式不同，AIC 倾向于选择具有最优预测能力的模型。相对于 BIC 而言，AIC 选择的参数更多；而 BIC 倾向于选择正确的维数 p。在一定的正则条件下，当样本容量 $n \to \infty$ 时，BIC 可一致地选择正确的维数 p。从某种意义上说，当 $n \to \infty$ 时，BIC 在大样本条件下更接近真实模型。而对 AIC 来说，不管样本容量 n 多大，它都会倾向选择更多参数的模型。当然，在小样本下，上述描述不一定正确。实践中，最优的 AIC 模型往往也接近于最优的 BIC 模型。它们常常会给出同一最优模型。

准则 3：调整的 R^2

除了 AIC 和 BIC 准则外，还有其他模型选择准则，比如 $\bar{R}^2$，称为调整的 R^2，也可用于选择线性回归模型。回顾 R^2 的定义，其可写为

$$R^2 = 1 - \frac{n^{-1}\boldsymbol{e}'\boldsymbol{e}}{n^{-1}\sum_{i=1}^{n}(Y_i - \bar{Y})^2}$$

可以证明，$n^{-1}\boldsymbol{e}'\boldsymbol{e}$ 和 $n^{-1}\sum_{i=1}^{n}(Y_i - \bar{Y})^2$ 分别是方差 $\sigma^2 = \text{var}(\varepsilon_i)$ 和 $\sigma_Y^2 = \text{var}(Y_i)$ 的有偏估计，即 $E(n^{-1}\boldsymbol{e}'\boldsymbol{e}) \neq \sigma^2$，$E[n^{-1}\sum_{i=1}^{n}(Y_i - \bar{Y})^2] \neq \sigma_Y^2$。这些偏差有时导致 R^2 偏向选择较复杂的模型。可以通过使用无偏估计量 $\boldsymbol{e}'\boldsymbol{e}/(n-p)$ 和 $(n-1)^{-1}\sum_{i=1}^{n}(Y_i - \bar{Y})^2$ 而加以消除这些偏差。这样可得偏差调整后的 R^2，即

$$\bar{R}^2 = 1 - \frac{\boldsymbol{e}'\boldsymbol{e}/(n-p)}{(n-1)^{-1}\sum_{i=1}^{n}(Y_i - \bar{Y})^2}$$

这称为调整后的 R^2。在 $\bar{R}^2$ 中，调整的是自由度或自变量 X_i 的个数。可以证明

$$\bar{R}^2 = 1 - \frac{n-1}{n-p}(1 - R^2)$$

应该注意，虽然 X_i 包含截距项，但 $\bar{R}^2$ 也可能取负值。

事实上，所有的模型选择准则都可表示为估计的残差方差 s^2 的某个函数加上一个待估参数数目的惩罚项。正是由于惩罚的程度不同，使各种准则有所差异。有关模型选择准则的更多讨论参见 Judge *et al.* (1985，第 7.5 节)。

问题 10.2 为什么复杂的模型在实际应用中并不一定预测最好？

复杂的模型包含很多的未知参数。给定数据，如果待估参数越多，参数估计越不准确，对 Y_i 的样本外预测越差。简单地说，复杂的模型可能包含了一些数据中不可能再重复出现的因素 (如噪声)，这些因素不但不能帮助捕获系统性信息，而且因为需要估计

它们而所产生额外的估计误差，结果将导致复杂模型不能对未来作出更好的预测。另一方面，简单的模型可能会有较大的偏差，但由于参数个数少，参数估计反而更精确。

在许多应用中，特别是自变量数目较多时，若自变量存在近似多重共线性，则矩阵 $\boldsymbol{X}'\boldsymbol{X}$ 可能接近于奇异矩阵。因此，OLS 估计量 $\hat{\beta}$ 将不稳定，导致均方误 (MSE) 的方差较大。一个解决方法就是考察以下限制 β 的大小的估计量

$$\begin{aligned}\hat{\beta} &= \arg\min_{\beta}(Y-\boldsymbol{X}\beta)'(Y-\boldsymbol{X}\beta)+\lambda\beta'\beta \\ &= (\boldsymbol{X}'\boldsymbol{X}+\lambda I)^{-1}\boldsymbol{X}'Y\end{aligned}$$

其中 λ 是调整参数，通过平方系数之和来控制参数 β 的大小。这称为岭回归 (ridge regression)。当 $\lambda=0$ 时，岭回归变为 OLS 估计。λ 的引入使得岭回归估计量 $\hat{\beta}$ 比 OLS 估计量更稳定，虽然增加了偏差，但显著降低了 $\hat{\beta}$ 的方差。整体上，$\hat{\beta}$ 的均方误小于 OLS 估计量的均方误。

当存在高维自变量集时，特别是当自变量个数 p 可能超过样本容量 n 时，β 的许多参数可能为 0 或足够小可忽略不计，这称为高维线性回归的稀疏性 (sparsity) 假设。当参数个数 p 比样本容量 n 大时，无法进行 OLS 估计，因为 $\boldsymbol{X}'\boldsymbol{X}$ 是奇异的。在这种情况下，可考察以下估计量

$$\hat{\beta} = \min_{\beta}(Y-\boldsymbol{X}\beta)'(Y-\boldsymbol{X}\beta)+\lambda|\beta|_1$$

其中 $|\beta|_1=\sum_{j=0}^{k}|\beta_j|$ 是 β 的 L_1 范数。该估计量称为 LASSO (least absolute shrinkage and selection operator) 估计量，与岭回归估计量不同的是，LASSO 估计量会直接令小系数等于 0。LASSO 估计量进一步增大了其偏差，但极大降低了 $\hat{\beta}$ 的方差，当存在高维自变量集时，通常会大大降低 $\hat{\beta}$ 的均方误，从而提高样本外预测能力。更多讨论，参见 Tibshirani (1996)。

第四节 OLS 估计量的无偏性和有效性

现考察 OLS 估计量 $\hat{\theta}$ 的概率统计性质，特别是下列基本问题：

- $\hat{\theta}$ 是 θ_0 的一个很好的估计量吗 (无偏性)？
- $\hat{\theta}$ 是 θ_0 的最优估计量吗 (有效性)？
- $\hat{\theta}$ 的抽样分布是什么 (正态性)？

由于 $\hat{\theta}$ 是随机样本 $\{Y_i, X_i'\}_{i=1}^{n}$ 的函数，估计量 $\hat{\theta}$ 的分布常称为 $\hat{\theta}$ 的抽样分布。$\hat{\theta}$ 的抽样分布对了解 $\hat{\theta}$ 的统计性质以及对未知真实参数值 θ_0 进行统计推断是非常有用的，比如可用于对未知参数值 θ_0 的置信区间估计和假设检验。

首先考察 $\hat{\theta}$ 的统计性质。

定理 10.4 假设 $\boldsymbol{X}'\boldsymbol{X}$ 为非奇异矩阵，$E(\varepsilon|\boldsymbol{X})=\mathbf{0}$，以及 $E(\varepsilon\varepsilon'|\boldsymbol{X})=\sigma^2\boldsymbol{I}$，其中 $\boldsymbol{I}$ 为 $n\times n$ 维单位矩阵。则对所有 $n>p$，

(a) [无偏性 (unbiasedness)]

$$E(\hat{\theta}|\boldsymbol{X})=\theta_0$$

(b) [方差结构 (variance structure)]

$$\begin{aligned}\operatorname{var}(\hat{\theta}|\boldsymbol{X})&=E\left\{[\hat{\theta}-E(\hat{\theta}|\boldsymbol{X})][\hat{\theta}-E(\hat{\theta}|\boldsymbol{X})]'|\boldsymbol{X}\right\}\\&=\sigma^2(\boldsymbol{X}'\boldsymbol{X})^{-1}\end{aligned}$$

(c) [正交性 (orthogonality between $\hat{\theta}$ and $\boldsymbol{e}$)]

$$\operatorname{cov}(\hat{\theta},\boldsymbol{e}|\boldsymbol{X})=\mathbf{0}$$

(d) [高斯-马尔可夫 (Gauss-Markov) 定理] 对任意的线性无偏估计量 $\hat{b}$，

$$\operatorname{var}(\hat{b}|\boldsymbol{X})-\operatorname{var}(\hat{\theta}|\boldsymbol{X})\text{为半正定 (positive semi-definite, PSD)}$$

(e) [残差方差估计量 (residual variance estimator)]

$$s^2=\frac{\boldsymbol{e}'\boldsymbol{e}}{n-p}=\frac{1}{n-p}\sum_{i=1}^{n}e_i^2$$

是 $\sigma^2=E(\varepsilon_i^2)$ 的无偏估计量，即 $E(s^2|\boldsymbol{X})=\sigma^2$ 。

证明： (a) 由 $\hat{\theta}=(\boldsymbol{X}'\boldsymbol{X})^{-1}\boldsymbol{X}'\boldsymbol{Y}$ 和 $\boldsymbol{Y}=\boldsymbol{X}\boldsymbol{\theta_0}+\boldsymbol{\varepsilon}$ ，可推得

$$\hat{\theta}-\theta_0=(\boldsymbol{X}'\boldsymbol{X})^{-1}\boldsymbol{X}'\boldsymbol{\varepsilon}$$

故有

$$\begin{aligned}E[(\hat{\theta}-\theta_0)|\boldsymbol{X}]&=E[(\boldsymbol{X}'\boldsymbol{X})^{-1}\boldsymbol{X}'\boldsymbol{\varepsilon}|\boldsymbol{X}]\\&=(\boldsymbol{X}'\boldsymbol{X})^{-1}\boldsymbol{X}'E(\boldsymbol{\varepsilon}|\boldsymbol{X})\\&=(\boldsymbol{X}'\boldsymbol{X})^{-1}\boldsymbol{X}'\mathbf{0}\\&=\mathbf{0}\end{aligned}$$

这里使用了严格外生性假设。

(b) 给定 $\hat{\theta}-\theta_0=(\boldsymbol{X}'\boldsymbol{X})^{-1}\boldsymbol{X}'\boldsymbol{\varepsilon}$ 和 $E(\boldsymbol{\varepsilon}\boldsymbol{\varepsilon}'|\boldsymbol{X})=\sigma^2\boldsymbol{I}$，有

$$\begin{aligned}\operatorname{var}(\hat{\theta}|\boldsymbol{X})&=E\left\{[\hat{\theta}-E(\hat{\theta}|\boldsymbol{X})][\hat{\theta}-E(\hat{\theta}|\boldsymbol{X})]'|\boldsymbol{X}\right\}\\&=E\left[(\hat{\theta}-\theta_0)(\hat{\theta}-\theta_0)'|\boldsymbol{X}\right]\\&=E[(\boldsymbol{X}'\boldsymbol{X})^{-1}\boldsymbol{X}'\boldsymbol{\varepsilon}\boldsymbol{\varepsilon}'\boldsymbol{X}(\boldsymbol{X}'\boldsymbol{X})^{-1}|\boldsymbol{X}]\end{aligned}$$

$$
\begin{aligned}
&= (\boldsymbol{X}'\boldsymbol{X})^{-1}\boldsymbol{X}'E(\boldsymbol{\varepsilon}\boldsymbol{\varepsilon}'|\boldsymbol{X})\boldsymbol{X}(\boldsymbol{X}'\boldsymbol{X})^{-1} \\
&= (\boldsymbol{X}'\boldsymbol{X})^{-1}\boldsymbol{X}'\sigma^2\boldsymbol{I}\boldsymbol{X}(\boldsymbol{X}'\boldsymbol{X})^{-1} \\
&= \sigma^2(\boldsymbol{X}'\boldsymbol{X})^{-1}\boldsymbol{X}'\boldsymbol{X}(\boldsymbol{X}'\boldsymbol{X})^{-1} \\
&= \sigma^2(\boldsymbol{X}'\boldsymbol{X})^{-1}
\end{aligned}
$$

这里，假设 $E(\boldsymbol{\varepsilon}\boldsymbol{\varepsilon}'|\boldsymbol{X}) = \sigma^2\boldsymbol{I}$ 是保证 $\mathrm{var}(\hat{\theta}|\boldsymbol{X}) = \sigma^2(\boldsymbol{X}'\boldsymbol{X})^{-1}$ 的关键条件。

(c) 定义 $n\times n$ 维投影矩阵 $\boldsymbol{P} = \boldsymbol{X}(\boldsymbol{X}'\boldsymbol{X})^{-1}\boldsymbol{X}'$ 以及 $\boldsymbol{M} = \boldsymbol{I}-\boldsymbol{P}$ 则 $\boldsymbol{P}$ 和 $\boldsymbol{M}$ 均为对称矩阵,且 $\boldsymbol{PX} = \boldsymbol{X}$,$\boldsymbol{MX} = \boldsymbol{0}$,$\boldsymbol{P}^2 = \boldsymbol{P}$,以及 $\boldsymbol{M}^2 = \boldsymbol{M}$。给定 $\hat{\theta}-\theta_0 = (\boldsymbol{X}'\boldsymbol{X})^{-1}\boldsymbol{X}'\boldsymbol{\varepsilon}$，有 $\boldsymbol{e} = \boldsymbol{Y} - \boldsymbol{X}\hat{\theta} = \boldsymbol{MY} = \boldsymbol{M\varepsilon}$，$E(\boldsymbol{e}|\boldsymbol{X}) = \boldsymbol{M}E(\boldsymbol{\varepsilon}|\boldsymbol{X}) = \boldsymbol{0}$。因此，

$$
\begin{aligned}
\mathrm{cov}(\hat{\theta}, \boldsymbol{e}|\boldsymbol{X}) &= E\left\{[\hat{\theta} - E(\hat{\theta}|\boldsymbol{X})][\boldsymbol{e} - E(\boldsymbol{e}|\boldsymbol{X})]'\,\middle|\,\boldsymbol{X}\right\} \\
&= E\left[(\hat{\theta} - \theta_0)\boldsymbol{e}'\,\middle|\,\boldsymbol{X}\right] \\
&= E[(\boldsymbol{X}'\boldsymbol{X})^{-1}\boldsymbol{X}'\boldsymbol{\varepsilon}\boldsymbol{\varepsilon}'\boldsymbol{M}|\boldsymbol{X}] \\
&= (\boldsymbol{X}'\boldsymbol{X})^{-1}\boldsymbol{X}'E(\boldsymbol{\varepsilon}\boldsymbol{\varepsilon}'|\boldsymbol{X})\boldsymbol{M} \\
&= (\boldsymbol{X}'\boldsymbol{X})^{-1}\boldsymbol{X}'\sigma^2\boldsymbol{I}\boldsymbol{M} \\
&= \sigma^2(\boldsymbol{X}'\boldsymbol{X})^{-1}\boldsymbol{X}'\boldsymbol{M} \\
&= \boldsymbol{0}
\end{aligned}
$$

假设 $E(\boldsymbol{\varepsilon}\boldsymbol{\varepsilon}'|\boldsymbol{X}) = \sigma^2\boldsymbol{I}$ 是保证 $\hat{\theta}$ 和 $\boldsymbol{e}$ 的相关系数为零的关键条件。

(d) 考虑 θ_0 的一个线性估计量

$$\hat{b} = \boldsymbol{C}'\boldsymbol{Y}$$

其中 $\boldsymbol{C} = C(\boldsymbol{X})$ 是可能依赖于 $\boldsymbol{X}$ 的 $n \times p$ 维矩阵。若有

$$
\begin{aligned}
E(\hat{b}|\boldsymbol{X}) &= \boldsymbol{C}'\boldsymbol{X}\theta_0 + \boldsymbol{C}'E(\boldsymbol{\varepsilon}|\boldsymbol{X}) \\
&= \boldsymbol{C}'\boldsymbol{X}\theta_0 \\
&= \theta_0
\end{aligned}
$$

则无论 θ_0 的值是多少，$\hat{b}$ 都是 θ_0 的无偏估计。而 $E(\hat{b}|\boldsymbol{X}) = \theta_0$ 这一等式成立，当且仅当以下条件成立：

$$\boldsymbol{C}'\boldsymbol{X} = \boldsymbol{I}$$

现在求 $\hat{b}$ 的条件方差-协方差。因为

$$
\begin{aligned}
\hat{b} &= \boldsymbol{C}'\boldsymbol{Y} \\
&= \boldsymbol{C}'(\boldsymbol{X}\theta_0 + \boldsymbol{\varepsilon}) \\
&= \boldsymbol{C}'\boldsymbol{X}\theta_0 + \boldsymbol{C}'\boldsymbol{\varepsilon}
\end{aligned}
$$

$$= \theta_0 + \boldsymbol{C}'\boldsymbol{\varepsilon}$$

$\hat{b}$ 的条件方差-协方差

$$\begin{aligned}
\text{var}(\hat{b}|\boldsymbol{X}) &= E\left\{[\hat{b} - E(\hat{b}|\boldsymbol{X})][\hat{b} - E(\hat{b}|\boldsymbol{X})]'|\boldsymbol{X}\right\} \\
&= E\left[(\hat{b} - \theta_0)(\hat{b} - \theta_0)'|\boldsymbol{X}\right] \\
&= E\left(\boldsymbol{C}'\boldsymbol{\varepsilon}\boldsymbol{\varepsilon}'\boldsymbol{C}|\boldsymbol{X}\right) \\
&= \boldsymbol{C}'E(\boldsymbol{\varepsilon}\boldsymbol{\varepsilon}'|\boldsymbol{X})\boldsymbol{C} \\
&= \boldsymbol{C}'\sigma^2\boldsymbol{I}\boldsymbol{C} \\
&= \sigma^2\boldsymbol{C}'\boldsymbol{C}
\end{aligned}$$

利用 $\boldsymbol{C}'\boldsymbol{X} = \boldsymbol{I}$ 和 $\boldsymbol{M}^2 = \boldsymbol{M}$，有

$$\begin{aligned}
\text{var}(\hat{b}|\boldsymbol{X}) - \text{var}(\hat{\theta}|\boldsymbol{X}) &= \sigma^2\boldsymbol{C}'\boldsymbol{C} - \sigma^2(\boldsymbol{X}'\boldsymbol{X})^{-1} \\
&= \sigma^2[\boldsymbol{C}'\boldsymbol{C} - \boldsymbol{C}'\boldsymbol{X}(\boldsymbol{X}'\boldsymbol{X})^{-1}\boldsymbol{X}'\boldsymbol{C}] \\
&= \sigma^2\boldsymbol{C}'[\boldsymbol{I} - \boldsymbol{X}(\boldsymbol{X}'\boldsymbol{X})^{-1}\boldsymbol{X}']\boldsymbol{C} \\
&= \sigma^2\boldsymbol{C}'\boldsymbol{M}\boldsymbol{C} \\
&= \sigma^2\boldsymbol{C}'\boldsymbol{M}\boldsymbol{M}\boldsymbol{C} \\
&= \sigma^2\boldsymbol{C}'\boldsymbol{M}'\boldsymbol{M}\boldsymbol{C} \\
&= \sigma^2(\boldsymbol{M}\boldsymbol{C})'(\boldsymbol{M}\boldsymbol{C}) \\
&= \sigma^2\boldsymbol{D}'\boldsymbol{D} \\
&= \sigma^2\sum_{i=1}^{n} D_i D_i' \\
&\sim \text{半正定 (PSD)}
\end{aligned}$$

这里，利用了一个基本事实：对于任意实值向量 $D_i \in \mathbb{R}^p$，方阵 $\boldsymbol{D}'\boldsymbol{D} \equiv \sum_{i=1}^n D_i D_i'$ 总是半正定的，这里 $\boldsymbol{D} = (D_1, D_2, \cdots, D_n)'$ 为一个 $n \times p$ 维矩阵。(问题：如何证明?)

(e) 现在证明 $E[\boldsymbol{e}'\boldsymbol{e}/(n-p)] = \sigma^2$。因为 $\boldsymbol{e}'\boldsymbol{e} = \boldsymbol{\varepsilon}'\boldsymbol{M}^2\boldsymbol{\varepsilon} = \boldsymbol{\varepsilon}'\boldsymbol{M}\boldsymbol{\varepsilon}$，以及 $\text{tr}(\boldsymbol{AB}) = \text{tr}(\boldsymbol{BA})$，其中 $\text{tr}(\cdot)$ 是迹运算 (trace) 的算符，可得

$$\begin{aligned}
E(\boldsymbol{e}'\boldsymbol{e}|\boldsymbol{X}) &= E(\boldsymbol{\varepsilon}'\boldsymbol{M}\boldsymbol{\varepsilon}|\boldsymbol{X}) \\
&= E[\text{tr}(\boldsymbol{\varepsilon}'\boldsymbol{M}\boldsymbol{\varepsilon})|\boldsymbol{X}]
\end{aligned}$$

$$
\begin{aligned}
&= E[\text{tr}(\varepsilon\varepsilon'\boldsymbol{M})|\boldsymbol{X}] \\
&= \text{tr}[E(\varepsilon\varepsilon'|\boldsymbol{X})\boldsymbol{M}] \\
&= \text{tr}(\sigma^2\boldsymbol{IM}) \\
&= \sigma^2\text{tr}(\boldsymbol{M}) \\
&= \sigma^2(n-p)
\end{aligned}
$$

其中，利用 $\text{tr}(\boldsymbol{AB})=\text{tr}(\boldsymbol{BA})$，有

$$
\begin{aligned}
\text{tr}(\boldsymbol{M}) &= \text{tr}(\boldsymbol{I}) - \text{tr}[\boldsymbol{X}(\boldsymbol{X}'\boldsymbol{X})^{-1}\boldsymbol{X}'] \\
&= \text{tr}(\boldsymbol{I}) - \text{tr}[\boldsymbol{X}'\boldsymbol{X}(\boldsymbol{X}'\boldsymbol{X})^{-1}] \\
&= n-p
\end{aligned}
$$

因此，

$$
\begin{aligned}
E(s^2|\boldsymbol{X}) &= \frac{E(\boldsymbol{e}'\boldsymbol{e}|\boldsymbol{X})}{n-p} \\
&= \frac{\sigma^2(n-p)}{n-p} \\
&= \sigma^2
\end{aligned}
$$

样本残差方差 $s^2=\boldsymbol{e}'\boldsymbol{e}/(n-p)$ 可视为第六章所研究的随机样本 $\{Y_i\}_{i=1}^n$ 的样本方差 $S_n^2=(n-1)^{-1}\sum_{i=1}^n(Y_i-\bar{Y})^2$ 的推广。证毕。 ■

定理 10.4 (a) 和 (b) 意味着 $\hat{\theta}$ 的条件均方误

$$
\begin{aligned}
\text{MSE}(\hat{\theta}|\boldsymbol{X}) &= E[(\hat{\theta}-\theta_0)(\hat{\theta}-\theta_0)'|\boldsymbol{X}] \\
&= \text{var}(\hat{\theta}|\boldsymbol{X}) + \text{Bias}(\hat{\theta}|\boldsymbol{X})\text{Bias}(\hat{\theta}|\boldsymbol{X})' \\
&= \text{var}(\hat{\theta}|\boldsymbol{X})
\end{aligned}
$$

其中偏差 $\text{Bias}(\hat{\theta}|\boldsymbol{X})\equiv E(\hat{\theta}|\boldsymbol{X})-\theta_0=\mathbf{0}$。均方误的大小衡量了估计量 $\hat{\theta}$ 和 θ_0 的接近程度。

定理 10.4 表明 $\hat{\theta}$ 是 θ_0 的最优线性无偏估计量 (best linear unbiased estimator, BLUE)，因为对于 θ_0 的任意线性无偏估计量，$\text{var}(\hat{\theta}|\boldsymbol{X})$ 总是最小的，这称为高斯-马尔可夫 (Gauss-Markov) 定理。由于 $\text{var}(\hat{b}|\boldsymbol{X})-\text{var}(\hat{\theta}|\boldsymbol{X})$ 是半正定 (PSD)，对于任意的向量 $\tau\in\mathbb{R}^p$，$\tau'\tau=1$，总有 $\tau'[\text{var}(\hat{b}|\boldsymbol{X})-\text{var}(\hat{\theta}|\boldsymbol{X})]\tau\geqslant 0$。

理论上，可通过定义一个相关准则来比较两个无偏估计量。

定义 10.4 *[有效性]*: *若 $\text{var}(\hat{b}|\boldsymbol{X})-\text{var}(\hat{\theta}|\boldsymbol{X})$ 为半正定，则参数 θ_0 的无偏估计量 $\hat{\theta}$ 比其无偏估计量 $\hat{b}$ 更有效。*

当 $\hat{\theta}$ 比 $\hat{b}$ 更有效时，对任意 $\tau\in\boldsymbol{R}^p$，有 $\tau'\tau=1$，

$$\tau'[\text{var}(\hat{b}|\boldsymbol{X})-\text{var}(\hat{\theta}|\boldsymbol{X})]\tau \geqslant 0$$

例如，令 $\tau=(0,\cdots,1,0,\cdots,0)'$，当第 j 个元素为 1 且其他元素为 0 时，有

$$\text{var}\left(\hat{b}_j\right)-\text{var}\left(\hat{\theta}_j\right)\geqslant 0,\ \ 1\leqslant j\leqslant p$$

值得注意，即使存在近似多重共线性，在定理 10.4 假设下，OLS 估计量 $\hat{\theta}$ 仍是最优线性无偏估计量，其中，$\boldsymbol{X}'\boldsymbol{X}$ 是非奇异矩阵但其最小特征值不会随样本容量 n 的增大而增大。近似多重共线性本质上是一个数据问题，若目的是估计未知参数 θ_0，则无法纠正或改善该问题。

第五节　OLS 估计量的抽样分布

为了推导 $\hat{\theta}$ 的有限样本条件下的抽样分布，现在假设 $\boldsymbol{\varepsilon}$ 服从条件正态分布，即

$$\boldsymbol{\varepsilon}|\boldsymbol{X}\sim N(\boldsymbol{0},\sigma^2\boldsymbol{I})$$

由此条件正态分布假设可推出严格外生性假设 ($E(\boldsymbol{\varepsilon}|\boldsymbol{X})=\boldsymbol{0}$) 和球型误差方差假设 ($E(\boldsymbol{\varepsilon}\boldsymbol{\varepsilon}'|\boldsymbol{X})=\sigma^2\boldsymbol{I}$)。事实上，在条件正态分布下，$\boldsymbol{\varepsilon}$ 的条件概率密度函数

$$f(\boldsymbol{\varepsilon}|\boldsymbol{X})=\frac{1}{(\sqrt{2\pi\sigma^2})^n}\exp\left(-\frac{\boldsymbol{\varepsilon}'\boldsymbol{\varepsilon}}{2\sigma^2}\right)=f(\boldsymbol{\varepsilon})$$

不依赖于 $\boldsymbol{X}$，从而随机扰动项 $\boldsymbol{\varepsilon}$ 独立于 $\boldsymbol{X}$。因此，$\boldsymbol{\varepsilon}$ 的任何条件矩均不依赖于 $\boldsymbol{X}$。

条件正态分布的意义在于，当样本容量 n 有限时，通过假设正态分布，可获得 $\hat{\theta}$ 以及相关统计量的有限样本分布。当观察值是很多重复实验结果的平均值时，根据中心极限定理，正态分布假设是合理的。比如在物理学很多数据往往是重复实验的结果。但是在经济学，正态分布假设并不一定合适。比如，很多高频金融时间序列数据通常具有厚尾特征 (峰度大于 3)。

问题 10.3　$\hat{\theta}$ 的抽样分布是什么？

定义权重 $C_i=(\boldsymbol{X}'\boldsymbol{X})^{-1}\boldsymbol{X}_i$，有

$$\begin{aligned}\hat{\theta}-\theta_0&=(\boldsymbol{X}'\boldsymbol{X})^{-1}\boldsymbol{X}'\boldsymbol{\varepsilon}\\&=(\boldsymbol{X}'\boldsymbol{X})^{-1}\sum_{i=1}^{n}X_i\varepsilon_i\\&=\sum_{i=1}^{n}C_i\varepsilon_i\end{aligned}$$

因此，给定 $\boldsymbol{X}$，$\hat{\theta}-\theta_0$ 是 $\boldsymbol{\varepsilon}$ 的线性组合，当 $\boldsymbol{\varepsilon}$ 服从联合正态分布时，$\hat{\theta}-\theta_0$ 也服从正

态分布。

定理 10.5 *[$\hat{\theta}$ **的条件正态分布**]: 假设 $\boldsymbol{X}'\boldsymbol{X}$ 为非奇异矩阵，以及 $\varepsilon|\boldsymbol{X} \sim N(\boldsymbol{0}, \sigma^2\boldsymbol{I})$。则对所有 $n > p$,*

$$(\hat{\theta} - \theta_0)|\boldsymbol{X} \sim N[\boldsymbol{0}, \sigma^2(\boldsymbol{X}'\boldsymbol{X})^{-1}]$$

证明：给定 $\boldsymbol{X}$，$\hat{\theta} - \theta_0$ 是相互独立正态分布的随机变量 $\{\varepsilon_i\}_{i=1}^n$ 的线性加权和，从而 $\hat{\theta} - \theta_0$ 也服从正态分布。证毕。 ■

值得注意，当存在近似多重共线性时，只要 $\boldsymbol{X}'\boldsymbol{X}$ 还是非奇异矩阵，OLS 估计量 $\hat{\theta}$ 在有限样本下仍服从条件正态分布 $N[\theta_0, \sigma^2(\boldsymbol{X}'\boldsymbol{X})^{-1}]$。

从定理 10.5，可得如下推论：

推论 10.1 *[$\boldsymbol{R(\hat{\theta} - \theta_0)}$ **的条件正态分布**]: 假设 $\boldsymbol{X}'\boldsymbol{X}$ 为非奇异矩阵，以及 $\varepsilon|\boldsymbol{X} \sim N(\boldsymbol{0}, \sigma^2\boldsymbol{I})$。则对于任何非随机 $J \times p$ 维矩阵 R 以及所有 $n > p$，有*

$$R(\hat{\theta} - \theta_0)|\boldsymbol{X} \sim N[\boldsymbol{0}, \sigma^2 R(\boldsymbol{X}'\boldsymbol{X})^{-1}R']$$

证明：因为给定 $\boldsymbol{X}$，$\hat{\theta} - \theta_0$ 服从正态分布。因此，线性组合 $R(\hat{\theta} - \theta_0)$ 的条件分布也服从正态分布，并且

$$E[R(\hat{\theta} - \theta_0)|\boldsymbol{X}] = RE[(\hat{\theta} - \theta_0)|\boldsymbol{X}] = R\boldsymbol{0} = \boldsymbol{0}$$

和

$$\begin{aligned}
\text{var}[R(\hat{\theta} - \theta_0)|\boldsymbol{X}] &= E\left\{R(\hat{\theta} - \theta_0)[R(\hat{\theta} - \theta_0)]'|\boldsymbol{X}\right\} \\
&= E\left[R(\hat{\theta} - \theta_0)(\hat{\theta} - \theta_0)'R'|\boldsymbol{X}\right] \\
&= RE\left[(\hat{\theta} - \theta_0)(\hat{\theta} - \theta_0)'|\boldsymbol{X}\right]R' \\
&= R\text{var}(\hat{\theta}|\boldsymbol{X})R' \\
&= \sigma^2 R(\boldsymbol{X}'\boldsymbol{X})^{-1}R'
\end{aligned}$$

从而，$R(\hat{\theta} - \theta_0)|\boldsymbol{X} \sim N[\boldsymbol{0}, \sigma^2 R(\boldsymbol{X}'\boldsymbol{X})^{-1}R']$。证毕。 ■

问题 10.4 *在推论 10.1 中，非随机矩阵 R 起什么么作用呢？为什么需要知道 $R(\hat{\theta} - \theta_0)$ 的条件分布？*

实际应用中，非随机 $J \times p$ 维矩阵 R 可视为一个选择矩阵 (selection matrix)。比如，如果 $R = (1, 0, \cdots, 0)$，则 $R(\hat{\theta} - \theta_0) = \hat{\alpha} - \alpha_0$。置信区间估计和假设检验需要用到 $R(\hat{\theta} - \theta_0)$ 的抽样分布。但是，因为 $\text{var}(\varepsilon_i) = \sigma^2$ 是未知的，$\text{var}[R(\hat{\theta} - \theta_0)|\boldsymbol{X}] = \sigma^2 R(\boldsymbol{X}'\boldsymbol{X})^{-1}R'$ 也是未知的，故需要估计 σ^2。

第六节 OLS 估计量的方差-协方差估计

问题 10.5 如何估计 $\text{var}(\hat{\theta}|\boldsymbol{X}) = \sigma^2(\boldsymbol{X}'\boldsymbol{X})^{-1}$?

为了估计 σ^2，可用残差方差的估计量 $s^2 = \boldsymbol{e}'\boldsymbol{e}/(n-p)$。为了研究 s^2 的统计性质，首先介绍一个引理。

引理 10.1 *[正态随机变量的二次型 (Quadratic Form of Normal Random Variables)]*：假设 $m \times 1$ 维随机向量 $v \sim N(\boldsymbol{0}, \boldsymbol{I})$，并且 Q 是$m \times m$ 维的非随机对称幂等矩阵，其秩为 $q \leqslant m$，则二次型

$$v'Qv \sim \chi_q^2$$

在以下应用中，$v = \boldsymbol{\varepsilon}/\sigma \sim N(\boldsymbol{0}, \boldsymbol{I})$，$Q = \boldsymbol{M}$。因为 rank $(\boldsymbol{M}) = n - p$，所以

$$\left.\frac{\boldsymbol{e}'\boldsymbol{e}}{\sigma^2}\right|\boldsymbol{X} \sim \chi_{n-p}^2$$

定理 10.6 *[残差方差估计量 (Residual Variance Estimator)]*：假设 $\boldsymbol{X}'\boldsymbol{X}$ 为非奇异矩阵，以及 $\varepsilon|\boldsymbol{X} \sim N(\boldsymbol{0}, \sigma^2\boldsymbol{I})$。则对任意的 $n > p$，

(a)

$$\left.\frac{(n-p)s^2}{\sigma^2}\right|\boldsymbol{X} = \left.\frac{\boldsymbol{e}'\boldsymbol{e}}{\sigma^2}\right|\boldsymbol{X} \sim \chi_{n-p}^2$$

(b) 给定 $\boldsymbol{X}$ 的条件下，s^2 和 $\hat{\theta}$ 是相互独立的。

证明：(a) 因为 $\boldsymbol{e} = \boldsymbol{M}\boldsymbol{\varepsilon}$，所以

$$\frac{\boldsymbol{e}'\boldsymbol{e}}{\sigma^2} = \frac{\boldsymbol{\varepsilon}'\boldsymbol{M}\boldsymbol{\varepsilon}}{\sigma^2} = \left(\frac{\varepsilon}{\sigma}\right)'\boldsymbol{M}\left(\frac{\varepsilon}{\sigma}\right)$$

另外，由于 $\boldsymbol{\varepsilon}|\boldsymbol{X} \sim N(\boldsymbol{0}, \sigma^2\boldsymbol{I})$，且 $\boldsymbol{M}$ 为一个秩为 $n-p$ 的幂等矩阵，根据引理 10.1，有

$$\left.\frac{\boldsymbol{e}'\boldsymbol{e}}{\sigma^2}\right|\boldsymbol{X} = \left.\frac{\boldsymbol{\varepsilon}'\boldsymbol{M}\boldsymbol{\varepsilon}}{\sigma^2}\right|\boldsymbol{X} \sim \chi_{n-p}^2$$

(b) 以下证明在给定 $\boldsymbol{X}$ 的条件下，s^2 和 $\hat{\theta}$ 是相互独立的。因为 $s^2 = \boldsymbol{e}'\boldsymbol{e}/(n-p)$ 是 $\boldsymbol{e}$ 的函数，只需要证明 $\boldsymbol{e}$ 和 $\hat{\theta}$ 相互独立。

首先证明 $\boldsymbol{e}$ 和 $\hat{\theta}$ 服从条件联合正态分布。

$$\begin{bmatrix} \boldsymbol{e} \\ \hat{\theta} - \theta_0 \end{bmatrix} = \begin{bmatrix} \boldsymbol{M}\boldsymbol{\varepsilon} \\ (\boldsymbol{X}'\boldsymbol{X})^{-1}\boldsymbol{X}'\boldsymbol{\varepsilon} \end{bmatrix}$$

$$= \begin{bmatrix} \boldsymbol{M} \\ (\boldsymbol{X}'\boldsymbol{X})^{-1}\boldsymbol{X}' \end{bmatrix} \boldsymbol{\varepsilon}$$

$$= \boldsymbol{A}\boldsymbol{\varepsilon}$$

其中，$(n+p) \times 1$ 维向量 $\boldsymbol{A}$ 依赖于 $\boldsymbol{X}$。

因为 $\boldsymbol{\varepsilon}|\boldsymbol{X} \sim N(\boldsymbol{0}, \sigma^2 \boldsymbol{I})$，线性组合

$$\boldsymbol{A}\boldsymbol{\varepsilon} = \begin{bmatrix} \boldsymbol{M} \\ (\boldsymbol{X}'\boldsymbol{X})^{-1}\boldsymbol{X}' \end{bmatrix} \boldsymbol{\varepsilon}$$

在给定 $\boldsymbol{X}$ 条件下也服从正态分布。另外，从定理 10.4(c)，有 $\text{cov}(\hat{\theta}, \boldsymbol{e}|\boldsymbol{X}) = \boldsymbol{0}$。对联合正态分布而言，零相关等价于相互独立，因此有 $\hat{\theta}$ 和 $\boldsymbol{e}$ 相互独立。证毕。 ■

定理 10.6 是第六章定理 6.6 和定理 6.7 的推广。为了讨论定理 10.6 的含义，首先回顾 χ_q^2 分布的性质。假设 $\{Z_i\}_{i=1}^q$ 是 IID $N(0,1)$ 的随机变量，则随机变量

$$\chi^2 = \sum_{i=1}^{q} Z_i^2$$

将服从 χ_q^2 分布。χ_q^2 分布有两个重要性质，即其均值为 q，方差为 $2q$。因此，定理 10.6(a) 意味着

$$E\left[\left.\frac{(n-p)s^2}{\sigma^2}\right|\boldsymbol{X}\right] = n-p$$

从而有 $E(s^2|\boldsymbol{X}) = \sigma^2$ 。

从定理 10.6 (a) 还可推出，

$$\text{var}\left[\left.\frac{(n-p)s^2}{\sigma^2}\right|\boldsymbol{X}\right] = 2(n-p)$$

因此有

$$\text{var}(s^2|\boldsymbol{X}) = \frac{2\sigma^4}{n-p}$$

这样，当 $n \to \infty$ 时， s^2 的条件均方误

$$\begin{aligned} \text{MSE}(s^2|\boldsymbol{X}) &= E\left[(s^2-\sigma^2)^2|\boldsymbol{X}\right] \\ &= \text{var}(s^2|\boldsymbol{X}) + [E(s^2|\boldsymbol{X}) - \sigma^2]^2 \\ &= \frac{2\sigma^4}{n-p} \\ &\to 0 \end{aligned}$$

定理 10.6(b) 关于 s^2 和 $\hat{\theta}$ 之间的条件独立性是以下推出 t-检验和 F-检验的抽样分布的关键条件。t-分布和 $\mathcal{F}$-分布在参数的置信区间估计和假设检验中非常有用。本书主要关注模型参数假设检验。从统计学说，模型参数的置信区间估计和假设检验就像一枚硬币的两面。

样本残差方差 $s^2 = \mathbf{e}'\mathbf{e}/(n-p)$ 是随机样本 $\{Y_i\}_{i=1}^n$ 的方差 $S_n^2 = (n-1)^{-1}\sum_{i=1}^n (Y_i - \bar{Y})^2$ 的推广。这里，估计残差样本 $\{e_i\}_{i=1}^n$ 的自由度为 $n-p$，这是因为随机样本 $\{Y_i, X_i'\}_{i=1}^n$ 有 n 个观测值，可视为有 n 个自由度。当估计 σ^2 时，需要用到估计残差样本 $\{e_i\}_{i=1}^n$。这 n 个估计残差并不是线性独立的，因为它们必须满足 OLS 估计的一阶条件，即

$$\mathbf{X}'\mathbf{e} = \mathbf{0}$$

$$(p \times n) \times (n \times 1) = (p \times 1)$$

为了估计 p 个未知参数 θ_0，一阶条件对估计残差样本 $\{e_i\}_{i=1}^n$ 施加了 p 个约束。从而使得 $\{e_i\}_{i=1}^n$ 失去 p 个自由度，因此，$\{e_i\}_{i=1}^n$ 剩下 $n-p$ 个自由度。值得注意，样本方差 S_n^2 可视为只有一个截距项的简单线性回归模型的残差方差估计量：$Y_i = \theta_0 + \varepsilon_i$。

问题 10.6 为什么 $\hat{\theta}$ 和 s^2 的抽样分布比较实用?

$\hat{\theta}$ 和 s^2 的抽样分布在关于真实模型参数 θ_0 的置信区间估计和假设检验中十分有用。

第七节　参数假设检验

现在，应用 $\hat{\theta}$ 和 s^2 的抽样分布构建参数假设检验。考虑以下线性参数假设：

$$\mathbb{H}_0 : R\theta_0 = r$$

$$(J \times p)(p \times 1) = (J \times 1)$$

其中 R 是一个非随机 $J \times p$ 的选择矩阵，r 是一个非随机 $J \times 1$ 维向量，J 是 p 个参数 θ_0 的限制条件个数。假设 $J \leqslant p$，即参数的限制条件个数不超过未知参数 θ_0 的维数。需要强调，$\mathbb{H}_0$ 假设检验的前提是关于条件均值 $E(Y_i \mid X_i)$ 的模型正确设定。

首先，提供一些相关例子。

例 10.2 [转型经济改革效果评估]：考虑以下扩展的生产函数

$$\ln(Y_i) = \alpha_0 + \beta_{10}\ln(L_i) + \beta_{20}\ln(K_i) + \beta_{30}AU_i + \beta_{40}PS_i + \varepsilon_i, \quad i = 1, \cdots, n$$

这里，AU_i 是一个反映企业 i 是否有自主权 (autonomy) 的虚拟变量，PS_i 是企业 i 与国家的利润分成 (profit sharing) 比例。

如果有兴趣检验自主权 AU_i 对企业生产率是否有影响，由于 $\theta_0=(a_0,\beta_{10},\beta_{20},\beta_{30},\beta_{40})'$，则原假设可写成

$$\mathbb{H}_0^a:\beta_{30}=0$$

这等价于选择 $R=(0,0,0,1,0)$ 和 $r=0$。

如果有兴趣检验利润分成比例是否影响生产率，可考虑原假设

$$\mathbb{H}_0^b:\beta_{40}=0$$

如果有兴趣检验生产技术是否为规模报酬不变 (constant return to scale，CRS)，则可考虑原假设

$$\mathbb{H}_0^c:\beta_{10}+\beta_{20}=1$$

这等价于选择 $R=(0,1,1,0,0)$ 和 $r=1$。

最后，如果有兴趣检验自主权和利润分成对生产率的联合影响，可设定原假设：

$$\mathbb{H}_0^d:\beta_{30}=\beta_{40}=0$$

这等价于选择

$$R=\begin{bmatrix}0&0&0&1&0\\0&0&0&0&1\end{bmatrix}$$

$$r=\begin{bmatrix}0\\0\end{bmatrix}$$

例 10.3 [未来即期汇率的无偏预测]：考虑线性回归模型

$$S_{i+\tau}=\alpha_0+\beta_0F_i(\tau)+\varepsilon_{i+\tau},\quad i=1,\cdots,n$$

其中 $S_{i+\tau}$ 是第 $i+\tau$ 期的即期汇率，$F_i(\tau)$ 是远期汇率，即第 $i+\tau$ 期到期的汇率在第 i 期的外汇价格。这里，原假设是远期汇率 $F_i(\tau)$ 是即期汇率 $S_{i+\tau}$ 的无偏预测，即

$$E(S_{i+\tau}|I_i)=F_i(\tau)$$

其中 I_i 是第 i 期的信息集。这在经济学和金融学称为预期假说 (expectations hypothesis)。给定上述回归模型，这一经济假说可写成以下原假设：

$$\mathbb{H}_0^e:\alpha_0=0,\ \beta_0=1$$

并且 $E(\varepsilon_{i+\tau}|I_i)=0$。这等价于选择

$$R=\begin{bmatrix}1&0\\0&1\end{bmatrix}$$

$$r=\begin{bmatrix}0\\1\end{bmatrix}$$

为了检验原假设 $\mathbb{H}_0: R\theta_0 = r$，其中 $\theta_0 = (\alpha_0, \beta_0)'$，可考虑统计量

$$R\hat{\theta} - r$$

并检验它是否显著不等于零。

若原假设 $\mathbb{H}_0: R\theta_0 = r$ 成立，则当 $n \to \infty$ 时，

$$R\hat{\theta} - r = R(\hat{\theta} - \theta_0) \to \mathbf{0}$$

因为，当 $n \to \infty$ 时，$\hat{\theta}$ 在 MSE 意义上趋近于 θ_0。

若备选假设 $R\theta_0 \neq r$ 成立，则当 $n \to \infty$ 时，仍然在 MSE 意义上有 $\hat{\theta} - \theta_0 \to \mathbf{0}$ (因为线性回归模型设定正确)，从而有

$$\begin{aligned} R\hat{\theta} - r &= R(\hat{\theta} - \theta_0) + R\theta_0 - r \\ &\xrightarrow{p} R\theta_0 - r \neq \mathbf{0} \end{aligned}$$

即 $R\hat{\theta} - r$ 将依概率收敛于非零的极限 $R\theta_0 - r$。

可以看出，$R\hat{\theta} - r$ 在原假设 $\mathbb{H}_0$ 和备选假设下的行为完全不同。因此，可通过检验 $R\hat{\theta} - r$ 和 $\mathbf{0}$ 之间是否存在显著差异来检验 $\mathbb{H}_0$ 是否成立。如果 $R\hat{\theta} - r$ 接近 $\mathbf{0}$，则没有证据拒绝原假设 $\mathbb{H}_0$。如果 $R\hat{\theta} - r$ 显著地偏离 $\mathbf{0}$，则可拒绝原假设 $\mathbb{H}_0$。

为了确定 $R\hat{\theta} - r$ 和 $\mathbf{0}$ 之间是否存在显著差异，需要一个判定法则来设定临界值，然后比较 $R\hat{\theta} - r$ 的绝对值与临界值的相对大小。因为 $R\hat{\theta} - r$ 是一个随机向量，它可以取很多值。给定从随机样本 $\{Y_i, X_i'\}_1^n$ 生成出来的一个数据集，可获得 $R\hat{\theta} - r$ 的一个实现值。需要用其抽样分布的临界值来判断 $R\hat{\theta} - r$ 的实现值是否与 $\mathbf{0}$ 相接近，而该临界值依赖于样本容量 n 以及事先选定的显著性水平 $\alpha \in (0, 1)$ 。

现在推导在原假设 $\mathbb{H}_0$ 下 $R\hat{\theta} - r$ 的抽样分布。根据推论 10.1，

$$R(\hat{\theta} - \theta_0)|\boldsymbol{X} \sim N[\mathbf{0}, \sigma^2 R(\boldsymbol{X}'\boldsymbol{X})^{-1} R']$$

则给定 $\boldsymbol{X}$ 的条件下，有

$$\begin{aligned} R\hat{\theta} - r &= R(\hat{\theta} - \theta_0) + R\theta_0 - r \\ &\sim N[R\theta_0 - r, \sigma^2 R(\boldsymbol{X}'\boldsymbol{X})^{-1} R'] \end{aligned}$$

推论 10.2 假设 $\boldsymbol{X}'\boldsymbol{X}$ 为非奇异矩阵，以及 $\varepsilon|\boldsymbol{X} \sim N(\mathbf{0}, \sigma^2 \boldsymbol{I})$。则当原假设 $\mathbb{H}_0: R\theta_0 = r$ 成立时，对于所有 $n > p$，有

$$(R\hat{\theta} - r)|\boldsymbol{X} \sim N[\mathbf{0}, \sigma^2 R(\boldsymbol{X}'\boldsymbol{X})^{-1} R']$$

$R\hat{\theta} - r$ 并不能作为检验 $\mathbb{H}_0$ 的一个统计量，因为其条件方差 $\text{var}(R\hat{\theta}|\boldsymbol{X}) = \sigma^2 R\,(\boldsymbol{X}'\boldsymbol{X})^{-1} R'$ 涉及未知参数 σ^2，因此无法计算 $R\hat{\theta} - r$ 抽样分布的临界值。

问题 10.7 如何构建一个可计算的检验统计量呢？

检验统计量的构造依赖于参数限制数目 J 的取值，现在分 $J=1$ 和 $J>1$ 两种情形进行讨论。

10.7.1 t-检验

在原假设 $\mathbb{H}_0$ 下，

$$(R\hat{\theta}-r)|\boldsymbol{X} \sim N[\mathbf{0}, \sigma^2 R(\boldsymbol{X}'\boldsymbol{X})^{-1}R']$$

当 $J=1$ 时，$R\hat{\theta}-r$ 的条件方差

$$\operatorname{var}[(R\hat{\theta}-r)|\boldsymbol{X}] = \sigma^2 R(\boldsymbol{X}'\boldsymbol{X})^{-1}R'$$

是一个标量。因此，给定 $\boldsymbol{X}$ 的条件下，

$$\frac{R\hat{\theta}-r}{\sqrt{\operatorname{var}[(R\hat{\theta}-r)|\boldsymbol{X}]}} = \frac{R\hat{\theta}-r}{\sqrt{\sigma^2 R(\boldsymbol{X}'\boldsymbol{X})^{-1}R'}} \sim N(0,1)$$

由于标准正态分布与 $\boldsymbol{X}$ 无关，因此，比率

$$\frac{R\hat{\theta}-r}{\sqrt{\sigma^2 R(\boldsymbol{X}'\boldsymbol{X})^{-1}R'}}$$

的无条件分布也是标准正态分布。

但是，由于 σ^2 是未知的，不能使用比率

$$\frac{R\hat{\theta}-r}{\sqrt{\sigma^2 R(\boldsymbol{X}'\boldsymbol{X})^{-1}R'}}$$

作为检验统计量。需要将 σ^2 替换为 s^2，后者是 σ^2 的一个无偏估计量。这样，获得以下可计算的检验统计量

$$T = \frac{R\hat{\theta}-r}{\sqrt{s^2 R(\boldsymbol{X}'\boldsymbol{X})^{-1}R'}}$$

但是，这一替换，导致检验统计量 T 不再服从标准正态分布，而是服从学生 t-分布 (Student's t-distribution)，即

$$T = \frac{R\hat{\theta}-r}{\sqrt{s^2 R(\boldsymbol{X}'\boldsymbol{X})^{-1}R'}} = \frac{\frac{R\hat{\theta}-r}{\sqrt{\sigma^2 R(\boldsymbol{X}'\boldsymbol{X})^{-1}R'}}}{\sqrt{\frac{(n-p)s^2}{\sigma^2}/(n-p)}}$$

$$\sim \frac{N(0,1)}{\sqrt{\chi^2_{n-p}/(n-p)}}$$
$$\sim t_{n-p}$$

其中 t_{n-p} 表示自由度为 $n-p$ 的学生 t-分布。这里，在给定 $\boldsymbol{X}$ 的条件下，检验统计量 T 中的分子

$$\frac{R\hat{\theta}-r}{\sqrt{\sigma^2 R(\boldsymbol{X}'\boldsymbol{X})^{-1}R'}} \sim N(0,1)$$

而统计量 T 中的分母

$$\sqrt{\frac{(n-p)s^2}{\sigma^2}/(n-p)} \sim \sqrt{\chi^2_{n-p}/(n-p)}$$

由于给定 $\boldsymbol{X}$，$\hat{\theta}$ 和 s^2 相互独立，统计量 T 中分子与分母也是相互独立的。根据 t-分布定义，统计量 T 因此服从学生 t_{n-p}-分布。

由于统计量 T 服从 t_{n-p}-分布，它一般被称为 t-检验统计量。回忆 t-分布的性质：假设 $Z\sim N(0,1)$， $V\sim\chi^2_q$，且 Z 和 V 是相互独立的，则比率

$$\frac{Z}{\sqrt{V/q}} \sim t_q$$

从 t-分布定义中，可看出为什么需要 $\hat{\theta}$ 和 s^2 互相独立这一条件。

t_q-分布有一个重要性质，即当自由度 $q\to\infty$，$t_q \to N(0,1)$。这表明，在 $\mathbb{H}_0$ 下，当 $n\to\infty$ 时，

$$T=\frac{R\hat{\theta}-r}{\sqrt{s^2 R(\boldsymbol{X}'\boldsymbol{X})^{-1}R'}} \xrightarrow{d} N(0,1)$$

这一结论在实际应用中具有重要意义：即当样本容量 n 足够大时，t_{n-p} 和 $N(0,1)$ 的临界值几乎没有差异。因此，在大样本条件下，可使用 $N(0,1)$ 的临界值。

推导出检验统计量 T 的抽样分布之后，现在可描述当 $J=1$ 时，一个基于抽样分布临界值的检验原假设 $\mathbb{H}_0$ 的判断法则：

(a) 在事先给定的显著性水平 $\alpha\in(0,1)$ 下，如果 $|T|>C_{t_{n-p},\frac{\alpha}{2}}$，则拒绝 $\mathbb{H}_0: R\theta_0=r$。这里，$C_{t_{n-p},\frac{\alpha}{2}}$ 是 t_{n-p}-分布在 $\frac{\alpha}{2}$ 水平上的右侧临界值，满足

$$P\left(t_{n-p}>C_{t_{n-p},\frac{\alpha}{2}}\right)=\frac{\alpha}{2}$$

或等价地

$$P\left(|t_{n-p}|>C_{t_{n-p},\frac{\alpha}{2}}\right)=\alpha$$

(b) 如果 $|T|\leqslant C_{t_{n-p},\frac{\alpha}{2}}$，则在显著性水平 α 上，无法拒绝原假设 $\mathbb{H}_0: R\theta_0=r$。

由于随机样本 $\{Y_i, X_i'\}_{i=1}^n$ 的总体信息有限，$\mathbb{H}_0$ 检验存在两类错误。一类是 $\mathbb{H}_0$ 为

真但是被拒绝，这称为第一类错误。显著性水平 α 是发生第一类错误的概率。若

$$\mathrm{P}\left(|\mathrm{T}| > C_{t_{n-p},\frac{\alpha}{2}} \mid \mathbb{H}_0\right) = \alpha$$

则称该决策规则是尺度为 α 的检验。

另外，概率 $\mathrm{P}\left(|\mathrm{T}| > C_{t_{n-p},\frac{\alpha}{2}} \mid \mathbb{H}_0\text{为假}\right)$ 称为尺度为 α 的检验的功效函数。若

$$\mathrm{P}\left(|\mathrm{T}| > C_{t_{n-p},\frac{\alpha}{2}} \mid \mathbb{H}_0\text{为假}\right) < 1$$

则存在 $\mathbb{H}_0$ 为假但未拒绝的可能性，这称为第二类错误。

在理想情况下，应将第一类与第二类错误最小化，但对于任意给定有限样本，这是无法实现的。在实际应用中，通常先预设第一类错误的水平，即所谓的显著性水平，然后最小化第二类错误。常见的显著性水平 α 有 10%，5%，1%。

以下，介绍另一种等价的检验原假设 $\mathbb{H}_0$ 的判断规则，即使用检验统计量 T 的所谓 P-值。

假设观测数据 $\boldsymbol{z}^n = \{y_i, x_i'\}_{i=1}^n$ 是随机样本 $\boldsymbol{Z}^n = \{Y_i, X_i'\}_{i=1}^n$ 的一个实现，则可计算 t-检验统计量 T 相应的实现值，即

$$T(\boldsymbol{z}^n) = \frac{R(\mathbf{x}'\mathbf{x})^{-1}\mathbf{x}'\mathbf{y} - r}{\sqrt{s^2 R(\mathbf{x}'\mathbf{x})^{-1}R'}}$$

概率

$$\begin{aligned} P(\boldsymbol{z}^n) &= P\left(|T| > |T(\boldsymbol{z}^n)| \,|\mathbb{H}_0\right) \\ &= P\left(|t_{n-p}| > |T(\boldsymbol{z}^n)|\right) \end{aligned}$$

称为给定数据 $\boldsymbol{Z}^n = \boldsymbol{z}^n$ 时，检验统计量 T 的 P-值，其中 t_{n-p} 代表一个自由度为 $n-p$ 的学生 t-分布随机变量。直观上，P-值是可以拒绝原假设的最小显著性水平，是学生 t_{n-p} 随机变量的绝对值大于检验统计量 $T(\boldsymbol{z}^n)$ 的绝对值的尾概率。如果这一概率小于事先确定的显著性水平，则表示检验统计量 T 服从 t_{n-p}-分布的可能性很小，从而，原假设 $\mathbb{H}_0$ 很可能为假。

基于 P-值的判定法则可描述如下：

(a) 如果 $P(\boldsymbol{z}^n) < \alpha$，在 α 显著性水平下拒绝 $\mathbb{H}_0 : R\theta_0 = r$；

(b) 如果 $P(\boldsymbol{z}^n) \geqslant \alpha$，在 α 显著性水平下无法拒绝 $\mathbb{H}_0 : R\theta_0 = r$。

一个小的 P-值是拒绝原假设 $\mathbb{H}_0$ 的依据，而一个大的 P-值则表示数据与原假设 $\mathbb{H}_0$ 相一致。

与使用临界值相比，P-值提供了除在某 α 显著性水平下拒绝或无法拒绝原假设 $\mathbb{H}_0$ 之外更多的信息。根据定义，P-值是可拒绝原假设 $\mathbb{H}_0$ 的最小显著性水平。它不仅告诉是否应该在某一显著性水平拒绝原假设 $\mathbb{H}_0$，而且还能告诉拒绝或无法拒绝原假设 $\mathbb{H}_0$ 的程度。

应当指出，当拒绝原假设 $\mathbb{H}_0 : \beta_{j0} = 0$ 时，通常称参数 β_{j0} 在统计上是显著的。但这并不意味着相应的自变量 X_{jt} 在经济上具有显著的重要性。因为，当样本足够大时，即使很小的实际上并不重要的影响因素，其参数检验，也有可能在统计学上是非常显著的。

最后指出，即使是在近似多重共线性下，上面介绍的 t-检验和相关方法也是有效的，即不会影响 t-检验的第一类错误。但是，以自变量之间的样本相关性为测度的近似多重共线性程度，将影响 OLS 估计量 $\hat{\theta}$ 的精确性，从而将影响到 t-检验的第二类错误的概率。在其他条件相同的情况下，近似多重共线性程度越高，矩阵 $\boldsymbol{X}'\boldsymbol{X}$ 的最小特征值越接近零，从而 $\hat{\theta}$ 的方差也越大。即使当原假设 $\mathbb{H}_0$ 是假时，t-统计量不显著的可能性也会越大。换言之，近似多重共线性不影响 t-检验的第一类错误，但却影响第二类错误。

现在讨论若干 t-检验例子。

例 10.4 [转型经济改革效果评估]：考虑例 10.2 中扩展的生产函数模型。首先考虑检验以下原假设

$$\mathbb{H}_0^a : \beta_{30} = 0$$

其中 β_{30} 是扩展生产函数回归模型中的自主权变量 AU_i 的系数，这等价于选择 $R = (0,0,0,1,0)$ 和 $r = 0$。这时，有

$$\begin{aligned} s^2R(\boldsymbol{X}'\boldsymbol{X})^{-1}R' &= \left[s^2(\boldsymbol{X}'\boldsymbol{X})^{-1}\right]_{(4,4)} \\ &= S^2_{\hat{\beta}_3} \end{aligned}$$

它是 $\text{var}(\hat{\beta}_3|\boldsymbol{X})$ 的估计量，因此 t-检验统计量为

$$\begin{aligned} T &= \frac{R\hat{\theta} - r}{\sqrt{s^2R(\boldsymbol{X}'\boldsymbol{X})^{-1}R'}} \\ &= \frac{\hat{\beta}_3}{S_{\hat{\beta}_3}} \\ &\sim t_{n-5} \end{aligned}$$

接着，可检验不变规模报酬假设

$$\mathbb{H}_0^c : \beta_{10} + \beta_{20} = 1$$

这对应于 $R = (0,1,1,0,0)$ 和 $r = 1$。此时，有

$$\begin{aligned} s^2R(\boldsymbol{X}'\boldsymbol{X})^{-1}R' &= S^2_{\hat{\beta}_1} + S^2_{\hat{\beta}_2} + 2\widehat{\text{cov}}(\hat{\beta}_1, \hat{\beta}_2|\boldsymbol{X}) \\ &= \left[s^2(\boldsymbol{X}'\boldsymbol{X})^{-1}\right]_{(2,2)} + \left[s^2(\boldsymbol{X}'\boldsymbol{X})^{-1}\right]_{(3,3)} + 2\left[s^2(\boldsymbol{X}'\boldsymbol{X})^{-1}\right]_{(2,3)} \\ &= S^2_{\hat{\beta}_1+\hat{\beta}_2} \end{aligned}$$

它是 $\mathrm{var}(\hat{\beta}_1+\hat{\beta}_2|\boldsymbol{X})$ 的估计量。这里，$\widehat{\mathrm{cov}}(\hat{\beta}_1,\hat{\beta}_2|\boldsymbol{X})$ 是 $\hat{\beta}_1$ 和 $\hat{\beta}_2$ 之间条件协方差 $\mathrm{cov}(\hat{\beta}_1,\hat{\beta}_2|\boldsymbol{X})$ 的估计量。这里的 t-检验统计量为

$$\begin{aligned} T &= \frac{R\hat{\theta}-r}{\sqrt{s^2R(\boldsymbol{X}'\boldsymbol{X})^{-1}R'}} \\ &= \frac{\hat{\beta}_1+\hat{\beta}_2-1}{S_{\hat{\beta}_1+\hat{\beta}_2}} \\ &\sim t_{n-5} \end{aligned}$$

10.7.2 *F*-检验

问题 10.8 如果参数限制个数 $J>1$，$R\hat{\theta}-r$ 是一个随机向量。在这种情形下，如何构造检验统计量?

首先引入以下引理。

引理 10.2 如果 $q\times 1$ 维随机向量 $Z\sim N(\mathbf{0},V)$，其中 $V=\mathrm{var}(Z)$ 是 $q\times q$ 维的对称、有限、非奇异的方差-协方差矩阵，则

$$Z'V^{-1}Z\sim\chi_q^2$$

证明：因为 V 是对称和正定的，可找到一个对称和可逆的矩阵 $V^{1/2}$，使得

$$V^{1/2}V^{1/2}=V$$
$$V^{-1/2}V^{-1/2}=V^{-1}$$

(问题：这是什么分解?) 现在，定义一个新的随机变量

$$Y=V^{-1/2}Z$$

则 $E(Y)=\mathbf{0}$，且

$$\begin{aligned} \mathrm{var}(Y) &= E\{[Y-E(Y)][Y-E(Y)]'\} \\ &= E(YY') \\ &= E(V^{-1/2}ZZ'V^{-1/2}) \\ &= V^{-1/2}E(ZZ')V^{-1/2} \\ &= V^{-1/2}VV^{-1/2} \\ &= V^{-1/2}V^{1/2}V^{1/2}V^{-1/2} \\ &= \boldsymbol{I} \end{aligned}$$

从而，$Y=(Y_1,\cdots,Y_q)'\sim N(\mathbf{0},\boldsymbol{I})$。因此，$Y_1,\cdots,Y_q$ 是相互独立的正态分布随机变量，故有 $Y'Y=\sum_{i=1}^q Y_i^2\sim\chi_q^2$。证毕。 ■

根据推论 10.2，当原假设 $\mathbb{H}_0: R\theta_0 = r$ 成立时，

$$(R\hat{\theta} - r)|\boldsymbol{X} \sim N[\mathbf{0}, \sigma^2 R(\boldsymbol{X}'\boldsymbol{X})^{-1}R']$$

因此，由引理 10.2，二次型随机变量

$$\left.\frac{(R\hat{\theta} - r)'[R(\boldsymbol{X}'\boldsymbol{X})^{-1}R']^{-1}(R\hat{\theta} - r)}{\sigma^2}\right|\boldsymbol{X} \sim \chi^2_J$$

因为 χ^2_J 分布不依赖于 $\boldsymbol{X}$，二次型随机变量的无条件分布也是 χ^2_J 分布：

$$\frac{(R\hat{\theta} - r)'[R(\boldsymbol{X}'\boldsymbol{X})^{-1}R']^{-1}(R\hat{\theta} - r)}{\sigma^2} \sim \chi^2_J$$

由于 σ^2 是未知的，与构造 t-检验统计量 T 一样，需要将 σ^2 替换为 s^2，从而得二次型统计量

$$\frac{(R\hat{\theta} - r)'[R(\boldsymbol{X}'\boldsymbol{X})^{-1}R']^{-1}(R\hat{\theta} - r)}{s^2}$$

这一替换导致二次型的分布不再是 χ^2 分布，它在除以参数限制个数 J 后，将服从自由度为 $(J, n-p)$ 的 $\mathcal{F}$-分布。为了解释这一点，首先回顾什么是 $\mathcal{F}$-分布：假设 $U \sim \chi^2_p$，$V \sim \chi^2_q$，并且 U 和 V 是相互独立的，则比率

$$\frac{U/p}{V/q} \sim \mathcal{F}_{p,q}$$

称为服从自由度 (p,q) 的 $\mathcal{F}_{p,q}$-分布。

现在，可理解为什么二次型在除以 J 后，会服从 $\mathcal{F}_{J,n-p}$-分布。将二次型表示为

$$\begin{aligned}\frac{(R\hat{\theta} - r)'[R(\boldsymbol{X}'\boldsymbol{X})^{-1}R']^{-1}(R\hat{\theta} - r)/J}{s^2} &= \frac{\frac{(R\hat{\theta} - r)'[R(\boldsymbol{X}'\boldsymbol{X})^{-1}R']^{-1}(R\hat{\theta} - r)}{\sigma^2}/J}{\frac{(n-p)s^2}{\sigma^2}/(n-p)} \\ &\sim \frac{\chi^2_J/J}{\chi^2_{n-p}/(n-p)} \\ &\sim \mathcal{F}_{J,n-p}\end{aligned}$$

其中，$\mathcal{F}_{J,n-p}$ 表示自由度为 J 和 $n-p$ 的 $\mathcal{F}$-分布。这里分子

$$\frac{(R\hat{\theta} - r)'[R(\boldsymbol{X}'\boldsymbol{X})^{-1}R']^{-1}(R\hat{\theta} - r)}{\sigma^2} \sim \chi^2_J$$

而分母

$$\frac{(n-p)s^2}{\sigma^2} \sim \chi^2_{n-p}$$

而且两者相互独立。根据 $\mathcal{F}$-分布的定义，即可得 $\mathcal{F}_{J,n-p}$-分布。

根据以上讨论，可定义以下 F-检验统计量

$$F \equiv \frac{(R\hat{\theta}-r)'[R(\boldsymbol{X}'\boldsymbol{X})^{-1}R']^{-1}(R\hat{\theta}-r)/J}{s^2}$$

定理 10.7 假设 $\boldsymbol{X}'\boldsymbol{X}$ 为非奇异矩阵，以及 $\boldsymbol{\varepsilon}|\boldsymbol{X} \sim N(\mathbf{0}, \sigma^2\boldsymbol{I})$。则当原假设 $\mathbb{H}_0: R\theta_0 = r$ 成立时，对任意的 $n > p$，有

$$F \sim \mathcal{F}_{J,n-p}$$

事实上，F-检验也适用于 $J=1$。$\mathcal{F}$-分布有一个重要的性质，即

$$\mathcal{F}_{1,q} \sim t_q^2$$

这表明，当 $J=1$ 时，使用 t-统计检验或 F-统计检验将得到完全相同的结论。

一个重要问题是如何计算 F 统计量。虽然可根据定义计算 F-检验统计量，其实有一个更方便的方法计算 F-检验统计量。现在，介绍该方法。

定理 10.8 假设 $\boldsymbol{X}'\boldsymbol{X}$ 为非奇异矩阵，令 $SSR_u = \boldsymbol{e}'\boldsymbol{e}$ 是以下无约束回归模型的残差平方和

$$\boldsymbol{Y} = \boldsymbol{X}\theta + \varepsilon$$

另外，令 $SSR_r = \tilde{\boldsymbol{e}}'\tilde{\boldsymbol{e}}$ 是以下有约束回归模型的残差平方和

$$\boldsymbol{Y} = \boldsymbol{X}\theta + \varepsilon$$

其约束条件为

$$R\theta = r$$

其中 $\tilde{\boldsymbol{e}} = \boldsymbol{Y} - \boldsymbol{X}\tilde{\boldsymbol{\theta}}$，$\tilde{\theta}$ 是有约束回归模型的 OLS 估计量。则 F-检验统计量可写为

$$F = \frac{(\tilde{\boldsymbol{e}}'\tilde{\boldsymbol{e}} - \boldsymbol{e}'\boldsymbol{e})/J}{\boldsymbol{e}'\boldsymbol{e}/(n-p)}$$

证明： $\tilde{\theta}$ 是在原假设 $\mathbb{H}_0$ 成立时有约束线性回归模型的 OLS 估计量，即

$$\tilde{\theta} = \arg\min_{\theta \in \mathbb{R}^p} (\boldsymbol{Y} - \boldsymbol{X}\theta)'(\boldsymbol{Y} - \boldsymbol{X}\theta)$$

其中约束条件为 $R\theta = r$。首先，构建拉格朗日函数，

$$L(\theta, \lambda) = (\boldsymbol{Y} - \boldsymbol{X}\theta)'(\boldsymbol{Y} - \boldsymbol{X}\theta) + 2\lambda'(r - R\theta)$$

其中 λ 是一个 $J \times 1$ 的向量，称为拉格朗日乘子向量。拉格朗日函数的一阶条件为：

$$\frac{\partial L(\tilde{\theta}, \tilde{\lambda})}{\partial \theta} = -2\boldsymbol{X}'(\boldsymbol{Y} - \boldsymbol{X}\tilde{\theta}) - 2R'\tilde{\lambda} = \mathbf{0}$$

$$\frac{\partial L(\tilde{\theta},\tilde{\lambda})}{\partial \lambda}=2(r-R\tilde{\theta})=\mathbf{0}$$

另一方面，无约束回归模型的 OLS 估计量是 $\hat{\theta}=(\boldsymbol{X}'\boldsymbol{X})^{-1}\boldsymbol{X}'\boldsymbol{Y}$，结合上述一阶条件的第一个方程，可得

$$\begin{aligned}-(\hat{\theta}-\tilde{\theta})&=(\boldsymbol{X}'\boldsymbol{X})^{-1}R'\tilde{\lambda}\\R(\boldsymbol{X}'\boldsymbol{X})^{-1}R'\tilde{\lambda}&=-R(\hat{\theta}-\tilde{\theta})\end{aligned}$$

因此，拉格朗日乘子为

$$\begin{aligned}\tilde{\lambda}&=-[R(\boldsymbol{X}'\boldsymbol{X})^{-1}R']^{-1}R(\hat{\theta}-\tilde{\theta})\\&=-[R(\boldsymbol{X}'\boldsymbol{X})^{-1}R']^{-1}(R\hat{\theta}-r)\end{aligned}$$

这里使用了约束条件 $R\tilde{\theta}=r$。从 $\tilde{\lambda}$ 的表达式可看出，$\tilde{\lambda}$ 的大小揭示了 $R\hat{\theta}-r$ 与 $\mathbf{0}$ 之间差距的大小。

现在，将 $\tilde{\lambda}$ 表达式代入 $\hat{\theta}-\tilde{\theta}$ 的表达式，可得

$$\hat{\theta}-\tilde{\theta}=(\boldsymbol{X}'\boldsymbol{X})^{-1}R'[R(\boldsymbol{X}'\boldsymbol{X})^{-1}R']^{-1}(R\hat{\theta}-r)$$

根据定义，有约束的回归模型的估计残差

$$\begin{aligned}\tilde{\boldsymbol{e}}&=\boldsymbol{Y}-\boldsymbol{X}\tilde{\theta}\\&=\boldsymbol{Y}-\boldsymbol{X}\hat{\theta}+\boldsymbol{X}(\hat{\theta}-\tilde{\theta})\\&=\boldsymbol{e}+\boldsymbol{X}(\hat{\theta}-\tilde{\theta})\end{aligned}$$

故有

$$\begin{aligned}\tilde{\boldsymbol{e}}'\tilde{\boldsymbol{e}}&=\boldsymbol{e}'\boldsymbol{e}+(\hat{\theta}-\tilde{\theta})'\boldsymbol{X}'\boldsymbol{X}(\hat{\theta}-\tilde{\theta})\\&=\boldsymbol{e}'\boldsymbol{e}+(R\hat{\theta}-r)'[R(\boldsymbol{X}'\boldsymbol{X})^{-1}R']^{-1}(R\hat{\theta}-r)\end{aligned}$$

因此

$$(R\hat{\theta}-r)'[R(\boldsymbol{X}'\boldsymbol{X})^{-1}R']^{-1}(R\hat{\theta}-r)=\tilde{\boldsymbol{e}}'\tilde{\boldsymbol{e}}-\boldsymbol{e}'\boldsymbol{e}$$

由 F-检验统计量的定义，得

$$\begin{aligned}F&=\frac{(R\hat{\theta}-r)'[R(\boldsymbol{X}'\boldsymbol{X})^{-1}R']^{-1}(R\hat{\theta}-r)/J}{s^2}\\&=\frac{(\tilde{\boldsymbol{e}}'\tilde{\boldsymbol{e}}-\boldsymbol{e}'\boldsymbol{e})/J}{\boldsymbol{e}'\boldsymbol{e}/(n-p)}\end{aligned}$$

证毕。 ■

定理 10.8 表明，F-检验统计量计算非常方便。因为它仅需要分别计算有约束线性回归模型和无约束线性回归模型的残差平方和，而残差平方和是 OLS 估计的目标函

数值。直观上，有约束模型的残差平方和 SSR_u 会大于无约束模型的残差平方和。若原假设 $\mathbb{H}_0$ 为真，则有约束模型的残差平方和 SSR_r 几乎等于无约束模型的残差平方和，只受抽样变化导致的差异所影响。若 SSR_r 显著大于 SSR_u，则存在证据拒绝 $\mathbb{H}_0$，而 SSR_r 与 SSR_u 相差多大才算足够大则取决于 $\mathcal{F}_{J,n-p}$-分布的临界值。

当原假设 $\mathbb{H}_0{:}R\theta_0 = r$ 成立时，二次型

$$(R\hat{\theta}-r)'\left[\sigma^2 R(\boldsymbol{X}'\boldsymbol{X})^{-1}R'\right]^{-1}(R\hat{\theta}-r)\sim\chi_J^2$$

前面已经证明，对于有限的 n，可计算的二次型统计量

$$JF=\frac{(R\hat{\theta}-r)'\left[R(\boldsymbol{X}'\boldsymbol{X})^{-1}R'\right]^{-1}(R\hat{\theta}-r)}{s^2}$$

不再服从 χ_J^2 分布。但是，$\mathcal{F}$-分布有一个非常重要的性质，即对 $\mathcal{F}$-分布 $\mathcal{F}_{p,q}$，当第二个自由度 $q\to\infty$ 时，有 $p\mathcal{F}_{p,q}{\to}\chi_p^2$。根据这一性质，可以得到：当 $n\to\infty$ 时 (因而 $n-p\to\infty$)，二次型统计量 $JF\xrightarrow{d}\chi_J^2$。因此，当 $n\to\infty$ 时，统计量 JF 的极限分布与以下二次型的

$$(R\hat{\theta}-r)'\left[\sigma^2 R(\boldsymbol{X}'\boldsymbol{X})^{-1}R'\right]^{-1}(R\hat{\theta}-r)$$

的 χ_J^2 分布是一致的。换言之，当 $n\to\infty$ 时，用 s^2 替代 σ^2 并不改变二次型的分布。这一结果有重要的实际意义：当样本数 n 足够大时，在统计推断中，使用 $\mathcal{F}_{J,n-p}$-分布与使用 χ_J^2 分布，将得到同样的结论。

问题 10.9 如何解释拉格朗日乘子 $\tilde{\lambda}$?

前面已经证明 $\tilde{\lambda}=-\left[R\left(\boldsymbol{X}'\boldsymbol{X}\right)^{-1}R'\right]^{-1}R(\hat{\theta}-\tilde{\theta})=-\left[R\left(\boldsymbol{X}'\boldsymbol{X}\right)^{-1}R'\right]^{-1}(R\hat{\theta}-r)$，故 $\tilde{\lambda}$ 表示 $R\hat{\theta}$ 与 r 偏离程度，$\tilde{\lambda}$ 的大小揭示了 $R\hat{\theta}-r$ 是否显著异于 0。

问题 10.10 当 $n\to\infty$ 时，F 统计量的抽样分布有什么变化?

当 $q\to\infty$ 时，$JF_{J,q}\xrightarrow{d}\chi_J^2$，$F$-统计量在原假设 $\mathbb{H}_0$ 下服从 $\mathcal{F}_{J,n-p}$-分布，故当 $n\to\infty$ 时，二次型

$$JF=\frac{(R\hat{\theta}-r)'\left[R\left(\boldsymbol{X}'\boldsymbol{X}\right)^{-1}R'\right]^{-1}(R\hat{\theta}-r)}{s^2}\xrightarrow{d}\chi_J^2$$

这是沃尔德检验统计量，正式定义如下。

定理 10.9 假设 $\boldsymbol{X}'\boldsymbol{X}$ 为非奇异矩阵，以及 $\boldsymbol{\varepsilon}|\boldsymbol{X}\sim N(\boldsymbol{0},\sigma^2\boldsymbol{I})$。则当原假设 $\mathbb{H}_0: R\theta_0 = r$ 成立且 $n\to\infty$ 时，沃尔德检验统计量

$$W=\frac{(R\hat{\theta}-r)'[R(\boldsymbol{X}'\boldsymbol{X})^{-1}R']^{-1}(R\hat{\theta}-r)}{s^2}=JF\xrightarrow{d}\chi_J^2$$

可以看到，这里定义的沃尔德检验统计量 W 与 F-检验统计量 F 只相差一个比例常数 J，这是因为假设条件同方差成立。如果存在条件异方差，仍然可以定义稳健沃尔德检验统计量，但是 $W = JF$ 这一关系将不再成立，更多讨论参见洪永淼 (2011，第四章)。

第八节　应用与重要特例

以下，考察若干在经济学和金融学中经常遇到的重要特例。

10.8.1　检验所有解释变量的联合显著性

考虑以下线性回归模型

$$\begin{aligned} Y_i &= X_i'\theta_0 + \varepsilon_i \\ &= \alpha_0 + \sum_{j=1}^{k} \beta_{j0} X_{ji} + \varepsilon_i, \quad i = 1, \cdots, n \end{aligned}$$

这里的目的是检验除截距 α_0 外，所有自变量 $X_{1i}, \cdots, X_{ki}$ 的联合影响是否为零。原假设为

$$\mathbb{H}_0 : \beta_{10} = \cdots = \beta_{k0} = 0$$

原假设表示所有自变量均对 Y_i 没有影响。备选假设为

$$\mathbb{H}_A: \text{至少存在一个 } j \in \{1, \cdots, k\}, \quad \beta_{j0} \neq 0$$

可使用 F-检验 $F \sim \mathcal{F}_{k, n-(k+1)}$。

事实上，原假设 $\mathbb{H}_0 : \beta_{10} = \cdots = \beta_{k0} = 0$ 成立时的约束回归模型可简化为

$$Y_i = \alpha_0 + \varepsilon_i, \quad i = 1, \cdots, n$$

这个约束模型的 OLS 估计量为 $\tilde{\theta} = (\bar{Y}, 0, \cdots, 0)'$，这里 $\bar{Y}$ 为 $\{Y_t\}_{i=1}^n$ 的样本均值。从而，

$$\tilde{\boldsymbol{e}} = \boldsymbol{Y} - \boldsymbol{X}\tilde{\theta} = \boldsymbol{Y} - \bar{Y}\boldsymbol{l}$$

这里 $\boldsymbol{l} = (1, \cdots, 1)'$ 为 $n \times 1$ 维向量，其中每个元素均为 1。因此，有

$$\tilde{\boldsymbol{e}}'\tilde{\boldsymbol{e}} = (\boldsymbol{Y} - \bar{Y}\boldsymbol{l})'(\boldsymbol{Y} - \bar{Y}\boldsymbol{l})$$

根据 R^2 的定义：

$$\begin{aligned} R^2 &= 1 - \frac{\boldsymbol{e}'\boldsymbol{e}}{(\boldsymbol{Y} - \bar{Y}\boldsymbol{l})'(\boldsymbol{Y} - \bar{Y}\boldsymbol{l})} \\ &= 1 - \frac{\boldsymbol{e}'\boldsymbol{e}}{\tilde{\boldsymbol{e}}'\tilde{\boldsymbol{e}}} \end{aligned}$$

可得

$$
\begin{aligned}
F &= \frac{(\tilde{\boldsymbol{e}}'\tilde{\boldsymbol{e}} - \boldsymbol{e}'\boldsymbol{e})/k}{\boldsymbol{e}'\boldsymbol{e}/(n-k-1)} \\
&= \frac{\left(1 - \frac{\boldsymbol{e}'\boldsymbol{e}}{\tilde{\boldsymbol{e}}'\tilde{\boldsymbol{e}}}\right)/k}{\frac{\boldsymbol{e}'\boldsymbol{e}}{\tilde{\boldsymbol{e}}'\tilde{\boldsymbol{e}}}/(n-k-1)} \\
&= \frac{R^2/k}{(1-R^2)/(n-k-1)}
\end{aligned}
$$

因此，为了检验上述联合假设 $\mathbb{H}_0: \beta_{10} = \cdots = \beta_{k0} = 0$，只需估计无约束模型并获得其 R^2。需要强调，这一公式仅在检验除截距项外所有自变量系数都为零的原假设时才能适用。

例 10.5 [有效市场假说 (Efficient Market Hypothesis，EMH)]： 假设 Y_i 是第 i 期的某一资产收益率，I_{i-1} 是第 $i-1$ 期的历史信息集。有效市场假说的经典版本可表述如下：

$$E(Y_i|I_{i-1}) = E(Y_i)$$

为了检验资产收益率是否可利用其历史信息进行预测，设定以下线性回归模型：

$$Y_i = X_i'\theta_0 + \varepsilon_i$$

其中

$$X_i = (1, Y_{i-1}, \cdots, Y_{i-k})'$$

这是一个 k 阶自回归模型。在有效市场假设下，有

$$\mathbb{H}_0: \beta_{10} = \cdots = \beta_{k0} = 0$$

如果备选假设

$$\mathbb{H}_A: \text{至少存在一 } j \in \{1, \cdots, k\}，\beta_{j0} \neq 0$$

成立，则可利用资产收益率的历史信息预测未来的资产收益率。

在使用线性回归模型检验有效市场假说时，若没有拒绝 $\mathbb{H}_0$，如何给予合理的经济解释呢？注意有效市场假说和参数原假设 $\mathbb{H}_0$ 之间存在一定的差距，因为线性回归模型仅是检验有效市场假说众多方法中的一种。有这样一种可能性，即 Y_i 与 $\{Y_{i-j}, j = 1, \cdots, k\}$ 不存在线性关系，但却存在非线性关系。因此，使用 F-检验，如果没有拒绝 $\mathbb{H}_0$，只能称没有发现拒绝有效市场假说的证据，不能得到有效市场假说成立的结论。

严格地说，经典线性回归模型理论的严格外生性假设 $E(\varepsilon_i|\boldsymbol{X}) = 0$ 排除了用 F-检验来验证市场有效假说的可能性，因为，本例中的线性回归模型是一个动态时间序列回归模型，严格外生性条件并不成立。但是，可以证明，在条件同方差条件下，即使是动态线性回归模型，当 $n \to \infty$ 时，在原假设下，也有

$$kF = \frac{R^2}{(1-R^2)/(n-k-1)} \xrightarrow{d} \chi_k^2$$

参见洪永淼 (2011，第五章) 的讨论。事实上，在 n 很大时，可使用以下更简单的统计量来检验有效市场假说：

$$(n-k-1)R^2 \xrightarrow{d} \chi_k^2$$

这一结果不需要条件正态分布假设，但需要条件同方差假设 ($E(\varepsilon_i^2|X_i) = \sigma^2$)。由于 X_i 包含 Y_i 的滞后项，条件同方差假设实际上排除了自回归条件异方差 (autoregressive conditional heteroskedasticity, ARCH) 的可能性。金融时间序列数据往往存在显著的 ARCH 效应。

例 10.6 [消费函数和财富效应]：令 Y_i 为消费，X_{1i} 为劳动力收入，X_{2i} 为流动性资产财富。假设使用某一数据，得到以下线性回归模型 OLS 估计结果：

$$\begin{aligned} Y_i = & \underset{[1.77]}{33.88} - \underset{[-0.74]}{26.00}X_{1i} + \underset{[0.77]}{6.71}X_{2i} + e_i, \quad R^2 = 0.742, \ n = 25 \end{aligned}$$

其中方括号中的数字为 t-检验统计量。

假设想考察劳动收入或流动性资产财富是否对消费有影响。劳动收入与财富的单独 t-检验统计量在 5% 显著性水平上均不显著。然而，由于可能存在近似多重共线性，也必须检验劳动收入与财富是否不具有联合显著性。为此，计算 F-检验统计量，

$$\begin{aligned} F &= \frac{R^2/2}{(1-R^2)/(n-3)} \\ &= (0.742/2)/[(1-0.742)/(25-3)] \\ &\approx 31.636 \end{aligned}$$

与分布 $\mathcal{F}_{k,n-(k+1)} = \mathcal{F}_{2,22}$ 在 5% 显著性水平的临界值 4.38 相比较，可在 5% 显著性水平上拒绝收入和流动性资产对消费均没有影响的联合原假设。

10.8.2 检验遗漏变量

假设 $X_i = (X_i^{(1)\prime}, X_i^{(2)\prime})'$，其中，$X_i^{(1)}$ 是 $(k+1) \times 1$ 维向量，$X_i^{(2)}$ 是 $q \times 1$ 维向量。如果 $E(Y_i|X_i) = E(Y_i|X_i^{(1)})$，则 $X_i^{(2)}$ 对 Y_i 的条件均值没有解释力，相反，如果 $E(Y_i|X_i) \neq E(Y_i|X_i^{(1)})$，则说明 $X_i^{(2)}$ 对 Y_i 的条件均值有解释力。当 $X_i^{(2)}$ 对 Y_i 有解释力，但却没有包含在回归方程中时，则称 $X_i^{(2)}$ 为遗漏变量。

问题 10.11 如何在线性回归模型的框架下检验 $X_i^{(2)}$ 是否为遗漏变量?

可以考虑 F-检验。这里有约束的回归模型为

$$Y_i = \alpha_0 + \beta_{10} X_{1i} + \cdots + \beta_{k0} X_{ki} + \varepsilon_i, \quad i = 1, \cdots, n$$

假设 $X_i^{(2)} = (Z_{1i}, \cdots, Z_{qi})'$，则无约束回归模型为

$$Y_i = \alpha_0 + \beta_{10} X_{1i} + \cdots + \beta_{k0} X_{ki} + \gamma_{10} Z_{1i} + \cdots + \gamma_{q0} Z_{qi} + \varepsilon_i, \quad i = 1, \cdots, n$$

原假设是新增变量对 Y_i 没有影响。在上述线性回归模型框架中，这可表述为以下参数假设：

$$\mathbb{H}_0 : \gamma_{10} = \gamma_{20} = \cdots = \gamma_{q0} = 0$$

备选假设是至少有一个新增解释变量的系数不为零。

F-检验统计量为

$$F = \frac{(\tilde{\mathbf{e}}'\tilde{\mathbf{e}} - \mathbf{e}'\mathbf{e})/q}{\mathbf{e}'\mathbf{e}/(n-k-q-1)} \sim \mathcal{F}_{q,n-(k+q+1)}$$

如果拒绝原假设 $\mathbb{H}_0 : \gamma_{10} = \gamma_{20} = \cdots = \gamma_{q0} = 0$，说明某些本应该包括在模型中的解释变量被遗漏。反之，如果 F 统计量不能拒绝原假设 $\mathbb{H}_0 : \gamma_{10} = \gamma_{20} = \cdots = \gamma_{q0} = 0$，是否能够说不存在遗漏变量呢？

不能。因为新增解释变量和 Y_i 之间可能存在非线性关系，而线性回归模型的设定一般是不能捕捉非线性关系的。

例 10.7 [转型经济改革效果评估]：考虑以下扩展生产函数 (参见本章例 10.2)

$$\ln(Y_i) = \alpha_0 + \beta_{10}\ln(L_i) + \beta_{20}\ln(K_i) + \beta_{30}AU_i + \beta_{40}PS_i + \beta_{50}CM_i + \varepsilon_i, \quad i = 1, \cdots, n$$

其中 AU_i 是自主权 (autonomy) 虚拟变量，PS_i 是利润分成 (profit sharing) 比例，CM_i 是经理更换 (change of manager) 虚拟变量。原假设是这三项改革均没有效果。在线性回归模型框架内，这个经济假说可表示为以下参数假设，即

$$\mathbb{H}_0 : \beta_{30} = \beta_{40} = \beta_{50} = 0$$

可用 F-检验。在原假设 $\mathbb{H}_0$ 下，$F \sim \mathcal{F}_{3,n-6}$。

如果拒绝 $\mathbb{H}_0 : \beta_{30} = \beta_{40} = \beta_{50} = 0$，则说明三项改革至少有一项是有效的。但如果不能拒绝 $\mathbb{H}_0 : \beta_{30} = \beta_{40} = \beta_{50} = 0$，则仅能说没有发现推翻原始经济假说 (即三项改革均无效) 的证据。这是因为，这些改革可能以非线性的形式影响产出，但线性模型设定无法捕获这种非线性影响。

例 10.8 [格兰杰因果关系 (Cranger Causality) 检验]：考虑二元时间序列 $\{Y_i, X_i\}$，其中 i 表示时间，$I_{i-1}^{(Y)}$ 是由 $\{Y_{i-1}, Y_{i-2}, \cdots\}$ 生成的 σ-域，$I_{i-1}^{(X)}$ 是由 $\{X_{i-1}, X_{i-2}, \cdots\}$ 生成的 σ-域。一个例子是 Y_i 表示 GDP 增长率，X_i 表示货币供应增长率。如果

$$E(Y_i | I_{i-1}^{(Y)}, I_{i-1}^{(X)}) = E(Y_i | I_{i-1}^{(Y)})$$

则称 X_i 不是 Y_i 的格兰杰原因。换言之，在给定 $I_{i-1}^{(Y)}$ 的条件下，X_i 的任何滞后变量

对 Y_i 的条件均值都没有影响。

格兰杰因果关系是定义在预测能力上的，而不是真正的经济因果关系。从计量经济学的观点看，它是时间序列回归动态模型是否存在遗漏变量的一种检验。

问题 10.12 如何进行格兰杰因果关系检验呢？

Granger (1969) 最早提出用 F-检验来检验格兰杰因果关系。考虑以下线性回归模型：

$$Y_i = \alpha_0 + \beta_{10}Y_{i-1} + \cdots + \beta_{p0}Y_{i-p} + \gamma_{10}X_{i-1} + \cdots + \gamma_{q0}X_{i-q} + \varepsilon_i$$

如果不存在格兰杰原因，有

$$\mathbb{H}_0 : \gamma_{10} = \cdots = \gamma_{q0} = 0$$

根据经典线性回归理论，F-检验统计量

$$F \sim \mathcal{F}_{q,n-(p+q+1)}$$

需要指出，经典线性回归理论其实并不适用，因为这里的线性回归模型是一个动态回归模型，不满足严格外生性条件 $(E(\varepsilon_i|\boldsymbol{X}) = \mathbf{0})$。但是，渐进理论可证明，如果满足条件同方差假设，当原假设 $\mathbb{H}_0 : \gamma_{10} = \cdots = \gamma_{q0} = 0$ 成立时，即使是线性动态回归模型，当 $n \to \infty$，仍有 $qF \xrightarrow{d} \chi^2_q$。详细讨论参见洪永淼 (2011，第五章)。

例 10.9 [检验结构变化]：考虑以下双变量回归模型

$$Y_i = \alpha_0 + \beta_0 X_{1i} + \varepsilon_i, \quad i = 1, \cdots, n$$

其中 i 代表时间，简单起见，假设 $\{X_{1i}\}$ 和 $\{\varepsilon_i\}$ 相互独立。假设在时间点 $i = i_0$，可能发生了突变性结构性变化 (structural break)。因此，考虑以下扩展的回归模型：

$$\begin{aligned} Y_i &= (\alpha_0 + \alpha_{10}D_i) + (\beta_0 + \beta_{10}D_i)X_{1i} + \varepsilon_i \\ &= \alpha_0 + \beta_0 X_{1i} + \alpha_{10}D_i + \beta_{10}(D_i X_{1i}) + \varepsilon_i, \quad i = 1, \cdots, n \end{aligned}$$

其中，如果 $i > i_0$，$D_i = 1$；如果 $i \leqslant i_0$，$D_i = 0$。变量 D_i 称为结构变化虚拟变量，刻画结构变化前后不同的时期。

当没有结构变化时，以下参数原假设成立

$$\mathbb{H}_0 : \alpha_{10} = \beta_{10} = 0$$

如果备选假设

$$\mathbb{H}_A : \alpha_{10} \neq 0 \text{或 } \beta_{10} \neq 0$$

成立，则条件均值 $E(Y_i|X_i)$ 存在着结构变化，可用 F-检验统计量

$$F \sim \mathcal{F}_{2,n-4}$$

这一检验最早是由 Chow (1960) 提出的，因此称为邹氏检验 (Chow's test)。

10.8.3 检验线性参数约束

例 10.10 [检验固定规模报酬] 考虑以下扩展生产函数 (参见例 10.7)：

$$\ln(Y_i) = \alpha_0 + \beta_{10}\ln(L_i) + \beta_{20}\ln(K_i) + \beta_{30}AU_i + \beta_{40}PS_i + \beta_{50}CM_i + \varepsilon_i$$

现在用 F-检验来检验固定规模收益 (CRS) 假说。在上述线性回归模型框架中，CRS 等价于原假设

$$\mathbb{H}_0 : \beta_{10} + \beta_{20} = 1$$

备选假设为

$$\mathbb{H}_A : \beta_{10} + \beta_{20} \neq 1$$

在原假设 $\mathbb{H}_0 : \beta_{10} + \beta_{20} = 1$ 下的有约束的回归模型为

$$\ln(Y_i) = \alpha_0 + \beta_{10}\ln(L_i) + (1-\beta_{10})\ln(K_i) + \beta_{30}AU_i + \beta_{40}PS_i + \beta_{50}CM_i + \varepsilon_i, \quad i = 1, \cdots, n$$

这等价于以下回归模型

$$\ln(Y_i/K_i) = \alpha_0 + \beta_{10}\ln(L_i/K_i) + \beta_{30}AU_i + \beta_{40}PS_i + \beta_{50}CM_i + \varepsilon_i, \quad i = 1, \cdots, n$$

相应的 F-检验统计量为

$$F \sim \mathcal{F}_{1,n-6}$$

这里由于原假设只有一个约束，t-检验和 F-检验均可用于检验固定规模收益假说。

例 10.11 [工资决定机制]：在时间序列下考察工资函数

$$W_i = a_0 + \beta_{10}P_i + \beta_{20}P_{i-1} + \beta_{30}U_i + \beta_{40}V_i + \beta_{50}W_{i-1} + \varepsilon_i, \quad i = 1, \cdots, n$$

其中，i 表示时间，W_i 表示工资，P_i 表示价格，U_i 表示失业，V_i 表示空缺岗位数。

检验原假设

$$\mathbb{H}_0 : \beta_{10} + \beta_{20} = 0，\beta_{30} + \beta_{40} = 0，且\ \beta_{50} = 1$$

原假设 $\mathbb{H}_0$ 提供了一个很好的经济解释，从原假设可得以下有约束的工资等式

$$\Delta W_i = a_0 + \beta_{10}\Delta P_i + \beta_{40}D_i + \varepsilon_i$$

其中，$\Delta W_i = W_i - W_{i-1}$ 是工资增长率，$\Delta P_i = P_i - P_{i-1}$ 是通货膨胀率，$D_i = V_i - U_i$ 是就业市场岗位供应过剩指数。因此，原假设 $\mathbb{H}_0$ 表示工资增长取决于通货膨胀率和劳动力供应过剩。

$\mathbb{H}_0$ 的 F-检验统计量是

$$F \sim \mathcal{F}_{3,n-6}$$

同样，这里也不满足严格外生性条件。但是，可证明在原假设 $\mathbb{H}_0$ 及条件同方差下，当 $n \to \infty$ 时，$3F \xrightarrow{d} \chi_3^2$。更多讨论参见本书第五章。

第九节　广义最小二乘估计

经典线性回归模型依赖于关键假设 $\boldsymbol{\varepsilon}|\boldsymbol{X} \sim N(\mathbf{0}, \sigma^2\boldsymbol{I})$。这里除了条件正态分布外，还包含不存在条件异方差和条件自相关。如果某些假设 (如条件同方差或条件不相关) 不成立，会出现什么问题？

由条件正态分布假设 ($\boldsymbol{\varepsilon}|\boldsymbol{X} \sim N(\mathbf{0}, \sigma^2\boldsymbol{I})$) 可推导出 OLS 估计量 $\hat{\theta}$ 及其相关统计量的有限样本分布，但这一假设对很多经济金融数据并不合适。现在假设以下更一般的条件：

$$\boldsymbol{\varepsilon}|\boldsymbol{X} \sim N(\mathbf{0}, \sigma^2\boldsymbol{V})$$

其中 $0 < \sigma^2 < \infty$ 是未知的，但 $\boldsymbol{V} = V(\boldsymbol{X})$ 是一个已知的 $n \times n$ 维对称有限正定矩阵。

这里 $\boldsymbol{\varepsilon}$ 的条件分布仍为正态分布，且严格外生性条件成立，但是存在条件异方差或条件自相关，因为

$$\begin{aligned}
\text{var}(\boldsymbol{\varepsilon}|\boldsymbol{X}) &= E(\boldsymbol{\varepsilon}\boldsymbol{\varepsilon}'|\boldsymbol{X}) \\
&= \sigma^2\boldsymbol{V} \\
&= \sigma^2 V(\boldsymbol{X})
\end{aligned}$$

$\text{var}(\boldsymbol{\varepsilon}|\boldsymbol{X})$ 仅包含一个未知常数 σ^2，但它允许存在已知形式的条件异方差 $V(\boldsymbol{X})$。此外，$\boldsymbol{V} = V(\boldsymbol{X})$ 有可能不是对角阵，即对 $i \neq j$, $\text{cov}(\varepsilon_i, \ \varepsilon_j|\boldsymbol{X})$ 可能不为零，因此，允许存在已知形式的条件异方差与条件自相关。若 i 表示时间，则存在序列相关。若 i 表示截面单位，则存在空间相关 (spatial dependence)。

但是，从实用角度看，关于 $\boldsymbol{V}$ 已知的假设仍然非常严格。尽管如此，以下讨论将提供不少关于 OLS 估计量的新洞见。

现在研究，在上述更一般条件正态分布假设下，OLS 估计量 $\hat{\theta}$ 的统计性质。

定理 10.10　*假设 $\boldsymbol{X}'\boldsymbol{X}$ 为非奇异矩阵，且 $\boldsymbol{\varepsilon}|\boldsymbol{X} \sim N(\mathbf{0}, \sigma^2\boldsymbol{V})$，其中 $\boldsymbol{V} \equiv V(\boldsymbol{X})$ 为一个已知的 $n \times n$ 维有界对称非奇异矩阵。则对所有 $n > p$,*

(a) [无偏性 (unbiasedness)]

$$E(\hat{\theta}|\boldsymbol{X}) = \theta_0$$

(b) [方差 (variance)]

$$\operatorname{var}(\hat{\theta}|\boldsymbol{X}) = \sigma^2(\boldsymbol{X}'\boldsymbol{X})^{-1}\boldsymbol{X}'\boldsymbol{V}\boldsymbol{X}(\boldsymbol{X}'\boldsymbol{X})^{-1} \neq \sigma^2(\boldsymbol{X}'\boldsymbol{X})^{-1}$$

(c) [正态分布 (normality)]

$$(\hat{\theta}-\theta_0)|\boldsymbol{X} \sim N[\boldsymbol{0}, \sigma^2(\boldsymbol{X}'\boldsymbol{X})^{-1}\boldsymbol{X}'\boldsymbol{V}\boldsymbol{X}(\boldsymbol{X}'\boldsymbol{X})^{-1}]$$

(d) [相关性 (correlatedness)]

$$\operatorname{cov}(\hat{\theta}, \boldsymbol{e}|\boldsymbol{X}) \neq \boldsymbol{0}$$

证明：(a) 由 $\hat{\theta}-\theta_0 = (\boldsymbol{X}'\boldsymbol{X})^{-1}\boldsymbol{X}'\boldsymbol{\varepsilon}$ ，得

$$\begin{aligned}
E[(\hat{\theta}-\theta_0)|\boldsymbol{X}] &= (\boldsymbol{X}'\boldsymbol{X})^{-1}\boldsymbol{X}'E(\boldsymbol{\varepsilon}|\boldsymbol{X}) \\
&= (\boldsymbol{X}'\boldsymbol{X})^{-1}\boldsymbol{X}'\boldsymbol{0} \\
&= \boldsymbol{0}
\end{aligned}$$

(b)

$$\begin{aligned}
\operatorname{var}(\hat{\theta}|\boldsymbol{X}) &= E\left\{[\hat{\theta}-E(\hat{\theta}|\boldsymbol{X})][\hat{\theta}-E(\hat{\theta}|\boldsymbol{X})]'|\boldsymbol{X}\right\} \\
&= E[(\hat{\theta}-\theta_0)(\hat{\theta}-\theta_0)'|\boldsymbol{X}] \\
&= E[(\boldsymbol{X}'\boldsymbol{X})^{-1}\boldsymbol{X}'\boldsymbol{\varepsilon}\boldsymbol{\varepsilon}'\boldsymbol{X}(\boldsymbol{X}'\boldsymbol{X})^{-1}|\boldsymbol{X}] \\
&= (\boldsymbol{X}'\boldsymbol{X})^{-1}\boldsymbol{X}'E(\boldsymbol{\varepsilon}\boldsymbol{\varepsilon}'|\boldsymbol{X})\boldsymbol{X}(\boldsymbol{X}'\boldsymbol{X})^{-1} \\
&= \sigma^2(\boldsymbol{X}'\boldsymbol{X})^{-1}\boldsymbol{X}'\boldsymbol{V}\boldsymbol{X}(\boldsymbol{X}'\boldsymbol{X})^{-1}
\end{aligned}$$

由于 $\boldsymbol{V} \neq \boldsymbol{I}$ ，无法进一步简化上述表达式。

(c) 在给定 $\boldsymbol{X}$ 的条件下，$\hat{\theta}-\theta_0$ 仍是 $\boldsymbol{\varepsilon}$ 的线性组合：

$$\begin{aligned}
\hat{\theta}-\theta_0 &= (\boldsymbol{X}'\boldsymbol{X})^{-1}\boldsymbol{X}'\boldsymbol{\varepsilon} \\
&= \sum_{i=1}^{n} C_i\varepsilon_i
\end{aligned}$$

其中权重向量 $C_i = (\boldsymbol{X}'\boldsymbol{X})^{-1}X_i$。因此，在假设 $\boldsymbol{\varepsilon}|\boldsymbol{X} \sim N(\boldsymbol{0}, \sigma^2\boldsymbol{V})$ 条件下，$\hat{\theta}-\theta_0$ 仍服从条件正态分布，即给定 $\boldsymbol{X}$，

$$\hat{\theta}-\theta_0 \sim N[\boldsymbol{0}, \sigma^2(\boldsymbol{X}'\boldsymbol{X})^{-1}\boldsymbol{X}'\boldsymbol{V}\boldsymbol{X}(\boldsymbol{X}'\boldsymbol{X})^{-1}]$$

(d) 因为 $\boldsymbol{X}'\boldsymbol{V}\boldsymbol{M} \neq 0$ ，故

$$\begin{aligned}
\operatorname{cov}(\hat{\theta}, \boldsymbol{e}|\boldsymbol{X}) &= E\left\{[\hat{\theta}-E(\hat{\theta}|\boldsymbol{X})][\boldsymbol{e}-E(\boldsymbol{e}|\boldsymbol{X})]'|\boldsymbol{X}\right\} \\
&= E[(\hat{\theta}-\theta_0)\boldsymbol{e}'|\boldsymbol{X}]
\end{aligned}$$

$$
\begin{aligned}
&= E[(\boldsymbol{X}'\boldsymbol{X})^{-1}\boldsymbol{X}'\boldsymbol{\varepsilon}\boldsymbol{\varepsilon}'\boldsymbol{M}|\boldsymbol{X}] \\
&= (\boldsymbol{X}'\boldsymbol{X})^{-1}\boldsymbol{X}'E(\boldsymbol{\varepsilon}\boldsymbol{\varepsilon}'|\boldsymbol{X})\boldsymbol{M} \\
&= \sigma^2(\boldsymbol{X}'\boldsymbol{X})^{-1}\boldsymbol{X}'\boldsymbol{V}\boldsymbol{M} \\
&\neq \boldsymbol{0}
\end{aligned}
$$

可以看出，由于随机扰动项序列 $\{\varepsilon_i\}$ 存在条件异方差 $(\mathrm{var}(\varepsilon_i|\boldsymbol{X}) \neq \sigma^2)$ 或者条件自相关 $(\mathrm{cov}(\varepsilon_i, \varepsilon_j|\boldsymbol{X}) \neq 0)$，导致了 $\hat{\theta}$ 和 $\boldsymbol{e}$ 之间存在相关性。证毕。 ■

定理 10.10 表明，在条件正态分布 $\boldsymbol{\varepsilon}|\boldsymbol{X} \sim N(\boldsymbol{0}, \sigma^2\boldsymbol{V})$ 假设下，OLS 估计量 $\hat{\theta}$ 仍然是无偏的，但是，$\hat{\theta}$ 的方差不再具有简单的形式 $\sigma^2(\boldsymbol{X}'\boldsymbol{X})^{-1}$，而是比较复杂的 $\sigma^2(\boldsymbol{X}'\boldsymbol{X})^{-1}\boldsymbol{X}'\boldsymbol{V}\boldsymbol{X}(\boldsymbol{X}'\boldsymbol{X})^{-1}$。因此，建立在简单方差形式 $\sigma^2(\boldsymbol{X}'\boldsymbol{X})^{-1}$ 基础上的经典 t-检验和 F-检验均无效。

定理 10.10 结论 (d) 还表明，即使使用正确方差 $\sigma^2(\boldsymbol{X}'\boldsymbol{X})^{-1}\boldsymbol{X}'\boldsymbol{V}\boldsymbol{X}(\boldsymbol{X}'\boldsymbol{X})^{-1}$ 的一致估计量，并用它来构造检验统计量，仍然无法获得有限样本条件下的学生 t-分布和 $\mathcal{F}$-分布。这是因为，由于给定 $\boldsymbol{X}$，$\hat{\theta}$ 和 $\boldsymbol{e}$ 存在相关性，t-检验统计量和 F-检验统计量定义中的分子和分母不再相互独立。

为了解决上述问题，可考虑一种新估计方法，称为广义最小二乘估计 (generalized least squares, GLS)。首先，介绍一个引理。

引理 10.3 对任意 $n \times n$ 维对称有限正定矩阵 $\boldsymbol{V}$，总可分解为

$$
\begin{aligned}
\boldsymbol{V}^{-1} &= \boldsymbol{C}'\boldsymbol{C} \\
\boldsymbol{V} &= \boldsymbol{C}^{-1}(\boldsymbol{C}')^{-1}
\end{aligned}
$$

其中，$\boldsymbol{C}$ 是一个 $n \times n$ 维的非奇异矩阵。

这称为乔里斯基分解 (Cholesky factorization)。这里，$\boldsymbol{C}$ 可能是非对称的矩阵。

回顾线性回归模型

$$\boldsymbol{Y} = \boldsymbol{X}\theta_0 + \boldsymbol{\varepsilon}$$

如果方程两边同时左乘 $\boldsymbol{C}$，可得到以下变换回归模型

$$\boldsymbol{C}\boldsymbol{Y} = (\boldsymbol{C}\boldsymbol{X})\theta_0 + \boldsymbol{C}\boldsymbol{\varepsilon}$$

或

$$\boldsymbol{Y}^* = \boldsymbol{X}^*\theta_0 + \boldsymbol{\varepsilon}^*$$

其中 $\boldsymbol{Y}^* = \boldsymbol{C}\boldsymbol{Y}$，$\boldsymbol{X}^* = \boldsymbol{C}\boldsymbol{X}$，$\boldsymbol{\varepsilon}^* = \boldsymbol{C}\boldsymbol{\varepsilon}$。变换后的线性回归模型的 OLS 估计量

$$\hat{\theta}^* = (\boldsymbol{X}^{*\prime}\boldsymbol{X}^*)^{-1}\boldsymbol{X}^{*\prime}\boldsymbol{Y}^*$$

$$\begin{aligned} &= (\boldsymbol{X}'\boldsymbol{C}'\boldsymbol{C}\boldsymbol{X})^{-1}(\boldsymbol{X}'\boldsymbol{C}'\boldsymbol{C}\boldsymbol{Y}) \\ &= (\boldsymbol{X}'\boldsymbol{V}^{-1}\boldsymbol{X})^{-1}\boldsymbol{X}'\boldsymbol{V}^{-1}\boldsymbol{Y} \end{aligned}$$

称为广义最小二乘 (GLS) 估计量。

为了考察 GLS 估计量的概率统计性质，观察到

$$\begin{aligned} E(\boldsymbol{\varepsilon}^*|\boldsymbol{X}) &= E(\boldsymbol{C}\boldsymbol{\varepsilon}|\boldsymbol{X}) \\ &= \boldsymbol{C}E(\boldsymbol{\varepsilon}|\boldsymbol{X}) \\ &= \boldsymbol{C}\mathbf{0} \\ &= \mathbf{0} \end{aligned}$$

并且

$$\begin{aligned} \mathrm{var}(\boldsymbol{\varepsilon}^*|\boldsymbol{X}) &= E(\boldsymbol{\varepsilon}^*\boldsymbol{\varepsilon}^{*\prime}|\boldsymbol{X}) \\ &= E(\boldsymbol{C}\boldsymbol{\varepsilon}\boldsymbol{\varepsilon}'\boldsymbol{C}'|\boldsymbol{X}) \\ &= \boldsymbol{C}E(\boldsymbol{\varepsilon}\boldsymbol{\varepsilon}'|\boldsymbol{X})\boldsymbol{C}' \\ &= \sigma^2\boldsymbol{C}\boldsymbol{V}\boldsymbol{C}' \\ &= \sigma^2\boldsymbol{C}[\boldsymbol{C}^{-1}(\boldsymbol{C}')^{-1}]\boldsymbol{C}' \\ &= \sigma^2\boldsymbol{I} \end{aligned}$$

由假设 $\boldsymbol{\varepsilon}|\boldsymbol{X} \sim N(\mathbf{0}, \sigma^2\boldsymbol{V})$，可得

$$\boldsymbol{\varepsilon}^*|\boldsymbol{X} \sim N(\mathbf{0}, \sigma^2\boldsymbol{I})$$

上述变换使新随机扰动项 $\boldsymbol{\varepsilon}^*$ 变成具有条件同方差和不存在条件自相关的扰动项，且服从条件正态分布，因此它满足高斯-马尔可夫定理的条件。直观说来，若 ε_i 具有一个大的方差 σ_i^2，变换 $\boldsymbol{\varepsilon}^* = \boldsymbol{C}\boldsymbol{\varepsilon}$ 将通过对 ε_i 除以其条件标准差 σ_i，使 ${\varepsilon_i}^*$ 的方差降低，从而 ε_i^* 变成条件同方差。另外，上述变换也消除了 $\{{\varepsilon_i}^*\}$ 可能存在的条件自相关。从而，GLS 估计量变成高斯-马尔可夫意义上的最优线性最小二乘估计量。

为了更好地理解上述变换是如何消除条件异方差和条件自相关的，以下提供两个例子，其中一个是横截面数据中经常存在的条件异方差，另一个是时间序列数据中经常遇见的序列相关。

例 10.12 [消除异方差]：假设

$$\boldsymbol{V} = \begin{bmatrix} \sigma_1^2 & 0 & \cdots & 0 \\ 0 & \sigma_2^2 & \cdots & 0 \\ \vdots & \vdots & \vdots & 0 \\ 0 & \cdots & \cdots & \sigma_n^2 \end{bmatrix}$$

则

$$C = \begin{bmatrix} \sigma_1^{-1} & 0 & \cdots & 0 \\ 0 & \sigma_2^{-1} & \cdots & 0 \\ \vdots & \vdots & \vdots & 0 \\ 0 & \cdots & \cdots & \sigma_n^{-1} \end{bmatrix}$$

其中 $\sigma_i^2 = \sigma_i^2(\boldsymbol{X})$，$i = 1, \cdots, n$，并且

$$\boldsymbol{\varepsilon}^* = \boldsymbol{C}\boldsymbol{\varepsilon} = \left(\frac{\varepsilon_1}{\sigma_1}, \frac{\varepsilon_2}{\sigma_2}, \cdots, \frac{\varepsilon_n}{\sigma_n}\right)'$$

变换回归模型为

$$Y_i^* = X_i^{*\prime}\theta_0 + \varepsilon_i^*, \quad i = 1, \cdots, n$$

其中

$$Y_i^* = \frac{Y_i}{\sigma_i}$$
$$X_i^* = \frac{X_i}{\sigma_i}$$
$$\varepsilon_i^* = \frac{\varepsilon_i}{\sigma_i}$$

可以看出，变换 $\boldsymbol{C}$ 通过对 ε_i 除以其条件标准差 σ_i 而消除其条件异方差。

例 10.13 [消除自相关]：令 $|\rho| < 1$。假设

$$\boldsymbol{V} = \begin{bmatrix} 1 & \rho & \rho^2 & \cdots & \rho^{n-2} & \rho^{n-1} \\ \rho & 1 & \rho & \cdots & \rho^{n-3} & \rho^{n-2} \\ \rho^2 & \rho & 1 & \cdots & \rho^{n-4} & \rho^{n-3} \\ \vdots & \vdots & \vdots & \vdots & \vdots & \vdots \\ \rho^{n-2} & \rho^{n-3} & \rho^{n-4} & \cdots & 1 & \rho \\ \rho^{n-1} & \rho^{n-2} & \rho^{n-3} & \cdots & \rho & 1 \end{bmatrix}$$

这矩阵实际上是因为回归模型 $Y_i = X_i'\theta_0 + \varepsilon_i$ 中的随机扰动项 $\{\varepsilon_i\}$ 存在一阶自相关 $(AR(1))$ 而造成的，即

$$\varepsilon_i = \rho\varepsilon_{i-1} + v_i$$

其中，$\{v_i\}$ 是独立同分布序列，且 $E(v_i) = 0$，$\mathrm{var}(v_i) = \sigma^2$。通过运算，可得

$$\boldsymbol{V}^{-1} = \begin{bmatrix} 1 & -\rho & 0 & \cdots & 0 & 0 \\ -\rho & 1+\rho^2 & -\rho & \cdots & 0 & 0 \\ 0 & -\rho & 1+\rho^2 & \cdots & 0 & 0 \\ \vdots & \vdots & \vdots & \vdots & \vdots & \vdots \\ 0 & 0 & 0 & \cdots & 1+\rho^2 & -\rho \\ 0 & 0 & 0 & \cdots & -\rho & 1 \end{bmatrix}$$

和

$$
\boldsymbol{C}=\begin{bmatrix}
\sqrt{1-\rho^2} & 0 & 0 & \cdots & 0 & 0 \\
-\rho & 1 & 0 & \cdots & 0 & 0 \\
0 & -\rho & 1 & \cdots & 0 & 0 \\
\vdots & \vdots & \vdots & \vdots & \vdots & \vdots \\
0 & 0 & 0 & \cdots & 1 & 0 \\
0 & 0 & 0 & \cdots & -\rho & 1
\end{bmatrix}
$$

则

$$
\boldsymbol{\varepsilon}^*=\boldsymbol{C}\boldsymbol{\varepsilon}=(\sqrt{1-\rho^2}\varepsilon_1,\varepsilon_2-\rho\varepsilon_1,\cdots,\varepsilon_n-\rho\varepsilon_{n-1})'
$$

变换回归模型为

$$
Y_i^*=X_i^{*\prime}\theta_0+\varepsilon_i^*,\quad i=1,\cdots,n
$$

其中

$$
\begin{aligned}
Y_1^*&=\sqrt{1-\rho^2}Y_1,\quad Y_i^*=Y_i-\rho Y_{i-1},\quad i=2,\cdots,n\\
X_1^*&=\sqrt{1-\rho^2}X_1,\quad X_i^*=X_i-\rho X_{i-1},\quad i=2,\cdots,n\\
\varepsilon_1^*&=\sqrt{1-\rho^2}\varepsilon_1,\quad \varepsilon_i^*=\varepsilon_i-\rho\varepsilon_{i-1},\quad i=2,\cdots,n
\end{aligned}
$$

第一个观察值 $(i=1)$ 的变换 $\sqrt{1-\rho^2}$ 称为普莱斯-温斯登 (Prais-Winsten) 变换。可通过差分消除 ε_i 的自相关。

可以看出，当 $\{\varepsilon_i\}$ 存在一阶自相关时，可通过差分消除其自相关。

定理 10.11 假设 $\boldsymbol{X}'\boldsymbol{X}$ 为非奇异矩阵，且 $\boldsymbol{\varepsilon}|\boldsymbol{X}\sim N(\boldsymbol{0},\sigma^2\boldsymbol{V})$ 为 $n\times n$ 维已知的有限对称非奇异矩阵。则对所有的 $n>p$，

(a) [无偏性 (unbiasedness)]

$$
E(\hat{\theta}^*|\boldsymbol{X})=\theta_0
$$

(b) [方差结构 (variance structure)]

$$
\operatorname{var}(\hat{\theta}^*|\boldsymbol{X})=\sigma^2(\boldsymbol{X}^{*\prime}\boldsymbol{X}^*)^{-1}=\sigma^2(\boldsymbol{X}'\boldsymbol{V}^{-1}\boldsymbol{X})^{-1}
$$

(c) [不相关 (uncorrelatedness)]

$$
\operatorname{cov}(\hat{\theta}^*,\boldsymbol{e}^*|\boldsymbol{X})=\boldsymbol{0}\text{，其中 }\boldsymbol{e}^*=\boldsymbol{Y}^*-\boldsymbol{X}^*\hat{\theta}^*
$$

(d) [高斯-马尔可夫 (Gauss-Markov) 定理]

$\hat{\theta}^*$ 是最优线性无偏估计量 (BLUE)

(e) [残差方差估计量 (residual variance estimator)]

$$E(s^{*2}|\boldsymbol{X})=\sigma^2\text{，其中 } s^{*2}=\boldsymbol{e}^{*\prime}\boldsymbol{e}^*/(n-p)$$

证明：变换模型 $\boldsymbol{Y}^*=\boldsymbol{X}^*\theta_0+\boldsymbol{\varepsilon}^*$ 满足定理 10.4 关于经典回归模型所有假设，同时，GLS 估计量 $\hat{\theta}^*$ 是变换模型 $\boldsymbol{Y}^*=\boldsymbol{X}^*\theta_0+\boldsymbol{\varepsilon}^*$ 的 OLS 估计量。因而，根据定理 10.4，结论 (a)–(e) 成立。证毕。 ■

因为 GLS 估计量 $\hat{\theta}^*$ 是 BLUE，而 OLS 估计量 $\hat{\theta}$ 不同于 $\hat{\theta}^*$，即

$$\begin{aligned}\hat{\theta}^*&=(\boldsymbol{X}^{*\prime}\boldsymbol{X}^*)^{-1}\boldsymbol{X}^{*\prime}\boldsymbol{Y}^*,\\&=(\boldsymbol{X}'\boldsymbol{V}^{-1}\boldsymbol{X})^{-1}\boldsymbol{X}'\boldsymbol{V}^{-1}\boldsymbol{Y}\\&\neq(\boldsymbol{X}'\boldsymbol{X})^{-1}\boldsymbol{X}'\boldsymbol{Y}=\hat{\theta}\end{aligned}$$

因而 OLS 估计量 $\hat{\theta}$ 不是 BLUE。

由于 $\hat{\theta}^*$ 是变换后的线性回归模型 $\boldsymbol{Y}^*=\boldsymbol{X}^*\theta_0+\boldsymbol{\varepsilon}^*$ 的 OLS 估计量，而且给定 $\boldsymbol{X}$，新随机扰动项 $\boldsymbol{\varepsilon}^*\sim\text{IID }N(\boldsymbol{0},\sigma^2\boldsymbol{I})$，$t$-检验和 F-检验是可用的。这些检验统计量分别定义如下：

$$\begin{aligned}T^*&=\frac{R\hat{\theta}^*-r}{\sqrt{s^{*2}R(\boldsymbol{X}^{*\prime}\boldsymbol{X}^*)^{-1}R'}}\\&\sim t_{n-p}\\F^*&=\frac{(R\hat{\theta}^*-r)'[R(\boldsymbol{X}^{*\prime}\boldsymbol{X}^*)^{-1}R']^{-1}(R\hat{\theta}^*-r)/J}{s^{*2}}\\&\sim\mathcal{F}_{J,n-p}\end{aligned}$$

注意在假设 $\varepsilon|\boldsymbol{X}\sim N(\boldsymbol{0},\sigma^2\boldsymbol{V})$ 中，尽管 $\boldsymbol{V}=V(\boldsymbol{X})$ 已知，仍需要估计 σ^2。

GLS 估计最重要的启示在于，在线性回归模型中，通过对条件异方差和条件自相关的适当处理，可以得到有效的估计。实践中，GLS 估计通常是不可行的，因为在实际应用中，$\text{var}(\boldsymbol{\varepsilon}|\boldsymbol{X})=\sigma^2\boldsymbol{V}$ 中的 $n\times n$ 维矩阵 $\boldsymbol{V}$ 往往是未知的。存在若干可行的 GLS 估计使用了矩阵 $\boldsymbol{V}$ 的一致估计量 (参见 Robinson, 1988; White & Stinchcombe, 1991)，但对这些解决方法的讨论已超出本书范围，有兴趣读者可参考洪永淼 (2011)。

第十节　小结

本章系统讨论了经典线性回归模型理论。首先讨论了经典线性回归模型及其基本假设 (特别是严格外生性与球形误差方差)，这些基本假设是构建线性回归模型理论的基石。接着，推导了普通最小二乘 (OLS) 估计量的统计性质。先是指出了 R^2 并不是合适的模型选择准则，因为它总是解释变量维数的非减函数。因此，引入了合适的模型选择准则，比如 AIC、BIC 与调整后的 R^2 等。在给定解释变量矩阵 $\boldsymbol{X}$ 条件下，若随机扰动

项不存在条件异方差与条件自相关，则 OLS 估计量 $\hat{\theta}$ 是最优线性无偏估计量 (BLUE)。在随机扰动项不存在条件异方差或自相关、并服从条件正态分布假设下，可推导出 $\hat{\theta}$ 的有限样本的正态抽样分布，$(n-p)s^2/\sigma^2$ 的 χ^2_{n-p} 分布，以及 $\hat{\theta}$ 和 s^2 之间的条件独立性。这些分布构成经典 t-检验和 F-检验的统计理论基础。很多经济假说均可转变为对未知模型参数进行线性约束的形式。根据参数限制个数的不同，我们推导了 t-检验统计量和 F-检验统计量。

当随机扰动项存在条件异方差或者条件自相关时，OLS 估计量仍是无偏的，但不再是 BLUE，并且 $\hat{\theta}$ 和 s^2 不再相互独立。在具有已知形式的方差-协方差矩阵 (但存在一个未知尺度参数) 的假设下，可以通过纠正条件异方差和消除自相关的方法，对线性回归模型进行变换，使之转化成满足条件同方差和条件不相关的线性回归模型。这种变换后的线性回归模型的 OLS 估计量称为广义最小二乘 (GLS) 估计量。GLS 估计量是 BLUE，相应的 t-检验和 F-检验可以使用。

本章大部分内容来自洪永淼 (2011，第三章) 的讨论。有关线性回归模型以及对经典假设的各种拓展推广，可参见洪永淼 (2011)。

练习题十

10.1 假设 $\boldsymbol{Y}=\boldsymbol{X}\theta_0+\boldsymbol{\varepsilon}$，$\boldsymbol{X}'\boldsymbol{X}$ 是非奇异矩阵。令 $\hat{\theta}=(\boldsymbol{X}'\boldsymbol{X})^{-1}\boldsymbol{X}'\boldsymbol{Y}$ 为 OLS 估计量且 $\boldsymbol{e}=\boldsymbol{Y}-\boldsymbol{X}\hat{\theta}$ 为 $n\times 1$ 维估计残差向量。定义一个 $n\times n$ 维投影矩阵 $\boldsymbol{P}=\boldsymbol{X}(\boldsymbol{X}'\boldsymbol{X})^{-1}\boldsymbol{X}'$ 与 $\boldsymbol{M}=\boldsymbol{I}-\boldsymbol{P}$，其中 $\boldsymbol{I}$ 是 $n\times n$ 单位矩阵。证明：

(1) $\boldsymbol{X}'\boldsymbol{e}=\boldsymbol{0}$；

(2) $\hat{\theta}-\theta_0=(\boldsymbol{X}'\boldsymbol{X})^{-1}\boldsymbol{X}'\boldsymbol{\varepsilon}$；

(3) $\boldsymbol{P}$与$\boldsymbol{M}$对称且幂等（即 $\boldsymbol{P}^2=\boldsymbol{P}$，$\boldsymbol{M}^2=\boldsymbol{M}$），$\boldsymbol{PX}=\boldsymbol{X}$ 且 $\boldsymbol{MX}=\boldsymbol{0}$；

(4) $SSR(\hat{\theta})\equiv\boldsymbol{e}'\boldsymbol{e}=\boldsymbol{Y}'\boldsymbol{MY}=\boldsymbol{\varepsilon}'\boldsymbol{M\varepsilon}$。

10.2 考虑双变量线性回归模型

$$Y_i=X_i'\theta_0+\varepsilon_i,\quad i=1,\cdots,n$$

其中 $X_i=(1,X_{1i})'$，$\theta_0=(\alpha_0,\beta_0)'$，$\varepsilon_i$ 是随机扰动项。

(1) 令 $\hat{\theta}=(\hat{\alpha},\hat{\beta})'$ 为 OLS 估计量。证明：$\hat{\alpha}=\bar{Y}-\hat{\beta}\bar{X}_1$，且

$$\begin{aligned}\hat{\beta}&=\frac{\sum_{i=1}^n(X_{1i}-\bar{X}_1)(Y_i-\bar{Y})}{\sum_{i=1}^n(X_{1i}-\bar{X}_1)^2}\\&=\frac{\sum_{i=1}^n(X_{1i}-\bar{X}_1)Y_i}{\sum_{i=1}^n(X_{1i}-\bar{X}_1)^2}\\&=\sum_{i=1}^n C_iY_i\end{aligned}$$

其中 $C_i = (X_{1i} - \bar{X}_1)/\sum_{i=1}^{n}(X_{1i} - \bar{X}_1)^2$ 。

(2) 假设 $\boldsymbol{X} = (X_{11}, \cdots, X_{1n})'$ 和 $\boldsymbol{\varepsilon} = (\varepsilon_1, \cdots, \varepsilon_n)'$ 是相互独立的，证明：

$$\mathrm{var}(\hat{\beta}|\boldsymbol{X}) = \sigma_{\boldsymbol{\varepsilon}}^2/[(n-1)S_{X_1}^2]$$

其中 $S_{X_1}^2$ 是 $\{X_{1i}\}_{i=1}^{n}$ 的样本方差。这个结果表明，$\{X_{1i}\}$ 的方差越大，β_0 的 OLS 估计越准确；

(3) 令 $\hat{\rho}$ 表示 Y_i 和 X_{1i} 之间的样本相关系数，即

$$\hat{\rho} = \frac{\sum_{i=1}^{n}(X_{1i} - \bar{X}_1)(Y_i - \bar{Y})}{\sqrt{\sum_{i=1}^{n}(X_{1i} - \bar{X}_1)^2 \sum_{i=1}^{n}(Y_i - \bar{Y})^2}}$$

证明：$R^2 = \hat{\rho}^2$。因此，$\{Y_i\}_{i=1}^{n}$ 和 $\{X_{1i}\}_{i=1}^{n}$ 之间的样本相关系数的平方是 Y_i 的样本方差可被预测值 $\widehat{Y}_i$ 所解释的比例。这也表明，R^2 测度了 $\{Y_i\}_{i=1}^{n}$ 和 $\{X_{1i}\}_{i=1}^{n}$ 之间的样本线性相关程度。

10.3 考虑线性回归模型：

$$Y_i = X_t'\theta_0 + \varepsilon_i, \quad i = 1, \cdots, n$$

其中 X_i 和 θ_0 是 $p \times 1$ 维向量。令 $\hat{Y}_i = X_i'\hat{\theta}$，其中 $\hat{\theta}$ 是 OLS 估计量。证明：

$$R^2 = \hat{\rho}_{Y\hat{Y}}^2$$

这里 $\hat{\rho}_{Y\hat{Y}}$ 是 Y 和 $\hat{Y}$ 之间的样本相关系数。

10.4 在线性回归模型中，调整的 R^2 ，记为 $\bar{R}^2$ ，定义如下：

$$\bar{R}^2 = 1 - \frac{\boldsymbol{e}'\boldsymbol{e}/(n-p)}{(\boldsymbol{Y} - \bar{Y}\boldsymbol{l})'(\boldsymbol{Y} - \bar{Y}\boldsymbol{l})/(n-1)}$$

这里 $\boldsymbol{l} = (1, \cdots, 1)'$ 为 $n \times 1$ 维向量，其中每个元素均为 1。证明：

$$\bar{R}^2 = 1 - \frac{n-1}{n-p}(1 - R^2)$$

10.5 R^2 高是否意味着线性回归模型 $Y_i = X_i'\theta_0 + \varepsilon_i$ 中真实参数 θ_0 的 OLS 估计是精确的？请解释。

10.6 设计一个可推得简单回归的经济理论。对 $Y_i = \hat{\alpha} + \hat{\beta}X_i + e_i$ 进行拟合且拟合程度高，得到很高的 R^2 (记作 R_1^2) 和很大的 t-统计量 (记作 T_1)。但是考虑到经济学可能完全错误、经济主体并非理性、平衡不存在等原因，也许上述的公式推导不一定正确。因此，对 $X_i = \hat{\alpha}_2 + \hat{\beta}_2 Y_i + e_{2i}$ 进行拟合，再次得到满意的结果 (很高的 R_2^2 和很大的 t-统计量 T_2)，排除上述疑虑。那么，下列各项之间的关系是什么呢？

(1) R_1^2 与 R_2^2？给出推理过程；

(2) $\hat{\beta}$ 与 $\hat{\beta}_2$？给出推理过程；

(3) T_1 与 T_2？给出推理过程。

10.7 [多重共线性的影响] 考虑回归模型

$$Y_i = \alpha_0 + \beta_{10}X_{1t} + \beta_{20}X_{2i} + \varepsilon_i, \quad i = 1, \cdots, n$$

假设 $\boldsymbol{X}'\boldsymbol{X}$ 为非奇异矩阵，$E(\boldsymbol{\varepsilon}|\boldsymbol{X}) = \boldsymbol{0}$，以及 $E(\boldsymbol{\varepsilon}\boldsymbol{\varepsilon}'|\boldsymbol{X}) = \sigma^2\boldsymbol{I}$。令 $\hat{\theta} = (\hat{\alpha}_0, \hat{\beta}_1, \hat{\beta}_2)'$ 为 OLS 估计量。证明：

$$\text{var}(\hat{\beta}_1|\boldsymbol{X}) = \frac{\sigma^2}{(1-\hat{r}^2)\sum_{i=1}^n (X_{1i} - \bar{X}_1)^2}$$

$$\text{var}(\hat{\beta}_2|\boldsymbol{X}) = \frac{\sigma^2}{(1-\hat{r}^2)\sum_{i=1}^n (X_{2i} - \bar{X}_2)^2}$$

其中 $\bar{X}_1 = n^{-1}\sum_{i=1}^n X_{1i}$，$\bar{X}_2 = n^{-1}\sum_{i=1}^n X_{2i}$，并且

$$\hat{r}^2 = \frac{[\sum_{i=1}^n (X_{1i} - \bar{X}_1)(X_{2i} - \bar{X}_2)]^2}{\sum_{i=1}^n (X_{1i} - \bar{X}_1)^2 \sum_{i=1}^n (X_{2i} - \bar{X}_2)^2}$$

10.8 考虑线性回归模型：

$$Y_i = X_i'\theta_0 + \varepsilon_i, \quad i = 1, \cdots, n$$

其中 $X_i = (1, X_{1i}, \cdots, X_{ki})'$。假设 $\boldsymbol{X}'\boldsymbol{X}$ 为非奇异矩阵，$E(\boldsymbol{\varepsilon}|\boldsymbol{X}) = \boldsymbol{0}$，以及 $E(\boldsymbol{\varepsilon}\boldsymbol{\varepsilon}'|\boldsymbol{X}) = \sigma^2\boldsymbol{I}$。令 R_j^2 是变量 X_{ji} 对所有其他解释变量 $\{X_{it}, 0 \leqslant i \leqslant k, i \neq j\}$ 回归的决定系数。证明：

$$\text{var}(\hat{\beta}_j|\boldsymbol{X}) = \frac{\sigma^2}{(1-R_j^2)\sum_{i=1}^n (X_{ji} - \bar{X}_j)^2}$$

其中 $\bar{X}_j = n^{-1}\sum_{i=1}^n X_{ji}$。因子 $1/(1-R_j^2)$ 称作方差膨胀因子 (variance inflation factor, VIF)，用来衡量解释变量 X_i 之间的多重共线性的程度。

10.9 考虑以下线性回归模型

$$Y_i = X_i'\theta_0 + u_i, \quad i = 1, \cdots, n$$

其中

$$u_i = \sigma(X_i)\varepsilon_i$$

这里 $\{X_i\}_{i=1}^n$ 是一个非随机序列，并且 $\sigma(X_i)$ 是 X_i 的一个正函数，使得

$$\boldsymbol{\Omega} = \begin{bmatrix} \sigma^2(X_1) & 0 & 0 & \cdots & 0 \\ 0 & \sigma^2(X_2) & 0 & \cdots & 0 \\ 0 & 0 & \sigma^2(X_3) & \cdots & 0 \\ \vdots & \vdots & \vdots & \vdots & \vdots \\ 0 & 0 & 0 & \cdots & \sigma^2(X_n) \end{bmatrix} = \boldsymbol{\Omega}^{\frac{1}{2}}\boldsymbol{\Omega}^{\frac{1}{2}}$$

其中

$$\mathbf{\Omega}^{\frac{1}{2}} = \begin{bmatrix} \sigma(X_1) & 0 & 0 & \cdots & 0 \\ 0 & \sigma(X_2) & 0 & \cdots & 0 \\ 0 & 0 & \sigma(X_3) & \cdots & 0 \\ \vdots & \vdots & \vdots & \vdots & \vdots \\ 0 & 0 & 0 & \cdots & \sigma(X_n) \end{bmatrix}$$

假设 $\{\varepsilon_i\} \sim \text{IID } N(0,1)$，则 $\{u_i\} \sim N[0, \sigma^2(X_i)]$。令 $\hat{\theta}$ 表示 θ_0 的 OLS 估计量。

(1) $\hat{\theta}$ 是 θ_0 的无偏估计量吗？

(2) 证明：$\text{var}\,(\hat{\theta}) = (\boldsymbol{X}'\boldsymbol{X})^{-1}\boldsymbol{X}'\mathbf{\Omega}\boldsymbol{X}(\boldsymbol{X}'\boldsymbol{X})^{-1}$；

考虑另一个估计量

$$\begin{aligned} \tilde{\theta} &= (\boldsymbol{X}'\mathbf{\Omega}^{-1}\boldsymbol{X})^{-1}\boldsymbol{X}'\mathbf{\Omega}^{-1}\boldsymbol{Y} \\ &= \left[\sum_{i=1}^{n} \sigma^{-2}(X_i)X_iX_i'\right]^{-1} \sum_{i=1}^{n} \sigma^{-2}(X_i)X_iY_i \end{aligned}$$

(3) $\tilde{\theta}$ 是 θ_0 的无偏估计量吗？

(4) 证明：$\text{var}\,(\tilde{\theta}) = (\boldsymbol{X}'\mathbf{\Omega}^{-1}\boldsymbol{X})^{-1}$；

(5) $\text{var}\,(\hat{\theta})-\text{var}\,(\tilde{\theta})$ 是半正定 (PSD) 吗？估计量 $\hat{\theta}$ 和 $\tilde{\theta}$，哪一个更有效？

(6) $\tilde{\theta}$ 是 θ_0 的最优线性无偏估计量 (BLUE) 吗？[提示：回答这一问题有很多方法，一种简单的方法是考虑下面变换模型：

$$Y_i^* = X_i^{*\prime}\theta_0 + \varepsilon_t, \quad t = 1, \cdots, n$$

其中 $Y_i^* = Y_i/\sigma(X_i)$，$X_i^* = X_i/\sigma(X_i)$。这一模型是通过对模型 $Y_i = X_i'\theta_0 + u_i$ 除以 $\sigma(X_i)$ 而得。用矩阵符号，以上变换模型可写为

$$\boldsymbol{Y}^* = \boldsymbol{X}^*\theta_0 + \boldsymbol{\varepsilon}$$

其中 $\boldsymbol{Y}^* = \mathbf{\Omega}^{-\frac{1}{2}}\boldsymbol{Y}$ 是 $n \times 1$ 维向量，$\boldsymbol{X}^* = \mathbf{\Omega}^{-\frac{1}{2}}\boldsymbol{X}$ 是 $n \times p$ 维矩阵。]

(7) 构造两个关于原假设 $\mathbb{H}_0: \beta_{10} = 0$ 的检验统计量。一个检验是基于 $\hat{\theta}$，另一个检验是基于 $\tilde{\theta}$。当 $\mathbb{H}_0: \beta_{10} = 0$ 成立时，所构造的检验统计量的有限样本分布分别是什么？在有限样本条件下哪一个检验更有效吗？为什么？

(8) 考虑检验原假设 $\mathbb{H}_0: R\theta_0 = r$，其中 R 是 $J \times p$ 的满秩矩阵，r 是 $J \times 1$ 向量，且 $J \leqslant p$。现构造两个检验统计量：一个检验是基于 $\hat{\theta}$，另一个检验是基于 $\tilde{\theta}$。当原假设 $\mathbb{H}_0: R\theta_0 = r$ 成立时，所构造的检验统计量的有限样本分布分别是什么？

10.10 考虑经典回归模型

$$Y_i = X_i'\theta_0 + \varepsilon_i, \quad i = 1, \cdots, n$$

假设 $\boldsymbol{X}'\boldsymbol{X}$ 为非奇异矩阵。现检验原假设

$$\mathbb{H}_0 : R\theta_0 = r$$

F-检验统计量定义为

$$F = \frac{(R\hat{\theta} - r)'[R(\boldsymbol{X}'\boldsymbol{X})^{-1}R']^{-1}(R\hat{\theta} - r)/J}{s^2}$$

证明:

$$F = \frac{(\tilde{\boldsymbol{e}}'\tilde{\boldsymbol{e}} - \boldsymbol{e}'\boldsymbol{e})/k}{\boldsymbol{e}'\boldsymbol{e}/(n-k-1)}$$

其中 $\boldsymbol{e}'\boldsymbol{e}$ 是无约束回归模型的残差平方和，$\tilde{\boldsymbol{e}}'\tilde{\boldsymbol{e}}$ 是有约束回归模型的残差平方和，其中约束条件是 $R\theta = r$。

10.11 证明 F-检验统计量等于 $\tilde{\lambda}$ 的二次型，其中 $\tilde{\lambda}$ 是有约束线性回归 $\boldsymbol{Y} = \boldsymbol{X}\theta_0 + \varepsilon$ 中 OLS 估计的拉格朗日乘子。结果表明，F-检验等同于拉格朗日乘子检验。

10.12 考虑练习题 10.7 的检验问题。证明:

$$F = \frac{\sum_{i=1}^{n}(\hat{Y}_i - \tilde{Y}_i)^2/J}{s^2} = \frac{(\hat{\theta} - \tilde{\theta})'\boldsymbol{X}'\boldsymbol{X}(\hat{\theta} - \tilde{\theta})/J}{s^2}$$

其中 $\hat{Y}_i = X_i'\hat{\theta}, \tilde{Y}_i = X_i'\tilde{\theta}$, 且 $\hat{\theta}$ 和 $\tilde{\theta}$ 分别是无约束回归模型和有约束回归模型的 OLS 估计量。这表明 F-检验与无约束模型拟合值和有约束模型拟合值之间的偏差平方总和成正比。

10.13 考虑经典回归模型

$$\begin{aligned} Y_i &= X_i'\theta_0 + \varepsilon_i \\ &= \alpha_0 + \sum_{j=1}^{k}\beta_{j0}X_{ji} + \varepsilon_i, \quad i = 1, \cdots, n \end{aligned}$$

现检验原假设

$$\mathbb{H}_0 : \beta_{10} = \cdots = \beta_{k0} = 0$$

考虑 F-检验统计量

$$F = \frac{(\tilde{\boldsymbol{e}}'\tilde{\boldsymbol{e}} - \boldsymbol{e}'\boldsymbol{e})/k}{\boldsymbol{e}'\boldsymbol{e}/(n-k-1)}$$

其中 $\boldsymbol{e}'\boldsymbol{e}$ 是以上无约束回归模型的残差平方和，而 $\tilde{\boldsymbol{e}}'\tilde{\boldsymbol{e}}$ 是以下有约束回归模型

$$Y_i = \alpha_0^o + \varepsilon_i$$

的残差平方和。假设 $\boldsymbol{X}'\boldsymbol{X}$ 为非奇异矩阵。

(1) 证明：

$$F=\frac{R^2/k}{(1-R^2)/(n-k-1)}$$

其中 R^2 是无约束模型的决定系数；

(2) 假设 $\boldsymbol{\varepsilon}|\boldsymbol{X}\sim N(\boldsymbol{0},\sigma^2\boldsymbol{I})$，证明：当原假设 $\mathbb{H}_0:\beta_{10}=\cdots=\beta_{k0}=0$ 成立以及 $n\to\infty$ 时，

$$(n-k-1)R^2\xrightarrow{d}\chi_k^2$$

10.14 假设 $\boldsymbol{X}'\boldsymbol{X}$ 为非奇异矩阵。考虑对整个样本建立如下模型：

$$Y_i=X_i'\theta_0+(D_iX_i)'\gamma_0+\varepsilon_i,\quad i=1,\cdots,n$$

其中 D_i 为时间虚拟变量。当 $i\leqslant n_1$ 时，$D_i=0$，当 $i>n_1$ 时，$D_i=1$。该模型也可写成两个单独的模型：

$$Y_i=X_i'\theta_0+\varepsilon_i,\quad i=1,\cdots,n_1$$

和

$$Y_i=X_i'(\theta_0+\gamma_0)+\varepsilon_i,\quad i=n_1+1,\cdots,n$$

令 SSR_u，SSR_1，SSR_2 分别代表上述三个 OLS 回归方程的残差平方和，证明：

$$SSR_u=SSR_1+SSR_2$$

该等式意味着通过 OLS 对第一个包含时间虚拟变量的全样本回归模型的估计残差平方和，等价于对两个子样本回归模型分别估计而得到的估计残差平方和的加总。

10.15 考虑二次多项式回归模型

$$Y_i=a_0+\beta_{10}X_i+\beta_{20}X_i^2+\varepsilon_i,\quad i=1,\cdots,n$$

并利用其对数据进行拟合。假设 β_1 与 β_2 的 OLS 估计 P-值分别是 0.67 与 0.84。可以无法拒绝 β_1 与 β_2 在 5% 显著性水平上均为零的假设吗？请解释。

10.16 假设 $\boldsymbol{X}'\boldsymbol{X}$ 是一个 $p\times p$ 维矩阵，$\boldsymbol{V}$ 是一个 $n\times n$ 维矩阵，$\boldsymbol{X}'\boldsymbol{X}$ 和 $\boldsymbol{V}$ 均是对称和非奇异的，并且当 $n\to\infty$ 时，最小特征值 $\lambda_{\min}(\boldsymbol{X}'\boldsymbol{X})\to\infty$。此外，$0<c\leqslant\lambda_{\max}(\boldsymbol{V})\leqslant C<\infty$。证明：对任意的 $\tau\in\mathbb{R}^p$，满足 $\tau'\tau=1$，当 $n\to\infty$ 时，有

$$\tau'\mathrm{var}(\hat{\theta}|\boldsymbol{X})\tau=\sigma^2\tau'(\boldsymbol{X}'\boldsymbol{X})^{-1}\boldsymbol{X}'\boldsymbol{V}\boldsymbol{X}(\boldsymbol{X}'\boldsymbol{X})^{-1}\tau\to 0$$

因此，在条件异方差情形下，当 $n\to\infty$ 时，var $(\hat{\theta}|\boldsymbol{X})$ 缩小至零。

10.17 假设本章第九节中的假设条件成立，证明：

(1) OLS 估计量 $\hat{\theta}$ 和 GLS 估计量 $\hat{\theta}^*$ 的方差分别为

$$\operatorname{var}(\hat{\theta}|\boldsymbol{X})=\sigma^2(\boldsymbol{X}'\boldsymbol{X})^{-1}\boldsymbol{X}'\boldsymbol{V}\boldsymbol{X}(\boldsymbol{X}'\boldsymbol{X})^{-1}$$

$$\operatorname{var}(\hat{\theta}^*|\boldsymbol{X})=\sigma^2(\boldsymbol{X}'\boldsymbol{V}^{-1}\boldsymbol{X})^{-1}$$

(2) $\operatorname{var}(\hat{\theta}|\boldsymbol{X})-\operatorname{var}(\hat{\theta}^*|\boldsymbol{X})$ 是半正定的。

10.18 假设数据生成过程为

$$Y_i=X_i'\theta_0+\varepsilon_i=\beta_{10}X_{1t}+\beta_{20}X_{2i}+\varepsilon_i,\quad i=1,\cdots,n$$

其中 $\theta_0=(\beta_{10},\beta_{20})'$，$X_i=(X_{1i},X_{2i})'$， $E(X_iX_i')$ 是非奇异的，并且 $E(\varepsilon_i|X_i)=0$ 。简单起见，进一步假设 $E(X_{2i})=0$，$E(X_{1i}X_{2i})\neq 0$，且 X_{2i} 不是 X_{1i} 的一个确定性函数，即不存在一个可测函数 $g(\cdot)$，使得 $X_{2i}=g(X_{1i})$。此外，假设 $\beta_{20}\neq 0$。

考虑以下双变量线性回归模型

$$Y_i=\beta_{10}X_{1i}+u_i,\quad i=1,\cdots,n$$

(1) 证明：$E(Y_i|X_i)=X_i'\theta_0\neq E(Y_i|X_{1i})$，即双变量回归模型中存在遗漏变量 X_{2i}；

(2) 证明：对所有 $\beta_1\in\mathbb{R}$，$E(Y_i|X_{1i})\neq\beta_1X_{1i}$，即双变量线性回归模型是 $E(Y_i|X_{1i})$ 的错误设定；

(3) 双变量线性回归模型的最优最小二乘估计 $\hat{\beta}_1$ 是 β_{10} 的一致估计吗？请解释。

10.19 假设数据生成过程为

$$Y_i=X_i'\theta_0+\varepsilon_i=\beta_{10}X_{1i}+\beta_{20}X_{2i}+\varepsilon_i,\quad i=1,\cdots,n$$

其中 $\theta_0=(\beta_{10},\beta_{20})'$，$X_i=(X_{1i},X_{2i})'$ ，并且假设 $\boldsymbol{X}'\boldsymbol{X}$ 为非奇异矩阵，$E(\boldsymbol{\varepsilon}|\boldsymbol{X})=\boldsymbol{0}$，以及 $E(\boldsymbol{\varepsilon}\boldsymbol{\varepsilon}'|\boldsymbol{X})=\sigma^2\boldsymbol{I}$。OLS 估计量记为 $\hat{\theta}=(\hat{\beta}_1,\hat{\beta}_2)'$ 。

如果已知 $\beta_{20}=0$ ，考虑以下线性回归模型

$$Y_i=\beta_{10}X_{1i}+\varepsilon_i,\quad i=1,\cdots,n$$

记该双变量回归模型的 OLS 估计量为 $\tilde{\beta}_1$。

比较 $\hat{\beta}_1$ 和 $\tilde{\beta}_1$ 之间的相对效率，即哪一个 β_{10} 的估计量更有效，并给出理由。

10.20 考察线性回归模型 $\boldsymbol{Y}=\boldsymbol{X}\theta_0+\boldsymbol{\varepsilon}$，其中 $\boldsymbol{\varepsilon}|\boldsymbol{X}\sim N(\boldsymbol{0},\sigma^2\boldsymbol{V})$，$\boldsymbol{V}=V(\boldsymbol{X})$ 是已知 $n\times n$ 维的非奇异矩阵，且 $0<\sigma^2<\infty$ 未知。OLS 估计量 $\hat{\theta}$ 是最优线性无偏估计量 (BLUE) 吗？请解释。

10.21 考察线性回归模型 $\boldsymbol{Y}=\boldsymbol{X}\theta_0+\boldsymbol{\varepsilon}$，其中 $\boldsymbol{\varepsilon}|\boldsymbol{X}\sim N(\boldsymbol{0},\sigma^2\boldsymbol{V})$，$\boldsymbol{V}=V(\boldsymbol{X})$ 是已知 $n\times n$ 维非奇异矩阵，且 $0<\sigma^2<\infty$ 未知。GLS 估计量 $\hat{\theta}^*$ 定义为变换模

型 $\boldsymbol{Y}^*=\boldsymbol{X}^*\theta_0+\boldsymbol{\varepsilon}^*$ 的 OLS 估计量，其中 $\boldsymbol{Y}^*=\boldsymbol{C}\boldsymbol{Y}$，$\boldsymbol{X}^*=\boldsymbol{C}\boldsymbol{X}$，$\boldsymbol{\varepsilon}^*=\boldsymbol{C}\boldsymbol{\varepsilon}$，$\boldsymbol{C}$ 是因式分解 $\boldsymbol{V}^{-1}=\boldsymbol{C}\boldsymbol{C}'$ 的 $n\times n$ 维非奇异矩阵。变换模型的决定系数 R^2 总是正值吗？请解释。

10.22 假定 $\boldsymbol{X}'\boldsymbol{X}$ 为非奇异矩阵，且 $\boldsymbol{\varepsilon}|\boldsymbol{X}\sim N(\boldsymbol{0},\boldsymbol{V})$，其中 $\boldsymbol{V}=V(\boldsymbol{X})$ 是已知的 $n\times n$ 维有限对称正定矩阵。这里 $\mathrm{var}\,(\boldsymbol{\varepsilon}|\boldsymbol{X})=\boldsymbol{V}$ 完全已知，没有未知常数 σ^2。定义 GLS 估计量为 $\hat{\theta}^*=(\boldsymbol{X}'\boldsymbol{V}^{-1}\boldsymbol{X})^{-1}\boldsymbol{X}'\boldsymbol{V}^{-1}\boldsymbol{Y}$。

(1) $\hat{\theta}^*$ 是 BLUE 吗？

(2) 令 $\boldsymbol{X}^*=\boldsymbol{C}\boldsymbol{X}$，$s^{*2}=\boldsymbol{e}^{*\prime}\boldsymbol{e}^*/(n-p)$，其中 $\boldsymbol{e}^*=\boldsymbol{Y}-\boldsymbol{X}^*\hat{\theta}^*$，$\boldsymbol{C}'\boldsymbol{C}=\boldsymbol{V}^{-1}$。通常的 t-检验和 F-检验定义如下：

$$T^*=\frac{R\hat{\theta}^*-r}{\sqrt{s^{*2}R(\boldsymbol{X}^{*\prime}\boldsymbol{X}^*)^{-1}R'}},\ \text{当 } J=1 \text{ 时}$$
$$F^*=\frac{(R\hat{\theta}^*-r)'[R(\boldsymbol{X}^{*\prime}\boldsymbol{X}^*)^{-1}R']^{-1}(R\hat{\theta}^*-r)/J}{s^{*2}},\ \text{当 } J\geqslant 1 \text{ 时}$$

在原假设 $\mathbb{H}_0:R\theta_0=r$ 下，它们分别服从 t_{n-p} 和 $\mathcal{F}_{J,n-p}$-分布吗？请解释；

(3) 现构造两个新的检验统计量

$$\tilde{T}^*=\frac{R\hat{\theta}^*-r}{\sqrt{R(\boldsymbol{X}^{*\prime}\boldsymbol{X}^*)^{-1}R'}},\ \text{当 } J=1 \text{ 时}$$
$$\tilde{F}^*=(R\hat{\theta}^*-r)'[R(\boldsymbol{X}^{*\prime}\boldsymbol{X}^*)^{-1}R']^{-1}(R\hat{\theta}^*-r),\ \text{当 } J\geqslant 1 \text{ 时}$$

在原假设 $\mathbb{H}_0:R\theta_0=r$ 下，这两个检验统计量分别服从什么分布？请解释；

(4) 在相同的显著性水平下，(T^*,F^*) 和 $(\tilde{T}^*,\tilde{F}^*)$ 这两组检验，哪组更为有效，即哪个检验有更大的概率拒绝错误的原假设 $\mathbb{H}_0:R\theta_0=r$？(提示：t-分布与标准正态分布 $N(0,1)$ 相比，具有更厚的尾部，因此，同样的显著性水平下，t-分布将具有更大的临界值。)

10.23 考察线性回归模型

$$Y_i=X_i'\theta_0+\varepsilon_i,\quad i=1,\cdots,n$$

其中 $\varepsilon_i=\sigma(X_i)\,v_i$，$X_i$ 是 $p\times 1$ 维非随机向量，$\sigma(X_i)$ 是 X_i 的正函数，$\{v_i\}$ 是 IID $N(0,1)$。

θ_0 的 OLS 估计量记作 $\hat{\theta}=(\boldsymbol{X}'\boldsymbol{X})^{-1}\boldsymbol{X}'\boldsymbol{Y}$。

(1) $\hat{\theta}$ 是 θ_0 的无偏估计量吗？

(2) 求 $\mathrm{var}(\hat{\theta})=E\left[(\hat{\theta}-E\hat{\theta})(\hat{\theta}-E\hat{\theta})'\right]$；

(提示：$\Omega=\mathrm{diag}\left\{\sigma^2(X_1),\sigma^2(X_2),\cdots,\sigma^2(X_n)\right\}$，即 Ω 是 $n\times n$ 维对角矩阵，第 i 个对角元素等于 $\sigma^2(X_i)$，所有非对角元素等于 0。)

考察变换回归模型

$$\frac{1}{\sigma\left(X_i\right)}Y_i=\frac{1}{\sigma\left(X_i\right)}X_i'\beta^0+v_i,\quad i=1,\cdots,n$$

或等价地

$$Y_i^*=X_i^{*\prime}\theta_0+v_i,\quad i=1,\cdots,n$$

其中 $Y_i^*=\sigma^{-1}\left(X_i\right)Y_i$ 且 $X_i^*=\sigma^{-1}\left(X_i\right)X_i$。

将该变换模型的 OLS 估计量记作 $\tilde{\theta}$。

(3) 证明 $\tilde{\theta}=\left(\boldsymbol{X}'\Omega^{-1}\boldsymbol{X}\right)^{-1}\boldsymbol{X}'\Omega^{-1}\boldsymbol{Y}$；

(4) $\tilde{\theta}$ 是 θ_0 的无偏估计量吗？

(5) 求 $\operatorname{var}(\tilde{\theta})$；

(6) $\hat{\theta}$ 和 $\tilde{\theta}$ 哪一个是更有效的 MSE 估计量？给出推理过程；

(7) 利用 $R\tilde{\theta}-r$ 构造原假设 $\mathbb{H}_0:R\theta_0=r$ 下检验统计量，其中 R 是 $J\times p$ 维非随机矩阵，$r=J\times 1$ 且 $J>1$。原假设 $\mathbb{H}_0$ 下检验统计量的有限样本分布是什么？给出推理过程。

10.24 考察线性回归模型

$$Y_i=X_i'\theta_0+\varepsilon_i,\quad i=1,\cdots,n$$

其中 X_i 是 $p\times 1$ 维回归向量，θ_0 是 $p\times 1$ 维未知向量，$\{\varepsilon_i\}$ 服从 AR(q) 过程，即

$$\varepsilon_i=\sum_{j=1}^{q}a_j\varepsilon_{i-j}+v_i$$

$$\{v_i\}\sim \text{IID }N\left(0,\sigma_v^2\right)$$

假设自回归系数 $\{a_j\}_{j=1}^q$ 已知但 σ_v^2 未知。分别考察 $\{X_t\}$ 与 $\{v_t\}$ 相互独立的静态回归模型和 X_t 包含 Y_i 的一阶滞后项的动态回归模型。

(1) 求 θ_0 的 BLUE 估计量。请解释；

(2) 构造原假设 $\mathbb{H}_0:R\theta_0=r$ 下检验统计量，求其在原假设 $\mathbb{H}_0$ 下的抽样分布，其中 R 是已知 $J\times p$ 维非随机矩阵，r 是已知 $J\times 1$ 维非随机向量。分别讨论 $J=1$ 与 $J>1$ 的情况。

第十一章　大数据、机器学习与统计学

摘要：随着数字经济时代的来临，基于互联网、移动互联网以及人工智能技术的经济活动每时每刻产生了海量大数据，这些海量大数据又反过来驱动各种经济活动。大数据来源不一，形式多样，种类繁杂，既有结构化数据，也有非结构化数据，如文本、图像、音频、视频等，即使是结构化数据，也有新型数据，如函数数据、区间数据与符号数据等。大数据大多拥有巨大的样本容量，也有潜在解释变量维数超过样本容量的高维大数据。大数据的产生以及基于大数据的机器学习的广泛使用，对统计学产生了深刻影响。本文从大数据的特点和机器学习的本质出发，讨论了大数据和机器学习对统计建模与统计推断的挑战与机遇，包括由抽样推断总体分布性质、充分性原则、数据归约、变量选择、模型设定、样本外预测、因果分析等重要方面，同时也探讨了机器学习的理论与方法论基础以及统计学和机器学习的交叉融合。

关键词：人工神经网络、大数据、维数灾难、数据科学、LASSO、机器学习、统计学习、数理统计学、模型多样性、模型不确定性、非参数分析、统计显著性、充分性原则、因果关系

第一节　导言

统计学是一门关于数据分析的方法论科学，为自然科学和社会科学的实证研究和经验分析提供严谨的分析方法和工具。随着互联网与移动互联网技术及其应用的快速发展，大数据 (big data) 和用于大数据分析的机器学习 (machine learning) 正在对统计科学产生深刻的影响。与传统数据相比，大数据体量巨大，来源不一，种类繁多，有结构化、半结构化、非结构化等各种形式，大多数是实时或近乎实时生成和记录的数据。一种观点认为，大数据是全样本与几乎接近全样本，因此统计学的随机抽样理论，特别是以随机样本推断总体分布性质的统计方法不再适用。同时，也有观点认为，大数据特别是高频乃至实时数据的出现以及机器学习的应用，使得基于数据的系统特征与变量之间相关性的精准预测成为可能，因此在实际应用中，只需要相关性，不需要因果关系。那么，大数据是否改变了统计科学的理论基础？比如，随机抽样推断、充分性原则、数据归约、样本外预测、因果分析等统计方法，是否将会改变，甚至有些统计学的基本原理是否将不再适用？另外，大数据给统计建模与统计推断的理论与应用带来了哪些挑战与机遇？作为大数据分析的重要工具，机器学习与统计建模的主要区别是什么？机器学习与统计推断有什么联系与共同点？众所周知，基于大数据的机器学习常常能够提供较为精准的样本外预测，但在大多数情况下，它就像一个“黑箱 (black box)”，很难甚至无法给予直观解释。那么，统计学能否为机器学习提供有意义的理论基础与理论解释呢？

机器学习与统计学是否可以结合起来？如果可以，这种交叉融合对统计科学的未来发展将产生什么影响？本章试图回答这些重要问题，并提供一些探索性的解决思路。在第二节，我们简要讨论统计建模与统计推断的习惯做法，指出传统统计建模与统计推断的基本假设和基本思想。在第三节，我们将讨论大数据特别是经济大数据的主要来源和主要特点。在第四节，我们将讨论机器学习的本质以及几种重要的机器学习方法。第五节将探讨大数据与机器学习对统计建模与统计推断的影响，特别是对统计科学所带来的挑战与机遇，同时也探讨在大数据背景下如何将机器学习和统计学有机结合起来，开辟统计科学和计量经济学研究的新领域与新方向。第六节是结论。

本章得出以下主要结论：

1. 大数据没有改变统计学通过随机抽样推断总体分布特征的基本思想。许多基本统计方法，包括充分性原则、数据归约、因果推断等，依然适合于大数据分析，其中有些统计方法，如充分性原则与数据归约，其重要性甚至因为大数据的出现而大大增强。当然，这些统计方法在大数据条件下需要创新与发展。

2. 大数据提供了很多传统数据所没有的信息，大大拓展了统计学研究的领域边界。例如非结构化文本数据 (text data) 使得构建一些重要社会经济心理变量成为可能，包括测度投资者情绪、居民幸福感、经济政策不确定性等，而高频甚至实时数据使得实时预测和高频统计建模与统计推断成为可能。

3. 由于样本容量巨大，大数据预计将改变基于统计显著性来选择统计模型重要变量的习惯做法。特别地，抽样数据变异性对统计建模与统计推断产生了巨大影响，研究范式也将从参数估计不确定性转变为模型选择不确定性；这同时也对统计建模与统计推断提出新的挑战，包括数据生成过程的同质性与平稳性以及统计模型唯一性等基本假设的适用性问题。

4. 机器学习的兴起得益于大数据的产生以及计算能力的快速发展。机器学习与统计推断有很多共同之处，包括在数据生成过程的随机性假设和由抽样推断总体分布性质等基本思想。与统计建模与统计推断一样，机器学习也存在并且特别注重样本偏差问题。

5. 与统计学的参数建模方法相比，绝大多数机器学习方法不对数据与变量之间的关系给予具体的模型假设或限制，而是根据目标函数通过算法直接学习、探索数据的系统特征和变量之间的统计关系，使目标函数最优化。机器学习的本质是一个复杂的数学优化问题与实现该优化问题的计算机算法问题，它比统计学的参数建模更普遍、更灵活，包括对重要解释变量的选择与测度。

6. 与机器学习一样，统计学的非参数分析 (nonparametric analysis) 也是不用假设任何具体模型形式而能够一致估计刻画数据生成过程的未知函数 (如概率密度函数或回归函数)。很多重要的机器学习方法，如决策树、随机森林、k 最近邻法、人工神经网络方法、深度学习等，其实就是统计学的非参数方法。这些非参数方法的统计性质，特别是其对未知函数的一致性估计的性质，能够从理论上解释与帮助理解为什么一些机器学习方法拥有精准的样本外预测能力。但是，机器学习不完全等同于统计学的非参数分析方法，例如，机器学习在处理高维解释变量时具有更大的灵活性，而非参数分析则存在众所周知的“维数灾难 (curse of dimensionality)”问题。机器学习的有效降维与精准样本外预测能力，主要在于它是一个有约束条件的非参数统计优化问题，合适的约束条件在防止过度拟合 (overfitting) 方面发挥了关键作用。

7. 在大数据背景下，机器学习与统计推断的有机结合有望为统计科学与数据科学提供新的发展方向，特别是在统计学习这一新兴的交叉领域，包括变量降维、稳健推断、精准预测、因果识别等重要方面。

第二节　实证研究与统计分析

统计科学为现代科学的实证研究奠定了坚实的方法论基础，提供了重要的方法与工具，其应用包括以非实验观测数据为基础的经济学与其他社会科学。统计推断的基本思想是假设所研究的系统是服从某一概率法则的随机过程，现实观测数据是从这个随机过程产生的，而这个随机过程称为数据生成过程 (data generating process, DGP)。统计实证分析的主要目的是通过对观测数据进行统计建模，推断出 DGP 的概率法则或其重要特征，然后运用于各种实际应用中，如解释经验典型特征事实、检验经济理论与经济假说、预测未来变化趋势、评估公共政策效应等。详细讨论可参见洪永淼 (2007)。

在统计建模与统计推断中，一般假设 DGP 的概率法则可由唯一的数学概率模型来刻画，模型通常将因变量与一些解释变量或预测变量联系起来。同时，假设该数学模型的函数形式已知，但包含低维的未知参数。这是一种参数建模 (parametric modeling) 方法，在统计学中应用最为广泛。统计推断的主要目的是用观测数据估计模型的未知参数值，将经济理论或经济假说转化为统计参数假设，然后进行参数假设检验，并对实证结果提供经济解释。在统计实证研究中，常见做法是基于一个预设的显著性水平 (如 5%) 判断一个参数估计值或参数假设在统计学上是否显著，特别是使用检验统计量的 P-值来判定参数估计值或参数假设的统计显著性。如果具有统计显著性，则相应的解释变量将视为一个重要决定因素，并留在统计模型中。如果一个具有统计显著性的解释变量没有被包含在统计模型中，则称该变量为遗漏变量，且模型误设。模型误设还有其他原因，如函数形式错误、忽视结构变化或异质性等。通常会通过样本内诊断检验或拟合优度来判断设定模型是否足以描述观测数据或者刻画 DGP 的概率法则。

在实际应用中，常用的标准统计模型包括经典线性回归模型、Probit 或 Logit 离散选择模型、生存分析中的比例风险模型 (Cox, 1972) 等。作为模型的重要输入，经济观测数据一般指在现实条件下所观测到的数据，这些数据不是在可控实验条件下产生的。非实验性是经济学乃至社会科学的最显著特征。大多数实际观测数据的样本容量通常不太大。观测数据以及相关的统计模型可能也存在各种缺陷或不尽如人意的特征，如随机扰动项的条件异方差与自相关、删失数据、截断数据、变量误差、遗漏观测值、内生性、维数灾难、弱工具变量、不可观测的虚拟事实、部分识别、甚至数据操纵与数据造假等，充分考虑这些数据缺陷或特征有助于改进统计推断。许多年来，统计学和计量经济学的实证研究一直沿用上述统计建模与统计推断过程。

我们发现，这些常规统计分析直接或间接地基于至少六个关键假设：

1. 随机性。DGP 是一个随机过程；

2. 模型唯一性。DGP 的概率法则由唯一的数学概率模型来刻画；

3. 模型正确设定。概率模型设定是正确的，即存在唯一的未知参数值，使得概率模型与 DGP 的概率法则相吻合；

4. 抽样推断总体。使用包含 DGP 信息的样本数据来推断总体分布特征，特别是 DGP 的概率法则，这是基本的统计推断方法，也导致概率论成为推断统计学的理论基础；

5. 代表性样本。描述观测数据的随机样本不存在样本选择偏差，而观测数据的样本容量通常不会太大；

6. 统计显著性。基于统计推断，尤其是使用统计检验量的 P-值，在预设的显著性水平 (如 5%) 上判断解释变量或预测变量是否重要，并据此提供逻辑解释。

下面，我们将讨论大数据特别是经济大数据的主要特征和机器学习的本质，以及它们给统计建模与统计推断的理论与应用所带来的挑战与机遇。作为一种基于计算机算法的优化分析工具，机器学习是分析大数据不可或缺的重要方法。

第三节　大数据的主要特征

大数据的产生得益于信息技术的快速发展，尤其是互联网与移动互联网技术的广泛应用。互联网设备与传感器的指数增长是产生与收集海量大数据的主要原因。大数据的来源很多，包括计算机商业交易平台、移动电话、社交媒体、网站信息、搜索数据、传感器与卫星图像、交通数据等。在金融市场、各种线下线上商品交易平台，扫描器与电子支付系统记录了逐笔交易数据。GPS 和北斗传感器记录了地球上各种重要的气候环境数据与物理数据，如中国主要大城市 PM 2.5 的观测值、全球大城市的夜间灯光亮度数据。望远镜与射电望远镜全天候观测太空，实时记录了各种天文物理数据流。各类企业和政府网站也提供了有用的信息，特别是互联网巨头，即所谓的大型科技 (big tech) 公司，如中国的百度、阿里巴巴、腾讯、京东，美国的谷歌、亚马逊、脸书、苹果等。在数字经济时代，海量经济大数据的产生得益于基于计算机的互联网与移动互联网的各种经济活动与商业交易，而且大数据作为一种新的生产要素，反过来进一步推动经济发展。无人驾驶的发展就是大数据应用的一个典型案例。截至 2019 年底，中国互联网与移动互联网用户人数超过 9 亿人，远远超过美国与欧盟网民人数的总和。现在已出现了一个新的 GDP 概念，即数据生产总值 (gross data product)，用于测度每个国家或地区的数据资源总量及其利用程度。

大数据具有以下四大特征，即所谓的“4V”特征：

1. 海量性 (volume)。从各种渠道收集的信息，包括商业交易数据、社交媒体数据、传感器数据以及机器对机器数据等，在过去，如何存储如此大规模的数据是一个技术难题，但新技术 (如 Hadoop) 的快速发展已经减轻了存储负担。

2. 高速性 (velocity)。大数据以前所未有的速度产生与传播，必须及时存储与处理。电子标签系统、传感器、智能停车收费系统实现了实时或近乎实时处理海量数据的需求。在许多情况下，大数据可能会以聚类方式产生，即数据产生的速度并不均匀，而是随着时间的推移出现周期性波动。比如，股市交易有明显的周期模式，通常开盘和收盘时成交量较大，午间成交量较小。基于事件触发的日常周期性峰值数据在加载管理上难度很大，更不用说非结构化数据了。

3. 多样性 (variety)。大数据形式多样，既有传统结构化数字型数据，也有非结构化的文本文档、邮件、图片、视频、音频、股票行情数据等。非结构化数据提供了传统数据所没有的非常丰富的新信息，这已成为大数据的一个最重要的特征。结构化数字型数据也有新型数据，如函数数据、区间数据和符号数据 (symbolic data) 等。

4. 真实性 (veracity)。与传统数据相比，大数据一般体量庞大，但很多大数据信息密度低，噪声大。此外，也可能存在遗漏数据和操纵数据，导致信息失真，因此有必要进行数据清洗与处理。

大数据的海量性具有双重含义。一方面，大数据拥有非常大的样本容量。许多大数据的样本容量可能是数万甚至是数百万的观测值。如果大数据的样本容量很大且远大于解释变量或预测变量的维数，那么这种大数据称为“高大数据 (tall big data)”。庞大的样本容量意味着可以从大数据尤其是非结构化数据中获取很多新的信息，从而改进对 DGP 的统计推断。通常，由于计算机容量与计算速度的限制，只有一小部分高大数据用于可行性统计分析 (如 Engle & Rusell, 1998; Engle, 2000)。另一方面，大数据的海量性不一定是指样本容量非常大。它也可能是指在给定时间内从不同维度对 DGP 的大量描述。换句话说，大数据拥有一个高维的潜在解释变量或预测变量的集合。比如，利用百度搜索中国一些城市的旅游趋势。这为探索重要解释变量提供了巨大的可能性与灵活性。当潜在解释变量或预测变量的维数超过样本容量时，这将给统计建模与统计推断造成巨大挑战，这在统计学上称为“维数灾难 (curse of dimensionality)”，而具有此特征的大数据则称为“胖大数据 (fat big data)”。对于高维解释变量的集合，许多解释变量可能对因变量没有影响，也有可能很多解释变量之间存在多重共线性。因此，有必要发展各种可行的变量选择方法，这本质上是一种变量降维 (dimension reduction) 或数据归约 (data reduction)。

大数据的高速性指的是能够在高频甚至实时条件下记录或收集数据。这使得及时的数据分析与预测成为可能。比如，在经济统计学中，可以构建高频宏观经济变量，以便及时了解宏观经济变化趋势，提升经济政策干预的时效性。经济统计学的现行做法只能获取居民消费指数 (consumer price index, CPI) 和生产者物价指数 (producer price index, PPI) 等月度时间序列数据。然而，基于互联网信息和人工智能工具，完全可以构建 CPI 和 PPI 的日度数据，甚至抽样频率可以更高。在时间序列分析中，高频数据的可获得性可以避免依时间加总 (temporal aggregation) 而导致的信息缺失。例如，比起使用每日收盘股票价格数据，我们可以用股价的日内 (intraday) 数据甚至逐笔交易数据来估计金融资产的每日波动率。日内时间序列数据包含了当日价格变动范围，比当日收盘价数据拥有更多的波动信息。再如，可以利用点过程的时间序列数据来研究不同资产或不同市场间的格兰杰因果关系 (Granger, 1969) 或时间维度上的领先滞后关系。高频数据也使时变结构研究成为可能。如果模型参数随时间缓慢改变，我们可能需要更高频的观测值来推断任意时间点的参数值。

大数据的多样性指的是数据种类繁多、形式多样，有结构化、半结构化与非结构化数据，而结构化数据也包括一些新型数据，如函数数据、区间数据乃至符号数据等，同时可能结合了不同的抽样频率。长期以来，统计学主要关注传统结构化数据。当今的数据拥有各种来源，也可能有不同的物理存储地址，导致不同系统间各种数据的连接、匹配、清洗、转换变得困难。如何将不同来源、不同结构、不同形式、不同频率的各种数据汇聚一起，这是一个巨大挑战。从统计学角度看，大数据将比传统数据提供更多有价值的信息，因此可以用来发展更高效的统计推断方法与工具。特别是，社交媒体 (如微博和脸书) 数据越来越受关注，这些信息通常是非结构化或半结构化的数据，很难甚至无法从传统数据中获取。将非结构化数据与传统结构化数据相结合，可以从更多的维度去推断 DGP 的本质特征。

大数据的真实性是指大数据存在大量噪声，包括虚假信息和失真数据。因此，如何去伪存真、有效概括并提取大数据的有用信息显得非常重要。统计分析的本质是有效地从数据中提取有价值的真实信息。虽然很多经典统计方法很有用，如主成分分析和聚类分析，但也需要发展概括、提取大数据中有用信息的新方法与新工具。由于大数据具有容量大、维度高与信息密度低等特点，统计学的充分性原则在大数据分析方面可发挥巨大作用，尤其在数据归约与变量降维方面，因此迫切需要发展基于计算机算法的有效的数据归约方法。

第四节　机器学习及其本质

与统计学一样，机器学习也是一种重要的大数据分析工具。在大数据时代，统计学和机器学习已经成为新兴的数据科学的最重要分析方法。机器学习由于大数据和云计算的出现而得到迅速发展与广泛应用，但是机器学习不能替代统计分析。例如，尽管机器学习在改善样本外预测和模式识别 (如面部识别) 方面非常有用，但统计学在推断分析、维数约简、因果识别和结果解释等方面可以发挥很大作用。机器学习与统计学是互补的，两者的交叉融合可以为统计科学与数据科学提供新方法与新工具。

“机器学习”这一术语是由人工智能开拓者之一阿瑟·萨缪尔 (Arthur Samuel) 于 1959 年提出来的。机器学习是计算机科学的一个重要领域，尤其是人工智能的一个重要组成部分。机器学习利用数学、人工智能工具赋予计算机系统自动“学习”数据、“识别”模式并做出预测或决策的能力，无须明确的人工编程。它是从人工智能的模式识别研究和机器学习理论中演变而来的，主要探索能够自己有效学习数据并做出预测的算法研究与算法构建。机器学习可以分为三个主要类别：监督学习 (supervised learning)、无监督学习 (unsupervised learning) 和强化学习 (reinforcement learning)。

监督学习基于训练数据 (training data，包含输入和输出) 来构建算法。训练数据包含一组训练样例，每个训练样例拥有一个或多个输入与输出，称为监督信号。通过对目标函数的迭代优化，监督学习算法探索出一个函数，可用于预测新输入 (非训练数据) 所对应的输出。优化目标函数能够使算法准确计算出新输入所对应的输出预测值。监督学习算法包括分类和回归。当输出只能取一个有限值集时，可用分类算法；当输出可取一定范围内的任意数值时，可用回归算法。

无监督学习在只包含输入的训练数据中寻找结构，如数据点的分组或聚类。无监督学习算法不回应反馈，而是识别训练数据的共性特征，并基于每个新数据 (非训练数据) 所呈现或缺失的这种共性特征作出判断。无监督学习主要应用于统计学概率密度函数估计，也可用于涉及数据特征总结与解释的其他领域。聚类分析是一种重要的无监督学习方法。它将一个观测数据划分为多个子集 (称为簇，clusters)，使得同一簇的观测数据在一个或多个预设准则上具有相似性，但是不同簇的观测数据不具有相似性。不同的聚类方法对数据结构做出不同的准则假设，一般由某种相似性度量准则所定义，通过内部紧密度 (同一簇中数据的相似度) 和分离度 (簇间差异) 进行评估。

强化学习是研究算法如何在动态环境中执行任务 (如无人驾驶) 以实现累计奖励的最大化。由于强化学习的一般性，许多学科也对该领域有所研究，如博弈论、控制论、运筹学、信息论、仿真优化、多智能体系统、群集智能、统计学与遗传算法等。在机器学习中，动态环境一般表现为马尔可夫决策过程 (Markov decision process)。许多强化学习算法使用动态规划技术。强化学习算法可用于自动驾驶或与人类博弈比赛。

从本质上说，机器学习是数学优化问题与算法优化问题。机器学习与数学优化联系紧密，数学优化为该领域提供了理论、方法与应用。同时，机器学习与计算统计学密切相关，常常交叉重叠，注重利用快速有效的计算机算法进行预测。在机器学习领域，许多学习问题可表述为最小化某个预设的损失函数。为了避免过度拟合 (overfitting) 现象，其最终目的通常转化为基于未知数据的预测误差最小化问题。具体地说，机器学习基于训练数据，学习与挖掘训练数据的系统特征和变量之间的统计关系 (如相关性)，以预测新的未知数据。为了得到精准预测的算法，一般将现有数据分为两个子集 —— 训练数据和测试数据 (test data)。训练数据用以学习与挖掘数据的系统特征以及变量之间的统计关系，然后利用这些系统特征与统计关系预测未知数据的行为。为了保证精准预测，必须避免对训练数据的过度拟合。“过度拟合”现象是指挖掘只存在于训练数据但不会出现于未知数据的特征与统计关系，而这些特征与统计关系可以改进训练数据的样本内拟合，但无助于样本外预测。因此，对预测效果的评价需要基于另一部分数据，即测试数据。此外，为了进一步避免过度拟合，通常还引入一个惩罚项，对算法的复杂程度给予相应的惩罚，即算法的复杂程度越高，惩罚越重。因此，机器学习就是从训练数据中寻找一个有约束的优化算法，使训练数据的损失函数加上惩罚项最小化，以达到精准样本外预测效果。常见的机器学习方法包括决策树、随机森林、k 最近邻法、支持向量机、人工神经网络、深度学习等。现在，分别简单介绍如下。

1. 决策树 (decision tree)。决策树学习将决策树作为预测方法，体现了从一些特征变量 (如解释变量) 的观测值 (在分支中体现) 到目标变量 (在叶子中体现) 的目标值的整个预测过程 (见图 11.1)。决策树学习是统计学、数据挖掘和机器学习的一种预测方法。若目标变量取一组离散值，则决策树称为分类树 (classification tree)，其中，叶子代表类标签，分支代表产生这些类标签的功能连词。若目标变量取连续值 (通常是实数)，则决策树称为回归树 (regression tree)。在决策分析中，决策树可具体形象地描绘决策和决策过程。在数据挖掘中，决策树对数据进行描述，但是所得分类树可用作决策的输入。

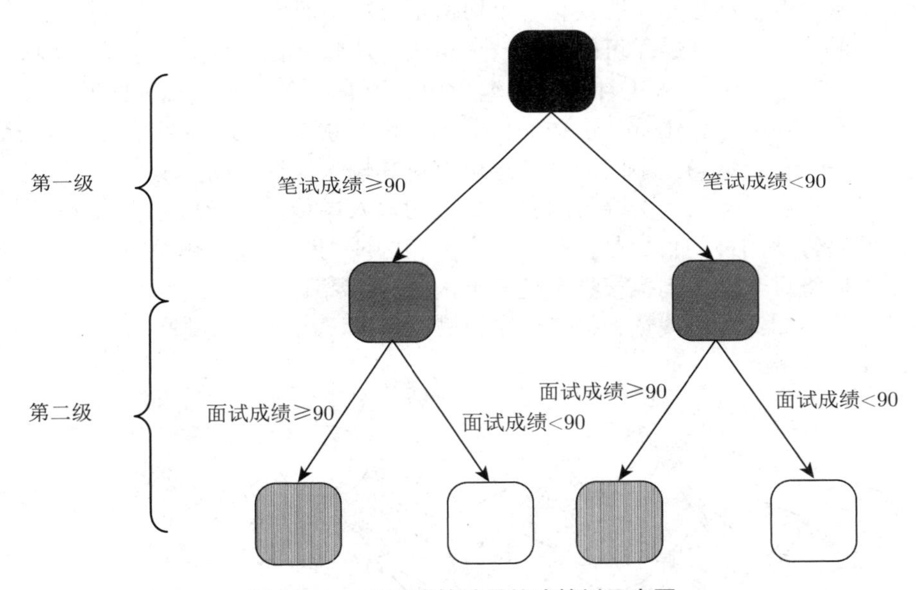

图 11.1：录取决策结果的决策树示意图

2. 随机森林 (random forest)。对大数据特别是胖大数据而言，由于存在很多潜在的解释变量或预测变量，解释变量可能存在着不同程度的多重共线性，使得对样本数据的“微扰 (perturbation)”可能导致最优预测模型 (不同解释变量的组合) 的大幅变动，这称为模型不确定性 (model uncertainty)。为了获得稳健预测，Breiman (2004) 提出了随机森林方法。基于原始观测数据，通过重复抽样产生一系列新的随机数据，每个数据培植一棵决策树，然后对所产生的一系列决策树的预测值进行平均，这种预测方法称为随机森林。

3. k 最近邻法 (k-nearest neighbor, k-NN)。这个方法根据一些特征变量 (如解释变量) 的取值，选择 k 个取值最靠近某个预定值的特征变量观测值，然后将对应于这 k 个取值最邻近预定值的因变量观测值进行平均，作为对因变量的一个预测。这个方法称为 k 最近邻法。

4. 支持向量机 (support vector machine, SVM)。这是一种用于分类和回归的监督学习方法。若给定一组训练样例，每个样例标记为属于两个类别中的一类，则 SVM 训练算法可预测新样例属于哪个类别。SVM 训练算法是一个非概率的二元线性分类器。除了实现线性分类，SVM 也可以进行高效的非线性分类，将其输入隐式映射到高维特征空间中。

5. 人工神经网络 (artificial neural network, ANN)。这是一个计算机算法系统，其部分灵感源自构成动物大脑的生物神经网络，通过考察训练数据的样例“学习”如何执行任务。人工神经网络由大量称为“人工神经元 (neurons)”的单元或节点相互连接而成，大致模仿生物大脑中的神经元系统。如同生物大脑中的突触，每个连接都可以将一个人工神经元的“信号”传递到另一个人工神经元。接收到信号的人工神经元可以处理该信息，然后将信息传递给其他与之关联的人工神经元。人工神经元之间的连接信号通常是一个实数，人工神经元一般具有一个根据学习所得而调整的权重，可提高或降低连接中的信号强度。人工神经元可能具有一个阈值，只有当汇总加权信号超过该阈值时才会发送信号。这样，每个人工神经元的输出由其所有输入的权重总和的某个非线性函数 (称为激活函数，activation function) 计算而得。通常，人工神经元聚集成一个或几个隐藏层 (hidden layers)。不同的隐藏层可以对其输入执行不同类型 (即不同的激活函数) 的转换。信号可能在多次遍历图层后从最初输入层传递到最后输出层 (见图 11.2)。人工神经网络方法的最初目标是以与人类大脑相同或类似的方式解决问题，但随着时间的推移，人们将目光转移到执行特定任务上，从而偏离了生物学。目前，人工神经网络已有各种应用，如计算机视觉、语音识别、机器翻译、社交网络过滤、下棋游戏、电子游戏、医学诊断等。

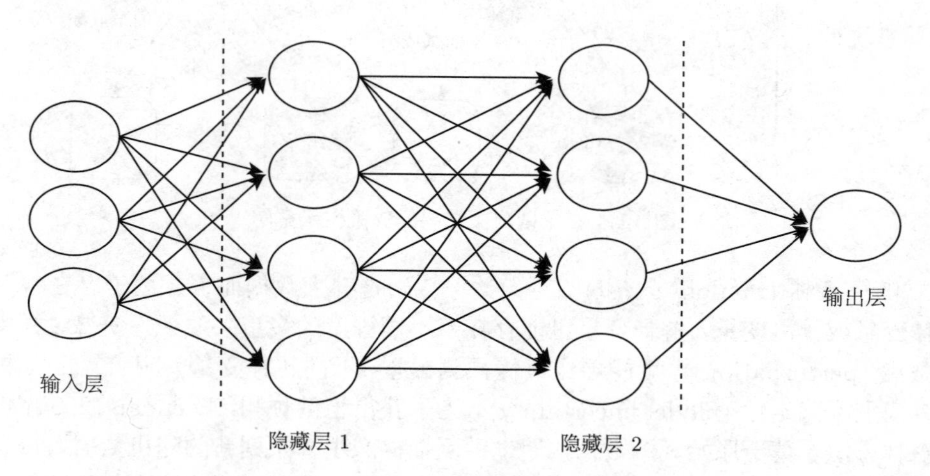

图 11.2：人工神经网络结构图

6. 深度学习 (deep learning)。如果人工神经网络包含多个隐藏层，则称为深度学习方法。深度学习试图模拟人类大脑将光和声处理成视觉和听觉的方式。计算机视觉和语音识别就是深度学习的一些成功应用。

第五节 大数据、机器学习与统计学的关系

数据描述是数据分析的起点，这一点在大数据时代由于不同种类、不同形式特别是非结构化数据的出现而显得更为重要。事实上，鉴于大数据的多样性，尤其是文本、图表、音频、视频等非结构化数据，必须开发新的方法与工具来记录、存储、整理、清洗、描述、表现、分析、概括与解释大数据。很多大数据特别是非结构化大数据的获得与分析，都必须使用人工智能技术，一个例子是爬虫的应用。美国劳工统计局原来依靠人工操作的调查问卷答案分类工作，现在已有 85% 被深度学习替代，而且深度学习的准确率高于人工。又如，大数据可视化作为大数据一种直观表现形式，在实际应用中越来越受欢迎。商业智能就是大数据在现代商业中的一个重要应用，它通过应用各种人工智能的技术与方法来提取、概括、表现大数据的重要信息，从而改善商业决策的科学性与提升企业管理的精细化水平。

由于大数据的“4V”特征，大数据分析需要使用来自不同领域的方法与工具，包括数学、计算机科学、统计学、数据科学等学科。大数据分析的主要目的是从传统数据中发现不易察觉的模式、趋势、异象 (anomalies)、关联、因果效应以及其他特征等各种有价值的信息。目前，广泛使用的大数据分析方法与工具主要是机器学习和统计方法，尤其是计算统计学工具。在本节，我们将论证大数据和机器学习并没有改变统计建模与统计推断的一些基本思想，如抽样推断总体分布性质、充分性原则与数据归约、因果推断、预测等。因此，现代统计学在大数据分析方面仍然将发挥基础性的关键作用。但是，大数据的复杂性和机器学习的广泛应用的确给统计科学提出了一些重要挑战，这些挑战有望为推动现代统计学的发展提供各种机遇，尤其是创新统计理论、方法与工具等方面。

11.5.1 非结构化数据与文本回归分析

从统计学角度看，相比传统数据，大数据特别是非结构化数据将带给我们更多有价值的信息，这些信息可用于发展新的统计方法与工具。比如，在互联网时代，社交媒体 (如微博和脸书) 数据经常反映了社会公众或社会群体对每个时期重要事件的看法，而这些重要事件常常对社会经济造成很大影响，因此受到越来越多的关注 (参见 Shiller, 2019)。社交媒体数据通常以非结构化或半结构化形式呈现，但通过爬虫和自然语言处理等技术抓取信息，可用于构建新的解释变量或预测变量，如消费者幸福感指数、投资者情绪指数、经济政策不确定性指数、经济政策变化指数、社会舆情指数等 (参见 Baker & Wurgler, 2007; Baker *et al.*, 2016; Chan & Zhong, 2018)。这些从文本数据构建的重要变量包含传统数据所没有的信息，可通过统计回归模型等方法，分析与测度它们对社会经济金融市场的影响，这就是所谓的文本回归 (textual regression) 分析。

除了基于社交媒体非结构化数据构建经济心理指数之外，我们还可以通过大数据与人工智能方法，构造高频宏观经济时间序列指数，如 CPI 和 PPI 的每日时间序列数据。这将有助于我们及时预测宏观经济的变化趋势，包括实时预测 (nowcasting)，参

见 Giannone *et al.* (2008) 和 Bok *et al.*(2017)。目前，绝大部分宏观经济指标最高频数据是月度数据，像国内生产总值 (GDP) 这样重要的宏观经济变量还没有月度数据。大数据的出现和人工智能技术的使用可以显著提高宏观经济数据的测度频率。

11.5.2 抽样推断原则

大数据并不意味着可以获取 DGP 的总体分布的完全信息。曾经有一种观点认为，大数据提供了总体分布的完全信息或近乎完全的信息，因此在大数据时代，海量数据将使推断统计学变得价值有限甚至毫无价值。这种情形只有在统计模型是唯一正确设定而且不变的假设条件下才可能发生。众所周知，推论统计学的基本思想是从随机样本推断总体分布特征，而所推断出来的总体分布特征，也适合于刻画从同一总体分布产生的其他随机样本。假设某一参数统计模型是正确设定，则当样本容量非常大时，确实可以不必担心参数估计量的抽样变异性 (sampling variability)，即参数估计不确定性将可以忽略不计。尽管当大数据的样本容量很大时，模型参数估计结果的抽样变异性也因此变得没有以前那么重要，但是通过随机样本推断总体分布特征的统计思想仍未改变，取而代之的很可能是模型选择不确定性。模型选择不确定性可能是因为大数据中存在大量解释变量，而这些解释变量具有不同程度的多重共线性，或者是因为 DGP 具有异质性或时变性，或者是因为模型误设。因此，当对数据进行“微扰”时，即增加或减少一小部分数据，基于预定统计准则的最优统计模型将会显著改变。我们知道，机器学习的主要目的，是基于对训练数据的“学习”经验，预测未知样本的行为或表现。其假设前提是从训练数据中“学习”到的一些系统特征与统计关系 (如相关性、异象)，会在未知数据中再次出现，不管未知数据是截面数据或时间序列数据。换言之，机器学习就是从训练数据中挖掘出可以泛化到未知数据的系统特征，并根据这些共同系统特征进行预测。如果我们将这些共同系统特征定义为 DGP 的总体特征，那么机器学习这种样本外预测方法，无论是基于截面数据还是时间序列数据，均遵循类似从样本推断总体特征的基本统计思想。之所以需要测试与验证的主要原因是基于训练样本的“学习”经验可能会存在过度拟合现象，因而不能刻画样本外的系统特征。过度拟合可能是由样本选择偏差、异质性、时变性、甚至模型误设所导致。例如，在预测当前新冠肺炎疫情未来发展趋势时，需要考虑可能的新冠肺炎病毒变异性，即结构变化。因此，机器学习也可视为遵从抽样推断总体分布性质的统计思想，至少是一种广义的抽样推断的统计方法，同时，由于拥有海量大数据，“总体”的概念可以更一般化，即允许具有异质性或时变性的 DGP，当然不同异质主体或不同时期的 DGP 仍然需要假设具有一些共同的系统特征。

机器学习早在 20 世纪 50 年代就已经提出来，但是它的快速发展与广泛应用发生在从 20 世纪 90 年代开始的大数据时代。海量大数据的收集、存储、处理与分析必须依赖人工智能方法，而海量大数据的可获得性为机器学习探索与学习数据之间可能存在的复杂关系 (如非线性关系、交互效应等) 提供了丰富的素材。作为大数据的一种重要分析方法，机器学习与统计学密切相关，两者拥有一些共同点。机器学习是一种设计、推导复杂算法的数学方法，通过学习训练数据所包含的历史关系与系统特征，利用计算机算法自动得出最佳预测。与统计学一样，机器学习也假设 DGP 是一个随机过程，而且其结构或概率法则是未知的。算法的核心目标是泛化从训练数据中所“学习”到的经验，即外推预测，其本质是从训练样本推断未知样本的总体特征。所谓泛化 (generalization) 指的是机器以学习训练数据的经验为基础，对一个未知的新样本进行精准预测。一般假设训练样本来自一个未知的概率分布，机器学习需要从训练数据中学习未知概率分布的系统特征，以便对新样本做出准确预测。对未知新样本能够做出准确预测的重要前提是训练数据和测试数据的 DGP 或概率法则保持不变，这与统计推断通过抽样推断总体分布性质的基本思路是一致的。两者最主要的区别在于机器学习的预测不用参数统计模型而直接基于计算机算法，而统计预测一般是基于某个参数模型，其函数形式假设已知，但包含一个未知的低维参数向量。如果数据容量不大，参数模型可能很有用，但如果数据非常多，模型可以拓展为一般化的数据算法，这样更有可能捕捉大数据中变量之间的各种复杂关系。

均方误特别是其平方偏差-方差分解就是测度泛化误差的一种常用统计准则。为了实现最佳泛化，算法的复杂性必须匹配 DGP 的复杂性。一方面，若 DGP 比算法结构更复杂，则算法拟合数据的能力较弱。另一方面，如果算法复杂性增高，则训练数据的拟合误差将减小。然而，若算法过于复杂，则会导致过度拟合且泛化误差增大。概率理论可以为测度和约束泛化误差提供一个有效方法。这是机器学习和统计推断共同的概率论基础。事实上，贝叶斯统计学也是机器学习的一个重要理论方法。

在实际应用中，机器学习可能会遇到各种样本偏差问题。比如，一个只基于现有客户训练数据的机器学习算法并没有体现新客户的信息，因此可能无法预测新客户群的需求。这就是统计学中著名的样本选择偏差问题，其原因是不同客户群可能存在潜在的异质差别。另一种可能性是时变性即结构变化所导致的样本偏差。针对样本偏差问题，可以使用统计学的所谓保持验证法 (holdout validation) 和 k 折交叉验证法 (k-fold cross-validation) 等来验证机器学习算法。保持验证法将数据分为训练集和测试集，这是最常用的验证方法；而 k 折交叉验证法则是随机地将数据分为 k 组子集，其中 $k-1$ 组用于训练算法，剩下一组用于测试训练算法的预测能力。

在统计分析中，由于传统数据一般样本容量较小，通常采用样本内模型检验法，如模型拟合优度或模型设定检验。然而，如果采用样本内统计准则，那么模型过度拟合的可能性将一直存在。比如，当解释变量个数增加时，线性回归模型的决定系数 R^2 总会越来越大，即使这些解释变量与因变量毫不相关。一般来说，增加模型复杂性可以提高拟合优度，甚至在很多情况下最终总会通过样本内检验。关于统计模型通常最终能够通过基于样本内残差的模型检验的讨论，可参见 Breiman (2001)。更严重的是，样本内统计建模与统计推断，如果多次重复使用同一个样本数据，有可能会导致所谓的数据窥视偏差 (data snooping bias)，其原因是同一个样本数据的多次重复使用可能导致统计显著性水平控制不当 (参见 Lo & MacKinlay, 1990; White, 2000)。由于大数据样本容量通常较大，因此可以使用样本外模型检验方法或交叉验证方法，作为一个一般化的模型评估准则 (如 Varian, 2014)。样本外模型评估很重要，因为误设模型一般不能很好地预测未来样本或其他未知样本。即使一个统计模型对训练数据而言设定正确，但如果存在结构变化，该模型对未来样本的预测可能不准，或者如果训练数据和测试数据之间存在显著异质性，该模型对其他样本的预测效果也可能不好。样本外模型评估还可以有效降低数据窥视偏差。总之，样本外模型验证比样本内模型检验更严格更科学，同时更适用于样本容量大的数据。

由于科技进步、偏好改变、政策变化和制度改革，DGP 可能会随着时间而改变。Lucas (1976) 指出，理性的经济主体将正确预测政策变化的影响，并相应调整他们的经济行为。当 DGP 随时间而改变时，只有最近的数据信息与 DGP 的现状密切相关；遥远的旧数据则与 DGP 的现状越来越不相关，对推断 DGP 的当下行为用处不大。同样地，由于经济主体之间存在异质性，训练数据的经济主体可能无法代表测试数据的经济主体。因此，现有样本不能提供关于未来 DGP 或现有样本未涵盖的经济主体的信息。实际上，如果 DGP 随时间而改变，任何样本在给定时间内，无论信息多么丰富，都无法包含未来总体的所有信息。所以，任何时间序列数据在给定时间内只能提供一个动态时变随机过程的信息子集，而不是全样本信息。因此，在推断 DGP 的总体分布特征时，统计抽样理论依旧有用，而且适用于更一般的存在时变性或异质性的情况。

11.5.3 统计显著性与经济显著性

由于大数据的样本容量大，我们可以探索大数据中可能存在的非线性、时变性、异质性等复杂结构，这是机器学习能够比参数统计模型预测更精准的一个主要原因。另一方面，样本容量大也可能给统计建模与统计推断的习惯做法带来挑战。比如，对于样本容量不是很大的传统数据，如果一个解释变量的参数估计量的 P-值根据预设显著性水平 (一般为 5%) 具有统计显著性，那么通常认为该解释变量是重要变量。现在假设有一个样本容量为 100 万的大数据，模型的大部分解释变量可能都达到 5% 的显著性水平，都具有统计显著性。众所周知，无论真实参数值多小 (只要不等于零)，随着样本容量不断增大，统计显著性检验最终将会变为显著。那么，对于 100 万的样本容量，恰好达到 5% 显著性水平的参数估计量意味着什么呢？显然，对于如此大的样本容量，该参数值可能会非常接近 (但不等于) 零，因此相应的解释变量可能在经济学上并不重要。换句话说，当样本容量非常大时，具有统计显著性并不意味着具有现实重要性或经济重要性。因此，大数据的大样本容量使得传统的统计显著性检验变得不再适合 (Abadie *et al*., 2014, 2017)。同时，这也产生了一个新的问题：当样本容量达到 100 万这么大时，如何衡量解释变量的经济重要性呢？我们需要合适的方法来判定解释变量的经济重要性，而不是仅仅评估其统计显著性。机器学习领域已提出各种判断特征重要性 (feature importance) 的方法，其中所谓特征其实就是解释变量。这些方法很多都不依赖于具体参数模型 (即 model-free)，参见 Liu *et al*. (2015)。

为了说明与模型无关的变量选择方法的重要性，我们举一个简单例子。假设因变量与某个解释变量真实的函数关系是非线性关系，但是我们设定一个线性回归模型，即模型误设。很有可能这个解释变量的 t-检验统计量在样本容量很大时也不具有统计显著性，则依据线性回归模型的检验结果应该将该解释变量扔掉。显然，这将会导致所谓的遗漏变量问题。

上述分析表明，当样本容量很大时，只关注一个参数统计模型中的解释变量的统计显著性，其实际意义并不太大。更有意义的是关注模型选择，特别是当存在高维潜在解释变量时，可以通过比较不同的模型显著提高拟合优度或预测精度，这里所谓不同的模型既可以是指拥有不同的解释变量集合 (参见 Breiman, 2001)，也可以是指不同的函数形式，或者两者的混合。换句话说，对于大数据特别是胖大数据而言，模型选择可能比解释变量的统计显著性更有助于改进对数据的拟合或预测效果。与此同时，高维解释变量的集合可能存在多重共线性或近似多重共线性，根据某一统计准则 (如均方误)，不同的解释变量集合可能会导致相同或相似的预测或拟合。如果对数据进行“微扰”，即增加或减少一小部分数据点，便会导致最佳模型的显著改变。这里，抽样变异性导致最优模型的显著改变，这称为模型不确定性。因此，在大数据时代，我们可以预计，统计分析将从参数估计不确定性过渡到模型选择不确定性或模型不确定本身。

11.5.4 模型多样性与模型不确定性

对于一个胖大数据，高维解释变量的集合有很大的可能性存在多重共线性。因此，基于某一统计准则 (如均方误)，不同的统计模型有可能呈现相似甚至相同的统计表现，这称为模型多样性 (model multiplicity)，即不同模型的统计表现近似甚至相同 (参见 Breiman, 2001)。模型多样性可能与统计学关于 DGP 的模型唯一性假设并不矛盾。一种情形是，存在 DGP 的唯一模型设定，但受限于数据证据和统计工具，无法挑选出正确的模型，所有统计模型都是对 DGP 的近似，误设模型从不同方面刻画了 DGP 的特征，但根据某个统计准则，这些误设模型的表现近似甚至相同。在经济学，也可能同时存在多个经济模型能够解释同一经济现象，有些模型甚至还会互相矛盾，这称为模型模糊性 (model ambiguity)。Hansen & Sargent (2001) 和 Hansen *et al*. (2006) 研究了模型不确定性对经济主体的决策行为的影响。当然，也存在另外一种可能性，即生成数据的 DGP 并不能用唯一模型设定来刻画。举一个统计学的著名例子 —— 污染数据，这些数据是由两个或两个以上不同的概率分布所生成的随机数的集合，需要用一个混合概率分布来刻画。在经济学中，经济主体在不同状态下可能有不同的经济行为。在这种情况下，需要用一系列模型的“组合”来描述整个经济的运行，其中每一个模型描述某个状态下的经济行为，而这些模型的“组合”可由某种概率法则 (如马尔可夫链转移概率) 决定。统计学和计量经济学一个著名的“组合”模型就是马尔可夫链转移模型 (参见 Hamilton, 1989)。

基于同一统计准则，对数据的“微扰”可能会导致最优统计模型的显著改变，这种模型不确定性在实际应用中并不罕见，与模型多样性密切相关。另一方面，DGP 也可能会出现结构变化。时间序列数据的每个时间段存在一个最佳预测模型，但因为结构变化，最佳预测模型会随着时间而改变，这称为模型不稳定性 (model instability)。

模型不确定性与模型不稳定性使得稳健统计分析变得格外重要。在模型不确定性和模型不稳定性条件下进行统计建模与统计推断是大数据统计分析的一个新方向，已经取得一些进展。一般而言，如果数据杂糅或者不同状态下存在不同经济行为，那么模型平均 (model averaging) 或模型组合可能是最佳预测方法。在预测领域 (如 Hansen, 2007)，已提出了用各种模型平均法或预测组合法来提高预测的稳健性和准确性，这种想法至少可追溯到 Bates & Granger (1969) 的预测组合方法。在机器学习领域，为了克服模型不确定性带来的影响，Breiman (2004) 提出了随机森林方法，通过计算机重复抽取产生一系列相关性不太强的随机样本，对每个样本训练一棵决策树，然后对所有决策树预测取平均以获取稳健预测。

11.5.5 充分性原则、数据归约与维数约简

样本容量大并不是胖大数据的最重要特征。对时间序列数据而言，大数据的时间维度信息总是受到时间长短的限制 (当然，实时或近乎实时的记录可以提供高频观测值)。然而，如果大数据包含高维潜在解释变量的信息，关于 DGP 的横截面信息就非常丰富。当解释变量的数目多于样本容量时，从统计学维数灾难的角度看，胖大数据事实上是一个“小样本”。因此，需要发展新的统计降维方法以选择重要解释变量，这其实是一种数据归约 (data reduction) 方法。数据归约本质上是统计学充分性原则的一种方法，为高维参数统计模型的有效推断提供了强大的分析工具。统计分析就是寻找最有效的手段 (模型、方法、工具等) 从数据中总结、提取有价值的信息，而充分性原则是从样本数据中总结信息的一个统计学基本原则。充分统计量在统计推断中能够完全总结样本数据中所有的关于未知模型参数信息的低维统计量。鉴于大数据的样本容量大、潜在解释变量的维度高以及信息密度低等特点，统计充分性原则在大数据分析中将发挥十分重要的作用。我们需要创新分析大数据的数据归约方法，其中最重要的一种方法是变量降维 (dimension reduction)，特别是在胖大数据条件下的变量选择。这种降维方法可视为机器学习方法在高维统计建模分析中的应用，属于“统计学习 (statistical learning)”的交叉领域。

在“统计学习”这一新兴的交叉领域，Tibshirani (1996) 提出一种压缩估计方法，即 LASSO (least absolute shrinkage and selection operator) 方法，可以在一个高维线性回归模型框架中挑选出重要解释变量并排除众多不相关的协变量。简单地说，LASSO 方法的目标函数是最小化高维线性回归模型的残差平方和，加上一个对高维回归模型维度的惩罚项。这个惩罚项是所有回归系数的绝对和。给定稀疏性 (sparsity) 假设，即假设所有潜在解释变量中只有少数未知变量的系数不为零时，LASSO 方法及其拓展 (如 Fan & Li, 2001; Zou, 2006) 能够在样本容量趋于无穷大时正确识别那些系数不为零的解释变量。因此，LASSO 方法可视为在一个高维线性回归模型框架下统计推断和机器学习相结合的一种重要的变量选择方法。从统计学的充分性原则看，这本质上是一种数据归约。LASSO 方法在统计学与计量经济学领域拥有广泛的应用前景。例如，在 2SLS 和 GMM 估计中，选择有效的工具变量一直是一个难点 (参见 Belloni *et al.*, 2012)。因此，可以使用类似 LASSO 的方法从大量潜在工具变量中挑选出重要工具变量，以改进 2SLS 和 GMM 估计效率。又如，高维方差-协方差的降维估计，也可以通过拓展 LASSO 方法得以实现 (参见 Cui *et al.*, 2020)。事实上，变量选择问题还可以拓展到高维非线性回归模型和高维非参数回归模型。

11.5.6 机器学习与非参数建模

如前文所言，机器学习不用参数统计模型，而是直接基于数据构建算法。这些算法从训练数据中学习系统模式，并基于这些系统模式进行预测。许多情况下，机器学习算法可以得到精准的样本外预测。然而，这些算法就像黑箱一样，很难甚至无法解释为什么能够得到比较精准的样本外预测。使用基于测试数据的泛化准则，可以解释其中一部分原因，但不能解释全部。事实上，机器学习算法类似于统计学的非参数分析方法。不少重要的机器学习方法，如决策树和随机森林，最早是由统计学家首先提出来的。与参数统计建模方法不同，非参数方法不对 DGP 的结构或总体分布假设任何具体的函数形式，而是让数据构建合适的函数形式。非参数方法关注数据的拟合优度，如最小化残差平方和，同时也顾及拟合函数的平滑性 (如二阶连续可导)，最终通过选择一个平滑参数 (smoothing parameter) 使均方误中的方差和平方偏差达到均衡，这样便可一致估计关于 DGP 的未知函数，如回归函数或概率分布函数。许多机器学习方法具有很强烈的非参数方法的特征，加上使用基于测试数据的泛化准则，非参数分析可以从理论上解释为什么很多机器学习方法在大数据条件下能够取得较好的预测效果。例如，Lai (1977) 通过推导 k 最近邻法 (k-NN) 均方误差中的方差和平方偏差的收敛速度，证明当整数 k 随着样本容量 n 的增加而增加，但增加速度比 n 慢时，k 最近邻法可以一致估计未知回归函数。Breiman (2004) 证明，假设 DGP 存在唯一的未知概率分布，而数据由独立分布的随机样本遵循未知概率分布生成，那么如果决策树的节点数量随着样本容量的增加而增加，但其增加的速度比样本容量慢，则决策树可以一致估计 DGP 的未知概率函数。Biau *et al.* (2008) 和 Scornet *et al.* (2015) 证明了随机森林可以一致估计未知回归函数。White (1989, 1992) 则严格证明了人工神经网络估计的一致性，前提是假设隐藏层的数量随着样本容量的增加而增加。人工神经网络是模仿人类认知过程的一个非参数模型，如果其复杂性随样本容量的增加而增加，最终可以一致估计出未知回归函数。实际上，就变量选择而言，许多机器学习算法比典型的非参数方法更灵活。对于非参数分析，由于臭名昭著的“维数灾难”问题，需要事先给定解释变量，而且这些解释变量的维度不能太大，否则在实际中无法应用。相比之下，机器学习经常面对大数据中高维的潜在解释变量，其维度很大甚至超过数据的样本容量，机器学习可以通过合适算法快速“穷尽”所有合适的解释变量子集，为最佳预测挑选出一个低维的重要解释变量集合。机器学习之所以能够实现有效降维与精准样本外预测，主要是因为它通过一个惩罚项对数据拟合进行规制 (regularization)，避免了过度拟合 (overfitting)。这是机器学习比非参数方法更有优势的一个重要特点。

统计建模与机器学习的交叉融合是大数据分析的一个重要发展趋势。一方面，没有机器学习，无法想象如何分析海量大数据。另一方面，大数据是我们能够“教”机器而不用直接为它们编程的主要原因之一。大数据的可获得性使得训练机器“学习”模式成为可能。相对于参数统计模型，机器学习算法的难点之一是缺乏可解释性，这是因为机器学习方法直接基于数据构建算法而非用参数建模。相反地，统计推断大多采用参数建模。严格地说，一个统计参数模型只能刻画数据与 DGP 的一些总体特征，但通常并非全部总体特征 (除非模型正确设定)。因此，统计参数模型所刻画的证据其实是模

型证据 (model evidence)，与直接基于数据的机器学习所刻画的证据存在一定差别。由于其灵活性与一般性，机器学习所刻画的证据将比较接近数据原有的证据，即数据证据 (data evidence)。模型证据与数据证据之间的差别，对解释统计推断特别是参数假设检验的实证结果非常重要。例如，使用一个 p 阶线性自回归模型验证金融市场有效性假说时，如果我们基于观测数据发现所有自回归系数均为零，这并不意味着市场有效性原假说是正确的，因为线性自回归模型只是众多预测金融市场方法中的一种，很有可能收益率数据存在可预测的成分，但是需要使用非线性模型。由于机器学习与非参数方法一样，并不依赖某一个特定的统计模型，因此机器学习发现的证据将比较接近数据证据，从而避免参数统计模型的缺点。

11.5.7 相关性与因果关系

曾经有一种观点，认为大数据分析只需要相关性，不需要因果关系。之所以产生这个论断，一个主要原因是在大数据条件下，有很多实时或高频数据，而基于实时或高频数据的预测主要是依靠相关性，而不是因果关系。然而，很多情况下，经济因果关系在高频或实时条件下可能还无法充分显示出来，所以不需要因果关系的论断是不对的，至少不适用于经济学。在许多实际应用中，机器学习方法，如决策树、随机森林、人工神经网络、深度学习等，基于数据的系统特征与统计关系 (如相关性) 确实可以进行精准的样本外预测。然而，经济研究的主要目的是推断经济系统中经济变量之间的因果关系，揭示经济运行规律。比如，在信用风险管理中，大数据分析可以帮助查明信用风险的根本原因，尽早发现可能的欺诈行为以防止金融机构遭受损失，这些都需要分析大数据背后的因果关系。在大数据时代，经济因果关系依旧是经济学家与计量经济学家在经济学实证研究中的主要目的。信息技术，尤其是互联网、移动互联网与人工智能，从根本上改变了人类的生产方式与生活方式，但它们没有改变经济学因果推断的目的。在过去 20 年，计量经济学诞生了一门新兴学科，即政策评估计量经济学 (econometrics of program evaluation)，研究非实验条件下经济因果效应的识别与测量。所谓因果关系是指在所有其他变量 (如控制变量 Z) 不变的条件下，改变一个变量 (如政策干预 X) 是否会导致另一个变量 (如经济结果 Y) 的改变。如果有，则称存在从 X 到 Y 的因果关系。在实验科学中，要识别因果关系或检验一个政策干预的效应，可以将实验主体随机分为两组，一组是实验组，接受实验干预，另一组是控制组，不接受实验干预，其他条件或变量则保持不变。干预效应是两组在同等条件下的结果之差。在计量经济学中，当评估政策效应时，由于经济系统的非实验性特点，往往无法进行控制实验，尤其是无法确保实验组与控制组满足“同等条件”假设。统计学和计量经济学关于政策评估的基本思想是，在同等条件下，比较实施了该政策的观测结果与假设没有实施该政策的虚拟事实。在已实施某个政策的现实情况下假设这个政策没有实施，显然是一种虚拟假设，该虚拟假设下的经济结果常称为虚拟事实 (counterfactuals)。由于虚拟情况不会真正发生，故需要对虚拟事实进行估计，这实质上是一种预测。这可以借助一个统计模型来估计，也可以通过机器学习来预测。鉴于机器学习精准的预测能力，机器学习有望精准估计虚拟事实，从而精确识别与测度经济因果关系。换句话说，虽然机器学习不能直接揭示因果关系，但它可以通过准确估计虚拟事实帮助精确识别与测度因果关系。关于因果推断，可参见 Pearl (2009) 和 Varian (2016)。

11.5.8 新型数据建模

除了非结构化数据 (如文本、图像、音频、视频数据等)，大数据包括很多新型的结构化数据。例如，函数数据就是一种新型数据，而大家比较熟悉的面板数据 (参见 Hsiao, 2014) 是函数数据的一个特例。函数数据的例子还有很多，如一天内温度是时间的函数；每个交易日从开盘到收盘，股票价格是时间的函数；从 1 岁到 15 岁，女孩每月测量的身高是时间的函数。另一种新型数据是区间数据 (interval-valued data)，即某个变量取值的范围。相对点数据 (point-valued data) 来说，区间数据包含更多关于变量的水平和变化范围的信息。区间数据在现实生活中并不少见，如病人每天的最高血压与最低血压、每天天气的最高温与最低温、每天股票的最高价与最低价 (见图 11.3)、金融资产的买卖差价等，均构成区间数据。也可以通过结合多个原始数据得到区间数据，如某行业男性员工与女性员工的平均工资、农村家庭与城镇家庭的平均收入。区间数据是符号数据 (symbolic data) 的一个特例，符号数据是更一般化的数据形式。

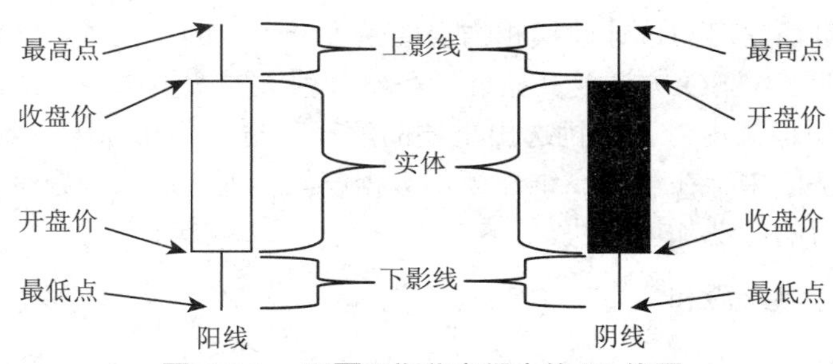

图 11.3：股票及期货市场中的 K 线图

新型数据比传统点数据包含更多信息。很多情况下，人们一般是将这些新型数据转换为点数据，然后使用传统的计量经济学模型与方法进行分析。但是，将新型数据转换为点数据，通常伴随着信息损失。因此，直接对这些新型数据进行建模比先将它们转化为传统点数据再建模更有价值。新型数据需要新的统计模型与统计方法。在这方面，统计学和计量经济学已产生了一些原创性成果，如函数数据分析 (functional data analysis) 和区间数据建模。关于函数数据分析，可参见 Horváth & Kokoszka (2012)，而关于区间数据建模，可参见 Han *et al*. (2018) 和 Sun *et al*. (2018)。

第六节 总结

本章讨论了大数据与机器学习给统计科学的理论与应用带来的影响、挑战和机遇。首先，尽管大数据正在改变基于统计显著性的统计建模和统计推断的传统做法，但大数据并没有改变从随机抽样推断总体分布特征的统计思想。重要的统计学原则，如抽样推断、充分性原则、数据归约、变量选择、因果推断、样本外预测等基本统计思想，在大数据分析上依旧适用，一些统计学方法如充分性原则甚至因为大数据的出现而变得更加重要，但其具体的方法与表现形式需要有所创新。其次，大数据允许放松统计建模的一些基本假设，如模型唯一性、正确设定与平稳性，从而扩大了统计建模与统计推断的应用范围。再次，大数据，尤其是非结构化数据，带来了很多传统数据不具备的有价值的信息，大大拓展了实证研究的范围与边界。最后，新型数据也催生了新的统计模型与方法。

机器学习是伴随大数据和云计算的产生而广泛兴起的大数据分析方法。它是计算机自动算法，通过学习训练数据的系统特征与统计关系而对未知样本进行预测，这与统计学由抽样推断总体的思路一致。机器学习与数理统计学拥有相同的随机概率基础，但它不假设 DGP 的结构或概率分布满足具体的函数或模型形式，而是通过计算机算法从训练数据中学习数据的系统特征与变量之间的统计关系，实现样本外预测与分类。机器学习算法通常以精准的样本外预测著称，但它们经常就像黑箱一样，很难甚至无法解释。然而，很多重要的机器学习方法，如决策树、随机森林、k 最近邻法、人工神经网络以及深度学习，与非参数分析的基本思想一致或非常类似。因此，可以从非参数方法的视角、从统计理论上说明为什么机器学习方法在大数据和使用泛化准则条件下可以获得精准的样本外预测。机器学习与统计建模相结合催生了一个新的交叉领域，即统计学习。比如，统计学习中的 LASSO 方法及其拓展就是一种强大的变量选择方法，它可以在一个高维线性回归模型框架内，正确挑选出重要的解释变量，并排除大多数不相关的变量。统计学和计量经济学中存在很多高维建模与数据归约难题，这些难题有望通过借鉴、应用与创新机器学习的方法加以解决。

本章主要参考洪永淼和汪寿阳 (2021)。

练习题十一

11.1 大数据的主要特征是什么？大数据可分为哪几类？

11.2 机器学习的本质是什么？常见的机器学习方法有哪些？

11.3 如何处理机器学习中的样本偏差问题？有哪些常见方法？

11.4 简述统计显著性与经济显著性之间的关系。

11.5 机器学习与非参数分析有何异同点？

11.6 大数据分析需要经济因果关系吗？为什么？

11.7 新型数据建模存在哪些挑战？

11.8 论述大数据、机器学习与统计学之间的关系。

第十二章　结　论

摘要：本章对全书所讨论的概率论与数理统计学的主要内容进行了概括性总结。

关键词：概率论、数理统计学、计量经济学

本书主要介绍了以下内容：

- 统计学与计量经济学导论；
- 概率论基础；
- 随机变量与一元随机变量的概率分布；
- 重要概率分布；
- 随机向量与多元随机变量的概率分布；
- 抽样理论导论；
- 收敛与极限定理；
- 参数估计与评估；
- 参数假设检验；
- 经典线性回归分析；
- 大数据、机器学习与统计学。

第一章是统计学与计量经济学导论，首先强调经济学中随机思维与统计思维的重要性，介绍了现代经济统计学与计量经济学赖以建立的两个基本公理，即任何经济体都可视为是服从一定概率法则的随机系统，现实生活中观测到的经济金融数据是该随机系统的实现值。经济统计学与计量经济学的主要目的是基于观测数据，在经济理论指导下对经济系统的概率法则进行建模并推断，然后用推断所获得的概率法则解释经验典型特征事实、检验经济理论与经济假说、预测未来的经济走势，以及政策分析与评估等。需要注意，经济实证研究需要作出诸如随机性、同质性、平稳性、遍历性等基本假设，才能基本对经济系统进行统计分析。尽管可对这些假设进行检验，但现实中的验证却通常十分困难。由于这些假设在现实理论上并不一定成立，这导致对经济数据的统计分析以及相关解释造成了一定的困难。

本书包括两大部分内容：第二至第五章介绍概率论，第六至第十一章介绍数理统计学。第二章是概率论基础，介绍了概率论的基本概念与基本思想。首先，定义了随机试验的概率空间。概率空间包括样本空间、西格玛域以及概率函数，它完整地刻画了随机

试验的概率法则。接着，讨论了概率的两种基本解释、基本概率运算法则、条件概率、贝叶斯定理以及随机事件的独立性等。这一章所奠定的概率论基础非常有助于对后续章节中相关概念的理解。

第三章介绍了随机变量以及一元随机变量的概率分布，并使用微积分数学工具系统地表示与扩展了第二章中的有关概念。特别地，引入了随机变量这一概念，即从原始样本空间到新样本空间的映射。随机变量的概率函数是基于定义在原始样本空间上概率函数的诱导概率测度。一个更方便的刻画方式是随机变量的累积分布函数。为了方便刻画随机变量的概率分布，本章分别考虑了两类随机变量 —— 离散随机变量和连续随机变量。对离散随机变量，可用概率质量函数描述其概率法则。概率质量函数和累积分布函数是等价的，二者可互相推导：给定一个概率质量函数，可通过求和得到累积分布函数；反之，给定一个累积概率分布函数，可通过差分得到概率质量函数。对连续随机变量，概率分布可由概率密度函数描述。同样地，给定一个概率密度函数，可通过积分得到累积分布函数；给定累积分布函数，可通过微分求得概率密度函数。对一个连续累积分布函数，理论上可能存在不止一个相对应的概率密度函数。然而，这些概率密度函数有相同的概率测度，在实际应用中一般使用具有良好数学性质的概率密度函数 (如最平滑的概率密度函数)。不同于概率质量函数，概率密度函数并非概率测度，但是它与随机变量在以关注点为中心的一个小区域内取值的概率成正比。

从概率分布可获得随机变量的重要特征，诸如各种矩 (如均值、方差、偏度和峰度) 以及分位数 (如中位数)，这些特征在经济学、金融学与管理学领域有着广泛应用。对存在矩生成函数的概率分布，通过在原点处对矩生成函数求导可获得各阶矩。矩生成函数也可唯一刻画概率分布。某些概率分布可能不存在矩生成函数，但任何概率分布都存在特征函数，其与矩生成函数有着类似的性质与作用。

第四章介绍了多种常用的重要离散分布和连续分布，并讨论了其性质以及在经济学与金融学领域的应用。离散分布的例子包括伯努利分布、二项分布、负二项分布、几何分布以及泊松分布；连续分布的例子包括均匀分布、贝塔分布、正态分布、柯西分布、对数正态分布、伽玛分布、广义伽玛分布、卡方分布、指数分布、韦伯分布以及双指数分布。本章讨论了这些重要参数分布中参数的含义，各种分布之间的关系，及其在经济学与金融学等领域的应用。

第五章介绍了随机向量与多元随机变量的概率分布。多元随机变量的概率分布不仅包含一元分布 (即边际分布) 的信息，也包含了随机向量各分量之间的相互关系。与一元情形类似，这一章介绍了随机向量的联合累积分布函数、离散随机向量的联合概率质量函数以及连续随机向量的联合概率密度函数。此外，还介绍了条件概率质量函数和条件概率密度函数，以刻画随机变量之间的预测关系。

借助这些刻画联合分布的工具，第五章引入了协方差和相关性的概念来测度两个随机变量之间的线性关联，并讨论其与独立性概念的联系和差别；定义了联合矩生成函数，可通过在原点处对其导数求得协方差，还可用于刻画联合概率分布。同时，用条件概率分布定义了条件期望，包括条件矩和条件分位数。特别是讨论了条件均值、条件方差的性质以及二者在经济学与金融学领域的应用。此外，还介绍了多元正态分布，并对其性质进行了讨论。

统计分析的基本思想是利用样本信息推断数据生成过程的概率法则。第六章是抽样理论导论，介绍了总体、随机样本、数据集、统计量以及统计量的抽样分布等基本概念。主要以样本均值和样本方差为例说明了统计抽样的基本思想，并引入几个重要分布，如学生 t-分布和 $\mathcal{F}$-分布，二者都与来自正态分布总体的随机样本紧密相关。最后，介绍了充分性原理与充分统计量。这是一个非常重要的数据简化理论与方法，也非常有助于理解许多统计量与统计方法的性质。

统计量的抽样分布描述了随机样本与总体或系统之间的关系，在统计推断中发挥着至关重要的作用。但是，统计量的有限样本抽样分布常常难以获得，除非对总体分布以及统计量作出很强的假设，特别是假设总体为正态分布。然而大多数经济金融数据均具有厚尾分布等非正态分布的特征。渐进理论是解决这个问题的一种便捷分析方法，可以在大样本情况下求得统计量的近似分布。第七章介绍了渐进分析基本理论，包括依均方收敛、依概率收敛、几乎处处收敛、依分布收敛等各种收敛概念以及大数定律和中心极限定理等。同时，还介绍了有助于推导非线性统计量渐进分布的斯勒茨基 (Slutsky) 定理和德尔塔 (Delta) 方法。

参数估计和假设检验是统计推断的两大重要任务。第八章首先讨论了估计总体参数的方法，特别是两种重要的估计方法 —— 极大似然估计和矩估计法，其中矩估计法被计量经济学家拓展为广义矩估计法。二者的渐进分布可用于统计推断，诸如置信区间估计和参数假设检验。还讨论了用均方误准则评估同一总体参数的不同估计量的方法。特别地，介绍了判断最优线性无偏估计量的两个方法，即无需总体分布模型信息的拉格朗日法以及需要总体分布模型信息的克拉默-拉奥 (Cramer-Rao) 下界法。

第九章讨论了参数假设检验的基本思想与基本概念，阐释了著名的内曼-皮尔逊 (Neyman-Pearman) 引理，即对简单假设而言，基于似然比的检验具有一致最大功效。还介绍了三大经典检验方法 —— 沃尔德检验、拉格朗日乘子检验 (也称有效分数检验) 以及似然比检验，并将似然比检验和充分统计量联系起来。应用第七章的渐进理论与工具，考察了这三个检验统计量的渐进性质。特别地，在原假设下这三大经典检验统计量均服从渐进卡方分布，且渐进等价。

第十章介绍经典线性回归模型的统计理论，特别是假设随机扰动项服从条件正态分布下的有限样本理论。本章首先讨论了普通最小二乘法的统计性质，特别是其在不存在条件异方差和条件自相关条件下具有最优线性无偏估计的性质，即高斯-马尔可夫 (Gauss-Markov) 定理，推导了在条件正态分布下用于参数假设检验的经典 t-检验和 F-检验。还介绍了在存在已知形式的条件异方差或条件自相关下，广义最小二乘法具有最优线性无偏估计的性质。本章还讨论经典线性回归模型在经济学、金融学中的各种应用。

第十一章讨论了大数据与机器学习对统计科学的理论与应用带来的影响、挑战和机遇。首先，尽管大数据正在改变基于统计显著性的统计建模和统计推断的传统做法，但大数据并没有改变从随机抽样推断总体分布特征的统计思想。重要的统计学原则，如抽样推断、充分性原则、数据归约、变量选择、因果推断、样本外预测等基本统计思想，在大数据分析上依旧适用，一些统计学方法如充分性原则甚至因为大数据的出现而变得更加重要，但其具体的方法与表现形式需要有所创新。其次，大数据允许放松统计建模的一些基本假设，如模型唯一性、正确设定与平稳性，从而扩大了统计建模与统计推断的应用范围。再次，大数据，尤其是非结构化数据，带来了很多传统数据不具备的有价值的信息，大大拓展了实证研究的范围与边界。最后，新型数据也催生了新的统计模型与方法。

对重要的概率论与数理统计学思想、概念、理论、方法与工具，本书都从经济学与金融学视角提供了直观理解、解释以及应用，特别是通过提供大量经济学与金融学示例说明概率论与数理统计学在经济分析中的重要性。这些示例包括主观概率在经济学与金融学领域的应用、统计关联性与经济因果关系的联系与区别、独立性与有效性市场假说、均值和方差概念与投资组合理论、分位数与量化金融风险管理、相关性概念与风险分散、样本均值的方差趋零与资本资产定价模型、大数定律与购买并持有投资策略期望回报率，线性回归模型的决定系数 R^2 的经济解释，等等。除了概率论与统计学知识外，对概率论与统计学概念、理论与方法的经济解释以及经济应用的强调是本书区别于其他同类教材的最显著特点。

练习题十二

12.1 总结本书讨论的概率论与数理统计学的主要思想概念、理论、方法与工具。

12.2 为什么统计分析方法在经济学与社会科学十分重要？举例说明。

12.3 为什么经济分析需要有随机思维与统计思维？随机思维或统计思维指将经济系统视作随机过程或随机试验，并用经济观测数据推断经济随机系统的性质与规律。

12.4 为什么从经济学视角对概率论与数理统计学的概念提供直观理解与解释十分重要？

12.5 本书中绝大多数讨论都是基于独立同分布假设之上。从统计学和经济学视角讨论该假设的现实合理性与优缺点。

参考文献

[1] 洪永淼 (2007),“计量经济学的地位、作用和局限”,《经济研究》5,139-153。

[2] 洪永淼 (2011),《高级计量经济学》,北京:高等教育出版社。

[3] 洪永淼 (2016),“经济统计学与计量经济学等相关学科的关系及发展前景统计研究”,《统计研究》33,3-12。

[4] 洪永淼, 汪寿阳 (2021),“大数据、机器学习与统计学:挑战与机遇”,《计量经济学报》1,17-35。

[5] **Abadie, A., S. Athey, G. W. Imbens and J. M. Wooldridge** (2014), “Finite Population Causal Standard Errors,” Technical Report, National Bureau of Economic Research.

[6] **Abadie, A., S. Athey, G. W. Imbens and J. M. Wooldridge** (2017), “When Should You Adjust Standard Errors for Clustering?” Technical Report, National Bureau of Economic Research.

[7] **Adrian, T. and M. K. Brunnermeier** (2016), “CoVaR,” *American Economic Review* 106(7), 1705-1741.

[8] **Akaike, H.** (1973), “Information Theory and an Extension of the Maximum Likelihood Principle.” In Petrov, B. N. and F. Csaki (Eds.), *Second International Symposium on Information Theory*, Budapest: Akademiai Kiado, pp. 267-281.

[9] **Alizadeh, S., M. W. Brandt and F. X. Diebold** (2002), “Range-Based Estimation of Stochastic Volatility Models,” *Journal of Finance* 57(3), 1047-1091.

[10] **Arrow, K. J.** (1965), *Aspects of the Theory of Risk Bearing*. Helsinki: Yrjo Jahnssonin Saatio.

[11] **Bachelier, L.** (2006), *Louis Bachelier's Theory of Speculation: The Origins of Modern Finance* (M. Davis & A. Etheridge, Trans.). Princeton: Princeton University Press.

[12] **Baker, M. and J. Wurgler** (2007), “Investor Sentiment in the Stock Market,” *Journal of Economic Perspectives* 21(2), 129-152.

[13] **Baker, S. R., N. Bloom and S. J. Davis** (2016), “Measuring Economic Policy Uncertainty,” *Quarterly Journal of Economics* 131(4), 1593-1636.

[14] **Bartle, R. G.** (1966), *The Elements of Integration*. New York: John Wiley and Sons.

[15] **Bartle, R. G.** (1976), *The Elements of Real Analysis*. New York: John Wiley and Sons.

[16] **Bates, J. M. and C. W. Granger** (1969), “The Combination of Forecasts,” *Journal of Operational Research Society* 20(4), 451-468.

[17] **Behboodian, J.** (1990), “Examples of Uncorrelated Dependent Random Variables Using a Bivariate Mixture,” *American Statistician* 44, 218.

[18] **Bekaert, G., C. Erb, C. Harvey and T. Viskanta** (1998), “Distributional Characteristics of Emerging Market Returns and Asset Allocation,” *Journal of Portfolio Management* 24, 102-116.

[19] **Belloni, A., D. Chen, V. Chernozhukov and C. Hansen** (2012), “Sparse Models and Methods for Optimal Instruments with an Application to Eminent Domain,” *Econometrica* 80(6), 2369-2429.

[20] **Berliant, M.** (1984), “A Characterization of the Demand for Land,” *Journal of Economic Theory* 33(2), 289-300.

[21] **Biau, G., L. Devroye and G. Lugosi** (2008), "Consistency of Random Forests and Other Averaging Classifiers," *Journal of Machine Learning Research* 9(1), 2015-2033.

[22] **Billingsley, P.** (1995), *Probability and Measure, 3rd ed.* New York: John Wiley and Sons.

[23] **Black, F. and M. Scholes** (1973), "The Pricing of Options and Corporate Liabilities," *Journal of Political Economy* 81, 637-654.

[24] **Bok, B., D. Caratelli, D. Giannone, A. M. Sbordone and A. Tambalotti** (2017), "Macroeconomic Nowcasting and Forecasting with Big Data," Staff Repots 830, Federal Reserve Bank of New York.

[25] **Bollerslev, T.** (1986), "Generalized Autoregressive Conditional Heteroskedasticity," *Journal of Econometrics* 31, 307-327.

[26] **Bollerslev, T.** (1987), "A Conditionally Heteroskedastic Time Series Model for Speculative Prices and Rates of Return," *Review of Economics and Statistics* 69, 542-547.

[27] **Bond, S. A. and S. E. Satchell** (2006), "Asymmetry and Downside Risk in Foreign Exchange Markets," *European Journal of Finance* 12(4), 313-332.

[28] **Bortkiewicz, L. von** (1898), *Das Gesetz der Kleinn Zahlen.* Leipzig: Teubner.

[29] **Breiman, L.** (2001), "Statistical Modeling: The Two Cultures," *Statistical Science* 6(3), 199-231.

[30] **Breiman, L.** (2004), "Consistency for a Simple Model of Random Forests," Technical Report 670, Statistical Department, University of California at Berkeley.

[31] **Brennan, M.** (1993), "Agency and Asset Pricing," Working Paper, UCLA and London Business School.

[32] **Breusch, T. S. and A. R. Pagan** (1980), "The Lagrange Multiplier Test and Its Applications to Model Specification in Econometrics," *Review of Economic Studies* 47, 239-253.

[33] **Campbell, J. Y. and M. Yogo** (2006), "Efficient Tests of Stock Return Predictability," *Journal of Finance Economics* 81, 27-60.

[34] **Casella, G. and R. L. Berger** (2002), *Statistical Inference.* Pacific Grove: Duxbury.

[35] **Chan, J. T. and W. Zhong** (2018), "Reading China: Predicting Policy Change with Machine Learning," AEI Working Paper 998561, American Enterprise Institute.

[36] **Chan, K. C., G. A. Karolyi, F. A. Longstaff and A. B. Sanders** (1992), "An Empirical Comparison of Alternative Models of the Short-Term Interest Rate," *Journal of Finance* 47, 1209-1227.

[37] **Chang, R., L. Kaltani and N. Loayza** (2005), "Openness Can Be Good for Growth: The Role of Policy Complementarities," NBER Working Paper 11787.

[38] **Cherubini, U., E. Luciano and W. Vecchato** (2004), *Copula Methods in Finance.* Hoboken: John Wiley and Sons.

[39] **Chow, G. C.** (1960), "Tests of Equality Between Sets of Coefficients in Two Linear Regressions," *Econometrica,* 591-605.

[40] **Chow, G. C.** (1975), *Analysis and Control of Dynamic Economic Systems.* New York: Wiley.

[41] **Cox, D. R.** (1972), "Regression Models and Life-Tables," *Journal of Royal Statistical Society: Series B (Methodological)* 34(2), 187-220.

[42] **Cox, J. C., J. E. Ingersol and S. A. Ross** (1985), "An Intertemporal General Equilibrium Model of Asset Prices," *Econometrica* 53, 363-384.

[43] **Cui, L., Y. Hong, Y. Li and J. Wang** (2020), "Large Positive Definite Covariance Estimation for High Frequency Data via Sparse and Low-Rank Matrix Decomposition," Working Paper, City University of Hong Kong.

[44] **Das, S. R.** (2002), "The Surprise Element: Jumps in Interest Rate," *Journal of Econometrics* 106, 27-65.

[45] **De Moivre, A.** (1718), *The Doctrine of Chances.* London: W. Pearson.

[46] **DeLong, J. B. and L. H. Summers** (1986), "Are Business Cycles Symmetric?" In: Gordon, R. J. (Ed.), *The American Business Cycle: Continuity and Change,* Chicago: University of Chicago Press, pp. 166-178.

[47] **Devroye, L.** (1985), "The Expected Length of the Longest Probe Sequence for Bucket Searching When the Distribution Is Not Uniform," *Journal of Algorithms* 6, 1-9.

[48] **Ding, Z., C. W. J. Granger and R. F. Engle** (1993), "A Long Memory Property of Stock Market Returns and a New Model," *Journal of Empirical Finance* 1, 83-106.

[49] **Douglas, J. B.** (1980), *Analysis with Standard Contagious Distributions.* Burtonsville, Maryland: International Cooperative Publishing House.

[50] **Duffie, D., J. Pan, and K. Singleton** (2000), "Transform Analysis and Asset Pricing for Affine Jump-Diffusions," *Econometrica* 68, 1343-1376.

[51] **Dykstra, R. L. and J. E. Hewett** (1972), "Examples of Decompositions of Chi-Squared Variables," *American Statistician* 26, 42-43.

[52] **Eeckhout, J.** (2004), "Gibrat's Law for (All) Cities," *American Economic Review* 94(5), 1429-1451.

[53] **Efron, B.** (1979), "Bootstrap Methods: Another Look at the Jackknife," *Annals of Statistics* 7(1), 1-26.

[54] **Engle, R. F.** (1982), "Autoregressive Conditional Heteroscedasticity with Estimates of the Variance of United Kingdom Inflation," *Econometrica* 50, 987-1007.

[55] **Engle, R. F.** (1984), "Wald, Likelihood Ratio, and Lagrange Multiplier Tests in Econometrics," *Handbook of Econometrics* 2, 775-826.

[56] **Engle, R. F.** (2000), "The Econometrics of Ultra-High-Frequency Data," *Econometrica* 68(1), 1-22.

[57] **Engl, R. F., and J. R. Russell** (1998), "Autoregressive Conditional Duration: A New Model for Irregularly Spaced Transaction Data," *Econometrica* 66(5), 1127-1162.

[58] **Fama, E. F.** (1965), "The Behavior of Stock Market Prices," *Journal of Business* 38, 34-105.

[59] **Fama, E. F.** (1970), "Efficient Capital Market: A Review of Theory and Empirical Work," *Journal of Finance* 25, 383-417.

[60] **Fan, J. and R. Li** (2001), "Variable Selection via Nonconcave Penalized Likelihood and Its Oracle Properties," *Journal of American Statistical Association* 96(456), 1348-1360.

[61] **Feller, W.** (1971), *An Introduction to Probability Theory and Its Application, 2nd ed.* New York: John Wiley and Sons.

[62] **Frieden, B. R.** (2004), *Science from Fisher Information: A Unification.* Cambridge: Cambridge University Press.

[63] **Friedman, M.** (1977), "Nobel Lecture: Inflation and Unemployment," *Journal of Political Economy* 85(3), 451-472.

[64] **Gallant, A. R.** (1997), *An Introduction to Econometric Theory.* Princeton: Princeton University Press.

[65] **Giannone, D., L. Reichlin and D. Small** (2008), "Nowcasting: The Real-Time Informational Content of Macroeconomic Data," *Journal of Monetary Economics* 55(4), 665-676.

[66] **Gibrat, R.** (1930), "Une Loi des Répartions Éconmiques: L'Effet Proportionelle," *Bulletin de Statistique Génral, France* 19, 469.

[67] **Gibrat, R.** (1931), *Les Inégalites Économiques.* Paris: Libraire du Recueil Sirey.

[68] **Goetzmann, W. N., D. Kim, A. Kumar and Q. Wang** (2015), "Weather-Induced Mood, Institutional Investors, and Stock Returns," *Review of Financial Studies* 28(1), 73-111.

[69] **Goldberger, A. S.** (1964), *Econometric Theory.* New York: John Wiley & Sons.

[70] **Granger, C. W. J.** (1969), "Investigating Causal Relations by Econometric Models and Cross-Spectral Methods," *Econometrica*, 424-438.

[71] **Granger, C. W. J.** (1980), "Long-Memory Relationships and the Aggregation of Dynamic Models," *Journal of Econometrics* 14, 227-238.

[72] **Granger, C. W. J.** (1999), *Empirical Modeling in Economics: Specification and Evaluation.* London: Cambridge University Press.

[73] **Hadar, J. and W. R. Russell** (1969), "Rules for Ordering Uncertain Prospects," *American Economic Review* 59(1), 25-34.

[74] **Hall, P.** (1992), *The Bootstrap and Edgeworth Expansion.* New York: Springer.

[75] **Hamilton, J. D.** (1989), "A New Approach to the Economic Analysis of Nonstationary Time Series and the Business Cycle," *Econometrica* 57, 357-384.

[76] **Hamilton, J. D.** (1994), *Time Series Analysis.* Princeton: Princeton University Press.

[77] **Han, A., Y. Hong and S. Wang** (2018), "Autoregressive Conditional Interval Models for Time Series Data," Working Paper, Department of Economics, Cornell University.

[78] **Hanoch, G. and H. Levy**(1969), "The Efficiency Analysis of Choices Involving Risk," *Review of Economic Studies* 36(3), 335-346.

[79] **Hansen, B. E.** (1994), "Autoregressive Conditional Density Estimation," *International Economic Review* 35, 705-730.

[80] **Hansen, B. E.** (2007), "Least Squares Model Averaging," *Econometrica* 75(4), 1175-1189.

[81] **Hansen, L. P. and T. J. Sargent** (2001), "Robust Control and Model Uncertainty," *American Economic Review* 91(2), 60-66.

[82] **Hansen, L. P., T. J. Sargent, G. Turmuhambetova and N. Williams** (2006), "Robust Control and Model Misspecification," *Journal of Economic Theory* 128(1), 45-90.

[83] **Hansen, P.** (1982), "Large Sample Properties of Generalized Method of Moments Estimators," *Econometrica* 50, 1029-1054.

[84] **Harrison, A.** (1996), "Openness and Growth: A Time-Series, Cross-Country Analysis for Developing Countries," *Journal of Development Economics* 48, 419-447.

[85] **Harvey, C. R. and A. Siddique** (2000), "Conditional Skewness in Asset Pricing Tests," *Journal of Finance* 55, 1263-1295.

[86] **Hausman, J. A., B. H. Hall and Z. Griliches** (1984), "Econometric Models for Count Data with an Application to the Parents R and D Relationship," *Econometrica* 52, 909-938.

[87] **Hirshleifer, D. and T. Shumway** (2003), "Good Day Sunshine: Stock Returns and the Weather," *Journal of Finance* 58(3), 1009-1032.

[88] **Hoeffding, W. and M. Korrelationtheorie** (1940), "Masstabinvariante Korrelationtheorie," *Schriften Math. Inst. Univ. Berlin* 5, 181-233.

[89] **Hoerl, A. E. and R. W. Kennard** (1970), "Ridge Regression: Biased Estimation for Nonorthogonal Problems," *Technometrics* 12(1), 55-67.

[90] **Hong, Y.** (1999), "Hypothesis Testing in Time Series via the Empirical Characteristic Function: A Generalized Spectral Density Approach," *Journal of American Statistical Association* 94, 1201-1220.

[91] **Hong, Y.** (2020), *Foundations of Modern Econometrics: A Unified Approach.* Singapore: World Scientific Publishing.

[92] **Hong, Y. and Y. Lee** (2013), "A Loss Function Approach to Model Specification Testing and Its Relative Efficiency," *Annals of Statistics* 41, 1166-1203.

[93] **Hong, Y. and H. Li** (2005), "Nonparametric Specification Testing for Continuous-Time Models with Applications to Term Structure of Interest Rates," *Review of Financial Studies* 18, 37-84.

[94] **Hong, Y., Y. Liu and S. Wang** (2009), "Granger Causality in Risk and Detection of Extreme Risk Spillover Between Financial Markets," *Journal of Econometrics* 150(2), 271-287.

[95] **Hong, Y. and H. White** (1995), "Consistent Specification Testing via Nonparametric Series Regression," *Econometrica* 63, 1133-1159.

[96] **Hong, Y. and H. White** (2005), "Asymptotic Distribution Theory for Nonparametric Entropy Measures of Serial Dependence," *Econometrica* 73, 837-901.

[97] **Horowitz, J. L.** (1997), "Bootstrap Methods in Econometrics: Theory and Numerical Performance," *Econometric Society Monographs* 28, 188-222.

[98] **Horváth, L. and P. Kokoszka** (2012), *Inference for Functional Data with Applications.* Berlin: Springer Science and Business Media.

[99] **Hsiao, C.** (2014), *Analysis of Panel Data.* Cambridge: Cambridge University Press.

[100] **Hull, J.** (2012), *Options, Futures and Other Derivatives, 8th ed.* New Jersey: Prentice Hall.

[101] **Judge, G. G., W. E. Griffiths, R. C. Hill, H. Lutkepohl and T. C. Lee** (1985), *The Theory and Practice of Econometrics.* New York: John Wiley and Sons.

[102] **Kahneman, D. and A. Tversky** (1979), "Prospect Theory: An Analysis of Decision Under Risk," *Econometrica* 47(2), 263-291.

[103] **Kendall, M. G and A. Stuart** (1961), *The Advanced Theory of Statistics.* Frome: Butler & Tanner.

[104] **Kiefer, N. M.** (1988), "Economic Duration Data and Hazard Functions," *Journal of Economic Literature* 26, 646-679.

[105] **Kingman, J. F. C. and S. J. Taylor** (1966), *Introduction to Measure and Probability.* Cambridge: Cambridge University Press.

[106] **Kraus, A. and R. H. Litzengerger** (1976), "Skewness Preference and the Valuation of Risk Assets," *Journal of Finance* 31, 1085-1100.

[107] **Krugman, P. R.** (1991), *Geography and Trade.* Cambridge: MIT Press.

[108] **Lai, S. L.** (1977), "Large Sample Properties of k-Nearest Neighbor Procedures," Ph.D. Dissertation, University of California, Los Angeles.

[109] **Lancaster, T.** (1990), *The Econometric Analysis of Transition Data.* Cambridge: Cambridge University Press.

[110] **Laplace, P. S.** (1812), *Théorie Analytique des Probabilités.* Paris: Mme Ve Courcier.

[111] **Lee, T. H., H. White and C. W. J. Granger** (1993), "Testing for Neglected Nonlinearity in Time Series Models: A Comparison of Neural Network Methods and Alternative Tests," *Journal of Econometrics* 56, 269-290.

[112] **Liapounov, A. M.** (1901), "Nouvelle Forme du Théorème sur la Limite de Probabilité," *Mémoires de l'Académie Impériale des Sciences de Saint-Petersbourg* 8(12), 1-24.

[113] **Liu, J., W. Zhong and R. Li** (2015), "A Selective Overview of Feature Screening for Ultrahigh-Dimensional Data," *Science China Mathematics* 58(10), 1-22.

[114] **Lo, A. W. and A. C. MacKinlay** (1990), "Data-Snooping Biases in Tests of Financial Asset Pricing Models," *Review of Financial Studies* 3(3), 431-467.

[115] **Loayza, N., P. Fajnzylber and C. Calderon** (2005), *Economic Growth in Latin America*

and the Caribbean: Stylized Facts, Explanations, and Forecasts. Washington D.C.: The World Bank.

[116] **Lucas, R. E.** (1976), "Econometric Policy Evaluation: A Critique," *Carnegie-Rochester Conference Series on Public Policy* 1(1), 19-46.

[117] **Lukacs, E.** (1970), *Characteristic Functions, 2nd ed.* London: Griffin.

[118] **Malkiel, B. G.** (1973), *A Random Walk down Wall Street.* New York: W. W. Norton & Company.

[119] **Mandelbrot, B.** (1963), "The Variation of Certain Speculative Prices," *Journal of Business* 36, 394-419.

[120] **Markowitz, H. M.** (1991), "Foundations of Portfolio Theory," *Journal of Finance* 46, 469-477.

[121] **McClean, S. I.** (1976), "A Continuous-Time Population Model with Poisson Recruitment," *Journal of Applied Probability* 13, 348-354.

[122] **Merton, R. C.** (1976), "Option Pricing When Underlying Stock Returns Are Discontinuous," *Journal of Financial Economics* 3, 125-44.

[123] **Muth, J. F.** (1961), "Rational Expectations and the Theory of Price Movements," *Econometrica* 29(3), 315-335.

[124] **Neftci, S. N.** (1984), "Are Economic Time Series Asymmetric over the Business Cycles?" *Journal of Political Economy* 92, 307-328.

[125] **Nelson, D. R.** (1991), "Conditional Heteroskedasticity in Asset Returns: A New Approach," *Econometrica* 59, 347-370.

[126] **Newey, W. K. and D. McFadden** (1994), "Large Sample Estimation and Hypothesis Testing," *Handbook of Econometrics* 4, 2111-2245.

[127] **O'Neill, B. and W. T. Wells** (1972), "Some Recent Results in Lognormal Parameter Estimation Using Grouped and Ungrouped Data," *Journal of American Statistical Association* 67, 76-80.

[128] **Parzen, E.** (1960), *Modern Probability Theory and Its Applications.* New York: John Wiley and Sons.

[129] **Pearl, J.** (2009), *Causality: Models, Reasoning and Inference.* Cambridge: Cambridge University Press.

[130] **Piketty, T.** (2014), *Capital in the Twenty-First Century.* Cambridge: The Belknap Press of Harvard University Press.

[131] **Poisson, S. D.** (1837), *Recherches sur la Probabilité des Jugements en Matière Criminelle et en Matière Civile.* Paris: Bachelier.

[132] **Pratt, J. W.** (1964), "Risk Aversion in the Small and in the Large," *Econometrica* 32, 122-136.

[133] **Quah, D.** (2011), "The Global Economy's Shifting Centre of Gravity," *Global Policy* 2(1), 3-9.

[134] **Rao, C. R.** (1948), "Large Sample Tests of Statistical Hypotheses Concerning Several Parameters with Applications to Problems of Estimation," *Mathematical Proceedings of the Cambridge Philosophical Society* 44(1), 50-57.

[135] **Rao, C. R.** (1959), "Some Problem Involving Linear Hypotheses in Multivariate Analysis," *Biometrika* 46, 49-58.

[136] **Rao, N. M., K. S. Shurpalekar, E. E. Sundarvalli and T. R. Doraiswamy** (1973), "Flatus Production in Children Fed Legume Diets," *PAG (Protein Advisory Group) Bull* 3(2), 53.

[137] **Resnik, S. I.** (1999), *A Probability Path*. Boston: Birkhauser.

[138] **Ripley, B.** (1987), *Stochastic Simulation*. New York: John Wiley and Sons.

[139] **Robinson, P. M.** (1988), "Root-N-Consistent Semiparametric Regression," *Econometrica* 56(4), 931-954.

[140] **Robinson, P. M.** (1991), "Consistent Nonparametric Entropy-Based Testing," *Review of Economic Studies* 58(3), 437-453.

[141] **Rodriguez, F. and D. Rodrik** (2000), "Trade Policy and Economic Growth: A Skeptic's Guide to the Cross-National Evidence," *NBER Macroeconomics Annual* 15, 261-324.

[142] **Rothschild, M. and J. E. Stiglitz** (1970), "Increasing Risk: I. A Definition," *Journal of Economic Theory* 2(3), 225-243.

[143] **Samuel, A. L.** (1959), "Some Studies in Machine Learning Using the Game of Checkers," *IBM Journal of Research and Development* 3(3), 210-229.

[144] **Samuelson, P. A. and W. D. Nordhaus** (2000), *Ekonomia*. Bratislava: Elita.

[145] **Schwarz, G.** (1978), "Estimating the Dimension of a Model," *Annals of Statistics* 6(2), 461-464.

[146] **Scornet, E., G. Biau and J. P. Vert** (2015), "Consistency of Random Forests," *Annals of Statistics* 43(4), 1716-1741.

[147] **Shiller, R. J.** (2019), *Narrative Economics: How Stories Go Viral and Drive Major Economic Events*. Princeton: Princeton University Press.

[148] **Shobha, G. and S. Rangaswamy** (2018), "Machine Learning," *Handbook of Statistics* 38, 197-228.

[149] **Singleton, J. C. and J. Wingender** (1986), "Skewness Persistence in Common Stock Returns," *Journal of Financial and Quantitative Analysis* 21(3), 335-341.

[150] **Sun, Y., A. Han, Y. Hong and S. Wang** (2018), "Threshold Autoregressive Models for Interval-Valued Time Series Data," *Journal of Econometrics* 206(2), 414-446.

[151] **Tibshirani, R.** (1996), "Regression Shrinkage and Selection via the Lasso," *Journal of Royal Statistical Society: Series B (Methodological)* 58(1), 267-288.

[152] **Varian, H. R.** (2014), "Big Data: New Tricks for Econometrics," *Journal of Economic Perspectives* 28(2), 3-28.

[153] **Varian, H. R.** (2016), "Causal Inference in Economics and Marketing," *Proceedings of National Academy of Sciences* 113(27), 7310-7315.

[154] **Vasicek, O.** (1977), "An Equilibrium Characterization of the Term Structure," *Journal of Finance Economics* 5, 177-188.

[155] **Venn, J.** (1881), *Symbolic Logic*. London: The MacMillan Company.

[156] **Whang, Y. J.** (2019), *Econometric Analysis of Stochastic Dominance: Concepts, Methods, Tools, and Applications*. Cambridge: Cambridge University Press.

[157] **White, H.** (1982), "Maximum Likelihood Estimation of Misspecified Models," *Econometrica* 50, 1-25.

[158] **White, H.** (1984), *Asymptotic Theory for Econometricians*. New York: Academic Press.

[159] **White, H.** (1989), "Some Asymptotic Results for Learning in Single Hidden-Layer Feedforward Network Models," *Journal of American Statistical Association* 84(408), 1003-1013.

[160] **White, H.** (1992), *Artificial Neural Networks: Approximation and Learning Theory*. Oxford: Blackwell Publishers.

[161] **While, H.** (1994), *Estimation, Inference and Specification Analysis*. New York: Cambridge University Press.

[162] **White, H.** (2000), "A Reality Check for Data Snooping," *Econometrica* 68(5), 1097-1126.

[163] **White, H.** (2001), *Asymptotic Theory for Econometricians (Revised Edition).* New York: Academic Press.

[164] **White, H. and M. Stinchcombe** (1991), "Adaptive Efficient Weighted Least Squares with Dependent Observations." In: Weisberg, S. and W. A. Stahel (Eds.), *Directions in Robust Statistics and Diagnostics*, New York: Springer, pp. 337-363.

[165] **White, H. and J. Wooldridge** (1990), "Some Results on Sieve Estimation with Dependent Observations." In: Barnett, W. A., J. Powell and G. Tauchen (Eds.), *Nonparametric and Semiparametric Methods in Econometrics and Statistics*, Cambridge: Cambridge University Press, pp. 459-493.

[166] **Young, A.** (1971), "Demographic and Ecological Models for Manpower Planning." In: Bartholomew, D. J. and B. R. Morris (Eds.), *Aspects of Manpower Planning*, London: English Universities Press, pp. 75-97.

[167] **Zou, H.** (2006), "The Adaptive Lasso and Its Oracle Properties," *Journal of American Statistical Association*, 101(476), 1418-1429.